U0156264

小型电动机实用设计手册

胡 岩 武建文 李德成 编著

机 械 工 业 出 版 社

本书从工程设计和应用的实用观点出发，系统地阐述了小型三相异步电动机、单相异步电动机、小型永磁直流电动机、小型永磁同步电动机以及无刷直流电动机的设计理论、设计参数和设计方法。书中对永磁电机磁路计算、电力电子变流驱动电源以及计算机辅助设计做了较详细的分析叙述；还介绍了小型电动机的结构设计和常用材料。本书提供了5种小型电动机的电磁计算程序、数字化图表和算例、电机设计云计算程序，以及5种小型电动机的计算机仿真设计教程，供读者参考。

本书可作为从事小型电动机设计和研发的工程技术人员的参考书，也可作为提高小型电机行业工程技术人员设计水平的培训教材，还可作为高等院校电气工程及其自动化专业的教学参考书。

图书在版编目（CIP）数据

小型电动机实用设计手册/胡岩，武建文，李德成编著. —北京：机械工业出版社，2022.11

ISBN 978-7-111-71858-1

Ⅰ. ①小… Ⅱ. ①胡… ②武… ③李… Ⅲ. ①小型电动机-设计 Ⅳ. ①TM32

中国版本图书馆 CIP 数据核字（2022）第 196005 号

机械工业出版社（北京市百万庄大街 22 号　邮政编码 100037）
策划编辑：付承桂　　　　　责任编辑：付承桂　朱　林
责任校对：张晓蓉　梁　静　封面设计：马精明
责任印制：邓　博
盛通（廊坊）出版物印刷有限公司印刷
2023 年 6 月第 1 版第 1 次印刷
184mm×260mm · 39.5 印张 · 6 插页 · 981 千字
标准书号：ISBN 978-7-111-71858-1
定价：298.00 元

电话服务　　　　　　　　　网络服务
客服电话：010-88361066　机　工　官　网：www.cmpbook.com
　　　　　010-88379833　机　工　官　博：weibo.com/cmp1952
　　　　　010-68326294　金　书　网：www.golden-book.com
封底无防伪标均为盗版　机工教育服务网：www.cmpedu.com

数字化手册配套资源说明

　　本手册是机械工业出版社"数字化手册项目"中的一种。机械工业出版社（以下简称机工社）建社以来，立足工程科技，积累了丰富的手册类工具书资源，历经几十年的传承和迭代，机工社的手册类工具书具有专业、权威、系统、实用等突出特色，受到广大专业读者的一致好评。

　　随着移动互联技术的发展，给人们获取知识的方式和阅读方式带来了翻天覆地的变化，特别对于手册类工具书使用方式。为此，机工社与时俱进，针对手册类工具书设立了"数字化手册项目"，以期通过数字化手册项目，为读者更好地提供资料翔实的内容服务、方便快捷的查询服务、提质增效的在线计算服务、助力快速学习的视频服务、轻松上手的仿真实操服务，以及开放且不断更新的数字资源服务。

　　本数字化手册属于"纸数复合类"纸电融合产品，手册内容通过"纸质书+移动互联网"呈现给读者。除纸质内容外，本手册还配备了以下数字资源功能：

➤ 46 个表格的数字化，以实现数据的筛选和准确定位；

➤ 64 张曲线图的数字化，以展示选取点处的准确读值；

➤ 23 段微视频，分步骤讲解电磁计算软件的仿真过程，以及云端在线电磁计算程序的理解和使用；

➤最具特色的是，重点开发了**三相异步电动机、单相异步电动机、永磁同步电动机、永磁直流电动机、无刷直流电动机**等 5 种类型电动机的在线电磁计算工具，通过输入基础的数据，就能实现复杂计算过程的输出和界面友好显示，从而设计出符合工程实际的设计方案。

　　上述功能通过扫描书中提供的二维码，就可以实现观看、查询和电磁计算。

　　数字化手册的制作是一项创新性和开拓性的工作，我们将秉承服务读者、服务行业的初心，不断完善、迭代、拓展相关的数字资源，为读者提供一条切实可行的技术提升路径。后期我们还会持续推出工程科技类的数字化手册产品，各位读者可通过我们的微信公众号"机工电气"，来提出您诚恳、专业的意见和建议，我们共同推动工程科技的传播与进步。

机械工业出版社

2023 年 6 月

微信公众号"机工电气"

前　言

作为驱动动力的各种类型小型电动机是一种具有几百个系列、上千个品种的电机产品，广泛应用于工业、农业、日用电器、办公设备以及现代自动化和军事装备等领域。

随着工业技术的发展，对电机产品的机械性能、能效性能的要求越来越高，改善和提高电动机的这些性能，必须要有设计技术保证。近年发展起来的"机电一体化"电机（也称为"智能电机"），如功率步进电动机、变频调速电动机、稀土永磁电动机、无刷直流电动机、开关磁阻电动机等，这些电动机的供电电源已不是传统的电网供电，而是经过电力电子技术变换后的供电电源，因此这些电动机的设计显然与传统的电网直接供电电动机的设计是不同的。目前我国从事电机行业的科技人员数以万计，随着近年来本科教学改革，电机专业的电机设计教学学时受到削减，毕业生毕业时难以掌握电机设计方法，在参加工作后会遇到很多实际的困难。根据作者多年来服务于小型电机企业所受到的启迪，迫切需要一本反映现代电机实用技术的书籍，本书编写的目的就是适应小型电机企业技术人员的需要。作者在总结多年教学经验和科研设计实践的基础上编著此书，期望本书能为提高我国小型电机企业的研发能力做出贡献。

本书着重阐述各种常用小型电动机的实用设计技术，程序实用，通俗易懂，取材实际。书中提供了 5 种小型电动机的电磁计算用计算图表、经验数据和曲线、设计计算程序，以及 5 种电动机的计算机仿真教程。另外，还开发了 5 种电机设计的云计算程序，可同时实现 PC 端和手机端的程序计算。在本书第 9 章给出了云计算程序的使用介绍。

电机更新换代早已完成，国家标准也剔除了热轧硅钢片材料，采用冷轧硅钢片的 YE 系列高效电机是主流电机。为了供类比法参考，便于设计方案验证和对比，本书仍提供了 Y 系列和 Y2 系列部分小型电动机的系列技术数据。

书中提供部分数字化图表及三相异步电动机、单相异步电动机、永磁直流电动机、无刷直流电动机和永磁同步电动机的云计算程序。数字化图表，可方便线上查询；云计算程序，便于读者实时在线完成复杂的电磁计算。

参加本书编写的有沈阳工业大学胡岩教授、李德成教授，北京航空航天大学武建文教授。全书由胡岩教授统编定稿。

吴家成博士和孙赫硕士对书中的电动机计算程序进行了校核，并做了 5 种电动机的仿真计算。

本书可作为小型电机企业工程技术人员的参考书与培训教材，还可作为高等院校电气工程及其自动化专业的教学参考书。

由于作者水平有限，书中缺陷和错误在所难免，欢迎广大读者批评指正。

作者　于沈阳工业大学

huyansy@163.com

二维码清单

名称	页码	二维码	名称	页码	二维码
表 1-13　中心高从 56～315mm 电动机的尺寸	19		表 2-24　ПОСТНИКОВ 推荐的槽配合	46	
表 1-18　三相异步电动机各能效等级	24		表 2-25　Kuhlmann 推荐的槽配合	46	
表 2-6　机座中心高与转速及功率的对应关系	34		表 2-26　高桥本人推荐的槽配合	47	
表 2-19　Richter 推荐的槽配合	42		表 2-27　M. G. Say 推荐的槽配合	47	
表 2-20　HeuBach 推荐的槽配合	44		表 2-28　罗马尼亚电工手册推荐的槽配合	48	
表 2-21　Unger 推荐的槽配合（一）	44		表 2-29　Liwschitz 推荐的槽配合	48	
表 2-22　Unger 推荐的槽配合（二）	45		表 2-30　新华成电机厂推荐的槽配合	49	
表 2-23　CepreeB 等推荐的槽配合	45		表 2-31　Stiel 推荐的槽配合	49	

（续）

名称	页码	二维码	名称	页码	二维码
三相异步电动机的绕组视频	51		图 2C-7 梨形槽下部单位漏磁导 λ_L	109	
三相异步电动机等效电路和相量图视频	59		图 2C-8 凸形槽下部单位漏磁导系数 K_r、K_r'、K_r''	110	
小型三相异步电动机设计程序	73		图 2C-9 转子闭口槽上部单位漏磁导 λ_{U2}	111	
表 2-41 机座号与额定转矩、标称功率的对应关系	87		图 2C-10 节距漏抗系数 K_U、K_L	111	
图 2C-1 波幅系数 F_S	104		图 2C-11 三相 60° 相带谐波单位漏磁导 $\sum S$（一）	112	
图 2C-2 轭部磁路校正系数 C_1、C_2（2 极）	105		图 2C-12 三相 60° 相带谐波单位漏磁导 $\sum S$（二）	112	
图 2C-3 轭部磁路校正系数 C_1、C_2（4 极）	105		图 2C-13 三相 120° 相带谐波单位漏磁导 $\sum S$	113	
图 2C-4 轭部磁路校正系数 C_1、C_2（6 极及以上）	106		图 2C-14 笼型转子谐波单位漏磁导 $\sum R$	113	
图 2C-5 平底槽下部单位漏磁导 λ_L	107		图 2C-15 起动时漏抗饱和系数 K_Z	114	
图 2C-6 圆底槽下部单位漏磁导 λ_L	108		图 2C-16 转子趋肤效应系数（一）	115	

（续）

名称	页码	二维码	名称	页码	二维码
图 2C-17　转子趋肤效应系数（二）	116		图 3C-1　轭部磁路长度校正系数	188	
图 2C-18　截面宽度突变修正系数 K_a	117		表 4-7　部分无刷直流电动机专用集成电路	223	
单相异步电动机的正弦绕组视频	141		小型永磁直流电动机设计程序	291	
小型单相异步电动机设计程序	167		图 6A-1　电感系数 K_β（$U=2$ 时）	300	
表 3A-1　正弦绕组系数	185		图 6A-2　电感系数 K_β（$U=3$ 时）	300	
表 3A-2　正弦绕组的谐波强度 α_ν 表	186		图 6A-3　铁耗计算系数	301	
表 3B-1　$K_B=f(K_t)$　$\alpha'_P=f(K_t)$	187		永磁同步电动机相量图视频	309	
表 3B-2　单相电动机最大转矩时转差率的近似值	187		小型永磁同步电动机设计程序	334	
表 3B-3　电容器电容量选用表	188		小型无刷直流电动机设计程序	388	
表 3B-4　电容器的交流电阻 R_C 和电抗 x_C（$f=50\mathrm{Hz}$）	188		小型三相异步电动机软件操作	414	

（续）

名称	页码	二维码	名称	页码	二维码
小型单相异步电动机软件操作	418		永磁直流电动机二维空载仿真	475	
小型永磁直流电动机软件操作	420		永磁直流电动机二维负载仿真	477	
小型永磁同步电动机软件操作	423		永磁直流电动机二维堵转仿真	478	
小型无刷直流电动机软件操作	426		永磁同步电动机二维建模	479	
三相异步电动机 RM 建模与求解	428		永磁同步电动机二维空载仿真	488	
三相异步电动机二维空载与负载仿真	440		永磁同步电动机气隙磁密仿真	490	
单相异步电动机 RM 建模与求解	449		永磁同步电动机漏磁系数仿真	492	
单相异步电动机二维空载仿真	460		永磁同步电动机二维负载仿真	494	
单相异步电动机二维负载仿真	462		永磁同步电动机齿槽转矩仿真	494	
永磁直流电动机 RM 建模与求解	465		无刷直流电动机 RM 建模与求解	497	

（续）

名称	页码	二维码	名称	页码	二维码
无刷直流电动机二维空载仿真	505		表11-23 常用石墨电刷牌号、主要性能和应用	562	
无刷直流电动机二维负载仿真	507		附表 A-1 漆包圆导线规格	575	
表11-5 铝镍钴永磁材料牌号及其主要磁性能	546		附表 B-1 DT1 电工钢板磁化曲线	576	
表11-6a 烧结永磁铁氧体材料的主要磁性能	546		附表 B-2 1～1.75mm 厚的钢板磁化曲线	577	
表11-6b 黏结永磁铁氧体材料的主要磁性能	547		附表 B-3 铸钢或厚钢板磁化曲线	577	
表11-7 钐钴永磁材料牌号及主要磁性能	547		附表 B-4 10 号钢磁化曲线	578	
表11-8 烧结钕铁硼永磁材料牌号及其主要磁性能	548		附图 C-1 35WW250 直流磁化曲线	579	
表11-9 黏结钕铁硼永磁材料牌号及其主要磁性能	550		附图 C-2 35WW250 交流磁化曲线	579	
表11-18 电动机引接软线的牌号、规格及用途	557		附图 C-3 35WW250 铁损耗曲线	580	
表11-19 电动机引接电缆线的性能及用途	559		附图 C-4 35WW250 高频铁损耗曲线	580	

（续）

名称	页码	二维码	名称	页码	二维码
附图 C-5　35WW270 直流磁化曲线	581		附图 C-15　50WW270 铁损耗曲线	586	
附图 C-6　35WW270 交流磁化曲线	581		附图 C-16　50WW270 高频铁损耗曲线	586	
附图 C-7　35WW270 铁损耗曲线	582		附图 C-17　50WW290 直流磁化曲线	587	
附图 C-8　35WW270 高频铁损耗曲线	582		附图 C-18　50WW290 交流磁化曲线	587	
附图 C-9　35WW300 直流磁化曲线	583		附图 C-19　50WW290 铁损耗曲线	588	
附图 C-10　35WW300 交流磁化曲线	583		附图 C-20　50WW290 高频铁损耗曲线	588	
附图 C-11　35WW300 铁损耗曲线	584		附图 C-21　50WW310 直流磁化曲线	589	
附图 C-12　35WW300 高频铁损耗曲线	584		附图 C-22　50WW310 交流磁化曲线	589	
附图 C-13　50WW270 直流磁化曲线	585		附图 C-23　50WW310 铁损耗曲线	590	
附图 C-14　35WW270 交流磁化曲线	585		附图 C-24　50WW310 高频铁损耗曲线	590	

（续）

名称	页码	二维码	名称	页码	二维码
附图 C-25　50WW350 直流磁化曲线	591		附图 C-35　50WW470 铁损耗曲线	596	
附图 C-26　50WW350 交流磁化曲线	591		附图 C-36　50WW470 高频铁损耗曲线	596	
附图 C-27　50WW350 铁损耗曲线	592		附图 C-37　50WW600 直流磁化曲线	597	
附图 C-28　50WW350 高频铁损耗曲线	592		附图 C-38　50WW600 交流磁化曲线	597	
附图 C-29　50WW400 直流磁化曲线	593		附图 C-39　50WW600 铁损耗曲线	598	
附图 C-30　50WW400 交流磁化曲线	593		附图 C-40　50WW800 直流磁化曲线	598	
附图 C-31　50WW400 铁损耗曲线	594		附图 C-41　50WW800 交流磁化曲线	599	
附图 C-32　50WW400 高频铁损耗曲线	594		附图 C-42　50WW800 铁损耗曲线	599	
附图 C-33　50WW470 直流磁化曲线	595		附表 D-1　YE5 系列三相异步电动机性能数据	600	
附图 C-34　50WW470 交流磁化曲线	595		附表 D-2　YE4 系列三相异步电动机性能数据	603	

（续）

名称	页码	二维码	名称	页码	二维码
附表 D-3　YE3 系列三相异步电动机性能数据	606		附表 D-4　YX3 系列（IP55）异步电动机技术数据	插页	
附表 D-6　Y2 系列三相异步电动机性能数据	609		附表 D-5　Y 系列三相异步电动机性能数据	插页	
附表 A-2　漆包扁线的导体规格（mm）和截面积（mm2）	插页		附表 E　单相异步电动机设计数据汇总表	插页	

目 录

第1章　电动机实用设计技术综述

1.1　电动机分类

电动机的主要类型如下：

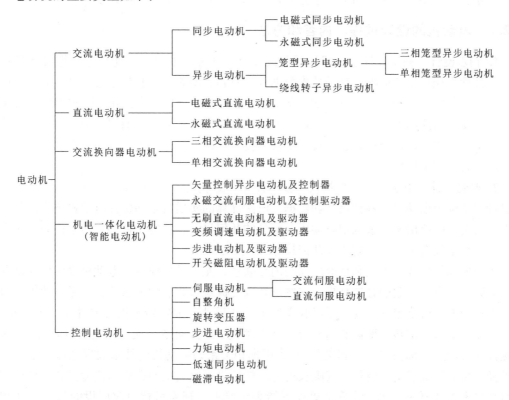

1.2　电动机的设计任务、过程、内容和方法

1.2.1　电动机设计任务

电动机设计的任务，首先是根据国家标准、产品行业标准及用户提出的产品规格（如功率、电压、转速等）、技术指标要求（如效率、功率因数、最大转矩、起动转矩、起动电

流、参数、温升限值等）；其次是根据国家技术经济政策和企业生产实际状况，运用有关设计计算方法，正确处理电动机尺寸、参数、性能等各方面矛盾关系，合理选择结构型式和材料等，从而设计出性能好、体积小、结构简单、运行可靠、制造和使用维护方便的先进电动机产品。

电动机设计任务中通常需要给定下列原始数据：

1）额定功率或转矩：电动机轴上输出机械功率（W 和 kW）或转矩（N·m）；

2）额定电压（V）；

3）相数及接法（对交流电动机）；

4）额定频率（Hz）（对交流电动机）；

5）额定转速（r/min）；

6）额定功率因数；

7）励磁方式及额定励磁电压、励磁电流（对同步电动机和直流电动机）；

8）国家有关规定和用户提出的特殊性能指标，如效率、过载能力、起动转矩、牵入转矩、失步转矩（对同步电动机）、转速变化率、绕组和铁心温升、振动与噪声等。

1.2.2 电动机的设计过程、内容和方法

1. 初步设计 初步设计过程即是编制设计技术任务书的过程。通常是根据设计任务要求，广泛搜集相应生产成熟产品的技术数据（包括试验数据），作为类比参照，来确定产品的运行环境条件（海拔、冷却介质温度等）、工作方式、冷却方式、外壳防护等级、绕组绝缘等级、安装型式和安装尺寸等。在这些原则的基础上来编制"设计技术任务书"，设计技术任务书既是产品设计原则，也是技术协议的技术基础。设计技术任务书应贯彻国家技术经济政策和有关国家标准。

2. 电磁设计 电磁设计是根据设计技术任务书的规定，利用设计理论和设计计算方法，通过计算来确定电动机的各种尺寸和数据。电磁计算的实质就是在保证电动机技术性能的基础上，从温升限值出发，来确定电动机各部分的几何尺寸，如定子铁心、转子铁心、定子绕组、转子绕组及有关材料、规格及几何尺寸等。

由于电动机尺寸、参数和性能之间的内在联系，尤其是任何一个电动机设计程序都存在着未知数多于方程式数的必然结果，这些未知数有极弧系数、饱和系数、漏磁系数等。因此电磁设计的方法就是根据设计实际经验先假定一些尺寸（如定转子铁心内外径、气隙长度、铁心长度、槽形、定转子槽数和槽配合、绕组型式、线圈匝数、线径及连接方式等）。这种电磁计算方法通常称为"由外到里"，即先根据相关系列电动机的技术数据选择一个定子铁心外径，再向里确定定子内径、气隙长度等，然后进行电动机的参数和性能计算，核算其是否符合技术条件要求。如果计算结果尚不能满足要求，则需另行更改假设的某些尺寸和数据，直到各项指标均达到技术条件要求，并从中选出最佳方案为止。

3. 结构设计 结构设计的任务是根据设计技术任务书要求及电磁设计确定的有关数据来确定电动机的总体结构，各结构部件的结构型式、尺寸、材料及加工要求等。必要时还要进行机械强度计算。确定机械结构后，绘制总装配图、分装配图和零件图，提出全套生产图样。在结构设计时，通常采用"由里向外、里外结合"的方法，即先从中心线开始向外绘制，以中心高、外限尺寸和安装尺寸作为外形的约束。否则，就需调整内部零部件的结构尺

寸，即为"里外结合"。

绝缘结构主要是根据电动机的耐热等级和电压等级来确定绝缘材料及其尺寸，如槽绝缘、层间绝缘、端部绝缘及端部绑扎固定等。此外，尚需要确定绝缘浸渍漆处理，如绝缘漆的型号和浸渍规程等。

轴承结构，如滚动轴承、滑动轴承、推力轴承等，可以按中心高类比选择，必要时要进行寿命校核。

电动机的结构设计实际上是结构强度设计，在强度问题上往往都是凭经验确定，必要时也应进行受力分析和强度计算。

需要指出的是，结构设计和电磁设计是相辅相成的，结构设计通常在电磁设计后进行，有时也和电磁设计平行交叉进行，以便相互协调。

4. 施工设计　施工设计包括工、夹、模、量具设计和工艺设计。

（1）工、夹、模、量具设计　电动机制造过程中涉及的加工方法非常广泛。很多加工方法都需要用特殊的模具（如铁心冲剪时需用冲模；铸铁机座制造时需用铸件模型；转子铸铝时需用压铸模；线圈绕线时需用绕线模；钻孔加工时需用钻胎）、加工尺寸的检验工具（量具）、保证定子机座两端止口同心度的特殊夹具、转子铸铝时所用的假轴，以上这些都是电动机生产过程中为保证质量、提高生产效率所必需的专用工具、夹具、模具、量具，都应进行单独设计，并绘制全部工装图样。

（2）工艺设计　对每一工件来讲，都要经过不只一道的加工工序才能完成零件图样所需的加工要求。例如一根轴要经过下料、打中心孔、粗车、精车、磨轴颈、铣键槽等。这些工序的加工顺序、加工方法、两道工序间应留的加工余量、哪些工序之后应安排什么尺寸的检验，都应有一个合理的安排。这个工作称为确定零部件的工艺流程，也就是工艺设计的主要内容。工艺设计不合理，零件质量就不能保证。工艺设计的最后应编制工艺文件，所有的加工必须按工艺文件执行。

1.3　电动机基本技术要求

国家标准 GB/T 755—2019《旋转电机　定额和性能》中对电动机的技术要求有如下规定。

1.3.1　电动机运行条件

1）海拔应不超过 1000m。

2）最高环境空气温度应不超过 40℃。

3）最低环境空气温度应不低于-15℃。

4）电动机运行期间的电源电压，三相 50Hz 或 60Hz 交流电动机的电压应符合 IEC 60038 所规定的标称电压。

对用静止变流电源供电的交流电动机，电压、频率和波形的规定均不适用，额定电压应按变流电源实际供电电压确定。

电压、电流波形和对称性，对于由交流发电机或电网供电频率为固定的电源上的交流电动机，对单相电动机和三相电动机（包括同步电动机），供电电压谐波电压因数（HVF）应不超过 0.02。

HVF 值按下式计算：

$$HVF = \sqrt{\sum_{n=2}^{k} \frac{u_n^2}{n}}$$

式中　u_n ——谐波电压的标幺值（以额定电压 U_N 为基值）；

　　　n ——谐波次数（对三相交流电动机不包含 3 及 3 的倍数）。

　　　$k = 13$。

三相交流电动机应能在三相电压系统的电压负序分量不超过正序分量的 1%（长期运行），或不超过 1.5%（不超过几分钟的短时运行）且零序分量不超过正序分量 1% 的条件下运行。

即使 HVF 和负序分量、零序分量的限值在电动机额定负载运行时同时发生，也不应导致在电动机中产生任何有害的温度。建议其温升允许超过 GB/T 755—2019 规定限值，但不能超过 10K。

对用静止变流电源供电的交流电动机，应允许较高的电源电压谐波含量。

当直流电动机由静止电力变流器供电时，脉动电压和脉动电流将影响电动机的性能，与用纯直流电源供电的直流电动机相比，损耗和温升将会增加，换向更困难。

因此，按特定电源供电设计的由静止电力变流器供电、额定功率超过 5kW 的电动机，为降低电压、电流的波动程度，电动机制造厂认为需要时应备有一个外接电感。

静止电力变流器用下述代号作为标志：

$$[CCC—U_{aN}—f—L]$$

代号中，CCC 是变流器联结方式的代号，按 IEC 61148 的规定；U_{aN} 为由 3 位或 4 位数字组成，表示变流器输入端的额定交流电压（V）；f 为由 2 位数字组成，表示额定输入频率（Hz）；L 为由 1 位、2 位或 3 位数字组成，表示与电动机电枢回路串接的外部电感（mH），如串接电感为零，此标记可省略。

额定功率不超过 5kW 的电动机，只要没有超过设计所规定的额定波形因数，而且电动机电枢回路的绝缘水平与静止电力变流器输入端子处的额定交流电压相匹配，则不论有无外接电感，可以适用于任一静止电力变流器而不局限于某一特定类型的静止电力变流器。

在所有情况下，静止电力变流器输出电流的波动均假定为很小，即在额定条件下电流纹波因数不大于 0.1。

1.3.2　电动机的工作制和定额

工作制和定额是电动机设计的基础。

1. 电动机工作制　工作制是电动机所承受的一系列负载状况的说明，包括起动、电制动、空载、停机和断能及其持续时间和先后顺序等。工作制共分为 10 类，见表 1-1。

2. 电动机定额　定额是指一组定额值和运行条件，即由制造商对符合指定条件的电动机所规定的，并在铭牌上标明的电量和机械量的全部数值及其持续时间和顺序。全部按定额的运行称为"额定运行"。定额共分六类：

（1）连续工作制定额　是制造商对电动机所规定的可以作长期运行的负载和条件。这类定额相应于 S1 工作制。

表 1-1　旋转电动机的工作制

代号	名称	定　义	图　　示
S1	连续工作制	保持在恒定负载下运行至热稳定状态	P—负载　P_V—电气损耗　θ—温度 θ_{max}—达到的最高温度　t—时间
S2	短时工作制	在恒定负载下按给定的时间运行,电机在该时间内不足以达到热稳定,随之停机和断能,其时间足以使电动机再度冷却到与冷却介质温度之差在 2K 以内 例:S2 60min	P—负载　P_V—电气损耗　θ—温度　θ_{max}—达到的最高温度 t—时间　Δt_P—恒定负载运行时间
S3	断续周期工作制	按一系列相同的工作周期运行,每一周期包括一段恒定负载运行时间和一段停机和断能时间,每一周期的起动电流不致对温升产生显著影响 例:S3 25%	P—负载　P_V—电气损耗　θ—温度　θ_{max}—达到的最高温度 t—时间　T_C—负载周期　Δt_P—恒定负载运行时间 Δt_R—停机和断能时间　负载持续率$=\Delta t_P/T_C$

（续）

代号	名称	定　义	图　示
S4	包括起动的断续周期工作制	按一系列相同的工作周期运行，每一周期包括一段对温升有显著影响的起动时间、一段恒定负载运行时间和一段停机和断能时间 例:S4 25% $J_M=0.15\text{kg}\cdot\text{m}^2$ $J_{ext}=0.7\text{kg}\cdot\text{m}^2$	P—负载　P_V—电气损耗　θ—温度　θ_{max}—达到的最高温度 t—时间　T_C—负载周期　Δt_D—起动/加速时间 Δt_P—恒定负载运行时间 Δt_R—停机和断能时间　负载持续率=$(\Delta t_D+\Delta t_P)/T_C$
S5	包括电制动的断续周期工作制	按一系列相同的工作周期运行，每一周期包括一段起动时间、一段恒定负载运行时间、一段电制动时间和一段停机和断能时间 例:S5 25% $J_M=0.15\text{kg}\cdot\text{m}^2$ $J_{ext}=0.7\text{kg}\cdot\text{m}^2$	P—负载　P_V—电气损耗　θ—温度　θ_{max}—达到的最高温度 t—时间　T_C—负载周期　Δt_D—起动/加速时间 Δt_P—恒定负载运行时间　Δt_F—电制动时间 Δt_R—停机和断能时间　负载持续率=$\Delta t_P/T_C$

（续）

代号	名称	定　义	图　　示
S6	连续周期工作制	按一系列相同的工作周期运行,每一周期包括一段恒定负载运行时间和一段空载运行时间,无停机和断能时间 例:S6 40%	 P—负载　P_V—电气损耗　θ—温度　θ_{max}—达到的最高温度 t—时间　T_C—负载周期　Δt_P—恒定负载运行时间 Δt_V—空载运行时间　负载持续率$=\Delta t_P/T_C$
S7	包括电制动的连续周期工作制	按一系列相同的工作周期运行,每一周期包括一段起动时间、一段恒定负载运行时间和一段电制动时间,无停机和断能时间 例:S7 $J_M=0.4$kg·m² $J_{ext}=7.5$kg·m²	 P—负载　P_V—电气损耗　θ—温度　t—时间　T_C—负载周期 Δt_D—起动/加速时间　Δt_P—恒定负载运行时间 Δt_F—电制动时间　负载持续率$=1$

（续）

代号	名称	定　义	图　示
S8	包括负载–转速相应变化的连续周期工作制	按一系列相同的工作周期运行,每一周期包括一段预定转速下恒定负载时间和一段或几段在不同转速下运行的其他恒定负载运行时间,无停机和断能时间 例:S8　$J_M=0.5\text{kg}\cdot\text{m}^2$ 　　$J_{ext}=6\text{kg}\cdot\text{m}^2$ 　　16kW 740r/min 30% 　　40kW 1460r/min 30% 　　25kW 980r/min 40%	P—负载　P_V—电气损耗　θ—温度　θ_{max}—达到的最高温度 n—转速　t—时间　T_C—负载周期　Δt_D—起动/加速时间 Δt_P—恒定负载运行时间(P_1,P_2,P_3)　Δt_F—电制动时间(F_1,F_2)　负载持续率=$(\Delta t_D+\Delta t_{P1})/T_C$;$(\Delta t_{F1}+\Delta t_{P2})/T_C$;$(\Delta t_{F2}+\Delta t_{P3})/T_C$
S9	负载和转速作非周期变化的工作制	负载和转速在允许的范围内作非周期变化的工作制,这种工作制包括经常性过载,其值可远远超过基准负载	P—负载　P_{ref}—基准负载　P_V—电气损耗　θ—温度 θ_{max}—达到的最高温度　n—转速　t—时间　Δt_D—起动/加速时间 Δt_P—恒定负载运行时间　Δt_F—电制动时间　Δt_R—停机和断能时间 Δt_s—过载时间

（续）

代号	名称	定　义	图　示
S10	离散恒定负载和转速工作制	包括特定数量的离散恒定负载(或等效负载)/转速的工作制,每一种负载/转速组合的运行时间应足以使电动机达到热稳定。在一个工作周期中的最小负载值可为零(空载或停机和断能) 例:S10 $P/\Delta t = 1.1/0.4;1/0.3;0.9/0.2;r/0.1;T_L = 0.6$	

P—负载　P_i—负载周期内的恒定负载　P_{ref}—基于S1工作制的基准负载　P_V—电气损耗　θ—温度　θ_{ref}—基准负载时的温度　T_C—负载周期　$\Delta\theta_i$—在负载周期内每种负载时绕组的温升与基准负载时温升的差值　t—时间　t_i—负载周期中的恒定负载时间　T_L—绝缘结构相对预期热寿命的标幺值,预期热寿命的基准值是在S1连续工作制定额及其允许温升限值下的预期热寿命　r—停机和断能时的负载　n—转速

注：J_M—电动机转动惯量，J_{ext}—负载转动惯量。

（2）短时工作制定额　是制造商对电动机所规定的可以作短时运行的负载和条件。电动机应在实际冷态下起动，并在规定的时限内运行，该时限应为下列数值之一：10min，30min，60min或90min。这类定额相应于S2工作制。

（3）周期工作制定额　是制造商对电动机所规定的可以按指定周期运行的负载和各种条件，这类定额相应于S3~S8工作制，每一工作周期的时间为10min，负载持续率应为下列数值之一：15%，25%，40%或60%。

（4）非周期工作制定额　是制造商对电动机所规定的在相应的变速范围内作非周期运行的变动负载（包括过载）和条件，这类定额相应于S9工作制。

（5）离散恒定负载和转速工作制定额　是制造商对电动机所规定的该种定额，按其规定在满足GB/T 755—2019的各项要求的同时，电动机应能承受S10工作制的联合负载作长期运行。在一个工作周期内的最大允许负载应考虑到电动机的所有部件，如绝缘结构对于相对预期热寿命的指数规律的正确性、轴承温度以及其他部件的热膨胀等。除非其他相关国标

或 IEC 标准另有规定，最大负载应不超过以 S1 工作制为基准的负载值的 1.15 倍。最小负载可为零，此时电动机处于空载或停机和断能状态。

（6）等效负载定额　是制造商为简化试验而对电动机所规定的负载和条件，按照这种负载与条件运行直至达到热稳定，使定子绕组温升与在规定工作制的一个负载周期内的平均温升相同。

1.3.3　温度和温升限值

轴承的允许温度：

滑动轴承（油温不高于 65℃ 时）容许温度为 80℃；

滚动轴承（环境温度不超过 40℃ 时）容许温度为 95℃。

空气间接冷却绕组的温升限值，见表 1-2。

表 1-2　空气冷却电动机的温升限值 　　　　　　　　（单位：K）

绝缘等级											
B（130）			F（155）			H（180）			N（200）		
温度计法	电阻法	检温计法	温度计法	电阻法	检温计法	温度计法	电阻法	检温计法	温度计法	电阻法	检温计法
70	80	85	85	100	105	105	125	130	125	145	150

1.3.4　噪声和振动

1. 噪声限值　电动机在按 GB/T 10069.3—2008 规定测得的声功率级噪声限值应符合规定的数值。

旋转电动机在单台空载稳定运行时 A 计权声功率级的噪声限值，见表 1-3。

单速三相笼型异步电动机空载 A 计权声功率级噪声限值见表 1-4。

单速三相笼型异步电动机额定负载下超过空载的 A 计权声功率级允许最大增量见表 1-5。额定负载下噪声应为表 1-4 和表 1-5 规定值之和。

变频器供电的电动机需要考虑电压和电流谐波引起的噪声增加量。

2. 振动限值　电动机振动划分为两种振动等级：A 级和 B 级。A 级适用于对振动无特殊要求的电机，B 级适用于对振动有特殊要求的电机。规定的振动强度限值见表 1-6。

1.3.5　电动机的结构及安装型式

1.3.5.1　旋转电机的结构和安装型式（IM 代号）

旋转电机的结构及安装型式代号，由"国际安装"（International Mounting）的英文缩写字母"IM"表示，代表"卧式安装"的大写字母"B"或代表"立式安装"的大写字母"V"连同 1 位或 2 位阿拉伯数字组成。

1. 卧式安装电机　卧式安装电机的代号由字母 IM（国际安装），空一格，随后为字母 B 和 1 位或 2 位数字组成，见表 1-7。

2. 立式安装电机　立式安装电机的代号由字母 IM（国际安装），空一格，随后为字母 V 和 1 位或 2 位数字组成，见表 1-8。

表 1-3　空载 A 计权声功率级噪声限值 L_{WA}（表 1-4 规定的电动机除外）

噪声限值/dB（A）

额定转速 n_N/(r/min)	≤960			961~1320			1321~1900			1901~2360			2361~3150			3151~3750		
冷却方式	IC01 IC11 IC21	IC411 IC511 IC611	IC31 IC71W IC81W IC8A1W7	IC01 IC11 IC21	IC411 IC511 IC611	IC31 IC71W IC81W IC8A1W7	IC01 IC11 IC21	IC411 IC511 IC611	IC31 IC71W IC81W IC8A1W7	IC01 IC11 IC21	IC411 IC511 IC611	IC31 IC71W IC81W IC8A1W7	IC01 IC11 IC21	IC411 IC511 IC611	IC31 IC71W IC81W IC8A1W7	IC01 IC11 IC21	IC411 IC511 IC611	IC31 IC71W IC81W IC8A1W7
防护类型	IP22 或 IP23	IP44 或 IP55	IP44 或 IP55	IP22 或 IP23	IP44 或 IP55	IP44 或 IP55	IP22 或 IP23	IP44 或 IP55	IP44 或 IP55	IP22 或 IP23	IP44 或 IP55	IP44 或 IP55	IP22 或 IP23	IP44 或 IP55	IP44 或 IP55	IP22 或 IP23	IP44 或 IP55	IP44 或 IP55
额定功率 P_N/kW																		
1~1.1	73	73		76	76		77	78		79	81		81	84		82	88	
>1.1~2.2	74	74		78	78		81	82		83	85		85	88		86	91	
>2.2~5.5	77	78		81	82		85	86		86	90		89	93		93	95	
>5.5~11	81	82		85	85		88	90		90	93		93	97		97	98	
>11~22	84	86		88	88		91	94		93	97		96	100		97	100	
>22~37	87	90		91	91		94	98		96	100		99	102		101	102	
>37~55	90	93		94	94		97	100		98	102		101	104		103	104	
>55~110	93	96		97	98		100	103		101	104		103	106		105	106	
>110~220	97	99		100	102		103	106		103	107		105	109		107	110	
>220~550	99	102	98	103	105	100	106	108	102	106	109	102	107	111	102	110	113	105
>550~1100	101	105	100	106	108	103	108	111	104	108	111	104	109	112	104	111	116	106
>1100~2200	103	107	102	108	110	105	109	113	105	109	113	105	110	113	105	112	118	107
>2200~5500	105	109	104	110	112	106	110	115	106	111	115	107	112	115	107	114	120	109

表 1-4 空载 A 计权声功率级噪声限值 L_{WA}

（单速三相笼型异步电动机 IC01，IC11，IC21，IC411，IC511，IC611）（单位：dB）

中心高 H/mm	2 极	4 极	6 极	8 极
90	78	66	63	63
100	82	70	64	64
112	83	72	70	70
132	85	75	73	71
160	87	77	73	72
180	88	80	77	76
200	90	83	80	79
225	92	84	80	79
250	92	85	82	80
280	94	88	85	82
315	98	94	89	88
355	100	95	94	92
400	100	96	95	94
450	100	98	98	96
500	103	99	98	97
560	105	100	99	98

注：1. 冷却方式为 IC01、IC11、IC21 的电机声功率级将提高如下：2 极和 4 极：+7dB（A）；6 极和 8 极：+4dB（A）。

2. 中心高 315mm 以上的 2、4 极电机声功率级值指风扇结构为单向旋转的。其他值为双向旋转风扇结构。

3. 60Hz 电机的声功率级值增加如下：2 极：+5dB（A）；4 极、6 极和 8 极：+3dB（A）。

表 1-5 额定负载工况超过空载的 A 计权声功率级允许最大增量 ΔL_{WA}

（按表 1-4 的电动机在额定负载下）（单位：dB）

中心高 H/mm	2 极	4 极	6 极	8 极
$90 \leqslant H \leqslant 160$	2	5	7	8
$180 \leqslant H \leqslant 200$	2	4	6	7
$225 \leqslant H \leqslant 280$	2	3	6	7
$H = 315$	2	3	5	6
$H \geqslant 355$	2	2	4	5

注：1. 本表给出在额定负载条件下加于任何空载值的预期最大增量。

2. 本表值适用于 50Hz 和 60Hz 电源。

表 1-6 不同轴中心高 H（mm）的振动强度限值（有效值）

振动等级	安装方式	$56\text{mm} \leqslant H \leqslant 132\text{mm}$		$H > 132\text{mm}$	
		位移/μm	速度/（mm/s）	位移/μm	速度/（mm/s）
A	自由悬置	45	2.8	45	2.8
	刚性安装	—	—	37	2.3 2.8
B	自由悬置	18	1.1	29	1.8
	刚性安装	—	—	24	1.5 1.8

表 1-7　卧式安装电机的代号（IM B××）（节选）

代号	示　意　图	结构型式				安装型式（卧式）
		端盖式轴承数	底脚	凸缘	其他细节	
IM B3		2	有底脚	—	—	借底脚安装，底脚在下
IM B5		2	—	有凸缘	端盖上带凸缘，凸缘有通孔，凸缘在 D 端	借 D 端凸缘面安装
IM B14		2	—	有凸缘	端盖有止口，无通孔，凸缘在 D 端	借 D 端的凸缘面安装
IM B34		2	有底脚	有凸缘	端盖有止口，无通孔，凸缘在 D 端	借底脚安装，底脚在下，用 D 端的凸缘面作附加安装
IM B35		2	有底脚	有凸缘	端盖上带凸缘，凸缘有通孔，凸缘在 D 端	借底脚安装，底脚在下，用 D 端的凸缘面作附加安装

表 1-8　立式安装电机的代号（IM V××）（节选）

代号	示　意　图	结构型式				安装型式（立式）
		端盖式轴承数	底脚	凸缘	其他细节	
IM V1		2	—	有凸缘	端盖上带凸缘，凸缘有通孔，凸缘在 D 端	借 D 端凸缘面安装，D 端向下
IM V3		2	—	有凸缘	端盖上带凸缘，凸缘有通孔，凸缘在 D 端	借 D 端凸缘面安装，D 端向上

（续）

代号	示意图	结构型式				安装型式（立式）
		端盖式轴承数	底脚	凸缘	其他细节	
IM V5		2	有底脚	—	—	借底脚安装,D端向下
IM V6		2	有底脚	—	—	借底脚安装,D端向上
IM V15	或	2	有底脚	有凸缘	D端端盖上带凸缘,凸缘有通孔 或 端盖上带止口,无通孔,凸缘在D端	借底脚安装,有D端的凸缘面作附加安装,D端向下
IM V18		2	—	有凸缘	端盖带止口,无通孔,凸缘在D端	借D端凸缘面安装,D端向下
IM V35		2	有底脚	有凸缘	端盖上带凸缘,凸缘在D端,有通孔	借底脚安装,用D端凸缘面作附加安装,D端向上
IM V37		2	有底脚	有凸缘	端盖上带止口,无通孔,凸缘在D端	借底脚安装,用D端凸缘面作附加安装,D端向上

1.3.5.2 旋转电机外壳防护分级（IP 代码）

防护分级的代码由表征字母 IP（"国际防护"的英文缩写）及附加在后的两个表征数字组成。

第一位表征数字表示外壳对人和壳内部件的防护等级；第二位数字表示由于外壳进水而引起有害影响的防护等级。

第一种防护：防止人体某一部分、手持的工具或导体进入外壳，即使进入，也能与带电或危险的转动部件（光滑的旋转轴和类似部件除外）之间保持足够的间隙。共分 7 个等级，表征数字为 0、1、2、3、4、5、6，表征数字的含义见表 1-9。

表 1-9 第一位表征数字表示的防护等级

第一位表征数字	防护等级	
	简　述	含　义
0	无防护电机	无专门防护
1	防护大于 50mm 固体的电机	能防止大面积的人体(如手)偶然或意外地触及、接近壳内带电或转动部件(但不能防止故意接触) 能防止直径大于 50mm 的固体异物进入壳内
2	防护大于 12mm 固体的电机	能防止手指或长度不超过 80mm 的类似物体触及或接近壳内带电或转动部件 能防止直径大于 12mm 的固体异物进入壳内
3	防护大于 2.5mm 固体的电机	能防止直径大于 2.5mm 的工具或导线触及或接近壳内带电或转动部件 能防止直径大于 2.5mm 的固体异物进入壳内
4	防护大于 1mm 固体的电机	能防止直径或厚度大于 1mm 的导线或片条触及或接近壳内带电或转动部件 能防止直径大于 1mm 的固体异物进入壳内
5	防尘电机	能防止触及或接近壳内带电或转动部件 虽不能完全防止灰尘进入,但进尘量不足以影响电机的正常运行
6	尘密电机	完全防止尘埃进入

第二种防护：防止由于电机进水而引起的有害影响的防护等级，共分 10 个等级，表征数字为 0、1、2、3、4、5、6、7、8、9，表征数字的含义见表 1-10。

表 1-10 第二位表征数字表示的防护等级

第二位表征数字	防护等级	
	简　述	含　义
0	无防护电机	无专门防护
1	防滴电机	垂直滴水应无有害影响
2	15°防滴电机	当电机从正常位置向任何方向倾斜至 15°以内任一角度时,垂直滴水应无有害影响
3	防淋水电机	与垂直线成 60°角范围内的淋水应无有害影响
4	防溅水电机	承受任何方向的溅水应无有害影响
5	防喷水电机	承受任何方向的喷水应无有害影响
6	防海浪电机	承受猛烈的海浪冲击或强烈喷水时,电机的进水量应不达到有害的程度
7	防浸水电机	当电机浸入规定压力的水中经规定时间后,电机的进水量应不达到有害的程度
8	持续潜水电机	电机在制造厂规定的条件下能长期潜水。电机一般为水密型,但对某些类型电机,也可允许水进入,但应不达到有害的程度
9	耐高温高压喷水电机	当高温高压水流从任意方向喷射在电机外壳时,应无有害影响

常见的电动机防护等级有 IP23、IP44、IP54 和 IP55 等。

标志示例：

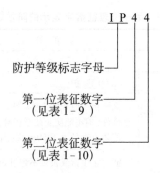

防护等级标志字母————

第一位表征数字————
（见表 1-9）

第二位表征数字————
（见表 1-10）

1.3.5.3　旋转电机冷却方法（IC 代码）

冷却方法的代码是由表征字母 IC（"国际冷却"的英文缩写）和附加表征字母及数字组成，附加表征字母代表冷却介质，例如 A 表示冷却介质为空气，在简化标记中可以省略；F 表示冷却介质为氟利昂；H 表示冷却介质为氢气；W 表示冷却介质为水；U 表示冷却介质为油等。附加第一位数字表征冷却回路的布置，共分 10 种，用 0、1、2、3、4、5、6、7、8、9 表征；表征数字的含义见表 1-11。附加第二位和第三位数字分别表征初级和次级冷却介质运动的推动方法，共分 10 种，用 0、1、2、3、4、5、6、7、8、9 表征；表征数字的含义见表 1-12。

表 1-11　回路布置

特征数字	简要说明	定　义
0	自由循环	冷却介质从周围介质直接地自由吸入,然后直接返回到周围介质(开路)
1	进口管或进口通道循环	冷却介质通过进口管或进口通道从电机的远方介质中吸入电机,经过电机后,直接返回到周围介质(开路)
2	出口管或出口通道循环	冷却介质直接从周围介质吸入,经过电机后,通过出口管或通道回到远离电机的远方介质(开路)
3	进出管或进出通道循环	冷却介质通过进口管或通道从远方介质吸入,流经电机后,通过出口管或通道回到远方介质(开路)
4	机壳表面冷却	初级冷却介质在电机内的闭合回路内循环,并通过机壳表面把热量(包括经定子铁心及其他热传导部件传递到机壳表面的热量),传递到最终冷却介质,即周围环境介质。机壳外部表面可以是光滑的或带肋的,也可以带外罩,以改善热传递效果
5	内装式冷却器(用周围环境介质)	初级冷却介质在闭合回路内循环,并通过与电机成为一体的内装式冷却器把热量传给最终冷却介质,后者为周围环境介质
6	外装式冷却器(用周围环境介质)	初级冷却介质在闭合回路内循环,并通过直接安装在电机上的外装式冷却器把热量传递给最终冷却介质,后者为周围环境介质
7	内装式冷却器(用远方介质)	初级冷却介质在闭合回路内循环,并通过与电机成为一体的内装式冷却器把热量传递给次级冷却介质,后者为远方介质
8	外装式冷却器(用远方介质)	初级冷却介质在闭合回路内循环,并通过装在电机上面的外装式冷却器把热量传递给次级冷却介质,后者为远方介质
9	分装式冷却器(用周围环境介质或远方介质)	初级冷却介质在闭合回路内循环,并通过与电机分开独立安装的冷却器把热量传递给次级冷却介质,后者为周围环境介质或远方介质

表1-12　推动方法

特征数字	简要说明	定义
0	自由对流	依靠温度差促使冷却介质运动,转子的风扇作用可忽略不计
1	自循环	冷却介质运动与电机转速有关,或因转子本身的作用,或为此目的专门设计并安装在转子上的部件使介质运动,也可以是由转子拖动的整体风扇或泵的作用促使介质运动
2、3、4		备用
5	内装式独立部件	由整体部件驱动介质运动,该部件所需动力与主机转速无关,例如自带驱动电动机的风扇或泵
6	外装式独立部件	由安装在电机上的独立部件驱动介质运动,该部件所需动力与主机转速无关,例如自带驱动电动机的风扇或泵
7	分装式独立部件或冷却介质系统压力	与电机分开安装的独立的电气或机械部件驱动冷却介质运动,或者是依靠冷却介质循环系统中的压力驱动冷却介质运动。例如,有压力的给水系统或供气系统
8	相对运动	冷却介质运动起因于它与电机之间有相对运动,或者是电机在介质中运动,或者是周围介质流过电机(液体或气体)
9	其他部件	冷却介质由上述方法以外的其他方法驱动,应予以详细说明

常见的电动机冷却方法有 IC0A1（简化标记为 IC01），IC4A1A1（简化标记为 IC411）等。

标志示例：

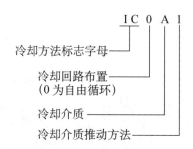

1.3.6　旋转电机的尺寸和输出功率等级

1. 安装尺寸示意图　安装尺寸示意图如图1-1所示。

2. 电动机尺寸标志　带底脚电动机用机座号后加轴伸直径表示,例如112M28。

带凸缘电动机有三种设计：

1）凸缘上有通孔,以 FF 凸缘表示。

2）凸缘上有螺孔,且止口直径 N 小于固定孔基圆直径 M,以 FT 凸缘表示。

3）凸缘上有螺孔,且止口直径 N 大于固定孔基圆直径 M,以 FI 凸缘表示。

上述符号组成各种凸缘号。仅以凸缘安装的电动机,用轴伸直径后加字母 FF、FT 或 FI 和凸缘号表示。

例如：有通孔为 28FF215,有螺孔为 28FT165 或 28FI165。

对带底脚并在驱动端（D 端）兼有凸缘的电动机,字母 FF、FT 或 FI 和凸缘号应加在轴伸直径后面。

例如：凸缘有通孔为 112M28FF215、112M28FT165 或 112M28FI165。

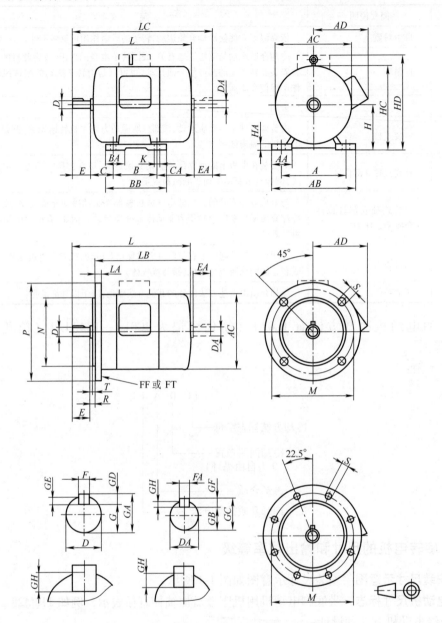

图 1-1　安装尺寸示意图

FF—有通孔　FT—有螺孔

3. 电动机凸缘上孔的位置　带凸缘的电动机兼有底脚时，凸缘上的孔应位于离垂直于底脚安装面的凸缘直径线：4 孔为 45°，8 孔为 22.5°。

4. 安装尺寸

（1）底脚安装电动机　电动机中心高从 56～315mm 电动机的尺寸，见表 1-13。

（2）凸缘安装电动机　电动机基圆直径从 55～600mm 的凸缘尺寸，见表 1-14。

5. 功率等级　根据 GB/T 4772—1999 电动机功率等级采用优先数系确定，见表 1-15。

表 1-13 中心高从 56~315mm 电动机的尺寸   表 1-13

机座号	H		A /mm	B /mm	C /mm	K			螺栓
	基本尺寸 /mm	极限偏差 /mm				基本尺寸 /mm	极限偏差		
							/μm	/μm	
56M	56	−0.5	90	71	36	5.8	+300	0	M5
63M	63	−0.5	100	80	40	7	+360	0	M6
71M	71	−0.5	112	90	45	7	+360	0	M6
80M	80	−0.5	125	100	50	10	+360	0	M8
90S	90	−0.5	140	100	56	10	+360	0	M8
90L	90	−0.5	140	125	56	10	+360	0	M8
100S	100	−0.5	160	112	63	12	+430	0	M10
100L	100	−0.5	160	140	63	12	+430	0	M10
112S	112	−0.5	190	114	70	12	+430	0	M10
112M	112	−0.5	190	140	70	12	+430	0	M10
(112L)	112	−0.5	190	159	70	12	+430	0	M10
132S	132	−0.5	216	140	89	12	+430	0	M10
132M	132	−0.5	216	178	89	12	+430	0	M10
(132L)	132	−0.5	216	203	89	12	+430	0	M10
160S	160	−0.5	254	178	108	14.5	+430	0	M12
160M	160	−0.5	254	210	108	14.5	+430	0	M12
160L	160	−0.5	254	254	108	14.5	+430	0	M12
180S	180	−0.5	279	203	121	14.5	+430	0	M12
180M	180	−0.5	279	241	121	14.5	+430	0	M12
180L	180	−0.5	279	279	121	14.5	+430	0	M12
200S	200	−0.5	318	228	133	18.5	+520	0	M16
200M	200	−0.5	318	267	133	18.5	+520	0	M16
200L	200	−0.5	318	305	133	18.5	+520	0	M16
225S	225	−0.5	356	286	149	18.5	+520	0	M16
225M	225	−0.5	356	311	149	18.5	+520	0	M16
(225L)	225	−0.5	356	356	149	18.5	+520	0	M16
250S	250	−0.5	406	311	168	24	+520	0	M20
250M	250	−0.5	406	349	168	24	+520	0	M20
(250L)	250	−0.5	406	406	168	24	+520	0	M20
280S	280	−1	457	368	190	24	+520	0	M20
280M	280	−1	457	419	190	24	+520	0	M20
(280L)	280	−1	457	457	190	24	+520	0	M20
315S	315	−1	508	406	216	28	+520	0	M24
315M	315	−1	508	457	216	28	+520	0	M24
(315L)	315	−1	508	508	216	28	+520	0	M24

表 1-14　基圆直径从 55～600mm 的凸缘尺寸

凸缘号 FF~FT	M /mm	N 基本尺寸/mm	公差		P /mm	R /mm	孔数	S通孔(FF) 基本尺寸/mm	公差		螺孔(FT) 螺纹	T 最大值/mm
				μm / mm					μm	μm		
55	55	40	j6	+11 / −5	70	0	4	5.8	H14 +300	0	M5	2.5
65	65	50	j6	+11 / −5	80	0	4	5.8	H14 +300	0	M5	2.5
75	75	60	j6	+12 / −7	90	0	4	5.8	H14 +300	0	M5	2.5
85	85	70	j6	+12 / −7	105	0	4	7	H14 +360	0	M6	2.5
100	100	80	j6	+12 / −7	120	0	4	7	H14 +360	0	M6	3
115	115	95	j6	+13 / −9	140	0	4	10	H14 +360	0	M8	3
130	130	110	j6	+13 / −9	160	0	4	10	H14 +360	0	M8	3.5
165	165	130	j6	+14 / −11	200	0	4	12	H14 +430	0	M10	3.5
215	215	180	j6	+14 / −11	250	0	4	14.5	H14 +430	0	M12	4
265	265	230	j6	+16 / −13	300	0	4	14.5	H14 +430	0	M12	4
300	300	250	j6	+16 / −13	350	0	4	18.5	H14 +520	0	M16	5
350	350	300	j6	+16 / −16	400	0	4	18.5	H14 +520	0	M16	5
400	400	350	j6	+18 / −18	450	0	8	18.5	H14 +520	0	M16	5
500	500	450	j6	+20 / −20	550	0	8	18.5	H14 +520	0	M16	5
600	600	550	js6	+22 / −22	660	0	8	24	H14 +520	0	M20	6

表 1-15　电动机功率等级　（单位：kW）

第一数系	第二数系	第一数系	第二数系
0.06			25
0.09		30	
0.12			32
0.18		37	
0.25			40
0.37		45	
0.55			50
0.75		55	
1.1			63
1.5		75	
	1.8		80
2.2		90	
	3		100
3.7		110	
	4		125
5.5		132	
	6.3	150	
7.5		160	
	10	185	
11		200	
	13	220	
15		250	
	17	280	
18.5		300	
	20	315	
22			

1.3.7 电动机产品型号

根据国家标准 GB/T 4831—2016《旋转电机产品型号编制方法》的规定。产品型号由产品代号、规格代号、特殊环境代号和补充代号等四部分组成，并按下列顺序排列：

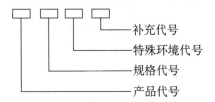

1. 产品代号 产品代号由电动机类型代号、电动机特点代号、设计序号和励磁方式代号等四个小节顺序组成。

类型代号是用汉语拼音字母表征电动机各种类型，主要有：Y—异步电动机、T—同步电动机、Z—直流电动机、H—交流换向电动机、Q—潜水电泵、F—纺织用电动机等。

特点代号是用汉语拼音字母表征电动机的性能、结构或用途，主要有：A—增安型、B—隔爆型。

设计序号是指电动机产品的设计顺序，用阿拉伯数字表示，对于第一次设计的产品，不标注设计序号。

2. 规格代号 规格代号用中心高、铁心外径、机座号、机壳外径、轴伸直径、凸缘代号、机座长度（机座长度采用国际通用字母符号来表示，S 表示短机座，M 表示中机座，L 表示长机座）、铁心长度（铁心长度按由短至长顺序用数字 1、2、3……表示）、功率、电流等级、转速或极数等来表示。

主要系列的规格代号，按表 1-16 规定。

表 1-16 电动机系列的规格代号表示法

序号	系 列 产 品	规 格 代 号
1	小型异步电动机	中心高(mm)-机座长度(字母代号)-铁心长度(数字代号)-极数
2	小型同步电动机	中心高(mm)-机座长度(字母代号)-铁心长度(数字代号)-极数
3	小型直流电动机	中心高(mm)-机座长度(字母代号)
4	小功率电动机(分马力电动机)	中心高或机壳外径(mm)-(或/)机座长度(字母代号)-铁心长度、电压、转速(均用数字代号)
5	交流换向器电动机	中心高或机壳外径(mm)-(或/)铁心长度、转速(均用数字代号)

3. 特殊环境代号 电动机的特殊环境代号按表 1-17 的规定选用，如同时适用于一个以上的特殊环境时，则按表 1-17 的顺序排列。

表 1-17 特殊环境代号表示法

"高"原用	G
"船"(海)用	H
户"外"用	W
化工防"腐"用	F
"热"带用	T
"湿热"带用	TH
"干热"带用	TA

4. 补充代号 仅适用于有此要求的电动机。

5. 产品型号示例

（1）小型异步电动机

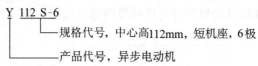

Y 112 S-6

— 规格代号，中心高112mm，短机座，6极

— 产品代号，异步电动机

（2）直流电动机

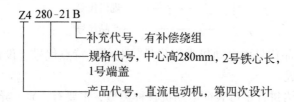

Z4 280-21 B

— 补充代号，有补偿绕组

— 规格代号，中心高280mm，2号铁心长，1号端盖

— 产品代号，直流电动机，第四次设计

（3）户外化工防腐用小型隔爆异步电动机

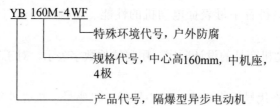

YB 160M-4 WF

— 特殊环境代号，户外防腐

— 规格代号，中心高160mm，中机座，4极

— 产品代号，隔爆型异步电动机

（4）分马力异步电动机

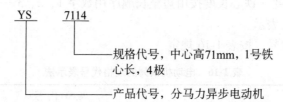

YS 7114

— 规格代号，中心高71mm，1号铁心长，4极

— 产品代号，分马力异步电动机

（5）分马力直流电动机

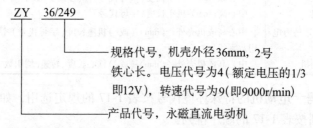

ZY 36/249

— 规格代号，机壳外径36mm，2号铁心长。电压代号为4（额定电压的1/3即12V），转速代号为9（即9000r/min）

— 产品代号，永磁直流电动机

（6）静止整流电源供电直流电动机

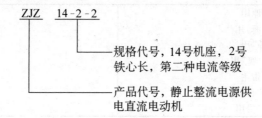

ZJZ 14-2-2

— 规格代号，14号机座，2号铁心长，第二种电流等级

— 产品代号，静止整流电源供电直流电动机

（7）湿热带用小型直流电动机

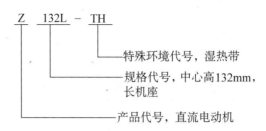

1.4 国家标准

电机的国家标准是国家有关部门在总结以往电机设计、制造和使用经验的基础上，从当前实际情况出发，并考虑今后发展需要而对各种型号电机提出一定要求的文件。它是电机生产的依据，也是评定电机质量优劣的准则。国家标准所规定的各项要求，是综合考虑了产品的实用性、技术上的先进性、经济上的合理性、使用上的可靠性和生产上的可能性而提出的。这些要求之间是密切相关、不可分割的。因此生产部门应力求使所设计、制造的电机全面满足国家标准规定的各项要求。

我国关于电机的标准有国家标准（代号为 GB）和行业标准（代号为 JB）。就内容而讲，它们大体上可归为下列三类：

第一类是属于对电机的一般规定和技术要求，称为基础标准。这一类如国家标准 GB/T 755—2019《旋转电机　定额和性能》，它规定了适用于各类电机的技术要求、试验项目与试验方法、铭牌及线端标志等。这类标准应用范围较广，是带基本性的标准。

第二类是属于某一类型电机的技术条件，称为产品标准。例如：JB/T 28575—2020《YE3 系列（IP55）三相异步电动机技术条件（机座号 63～355）》、JB/T 13299—2017《YE4 系列（IP55）三相异步电动机技术条件（机座号 80～450）》、JB/T 6316—2006《Z4 系列直流电动机技术条件（机座号 100～450）》，它们分别对有关电机的额定数据、使用条件、性能指标及容差、安装尺寸、试验方法、验收规则，以及标记、包装、保管等作了详细而明确的规定。

第三类是各种电机的试验方法，称为试验方法标准。例如：国家标准 GB/T 1032—2012《三相异步电动机试验方法》对中小型三相异步电动机型式试验和检查试验的方法、测量仪器选择等作了具体规定和说明。

国家标准通常是根据一定时期中，国民经济发展的需要和生产技术水平制定的，因而在一定历史条件下是先进、合理的。但随着科学技术和生产的不断发展，对电机产品的要求会逐步提高或改变，于是国家标准也就需要随之修订，而提出更高或更适应新情况的要求。

我国电工产品的国家标准，已经逐步和国际电工委员会（IEC）的标准接轨，以便更好地与世界各国进行技术交流和发展我国的外贸事业。

例如我国电动机能效限定值及能效等级国家标准 GB 18613，随着 IEC 60034-30-1 电动机能效标准先后定为 IE1、IE2、IE3、IE4、IE5 五个等级，也经历了多个版本的变更。最近的几次从 GB 18613—2006、GB 18613—2012 到 GB 18613—2020，将电动机的能效等级分为三个等级，如表 1-18 所示的三相异步电动机各能效等级，其中 1 级能效最高，3 级能效最低。

表 1-18

表 1-18　三相异步电动机各能效等级

| 额定功率 /kW | 效率(%) | | | | | | | | | | | |
| | 1 级 | | | | 2 级 | | | | 3 级 | | | |
	2 极	4 极	6 极	8 极	2 极	4 极	6 极	8 极	2 极	4 极	6 极	8 极
0.12	71.4	74.3	69.8	67.4	66.6	69.8	64.9	62.3	60.8	64.8	57.7	50.7
0.18	75.2	78.7	74.6	71.9	70.8	74.7	70.1	67.2	65.9	69.9	63.9	58.7
0.20	76.2	79.6	75.7	73.0	71.9	75.8	71.4	68.4	67.2	71.1	65.4	60.6
0.25	78.3	81.5	78.1	75.2	74.3	77.9	74.1	70.8	69.7	73.5	68.6	64.1
0.37	81.7	84.3	81.6	78.4	78.1	81.1	78.0	74.3	73.8	77.3	73.5	69.3
0.40	82.3	84.8	82.2	78.9	78.9	81.7	78.7	74.9	74.6	78.0	74.4	70.1
0.55	84.6	86.7	84.2	80.6	81.5	83.9	80.9	77.0	77.8	80.8	77.2	73.0
0.75	86.3	88.2	85.7	82.0	83.5	86.7	82.7	78.4	80.7	82.5	78.9	75.0
1.1	87.8	89.5	87.2	84.0	85.2	87.2	84.5	80.8	82.7	84.1	81.0	77.7
1.5	88.9	90.4	88.4	85.5	86.5	88.2	85.9	82.6	84.2	85.3	82.5	79.7
2.2	90.2	91.4	89.7	87.2	88.0	89.5	87.4	84.5	85.9	86.7	84.3	81.9
3	91.1	92.1	90.6	88.4	89.1	90.4	88.6	85.9	87.1	87.7	85.6	83.5
4	91.8	92.8	91.4	89.4	90.0	91.1	89.5	87.1	88.1	88.6	86.8	84.8
5.5	92.6	93.4	92.2	90.4	90.9	91.9	90.5	88.3	89.2	89.6	88.0	86.2
7.5	93.3	94.0	92.9	91.3	91.7	92.6	91.3	89.3	90.1	90.4	89.1	87.3
11	94.0	94.6	93.7	92.2	92.6	93.3	92.3	90.4	91.2	91.4	90.3	88.6
15	94.5	95.1	94.3	92.9	93.3	93.9	92.9	91.2	91.9	92.1	91.2	89.6
18.5	94.9	95.3	94.6	93.3	93.7	94.2	93.4	91.7	92.4	92.6	91.7	90.1
22	95.1	95.5	94.9	93.6	94.0	94.5	93.7	92.1	92.7	93.0	92.2	90.6
30	95.5	95.9	95.3	94.1	94.5	94.9	94.2	92.7	93.3	93.6	92.9	91.3
37	95.8	96.1	95.6	94.4	94.8	95.2	94.5	93.1	93.7	93.9	93.3	91.8
45	96.0	96.3	95.8	94.7	95.0	95.4	94.8	93.4	94.0	94.2	93.7	92.2
55	96.2	96.5	96.0	94.9	95.3	95.7	95.1	93.7	94.3	94.6	94.1	92.5
75	96.5	96.7	96.3	95.3	95.6	96.0	95.4	94.2	94.7	95.0	94.6	93.1
90	96.6	96.9	96.5	95.5	95.8	96.1	95.6	94.4	95.0	95.2	94.9	93.4
110	96.8	97.0	96.6	95.7	96.0	96.3	95.8	94.7	95.2	95.4	95.1	93.7
132	96.9	97.1	96.8	95.0	96.2	96.4	96.0	94.9	95.4	95.6	95.4	94.0
160	97.0	97.2	96.9	96.1	96.3	96.6	96.2	95.1	95.6	95.8	95.6	94.3
200	97.2	97.4	97.0	96.3	96.5	96.7	96.3	95.4	95.8	96.0	95.8	94.6
250	97.2	97.4	97.0	96.3	96.5	96.7	96.5	95.4	95.8	96.0	95.8	94.6
315~1000	97.2	97.4	97.0	96.3	96.5	96.7	96.6	95.4	95.8	96.0	95.8	94.6

GB 18613 与 IEC 60034-30-1 能效等级对应关系见表 1-19。各等级电动机在额定输出功率下的实测效率不低于表 1-18 的规定，实测效率容差应符合 GB/T 755—2019 的规定。表中未列出额定功率值的电动机，其效率可用线性插值法确定。

表 1-19　GB 18613 与 IEC 60034-30-1 能效等级对照

IEC 能效等级	GB 18613 能效等级		
	2006 版	2012 版	2020 版
IE5			1 级
IE4		1 级	2 级
IE3	1 级	2 级	3 级
IE2	2 级	3 级	
IE1	3 级		

电机设计依据的主要基础标准如下：

GB/T 755—2019《旋转电机　定额和性能》

GB/T 156—2017《标准电压》

GB/T 997—2008《旋转电机结构型式、安装型式及接线盒位置的分类（IM 代码）》

GB/T 1971—2021《旋转电机　线端标志与旋转方向》

GB/T 1993—1993《旋转电机冷却方法》

GB/T 4772.1—1999《旋转电机尺寸和输出功率等级　第 1 部分：机座号 56~400 和凸缘号 55~1080》

GB/T 4942—2021《旋转电机整体结构的防护等级（IP 代码）　分级》

GB/T 10068—2020《轴中心高为 56mm 及以上电机的机械振动　振动的测量、评定及限值》

GB/T 10069.1—2006《旋转电机噪声测定方法及限值　第 1 部分：旋转电机噪声测定方法》

GB 10069.3—2008《旋转电机噪声测定方法及限值　第 3 部分：噪声限值》

GB/T 12665—2017《电机在一般环境条件下使用的湿热试验要求》

GB 14711—2013《中小型旋转电机通用安全要求》

GB 18613—2020《电动机能效限定值及能效等级》

GB/T 22719.1—2008《交流低压电机散嵌绕组匝间绝缘　第 1 部分：试验方法》

GB/T 22719.2—2008《交流低压电机散嵌绕组匝间绝缘　第 2 部分：试验限值》

GB/T 17948.1—2018《旋转电机　绝缘结构功能性评定　散绕绕组试验规程　热评定和分级》

第2章 小型三相异步电动机设计

2.1 三相异步电动机设计概述

异步电动机是交流电机的一种，由于负载时转速与供电电网频率之间没有固定不变关系，故称为"异步"（异于"同步"）电动机。异步电动机分为感应电动机、双馈异步电动机和交流换向器电动机。感应电动机应用较为广泛，是目前驱动各种机械的主要动力之一，由于历史缘故，一般俗称的异步电动机就是感应电动机。

2.1.1 异步电动机的类型、特点和用途

1. 主要类型 异步电动机按电源相数可分为单相、三相异步电动机；按机座号（一般为中心高）可分为：36mm、40mm、45mm、50mm、63mm、71mm、80mm、90mm 为微型电动机，80mm、90mm、100mm、112mm、132mm、160mm、200mm、225mm、250mm、280mm、315mm 为小型电动机，355mm、400mm、450mm、500mm、560mm 为中型电动机，630mm、710mm、800mm、900mm、1000mm 为大型电动机；按转子结构型式可分为：笼型转子、绕线转子和换向器转子异步电动机；按产品系列可分为基本系列、派生系列和专用系列，其产品系列体系为

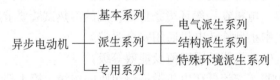

2. 主要特点 异步电动机的基本特点：结构简单、制造容易、维护方便、运行可靠以及体积小、重量轻、成本低等优点；由于异步电动机运行时必须从电网吸收无功励磁电流，使电网功率因数变坏，但可以采取补偿措施；异步电动机的调速性能较差，但随着交流调速系统的发展，目前异步电动机的调速范围、调速平滑性及经济性等都已得到很大提高，具有了工业应用价值，已在较多的电力传动系统中应用，交流调速的前景将越来越好。

3. 主要用途 各种小型异步电动机的用途见表 2-1。

2.1.2 异步电动机的基本结构

小型三相异步电动机的典型结构分别如图 2-1 和图 2-2 所示。

表 2-1　小型三相异步电动机基本系列及其派生系列选用表

序号	系列名称	系列	机座号与功率范围	外壳防护型式	冷却方式	使用特点和场合	与基本系列的关系及其主要特征	备注
1	小型三相异步电动机（封闭式）	Y（IP44）	0.55~200kW、H80~H315	IP44	IC411	系列化程度高,封闭式外壳结构,防护等级 IP44,采用热轧硅钢片,绝缘等级为 B 级,能效低	安装尺寸和功率等级符合 IEC 标准和 DIN 42673标准,已被 YE3、YE4、YE5 系列取代	基本系列
		Y2（IP54）	0.12~315kW、H63~H355	IP54	IC411	与 Y 系列相比,机座号向上、向下均做了延伸,形成了一个完整的低压三相异步电动机系列,散热性能好,防护等级 IP54,绝缘等级为 F 级,使用寿命和能效也有所提高		
		Y3（IP55）	0.12~315kW、H63~H355	IP55	IC411	国内第一个完整的全系列采用冷轧硅钢片的基本系列电机,其效率指标达到了欧洲 EFF2 能效标准。防护等级 IP55,绝缘等级为 F 级,使用寿命和能效均高于 Y2 系列		
2	小型三相异步电动机（防护式）	Y（IP23）	11~355kW、H160~H355	IP23	IC01	系列化程度高,防护式外壳结构,防护等级 IP23,采用热轧硅钢片,绝缘等级为 B 级,能效低		
3	高效率三相异步电动机	YX3	0.55~315kW、H80~H355	IP55	IC411	沿用 Y3 系列结构,在小机座号适当调整了定子冲片外径尺寸,采用节能型风扇和风罩降低通风损耗,其效率指标达到了欧洲 EFF1 能效标准	已被 YE3、YE4、YE5 取代	派生系列
		YE3	0.12~315kW、H63~H355	IP55	IC411	采用高导磁低损耗冷轧无取向硅钢片,具有超高效、节能、低振动、低噪音、性能可靠、安装维护方便等特点。采用 TEFC(全封闭自扇冷)式外壳,F 绝缘,耐热度高、寿命长。可用于压缩机、风机、水泵、破碎机等机械设备。可以在石油、化工、医药、矿山及其他环境条件比较恶劣的场合作动力源使用　YE3 系列达到 3 级能效(IE3),与 YX3 系列相应规格比较,效率提高 2%~3%,与普通 Y2 系列相应规格比较,效率提高 10% 左右。YE4 系列达到 2 级能效等级(IE4),YE5 系列达到 1 级能效等级(IE5)	安装尺寸和功率等级完全符合 IEC 标准和 DIN 42673标准	
		YE4	0.55~355kW、H80~H355					
		YE5	0.55~355kW、H80~H355					

（续）

序号	系列名称	系列	机座号与功率范围	外壳防护型式	冷却方式	使用特点和场合	与基本系列的关系及其主要特征	备注
4	变极变速三相异步电动机	YD	0.35~82kW、H80~H280	IP44	IC411	电动机转速可逐级调节，有双速、三速、四速三种类型，具有转速变换的特性，调节方法比较简单，如与适当的控制开关配合，可以简化或代替机床传动中的齿轮箱，降低噪声	定子利用一套绕组（三速、四速采用二套绕组）改变接线方法，除引出线为9~12根外，结构及外形尺寸同基本系列	
5	低振动、低噪声三相异步电动机	YZC	0.55~15kW、H80~H160	IP44	IC411	主要用于精密机床配套，可满足《精密机床用小型电动机的振动和噪声分级标准》中有关异步电动机部分指标的要求	在基本系列上选用低噪声电动机专用轴承，提高加工精度，提高转子平衡精度，改进电磁参数等措施 功率等级与安装尺寸的关系与基本系列同	
6	高转差率（滑差）异步电动机	YH	0.55~90kW、（FC=25%）H80~H280	IP44	IC411	具有较高的堵转转矩、较小的堵转电流、转差率高、机械特性软的特点 电动机负载持续率（FC）分为15%、25%、40%、60%四种，适用于传动飞轮力矩较大、具有冲击性负荷、起动及逆转次数较多的机械配套，如剪床、冲床、锻冶机械及小型起重运输机械等	除转子采用小槽、深槽及采用电阻系数高的铝合金材料外，其他均与基本系列同	派生系列
7	隔爆型三相异步电动机	YB	0.12~315kW、H63~H355	IP55	IC411	电动机结构考虑隔爆措施，可用于燃性气体或蒸气与空气形成的爆炸性混合物的场所 适用于煤矿固定式设备的为ExdⅠ，适用于工厂的有ExdⅡAT4、ExdⅡBT4型	与基本系列同，仅结构特征和外形尺寸有差异，适应煤矿需要，电压设计成220/380V或380/660V两种，F级绝缘，但温升作B级考核	
8	增安型三相异步电动机	YA	0.55~315kW、H80~H315	IP55	IC411	适用于Q2类爆炸危险的场合（即在正常情况下没有爆炸危险，仅在不正常或事故情况下，爆炸性混合物可达到爆炸浓度的场所）	其功率等级和安装尺寸相应关系在大功率部分要比基本系列有所降低，定子温升限值要求低10℃（电阻法不超过70K），并规定转子堵转温升限值，定子绕组配有保护装置	

（续）

序号	系列名称	系列	机座号与功率范围	外壳防护型式	冷却方式	使用特点和场合	与基本系列的关系及其主要特征	备注
9	电磁调速电动机	YCT	0.55~90kW、H112~H355	IP44	IC411	是一种恒转矩无级调速电动机，具有结构简单、控制功率小、调速范围广等特点；调速比1：10~1：2；转速变化率精度可达到<3%	电磁调速电动机是由电磁转差离合器(也称电磁离合器)和拖动电动机(基本系列)两部分组成，它与测速发电机控制器组成交流调速驱动装置	
10	齿轮减速电动机	YCJ	0.55~15kW、H71~H280	IP44	IC411	是专用于低速大转矩机械传动的驱动装置，适用于矿山、轧钢、制糖、造纸、化工、橡胶等工业 该电动机只准使用联轴器或正齿轮与传动机构连接	齿轮减速电动机是由基本系列与齿轮减速器直接耦合而成，减速器采用外啮合渐开线圆柱齿轮，可正反两个方向传递功率(转矩)	派生系列
11	旁磁制动电动机	YEP	0.55~11kW、H80~H160	IP44	IC411	该电动机具有制动快、结构紧凑、工艺简单的特点，可使用在起动运输机械、升降工作机械及其他要求迅速和准确停车的场合。作主传动或辅助传动用 电动机工作方式为(S3)，其负载持续率(FC)为25%，制动时间可达到0.2s内	其功率等级及安装尺寸均与基本系列同，转子非轴伸端装有分磁块及制动装置，它与电动机组成一体	
12	电磁铁制动电动机	YXEJ	0.55~45kW、H80~H315	电动机IP44、制动装置IP23	IC411	用途同上 该电动机为连续工作方式(S1)，制动时间在0.2~0.45s范围内	电磁铁制动电动机是由电动机与电磁铁制动器组合的产品，可与基本系列基本型及派生系列组合成适于各种要求的制动电动机，通用性高，但轴向长度长	
13	立式深井泵用异步电动机	YLB	5.5~450kW、H132~H355	IP23、IP54	IC01、IC411	是驱动立式深井泵的专用电动机，安装时将水泵轴通过电动机的空心轴与顶上轴端联轴器相连，采用钩头键连接传动。适用于广大农村及工矿吸取地下水之用	YLB系列除H132机座在基本系列(IP55)上派生，其余五种机座号均在基本系列(IP23)上派生 机座不带底脚，安装型式为V6(即立式)，下端端盖上有凸缘(配泵体)无轴伸	

（续）

序号	系列名称	系列	机座号与功率范围	外壳防护型式	冷却方式	使用特点和场合	与基本系列的关系及其主要特征	备注
14	绕线转子三相异步电动机	YR	3~132kW、H132~H315	IP44	IC411	能在较小的起动电流下，提供较大的起动转矩，并能在转子回路中增减外接电阻以改变其转速，适用于对起动转矩高及需要小范围的调速传动装置上 YR（IP44）为封闭结构，可用于灰尘较多、水土飞溅的场所 YR3（IP23）为防护式结构，能防止水滴从与垂直方向成60°的范围内进入电动机内部，可用于周围环境较干净的场所	转子为绕线式，功率等级与安装尺寸的关系比基本系列降低1~2级 采用电刷集电环安放在非轴伸端盖外的总体结构	派生系列
		YR3	7.5~355kW、H160~H355	IP23	IC01			
15	户外型三相异步电动机	Y-W	0.55~315kW、H80~H355	IP54	IC411	适用于一般户外环境的潮气、霉菌、盐雾、雨水、雪、风沙、日辐射、严寒（-20℃）等气候条件以及户内有腐蚀性气体或腐蚀性粉尘的场所	在基本系列电动机基础上采取加强结构密封和材料工艺防腐等措施，其性能指标和外形尺寸与基本系列相同	
16	化工防腐蚀型三相异步电动机	YE2-F	0.12~315kW、H63~H355	IP55		根据使用环境条件两个系列分为户外、轻腐蚀、中等腐蚀、强腐蚀等四种防护类型		
17	船用三相异步电动机	YE3-H	0.55~315kW、H80~H355	IP44或IP54	IC411	适用于海洋、江河上一般船舶，能适应环境空气温度为50℃、海拔零米、空气相对湿度不大于95%，并伴有凝露、盐雾、油雾及霉菌等场合，并能经受冲击、振动及颠簸	在基本系列上派生，根据船舶使用的特点，在机座接线盒的结构和材料上、在绝缘处理上和电磁设计上均作了考虑	
18	起重冶金三相异步电动机	YZ	1.5~30kW、H112~H250	IP44（一般环境用）IP54（冶金环境用）	H112~H132 IC411 H160~H400 IC411	适用于冶金辅助设备及各种起重机电力传动用的动力设备，电动机工作制，YZ系列分 S2、S3、S4、S5、S6 五种类型，YZR系列分 S2、S3、S4、S5、S6、S7、S8 七种类型，其基准工作制为S3、40%（即工作制为S3，基准负载持续率为40%，每一工作周期为10min），其他工作制的功率按基准工作制时定额功率的实际温升值确定，由制造厂在产品样本中给出	本系列为特殊专用产品，因其使用在断续工作制的特殊场合，其电磁参数及结构型式均不同于基本系列基本型，强调使用的可靠性，绝缘等级采用F级及H级，分别用于环境温度不超过40℃和60℃的场所	专用系列
		YZR	1.5~200kW、H112~H400					

（续）

序号	系列名称	系列	机座号与功率范围	外壳防护型式	冷却方式	使用特点和场合	与基本系列的关系及其主要特征	备注
19	井用潜水三相异步电动机	YQS2	0.25～500kW、H75～H500	IP×8	ICW08 W41	是驱动井用潜水泵的专用电动机与井用潜水泵组装成井用潜水电泵，潜入井下水中长期工作，适合于广大农村、城市工矿企业和高原山区、城乡抽取地下水之用	本系列为特殊专用产品，其电磁参数、结构型式均不同于基本型，本系列电动机特点是外径尺寸小、电动机细长、内部采用充水式密封结构、导线采用耐水漆包线、机座无底脚、用凸缘安装	专用系列

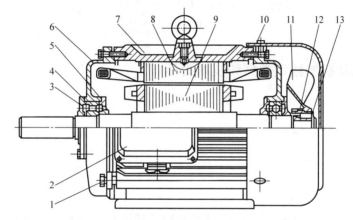

图 2-1 小型三相异步电动机的典型结构（封闭式）

1—紧固件 2—接线盒 3—轴承外盖 4—轴承 5—轴承内盖 6—端盖
7—机座 8—定子铁心 9—转子 10—风罩 11—风扇 12—键 13—轴用挡圈

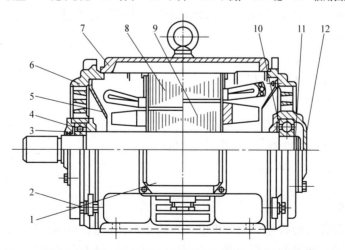

图 2-2 小型三相异步电动机的典型结构（防护式）

1—接线盒 2—紧固件 3,12—轴承外盖 4—轴承 5—挡风板 6—端盘
7—机座 8—定子铁心 9—转子 10—轴承内盖 11—轴用挡圈

电动机由下列主要零部件组成。

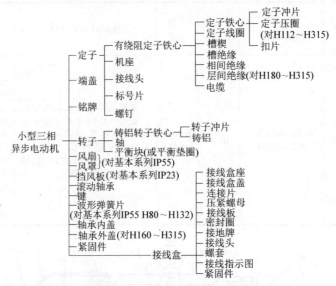

2.1.3 异步电动机的额定数据和技术指标

1. 额定数据

（1）额定功率 P_N（kW）

（2）额定电压 U_N（V）——指定子绕组线端的线电压，我国的标准电压为 380V、660V 及 1140V

（3）额定频率 f_1（Hz）

（4）额定转速 n_N（r/min）——有时给出同步转速 n_1，根据 $n_1 = 60f_1/p$ 的关系，也就限定了电动机的极对数

（5）定额或工作制——连续、短时、重复短时或其他，即 S1、S2 或 S3 等。

2. 主要性能指标 对于笼型三相异步电动机，其设计任务书中规定的主要性能指标：

（1）效率（η）

（2）功率因数（$\cos\varphi$）

（3）最大转矩倍数（T_{max}/T_N）

（4）起动转矩倍数（T_{st}/T_N）

（5）起动电流倍数（I_{st}/I_N）

（6）起动过程中的最小转矩倍数（T_{min}/I_N）

（7）定子绕组温升（$\Delta\theta$）

（8）噪声限值

（9）振动限值

3. 性能指标保证值的容差 电动机电气性能指标保证值的容差应符合表 2-2 的规定。

4. 电动机定子绕组温升 当海拔和环境空气温度符合 GB/T 755—2019 规定时，YE3、YE4 系列异步电动机采用 F 级绝缘，定子绕组的温升（电阻法）为 80K。轴承的允许温度（温度计法）应不超过 95℃。

表 2-2　电气性能指标保证值的容差

序号	电气性能名称	容差
1	效率 η 额定功率在 150kW 及以下 额定功率在 150kW 以上	$-0.15(1-\eta)$ $-0.10(1-\eta)$
2	功率因数 $\cos\varphi$	$-(1-\cos\varphi)/6$,最小绝对值 0.02,最大绝对值 0.07
3	堵转转矩倍数	保证值的-15%,+25%(经协议可超过+25%)
4	最小转矩倍数	保证值的-15%
5	最大转矩倍数	保证值的-10%
6	堵转电流倍数	保证值的+20%
7	转差率(在满载和工作温度下) 额定功率在 1kW 以下 额定功率在 1kW 及以上	转差率保证值的±30% 转差率保证值的±20%

注：转差率保证值＝(同步转速-额定转速（铭牌值))/同步转速。

5. 异步电动机振动和噪声的限值

（1）电动机在空载时测得的振动强度应不超过表 2-3 的规定。

（2）电动机在空载时测得的 A 计权声功率级的噪声限值应符合表 2-4 所规定的数值，电动机在负载时测得的 A 计权声功率级应符合表 2-4 和表 2-5 所规定值之和的数值。

表 2-3　电动机振动强度的有效值

安装方式	轴中心高/mm								
	$80 \leqslant H \leqslant 132$			$132 < H \leqslant 280$			$H > 280$		
	位移 /μm	速度 /(mm/s)	加速度 /(m/s²)	位移 /μm	速度 /(mm/s)	加速度 /(m/s²)	位移 /μm	速度 /(mm/s)	加速度 /(m/s²)
自由悬置	25	1.6	2.5	35	2.2	3.5	45	2.8	4.4
刚性安装	21	1.3	2.0	29	1.8	2.8	37	2.3	3.6

表 2-4　电动机空载时的噪声限值

轴中心高 /mm	同步转速/(r/min)			
	3000	1500	1000	750
	声功率级/dB(A)			
80	62	56	—	—
90	67	59	57	—
100	74	64	61	59
112	77	65	65	61
132	79	71	69	64
160	81	73	73	68
180	83	76	73	70
200	84	76	73	73
225	86	78	74	73
250	89	79	76	75
280	91	80	78	76

（续）

轴中心高 /mm	同步转速/（r/min）			
	3000	1500	1000	750
	声功率级/dB（A）			
315	92	88	83	82
355	97	92	85	89
3551、3552、3553	97	92	91	89
400	97	93	92	91
450	97	95	95	93

表 2-5 电动机负载时噪声限值增量

轴中心高 /mm	同步转速/（r/min）			
	3000	1500	1000	750
	噪声允许最大增加量/dB（A）			
$80 \leqslant H \leqslant 160$	2	5	7	8
$180 \leqslant H \leqslant 200$	2	4	6	7
$225 \leqslant H \leqslant 280$	2	3	6	7
$H = 315$	2	3	5	6
$H \geqslant 355$	2	2	4	5

2.1.4 异步电动机的功率等级与中心高的对应关系

异步电动机的额定功率（kW）等级如下：

0.55，0.75，1.1，1.5，2.2，3，4，5.5，7.5，11，15，18.5，22，30，37，45，55，75，90，110，132，160，200，250，315。

电动机的中心高与转速及功率等级的对应关系见表 2-6。

表 2-6

表 2-6 机座中心高与转速及功率的对应关系

机座号	同步转速/（r/min）			
	3000	1500	1000	750
	额定功率/kW			
80M1	0.75	0.55	—	—
80M2	1.1	0.75	—	—
90S	1.5	1.1	0.75	—
90L	2.2	1.5	1.1	—
100L1	3	2.2	1.5	0.75
100L2	3	3	1.5	1.1
112M	4	4	2.2	1.5
132S1	5.5	5.5	3	2.2
132S2	7.5	5.5	3	2.2
132M1	—	7.5	4	3
132M2	—	7.5	5.5	3

（续）

机座号	同步转速/(r/min)			
	3000	1500	1000	750
	额定功率/kW			
160M1	11	11	7.5	4
160M2	15			5.5
160L	18.5	15	11	7.5
180M	22	18.5	—	—
180L	—	22	15	11
200L1	30	30	18.5	15
200L2	37		22	
225S	—	37	—	18.5
225M	45	45	30	22
250M	55	55	37	30
280S	75	75	45	37
280M	90	90	55	45
315S	110	110	75	55
315M	132	132	90	75
315L1	160	160	110	90
315L2	200	200	132	110
355M1	250	250	160	132
355M2			200	160
355L	315	315	250	200
3551	355	355	—	—
3552	400	400	315	250
3553	450	450	355	315
4001	500	500	400	355
4002	560	560	450	400
4003	630	630	500	—
4501	710	710	560	450
4502	800	800	630	500
4503	900	900	710	560
4504	1000	1000	800	630

注：S、M、L后面的数字1、2分别代表同一机座号和转速下不同的功率。

2.1.5 异步电动机产品的国家及行业标准

关于三相异步电动机的基础国家标准已在本书1.4中作了介绍，关于三相异步电动机的主要国家及行业标准如下：

1）JB/T 10686—2006《YX3 系列（IP55）高效率三相异步电动机技术条件（机座号 80~355）》

2）GB/T 28575—2020《YE3 系列（IP55）三相异步电动机技术条件（机座号 63~355）》

3）JB/T 13299—2017《YE4 系列（IP55）三相异步电动机技术条件（机座号 80~450）》

4）JB/T 7118—2014《YVF2 系列（IP54）变频调速专用三相异步电动机技术条件（机座号 80~315）》

5）GB/T 1032—2012《三相异步电动机试验方法》

2.2 设计技术参数

2.2.1 电磁负荷选择

电负荷 A 和气隙磁通密度 B_δ 决定了电动机的利用系数，即为电动机有效部分单位体积、单位同步转速（或额定转速）的计算视在功率，并与电动机的运行参数和性能密切相关。热负荷 AJ_1 是电负荷 A 与定子绕组电流密度 J_1 的乘积，它表征定子内圆周单位面积上绕组电阻损耗（铜耗），其大小直接影响绕组的用铜量及绕组温升。A、B_δ 及 AJ_1 的取值，都是电动机电路（绕组）设计的重要参量。

电磁负荷选择要点：

（1）电动机输出功率一定时，提高电磁负荷可缩小电动机体积和节约有效材料；

（2）选择较高的 B_δ，定子铁心损耗增加，而定子绕组的铜耗可能降低；

（3）选取较高的 A 或 J_1，绕组铜耗增加；

（4）励磁电流标幺值 $i_m^* \propto B_\delta/A$，若选用较高的 B_δ 或降低 A 值，使 i_m^* 上升，$\cos\varphi$ 降低；

（5）漏抗标幺值 $x^* \propto A/B_\delta$，当 B_δ 较高或 A 较低时，x^* 减小，电动机起动转矩及过载能力提高，但电动机起动电流增大。

小型三相异步电动机电磁负荷和热负荷的控制值见表 2-7 和表 2-8。

表 2-7 小型三相异步电动机电磁负荷控制值

电磁负荷 \ 机座号		H80~H112	H132~H160	H180~H355
定子齿磁通密度	单位为 T	1.50~1.55	1.48~1.54	1.45~1.53
定子轭磁通密度		1.30~1.45	1.30~1.42	1.30~1.40
转子齿磁通密度		1.50~1.56	1.40~1.55	1.40~1.54
转子轭磁通密度		1.00~1.50	1.00~1.50	1.00~1.50
气隙磁通密度		0.65~0.75	0.60~0.78	0.58~0.80
定子电流密度/(A/mm²)		6.5~8.5	4.5~7.5	3.5~6.5
转子导条电流密度/(A/mm²)		3.0~4.5	2.5~4.0	2.0~3.5

定子电流密度的取值与绝缘等级有关，当绝缘等级为 B 级时，定子电流密度一般在 $3.5 \sim 6.5 \text{A/mm}^2$ 范围，采用 F 级绝缘时可适当提高。根据经验通常推荐"定子电流密度:导条电流密度:端环电流密度 $\approx 4:2:1.65$"左右。

表 2-8 小型三相异步电动机热负荷控制值 $\left[\,\text{单位:}\ \text{A}^2/(\,\text{cm}\cdot\text{mm}^2\,)\,\right]$

极数 机座号	2	4	6	8
H80~H132	1400~1600	1500~1900	1600~2000	1700~2100
H160~H280	1100~1400	1300~1700	1400~1800	1500~1900
H315~H355	700~1000	900~1100	900~1100	900~1100

2.2.2 主要尺寸

1. 定转子铁心的主要尺寸 机座中心高及相应定子铁心外径 D_1 对应关系见表 2-9。

表 2-9 中心高及相应的定子铁心外径 D_1 常用值 （单位: mm）

中心高		63	71	80	90	100	112	132	160	180	200
定子 外径	防护型式 IP23								290	327	368
	防护型式 IP55	96	110	120	130	155	175	210	260	290	327
中心高		225	250	280	315	355	400	450	500	560	630
定子 外径	防护型式 IP23	400	445	493	520	560 或 590	630 或 650	710 或 740	800 或 850	900 或 950	990
	防护型式 IP55	368	400	445	520						

定子铁心外径不仅是电磁设计而且是结构设计的重要参数，它不仅关系材料使用（硅钢片的合理套裁等）经济性而且还关系电动机性能。在电磁设计时，当定子铁心外径确定后，其他相关尺寸即容易确定。当采用类比法设计时，通常都是先按表 2-9 数值选定。

定子冲片内、外径见表 2-10。$K_D = D_{i1}/D_1$。2 极，$K_D = 0.528 \sim 0.577$；4 极，$K_D = 0.604 \sim 0.678$；6 极，$K_D = 0.645 \sim 0.730$；8 极，$K_D = 0.65 \sim 0.754$；10 极，$K_D = 0.75 \sim 0.754$。

表 2-10 小型三相异步电动机定子冲片内、外径

中心高 H/mm	冲片外径 D_1/mm	冲片内径 D_{i1}/mm				
		2 极	4 极	6 极	8 极	10 极
		D_{i1}	D_{i1}	D_{i1}	D_{i1}	D_{i1}
63	96	(50)	(58)			
71	110	(58)	(67)	(71)		
80	120	67	75	78	78	
90	130	72	80	86	86	
100	155	84	98	106	106	
112	175	98	110	120	120	
132	210	116	136	148	148	
160	260	150	170	180	180	

（续）

中心高 H/mm	冲片外径 D_1/mm	冲片内径 D_{i1}/mm				
		2 极	4 极	6 极	8 极	10 极
		D_{i1}	D_{i1}	D_{i1}	D_{i1}	D_{i1}
180	290	160 （165）	187	205	205	
200	327	182 （187）	210	230	230	
225	368	210	245	260	260	
250	400	225	260	285	285	
280	445	255	300	325	325	
315	520	300	350	375	390	390
355	590	327	400	423	445	445

注：括号内的数字为 Y2 系列，其余为 Y 系列数据，且 Y2 系列与其相同。

转子内径及转轴铁心档直径，它关系转轴的强度，在不进行机械计算时，参照表 2-11 的经验数值选择。

表 2-11　小型三相异步电动机转子内径 D_{i2}　　（单位：mm）

中心高 H	80	90	100	112	132	160	180	200	225	250	280	315	355
D_{i2}	26	30	38	38	48	60	70	75	80	85	85,100	95,110	110,130, 148,150

2. 主要尺寸比选择　定子有效长度与极距之比 $\left(\lambda = \dfrac{l_{eff}}{\tau_p}\right)$ 称为主要尺寸比。当电动机有效部分体积不变时，λ 值较大的电动机细长，反之则较粗短。λ 值的大小对电动机的技术经济性能有明显的影响。λ 值选择要点：

（1）要求转动惯量小，经常正、反转的电动机，λ 值应较大；

（2）在合理选值范围内，λ 值较大的电动机，绕组端部用铜量及端盖等结构件的材料用量较少，电动机较轻；

（3）λ 值较大的电动机，绕组端部铜耗及端部漏抗减少；线圈匝数较少，减少了线圈加工工时和绝缘材料用量；

（4）λ 值较大时，通风冷却条件变坏，转子刚度可能较差。因铁心冲片数量增加，从而增加了冲片冲剪、铁心叠压和下线的工时。

高速电动机的转子直径受材料强度限制，其 λ 值较大，可达 3~4，而中小型异步电动机的 λ 值，一般为 0.5~3.0。Y 系列电动机 λ 值范围见表 2-12。

表 2-12　Y 系列电动机 λ 值范围

极数/$2p$	2	4	6	8
λ	0.55~0.97	1.02~1.91	1.42~2.32	1.62~2.76

3. 气隙　异步电动机一般选用较小气隙 δ 以降低空载电流和提高功率因数。但 δ 过小时，除了影响机械可靠性外，还会使谐波漏抗增大，导致起动转矩和过载能力下降，附加损耗增加，从而造成较高温升和噪声。

气隙 δ 的大小基本上取决于定子内径、轴的直径、两轴承间转轴长度和电动机的转速。小型异步电动机常用气隙长度见表2-13。

表 2-13　气隙长度常用值　（单位：mm）

中心高		80	90	100	112	132	160	180	200	225	250	280	315
防护型式 IP23	2 极						0.8	1.0	1.1	1.2	1.5	1.6	1.8
	4 极						0.55	0.65	0.7	0.8	0.9	1.0	1.4
	6 极						0.45	0.5	0.5	0.55	0.65	0.7	1.2
	8 极						0.45	0.5	0.5	0.55	0.65	0.7	1.0
防护型式 IP55	2 极	0.3	0.35	0.4	0.45	0.55	0.65	0.8	1.0	1.1	1.2	1.5	1.8
	4 极	0.25	0.25	0.3	0.3	0.4	0.5	0.55	0.65	0.7	0.8	0.9	1.25
	6 极		0.25	0.25	0.3	0.35	0.4	0.45	0.5	0.5	0.55	0.65	1.05
	8 极					0.35	0.4	0.45	0.5	0.5	0.55	0.65	0.9

2.2.3　定、转子冲片槽形

定、转子冲片槽形选择的要点：

（1）使槽有足够的截面积，以保证槽内导体电密在一定范围内；

（2）有足够的齿宽和轭高，使铁心齿、轭部磁通密度不致过高。考虑机械强度或工艺限制，轭高和齿根宽度不宜过小。

（3）符合下线工艺要求，槽满率不能太高。对 63～71 机座，槽满率控制在 70% 左右；对 80～160 机座，槽满率原则上控制在 78% 左右，但不超过 80%；对 180～355 机座，槽满率基本上控制在 80% 以内。

定、转子槽形选择见表 2-14 和表 2-15。

表 2-14　定子槽形的特点及适用范围

序号	槽　形	特　　点	适 用 范 围
1		（1）半闭口槽,槽口小,槽口对气隙磁场的影响小 （2）一般为平行齿,齿部磁通密度分布均匀 （3）圆底,槽利用率高,槽绝缘不易损伤,冲模寿命较长	常用于散嵌绕组
2		（1）半闭口槽,槽口小,槽口对气隙磁场的影响小 （2）一般为平行齿,齿部磁通密度分布均匀 （3）平底,轭部较厚,但槽利用率较圆底差	可用于极数较多的小功率电动机散嵌绕组

2.2.4　定、转子槽数选择和槽配合

1. 定子槽数选择　选择定子槽数 Q_1 时应考虑：

（1）为减少谐波磁动势，除极数较多或在系列设计中两种极数冲片通用的情况外，每极每相槽数 q_1 一般取为整数。当采用分数槽绕组时，则 $q_1 \neq$ 整数。

表 2-15 转子槽形的特点及适用范围

序号	槽 形	特 点	适 用 范 围
1	a) b) c)	(1)平行齿、齿部磁通密度分布均匀,在齿部所需励磁磁动势一定的条件下,平行齿可得到较大的槽面积,齿根宽度也较大 (2)趋肤效应较小	a、b、c 用于小型电动机笼型铸铝转子 a、b 用于采用散嵌绕组的小型电动机绕线转子
2	a) b) c) d)	(1)平行槽(a、b、c)或倒梨形槽(d),槽宽受齿根部分磁通密度及机械强度限制,与平行齿比较槽面积较小 (2)挤流效应较平行齿显著	b、c、d 用于较大功率的小型或中型电动机笼型铸铝转子 a 用于铜笼转子及采用成型绕组的中、大型电动机绕线转子
3	a) b) c)	(1)凸形槽(a)或刀形槽(b、c)由于上部较狭使槽面积受到限制 (2)挤流效应显著,调整槽上部尺寸能有效抑制起动电流,改善起动性能	用于较大功率的小型或中型电动机笼型铸铝转子
4	a) b)	(1)闭口槽,槽漏抗较大,桥拱高度尺寸工艺上不易保证 (2)杂散损耗较小	可用于小型电动机笼型铸铝转子

(2) 为降低杂散损耗及提高功率因数,应选用较多的槽数。但槽数增多时,将增加槽绝缘,降低槽利用率,并增加线圈制造及嵌线工时。

一般异步电动机 q_1 为 2~6,功率小、极数多时取较小值,对功率较大的 2 极电动机 q_1 可达 7~9。

2. 转子槽数选择和槽配合（Q_1/Q_2） 当确定了定子槽数 Q_1 后,笼型转子的槽数 Q_2 将受到 Q_1 的制约,Q_1 和 Q_2 有一个适当的配合。转子槽数 Q_2 应与定子槽数配合确定,定、转子槽配合的选择应使电动机能正常起动,"转矩-转速"特性平滑,起动及运转时无显著振动,电磁噪声、杂散损耗较小。应避免选择表 2-16 所列会产生同步附加转矩及电磁振动噪声的槽配合。表中由定子、转子一阶齿谐波作用产生的同步附加转矩及定子、转子一阶齿谐波次数相差为 1 或 2（指 $i=1,2$）时产生的振动噪声最为严重,一般不能采用,其他一些槽配合如能采取适当措施,例如,选用合适的绕组节距、包含较少谐波成分的绕组、转子斜槽、较大气隙长度等,经过实践验证,符合要求者仍可采用。

异步电动机采用少槽-近槽配合,即转子槽数接近且少于定子槽数,可减少齿谐波磁通在铁心齿中产生的脉振损耗和在斜槽笼型铸铝转子导条间的横向电流损耗,因此,对降低杂散损耗和温升比较有利。但少槽-近槽配合容易产生电磁振动和噪声,也可能会产生同步附加转矩。

三相笼型异步电动机推荐的槽配合见表 2-17。

YE3 系列三相异步电动机的定转子槽配合见表 2-18。

表 2-16　产生同步转矩或振动噪声的槽配合

产 生 后 果	产 生 原 因		
	定子、转子一阶齿谐波相互作用	转子一阶齿谐波与定子相带谐波作用	定子、转子二阶齿谐波相互作用
堵转时产生同步转矩	$Q_2 = Q_1$	$Q_2 = 2pmK$	$Q_2 = Q_1$
电动机运转时产生同步转矩	$Q_2 = Q_1 + 2p$	$Q_2 = 2pmK + 2p$	$Q_2 = Q_1 + p$
电磁制动时产生同步转矩	$Q_2 = Q_1 - 2p$	$Q_2 = 2pmK - 2p$	$Q_2 = Q_1 - p$
可能产生电磁振动噪声	$Q_2 = Q_1 \pm i$ $Q_2 = Q_1 \pm 2p \pm i$	$Q_2 = 2pmK \pm i$ $Q_2 = 2pmK \pm 2p \pm i$	$Q_2 = Q_1 \pm p \pm i$

注：p—电机极对数；m—相数；K—除 0 以外的任意正整数；i—1，2，3 或 4。

表 2-17　三相笼型异步电动机推荐槽配合

极数	定子槽数	转 子 槽 数			
2	18	16			
	24	20			
	30	22	26		
	36	28			
	42	34			
	48	40			
4	24	22			
	36	26	28	32	34
	48	38	44		
	60	38	47	50	
6	36	26	33		
	54	44	58	64	
	72	56	58	86	
8	48	44			
	54	50	58	64	
	72	56	58	86	
10	60	64			
	90	72	80	106	114

表 2-18　YE3 系列三相异步电动机定转子槽配合（Q_1/Q_2）

Q_1/Q_2	机座号								
	80	90	100	112	132	160	180	200	225
2	18/16	24/20	24/20	30/26	36/28	36/28	36/28	36/28	36/28
4	24/22	24/22	36/28	36/28	36/28	48/38	48/38	48/38	48/38
6	—	36/28	48/44	36/28	36/28	54/44	54/44	54/44	54/44

理论分析和实践表明，若 Q_1/Q_2 配合不当将使电动机的性能变坏，甚至不能运行，因此槽配合的选择都是按经验选择。

槽配合选择往往都是采用成熟的推荐值，为此本书介绍世界各国一些槽配合经验推荐值见表 2-19～表 2-31，供设计时参考。

表 2-19 **Richter 推荐的槽配合**

表 2-19

2p	Q_1	Q_2				
		有死点	正转有尖点	反转有尖点	有电磁声	良好
2	24	12,18,24,30 36	14,20,26 32,38	10,16,22 28,34	11—39(奇数)	
	36	12,18,24,30 36,42,48,54	14,20,26,32 38,44,50,56	10,16,22,28 34,40,46,52 58	11—59(奇数)	
	48	12,18,24,30 36,42,48,54 60,66	14,20,26,32 38,44,50,56 62,68	10,16,22,28 34,40,46,52 58,64	11—69(奇数)	
4	24	12,24,36	14,16,26,28	10,20,22,32,	11—39(奇数)	18,30,34,38
	36	12,18,24,36 48	16,20,28,38 40,52	16,20,32,34 44,56	11—59(奇数)	10,14,22,26,46 50,54,58
	48	12,24,36,48 60	16,20,28,40 50,52,64	20,22,32,44 46,56,68	11—69(奇数)	10,14,18,30,34 38,42,54,58,62 66
6	36	18,36,54	21,24,39,42	12,15,30,33 48	11,13,17,19,23,25 29,31,35,37,41,43 47,49,53,55,59	10,14,16,20,22,26 27,28,32,34,38,40 44,45,46,50,51,52 56,57,58
	54	18,27,36,54 72	24,30,42,60 78	12,24,30,48 51,57,66	11,13,17,19,23,25 29,31,35,37,41,43 47,49,53,55,59 61,65,67,71,73 77,79	10,14,15,16,20,21 22,26,28,32,33 34,38,39,40,44 45,46,50,52,56 58,62,63,64,68 69,70,74,75,76
	72	18,36,54,72 90	24,39,42,60 78,96	12,30,33,48 66,69,84	11,13,17,19,23,25 29,31,35,37,41,43 47,49,53,55,59,61 85,89,91,95,97 65,67,71,73,77,79 83	10,14,15,16,20,21 22,26,27,28,32 34,38,40,44,45 46,50,51,52,56 57,58,62,63,64 68,70,74,76,80 81,82,86,87,88 92,93,94,98,99

（续）

$2p$	Q_1	Q_2				
		有死点	正转有尖点	反转有尖点	有电磁声	良好
8	48	24,48,72	28,32,52,56	16,20,40,44 64	15,17,23,25,31 33,39,41,47,49 55,57,63,65	21,22,26,27,29 30,34,35,36,37 43,45,51,53,59 60,61,62
	72	24,36,48,72 96	32,40,56,80	16,32,40,64 68,88	15,17,23,25,31,33 39,41,47,49,55,57 63,65,71,73,79,81 87,89,95,97	30,34,35,37,38 42,43,44,45,46 50,51,52,53,54 58,59,60,61,67 69,75,77,83,84 85,86,90,91,92 93,94,98,99
	96	24,48,72,96 120	32,52,56,80 100,104,128	16,40,44,64 88,92,112	15,17,23,25,31,33 39,41,47,49,55,57 63,65,71,73,79,81 87,89,95,97,103,105 111, 113, 119, 121, 127,129	42,43,45,46,50,51 53,54,58,59,60,61 62,66,67,68,69,70 74,75,76,77,78,82 83,84,85,91,93,99 101,107,108,109,110 114,115,116,117,118 122,123,124,125,126
10	60	30,60	35,40,65,70	20,25,50 55,80	21,29,31,39,41,49 51,59,61,69,71,79	22,23,24,26,27,28 32,33,34,36,37,38 42,43,44,45,46 47,53,54,56,57,63 64,66,67,72,73,74 75,76,77,78
	90	30,45,60,90 120	40,50,70,95 100	40,50,80,85 110	31,39,41,49,51,59,61 69,71,79,81,89,91,99 101,109,111,119	42,43,44,46,47,48 52,53,54,55,56,57 58,62,63,64,65,66 67,68,72,73,74,75 76,77,78,83,84,86 87,93,94,96,97,103 104,105,106,107,108 112—118
	120	60,90,120 150	65,70,100 125,130	80,110,115 140	61,69,71,79,81,89 91,99,101,109,111 119,121,129,131,139 141,149	62,63,64,66,67,68 72—78,82—88,92 93,94,95,96,97,98 102,103,104,105,106 107,113,114,116,117 123,124,126,127 133,134,135,136 137,138,142,143 144,145,146,147 148

表 2-20　HeuBach 推荐的槽配合

表 2-20

$2p$	Q_1	Q_2
2	24	22,20,18,16
	36	34,32,30,26,24,22,20,18
	48	46,44,40,36,34,32,30,26,24
4	24	22,20,18,16
	36	34,32,30,26,24,22,20,18
	48	46,44,40,36,34,32,30,26,24
6	36	30,24,18
	54	48,36,30
	72	66,60,54,48,36
8	48	44,40,36,32,24
	72	68,64,60,52,48,44,40,36
	96	92,88,84,80,72,68,64,60,52,48,44,40,36
10	60	50,40,30
	90	80,60,50
	120	110,100,90,80,60

表 2-21

表 2-21　Unger 推荐的槽配合（一）

$2p$	Q_1	Q_2		
		电磁声	尖点	良好
2	24	13,17,19,21,23,25,27,29 31,37,41	全部	
	36	19—43(奇数),47,51,53,59,61	全部	
	48	29,31,37,41—53(奇数),59 61,67,71,73,79	全部	
4	24	13,17—31(奇数),37,41	12,16,20,…,44 及全部奇数	14,15,18,22,26 30,33,34,35,38 39,42,43
	36	19,21,23,27,29,31,35,37,41 43,47,53,59,61	20,24,28,…,60 及全部奇数	22,25,26,30,33,34 38,39,42,45,46 49,50,51,54,55 57,58
	48	29,31,37,41,43,47,49,53 59,61,67,71,73,79	24,28,32,…,76 及全部奇数	25,26,27,30,33,34 35,38,39,42,45 46,50,51,54,55,57 58,62,63,65,66,69 70,74,75,77,78
6	36	19,23,29,31,35,37,41,43,47 53,59,61	不等于3的奇数倍时	21,27,33,…,57
	54	29,31,35,37,41,43,47,53 55,59,61,67,71,73,79,83,89	不等于3的奇数倍时	27,33,39,…,87
	72	37,41,43,47,53,59,61,65,67 71,73,79,83,89,97,101,103 107,109,113	不等于3的奇数倍时	39,45,51,…,117

表 2-22

表 2-22 Unger 推荐的槽配合（二）

$2p$	Q_1	Q_2		
		电磁声	尖点	良好
8	48	29,31,37,39,41,43,47,49,53,55 57,59,61,67,71,73,79	不等于 4 的奇数倍时	28,36,44,…,76
	72	37,39,41,43,47,53,55,57,59 61,63,67,71,73,79,81,83,89 97,101,103,107,109,113	不等于 4 的奇数倍时	36,44,52,…,108
	96	53,55,57,59,61,67,71,73,79 83,87,89,95,97,101,103,105 107,109,113,123,127,129,131 137,139,149,151,159,163	不等于 4 的奇数倍时	52,60,68,…,156
10	60	31,37,41,43,47,49,51,53,57 59,61,67,69,71,73,79,83,89,97,101	不等于 5 的奇数倍时	35,45,55,…,95
	90	47,49,51,53,59,61,67,69,71,73 79,89,91,97,101,103,107,109,113 123,127,129,131,137,139,149 151,83	不等于 5 的奇数倍时	45,55,65,…,145
	120	61,67,69,71,73,79,83,89 97,101,103,107,109,113,119,121 123,127,129,131,137,139,149,151 157,159,163,167,173,179,181,191 193,197,199	不等于 5 的奇数倍时	65,75,85,…,105

表 2-23

表 2-23 CepreeB 等推荐的槽配合

$2p$	Q_1	Q_2	
		直 槽	斜 槽
2	24		28,16,22
	36		24,28,48,16
	48		40,52
	60		48
4	24	18,30	
	36	30,42,46	24,40,42,60,30,44
	48	38,42,54,58	60,84,56,44
	60		72,48,84,44
6	36	32,34,38,40,44,46	42,48,54,30
	54	44,46,50,52,56,58,62,64,68	72,88,48
	72	58,62,64,68,70,74,76,80,82,86,88	96,90,84,54
8	36		48
	48		72,60
	72		96,84

表 2-24

表 2-24　ПОСТНИКОВ 推荐的槽配合

$2p$	Q_1	Q_2	
		直　槽	斜　槽
2	18		26
	24	32	31,33,34,35
	30	22,28	20,21,23,37,39,40
	36	26,28,44,46	25,27,29,43,45,47
	42	32,34,50,52	
	48	38,40,56,58	37,39,41,55,57,59
4	24		16,30,33,34,35,36
	36	26,44,46	27,28,30,45
	42	52,54	34,53
	48	34,38,56,58,62,64	39,40,57,59
	60	50,52,68,70,74	48,49,51,56,64,69,71
	72	62,64,80,82,86	61,63,68,76,81,83
6	36	26,46	47,49,50
	54	44,64,66,68	42,43,65,67
	72	56,58,62,82,84,86,88	57,59,60,61,83,85,87
	90	74,76,78,80,100,102,104	75,77,79,101,103,105
8	48	34,62	35,61,63,65
	72	58,86,88,90	56,57,59,85,87,89
	84	66,70,98,100,102,104	
	96	78,82,110,112,114	79,80,81,83,109,111,113
10	60	44,46,74,76	57,63,77,78,79
	90	68,72,74,76,104,106,108,110,112	70,71,73,87,93,107,109
	120	86,88,92,94,96,98,102,104,106,134—146(偶数)	99,101,103,117,123,137,139

表 2-25

表 2-25　Kuhlmann 推荐的槽配合

$2p$	Q_1	Q_2			
		死点	尖点	电磁声与振动	可能采用
2	24	18,21	26,29	21—27	19,20,28,30,31—36
	36	18,21,24,27,30	38,41	33—39	19,20,23,25,26,28,29,31,32,40,42
	48	27,30,33,36,39,42	50,53	45—51	28,29,31,32,34,35,37,38,40,41,43,44,52
4	24	18,12	28,34	20—28	13,14,15,16,17,19,29,30,31,32,33,35,36
	36	18,24,30	40,46	32—40	19,20,22,21,23,25,26,27,28,29,31,41,42—45
	48	18,24,30,36,42	52,58	44—52	19—23,26—29,37—41,43,31—35,53—57

（续）

$2p$	Q_1	Q_2			
		死点	尖点	电磁声与振动	可能采用
6	36	18,27	42,51	31,32,34,35,37,38,40,51	19—26,28—30,33,36,39,41—50
	54	18,27,36,45	60,69	49,50,52,53,55,56,58,59	19—26,28—35,37—44,46—48,51,54,57,61—68
	72	18,27,36,45,54,63	78,87	67,68,70,71,73,76,77	19—26, 28—35, 37—44, 46—53, 55—62, 64—66,69
8	48	12,24,36	56,68	42—47,49—54	13—23,25—35,37—41,48,55,57—67,69,70
	72	12,24,36,48,60	80,92	66—71,73—78	13—23,25—35,37—47,49—59,61—65,72,79,81—91
	96	36,48,60,72,84	104,116	90—95,97—102	16—29,31—44,46—53,55,60,65,67,68,69,71—84
10	60	15,30,45	70,85	54,56,57,58,59,61,62,63,64,66	16—29,31—44,46—53,55,60,65,67,68,69,71—84
	90	25,30,45,60,75	100,115	84,86,87,88,89,91,92,93,94	26—29,31—44,46—59,61—74,76—83,85,90,95,97
	120	55,60,75,90,105	130,145	114,116,117,118,119,121,122—124,126	56—59,61—74,76—89,91—104,106—113,115,120 125,127,128,129,131—144

表 2-26　高桥本人推荐的槽配合

表 2-26

$2p$	Q_1	Q_2
2	18	16,22
	24	22,28
	36	28,46
4	24	18,22,26,30
	36	26,30,42,46
	48	34,38,42,54,58
6	36	26,27,28,32,34,38,40,44,45,46
	54	38,39,40,44,45,46,50,52,56,62,63,64,68,69
	72	51,52,56,57,58,62,63,64,68,70,74,76,80,81,82,86,87,88,92,93
8	48	34,35,36,37,38,42,43,45,46,50,51,53,54,58,59,60,61,62
	72	51,52,53,54,58,59,60,61,62,66,67,69,70,74,75,77,78,82,83,84,85,86,90,91,92
	96	67—70,74—78,82—86,90—94,98,99,101,102,106—110,114—118,122—124

表 2-27　M. G. Say 推荐的槽配合

表 2-27

$2p$	Q_1	Q_2	$2p$	Q_1	Q_2
2	18	6,12,24		36	20,34,40,44,46
	24	6,18,30	6	54	18,20,34,36,38,40,44,46,50,52,56,58,62,64
4	24	6,18,30		72	18,20,34,38,40,44,46,50,52,54,56,58,62,64,
	36	6,12,24,30,42,46,48			68,70,74,76,80,82,86,88,90,92
	48	6,12,18,32,34,36,38,42,54,58,60,62			

表 2-28

表 2-28 罗马尼亚电工手册推荐的槽配合

$2p$	Q_1	Q_2	$2p$	Q_1	Q_2
2	18	12,16,22,24	8	48	26,30,34,36,38,58,60
	24	18,20,22,28,30		72	42,46,48,50,52,54,58,60,62,82,84,86,90
	30	18,22,24,34,36		96	54,58,60,62,66,70,72,74,78,82,110,114,118,120
	36	24,28,30,46		120	98,102,138,142,146,150
	42	24,30,34,36,48,52		144	118,122,126,162,166,170,174,178
	48	30,36,40,58,60			
	54	30,36,46,48,60,64,66			
	60	36,48,50,52,70,72			
	72	48,52,54,60,66,76,82,90			
4	24	18,30	10	60	48,52,68,72,74
	36	24,30,42		90	72,74,76,78,102,104,106,108,112
	48	30,36,38,40,58,60		120	96,98,102,104,136,138,142,144,146,148
	60	36,42,48,50,70,72,74		150	122,124,126,128,172,174,176,178,182,184,185,186,188
	72	42,48,54,58,60,62,82,86,90		180	144,146,148,152,154,156,158,204,206,208,212,214,216,218,222,224
	84	48,54,60,66,70,72,90,94,96,98,102			
	96	78,110,114,118			
6	36	20,22,26,28,44,46			
	54	34,36,38,40,44,46,62,64,68			
	72	44,46,50,52,54,56,58,62,82,86,88,90			
	90	50,52,54,56,58,62,64,68,70,72,74,76,94,98,100,104,106,110,112			
	108	86,88,92,94,122,124,128,130,134			
	126	104,106,110,142,146,148,152,154,158			

表 2-29

表 2-29 Liwschitz 推荐的槽配合

$2p$	Q_1	Q_2	$2p$	Q_1	Q_2
2	18	12,24	6	36	20,22,26,46
	24	18,30		54	34,36,38,40,44,64
	30	18,24,36		72	44,46,50,52,54,56,58,62,82,86,88,90
	36	24,30		90	50,52,54,56,58,62,64,68,70,72,74,94,98,100,104
	42	24,30,36,48			
	48	30,36,60			
	54	30,36,48,60,66			
	60	36,48,72			
	72	48,54,60,66,90			
4	24	18,30	8	48	26,30,34,36,38,60
	36	24,30,42		72	42,46,48,50,54,58,60,84,86,90
	48	30,36,40,60		96	54,58,60,62,66,70,72,74,78,82,114,118,120
	60	36,42,48,72			
	72	42,48,54,60,90			
	84	48,54,60,66,72,96,102			

表 2-30

表 2-30　新华成电机厂推荐的槽配合

$2p$	Q_1	Q_2	$2p$	Q_1	Q_2
2	18	22,26,28	8	48	44,52,68,76
	24	10,14,16,22,26,32,34,38,40		60	44,52,56,64,68,88
	30	22,26,34,38,40,44,46		72	52,68,76,92,100
	36	22,26,34,40,44,46,50,52,56,58		84	64,68,76,80,88,92,100,104
	48	34,38,46,50,58,62,70,74		96	68,76,92,100,116
4	24	10,14,22,26,30,32,34,38,42,46		108	76,80,88,92,100,104,112,116,124,128
	36	22,26,34,38,41,46,50,58,62		120	92,116,120,144
	48	34,38,46,50,58,62,66,68,70,74		144	92,100,116,124,140,148,164
	60	46,50,58,62,70,74,78,82,86,88	10	45	25,35,40,50,55,65
	72	62,70,74,82,86,94,98		60	35,55,65,85,95
	84	74,82,86,94,106,110		75	55,65,70,80,85,95,110
	96	74,82,86,94,98,106,110		90	55,65,85,95,115
6	36	21,28,32,33,39,40,44,51,52,56,57		105	70,80,85,95,100,115,125,130,140
	45	33,39,42,48,51,57		120	85,95,115,125,145,155
	54	39,46,50,51,57,58,61,64,68,69,75,76,80,82,86		135	95,100,110,115,125,130,140,145,155,160
	72	51,57,69,75,82,86,87,88,92,98,100,104,106		150	95,115,145,155,185
	90	57,69,87,93,111			
	108	69,87,93,105,111,123,129,141			
	126	75,87,93,105,111,129,141			

表 2-31

表 2-31　Stiel 推荐的槽配合

$2p$	Q_1	Q_2	$2p$	Q_1	Q_2	$2p$	Q_1	Q_2
2	12	10	6	36	30	10	60	50
	18	16		54	48		90	80
	24	22		72	66		120	110
	30	28		90	84		150	140
	36	34		108	102		180	170
4	24	22	8	48	44			
	36	34		72	68			
	48	46		96	92			
	60	58		120	116			
	72	70		144	140			

3. 槽斜度　电动机的负载噪声主要是电磁噪声，电磁噪声的产生与槽配合和槽斜度有很大关系。根据电磁噪声产生的原理，电磁噪声的大小主要与定转子谐波磁场相互作用产生的力波阶次和幅值有关。在铸铝转子中普遍采用斜槽，其主要目的是削弱定转子的齿谐波磁场，从而降低由这些谐波磁场引起的谐波转矩、电磁噪声和附加损耗。斜槽度的大小是否合适，对斜槽效果影响非常显著。所谓斜槽度（sk）是指从转子表面沿圆周方向，转子导条所斜长度 b_{sk} 与定子齿距 t_1 的比值，即 $sk = \dfrac{b_{sk}}{t_1}$。

小型三相异步电动机通过选用合适的槽配合和槽斜度取得了明显的效果，见表 2-32。

表 2-32　小型三相异步电动机槽配合（Q_1/Q_2）和槽斜度 b_{sk} 推荐值

机座号	2 极	4 极	6 极	8 极	10 极
63			—		
71	18/16	24/22	27/30	—	
	$b_{sk}=1.125t_1$	$b_{sk}=1.1t_1$	$b_{sk}=t_1$		
80				36/28	
90			36/28	$b_{sk}=1.16t_1$	
100	24/20		$b_{sk}=1.16t_1$		
	$b_{sk}=1.26t_1$	36/28			
112		$b_{sk}=1.4t_1$			—
132	30/26		36/42	48/44	
160	$b_{sk}=1.2t_1$		$b_{sk}=t_1$	$b_{sk}=1.1t_1$	
180			54/44		
200	36/28	48/38	$b_{sk}=1.23t_1$		
225	$b_{sk}=1.3t_1$	$b_{sk}=1.26t_1$			
250					
280	42/34	60/50	72/58	72/58	
	$b_{sk}=t_1$	$b_{sk}=1.2t_1$	$b_{sk}=1.24t_1$	$b_{sk}=1.33t_1$	
315	48/40	72/64	72/84	72/86	90/72
355	$b_{sk}=t_1$	$b_{sk}=1.16t_1$	$b_{sk}=t_1$	$b_{sk}=t_1$	$b_{sk}=t_1$

2.3　三相异步电动机定子绕组

2.3.1　绕组参数

1. 极距　一个磁极所跨的距离，称为极距，用 τ_p 来表示。若用槽数来表示，以定子槽数 $Q_1=36$、极数 $2p=4$ 为例，则

$$\tau_p=\frac{Q_1}{2p}=\frac{36}{4}=9$$

2. 每极槽数

$$Q_p=\frac{Q_1}{2p}=\frac{36}{4}=9$$

3. 每极每相槽数

$$q_1=\frac{Q_1}{2m_1p}=\frac{36}{2\times3\times2}=3$$

4. 电角度　电动机中每对磁极所占的角度常以电角度来表示，一对磁极对应于 360°电角度。在多极电动机中，电动机的圆周是 360°机械角度，从电动机的磁场观点来看就是 $p\times$ 360°电角度，其中 p 为极对数，则

电角度$=p\times$机械角度

5. 槽距角　为了产生圆形旋转磁场，三相绕组在定子内圆周空间必须是对称分布，即三相绕组的轴线互相间隔120°电角度，相邻两槽间的距离用电角度表示，称为槽距角，即

$$\alpha=\frac{p\times360°}{Q_1}=\frac{2\times360°}{36}=20°$$

6. 相带　如图2-3所示，把每对极在空间占有的360°电角度分成六段，每段占60°电角度，称这样的绕组为60°相带绕组，普通三相异步电动机大都采用60°相带。若把每对极在空间占有的360°电角度分成三段，每段占120°电角度，称这样的绕组为120°相带绕组。下面以三相4极24槽、36槽电动机为例说明60°相带绕组的具体排列，见表2-33。

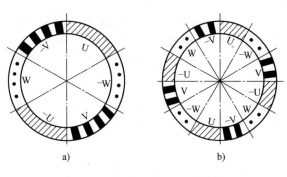

图2-3　60°相带三相绕组的排列
a）2极　b）4极

表2-33　各相槽数表（60°相带）

极槽数	对极　相带 槽号	U		−W		V		−U		W		−V	
4极24槽	第一对极	1	2	3	4	5	6	7	8	9	10	11	12
	第二对极	13	14	15	16	17	18	19	20	21	22	23	24
4极36槽	第一对极	1 2 3		4 5 6		7 8 9		10 11 12		13 14 15		16 17 18	
	第二对极	19 20 21		22 23 24		25 26 27		28 29 30		31 32 33		34 35 36	

7. 极相组　在一个极面下属于一相的线圈串联在一起组成一个线圈组，称为极相组。根据极相组和组间连接线规律，就能直观地判别出电动机极数。定子绕组根据电机的极数与绕组实际形成极数的关系，分为显极和庶极两种接法，显极接法时极相组数等于电机极数，庶极接法等于电机极数的一半。

8. 节距　线圈两个圈边所跨的距离用槽数来表示，称为节距y_1，例如$y_1=8$（1−9）。双层绕组的节距分为短距（$y_1<\tau_p$）、全距（$y_1=\tau_p$）或长距（$y_1>\tau_p$）。

2.3.2　三相绕组设计

1. 交流绕组的基本要求和分类

（1）基本要求　三相交流绕组要求各相相轴在空间互差120°电角度，并有相同的有效匝数，以保证各相的电动势和磁动势对称，即大小相等，相位互差120°电角度，各相并联支路具有相同的电动势、电流和阻抗。同时，要求绕组感应的电动势和产生的磁动势的基波分量尽可能大，而谐波分量尽可能小。

三相异步电动机的绕组视频

（2）分类

1）按绕组布置分，有集中绕组和分布绕组；

2）按相带分，有120°、60°、30°相带绕组；

3）按每极每相槽数（q_1）分，有整数槽绕组和分数槽绕组；

4）按槽内安放线圈层数分，有单层绕组、双层绕组和单双层绕组。

5）按线圈形状和端部连接方式分，有叠绕组、波绕组，以及同心式、链式和交叉式绕组。

（3）单层绕组 单层绕组的特点是每个槽只有一个线圈有效边，整个绕组的线圈数等于电动机槽数的一半。单层绕组嵌线方便，没有层间绝缘，槽的利用率较高，但一般情况下不易做成短距，磁动势波形较双层为差，通常只用于功率较小（例如中心高160以下）的异步电动机。

按表2-33各相带所属的槽号导体组成线圈，由于端部连接的不同，便可构成不同形式的单层绕组。常见的有同心式、链式（$q_1 = 2$）及交叉式（$q_1 = 3$）等形式绕组。图2-4分别

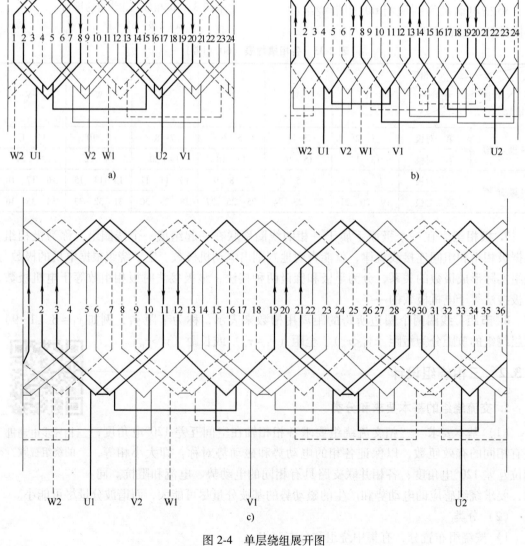

图 2-4　单层绕组展开图

a）4极24槽同心式（庶极）　b）4极24槽链式（显极）　c）4极36槽交叉式

为4极24槽的同心式、链式和4极36槽交叉式绕组展开图。

不论是同心式、链式或交叉式，它们都占有同样的槽号，当通以三相交流电时，产生的磁动势大小及波形相同，具有相同的电磁本质，只不过绕组的端部形状、线圈节距以及线圈间的连接顺序等方面不同。线圈的节距在形式上可能是短距的，但在电磁本质上则是整距的，因此单层绕组的短距系数通常为1。

（4）双层绕组　双层绕组的特点是每个槽内的线圈边分上层和下层，线圈的一个有效边嵌在某槽的下层，另一有效边则嵌在相隔一定槽数的另一个槽的上层，整个绕组的线圈数等于电动机的槽数。双层绕组的主要优点是可以选择有利的节距，以改善电动机的磁动势波形。

双层绕组又分为叠绕组和波绕组，如图2-5所示。

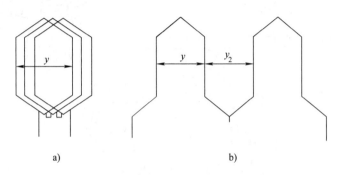

图2-5　叠绕组和波绕组

a）叠绕组　b）波绕组

双层叠绕组用于异步电动机定子绕组，而双层波绕组多用于绕线转子异步电动机的转子绕组。双层叠绕组的展开图和圆形接线图分别如图2-6和图2-7所示，双层波绕组的展开图如图2-8所示。

2. 绕组形式的选择　功率较小的电动机常选用单层绕组，当每极每相槽数 $q_1 = 2$ 时，为单层链式绕组；$q_1 = 3$ 时为单层交叉式绕组；$q_1 = 4$ 时为单层同心式绕组（对于 $p = 1$ 的电动机，$q_1 = 3 \sim 6$）；功率较大的中

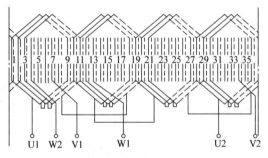

图2-6　双层叠绕组展开图

注：$p = 2$　$Q_1 = 36$　$q_1 = 3$　$y = 8$

小型电动机，选用双层叠绕组。在基本系列电动机中，对H160及以下，选用单层绕组；对H180及以上，选用双层叠绕组。

三相绕组联结方法一般有星形（Y）联结和三角形（△）联结。小型电动机 $P_N \leqslant 3.0\text{kW}$ 时，一般用Y联结，功率较大时因考虑采用Y-△起动，一般用△联结。

3. 绕组节距的选择　选择绕组节距，应从电动机具有良好电气性能、工艺性能和节省材料诸方面考虑。

为了削弱高次谐波，双层绕组都采用短距绕组。从电机原理中知道，要想消除 ν 次谐波，绕组节距 y 与每极槽数 Q_{p1} 之间的关系应满足下式：

$$y = \left(1 - \frac{1}{\nu}\right) Q_{p1} \tag{2-1}$$

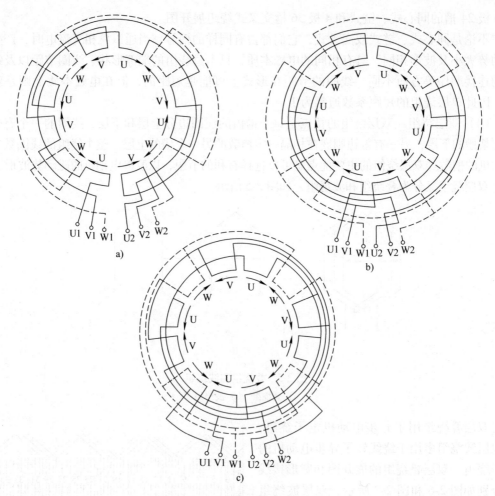

图 2-7　圆形接线图
a) 4 极一路　b) 4 极二路　c) 4 极四路

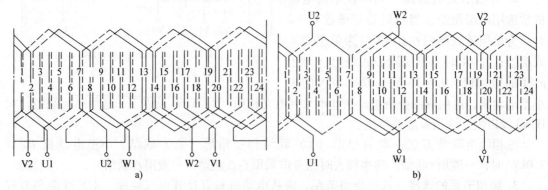

图 2-8　双层波绕组展开图
a) 正常　b) 简化

注：$p=2$　$Q_1=24$　$q_1=2$

例如，要消除 5 次谐波，则取 $y=\left(1-\dfrac{1}{5}\right)Q_{p1}=\dfrac{4}{5}Q_{p1}$；要消除 7 次谐波，则取 $y=\dfrac{6}{7}Q_{p1}$。

由此可见，取 $y=\left(\dfrac{4}{5}\sim\dfrac{6}{7}\right)Q_{p1}=\dfrac{5}{6}Q_{p1}\approx(0.8\sim0.86)Q_{p1}$ 时，对于削弱 5 次、7 次谐波有良好的效果。

y 与 Q_{p1} 的比值称为短距比或节距系数，用 β 表示，即

$$\beta=\frac{y}{Q_{p1}} \tag{2-2}$$

常用的短距比 β 值列于表 2-34。

对于两极电动机的双层绕组，为了下线方便通常采用 $y\approx\dfrac{2}{3}Q_{p1}$。

表 2-34　常用的短距比 β 值

每极每相槽数	2	3	4	5	6
最好的 β 值	5/6	7/9	10/12	12/15	14/18 或 15/18
满意的 β 值	—	8/9	9/12	13/15	13/18 或 16/18

4. 绕组系数计算

（1）分布系数

$$K_{d1}\approx\frac{\sin\left(\dfrac{\alpha q_1}{2}\right)}{q_1\sin\left(\dfrac{\alpha}{2}\right)} \tag{2-3}$$

式中，对 60° 相带绕组，$q_1=\dfrac{Q_1}{2m_1 p}$；对 120° 相带绕组，$q_1=\dfrac{Q_1}{m_1 p}$；槽距电角度 $\alpha=\dfrac{p\times360°}{Q_1}$。

对于分数槽绕组，计算分布系数 K_{d1} 时，应先将 q_1 化为假分数，即 $q_1=b+\dfrac{c}{d}=\dfrac{N}{d}$，取其分子 N 代替 q_1，并以分母 d 除 α 之后代替 α，再用上式计算 K_{d1} 值。

（2）短距系数

$$K_{p1}=\sin(\beta\times90°) \tag{2-4}$$

式中，短距比或节距系数 $\beta=\dfrac{y}{\tau}=\dfrac{y}{m_1 q_1}$。

（3）绕组系数　绕组系数 K_{dp1} 按下式计算：

$$K_{dp1}=K_{d1}K_{p1} \tag{2-5}$$

60° 相带整数槽绕组常用节距及基波绕组系数见表 2-35。

表 2-35　60° 相带整数槽绕组常用节距及基波绕组系数

q_1	2	3		4			5			6		
y	5 (1~6)	7 (1~8)	8 (1~9)	9 (1~10)	10 (1~11)	11 (1~12)	10[1] (1~11)	12 (1~13)	13 (1~14)	12[1] (1~13)	14 (1~15)	15 (1~16)	16 (1~17)
β	5/6	7/9	8/9	9/12	10/12	11/12	10/15	12/15	13/15	12/18	14/18	15/18	16/18
K_{p1}	0.966	0.940	0.985	0.924	0.966	0.991	0.866	0.951	0.978	0.866	0.940	0.966	0.985
K_{d1}	0.966	0.960	0.960	0.958	0.958	0.958	0.957	0.957	0.957	0.956	0.956	0.956	0.956
K_{dp1}	0.933	0.9024	0.9456	0.880	0.9254	0.9494	0.8288	0.9101	0.9359	0.8279	0.8986	0.9235	0.9417

① 该节距只用于 $2p=2$ 的电动机。

2.4 三相异步电动机的电磁设计

2.4.1 三相异步电动机电磁计算主要内容和设计流程

电磁设计计算包括绕组计算、磁路计算、参数计算、运行性能计算和起动性能计算等主要内容。

在三相异步电动机设计中，广泛采用标幺值进行计算。标幺值是实际值与基值之比，用右上角带"＊"的字母表示。目前，工厂常用的中小型三相异步电动机电磁计算程序中选用的基值是：

(1) 电压基值为电动机额定相电压 U_1（V）；

(2) 功率基值为电动机额定功率 $P_N \times 10^3$（W）；

(3) 电流基值为每相功电流 I_{kW}（A），$I_{kW} = \dfrac{P_N \times 10^3}{m_1 U_1}$，式中 m_1 表示定子绕组相数；

(4) 阻抗基值 Z_N（Ω），$Z_N = \dfrac{U_1}{I_{kW}} = \dfrac{m_1 U_1^2}{P_N \times 10^3}$；

(5) 转矩基值为电动机的额定转矩 T_N（N·m），$T_N = \dfrac{P_N \times 10^3}{2\pi n_N / 60} = 9550 \dfrac{P_N}{n_N}$。

电磁计算的设计计算流程如图 2-9 所示。

2.4.2 三相异步电动机的电磁计算

迄今为止电动机的电磁设计普遍采用"路"的计算方法，近年来又发展了场路耦合算法和优化设计方法，但企业中多以"路"的算法为主，因此电磁计

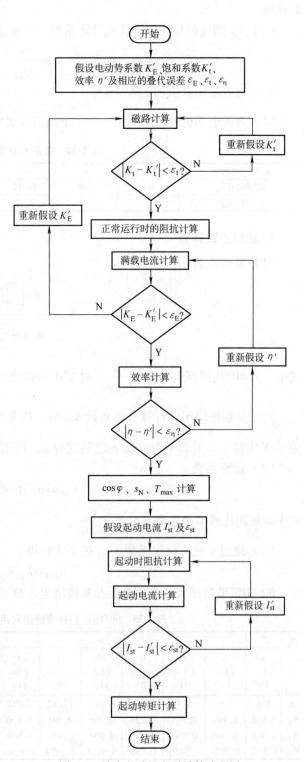

图 2-9 异步电动机电磁计算流程图

算公式都是基于三相绕组的磁动势和磁场、磁路、等效电路、相量图和功率平衡等。

1. 三相绕组的磁动势和磁场 三相异步电动机中的磁场是由绕组磁动势产生的，从图 2-10 可以看出，三相绕组基波磁动势与各相矩形波磁动势合成的阶梯形三相绕组磁动势具有相同的极数、相同的旋转方向和旋转速度。电动机中的旋转磁场主要是由三相绕组基波磁动势所产生的，因而基波磁动势决定了电动机的基本电磁性能。电动机的极数、旋转磁场的同步转速和旋转方向都是针对基波磁动势产生的旋转磁场而言的。

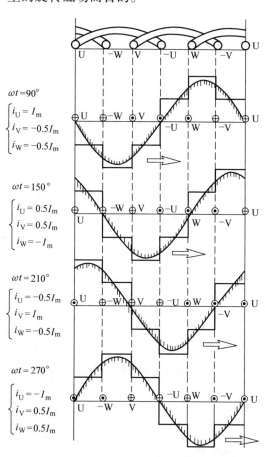

如图 2-10 所示，当三相绕组是对称的（即每相绕组的匝数相等，且三相绕组在空间分布互差 120° 电角度），三相绕组电流也是对称的（即每相电流幅值相等，且在时间上互差 120° 电角度），则三相合成的基波旋转磁动势的幅值是不变的，它的幅值为单相基波磁动势最大幅值的 $\frac{3}{2}$ 倍。

对于图 2-11 所示单相集中整距绕组，线圈匝数等于每槽导体数 N_{s1}。如果每一导体中通过电流的有效值为 I，其最大值为 $\sqrt{2}I$，则线圈通电产生的磁动势最大值为 $\sqrt{2}N_{s1}I$。由于整个闭合磁路是由两段对称的磁路所组成，每段磁路所需的磁动势（即每极磁动势）等于线圈磁动势的一半，也即矩形波的最大幅值为

$$F_{矩} = \frac{\sqrt{2}}{2}N_{s1}I \qquad (2\text{-}6)$$

式中，N_{s1} 为每槽导体数。根据谐波分析，矩形波磁动势可分解为基波和一系列谐波磁动势，其基波磁动势最大幅值 F_{m1} 为 $F_{矩}$ 的 $\frac{4}{\pi}$，即

图 2-10 两极电动机集中整距三相绕组的基波磁动势

$$F_{m1} = \frac{4}{\pi}F_{矩} = \frac{4}{\pi}\frac{\sqrt{2}}{2}N_{s1}I \qquad (2\text{-}7)$$

由 q_1 个短距线圈组成的单相分布绕组的基波磁动势最大幅值为

$$F_{基} = q_1 F_{m1} K_{d1} K_{p1} = \frac{4}{\pi}\frac{\sqrt{2}}{2}q_1 N_{s1} K_{dp1} I \qquad (2\text{-}8)$$

式中，K_{dp1} 为基波磁动势的绕组系数，它表示绕组采用分布和短距后对基波磁动势总的削弱程度

$$K_{dp1} = K_{d1}K_{p1}$$

三相绕组的磁动势是由三个单相绕组共同产生的。三相绕组基波磁动势幅值等于单相基

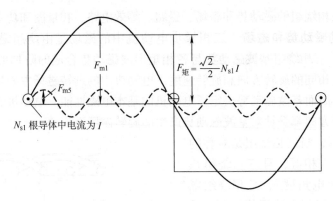

图 2-11　单相集中整距绕组的基波和谐波磁动势

波磁动势最大幅值的 $\dfrac{3}{2}$ 倍，推广到定子相数为 m_1 的一般情况，则为 $\dfrac{m_1}{2}$ 倍，即

$$F_1 = \frac{m_1}{2} F_{\text{基}} = \frac{m_1}{2}\,\frac{4}{\pi}\,\frac{\sqrt{2}}{2}q_1 N_{\text{s1}} K_{\text{dp1}} I = \frac{m_1 q_1 N_{\text{s1}} K_{\text{dp1}} I}{2.22} \tag{2-9}$$

令 I_1 为相电流的有效值，a_1 为相绕组的并联支路数，则每条支路的电流（即流过每个线圈的电流）$I = \dfrac{I_1}{a_1}$。

令 $N_{\Phi1}$ 为由 $2p$ 个极组成的每相串联导体数，则 $N_{\Phi1} = \dfrac{2q_1 N_{\text{s1}} p}{a_1}$，或 $N_{\text{s1}} = \dfrac{N_{\Phi1} a_1}{2q_1 p}$。则得三相绕组合成基波磁动势幅值为

$$F_1 = \frac{m_1 N_{\Phi1} K_{\text{dp1}} I_1}{4.44 p} = 1.35\,\frac{N_{\Phi1} K_{\text{dp1}} I_1}{2p} \tag{2-10}$$

用分析基波磁动势的同样方法可以求得三相绕组的 ν 次谐波磁动势幅值为

$$F_\nu = \frac{m_1 N_{\Phi1} I_1}{4.44 p}\,\frac{K_{\text{dp}\nu}}{\nu} = 1.35\,\frac{N_{\Phi1} K_{\text{dp}\nu} I_1}{2\nu p} \tag{2-11}$$

式中，$K_{\text{dp}\nu} = K_{\text{d}\nu} K_{\text{p}\nu}$ 为第 ν 次谐波磁动势的绕组系数，它表示绕组采用分布和短距后对 ν 次谐波磁动势总的削弱程度。

为了使异步电动机具有较好的性能（例如起动好、效率高等），要求三相绕组产生的旋转磁场在空间作正弦分布。磁场是在磁动势作用下产生的，因此首先要求三相绕组的磁动势沿气隙作正弦分布。磁场的强弱不仅取决于磁动势的大小，而且与磁路的磁阻有关，即与磁路材料的导磁性能和几何尺寸有关。由于磁路的饱和，在正弦分布的磁动势作用下将产生非正弦分布的磁场，如图 2-12 所示。在波顶一段由于磁路中的磁通密度较大，磁阻增大，使磁场曲线波顶下降，即磁场波形畸变，产生了一系列谐波。

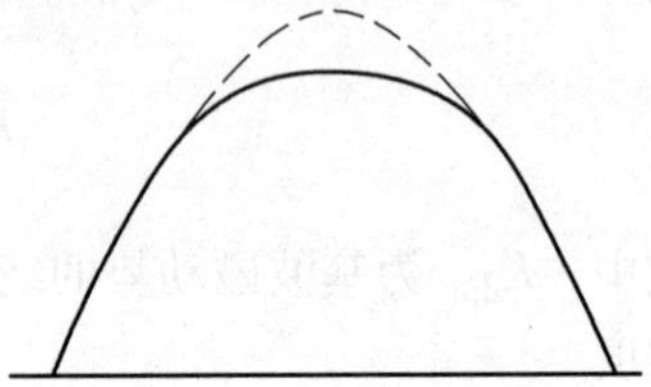

电动机的铁心都开有齿槽，它们对磁场的影响与谐波磁动势对磁场的影响是相同的。在实际电动机中，由于定子、转子有齿槽存在，引起了定、转子之间气隙的不均匀，即沿气隙各点的磁阻是不相等的。因此即使在正弦磁动势的作用

图 2-12　磁路饱和引起的磁场波形畸变

下，也将产生非正弦分布的磁场。它除了基波磁场外，也还会有一定分量的谐波磁场。因为是由齿槽存在而产生的谐波磁场，故把这种谐波称为齿谐波。图2-13是在$q=2$的三相绕组正弦分布磁动势作用下所产生的气隙磁场波形（曲线1）。为了使问题简化，这里假定转子是具有光滑表面的。我们可以把磁场（曲线1）分解成基波（曲线2）和齿谐波（曲线3）。由图中曲线3可以看出，齿谐波的各个波的幅值是不等的，它又包含了许多次谐波，通过谐波分析可得它们的谐波次数为

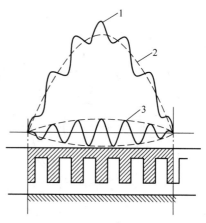

$$\nu_z = 6kq_1 \pm 1 \quad (k = 1, 2, \cdots)$$

当$k=1$时的齿谐波称为一阶齿谐波，$k=2$时的齿谐波称为二阶齿谐波，依此类推。

图2-13　齿谐波磁场

每极每相槽数q_1值不同，则相应的齿谐波次数也不同。不同q_1值的一阶齿谐波次数见表2-36。

表2-36　不同q_1值的一阶齿谐波次数

每极每相槽数q_1	1	2	3	4	5
一阶齿谐波次数	5、7	11、13	17、19	23、25	29、31

在确定的q_1值下，磁动势中的齿谐波次数和由于定子齿槽引起气隙不均匀产生的磁场齿谐波次数是相同的。绕组的分布和短距都不能有效地削弱齿谐波，设计时通常是采用转子斜槽来达到这一目的。转子上的槽不是与轴线平行，而是斜过一个角度，一般使转子槽斜过的距离约等于一个定子齿距t_1。

由图2-13中曲线3可以看出，齿谐波的一个波长（即齿谐波一个周期的长度）近似等于一个定子齿距t_1。因此，当转子斜槽约一个定子齿距t_1时，转子导条斜的宽度等于齿谐波磁场的一个波长，如图2-14所示。根据电磁感应定律，转子导条切割齿谐波磁场所产生的电动势$e_z = B_z l v$，其中转子导体长度l和切割速度v都是一个常数，因此，电动势e_z将与齿谐波磁通密度B_z成正比。由图2-14可以看出，由于转子导条两半部所在处B_z是大小相等、方向相反，故在导体两半部产生的电动势e_z也是大小相等、方向相反。这两部分电动势将互相抵消，在转子导条中将不会产生相应的电流。

三相异步电动机设计时采取主磁场和谐波磁场分别处理的办法。磁路计算主要是主磁场计算，磁路计算方法基于全电流定律（$\sum NI = \sum Hl$）。在进行磁路计算时首先要计算磁通，由磁通计算磁密，由磁通密度和磁路结构计算主磁路各部分（见图2-15）所需磁压降，最后确定电动机所需的总磁压降，该磁压降即为绕组产生的主磁路磁动势。

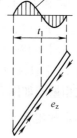

2. 三相异步电动机的等效电路　根据电机原理，三相异步电动机的 T 形等效电路如图2-16所示。简化等效电路如图2-17所示。

图2-14　斜槽削弱齿谐波磁场的作用

三相异步电动机等效电路和相量图视频

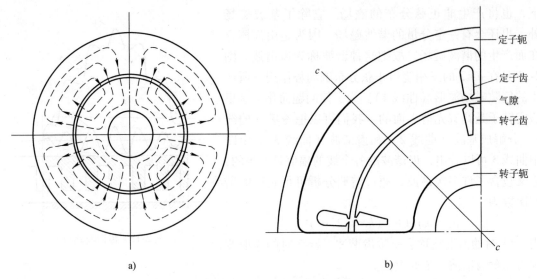

图 2-15 异步电动机磁场和磁势

a) 4 极异步电动机的磁场 b) 4 极异步电动机的磁路

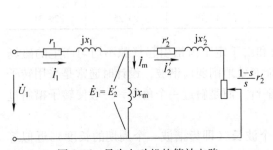

图 2-16 异步电动机的等效电路

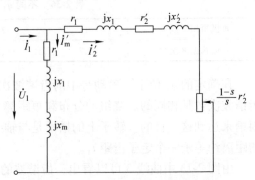

图 2-17 异步电动机的简化等效电路

分析异步电动机的电磁关系时，除了用基本方程式和等效电路外，还可以用相量图。从相量图上可以清楚地看出异步电动机中各物理量的大小和相位关系，故相量图是分析异步电动机的一个重要工具。图 2-18 就是异步电动机在某负载下的相量图。

下面讨论 E_1 和 U_1 的关系，我们知道

$$\dot{U}_1 = -\dot{E}_1 + \dot{I}_1(r_1 + jx_1) \qquad (2\text{-}12)$$

相应的相量图如图 2-18a（未按比例）所示。通常 γ 角很小，近似计算时可以忽略不计，其相应的简化相量图如图 2-18b 所示。

把定子额定相电流 $\dot{I}_1$ 分解为有功分量 $\dot{I}_P$ 和无功分量 $\dot{I}_R$，即

$$\dot{I}_1 = \dot{I}_P + \dot{I}_R \qquad (2\text{-}13)$$

式中

$$I_P = I_1\cos\varphi$$

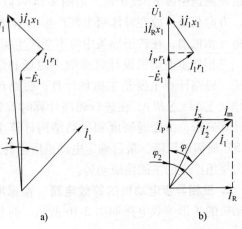

图 2-18 相量图

$$I_R = I_1 \sin\varphi$$

因此，阻抗压降 $\dot{I}_1 r_1$ 和 $j\dot{I}_1 x_1$ 中与电压 $\dot{U}_1$ 的同相部分为

$$\left. \begin{array}{l} I_1 r_1 \cos\varphi = I_P r_1 \\ I_1 x_1 \sin\varphi = I_R x_1 \end{array} \right\} \tag{2-14}$$

这样，在数值上可写成

$$E_1 = U_1 - (I_P r_1 + I_R x_1) \tag{2-15}$$

将 I_P、I_R、r_1、x_1 取标幺值，则

$$\begin{aligned}
E_1 &= U_1 - \left(\dfrac{I_P}{I_{kW}} \dfrac{\dfrac{r_1}{U_1}}{\dfrac{U_1}{I_{kW}}} + \dfrac{I_R}{I_{kW}} \dfrac{\dfrac{x_1}{U_1}}{\dfrac{U_1}{I_{kW}}} \right) I_{kW} \dfrac{U_1}{I_{kW}} \\
&= U_1 - (I_P^* r_1^* + I_R^* x_1^*) U_1 \\
&= U_1 - \varepsilon_L U_1 \tag{2-16}
\end{aligned}$$

即

$$E_1 = (1 - \varepsilon_L) U_1 = K_E U_1 \tag{2-17}$$

$$\varepsilon_L = I_P^* r_1^* + I_R^* x_1^* \tag{2-18}$$

式中，$K_E = 1 - \varepsilon_L$ 为电动势系数，它表示了定子电流为额定值时，E_1 和 U_1 的数量关系。

转子电流

$$\dot{I}_2' = \dot{I}_P + \dot{I}_X \tag{2-19}$$

$$I_2' = \sqrt{I_P^2 + I_X^2} \tag{2-20}$$

$$I_2 = \frac{m_1 N_{\Phi 1} K_{dp1}}{Q_2} I_2' \tag{2-21}$$

电动机设计程序中运行性能的计算是通过等效电路中参数（电阻、电抗）的计算，按等效电路基本方程式和相量图中的相量关系进行计算的。

3. 电动机的功率平衡　电动机是一种能量转换的电磁机械，它把电能转换成机械能。电动机中能量的转换都是通过转子上所感生的电磁力而产生电磁转矩来实现的。电动机在能量转换的过程中必然发生各种损耗（功率），各种功率平衡关系如图 2-19 所示。

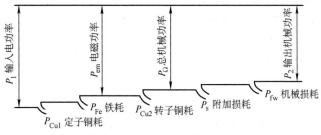

图 2-19　异步电动机的功率图

在异步电动机的设计程序中，各种损耗、输入输出功率以及效率等关系都符合功率平衡关系，即能量守恒。功率是单位时间所产生或消耗的能量。而转矩与角速度的乘积等于产生或消耗的功率，由此可见电磁转矩是电动机中进行机电能量转换的关键。这些都是电动机电磁计算中不可缺少的项目。

在按计算公式进行各种损耗计算时，电动机的铜耗和基本铁耗的计算都可以认为比较准

确。电动机的机械损耗按推荐公式估算时其结果误差较大，从而使电动机的效率下滑。由于机械损耗主要是轴承的摩擦损耗和通风损耗，它与电动机型式、转速及体积有关。由于受结构、工艺很多因素的影响，难以计算准确。目前在电动机设计中普遍采用类比法，即根据已生产的电动机所测定的机械损耗 P_{fw} 类比选定。

2.5 三相单笼型异步电动机电磁计算程序

除特殊注明外，电磁计算程序中的单位均按目前电机行业电磁计算时习惯使用的单位，尺寸以 cm（厘米）、面积以 cm² （平方厘米）、电压以 V（伏）、电流以 A（安）、功率和损耗以 W（瓦）、电阻和电抗以 Ω（欧姆）、磁通以 Wb（韦伯）、磁通密度以 T（特斯拉）、磁场强度以 A/cm（安/厘米）为单位。

程序说明：

（1）凡符号上有"＊"号者为标幺值。各量之基值：功率为 P_2、电压为 U_1、电流为 I_{kW}、阻抗为 U_1/I_{kW}。

（2）凡符号上有"′"号者为计算（理论）值或假定值。

（3）所有电压、电流及阻抗为相值。

（4）转子各参数均已换算到定子侧。

一、额定数据及主要尺寸

1. 输出功率 P_2（kW）

2. 电源相电压 U_1、线电压 U

$$Y联结 \quad U_1 = \frac{U}{\sqrt{3}}$$

$$\triangle联结 \quad U_1 = U$$

3. 功电流 $\quad I_{kW} = \frac{P_2 \times 10^3}{m_1 U_1}$

4. 效率 η'（按照设计任务的规定）

5. 功率因数 $\cos\varphi'$（按照设计任务的规定）

6. 极对数 p

7. 定、转子槽数 Q_1、Q_2

8. 定、转子每极槽数 $\quad Q_{p1} = \frac{Q_1}{2p} \quad Q_{p2} = \frac{Q_2}{2p}$

9. 定、转子冲片尺寸（见图 2-20）。

10. 极距 $\quad \tau_p = \frac{\pi D_{i1}}{2p}$

11. 定子齿距 $\quad t_1 = \frac{\pi D_{i1}}{Q_1}$

12. 转子齿距 $\quad t_2 = \frac{\pi D_2}{Q_2}$

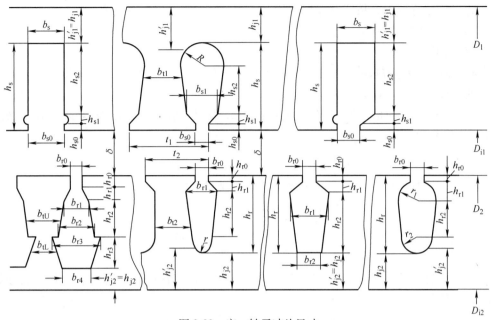

图 2-20　定、转子冲片尺寸

13. 节距 y 以槽数计

14. 转子斜槽宽　b_{sk}（一般取一个定子齿距 t_1，也可按需要设计）

15. 每槽导体数　双层线圈　$N_{s1} = 2 \times$ 每圈匝数

　　　　　　　　单层线圈　$N_{s1} =$ 每圈匝数

16. 每相绕组串联导体数　　　　$N_{\Phi 1} = \dfrac{Q_1 N_{s1}}{m_1 a_1}$

式中　a_1——并联路数。

17. 绕组线规（估算）　　　　$N_1' S_1' = \dfrac{I_1'}{a_1 J_1'}$

式中　$N_1' S_1'$——导线并绕根数×导线截面积（mm^2）；

　　　　I_1'——定子电流初步估计值（A），$I_1' = \dfrac{I_{kW}}{\eta' \cos\varphi'}$；

　　　　J_1'——定子电流密度（A/mm^2），按经验选用。

根据 $N_1' S_1'$ 参照书末附表 A-1，选定铜线规格 d_1/d_{1i} 和并绕根数 N_1。

18. 槽满率（见图 2-21）

（1）槽面积　$S_s = \dfrac{2R + b_{s1}}{2}(h_s' - h) + \dfrac{\pi R^2}{2}$

式中　h——槽楔厚度，按实际厚度选用。

（2）槽绝缘占面积　双层　$S_i = C_i (2h_s' + \pi R + 2R + b_{s1})$

　　　　　　　　　　单层　$S_i = C_i (2h_s' + \pi R)$

（3）槽有效面积　$S_e = S_s - S_i$

（4）槽满率　$Sf = \dfrac{N_1 N_{s1} d_{1i}^2}{S_e}$

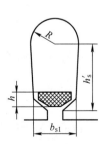

图 2-21　槽满率

式中　C_i——绝缘厚度，按实际厚度选用；

　　　d_{1i}——导线加绝缘后外径。

19. 铁心长 l

铁心有效长　$l_{eff} = l + 2\delta$

净铁心长　　$l_{Fe} = K_{Fe}l$

式中　K_{Fe}——铁心叠压系数，冷轧硅钢片：H132 及以下取 0.97，H160 及以上取 0.96。

20. 绕组系数　$K_{dp1} = K_{d1}K_{p1}$

（1）分布系数　$K_{d1} = \dfrac{\sin\left(\dfrac{\alpha}{2}q_1\right)}{q_1\sin\dfrac{\alpha}{2}}$ 或查本章附录表 2A-1。

式中　60° 相带，$q_1 = \dfrac{Q_1}{2m_1p}$；120° 相带，$q_1 = \dfrac{Q_1}{m_1p}$；$\alpha = \dfrac{p \times 360°}{Q_1}$。

注：分数槽绕组的分布系数，应将 q_1 化为假分数后，取其分子代替 q_1，并以假分数的分母除 α 之值代替 α。

（2）短距系数　$K_{p1} = \sin(\beta \times 90°)$ 或查本章附录表 2A-2。

式中　$\beta = \dfrac{y}{Q_{p1}}$。

21. 每相有效串联导体数　$N_{\Phi1}K_{dp1}$

二、磁 路 计 算

22. 每极磁通　$\Phi = \dfrac{E_1}{2.22fN_{\Phi1}K_{dp1}}$

式中　$E_1 = (1 - \varepsilon'_L)U_1$。

注：满载电动势系数 $(1 - \varepsilon'_L)$ 之值，最初可假定为 0.85~0.95（功率大者和极数少者用较大值）。

23. 齿部截面积

定子　$S_{t1} = b_{t1}l_{Fe}Q_{p1}$

转子　$S_{t2} = b_{t2}l_{Fe}Q_{p2}$

注：齿宽 b_{t1}、b_{t2} 对非平行齿取靠近最狭的 1/3 处。

24. 轭部截面积

定子　$S_{j1} = h'_{j1}l_{Fe}$

式中　h'_{j1} 定子轭部磁路计算高度：圆底槽　$h'_{j1} = \dfrac{D_1 - D_{i1}}{2} - h_s + \dfrac{1}{3}R$；

平底槽　$h'_{j1} = \dfrac{D_1 - D_{i1}}{2} - h_s$；

转子　$S_{j2} = h'_{j2}l_{Fe}$，

式中　h'_{j2} 转子轭部磁路计算高度　圆底槽　$h'_{j2} = \dfrac{D_2 - D_{i2}}{2} - h_r + \dfrac{1}{3}r_2$；

$$梯形槽 \quad h'_{j2}=\frac{D_2-D_{i2}}{2}-h_r。$$

注：转子直接套在轴上的 2 极电动机应以 $D_{i2}/3$ 代替 D_{i2}。

25. 气隙面积 $S_{\delta}=\tau_p l_{\text{eff}}$

26. 波幅系数 $F_s=\dfrac{\Phi_{最大}}{\Phi_{平均}}$

注：先假定饱和系数 K'_t，从本章附录图 2C-1 中查出 F_s。对铁心不饱和电动机，$F_s=\pi/2$。

27. 定子齿磁通密度 $B_{t1}=F_s\dfrac{\Phi}{S_{t1}}\times10^4$

28. 转子齿磁通密度 $B_{t2}=F_s\dfrac{\Phi}{S_{t2}}\times10^4$

29. 定子轭磁通密度 $B_{j1}=\dfrac{1}{2}\dfrac{\Phi}{S_{j1}}\times10^4$

30. 转子轭磁通密度 $B_{j2}=\dfrac{1}{2}\dfrac{\Phi}{S_{j2}}\times10^4$

31. 气隙磁通密度 $B_{\delta}=F_s\dfrac{\Phi}{S_{\delta}}\times10^4$

32. H_{t1}、H_{t2}、H_{j1}、H_{j2} 分别根据 B_{t1}、B_{t2}、B_{j1}、B_{j2} 按实际采用的硅钢片磁化曲线查出。

33. 齿部磁路计算长度

定子　圆底槽 $\quad h'_{t1}=h_{s1}+h_{s2}+\dfrac{1}{3}R$

半开口平底槽 $\quad h'_{t1}=h_{s1}+h_{s2}$

开口平底槽 $\quad h'_{t1}=h_s$

转子　圆底槽 $\quad h'_{t2}=h_{r1}+h_{r2}+\dfrac{1}{3}r_2$

平底槽 $\quad h'_{t2}=h_{r1}+h_{r2}$

34. 轭部磁路计算长度

定子 $\quad l'_{j1}=\dfrac{\pi(D_1-h'_{j1})}{4p}$

转子 $\quad l'_{j2}=\dfrac{\pi(D_{i2}+h'_{j2})}{4p}$

35. 有效气隙长度 $\delta_e=\delta K_{\delta1}K_{\delta2}$

式中　$K_{\delta1}$、$K_{\delta2}$ 为定、转子卡氏系数。

半闭口槽和半开口槽 $\quad K_{\delta}=\dfrac{t(4.4\delta+0.75b_0)}{t(4.4\delta+0.75b_0)-b_0^2}$

开口槽 $\quad K_{\delta}=\dfrac{t(5\delta+b_0)}{t(5\delta+b_0)-b_0^2}$

式中　t——齿距；

b_0——槽口宽。

36. 齿部所需磁压降

定子 $F_{t1} = H_{t1} h'_{t1}$

转子 $F_{t2} = H_{t2} h'_{t2}$

注：当采用凸形槽时，转子齿磁路按两部分计算，将转子齿两部分磁压降相加求得 F_{t2}。

37. 轭部所需磁压降

定子 $F_{j1} = C_1 H_{j1} l'_{j1}$

转子 $F_{j2} = C_2 H_{j2} l'_{j2}$

式中 C_1、C_2 为轭部磁路长度校正系数，查本章附录图 2C-2、图 2C-3 和图 2C-4，最大取 0.7。

38. 气隙所需磁压降 $F_\delta = 0.8 B_\delta \delta_e \times 10^4$

39. 饱和系数 $K_t = \dfrac{F_{t1} + F_{t2} + F_\delta}{F_\delta}$

注：此值应与 26 项假定值相符合，否则需重算 26~39 项中的有关项。

40. 总磁压降 $F = F_{t1} + F_{t2} + F_{j1} + F_{j2} + F_\delta$

41. 满载励磁电流 $I_m = \dfrac{4.44 p F}{m_1 N_{\Phi 1} K_{dp1}}$

42. 满载励磁电流标幺值 $i_m^* = \dfrac{I_m}{I_{kW}}$

43. 励磁电抗 $x_m^* = \dfrac{1}{i_m^*}$

三、参 数 计 算

44. 线圈平均半匝长（估算）（见图 2-22）

单层线圈 $l_Z = l_d + K_s \tau_y$

双层线圈 $l_Z = l_d + 2C_s$

式中 l_d——直线部分长，$l_d = l + 2d$；

　　d——线圈直线部分伸出铁心长，取 10~30mm，机座大、极数少者取较大值；

　　K_s——经验值，2 极取 1.16，4、6 极取 1.2，8 极取 1.25，或选其他经验值；

$C_s = \dfrac{\tau_y}{2\cos\alpha}$；

$\tau_y = \dfrac{\pi\left[D_{i1} + 2(h_{s0} + h_{s1}) + h_{s2} + R\right]}{2p} \beta$。

注：对单层同心式或交叉式线圈，β 取平均值。

$\cos\alpha = \sqrt{1 - \sin^2\alpha}$ ；

$\sin\alpha = \dfrac{b_{s1} + 2R}{b_{s1} + 2R + 2b_{t1}}$。

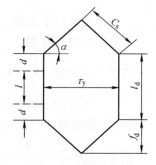

图 2-22　线圈平均半匝长

45. 双层线圈端部轴向投影长　$f_d = C_s \sin\alpha$

46. 单层线圈端部平均长　$l_s = 2d + K_s \tau_y$

47. 漏抗系数　$C_x = \dfrac{2.63 f P_2 l_{eff} (N_{\Phi 1} K_{dp1})^2}{2p U_1^2 \times 10^5}$

48. 定子槽单位漏磁导　$\lambda_{s1} = K_{U1}\lambda_{U1} + K_{L1}\lambda_{L1}$

式中　K_{U1}、K_{L1}——节距漏抗系数，查本章附录图 2C-10 或附录表 2A-3；

λ_{U1}、λ_{L1} 按槽形查本章附录图 2B-1 和图 2B-2。对于闭口槽，$\lambda_{U1} = 0.8 + 1.12 h_{s0} /$ $(N_{s1} I_1') \times 10^4$。

49. 定子槽漏抗　$x_{s1}^* = \dfrac{2 l_1 m_1 p \lambda_{s1}}{l_{eff} K_{dp1}^2 Q_1} C_x$

式中，无径向通风道时，$l_1 = l$。

50. 定子谐波漏抗　$x_{d1}^* = \left(\dfrac{m_1 \tau_p}{\pi^2 \delta_e}\right) \dfrac{\sum S}{K_{dp1}^2 K_t} C_x$

式中　$\sum S$ 查本章附录图 2C-11 ~ 图 2C-13 或附录表 2A-4。

51. 定子端部漏抗

双层叠绕组　$x_{e1}^* = \dfrac{1.2(d + 0.5 f_d)}{l_{eff}} C_x$

单层同心式绕组　$x_{e1}^* = 0.47 \left(\dfrac{l_s - 0.64 \tau_y}{l_{eff} K_{dp1}^2}\right) C_x$

单层交叉式绕组　$x_{e1}^* = 0.67 \left(\dfrac{l_s - 0.64 \tau_y}{l_{eff} K_{dp1}^2}\right) C_x$

单层链形绕组　$x_{e1}^* = 0.2 \left(\dfrac{l_s}{l_{eff} K_{dp1}^2}\right) C_x$

52. 定子漏抗　$x_1^* = x_{s1}^* + x_{d1}^* + x_{e1}^*$

53. 转子槽单位漏磁导　$\lambda_{s2} = \lambda_{U2} + \lambda_{L2}$

式中　λ_{U2}、λ_{L2} 按槽形查本章附录图 2B-3 ~ 图 2B-9。

54. 转子槽漏抗　$x_{s2}^* = \dfrac{2 l_2 m_1 p \lambda_{s2}}{l_{eff} Q_2} C_x$

式中　无径向通风道时，$l_2 = l$。

55. 转子谐波漏抗　$x_{d2}^* = \left(\dfrac{m_1 \tau_p}{\pi^2 \delta_e}\right) \dfrac{\sum R}{K_t} C_x$

式中　$\sum R$ 查本章附录图 2C-14 或附录表 2A-5。

56. 转子端部漏抗（见图 2-23）　$x_{e2}^* = \dfrac{0.757}{l_{eff}} \left(\dfrac{l_B - l}{1.13} + \dfrac{D_R}{2p}\right) C_x$

式中　l_B——转子导条长度；

D_R——端环平均直径。

57. 转子斜槽漏抗　$x_{sK}^* = 0.5 \left(\dfrac{b_{sK}}{t_2}\right)^2 x_{d2}^*$

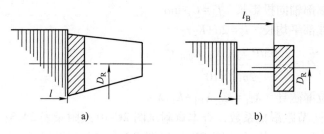

图 2-23　转子端部
a）铸铝转子　b）铜条转子

58. 转子漏抗　$x_2^* = x_{s2}^* + x_{d2}^* + x_{e2}^* + x_{sK}^*$

59. 总漏抗　$x^* = x_1^* + x_2^*$

60. 定子相电阻　$R_1 = \dfrac{\rho l_Z N_{\Phi 1}}{a_1 S_1 \times 100}$

式中　S_1——导线截面积（mm^2）；

ρ——导线电阻率（$\Omega \cdot mm^2/m$），其大小应按绝缘等级取相应基准温度 t 下的值，$\rho = \rho_{20℃}[1 + \alpha(t-20)]$。各绝缘等级对应的基准温度见表 2-37，定子绕组用导线电阻率及温度系数见表 2-38。

表 2-37　绝缘等级与基准温度

绝缘等级	A、E	B	F	H
基准温度/℃	75	95	115	130

表 2-38　导线电阻率和温度系数（20℃）

导线材料	电阻率 $\rho_{20℃}$/（$\Omega \cdot mm^2/m$）	温度系数 α（%）
铜	0.0178	0.40
铝	0.0284	0.40

61. 定子相电阻标幺值　$r_1^* = R_1 \dfrac{I_{kW}}{U_1}$

62. 有效材料

每台定子导线重量（kg）　$G_{Cu} = C l_Z N_{S1} Q_1 S_1 \times 8.9 \times 10^{-5}$

式中　C——考虑导线绝缘和引线重量的系数，对漆包圆铜线取 1.05。

每台硅钢片重量（kg）　$G_{Fe} = K_{Fe} l (D_1 + \Delta)^2 \times 7.8 \times 10^{-3}$

式中　Δ——冲剪余量。

63. 转子电阻

导条电阻　$R_B = K\left(\dfrac{K_B l_B \rho_B}{S_B Q_2}\right)$

端环电阻　$R_R = K\left(\dfrac{D_R \rho_R}{2\pi p^2 S_R}\right)$

式中　$K = \dfrac{m_1(N_{\Phi 1} K_{dp1})^2}{10^4}$；

K_B 在铸铝转子时取 1.04，铜条转子时取 1；

S_B ——转子导条面积；

S_R ——端环截面积；

ρ_B，ρ_R ——转子导条或端环的电阻率（$\Omega \cdot mm^2/m$），其大小应按绝缘等级取相应基准温度 t 下的值，$\rho = \rho_{20℃}[1+\alpha(t-20)]$。各绝缘等级对应的基准温度见表 2-37，转子导条、端环电阻率及温度系数见表 2-39。

表 2-39　转子导条、端环电阻率和温度系数（20℃）

导条、端环材料	铸铝	紫铜	黄铜	硬紫杆铜
电阻率 $\rho_{20℃}/(\Omega \cdot mm^2/m)$	0.0356	0.0178	0.0659	0.0228
温度系数 $\alpha(\%)$	0.40	0.40	0.40	0.40

导条电阻标幺值　$r_B^* = R_B \dfrac{I_{kW}}{U_1}$

端环电阻标幺值　$r_R^* = R_R \dfrac{I_{kW}}{U_1}$

转子电阻标幺值　$r_2^* = r_B^* + r_R^*$

64. 满载电流有功部分　$i_P^* = \dfrac{1}{\eta'}$

65. 满载电抗电流　$i_X^* = K_m x^* (i_P^*)^2 [1+(K_m x^* i_P^*)^2]$

式中　$K_m = 1 + i_m^* x_1^*$。

66. 满载电流无功部分　$i_R^* = i_m^* + i_X^*$

67. 满载电动势系数　$1-\varepsilon_L = 1-(i_P^* r_1^* + i_R^* x_1^*)$

注：此值应与 22 项假定值相符，否则应重新计算第 22~67 有关项。

68. 空载电动势系数　$1-\varepsilon_0 = 1 - i_m^* x_1^*$

69. 空载定子齿磁通密度　$B_{t10} = \dfrac{1-\varepsilon_0}{1-\varepsilon_L} B_{t1}$

70. 空载转子齿磁通密度　$B_{t20} = \dfrac{1-\varepsilon_0}{1-\varepsilon_L} B_{t2}$

71. 空载定子轭磁通密度　$B_{j10} = \dfrac{1-\varepsilon_0}{1-\varepsilon_L} B_{j1}$

72. 空载转子轭磁通密度　$B_{j20} = \dfrac{1-\varepsilon_0}{1-\varepsilon_L} B_{j2}$

73. 空载气隙磁通密度　$B_{\delta 0} = \dfrac{1-\varepsilon_0}{1-\varepsilon_L} B_{\delta}$

74. 空载定子齿磁压降　$F_{t10} = H_{t10} h_{t1}'$

75. 空载转子齿磁压降　$F_{t20} = H_{t20} h_{t2}'$

76. 空载定子轭磁压降　$F_{j10} = C_1 H_{j10} l_{j1}'$

77. 空载转子轭磁压降　$F_{j20} = C_1 H_{j20} l_{j2}'$

78. 空载空气隙磁压降 $F_{\delta0} = 0.8\delta_e B_{\delta0} \times 10^4$

79. 空载总磁压降 $F_0 = F_{t10} + F_{t20} + F_{j10} + F_{j20} + F_{\delta0}$

80. 空载励磁电流 $I_{m0} = \dfrac{4.44 F_0 p}{m_1 N_{\Phi1} K_{dp1}}$

四、性 能 计 算

81. 定子电流 $i_1^* = \sqrt{i_P^{*2} + i_R^{*2}}$

$$I_1 = i_1^* I_{kW}$$

82. 定子电流密度（A/mm²） $J_1 = \dfrac{I_1}{a_1 S_1}$

83. 电负荷（A/cm） $A_1 = \dfrac{m_1 N_{\Phi1} I_1}{\pi D_{i1}}$

84. 转子电流

导条电流 $i_2^* = \sqrt{i_P^{*2} + i_X^{*2}}$

$$I_2 = i_2^* I_{kW} \dfrac{m_1 N_{\Phi1} K_{dp1}}{Q_2}$$

端环电流 $I_R = I_2 \dfrac{Q_2}{2\pi p}$

85. 转子电流密度 （A/mm²）

导条电流密度 $J_B = \dfrac{I_2}{S_B}$

端环电流密度 $J_R = \dfrac{I_R}{S_R}$

86. 定子铜耗 $P_{Cu1}^* = i_1^{*2} r_1^*$

$$P_{Cu1} = P_{Cu1}^* P_2 \times 10^3$$

87. 转子铜耗 $P_{Cu2}^* = i_2^{*2} r_2^*$

$$P_{Cu2} = P_{Cu2}^* P_2 \times 10^3$$

88. 杂耗

对铸铝转子 $P_s^* = 0.01 \sim 0.03$ （极数少者取较大值）

对铜条转子 $P_s^* = 0.005$

$$P_s = P_s^* P_2 \times 10^3$$

注：该值与设计及工艺有关，可参考相近规格实测值估算。

89. 机械耗 可按下列公式估算：

2 极防护式 $P_{fw} = 5.5 \left(\dfrac{3}{p}\right)^2 \left(\dfrac{D_2}{10}\right)^3$

4 极及以上防护式 $P_{fw} = 6.5 \left(\dfrac{3}{p}\right)^2 \left(\dfrac{D_2}{10}\right)^3$

2极封闭型自扇冷式 $P_{fw}=1.3\left(1-\dfrac{D_1}{100}\right)\left(\dfrac{3}{p}\right)^2\left(\dfrac{D_1}{10}\right)^4$

4极及以上封闭型自扇冷式 $P_{fw}=\left(\dfrac{3}{p}\right)^2\left(\dfrac{D_1}{10}\right)^4$

$$P_{fw}^*=\frac{P_{fw}}{P_2\times10^3}$$

90. 铁耗

定子齿重量（kg） $G_{t1}=2pS_{t1}h'_{t1}\times7.8\times10^{-3}$

定子轭重量（kg） $G_{j1}=4pS_{j1}l'_{j1}\times7.8\times10^{-3}$

单位铁耗 P_{t1}、P_{j1} 根据 B_{t10}、B_{j10} 按实际采用硅钢片的铁损耗曲线查出。

定子齿损耗 $P_{t1}=p_{t1}G_{t1}$

定子轭损耗 $P_{j1}=p_{j1}G_{j1}$

总铁耗 $P_{Fe}=k_1P_{t1}+k_2P_{j1}$

$$P_{Fe}^*=\frac{P_{Fe}}{P_2\times10^3}$$

式中 k_1、k_2 ——铁耗校正系数。

半闭口槽取 $k_1=2.5$，$k_2=2$；

开口槽取 $k_1=3.0$，$k_2=2.5$，或选其他经验值。

91. 总损耗 $\sum P^*=P_{Cu1}^*+P_{Cu2}^*+P_{Fe}^*+P_s^*+P_{fw}^*$

92. 输入功率 $P_1^*=1+\sum P^*$

93. 效率 $\eta=1-\dfrac{\sum P^*}{P_1^*}$

注：此值应与第64项预先假定值相符，否则应重新计算第64（定子闭口槽为48，转子闭口槽为53）～93有关项。

94. 功率因数 $\cos\varphi=\dfrac{1}{i_1^*\eta}$

95. 转差率 $s_N=\dfrac{P_{Cu2}^*}{1+P_{Cu2}^*+P_{XZFe}^*+P_s^*+P_{fw}^*}$

式中 P_{XZFe}^* ——旋转铁耗，$P_{XZFe}^*=P_{Fe}^*-(P_{t1}^*+P_{j1}^*)$。

96. 转速（r/min） $n=\dfrac{60f(1-s_N)}{p}$

97. 最大转矩倍数 $T_{max}^*=\dfrac{1-s_N}{2\left(r_1^*+\sqrt{r_1^{*2}+x^{*2}}\right)}$

五、起 动 计 算

98. 起动电流开始假定值 $I'_{st}=(2.5\sim3.5)T_{max}^*I_{kW}$

99. 起动时漏磁路饱和引起漏抗变化的系数 K_Z 查本章附录图2C-15。

曲线中：B_L 为空气隙中漏磁场的虚构磁通密度，$B_L = \dfrac{F_{(st)}}{1.6\delta\beta_C} \times 10^{-4}$

式中　$F_{(st)} = I'_{st} \dfrac{N_{s1}}{a_1} \times 0.707\left(K_{U1} + K_{d1}^2 K_{p1} \dfrac{Q_1}{Q_2}\right)\sqrt{1 - \varepsilon_0}$；

$\qquad \beta_C = 0.64 + 2.5\sqrt{\dfrac{\delta}{t_1 + t_2}}$。

100. 齿顶漏磁饱和引起定子齿顶宽度的减少　$C_{s1} = (t_1 - b_{s0})(1 - K_Z)$

101. 齿顶漏磁饱和引起转子齿顶宽度的减少　$C_{s2} = (t_2 - b_{r0})(1 - K_Z)$

102. 起动时定子槽单位漏磁导　$\lambda_{s1(st)} = K_{U1}\lambda_{U1(st)} + K_{L1}\lambda_{L1}$

式中　$\lambda_{U1(st)} = \lambda_{U1} - \Delta\lambda_{U1}$，$\Delta\lambda_{U1}$ 按槽形查本章附录图 2B-1 和图 2B-2；

对于闭口槽，$\lambda_{U1(st)} = 0.8 + 1.12h_{s0}/(N_{s1}I'_{st}) \times 10^4$。

103. 起动时定子槽漏抗　$x^*_{s1(st)} = \dfrac{\lambda_{s1(st)}}{\lambda_{s1}} x^*_{s1}$

104. 起动时定子谐波漏抗　$x^*_{d1(st)} = K_Z x^*_{d1}$

105. 定子起动漏抗　$x^*_{1(st)} = x^*_{s1(st)} + x^*_{d1(st)} + x^*_{e1}$

106. 考虑到挤流效应的转子导条相对高度　$\xi = 0.1987h_B\sqrt{\dfrac{b_B f}{b_R\rho_B \times 100}}$

式中　h_B——转子导条高，对铸铝转子不包括槽口高 h_{r0}；

$\qquad \dfrac{b_B}{b_R}$——转子导条宽对槽宽之比值，对铸铝转子 $\dfrac{b_B}{b_R} \approx 1$；

$\qquad \rho_B$——转子导条电阻率，其大小应按绝缘等级取相应基准温度 t 下的值，$\rho = \rho_{20℃}$ $[1 + \alpha(t - 20)]$。各绝缘等级对应的基准温度见表 2-37，转子导条电阻率及温度系数见表 2-39。

107. 转子挤流效应系数 $\dfrac{r_\sim}{r_0}$、$\dfrac{x_\sim}{x_0}$ 查本章附录图 2C-16、图 2C-17。

108. 起动时转子槽单位漏磁导　$\lambda_{s2(st)} = \lambda_{U2(st)} + \lambda_{L2(st)}$

式中　$\lambda_{U2(st)} = \lambda_{U2} - \Delta\lambda_{U2}$，$\lambda_{L2(st)} = \dfrac{x_\sim}{x_0}\lambda_{L2}$。$\Delta\lambda_{U2}$ 按槽形查本章附录图 2B-3～图 2B-9。

109. 起动时转子槽漏抗　$x^*_{s2(st)} = \dfrac{\lambda_{s2(st)}}{\lambda_{s2}} x^*_{s2}$

110. 起动时转子谐波漏抗　$x^*_{d2(st)} = K_Z x^*_{d2}$

111. 起动时转子斜槽漏抗　$x^*_{sk(st)} = K_Z x^*_{sk}$

112. 转子起动漏抗　$x^*_{2(st)} = x^*_{s2(st)} + x^*_{d2(st)} + x^*_{e2} + x^*_{sk(st)}$

113. 起动总漏抗　$x^*_{(st)} = x^*_{1(st)} + x^*_{2(st)}$

114. 转子起动电阻　$r^*_{2(st)} = \left(\dfrac{r_\sim}{r_0}\dfrac{l}{l_B} + \dfrac{l_B - l}{l_B}\right)r^*_B + r^*_R$

115. 起动总电阻　$r^*_{(st)} = r^*_1 + r^*_{2(st)}$

116. 起动总阻抗 $z_{(st)}^{*} = \sqrt{r_{(st)}^{*2} + x_{(st)}^{*2}}$

117. 起动电流 $I_{st} = \dfrac{I_{kW}}{z_{(st)}^{*}}$ $i_{st} = \dfrac{I_{st}}{I_1}$

注：I_{st} 值应与98项假定值相符，否则重新计算第98~117有关项。

118. 起动转矩倍数（倍） $T_{st}^{*} = \dfrac{r_{2(st)}^{*}}{(z_{(st)}^{*})^{2}}(1 - s_N)$

本书提供云端电机设计程序，可扫描右侧二维码实现。

小型三相异步电
动机设计程序

2.6 三相单笼型异步电动机电磁计算算例

一、额定数据及主要尺寸

1. 输出功率 $P_2 = 7.5\text{kW}$

2. 电源电压 $U_1 = 380\text{V}$（△联结）

3. 功电流 $I_{kW} = \dfrac{P_2 \times 10^3}{m_1 U_1} = \dfrac{7.5 \times 10^3}{3 \times 380}\text{A} = 6.58\text{A}$

4. 效率 $\eta' = 0.904$

5. 功率因数 $\cos\varphi' = 0.84$

6. 极对数 $p = 2$

7. 定、转子槽数 $Q_1 = 36$ $Q_2 = 28$

8. 定、转子每极槽数 $Q_{p1} = \dfrac{Q_1}{2p} = \dfrac{36}{4} = 9$ $Q_{p2} =$
$\dfrac{Q_2}{2p} = \dfrac{28}{4} = 7$

9. 定、转子冲片尺寸（见图2-24，单位：mm）

定子槽形（圆底槽）：$b_{01} = 0.3$ $b_{s1} = 0.74$
$b_{s2} = 1.00$ $R = 0.5$ $h_{s0} = 0.08$ $h_{s1} = 0.127$ $h_{s2} =$
1.363

转子槽形（圆底槽）：$b_{02} = 0.10$ $b_{r1} = 0.9$ $r =$
0.165 $h_{r0} = 0.05$ $h_{r1} = 0.187$ $h_{r2} = 2.253$

10. 极距 $\tau_p = \dfrac{\pi D_{i1}}{2p} = \dfrac{3.14 \times 13.6}{4}\text{cm} = 10.68\text{cm}$

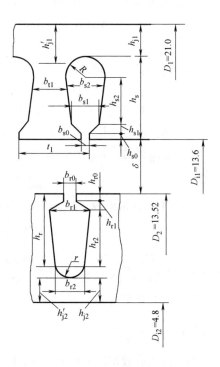

图2-24 定、转
子冲片尺寸

11. 定子齿距 $t_1 = \dfrac{\pi D_{i1}}{Q_1} = \dfrac{3.14 \times 13.6}{36}\text{cm} =$
1.186cm

12. 转子齿距 $t_2 = \dfrac{\pi D_2}{Q_2} = \dfrac{3.14 \times 13.52}{28}\text{cm} = 1.516\text{cm}$

13. 节距 $y = 9(1 \sim 9, 2 \sim 10, 11 \sim 18)$

14. 转子斜槽宽 $b_{sk} = t_1 = 1.186 cm$

15. 每槽导体数 $N_{s1} = 34$

16. 每相串联导体数 $N_{\Phi 1} = \dfrac{Q_1 N_{s1}}{m_1 a_1} = \dfrac{36 \times 34}{3 \times 1} = 408$

17. 绕组线规 $N_1 = 2$ $\qquad N_2 = 1$

$\qquad d_1/d_{i1} = 0.9/0.96 \qquad d_2/d_{i2} = 1.12/1.185$ （参照书末附录表 A-1）

18. 槽满率

槽面积 $S_s = \dfrac{2R + b_{s1}}{2}(h_s' - h) + \dfrac{\pi R^2}{2} = \dfrac{2 \times 0.5 + 0.74}{2} \times (1.49 - 0.2) cm^2 + \dfrac{3.14 \times 0.5^2}{2} cm^2 =$

$1.515 cm^2$

式中 $h_s' = h_{s1} + h_{s2} = (0.127 + 1.363) cm = 1.49 cm$；

$\qquad h = 0.2 cm$（见图 2-21）。

槽绝缘占面积 $S_i = C_i(2h_s' + \pi R) = 0.025 \times (2 \times 1.49 + 3.14 \times 0.5) cm^2 = 0.114 cm^2$

槽有效面积 $S_e = S_s - S_i = (1.515 - 0.114) cm^2 = 1.401 cm^2$

槽满率 $Sf = \dfrac{N_{s1}(N_1 d_{1i}^2 + N_2 d_{2i}^2)}{S_e} = \dfrac{34 \times (2 \times 0.96^2 + 1 \times 1.185^2)}{1.401 \times 100} = 78.81\%$

19. 铁心长 $l = 18.5 cm$

气隙长度 $\delta = (D_{i1} - D_2)/2 = (13.6 - 13.52) cm/2 = 0.04 cm$

铁心有效长 $l_{eff} = l + 2\delta = (18.5 + 0.08) cm = 18.58 cm$

净铁心长 $l_{Fe} = K_{Fe} l = 0.97 \times 18.5 cm = 17.945 cm$

20. 绕组系数 $K_{dp1} = K_{d1} K_{p1} = 0.9598$

（1）分布系数 $K_{d1} = \dfrac{\sin\left(\dfrac{\alpha q_1}{2}\right)}{q_1 \sin\dfrac{\alpha}{2}} = \dfrac{\sin\left(\dfrac{20° \times 3}{2}\right)}{3 \times \sin\dfrac{20°}{2}} = 0.9598$

式中，$q_1 = \dfrac{Q_1}{2m_1 p} = \dfrac{36}{2 \times 3 \times 2} = 3$，$\alpha = \dfrac{p \times 360°}{Q_1} = \dfrac{2 \times 360°}{36} = 20°$。

（2）短距系数 $K_{p1} = \sin(\beta \times 90°) = \sin(1 \times 90°) = 1$

式中，$\beta = \dfrac{y}{Q_{p1}} = \dfrac{9}{9} = 1$

21. 每相有效串联导体数 $N_{\Phi 1} K_{dp1} = 408 \times 0.9598 = 391.6$

二、磁 路 计 算

22. 每极磁通 $\Phi = \dfrac{E_1}{2.22 f N_{\Phi 1} K_{dp1}} = \dfrac{351.88}{2.22 \times 50 \times 391.6} Wb = 8.095 \times 10^{-3} Wb$

式中，$E_1 = (1 - \varepsilon_L') U_1 = 0.926 \times 380 V = 351.88 V$（假设 $1 - \varepsilon_L' = 0.926$）

23. 齿部截面积 定子 $S_{t1} = b_{t1} l_{Fe} Q_{p1} = 0.468 \times 17.945 \times 9 cm^2 = 75.58 cm^2$

$\qquad\qquad\qquad$ 转子 $S_{t2} = b_{t2} l_{Fe} Q_{p2} = 0.585 \times 17.945 \times 7 cm^2 = 73.48 cm^2$

式中

$$b'_{t1} = \frac{\pi(D_{i1}+2\times h_{s0}+2\times h_{s1})}{Q_1} - b_{s1} = \left[\frac{3.14\times(13.6+2\times0.08+2\times0.127)}{36} - 0.74\right]\mathrm{cm} = 0.482\mathrm{cm}$$

$$b''_{t1} = \frac{\pi(D_{i1}+2\times h_{s0}+2\times h_{s1}+2\times h_{s2})}{Q_1} - b_{s2}$$

$$= \left[\frac{3.14\times(13.6+2\times0.08+2\times0.127+2\times1.363)}{36} - 1.00\right]\mathrm{cm} = 0.460\mathrm{cm}$$

$$b_{t1} = b''_{t1} + \frac{1}{3}(b'_{t1}-b''_{t1}) = \left[0.460+\frac{1}{3}\times(0.482-0.460)\right]\mathrm{cm} = 0.468\mathrm{cm}$$

$$b'_{t2} = \frac{\pi(D_2-2h_{r0}-2h_{r1})}{Q_1} - b_{r1} = \left[\frac{3.14\times(13.52-2\times0.05-2\times0.187)}{28} - 0.9\right]\mathrm{cm} = 0.563\mathrm{cm}$$

$$b''_{t2} = \frac{\pi(D_2-2h_{r0}-2h_{r1}-2h_{r2})}{Q_1} - 2r$$

$$= \left[\frac{3.14\times(13.52-2\times0.05-2\times0.187-2\times2.253)}{28} - 2\times0.165\right]\mathrm{cm} = 0.628\mathrm{cm}$$

$$b_{t2} = b'_{t2} + \frac{1}{3}(b''_{t1}-b'_{t2}) = \left[0.563+\frac{1}{3}\times(0.628-0.563)\right]\mathrm{cm} = 0.585\mathrm{cm}$$

24. 轭部截面积　定子　$S_{j1} = h'_{j1}l_{\mathrm{Fe}} = 1.797\times17.945\mathrm{cm}^2 = 32.25\mathrm{cm}^2$

式中，$h'_{j1} = \frac{D_1-D_{i1}}{2} - h_s + \frac{1}{3}R = \left(\frac{21-13.6}{2} - 2.07 + \frac{1}{3}\times0.5\right)\mathrm{cm} = 1.797\mathrm{cm}$

$$h_s = h_{s0}+h_{s1}+h_{s2}+R = (0.08+0.127+1.363+0.5)\mathrm{cm} = 2.07\mathrm{cm}$$

转子　$S_{j2} = h'_{j2}l_{\mathrm{Fe}} = 1.76\times17.945\mathrm{cm}^2 = 31.58\mathrm{cm}^2$

式中，$h'_{j2} = \frac{D_2-D_{i2}}{2} - h_r + \frac{r}{3} = \left(\frac{13.52-4.8}{2} - 2.655 + \frac{0.165}{3}\right)\mathrm{cm} = 1.76\mathrm{cm}$

$$h_r = h_{r0}+h_{r1}+h_{r2}+r = (0.05+0.133+2.307+0.165)\mathrm{cm} = 2.655\mathrm{cm}$$

25. 气隙面积　$S_\delta = \tau_p l_{\mathrm{eff}} = 10.68\times18.58\mathrm{cm}^2 = 198.43\mathrm{cm}^2$

26. 波幅系数　$F_S = 1.428$（假设 $K'_t = 1.373$，由本章附录图 2C-1 中查取）

27. 定子齿磁通密度　$B_{t1} = F_s\frac{\Phi}{S_{t1}}\times10^4 = 1.428\times\frac{8.095\times10^{-3}}{75.58}\mathrm{T}\times10^4 = 1.529\mathrm{T}$

28. 转子齿磁通密度　$B_{t2} = F_s\frac{\Phi}{S_{t2}}\times10^4 = 1.428\times\frac{8.095\times10^{-3}}{73.48}\mathrm{T}\times10^4 = 1.573\mathrm{T}$

29. 定子轭磁通密度　$B_{j1} = \frac{1}{2}\frac{\Phi}{S_{j1}}\times10^4 = \frac{1}{2}\times\frac{8.095\times10^{-3}}{32.25}\mathrm{T}\times10^4 = 1.255\mathrm{T}$

30. 转子轭磁通密度　$B_{j2} = \frac{1}{2}\frac{\Phi}{S_{j2}}\times10^4 = \frac{1}{2}\times\frac{8.095\times10^{-3}}{31.58}\mathrm{T}\times10^4 = 1.282\mathrm{T}$

31. 气隙磁通密度　$B_\delta = F_s\frac{\Phi}{S_\delta}\times10^4 = 1.428\times\frac{8.095\times10^{-3}}{198.43}\mathrm{T}\times10^4 = 0.583\mathrm{T}$

32. 50WW270 硅钢片直流磁化曲线，查书末附录图 C-13 得：$H_{t1} = 16.65\mathrm{A/cm}$，$H_{t2} =$

24.28A/cm，$H_{j1}=1.685\text{A/cm}$，$H_{j2}=1.868\text{A/cm}$。

33. 齿部磁路计算长度　定子　$h_{t1}'=h_{s1}+h_{s2}+\dfrac{1}{3}R=\left(0.127+1.363+\dfrac{1}{3}\times0.5\right)\text{cm}=1.657\text{cm}$

转子　$h_{t2}'=h_{r1}+h_{r2}+\dfrac{r}{3}=\left(0.187+2.253+\dfrac{1}{3}\times0.165\right)\text{cm}=2.495\text{cm}$

34. 轭部磁路计算长度　定子　$l_{j1}'=\dfrac{\pi(D_1-h_{j1}')}{4p}=\dfrac{3.14\times(21-1.797)}{8}\text{cm}=7.537\text{cm}$

转子　$l_{j2}'=\dfrac{\pi(D_{i2}+h_{j2}')}{4p}=\dfrac{3.14\times(4.8+1.76)}{8}\text{cm}=2.575\text{cm}$

35. 有效气隙长度　$\delta_{e}=\delta K_{\delta1}K_{\delta2}=0.04\text{cm}\times1.2334\times1.027=0.051\text{cm}$

式中，$K_{\delta1}=\dfrac{t_1(4.4\delta+0.75b_{s0})}{t_1(4.4\delta+0.75b_{s0})-b_{s0}^2}=\dfrac{1.186\times(4.4\times0.04+0.75\times0.3)}{1.186\times(4.4\times0.04+0.75\times0.3)-0.3^2}=1.2334$

$K_{\delta2}=\dfrac{t_2(4.4\delta+0.75b_{r0})}{t_2(4.4\delta+0.75b_{r0})-b_{r0}^2}=\dfrac{1.516\times(4.4\times0.04+0.75\times0.1)}{1.516\times(4.4\times0.04+0.75\times0.1)-0.1^2}=1.027$

36. 齿部磁压降　定子　$F_{t1}=H_{t1}h_{t1}'=16.65\times1.657\text{A}=27.59\text{A}$

转子　$F_{t2}=H_{t2}h_{t2}'=24.28\times2.495\text{A}=60.58\text{A}$

37. 轭部磁压降　定子　$F_{j1}=C_1H_{j1}l_{j1}'=0.572\times1.685\times7.537\text{A}=7.264\text{A}$

转子　$F_{j2}=C_2H_{j2}l_{j2}'=0.408\times1.868\times2.575\text{A}=1.963\text{A}$

式中 $C_1=0.572$，$C_2=0.408$（根据 $B_{j1}=1.255\text{T}$，$B_{j2}=1.282\text{T}$，$\dfrac{h_{j1}'}{\tau_P}=\dfrac{1.797}{10.68}=0.168$，$\dfrac{h_{j2}'}{\tau_P}=$

$\dfrac{1.76}{10.68}=0.165$，查本章附录图2C-3得到。）

38. 气隙磁压降　$F_{\delta}=0.8B_{\delta}\delta_{e}\times10^4=0.8\times0.583\times0.051\text{A}\times10^4=237.86\text{A}$

39. 饱和系数　$F_{t}=\dfrac{F_{t1}+F_{t2}+F_{\delta}}{F_{\delta}}=\dfrac{27.59+60.58+237.86}{237.86}=1.371$

此值与26项假定值基本相符，$(1.371-1.373)/1.373=-0.15\%$。

40. 总磁压降　$F=F_{t1}+F_{t2}+F_{j1}+F_{j2}+F_{\delta}=(27.59+60.58+7.264+1.963+237.86)\text{A}=$
335.26A

41. 满载励磁电流　$I_{m}=\dfrac{4.44Fp}{m_1N_{\Phi1}K_{dp1}}=\dfrac{4.44\times335.36\times2}{3\times391.6}\text{A}=2.534\text{A}$（线电流：$\sqrt{3}\,I_{m}=$
4.39A）

42. 满载励磁电流标幺值　$i_{m}^{*}=\dfrac{I_{m}}{I_{kW}}=\dfrac{2.534}{6.58}=0.3851$

43. 励磁电抗　$x_{m}^{*}=\dfrac{1}{i_{m}^{*}}=\dfrac{1}{0.3851}=2.597$

三、参　数　计　算

44. 线圈平均半匝长　$l_Z=l_{d}+K_{s}\tau_{y}=(21.5+1.2\times10.59)\text{cm}=34.21\text{cm}$

式中，$l_d = l + 2d = (18.5 + 2 \times 1.5) \text{cm} = 21.5 \text{cm}$

$K_s = 1.2$，$d = 1.5 \text{cm}$

$$\tau_y = \frac{\pi \left[D_{i1} + 2(h_{s0} + h_{s1}) + h_{s2} + R \right]}{2p} \beta = \frac{3.14 \times \left[13.6 + 2 \times (0.08 + 0.127) + 1.363 + 0.5 \right] \text{cm}}{4} \times 0.85 = 10.59 \text{cm}$$

45. $\beta = \dfrac{y_{平均}}{Q_{R1}} = \dfrac{(9-1) + (10-2) + (18-11)}{3 \times 9} = 0.85$

单层线圈此项不计算

46. 单层线圈端部平均长　$l_s = 2d + K_s \tau_y = (2 \times 1.5 + 1.2 \times 10.59) \text{cm} = 15.71 \text{cm}$

47. 漏抗系数　$C_x = \dfrac{2.63 f P_2 l_{eff} (N_{\Phi1} K_{dp1})^2}{2p U_1^2 \times 10^5} = \dfrac{2.63 \times 50 \times 7.5 \times 18.58 \times 391.6^2}{4 \times 380^2 \times 10^5} = 0.04865$

48. 定子槽单位漏磁导　$\lambda_{s1} = K_{U1} \lambda_{U1} + K_{L1} \lambda_{L1} = 1 \times 0.511 + 1 \times 0.774 = 1.285$

式中，$K_{U1} = 1$、$K_{L1} = 1$（查本章附录图 2C-10 或附录表 2A-3）

查附录图 2B-1 得 $\lambda_{U1} = \dfrac{h_{s0}}{b_{s0}} + \dfrac{2h_{s1}}{b_{s0} + b_{s1}} = \dfrac{0.08}{0.3} + \dfrac{2 \times 0.127}{0.3 + 0.74} = 0.511$

$\lambda_{L1} = 0.774 \left(\text{根据} \dfrac{h}{b_2} = \dfrac{h_{s2}}{2R} = \dfrac{1.363}{2 \times 0.5} = 1.363 \text{ 和} \dfrac{b_1}{b_2} = \dfrac{b_{s1}}{2R} = \dfrac{0.74}{2 \times 0.5} = 0.74 \text{ 查本章附录图 2C-6 得到} \right)$

49. 定子槽漏抗　$x_{s1}^* = \dfrac{2l_1 m_1 p \lambda_{s1}}{l_{eff} K_{dp1}^2 Q_1} C_x = \dfrac{2 \times 18.5 \times 3 \times 2 \times 1.285}{18.58 \times 0.9598^2 \times 36} \times 0.04865 = 0.0225$

50. 定子谐波漏抗　$x_{d1}^* = \left(\dfrac{m_1 \tau_p}{\pi^2 \delta_e} \right) \dfrac{\sum S}{K_{dp1}^2 K_t} C_x = \left(\dfrac{3 \times 10.68}{3.14^2 \times 0.051} \right) \times \dfrac{0.0129}{0.9598^2 \times 1.371} \times 0.04865 = 0.0317$

式中，$\sum S = 0.0129$（根据 $q_1 = 3$，$\beta = 1$ 查本章附录表 2A-4 或查本章附录图 2C-11 得到）

51. 定子端部漏抗　$x_{e1}^* = 0.67 \left(\dfrac{l_s - 0.64 \tau_y}{l_{eff} K_{dp1}^2} \right) C_x = 0.67 \times \left(\dfrac{15.71 - 0.64 \times 10.59}{18.58 \times 0.9598^2} \right) \times 0.04865 = 0.017$

52. 定子漏抗　$x_1^* = x_{s1}^* + x_{d1}^* + x_{e1}^* = 0.0225 + 0.0317 + 0.017 = 0.0712$

53. 转子槽单位漏磁导　$\lambda_{s2} = \lambda_{U2} + \lambda_{L2} = 0.5 + 1.187 = 1.687$

式中，$\lambda_{U2} = \dfrac{h_{r0}}{b_{r0}} = \dfrac{0.05}{0.10} = 0.5$

查本章附录图 2B-4 得 $\lambda_{L2} = \dfrac{2h_{r1}}{b_{r0} + b_{r1}} + \lambda_L = \dfrac{2 \times 0.187}{0.10 + 0.9} + 0.813 = 1.187$

$\lambda_L = 0.813$（根据 $\dfrac{h}{b_2} = \dfrac{h_{r2}}{b_{r2}} = \dfrac{2.253}{0.33} = 6.827$ 和 $\dfrac{b_1}{b_2} = \dfrac{b_{r1}}{2 \times 0.165} = \dfrac{0.9}{2 \times 0.165} = 2.727$，查本章附录图 2C-6 得到。）

54. 转子槽漏抗　$x_{s2}^* = \dfrac{2l_2 m_1 p \lambda_{s2}}{l_{eff} Q_2} C_x = \dfrac{2 \times 18.5 \times 3 \times 2 \times 1.687}{18.58 \times 28} \times 0.04865 = 0.0350$

55. 转子谐波漏抗　$x_{d2}^* = \left(\dfrac{m_1 \tau_p}{\pi^2 \delta_e} \right) \dfrac{\sum R}{K_t} C_x = \left(\dfrac{3 \times 10.68}{3.14^2 \times 0.051} \right) \times \dfrac{0.017}{1.371} \times 0.04865 = 0.0384$

式中，$\sum R = 0.017$ （根据 $\dfrac{Q_2}{2p} = \dfrac{28}{4} = 7$，查本章附录表 2A-5 或本章附录图 2C-14 得到。）

56. 转子端部漏抗　$x_{e2}^* = \dfrac{0.757}{l_{\mathrm{eff}}}\left(\dfrac{l_B - l}{1.13} + \dfrac{D_R}{2p}\right)C_x = \dfrac{0.757}{18.85} \times \dfrac{10.27}{4} \times 0.04865 = 0.005$

（铸铝转子 $l_B = l$，端环平均直径 $D_R = 10.27\mathrm{cm}$。）

57. 转子斜槽漏抗　$x_{sk}^* = 0.5\left(\dfrac{b_{sk}}{t_2}\right)^2 x_{d2}^* = 0.5 \times \left(\dfrac{1.186}{1.516}\right)^2 \times 0.0384 = 0.012$

58. 转子漏抗　$x_2^* = x_{s2}^* + x_{d2}^* + x_{e2}^* + x_{sk}^* = 0.0350 + 0.0384 + 0.005 + 0.012 = 0.0904$

59. 总漏抗　$x^* = x_1^* + x_2^* = 0.0675 + 0.0904 = 0.1579$

60. 定子相电阻　$R_1 = \dfrac{\rho l_Z N_{\Phi 1}}{a_1 S_1 \times 100} = \dfrac{0.0231 \times 36.45 \times 408}{1 \times 2.256 \times 100}\Omega = 1.523\Omega$

式中　$\rho = \rho_{20℃}[1 + \alpha(t - 20)] = 0.0178 \times [1 + 0.004 \times (95 - 20)]\Omega \cdot \mathrm{mm}^2/\mathrm{m} = 0.0231\Omega \cdot \mathrm{mm}^2/\mathrm{m}$

$S_1 = \dfrac{\pi}{4}(N_1 d_1^2 + N_2 d_2^2) = \dfrac{\pi}{4} \times (2 \times 0.9^2 + 1 \times 1.12^2)\mathrm{mm}^2 = 2.256\mathrm{mm}^2$

61. 定子相电阻标么值　$r_1^* = R_1 \dfrac{I_{KW}}{U_1} = 1.523 \times \dfrac{6.58}{380} = 0.0264$

62. 有效材料

每台定子导线重 $G_{Cu} = C l_Z N_{s1} Q_1 S_1 \times 8.9 \times 10^{-5} = 1.05 \times 36.45 \times 34 \times 36 \times 2.256 \times 8.9 \times 10^{-5}\mathrm{kg} = 9.41\mathrm{kg}$

每台硅钢片重　$G_{Fe} = K_{Fe} l(D_1 + \Delta)^2 \times 7.8 \times 10^{-3} = 0.97 \times 18.5 \times (21 + 0.5)^2 \times 7.8 \times 10^{-3}\mathrm{kg} = 64.70\mathrm{kg}$

式中，冲剪余量 $\Delta = 0.5\mathrm{cm}$

63. 转子电阻

导条电阻　$R_B = K\left(\dfrac{K_B l_B \rho_B}{S_B Q_2}\right) = 46.01 \times \left(\dfrac{1.04 \times 18.5 \times 0.0463}{1.527 \times 28}\right)\Omega = 0.959\Omega$

式中，$K = \dfrac{m_1 (N_{\Phi 1} K_{dp1})^2}{10^4} = \dfrac{3 \times 391.6^2}{10^4} = 46.01$

$\rho_B = \rho_{20℃}[1 + \alpha(t - 20)] = 0.0356 \times [1 + 0.004 \times (95 - 20)]\Omega \cdot \mathrm{mm}^2/\mathrm{m} = 0.0463\Omega \cdot \mathrm{mm}^2/\mathrm{m}$

$S_B = b_{r0} h_{r0} + \dfrac{1}{2}(b_{r0} + b_{r1})h_{r1} + \dfrac{1}{2}(b_{r1} + b_{r2})h_{r2} + \pi r^2$

$= \left[0.10 \times 0.05 + \dfrac{1}{2} \times (0.10 + 0.9) \times 0.187 + \dfrac{1}{2} \times (0.9 + 2 \times 0.165) \times 2.253 + \dfrac{1}{2} \times 3.14 \times 0.165^2\right]\mathrm{cm}^2$

$= 1.527\mathrm{cm}^2$

端环电阻　$R_R = K\left(\dfrac{D_R \rho_R}{2\pi p^2 S_R}\right) = 46.01 \times \left(\dfrac{10.27 \times 0.0463}{2 \times 3.14 \times 2^2 \times 2.97}\right)\Omega = 0.293\Omega$

式中，$\rho_R = \rho_B = 0.0463\Omega \cdot \mathrm{mm}^2/\mathrm{m}$　$S_R = 2.97\mathrm{cm}^2$

导条电阻标幺值　$r_B^* = R_B \dfrac{I_{KW}}{U_1} = 0.959 \times \dfrac{6.58}{380} = 0.0166$

端环电阻标幺值　$r_R^* = R_R \dfrac{I_{KW}}{U_1} = 0.293 \times \dfrac{6.58}{380} = 0.00507$

转子电阻标幺值　$r_2^* = r_B^* + r_R^* = 0.0166 + 0.00507 = 0.0217$

64. 满载电流有功部分　$i_P^* = \dfrac{1}{\eta'} = \dfrac{1}{0.904} = 1.106$

65. 满载电抗电流

$i_x^* = K_m x^* (i_P^*)^2 [1 + (K_m x^* i_P^*)^2] = 1.026 \times 0.1579 \times (1.106)^2 \times [1 + (1.026 \times 0.1579 \times 1.106)^2] = 0.205$

式中，$K_m = 1 + i_m^* x_1^* = 1 + 0.3851 \times 0.0675 = 1.026$

66. 满载电流无功部分　$i_R^* = i_m^* + i_x^* = 0.3851 + 0.205 = 0.5901$

67. 满载电动势系数　$1 - \varepsilon_L = 1 - (i_P^* r_1^* + i_R^* x_1^*) = 1 - (1.106 \times 0.0264 + 0.5901 \times 0.0675) = 0.931$

此值与 22 项假定值基本相符，$(0.931 - 0.926)/0.926 = 0.5\%$。

68. 空载电动势系数　$1 - \varepsilon_0 = 1 - i_m^* x_1^* = 1 - 0.3851 \times 0.0675 = 0.974$

69. 空载定子齿磁通密度　$B_{t10} = \dfrac{1 - \varepsilon_0}{1 - \varepsilon_L} B_{t1} = \dfrac{0.974}{0.931} \times 1.529 = 1.60\text{T}$

70. 空载转子齿磁通密度　$B_{t20} = \dfrac{1 - \varepsilon_0}{1 - \varepsilon_L} B_{t2} = \dfrac{0.974}{0.931} \times 1.573\text{T} = 1.646\text{T}$

71. 空载定子轭磁通密度　$B_{j10} = \dfrac{1 - \varepsilon_0}{1 - \varepsilon_L} B_{j1} = \dfrac{0.973}{0.931} \times 1.255\text{T} = 1.31\text{T}$

72. 空载转子轭磁通密度　$B_{j20} = \dfrac{1 - \varepsilon_0}{1 - \varepsilon_L} B_{j2} = \dfrac{0.973}{0.931} \times 1.282\text{T} = 1.34\text{T}$

73. 空载气隙磁通密度　$B_{\delta 0} = \dfrac{1 - \varepsilon_0}{1 - \varepsilon_L} B_{\delta} = \dfrac{0.973}{0.931} \times 0.583\text{T} = 0.61\text{T}$

74. 空载定子齿磁压降　$F_{t10} = H_{t10} h_{t1}' = 30.28 \times 1.657\text{A} = 50.17\text{A}$

式中，$H_{t10} = 30.28\text{A/cm}$（50WW270 硅钢片直流磁化曲线，根据 $B_{t10} = 1.60\text{T}$ 查书末附录图 C-13 得到。）

75. 空载转子齿磁压降　$F_{t20} = H_{t20} h_{t2}' = 44.45 \times 2.495\text{A} = 110.90\text{A}$

式中，$H_{t20} = 44.45\text{A/cm}$（50WW270 硅钢片直流磁化曲线，根据 $B_{t20} = 1.644\text{T}$ 查书末附录图 C-13 得到。）

76. 空载定子轭磁压降　$F_{j10} = C_1 H_{j10} l_{j1}' = 0.535 \times 2.325 \times 7.537\text{A} = 9.38\text{A}$

式中，$H_{j10} = 2.325\text{A/cm}$（50WW270 硅钢片直流磁化曲线，根据 $B_{j10} = 1.31\text{T}$ 查书末附录图 C-13 得到。）

77. 空载转子轭磁压降　$F_{j20} = C_2 H_{j20} l_{j2}' = 0.366 \times 2.874 \times 2.575\text{A} = 2.71\text{A}$

式中，$H_{j20} = 2.874\text{A/cm}$（50WW270 硅钢片直流磁化曲线，根据 $B_{j10} = 1.34\text{T}$ 查书末附录图 C-13 得到。）

$$C_1 = 0.535, \quad C_2 = 0.366 \text{（根据 } B_{j10} = 1.31T, \quad B_{j20} = 1.34T, \quad \frac{h'_{j1}}{\tau_P} = \frac{1.797}{10.68} = 0.168,$$

$\dfrac{h'_{j2}}{\tau_P} = \dfrac{1.76}{10.68} = 0.165$，查本章附录图 2C-3 得到。）

78. 空载空气隙磁压降　$F_{\delta 0} = 0.8 B_{\delta 0} \delta_e = 0.8 \times 0.61 \times 0.051 \times 10^4 A = 248.88A$

79. 空载总磁压降　$F_0 = F_{t10} + F_{t20} + F_{j10} + F_{j20} + F_{\delta 0} = (50.17 + 110.90 + 9.38 + 2.71 + 248.88)A = 422.04A$

80. 空载励磁电流　$I_{m0} = \dfrac{4.44 F_0 p}{m_1 N_{\Phi 1} K_{dp1}} = \dfrac{4.44 \times 422.04 \times 2}{3 \times 391.6}A = 3.19A$（线电流：$\sqrt{3} I_{m0} = 5.53A$）

四、性 能 计 算

81. 定子电流　$i_1^* = \sqrt{i_P^{*2} + i_R^{*2}} = \sqrt{1.106^2 + 0.5901^2} = 1.25$

$\qquad\qquad I_1 = i_1^* I_{KW} = 1.25 \times 6.58A = 8.23A$

82. 定子电流密度　$J_1 = \dfrac{I_1}{a_1 S_1} = \dfrac{8.23}{1 \times 2.256}A/mm^2 = 3.65A/mm^2$

83. 线负荷　$A_1 = \dfrac{m_1 N_{\Phi 1} I_1}{\pi D_{i1}} = \dfrac{3 \times 408 \times 8.23}{3.14 \times 13.6}A/cm = 235.89A/cm$

84. 转子电流　导条电流　$i_2^* = \sqrt{i_P^{*2} + i_x^{*2}} = \sqrt{1.106^2 + 0.205^2} = 1.125$

$\qquad\qquad I_2 = i_2^* I_{KW} \dfrac{m_1 N_{\Phi 1} K_{dp1}}{Q_2} = 1.125 \times 6.58 \times \dfrac{3 \times 391.6}{28}A = 310.59A$

$\qquad$端环电流　$I_R = I_2 \dfrac{Q_2}{2\pi p} = 310.59 \times \dfrac{28}{2 \times 3.14 \times 2}A = 692.40A$

85. 转子电流密度　导条电流密度　$J_B = \dfrac{I_2}{S_B} = \dfrac{310.59}{1.527 \times 100}A/mm^2 = 2.03A/mm^2$

$\qquad\qquad\qquad$端环电流密度　$J_R = \dfrac{I_R}{S_R} = \dfrac{692.40}{2.97 \times 100}A/mm^2 = 2.33A/mm^2$

86. 定子铜损耗　$P_{Cu1}^* = i_1^{*2} r_1^* = 1.25^2 \times 0.0247 = 0.0386$

$\qquad\qquad P_{Cu1} = P_{Cu1}^* P_2 \times 10^3 = 0.0386 \times 7.5 \times 10^3 W = 289.5W$

87. 转子铜损耗　$P_{Cu2}^* = i_2^{*2} r_2^* = 1.125^2 \times 0.0217 = 0.0275$

$\qquad\qquad P_{Cu2} = P_{Cu2}^* P_2 \times 10^3 = 0.0363 \times 7.5 \times 10^3 W = 272.25W$

88. 杂散损耗　$P_s^* = 0.02$

$\qquad\qquad P_s = P_s^* P_2 \times 10^3 = 0.02 \times 7.5 \times 10^3 W = 150W$

89. 机械损耗　$P_{fw} = \left(\dfrac{3}{p}\right)^2 \left(\dfrac{D_1}{10}\right)^4 = \left(\dfrac{3}{2}\right)^2 \left(\dfrac{21}{10}\right)^4 W = 43.76W$

$$P_{fw}^* = \frac{P_{fw}}{P_2 \times 10^3} = \frac{43.76}{7.5 \times 10^3} = 0.0058$$

90. 铁耗

（1）定子齿重量 $G_{t1} = 2pS_{t1}h_{t1}' \times 7.8 \times 10^{-3} = 2 \times 2 \times 75.58 \times 1.657 \times 7.8 \times 10^{-3} \text{kg} = 3.91 \text{kg}$

（2）定子轭重量 $G_{j1} = 4pS_{j1}l_{j1}' \times 7.8 \times 10^{-3} = 4 \times 2 \times 32.25 \times 7.537 \times 7.8 \times 10^{-3} \text{kg} = 15.17 \text{kg}$

（3）单位铁耗 p_{t1}、p_{j1} 根据 $B_{t10} = 1.60\text{T}$、$B_{j10} = 1.313\text{T}$，50WW270 硅钢片铁损耗曲线

　　　　（50Hz），查书末附录图 C-15 得：$p_{t1} = 2.76\text{W/kg}$，$p_{j1} = 1.68\text{W/kg}$

（4）定子齿损耗 $P_{t1} = p_{t1}G_{t1} = 2.76 \times 3.91\text{W} = 10.79\text{W}$

（5）定子轭损耗 $P_{j1} = p_{j1}G_{j1} = 1.68 \times 15.17\text{W} = 25.49\text{W}$

（6）总铁耗 $P_{Fe} = k_1 P_{t1} + k_2 P_{j1} = (2.5 \times 10.79 + 2 \times 25.49)\text{W} = 78.0\text{W}$

$$P_{Fe}^* = \frac{P_{Fe}}{P_2 \times 10^3} = \frac{78}{7.5 \times 10^3} = 0.0104$$

91. 总损耗 $P^* = P_{Cu1}^* + P_{Cu2}^* + P_{Fe}^* + P_s^* + P_{fw}^* = 0.0386 + 0.0275 + 0.0104 + 0.02 + 0.0058 = 0.102$

92. 输入功率 $P_1^* = 1 + P^* = 1 + 0.102 = 1.102$

93. 效率 $\eta = 1 - \dfrac{P^*}{P_1^*} = 1 - \dfrac{0.102}{1.102} = 0.907$

　　　此值与64项假定值基本相符，（0.907－0.904）/0.904 = 0.33%。

94. 功率因数 $\cos\varphi = \dfrac{1}{i_1^* \eta} = \dfrac{1}{1.25 \times 0.907} = 0.882$

95. 转差率 $s_N = \dfrac{P_{Cu2}^*}{1 + P_{Cu2}^* + P_{XZFe}^* + P_s^* + P_{fw}^*} = \dfrac{0.0275}{1 + 0.0275 + 0.005562 + 0.02 + 0.0058} = 0.026$

式中 　P_{XZFe}^*——旋转铁耗，$P_{XZFe}^* = P_{Fe}^* - (P_{t1}^* + P_{j1}^*) = 0.0104 - (0.001439 + 0.003399) = $

　　　　0.005562

$$P_{t1}^* = \frac{P_{t1}}{P_2 \times 10^3} = \frac{10.79}{7.5 \times 10^3} = 0.001439$$

$$P_{j1}^* = \frac{P_{j1}}{P_2 \times 10^3} = \frac{25.49}{7.5 \times 10^3} = 0.003399$$

96. 转速 $n = \dfrac{60f(1 - s_N)}{p} = \dfrac{60 \times 50 \times (1 - 0.026)}{2}\text{r/min} = 1461\text{r/min}$

97. 最大转矩倍数 $T_{max}^* = \dfrac{1 - s_N}{2(r_1^* + \sqrt{r_1^{*2} + x^{*2}})} = \dfrac{1 - 0.026}{2 \times (0.0247 + \sqrt{0.0247^2 + 0.162^2})} = 2.58$

五、起 动 计 算

98. 起动电流开始假定值 $I_{st}' = 3.5 T_{max}^* I_{kW} = 3.5 \times 2.58 \times 6.58\text{A} = 59.42\text{A}$

99. 起动时漏磁路饱和引起漏抗变化的系数 K_Z 查本章附录图 2C-15 得 　$K_Z = 0.42$

$$F_{(\mathrm{st})} = I_{\mathrm{st}}' \frac{N_{\mathrm{s}1}}{a_1} \times 0.707 \times \left(K_{\mathrm{U}1} + K_{\mathrm{d}1}^2 K_{\mathrm{p}1} \frac{Q_1}{Q_2} \right) \sqrt{1-\varepsilon_0}$$

$$= 59.42 \times \frac{34}{1} \times 0.707 \times \left(1 + 0.9598^2 \times 1 \times \frac{36}{28} \right) \sqrt{0.973}\ \mathrm{A}$$

$$= 3077.68\mathrm{A}$$

$$\beta_{\mathrm{C}} = 0.64 + 2.5\sqrt{\frac{\delta}{t_1+t_2}} = 0.64 + 2.5\sqrt{\frac{0.04}{1.186+1.516}} = 0.9442$$

$$B_{\mathrm{L}} = \frac{F_{(\mathrm{st})}}{1.6\delta\beta_{\mathrm{C}}} \times 10^{-4} = \frac{3077.68}{1.6 \times 0.04 \times 0.9442}\mathrm{T} \times 10^{-4} = 5.09\mathrm{T}$$

100. 齿顶漏磁饱和引起定子齿顶宽度的减少

$$C_{\mathrm{s}1} = (t_1 - b_{\mathrm{s}0})(1 - K_Z) = (1.186 - 0.3) \times (1 - 0.42)\mathrm{cm} = 0.5139\mathrm{cm}$$

101. 齿顶漏磁饱和引起转子齿顶宽度的减少

$$C_{\mathrm{s}2} = (t_2 - b_{\mathrm{r}0})(1 - K_Z) = (1.516 - 0.10) \times (1 - 0.42) = 0.8213$$

102. 起动时定子槽单位漏磁导

$$\lambda_{\mathrm{s}1(\mathrm{st})} = K_{\mathrm{U}1}(\lambda_{\mathrm{U}1} - \Delta\lambda_{\mathrm{U}1}) + K_{\mathrm{L}1}\lambda_{\mathrm{L}1} = 1 \times (0.511 - 0.2731) + 1 \times 0.774 = 1.012$$

式中，按槽形查本章附录图 2B-1：

$$\Delta\lambda_{\mathrm{U}1} = \frac{h_{\mathrm{s}0} + 0.58h_{\mathrm{s}1}}{b_{\mathrm{s}0}} \left(\frac{C_{\mathrm{s}1}}{C_{\mathrm{s}1} + 1.5b_{\mathrm{s}0}} \right) = \frac{0.08 + 0.58 \times 0.127}{0.3} \times \left(\frac{0.5139}{0.5139 + 1.5 \times 0.3} \right) = 0.2731$$

103. 起动时定子槽漏抗　$x_{\mathrm{s}1(\mathrm{st})}^* = \dfrac{\lambda_{\mathrm{s}1(\mathrm{st})}}{\lambda_{\mathrm{s}1}} x_{\mathrm{s}1}^* = \dfrac{1.012}{1.285} \times 0.0225 = 0.0177$

104. 起动时定子谐波漏抗　$x_{\mathrm{d}1(\mathrm{st})}^* = K_Z x_{\mathrm{d}1}^* = 0.42 \times 0.0317 = 0.0133$

105. 定子起动漏抗　$x_{1(\mathrm{st})}^* = x_{\mathrm{s}1(\mathrm{st})}^* + x_{\mathrm{d}1(\mathrm{st})}^* + x_{\mathrm{e}1}^* = 0.0177 + 0.0133 + 0.017 = 0.048$

106. 考虑到趋肤效应的转子导条相对高度　$\xi = 0.1987h_{\mathrm{B}}\sqrt{\dfrac{b_{\mathrm{B}}f}{b_{\mathrm{R}}\rho_{\mathrm{B}} \times 100}} = 0.1987 \times 2.44 \times$

$$\sqrt{\frac{50}{4.63}}\mathrm{cm} = 1.593\mathrm{cm}$$

式中，$h_{\mathrm{B}} = h_{\mathrm{r}1} + h_{\mathrm{r}2} = 0.187 + 2.253 = 2.44\mathrm{cm}$，$\dfrac{b_{\mathrm{B}}}{b_{\mathrm{R}}} = 1$。

107. 转子趋肤效应系数　$\dfrac{r_{\sim}}{r_0} = 1.335$，$\dfrac{x_{\sim}}{x_0} = 0.866 \Bigg($ 根据 $\dfrac{b_1}{b_2} = \dfrac{b_{\mathrm{r}1}}{b_{\mathrm{r}2}} = \dfrac{0.9}{2 \times 0.165} = 2.727$ 查本章

附录图 2C-17 得到$\Bigg)$。

108. 起动时转子槽单位漏磁导 $\lambda_{s2(st)} = \lambda_{U2(st)} + \lambda_{L2(st)} = 0.054 + 1.028 = 1.082$

式中，$\lambda_{U2(st)} = \lambda_{U2} - \Delta\lambda_{U2} = 0.5 - 0.446 = 0.054$

$$\lambda_{L2(st)} = \frac{x_{\sim}}{x_0}\lambda_{L2} = 0.866 \times 1.187 = 1.028$$

查本章附录图 2B-4 得 $\Delta\lambda_{U2} = \dfrac{h_{r0}}{b_{02}}\left(\dfrac{C_{s2}}{C_{s2}+b_{02}}\right) = \dfrac{0.05}{0.10}\times\left(\dfrac{0.8213}{0.8213+0.10}\right) = 0.446$

109. 起动时转子槽漏抗　$x^*_{s2(st)} = \dfrac{\lambda_{s2(st)}}{\lambda_{s2}}x^*_{s2} = \dfrac{1.082}{1.687}\times 0.0350 = 0.0224$

110. 起动时转子谐波漏抗　$x^*_{d2(st)} = K_Z x^*_{d2} = 0.42 \times 0.0384 = 0.0161$

111. 起动时转子斜槽漏抗　$x^*_{sk(st)} = K_Z x^*_{sk} = 0.42 \times 0.012 = 0.00504$

112. 转子起动漏抗　$x^*_{2(st)} = x^*_{s2(st)} + x^*_{d2(st)} + x^*_{e2} + x^*_{sk(st)} = 0.0224 + 0.0161 + 0.005 + 0.00504 = 0.0485$

113. 起动总漏抗　$x^*_{(st)} = x^*_{1(st)} + x^*_{2(st)} = 0.048 + 0.0485 = 0.0965$

114. 转子起动电阻　$r^*_{2(st)} = \left(\dfrac{r_{\sim}}{r_0}\dfrac{l}{l_B} + \dfrac{l_B-l}{l_B}\right)r^*_B + r^*_R = (1.335 \times 1 + 0) \times 0.0166 + 0.00507 = 0.0272$

115. 起动总电阻　$r^*_{(st)} = r^*_1 + r^*_{2(st)} = 0.0247 + 0.0272 = 0.0519$

116. 起动总阻抗　$z^*_{(st)} = \sqrt{r^{*2}_{(st)} + x^{*2}_{(st)}} = \sqrt{0.0519^2 + 0.0965^2} = 0.11$

117. 起动电流　$I_{st} = \dfrac{I_{kW}}{z^*_{(st)}} = \dfrac{6.58}{0.11} = 59.82A$　（线电流：$\sqrt{3}I_{st} = 103.61A$）

$$i_{st} = \frac{I_{st}}{I_1} = \frac{59.82}{8.23} = 7.47$$

此值与 98 项假定值基本相符，$(59.82 - 59.42)/59.42 = 0.7\%$。

118. 起动转矩倍数　$T^*_{st} = \dfrac{r^*_{2(st)}}{(z^*_{(st)})^2}(1-S_n) = \dfrac{0.0272}{(0.11)^2}(1-0.026) = 2.19$

注：本电磁计算方案非最佳设计，仅供计算时参考。

2.7　三相异步电动机电磁计算方案调整

表 2-40 列出了电动机 η、$\cos\varphi$、T_{max}、T_{st} 偏低的原因，调整措施及应注意的事项。

表 2-40　电磁方案的调整

序号	调整目的	调整措施	适用情况	参量变化情况	有效材料用量变化情况
1	提高 η	(1)增大定子绕组导线截面积	槽满率较低	J_1、P_{Cu1} 减小	G_{Cu1} 增加
		(2)增大定子或转子槽面积,以增大导体截面积	B_{t1}、B_{j1} 或 B_{t2}、B_{j2} 较低	J_1、P_{Cu1} 或 J_2、P_{Cu2} 减小	G_{Cu1} 或 G_{Cu2} 增加
		(3)减少 N_{s1},增大导线截面积	B_δ 较低,$\cos\varphi$ 及 I_{st} 有裕量	J_1、P_{Cu1} 减小	变化小
		(4)缩小 D_{i1} 或同时增大定子槽、导线截面积	B_δ 较低,$\cos\varphi$ 有裕量,B_{t2}、B_{j2} 或 J_2 较低	P_{Fe} 减小 或 J_1、P_{Cu1} 减小	变化小或 G_{Cu1} 增加
		(5)增大 D_1,以增大槽面积及导体截面积	各部分磁通密度均较高,$\cos\varphi$ 无裕量	J_1、P_{Cu1} 及 J_2、P_{Cu2} 减小	G_{Cu1}、G_{Cu2}、G_{Fe} 增加
2	提高 $\cos\varphi$	(1)缩小定子槽(或转子槽)面积	B_{t1}、B_{j1} 或 B_{t2}、B_{j2} 较高,η 有裕量	B_{t1}、B_{j1} 或 B_{t2}、B_{j2} 降低,使 I_m 减小	G_{Cu1} 或 G_{Cu2} 减小
		(2)增大定子或转子槽宽,减小槽高	B_{t1}、B_{t2} 较低,$\cos\varphi$ 无裕量	X、I_x 减小	变化小
		(3)增加 N_{s1}	各部分磁通密度较高,T_{st}、T_{max} 有裕量	I_m 减小,但 I_x 增大	变化小(导线截面积缩小),或 G_{Cu1} 增加(导线截面积不变)
		(4)放长 l_1	各部分磁通密度较高,η 无裕量	I_m 减小,但 I_x 增大	G_{Cu1}、G_{Fe} 增加
		(5)增大 D_{i1}	B_δ 较高,B_{j1} 较低	I_m 减小	变化小
		(6)减小 δ	气隙均匀度能保证,θ 有裕量	I_m 减小	不变
3	降低 I_{st}	(1)增大转子槽高,减小槽宽	B_{j2} 较低,$\cos\varphi$ 有裕量	X 增大	变化小
		(2)用槽漏抗较大的转子槽形	$\cos\varphi$ 有裕量	X 增大	变化小
		(3)增大凸形或刀形转子槽上部槽高,减小槽宽	$\cos\varphi$ 有裕量	X 增大	变化小
		(4)增加 N_{s1}	T_{st}、T_{max} 有裕量	X 增大	变化小(导线截面积缩小),或 G_{Cu1} 增加(导线截面积不变)
4	提高 T_{st}	(1)减少 N_{s1}	I_{st}、$\cos\varphi$ 有裕量	X 减小	G_{Cu1} 减小(导线截面积不变),或变化小(导线截面积增大)
		(2)缩小转子槽	J_2 较低,η 有裕量	R_2 增大	G_{Cu2} 减小
		(3)转子用深槽或凸形、刀形槽,一定范围内减小凸形、刀形槽上部宽	$\cos\varphi$ 有裕量	R_{2st} 增大	变化小
		(4)用双笼转子,增大上笼电阻	η、$\cos\varphi$ 有裕量	R_{2st} 增大	变化小
		(5)增大 δ	$\cos\varphi$ 有裕量	X 减小	不变

（续）

序号	调整目的	调整措施	适用情况	参量变化情况	有效材料用量变化情况
5	提高 T_{max}	（1）同序号 4(1) 相应栏	同序号 4(1) 相应栏	同序号 4(1) 相应栏	同序号 4(1) 相应栏
		（2）用槽漏抗较小的转子槽形	I_{st} 有裕量	X 减小	变化小
6	降低 θ	（1）同序号 1	同序号 1 相应栏	同序号 1 相应栏	同序号 1 相应栏
		（2）增大 δ [①]	$\cos\varphi$ 有裕量	P_s 减小，但 I_m 大	不变
		（3）定、转子用少槽-近槽配合	槽配合选择不当	P_s 减小	变化小
		（4）结构、工艺采取措施 [②]	电磁设计不变	变化小	不变

注：表中 G 表示材料用量。

① 杂散损耗 P_s 减小，但 I_m 大，使 P_{Cu1} 增大，θ 变化取决于 P_s、P_{Cu1} 的变化情况，如 P_{Cu1} 增大较多时，可能导致 θ 升高。一般对 $2p=2$、4 的电动机，在一定范围内增大 δ 能降低 θ。

② 如选用通风冷却效果较好的通风结构、增大冷却风量、合理设计风路、提高绝缘处理质量、铸铝转子槽绝缘工艺处理等。

2.8　变频调速三相异步电动机的设计问题

2.8.1　变频调速三相异步电动机设计概述

1. 变频电源供电电动机的技术问题　变频电源供电的电动机与工频正弦波供电的电动机的主要区别：一方面是从低频到高频的宽频范围内运行；另一方面电源波形是非正弦的。如图 2-25 所示，通过用傅里叶级数对电压波形分析，该电源电压波形中除基波分量（控制波）外，还包含有 $2N$ 次以上的该次谐波（每半个控制波内所包含调制波的个数为 N）。当 SPWM 交流变频器输出电源，施加于电动机时，将使电动机上的电流波形呈现为一个叠加谐波的正弦波。该谐波电流将使异步电动机的磁路中产生一个脉动的磁通分量，这个脉动的磁通分量叠加在主磁通上，使主磁通内含有脉动的磁通分量，这个脉动磁通分量还使磁路趋于饱和，对电动机运行产生以下影响：

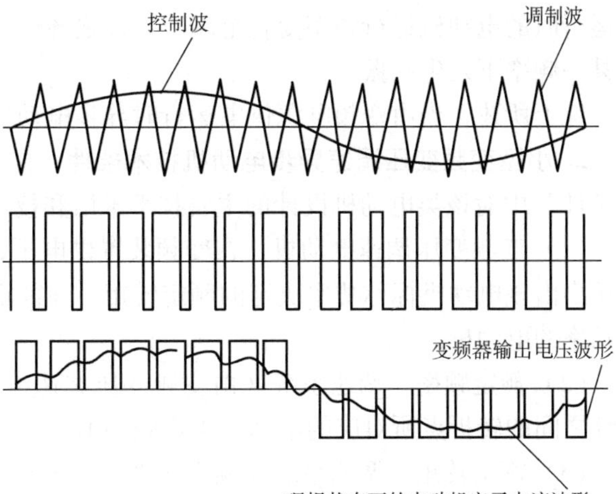

图 2-25　电源波形

（1）产生脉动磁通

1）损耗增加，效率降低。由于变频电源的输出含有大量的高次谐波，这些谐波会产生相应的铜耗和铁耗，降低运行效率。即便是目前广泛采用的 SPWM 正弦脉宽技术，也只是抑制了低次谐波，降低了电动机的脉动转矩，从而扩展了电动机低速下的平稳运行范围。而高次谐波不仅没有降低，反而有所增加。一般说来，与工频正弦电源供电相比，效率要下降 1%~3%，功率因数下降 4%~10%，因此，变频电源供电下电动机的谐波损耗是一个很大的问题。

2）产生电磁振动和噪声。由于一系列高次谐波的存在，还会产生电磁振动和噪声。如何降低振动和噪声，对正弦波供电的电动机来讲已经是一个问题。而对于由变频电源供电的电动机来讲，由于电源的非正弦性，就使问题变得更为复杂。

3）低速时出现低频脉动转矩。由于谐波磁动势与转子谐波电流合成，产生恒定谐波电磁转矩和交变谐波电磁转矩，交变谐波电磁转矩会使电动机产生脉动，从而影响低速稳定运行。即使是采用 SPWM 调制方式，但与工频正弦供电相比，仍然会出现一定程度的低次谐波，从而在低速运行时产生脉动转矩，影响电动机低速稳定运行。

（2）产生对绝缘的冲击电压及轴电压（流）

1）出现浪涌电压。电动机运行时，外加电压经常与变频装置中元器件换流时产生的浪涌电压相叠加，有时浪涌电压较高，致使线圈受到反复电冲击，损坏绝缘。

2）产生轴电压和轴电流。轴电压的产生主要是由于磁路不平衡和静电感应现象的存在，这在普通电动机中并不严重，但在变频电源供电的电动机中则较为突出。若轴电压过高，轴和轴承间油膜的润滑状态遭到破坏，将缩短轴承使用寿命。

（3）散热影响　低速运行时散热效果降低，由于变频调速电动机调速范围大，常常在低频率下低速运行。这时，由于转速很低，普通电动机所采用的自扇冷却方式所提供的冷却风量不足，散热效果降低，必须采用独立他扇冷却。

（4）机械影响　容易产生共振，一般来说，任何机械装置都会产生共振现象。但工频恒定转速运行的电动机，要避免与 50Hz 的电频率响应的机械固有频率发生共振。而变频调速运行时的电动机运行频率变化范围广，加之各个部件都有各自的固有频率，这就极易使它在某一频率下发生共振。

综上所述，当由变频电源供电运行时异步电动机将会面临诸多的设计技术问题。

2. 小型变频变压调速异步电动机技术条件　在"YVF2 系列变频调速专用异步电动机技术条件"中对该类电动机设计的主要技术术语和技术条件规定如下：

（1）变频变压调速电动机　在变频装置供电下，在额定频率及以下的响应频率范围内，能输出由该电动机标称功率决定的额定转矩，在额定频率以上的相应频率范围内，能输出标称功率的电动机。

（2）额定频率　调速系统（由变频变压调速电动机与电源组成）输出恒转矩和恒功率特性之间的转折点所对应的电动机工作频率值。

（3）额定转矩　调速系统在额定频率下，电动机能以 S1 工作制输出由标称功率决定的转矩。

（4）标称功率　额定转矩乘以电动机同步转速获得的功率（单位为 kW），其可用下式表示：

$$标称功率（kW）= 额定转矩（N \cdot m）\times \frac{n}{9550}$$

统一设计的小型调频调压调速电动机的标称功率（kW）应在下列数值中选取：0.55、

0.75、1.1、1.5、2.2、3.0、4.0、5.5、7.5、11、15、18.5、22、30、37、45、55、75、90、110、132、160、200、250、315。

（5）效率 在额定频率值时，电动机输出功率对装置输入功率之比。

（6）正常工作环境条件

1）工作环境温度。环境空气最高温度随季节而变化，但不超过+40℃，最低温度为-15℃。

2）相对湿度。最湿月月平均最高相对湿度为90%，同时该月月平均最高温度不高于25℃。

（7）技术条件

1）电动机的防护条件为IP54；

2）电动机的冷却条件为空气冷却；

3）电动机标称功率在55kW及以下为丫联结，功率55kW以上时为△联结；

4）电动机的极数为2极、4极、6极；

5）电动机的机座号与额定转矩、标称功率的对应关系应符合表2-41的规定。

表2-41

表2-41 机座号与额定转矩、标称功率的对应关系

机座号	同步转速/(r/min)					
	3000		1500		1000	
	标称功率/kW	额定转矩/(N·m)	标称功率/kW	额定转矩/(N·m)	标称功率/kW	额定转矩/(N·m)
80M1	0.75	2.4	0.55	3.5	—	—
80M2	1.1	3.5	0.75	4.8	—	—
90S	1.5	4.8	1.1	7.0	0.75	7.2
90L	2.2	7.0	1.5	9.5	1.1	10.5
100L1	3	9.5	2.2	14.0	1.5	14.3
100L2			3	19.1		
112M	4	12.7	4	25.5	2.2	21.0
132S1	5.5	17.5	5.5	35.0	3	28.6
132S2	7.5	23.9				
132M1	—	—	7.5	47.7	4	38.2
132M2					5.5	52.5
160M1	11	35.0	11	70.0	7.5	71.6
160M2	15	47.7				
160L	18.5	58.9	15	95.5	11	105.0
180M	22	70.0	18.5	117.8	—	—
180L	—	—	22	140.1	15	143.2
200L1	30	95.5	30	191.0	18.5	176.7
200L2	37	117.8			22	210.1
225S	—	—	37	235.5	—	—
225M	45	143.2	45	286.5	30	286.5

（续）

机座号	同步转速/（r/min）					
	3000		1500		1000	
	标称功率/kW	额定转矩/（N·m）	标称功率/kW	额定转矩/（N·m）	标称功率/kW	额定转矩/（N·m）
250M	55	175.1	55	350.1	37	353.3
280S	75	238.7	75	477.5	45	429.7
280M	90	286.5	90	573.0	55	525.2
315S	110	350.1	110	700.3	75	716.2
315M	132	420.2	132	840.3	90	859.4
315L1	160	509.3	160	1018.6	110	1050.4
315L2	200	636.6	200	1273.2	132	1260.5
355M1	250	795.8	250	1591.5	160	1527.9
355M2					200	1909.9
355L	315	1002.7	315	2005.3	250	2387.3

注：M、L后面的数字1、2代表同一机座号和转速下的不同功率。

2.8.2 主要尺寸及电磁负荷选择

对于小型变频变压调速异步电动机，国家标准规定了统一的机座号及中心高，已构成专用系列，因此主要尺寸可参考 Y、Y2 系列类比确定。但在已确定的主要尺寸中，如何根据变频变压调速的特点来确定相应的电磁负荷，仍然是需要考虑的设计问题。

众所周知，电动机的主要尺寸 D_{i1} 与 l_{eff} 由以下电动机设计公式决定：

$$D_{i1}^2 l_{eff} = \frac{5.5P'}{\alpha'_p K_{dp} A B_\delta n}$$

式中　　D_{i1}——电枢直径；

l_{eff}——电枢计算长度；

A——电负荷；

B_δ——气隙磁通密度；

P'——计算功率。

可见，在变频调速电动机设计中，在负载连续运行和某转速下输出标称功率条件下，主要尺寸 $D_{i1}^2 l_{eff}$ 由 B_δ 及 A 值决定。

1. B_δ 和 A 的选取　B_δ 和 A 的选择在变频调速电动机设计中主要考虑的因素：

（1）效率与温升　变频调速系统运行时，国家标准对其运行效率有一定的要求。但在变频电源供电情况下，由于电源时间谐波的影响，比工频电源供电时，铁耗、铜耗及其他损耗均有较大的增加。

1）铁耗。一般说来，若正弦基波磁通时的铁耗为 P_{Fe}，则由于电源谐波影响，其铁耗的增加量 ΔP_{Fe} 由式（2-22）确定：

$$\Delta P_{Fe} = P_{Fe} \sum \frac{a_\nu^{1.8}}{\nu^{0.2}}$$　　　　　　　　　　（2-22）

式中 a_ν——高次谐波的谐波强度；

ν——高次谐波次数。

若正弦基波磁通时的转子铁心表面损耗为 P_S，则由于电源谐波影响，其表面损耗的增加量 ΔP_S 由式（2-23）确定：

$$\Delta P_S = P_S \sum \frac{a_\nu^2}{\nu^{0.5}} \tag{2-23}$$

这两部分铁耗增加的结果，使变频电源供电时比工频供电时铁耗总体增大 $10\% \sim 20\%$。

变频电源供电时的铁耗近似公式计算：

$$P_{Fe}' = P_{Fe} \left(\frac{U_m}{U_1} \right)^2 \tag{2-24}$$

式中 P_{Fe}'——变频电源供电时的铁耗；

U_m——非正弦电压引起磁路饱和的等效电压；

U_1——工频正弦电压。

2）铜耗。由于高次谐波电流的趋肤效应，引起电流分布不均匀，而使交流电阻增大，铜耗增加。由于趋肤效应引起转子阻抗的变化可由式（2-25）确定：

$$\begin{cases} R_{2\nu} = K_r R_2 = \xi \dfrac{\text{sh}2\xi + \sin 2\xi}{\text{ch}2\xi - \cos 2\xi} R_2 \\[2mm] x_{2\nu} = K_x x_2 = \dfrac{3}{2\xi} \dfrac{\text{sh}2\xi - \sin 2\xi}{\text{ch}2\xi + \cos 2\xi} \nu x_2 \end{cases} \tag{2-25}$$

式中 R_2、$R_{2\nu}$——计及趋肤效应前后的转子电阻；

x_2、$x_{2\nu}$——计及趋肤效应前后的转子电抗；

K_r——趋肤效应对应的电阻系数；

K_x——趋肤效应对应的电抗系数；

ξ——导体的计算高度。

由高次谐波引起定子电流 I_ν 的计算：

$$I_\nu = \frac{U_\nu}{\sqrt{(R_{1\nu} + R_{2\nu}')^2 + (x_{1\nu} + x_{2\nu}')^2}} \tag{2-26}$$

式中 U_ν——高次谐波电压；

$R_{1\nu}$、$x_{1\nu}$——计及趋肤效应后的定子电阻及电抗。

高频铜耗 $P_{Cu\nu}$ 的计算：

$$P_{Cu\nu} = P_{Cu\nu1} + P_{Cu\nu2} = mI_\nu^2 R_{1\nu} + mI_\nu^2 R_{2\nu}' = mI_\nu^2 (R_{1\nu} + R_{2\nu}') \tag{2-27}$$

式中 $P_{Cu\nu1}$——定子高频铜耗；

$P_{Cu\nu2}$——转子高频铜耗；

m——相数。

一般情况下，定子高频铜耗为工频铜耗 P_{Cu1} 的 15%，而转子高频铜耗已近似等于转子工频铜耗 P_{Cu2}。

3）绕组端部谐波漏磁损耗。与正弦基波相同，高次谐波也同样在定转子端部引起端部漏磁损耗。只是由于高次谐波的频率更高，故其数值更大，其值可由式（2-28）确定：

$$P_{s\nu} = P_s \left(\frac{I_\nu}{I_1}\right)^{2.22} \left(\frac{f_\nu}{f_1}\right)^{1.57} \tag{2-28}$$

式中　$P_{s\nu}$——谐波漏磁损耗；

　　　P_s——基波漏磁损耗；

　　I_ν、f_ν——谐波电流及频率；

　　I_1、f_1——基波电流及频率。

　　一般认为定转子谐波漏磁损耗大致相等，故电动机内由于谐波引起的端部总损耗 $\sum P_{s\nu} = 2P_{s\nu}$。

　　4）摩擦损耗与通风损耗。在变频电源供电时与工频电源供电时有很大不同。这主要是变频调速运行时，电动机在较宽的转速范围内变速运行，而这些损耗均与转速有关。一般说来，若转速为 n，则滑动轴承的摩擦损耗正比于 $n^{1.5}$，滚动轴承的摩擦损耗正比于 n，通风损耗正比于 n^3。

　　总之，由于电源谐波的影响，总损耗约增加30%左右，导致效率降低1%~3%。由于损耗的增加，故使温升增高。在同样的输出和相同的散热条件下，变频电源供电时的温升要比工频供电时高出10%~20%。因此，为了保持必要的效率和允许的温升，在相同绝缘结构及冷却条件下，应选用较低的 B_δ 和 A 值。

　　此外还应指出，对于转子绕组磁链保持常数运行时，为了补偿转子绕组漏磁通，气隙磁通密度必须随着负载转矩的增加而相应地提高。同样，当定子绕组电流增加时，定子槽漏磁通的增加会引起定子齿及轭部磁通密度的上升。因此，在根据额定运行状态进行电动机设计时，气隙及定子铁心磁通密度的选取应留有相当的余地，以免过载运行时磁路过分饱和。

　　最后指出的是铜耗和铁耗分别与 A、B_δ 成正比。因此选择 A 与 B_δ 的比值，应使最大效率和功率因数出现在额定运行点处。

　　(2) 逆变器类型　变频电源在"交—直—交"变频调速系统中，由于直流环节的基本功能及滤波方式的不同，逆变器分为电压型和电流型两种基本类型。

　　1）电压型逆变器。对于由电压型逆变器供电的电动机，脉动转矩及谐波电流取决于电动机的漏抗 X 值。出于限制脉动转矩及谐波电流的考虑，希望定转子漏抗大一些。因此，为了使总谐波电流相对值小于20%，应使额定频率下的漏抗标幺值大于0.25，励磁电流标幺值小于0.2。

　　由于 $X_1^* = X_1 I_{kW}/U_1 \propto \dfrac{\sum \lambda}{pq}\dfrac{A}{B_\delta} \propto \dfrac{\sum \lambda}{pq} N_{\Phi1}^2 l_{eff}$，为了保持一定的 X_1 值，应选较大的 A/B_δ 值，特别是在频率较高时，提高 A/B_δ，可降低磁轭及齿部的铁耗。因此更应选取较大的 A/B_δ 值。

　　由于

$$I_m^* = \frac{I_m}{I_{kW}} \propto K_t \frac{\delta}{\tau_p}\frac{B_\delta}{A} \propto K_t \frac{\delta p}{D_1}\frac{1}{N_{\Phi1}^2 l_{eff}} \tag{2-29}$$

式中　I_m——空载励磁电流；

　　　K_t——饱和系数；

　　　δ——有效气隙长度；

　　　D_1——定子外径；

τ_p——极距。

可见，在一定的 δ 和 τ_p 下，B_δ/A 越小，则空载电流越小，功率因数越高，所以应取较大的 A/B_δ 值。

当 A/B_δ 值一定时，为了减小 I_m，应减小气隙长度 δ。也就是说它与普通异步电动机一样，应在结构要求和生产工艺所允许的范围内选最小气隙。但由于变频调速电动机可能承受比普通电动机更大的转矩冲击和振动，电动机的轴承要留有适当的轴向审动量和径向间隙。所选的最小气隙应比同容量普通异步电动机稍大一些，通常为同样大小的普通异步电动机的 $1.5\sim2$ 倍。

2）电流型逆变器。对于由电流型逆变器供电的电动机，情况正好相反。为了减小最大的换流时间，限制换流时逆变器和电动机中出现的过电压，要求换流电路中的总电感越小越好。由于电动机的漏电感是换流回路电感的一部分，故要求电动机的漏电感越小越好。电动机的漏抗越小，电流型逆变器输出一定量电流谐波所产生的电压谐波也就越小。也就是说，从抑制电压谐波的角度考虑，也希望减小电动机的漏抗。

因此，对于由电流型逆变器供电的电动机，漏抗标幺值应小于 0.15，励磁电流标幺值应大于 0.35。

综上所述，由电流型逆变器供电的电动机，应选取较小的 A/B_δ 值。与电压型逆变器供电时情况相反，为了增大励磁电流，减小漏抗，除了取较小的 A/B_δ 值外，还应增大气隙 δ。当然尽管增大气隙不受结构要求和生产工艺的限制，但也受功率因数的制约。气隙越大，功率因数越低，这是应考虑的主要因素。

2. $D_{\mathrm{i}1}$ 与 l_{eff} 之比的确定 B_δ 与 A 之值确定后，通常 $D_{\mathrm{i}1}/l_{\mathrm{eff}}$ 的比值由下式确定：极对数 $p=2$ 时，$D_{\mathrm{i}1}/l_{\mathrm{eff}}=0.4\sim0.6$；$p=3$ 时，$D_{\mathrm{i}1}/l_{\mathrm{eff}}=0.5\sim0.8$。可见，对变频调速电动机，应选较小的直径 $D_{\mathrm{i}1}$，这是因为：

1）转子表面线速度 $v=\pi D_2 n_\mathrm{m}$（n_m 为运行时最高转速），故 v 与 D_2 成正比。因此，较小的 D_2 便产生较小的离心力。这对于进入高速运行区的变频调速电动机较为有利。

2）D_2 较小，则转子惯量较小，也即减小了电动机的机械时间常数，其动态性能好。这对于处于调速状态的变频调速电动机更为重要。

3）$D_{\mathrm{i}1}$ 小 l_{eff} 大，绕组的端部短，端部漏抗、端部杂散损耗、端部铜耗及端部机械应力小。

4）$D_{\mathrm{i}1}$ 小 l_{eff} 大，可增大定子铁心与机座间的接触面积，改善散热条件，这对于可能产生较大损耗和较高温升的变频调速电动机是有利的。

5）减小 $D_{\mathrm{i}1}$ 的尺寸，可减小机械噪声。

2.8.3 额定电压的确定

对于电动机本身而言，电动机容量一定时，选取电压高者较好。不过额定电压不只是电动机设计的主要依据，同时也是变频调速系统中联系电动机与变频器的基本中间参量。因此根据机电一体化的观点，电动机额定电压的确定，还应根据变频电源自身的特点及其在经济合理的条件下所能提供的电压综合考虑。

在异步电动机矢量控制系统或转差控制系统中，为了保持转子磁通或气隙磁通不随负载而变化，要求逆变器输出电压随负载变化而调节其大小，以补偿定子绕组漏阻抗压降；另一方面，逆变器的输出电压受直流环节电压的限制，不可能超过其最大值。也就是说，异步电动机额定电压的取值受到电动机的控制方式、漏阻抗数值、系统的过载倍数及逆变器最高输出电压等因素的制约。此外，额定电压的高低，还直接影响额定电流的数值和电力半导体器件的容量与价格。

因此，在决定电动机额定电压时，应从技术和经济两方面对电动机和逆变器，即对整个变频系统作全面分析，使电动机和逆变器都处于合理的技术匹配。

经理论推导，得出决定电动机额定电压 U_{1N} 的计算公式如下：

$$U_{1N}=\frac{6U}{\pi^2 K_m}\sqrt{\frac{\left(1+\dfrac{1}{s_N}\right)^2+\tan^2\varphi}{\left(1+\dfrac{1}{s_N}\right)^2+K_f^2\tan\varphi}} \tag{2-30}$$

式中　U——供给整流器的三相工频交流电源线电压（V）；

　　　K_m——系统转矩过载倍数；

　　　s_N——额定运行时转差率；

　　　K_f——最大负载与额定负载时定子频率比；

$\tan\varphi=\dfrac{X_1+\left(1+\dfrac{X_1}{X_m}\right)X_2'}{\left(1+\dfrac{X_1}{X_m}\right)R_2'}$——即由参数决定的计算常数，$X_m$ 为电动机励磁电抗。

在由系统允许的谐波电流含量（电压型逆变器），或允许的电流脉冲峰值（电流型逆变器）决定 $X_1+\left(1+\dfrac{X_1}{X_m}\right)X_2'$ 之后，根据电动机的预期效率或机械特性硬度可预测出 s_N 及 R_2'，于是由上式便可确定电动机的额定电压。

由于漏抗与绕组匝数的二次方成正比，当电动机额定功率一定时，电压越高则电流越小，绕组匝数越多，绕组漏抗越大。如前所述，电压型逆变器供电的电动机要求有较大的漏抗，故应选取较高的额定电压。电流型逆变器供电的电动机则正好相反，应选取较低的额定电压。

中小型变频变压调速异步电动机一般采用电压型逆变器供电，其额定电压受工频电网电压及逆变器直流环节电压的限制，不可能超过工频电网电压，工频电网电压为380V，考虑到变频器内各种器件的压降，故一般设计在50Hz输出标称功率时的额定电压为320~370V。

2.8.4　极数和额定频率的选择

对于变频器供电的电动机来说，电动机的转速 $n=\dfrac{60f}{p}$。由于在变频电动机的设计中 f 和 p 都可以作为设计变量，原则上设计人员可以采用多组不同的 f 和 p 来满足电动机的转速要求，但电动机的励磁电流与电动机的 $\dfrac{\delta}{\tau_p}$（δ 为气隙长度，τ_p 为极距）有关，$\dfrac{\delta}{\tau_p}$ 越大，电动机的励磁电流就越大，这将使电动机的功率因数和效率下降，而 $\dfrac{\delta}{\tau_p}$ 又正比于电动机的极数，因此从理论上说电动机的极数越少，其功率因数和效率就可能越高。从另一个角度来看，当电动机的转速一定时，极数的减少就意味着额定频率的降低，也就意味着铁耗的降低，在定频电动机中无论采取什么样的 p 和 f 值，额定值时的电抗相差不大，所以额定频率 f 的降低可以使电动机定子线圈每极每相的串联匝数增加，这不但会使电动机低频时的性能得到改善，同时还会使电动机额定运行时的匝间电压降低，从而可以提高电动机的运行可靠性。

从散热的角度来看，极少数的电动机由于其轭部磁路的需要，电动机定子内径相对较小，因而电动机的散热也就比较难。从成本的角度来分析，由于两极电动机的端部较长，且短距系数较低，因此在相同的情况下制造两极电动机所用的铜线的利用率较低。从对抑制谐波的能力看，由于电动机是定频设计的，电动机在额定运行时的电抗相差不大，在额定频率下运行时对变频器造成的谐波抑制能力相差不多。因此电动机极数应综合多方面的因素来选取。一般极数取 $2p = 4$、6、8，通常 4 极电动机能得到较好的效果。

2.8.5 电动机参数的确定

电动机参数是决定电动机性能的主要因素，也是决定变频电源技术经济性能的重要参数。合理设计电动机的参数是提高变频调速系统整体性能指标的重要方面。

1. 减小谐波电流的措施 在变频调速异步电动机中，定转子漏抗是限制谐波电流的主要因素。它们的数值决定了系统谐波电流的含量和负载变化时电压调节的范围。从等效电路看，在给定电压下，异步电动机的电流由等效电路的参数、转差率及定子电源频率决定。由于变频调速系统的基波电压通常运行于低转差率状态，而高次谐波电压则实际上运行于堵转状态，因此谐波电流主要是由谐波电压的含量和定转子漏抗决定的。

谐波电流的存在对变频电源和异步电动机都是有害的。为了减小高次谐波电流，可以从逆变器和电动机设计两方面采取措施。

1）在逆变器方面，可采用较高的调制频率以提高谐波的次数，从而减小谐波的幅值。

2）在异步电动机方面，主要是增大漏抗。如果漏抗过大，将引起电动机参数的配置不合理，使电动机体积增大，成本上升。由于调压范围的增大，还会引起逆变器成本上升。当电动机为转差率控制时，增加漏抗还会降低最大转矩倍数。

2. 电动机短路阻抗的确定

（1）最大脉动电流幅值较小时短路电抗的确定 从电动机设计来看，在一定的调制方式、一定的谐波电流含量下，电动机漏抗的最小允许值，经理论分析，得出当 SPWM 逆变器做双极性工作时，基波短路电抗标幺值 X_k^* 应满足式（2-31）：

$$X_k^* \geqslant \frac{\sqrt{1 - m_0^2}}{m_0} \frac{1 - m_0^2}{1 + 2\sum_{j=1}^{m_j}(-1)^j\cos\alpha_j} \sqrt{\sum_\nu \left[\frac{1 + 2\sum_{j=1}^{m_j}(-1)^j\cos(\nu\alpha_j)}{\nu^2}\right]^2} \quad (2\text{-}31)$$

式中 ν——谐波次数；

α_j——第 j 次切换时的角度；

m_j——范围内的切换点数；

m_0——额定运行时定子电流的谐波含量与定子电流（有效值）之比：

$$m_0 = \frac{\sqrt{I_5^2 + I_7^2 + \cdots + I_\nu^2 + \cdots}}{\sqrt{I_1^2 + I_5^2 + I_7^2 + \cdots + I_\nu^2 + \cdots}}$$

式中 I_ν ——第 ν 次谐波电流。

当 SPWM 电压波形已知时，由上式便可求得与 m_0 对应的电动机短路电抗的标幺值 X_k^* 的最小允许值。

（2）最大脉动电流幅值较大时短路电抗的确定 在某些情况下，如在 SPWM 逆变器输出的基波电流小于脉动电流时，采用谐波电流含量的综合指标，并不能充分反映电流的峰值和脉动的程度。而峰值电流对逆变器元件的选择和换流计算，以及对电动机的损耗等都影响较大，因而也就直接影响到短路电抗 X_k 的取值。经理论分析，得出脉冲电流峰值 I_p 的允许值给定时，电动机的短路电抗由近似公式（2-32）确定：

$$X_k = 2.1 \pi f_1 \frac{U_d \Delta t}{I_p} \tag{2-32}$$

式中 f_1 ——电源频率；

   U_d ——逆变器输入侧直流电压；

   Δt ——电压脉冲的时间宽度。

（3）定、转子电阻的确定 在工频异步电动机设计中，定、转子电阻值的确定受到用铜（铝）量和效率等因素的约束。为了提高电动机效率，应取较小的定子电阻值。此外，转子电阻还受到机械特性要求的限制，为了得到较硬的机械特性，一般取较小的转子电阻值。在变频调速异步电动机设计中，仍然存在这一关系。

此外，由于变频调速电动机不同于普通异步电动机，可以不考虑起动性能，无需通过增大转子电阻的办法，限制起动电流，提高起动转矩。相反，为了减小转子基波及谐波损耗，应尽量减小转子电阻，除了在转子齿磁通密度允许的情况下尽可能增大转子槽面积，还可以选择低电阻率的导条及端环材料。转子电阻的减小会使转差率减小，在实行转差控制技术时还需考虑转子电阻对控制精度的影响。

3. 趋肤效应对定、转子参数的影响 由于各次谐波频率较高，因此趋肤效应对定、转子电阻和漏抗的影响较工频供电时更为显著。趋肤效应的结果，使导体的有效截面积减小，从而使定、转子电阻增大。趋肤效应也使漏磁路径的截面积减小，因而使漏电感减小。下面介绍计及趋肤效应后定、转子参数的计算方法。

（1） ν 次谐波的转子电阻计算 ν 次谐波的转子电阻除可按 $r_{2\nu}$ 和 $x_{2\nu}$ 计算公式计算外，还可按式（2-33）近似计算：

$$R'_{2\nu} = R'_2 \xi_{2\nu} \tag{2-33}$$

式中 $R'_{2\nu}$ ——未计及趋肤效应时转子每相电阻（折合值）；

   $\xi_{2\nu}$ —— ν 次谐波频率下计及趋肤效应对转子电阻影响的计算系数：

$$\xi_{2\nu} = 0.1987 h_B \sqrt{\frac{\omega_\nu \nu}{2\pi \rho_B}} \tag{2-34}$$

式中 h_B ——转子导条等效高度；

   ρ_B ——折算温度下转子导体的电阻率。

（2） ν 次谐波的定子漏抗计算 ν 次谐波的定子漏抗 $X_{1\nu}$ 可按式（2-35）近似计算：

$$X_{1\nu} = \frac{1.5X_1}{\xi_{1\nu}} \tag{2-35}$$

式中　X_1——未计及趋肤效应时定子每相漏抗。

（3）ν 次谐波的转子漏抗 $X_{2\nu}$ 计算　ν 次谐波的转子漏抗 $X_{2\nu}$ 可按式（2-36）近似计算：

$$X_{2\nu} = \frac{1.5X_2}{\xi_{2\nu}} \tag{2-36}$$

式中　X_2——未计及趋肤效应时转子每相漏抗。

2.8.6　电磁设计的有关问题

1. 各种谐波转矩的影响　由于电流中谐波磁场的存在，不仅会在电动机中产生一系列谐波损耗，影响效率和温升，还会产生一系列谐波转矩。这些谐波转矩分为两类：一类是大小和方向不变的恒定谐波转矩；另一类是交变谐波转矩。当电动机端电压中有 ν 次电压谐波时，就形成了 ν^2 个转矩，其中包括一个基波转矩、$(\nu-1)$ 个恒定谐波转矩和 $(\nu^2-\nu)$ 个交变谐波转矩。

（1）恒定谐波转矩　恒定谐波转矩是由气隙谐波磁通和由它感应出的转子谐波电流相互作用而产生的。其产生原理与定、转子基波磁通及电流产生基波转矩的原理相同。其中 5、11、17、…次恒定谐波转矩反转，7、13、19、…次恒定谐波转矩正转。这两类正反转谐波转矩相互抵消后，仅剩一个很小的反向转矩，使异步电动机转矩略有减小，对电动机运行影响不大。

（2）交变谐波转矩　交变谐波转矩是由气隙磁场谐波与该磁场谐波次数不同的转子谐波电流相互作用产生的。每一气隙谐波磁场，均可和与它次数不同的任一次转子谐波电流作用产生一交变谐波转矩。但主要的交变谐波转矩是由基波磁通与 5、7、11、13 次转子谐波电流相互作用产生的。由于磁场谐波次数与转子谐波电流次数不同，所以转矩的方向半周内为正，另半周内为负，转矩是交变的，因而一周内的平均值为零。

谐波转矩对异步电动机正常运行虽然影响不大，但在基波频率很低的情况下，当换流频率过低时，异步电动机的转矩会产生换流频率下的剧烈脉动。这种由于在两次换流之间转子电流过分衰减而造成的脉动转矩，会使电动机的转速发生一连串的跳跃现象。因此，低频下的转矩脉动使电动机的最低转速有一个下限，这就缩小了电动机的调速范围。此外，谐波及其转矩还产生振动和噪声。因此为了减小电动机中的谐波转矩，必须在电动机设计时予以考虑。

2. 转子槽形及对降低谐波损耗、脉动转矩的影响

（1）转子槽形选择　变频电源中的各次谐波，在电动机运行时均会在定转子导体中产生趋肤效应，使导体有效截面积减少，电阻增大，造成定、转子铜（铝）耗增大。由于转子铜（铝）耗在总损耗中占的比例较大，约占 1/4 以上，特别是低频段运行时更是如此。趋肤效应的强弱取决于转子电流的频率 f_2 和槽形尺寸，频率越高，槽越深，越严重。因此在变频调速电动机设计时，应特别注意转子槽形的选择，最大限度地减少趋肤效应的影响。将原有系列电动机槽形予以改进的方法如下。

计算趋肤效应时导条的相对高度

$$\xi = 0.1987 h_B \sqrt{\frac{b_B f_2}{b_k \rho_B}} \tag{2-37}$$

式中　h_B ——转子导条实际高度；

　　b_B/b_k ——导条宽和槽宽之比，铸铝转子为 1 ；

　　　ρ_B ——转子导条的电阻率；

　　　f_2 ——转子电流频率（$f_2 = sf_1$）。

导条电阻的等效高度和导条电抗的等效高度

$$h_{pr} = \frac{h_B}{\varphi(\xi)} \tag{2-38}$$

$$h_{px} = h_B \varphi'(\xi) \tag{2-39}$$

式中

$$\varphi(\xi) = \xi \left[\frac{\mathrm{sh}2\xi + \sin 2\xi}{\mathrm{ch}2\xi - \cos 2\xi} \right]$$

当 $\xi \geqslant 2$ 时，$\varphi(\xi) \approx \xi$；$\varphi'(\xi) \approx \dfrac{3}{2\xi}$，此时

$$h_{pr} = \frac{h_B}{\xi} \tag{2-40}$$

$$h_{px} = h_B \frac{3}{2\xi} \tag{2-41}$$

转子槽形的确定：假定产生趋肤效应前后，保持导条截面积不变时，电阻也不变的原则，求出产生趋肤效应后槽上部宽度 b_{pr1}，如图 2-26 所示。

导条原截面积为

$$S_B = \frac{1}{2} \left[(b_{r0} + b_{r1}) h_{r1} + (b_{r1} + b_{r2}) h_{r2} \right] \tag{2-42}$$

趋肤效应后导条截面积为

$$S_{pB} = \frac{1}{2} \left[(b_{r0} + b_{pr1}) h_{r1} + (b_{pr1} + b_{pr2})(h_{pr} - h_{r1}) \right] \tag{2-43}$$

当 $S_B = S_{pB}$ 时，则

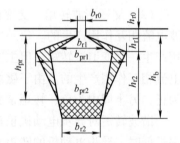

图 2-26　增大槽上部宽度以后的转子槽形（槽底部阴影与两侧阴影面积相等）

$$b_{pr1} = \frac{1}{h_{pr1}} \left[(b_{r1} + b_{r2}) h_{r2} + (b_{r1} + b_{pr2}) h_{r1} - b_{pr2} h_{pr} \right] \tag{2-44}$$

b_{pr2} 可按图 2-26 中的梯形关系求得

$$b_{pr2} = b_{r2} \left\{ 1 + \frac{(h_b - h_{pr})[1 - (b_{r2}/b_{r1})]}{(b_{r2}/b_{r1}) h_{r2}} \right\} \tag{2-45}$$

（2）选用特殊槽形　由于变频调速电动机不同于工频电源供电的电动机，不必考虑它的起动性能，这为自由选择转子槽形提供了很大余地。由于趋肤效应的影响，使高次谐波的电流集中在气隙侧，导致转子运行电阻增加，铜耗增大。若采用图 2-27 所示的上大下小、槽深较浅的槽形（图中采用了闭口），则可大大减小趋肤效应的影响。交流变频调速异步电动机一般不宜采用深槽结构，更不能采用双笼槽形。

（3）采用闭口槽　转子齿槽会引起定子表面磁场高频脉动，形成电动机定子的表面损耗和脉振损耗，甚至产生振动和噪声。采用闭口槽后既可大大增大槽漏抗，抑制高次谐波电流，降低脉动转矩，又可降低损耗，减小振动噪声。

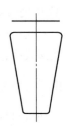

图 2-27　转子闭口及特殊槽形

3. 轴承绝缘设计　由于逆变器工作时，电动机磁路不对称产生环形磁通而感应交流电压、转轴上静电聚集产生电压以及变频器三相输出电压瞬时值不为零，导致中性点不为零，从而产生共模电压等因素合成产生轴到地电压。其中共模电压是造成轴电压和轴承泄漏电流的主要原因。在变频电源供电情况下，由于高次谐波的影响，轴电压产生的机会则有增加的趋向。轴电压随着频率的增加而增加，轴与轴承之间的轴电压如超过允许值时，则油膜或润滑脂因轴电流通入使之遭到破坏，最终使轴或轴承受损伤。变频电源供电时的轴电压有以下特点：

1）与工频正弦供电时相比，轴与轴承间的轴电压要大 20%~50%。

2）运行频率增加，轴与轴承间的轴电压也增大。

3）与正弦工频电源供电时一样，轴与轴承间的轴电压与负载大小基本无关。

4）与工频正弦电源供电相比，轴与地之间的轴电压增大 100%~200%。

一般轴电压高于 500mV（峰值）时，为避免轴承遭受电腐蚀，就要求对轴承采用绝缘措施，限制轴电流在 $0.4A/mm^2$ 以下。

对轴电压的防止对策：

1）抑制电源谐波，采用逆变器供电的调速系统加装滤波器或配套变频调速装置加设共模滤波电路。

2）采用电动机负荷侧轴承接地、非负荷侧轴承绝缘的方法，如：①绝缘轴承；②在轴承内圈或外圈表面等离子均匀喷涂 $50~100\mu m$ 绝缘层；③端盖轴承室加套，套和端盖间加绝缘层；④紧固内外盖螺栓加绝缘套管和绝缘垫等。

3）导电润滑剂。

4）轴接地系统，即采用接地电刷装置。

4. 绝缘设计　变频电动机在逆变电源供电下，承受的电压是运行电压和逆变器换流时产生的尖峰电压的叠加值。这种峰值电压常称为浪涌电压，数值较高，能使电动机绕组绝缘加速老化及产生电晕放电。与正弦电压相比，变频电动机绕组线圈上的电应力有两个不同点：一是电压在线圈上分布不均匀，在电动机定子绕组的首端几匝上承担了约 80% 过电压幅值，绕组首匝处承受的匝间电压超过平均匝间电压 10 倍以上。这是变频电动机通常发生绕组局部绝缘击穿，特别是绕组首匝附近的匝间绝缘击穿的原因。二是电压的性质（形状、幅值）对匝间绝缘有很大的影响，使之产生过早的老化或破坏。变频电动机绝缘损坏是局部放电、介质损耗发热、空间电荷感应、电磁激振和机械振动等多种因素共同作用的结果。

变频电动机从绝缘方面看要求具有以下几个特点：①良好的耐冲击电压性能；②良好的耐局部放电性能；③良好的耐热、耐老化性能。因此，变频电动机均采用耐电晕绝缘系统。

设计绝缘结构时，必须选用耐电晕的电磁线、绝缘漆和其他绝缘材料，采用真空压力浸渍工艺，形成无气隙绝缘，绝缘等级一般为 H 级或更高。在材料的选用上，以耐电晕聚酰亚胺薄膜形成绝缘结构的主体材料，主绝缘为 CR 云母复合带与 CR 聚酰亚胺薄膜，匝间绝缘为 FCR 聚酰亚胺薄膜，浸渍漆为无溶剂硅有机树脂漆。功率在 300kW 以下的变频电动机，电磁线一般使用圆漆包线，300kW 以上的变频电动机采用整嵌绕组，电磁线均采用聚酰亚胺薄膜绕包烧结导线。

由于变频器产生冲击电压的 $\dfrac{\mathrm{d}u}{\mathrm{d}t}$ 值较大，主要作用于电动机进电的前三匝，因此也可采用在电动机每极每相串联匝数的前 3 匝（角接时包括后 3 匝）加强绝缘的方法来处理。

此外，变频异步电动机设计时温升应留有一定的裕度，可考虑留有 20~30℃ 的温升裕度。常选用 F 级绝缘材料作 B 级使用，H 级绝缘材料作 F 级使用，C 级绝缘材料作 H 级使用，以提高电动机的耐热可靠性。

附　　录

附录2A　绕组系数，漏抗、漏磁导系数

表 2A-1　分布系数 $K_d = \dfrac{\sin\left(\dfrac{\alpha}{2}q\right)}{q\sin\dfrac{\alpha}{2}}$　$\alpha = \dfrac{p\times360°}{Q_1}$

q	2	3	4	5	6	7	8	9	10	11 及以上
三相 60° 相带	0.966	0.960	0.958	0.957	0.956	0.956	0.956	0.955	0.955	0.955
三相 120° 相带	0.866	0.844	0.837	0.833	0.831	0.830	0.829	0.829	0.829	0.828

表 2A-2　短距系数 $K_p = \sin(\beta\times90°)$　$\beta = \dfrac{y}{Q_{p1}}$

跨距	每极槽数												
	24	18	16	15	14	13	12	11	10	9	8	7	6
1—25	1.0												
1—24	0.998												
1—23	0.991												
1—22	0.981												
1—21	0.966												
1—20	0.947												
1—19	0.924	1.0											
1—18	0.897	0.996											
1—17	0.866	0.985	1.0										
1—16	0.832	0.966	0.995	1.0									
1—15	0.793	0.940	0.981	0.995	1.0								
1—14	0.752	0.906	0.956	0.978	0.994	1.0							
1—13	0.707	0.866	0.924	0.951	0.975	0.993	1.0						
1—12		0.819	0.882	0.914	0.944	0.971	0.991	1.0					
1—11		0.766	0.831	0.866	0.901	0.935	0.966	0.990	1.0				
1—10		0.707	0.773	0.809	0.847	0.884	0.924	0.960	0.988	1.0			
1—9			0.707	0.743	0.782	0.833	0.866	0.910	0.951	0.985	1.0		
1—8				0.669	0.707	0.749	0.793	0.841	0.891	0.940	0.981	1.0	
1—7					0.663	0.707	0.756	0.809	0.866	0.924	0.975	1.0	
1—6						0.655	0.707	0.766	0.832	0.901	0.966		
1—5								0.643	0.707	0.782	0.866		
1—4										0.624	0.707		

表 2A-3 三相 60°相带常用节距漏抗系数 K_U、K_L

β	0.667	0.778	0.833	0.888
K_U	0.75	0.83	0.87	0.912
K_L	0.81	0.872	0.905	0.934

表 2A-4 三相 60°相带谐波单位漏磁导 $\sum S$

$q=2$	β	1	5/6	4/6		
	$\sum S$	0.0265	0.0205	0.0199		
$q=3$	β	1	8/9	7/9	6/9	
	$\sum S$	0.0129	0.0103	0.0090	0.0097	
$q=4$	β	1	11/12	10/12	9/12	8/12
	$\sum S$	0.0082	0.0066	0.0055	0.0054	0.0061
$q=5$	β	1	14/15	13/15	12/15	11/15	10/15
	$\sum S$	0.0059	0.0050	0.0038	0.0034	0.0038	0.0044
$q=6$	β	1	17/18	15/18	13/18	12/18	11/18
	$\sum S$	0.0047	0.0038	0.0025	0.0029	0.0035	0.0035
$q=8$	β	1	22/24	20/24	18/24	16/24	15/24
	$\sum S$	0.0035	0.0023	0.0016	0.0018	0.0027	0.00265

表 2A-5 笼型转子谐波单位漏磁导 $\sum R = \sum\limits_{K_2=1}^{n}\left(\dfrac{1}{\dfrac{Q_2}{p}K_2\pm1}\right)^2$ $K_2 = 1,\ 2,\ 3,\ 4,\ 5,\ \cdots,\ n$

$Q_2/(2p)$	3	4	5	6	7	8	9	10
$\sum R$	0.097	0.053	0.034	0.023	0.017	0.013	0.010	0.0083
$Q_2/(2p)$	12	15	20	25	30	40	50	∞
$\sum R$	0.0057	0.0036	0.0021	0.0013	0.0009	0.0005	0.0003	0

附录 2B 各种槽形单位漏磁导计算

1. 定子槽的单位漏磁导

对图 2B-1：

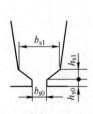

图 2B-1

$$\lambda_{U1} = \frac{h_{s0}}{b_{s0}} + \frac{2h_{s1}}{b_{s0}+b_{s1}}$$

$$\lambda_{L1}\begin{cases} \text{平底槽} & \text{查图 2C-5} \\ \text{圆底槽} & \text{查图 2C-6} \end{cases}$$

$$\Delta\lambda_{U1} = \frac{h_{s0}+0.58h_{s1}}{b_{s0}}\left(\frac{C_{s1}}{C_{s1}+1.5b_{s0}}\right)$$

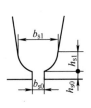

图 2B-2

对图 2B-2：

$$\lambda_{U1} = \frac{h_{s0}}{b_{s0}} + 0.785$$

$$\lambda_{L1} \begin{cases} \text{平底槽　查图 2C-5} \\ \text{圆底槽　查图 2C-6} \end{cases}$$

$$\Delta\lambda_{U1} = \frac{h_{s0} + 0.58h_{s1}}{b_{s0}} \left(\frac{C_{s1}}{C_{s1} + 1.5b_{s0}} \right)$$

2. 转子槽的单位漏磁导

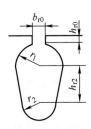

图 2B-3

对图 2B-3：

$$\lambda_{U2} = \frac{h_{r0}}{b_{r0}}$$

$$\lambda_{L2} \text{ 查图 2C-7}$$

$$\Delta\lambda_{U2} = \frac{h_{r0}}{b_{r0}} \left(\frac{C_{s2}}{C_{s2} + b_{r0}} \right)$$

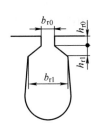

图 2B-4

对图 2B-4：

$$\lambda_{U2} = \frac{h_{r0}}{b_{r0}}$$

$$\lambda_{L2} = \frac{2h_{r1}}{b_{r0} + b_{r1}} + \lambda_L$$

$$\lambda_L \text{ 查图 2C-6}$$

$$\Delta\lambda_{U2} = \frac{h_{r0}}{b_{r0}} \left(\frac{C_{s2}}{C_{s2} + b_{r0}} \right)$$

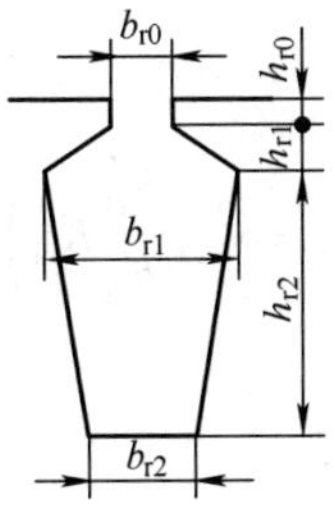

对图 2B-5：

$$\lambda_{U2} = \frac{h_{r0}}{b_{r0}}$$

$$\lambda_{L2} = \frac{2h_{r1}}{b_{r0} + b_{r1}} + \lambda_L$$

$$\lambda_L \text{ 查图 2C-5}$$

$$\Delta\lambda_{U2} = \frac{h_{r0}}{b_{r0}} \left(\frac{C_{s2}}{C_{s2} + b_{r0}} \right) \text{（铸铝转子）}$$

$$\Delta\lambda_{U2} = \frac{h_{r0} + 0.58h_{r1}}{b_{r0}} \left(\frac{C_{s2}}{C_{s2} + 1.5b_{r0}} \right) \text{（铜条转子）}$$

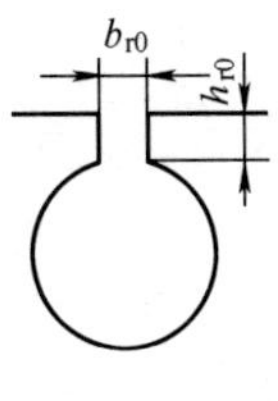

图 2B-5

对图 2B-6：

$$\lambda_{U2} = \frac{h_{r0}}{b_{r0}}$$

$$\lambda_{L2} = 0.623$$

$$\Delta\lambda_{U2} = \frac{h_{r0}}{b_{r0}} \left(\frac{C_{s2}}{C_{s2} + b_{r0}} \right)$$

图 2B-6

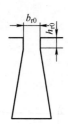

图 2B-7

对图 2B-7：

$$\lambda_{U2} = \frac{h_{r0}}{b_{r0}}$$

λ_{L2} 查图 2C-5

$$\Delta\lambda_{U2} = \frac{h_{r0}}{b_{r0}}\left(\frac{C_{s2}}{C_{s2}+b_{r0}}\right)$$

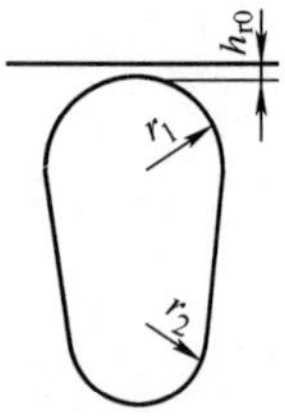

图 2B-8

对图 2B-8：

λ_{U2} 查图 2C-9，或按下式计算：

$$\lambda_{U2} = 0.8 + 1.12 h_{r0}/I_2' \times 10^4$$

$$I_2' = \frac{m_1 N_{\Phi1} K_{dp1} I_1'}{Q_2}$$

λ_{L2} 梨形槽时查图 2C-7，对其他槽形按选用的槽形查对应的公式和曲线。

$\lambda_{U2(st)}$ 按 I_{st} 的假定值查图 2C-9，或按下式计算：

$$\lambda_{U2(st)} = 0.8 + 1.12 h_{r0}/I'_{2(st)} \times 10^4$$

$$I'_{2(st)} = \frac{m_1 N_{\Phi1} K_{dp1} I'_{st}}{Q_2}$$

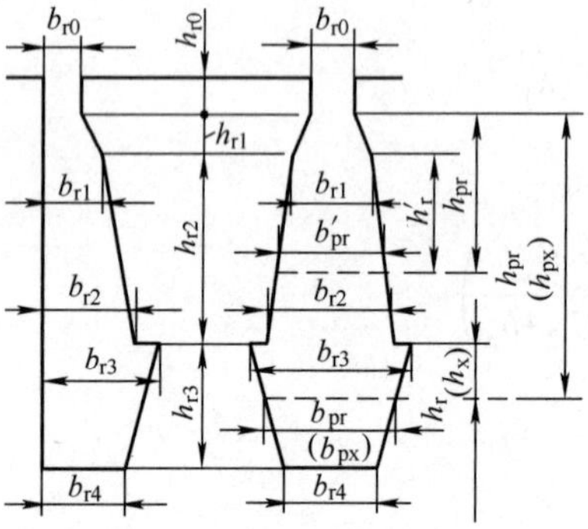

对图 2B-9：

$$\lambda_{U2} = \frac{h_{r0}}{b_{r0}}$$

$$\Delta\lambda_{U2} = \frac{h_{r0}}{b_{r0}}\left(\frac{C_{s2}}{C_{s2}+b_{r0}}\right)$$

$$\lambda_{L2} = \lambda_{hr1} + \lambda_{hr2} + \lambda_{hr3}$$

$$\lambda_{hr1} = \frac{1}{S_B^2}\left(b_{r0}h_{r1}^3 K_{r1} + S_{B23}h_{r1}^2 K'_{r1} + S_{B23}^2 \frac{h_{r1}}{b_{r1}}K_{r1}^n\right)$$

图 2B-9

当 $S_{B1} \ll (S_{B2}+S_{B3})$ 时，可用近似计算 $\lambda_{hr1} = \dfrac{2h_{r1}}{b_{r0}+b_{r1}}$

$$\lambda_{hr2} = \frac{1}{S_B^2}\left(b_{r1}h_{r2}^3 K_{r2} + S_{B3}h_{r2}^2 K'_{r2} + S_{B3}^2 \frac{h_{r2}}{b_{r2}}K_{r2}^n\right)$$

当 $S_{B2} \ll (S_{B1}+S_{B3})$ 时，可用近似计算 $\lambda_{hr2} = \dfrac{2h_{r2}}{b_{r1}+b_{r2}}$

$$\lambda_{hr3} = \frac{1}{S_B^2}(b_{r3}h_{r3}^3 K_{r3})$$

式中　$S_{B1} = \dfrac{1}{2}(b_{r0}+b_{r1})h_{r1}$

$\qquad S_{B2} = \dfrac{1}{2}(b_{r1}+b_{r2})h_{r2}$

$$S_{B3} = \frac{1}{2}(b_{r3} + b_{r4})h_{r3}$$

$$S_{B23} = S_{B2} + S_{B3}$$

$$S_{B} = S_{B1} + S_{B2} + S_{B3}$$

K_r、K_r'、K_r'' 查图 2C-8。

$\dfrac{r_{\sim}}{r_0}$ 和 $\lambda_{L2(st)}$ 的计算方法如下：

计算起动电阻时，等效槽高 $h_{pr} = \dfrac{h_{r1} + h_{r2} + h_{r3}}{\varphi(\xi)} K_a$

计算起动电抗时，等效槽高 $h_{px} = (h_{r1} + h_{r2} + h_{r3})\Psi(\xi) \cdot K_a$

式中 $\varphi(\xi)$、$\Psi(\xi)$ 由 107 项 ξ 值按 $\dfrac{b_1}{b_2} = 1$ 查图 2C-16 或图 2C-17；

K_a 为截面宽度突变修正系数。

1. $\dfrac{r_{\sim}}{r_0}$ 的计算

当 $h_{pr} > (h_{r1} + h_{r2})$ 时：

$$\frac{r_{\sim}}{r_0} = \frac{S_B}{S_{B1} + S_{B2} + \dfrac{1}{2}(b_{pr} + b_{r3})h_r}$$

式中 $b_{pr} = b_{r4} + \dfrac{1}{h_{r3}}(b_{r3} - b_{r4})(h_{r1} + h_{r2} + h_{r3} - h_{pr})$

$h_r = h_{pr} - (h_{r1} + h_{r2})$

当 $h_{pr} \leqslant (h_{r1} + h_{r2})$ 时：

$$\frac{r_{\sim}}{r_0} = \frac{S_B}{S_{B1} + \dfrac{1}{2}(b_{r1} + b_{pr}')h_r'}$$

式中 $b_{pr}' = b_{r1} + \dfrac{(b_{r2} - b_{r1})h_r'}{h_{r2}}$

$h_r' = h_{pr} - h_{r1}$

2. $\lambda_{L2(st)}$ 的计算

当 $h_{px} > (h_{r1} + h_{r2})$ 时：

$$b_{px} = b_{r4} + \frac{1}{h_{r3}}(b_{r3} - b_{r4})(h_{r1} + h_{r2} + h_{r3} - h_{px})$$

用 b_{px} 代替 b_{r4}，用 $[h_x = h_{px} - (h_{r1} + h_{r2})]$ 代替 h_{r3}，按 λ_{L2} 的公式重新计算，即得 $\lambda_{L2(st)}$。

当 $h_{px} \leqslant (h_{r1} + h_{r2})$ 时：

$$b_{px}' = b_{r1} + \frac{(b_{r2} - b_{r1}) h_x'}{h_{r2}}$$

$$h_x' = h_{px} - h_{r1}$$

用 b_{px}' 代替 b_{r2}，h_x' 代替 h_{r2}，按 λ_{L2} 的公式重新计算（注意：此时 $h_{r3} = 0$），即得 $\lambda_{L2(st)}$。

附录 2C 三相异步电动机电磁计算用曲线

图 2C-1

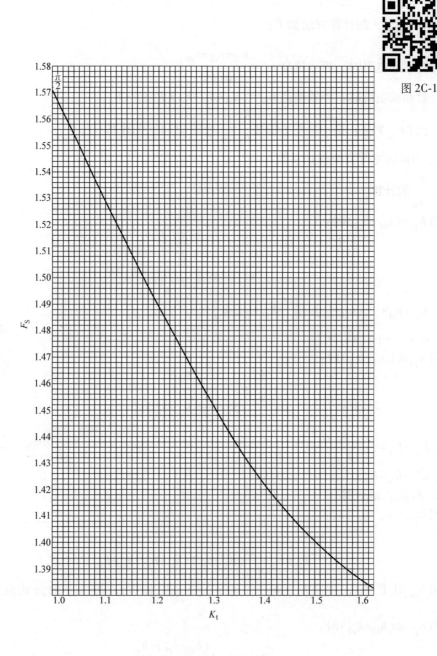

图 2C-1　波幅系数 F_S

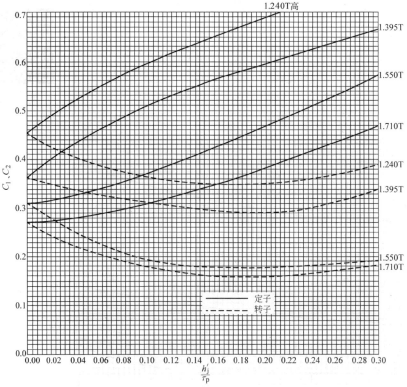

图 2C-2

图 2C-2 轭部磁路校正系数 C_1、C_2（2 极）

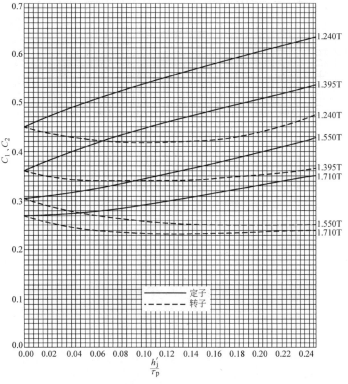

图 2C-3

图 2C-3 轭部磁路校正系数 C_1、C_2（4 极）

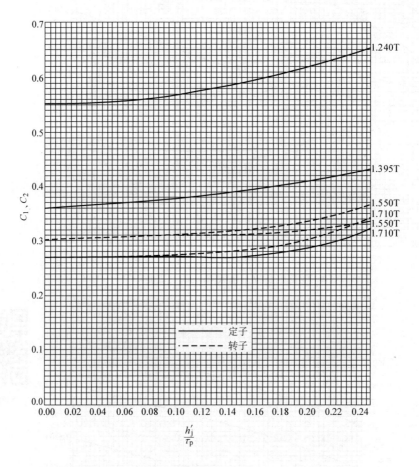

图 2C-4 轭部磁路校正系数 C_1、C_2（6 极及以上）

图 2C-5

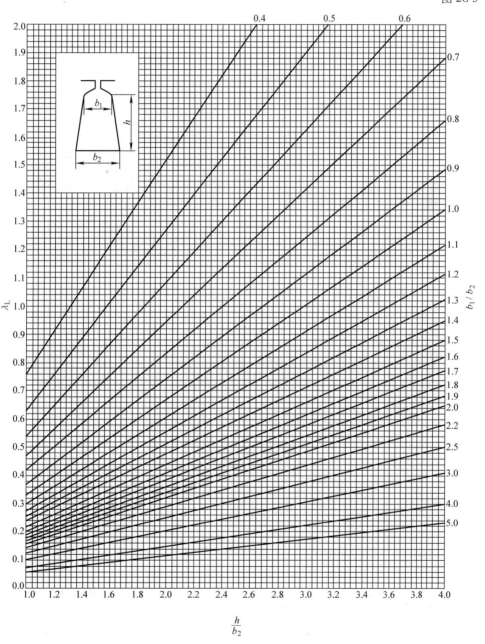

图 2C-5 平底槽下部单位漏磁导 λ_{L}

图 2C-6

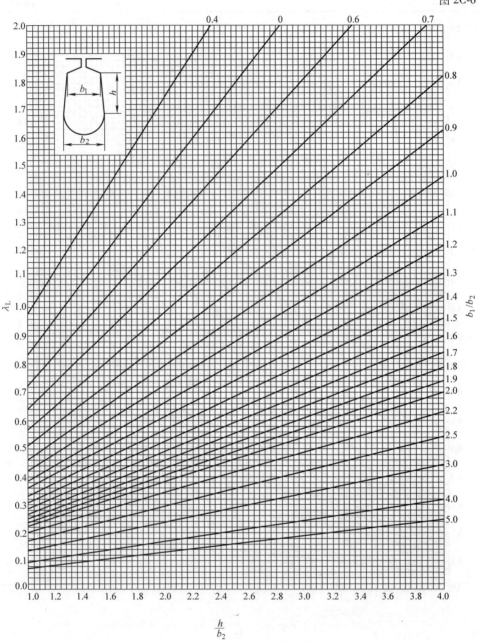

图 2C-6　圆底槽下部单位漏磁导 λ_L

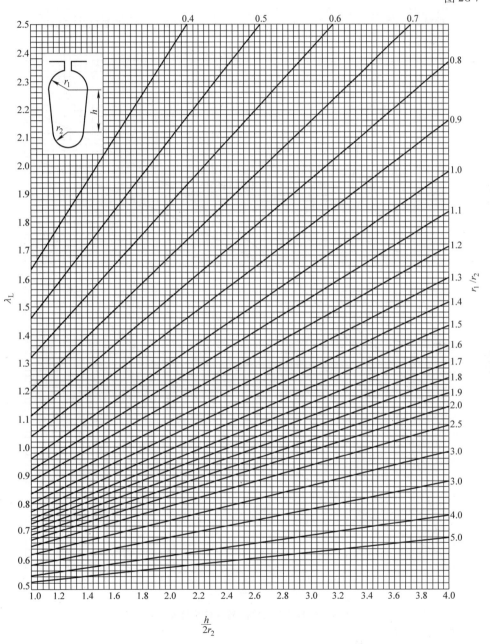

图 2C-7　梨形槽下部单位漏磁导 λ_L

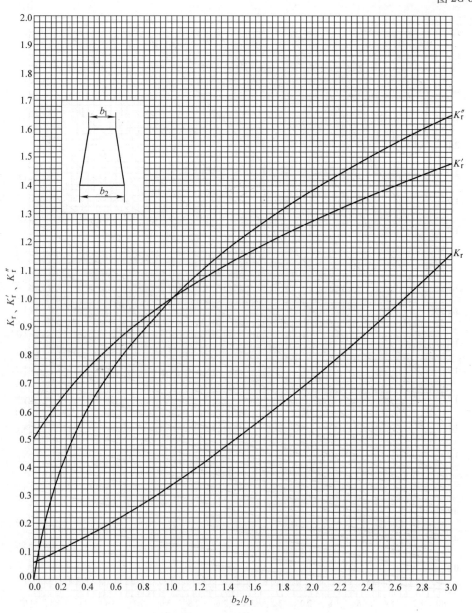

图 2C-8　凸形槽下部单位漏磁导系数 K_r、K_r'、K_r''

注：曲线可按下列数值延伸：

$\dfrac{b_2}{b_1}$	3.2	3.6	4.0	4.5	5.6	6.0
K_r	1.252	1.449	1.654	1.920	2.195	2.772
K_r'	1.506	1.571	1.631	1.701	1.765	1.880
K_r''	1.692	1.774	1.848	1.934	2.012	2.150

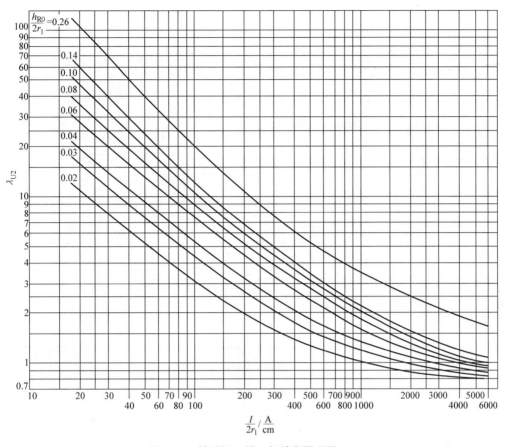

图 2C-9 转子闭口槽上部单位漏磁导 λ_{U2}

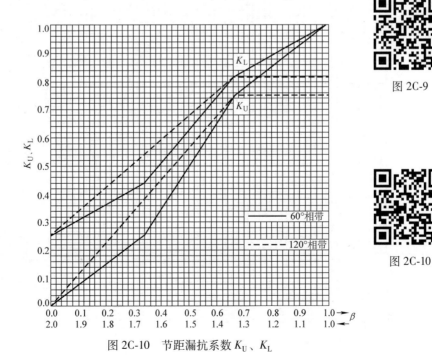

图 2C-10 节距漏抗系数 K_U、K_L

图 2C-9

图 2C-10

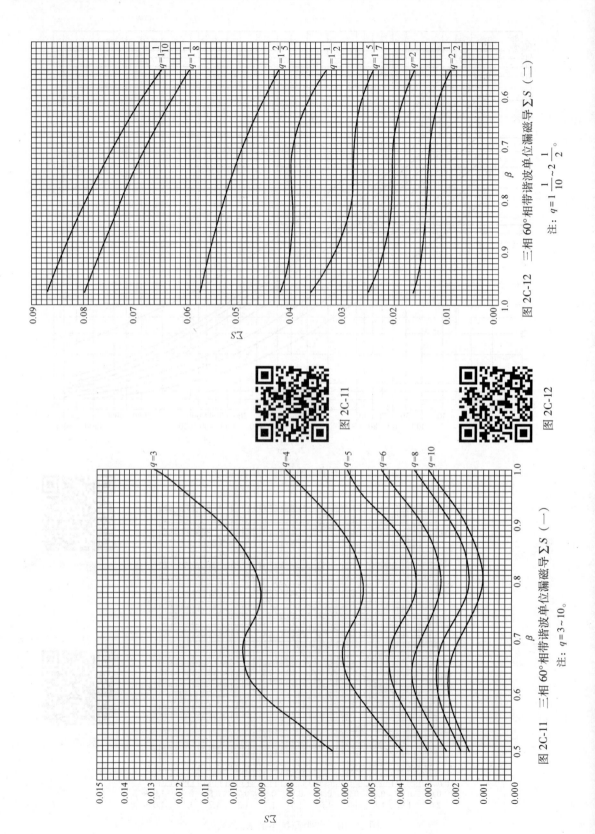

图 2C-12　三相 60°相带谐波单位漏磁导 ΣS（二）

注：$q=1\dfrac{1}{10}\sim 2\dfrac{1}{2}$。

图 2C-11　三相 60°相带谐波单位漏磁导 ΣS（一）

注：$q=3\sim 10$。

图 2C-11

图 2C-12

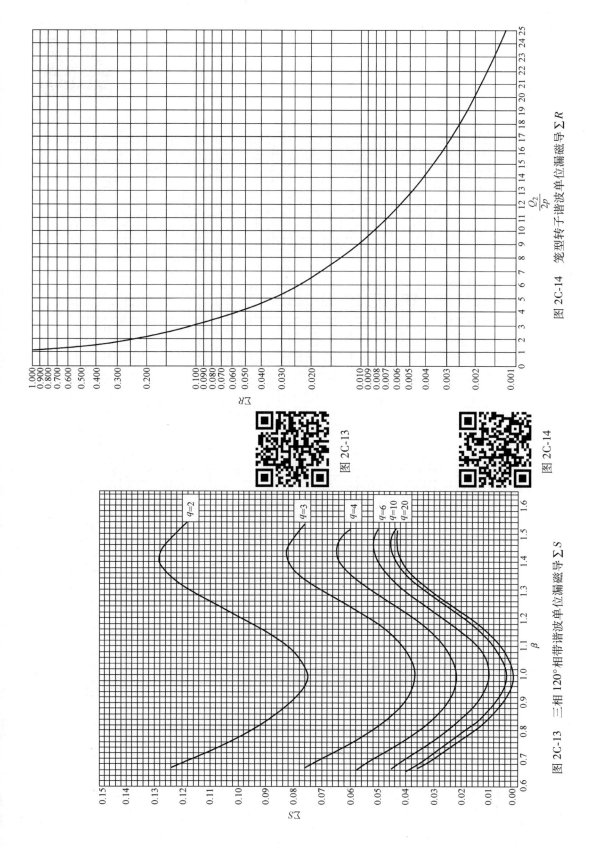

图 2C-14　笼型转子谐波单位漏磁导 ΣR

图 2C-13

图 2C-14

图 2C-13　三相 120° 相带谐波单位漏磁导 ΣS

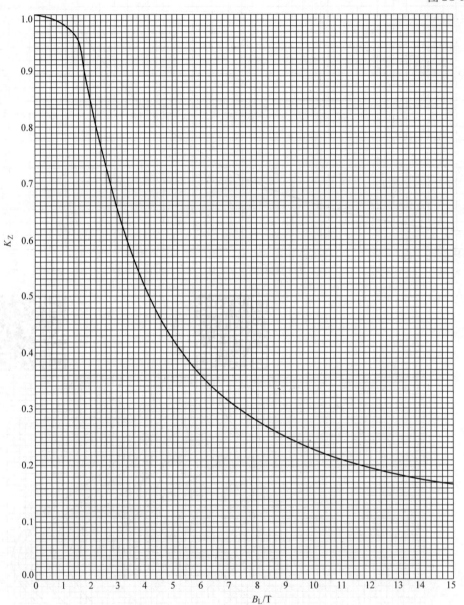

图 2C-15　起动时漏抗饱和系数 K_Z

图 2C-16

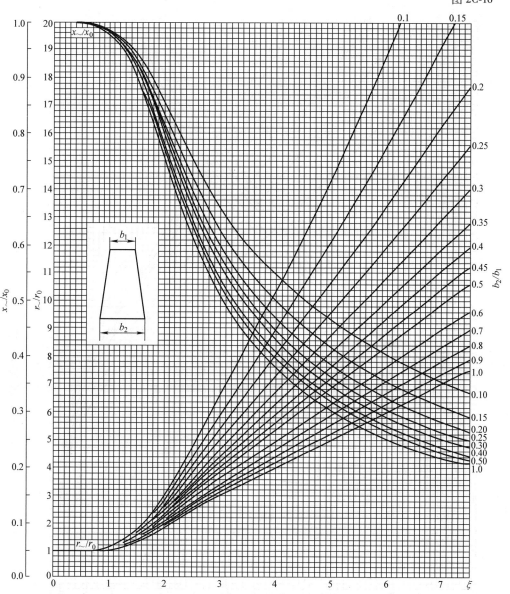

图 2C-16 转子趋肤效应系数 (一)

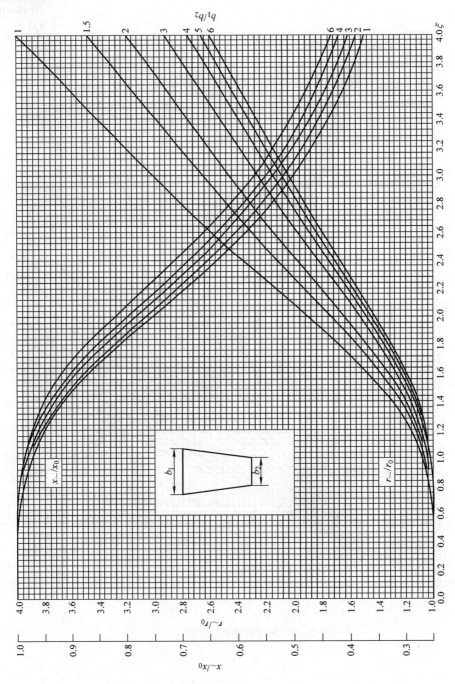

图 2C-17 转子趋肤效应系数（二）

图 2C-18

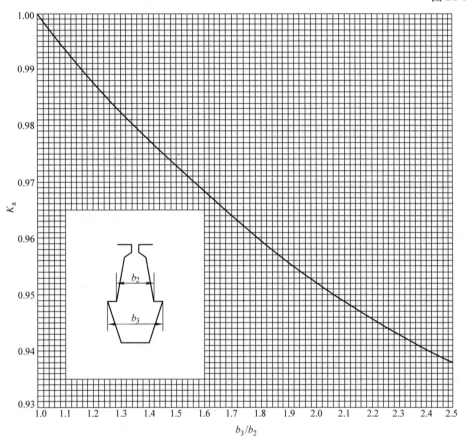

图 2C-18　截面宽度突变修正系数 K_a

第3章 单相异步电动机设计

3.1 单相异步电动机设计概述

3.1.1 单相异步电动机的类型、特点和用途

单相异步电动机又称为单相感应电动机。由于单相电动机只需单相交流电源供电，因而被广泛地应用于小型机床、轻工设备、商业机械、食品加工机械、医疗卫生器械、家用电器、日用机电用具、轻小型农副机具等，例如电风扇、洗衣机、电冰箱、空调器、吸尘器、厨房用具、电动工具、仪器仪表、农用水泵、脱谷机、粉碎机、磨浆机、台式砂轮和家用多功能小型机床等，都采用各种各样的单相异步电动机。

单相异步电动机之所以能广泛应用，因为它具有结构简单、价格低廉、运行可靠、噪声低、振动小、维护使用方便等一系列优点。它与同容量三相异步电动机相比较，体积稍大，性能稍差，因而多制成微型和小型。近年来单相异步电动机应用范围越来越广，不仅产量增加，品种增多，而且已向高力能指标、整马力系列电动机发展。

单相异步电动机的定子绕组并非只是一相绕组，因为这样的电动机并不能产生起动转矩。为了产生起动转矩，单相异步电动机定子上必须安放两个绕组，一个为主绕组，另一个为副绕组（起动绕组）。转子绕组和一般的笼型转子完全一样。当定子绕组接到单相交流电源以后，在气隙中便产生旋转磁场，依靠电磁感应作用，使转子绕组感生电动势和电流，从而产生电磁转矩，以实现电能和机械能的转换。

3.1.1.1 单相异步电动机的基本类型

根据起动方法或运行方式的不同，单相异步电动机可以分为下面几种类型。

1. 单相电阻起动异步电动机 单相电阻起动异步电动机的定子上有两套绕组，一套是主绕组，又叫工作绕组；另一套是副绕组，又叫起动绕组。它们的轴线在空间相隔90°电角度。起动绕组与起动开关串联后和工作绕组并联接到同一单相电源上，如图3-1所示。当电动机转速上升到75%~85%同步转速时，通过起动开关K断开起动绕组电路，使电动机只有一个工作绕组工作。

由于起动绕组回路的电阻对电抗的比值较大，所以起动绕组电流 $\dot{i}_a$ 落后电压 $\dot{U}$ 的相角 θ_a 就比较小；而工作绕组电阻对电抗的比值较小，所以工作绕组电流 $\dot{i}_m$ 落后电压 $\dot{U}$ 的相角

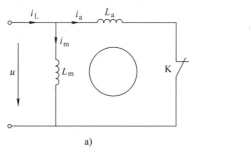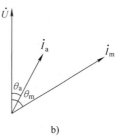

图 3-1 单相电阻起动异步电动机的原理图和相量图

θ_m 就比较大。这样，在 $\dot{I}_a$ 与 $\dot{I}_m$ 之间出现了一定的相位差，形成了两相电流。这两相电流 $\dot{I}_a$ 和 $\dot{I}_m$ 之间的相位差（$\theta_m - \theta_a$）总小于 90°，因此电阻起动单相异步电动机的起动转矩比较小，而起动电流却比较大，电动机的起动性能不好。

为了使起动绕组得到较高的电阻对电抗的比值，通常起动绕组可采用较细的铜线。

单相电阻起动异步电动机，具有中等起动转矩和过载能力，适用于低惯量负载、不经常起动、负载可变而要求转速基本不变的场合，如小型机床、家用水泵、风机、医疗器械、家用电器等。

2. 单相电容起动异步电动机 单相电容起动异步电动机的定子上有两套绕组，一套是工作绕组；另一套是起动绕组，它们的轴线在空间相隔 90°电角度。起动绕组与电容器、起动开关串联后和工作绕组并联接到同一单相电源上，如图 3-2 所示。

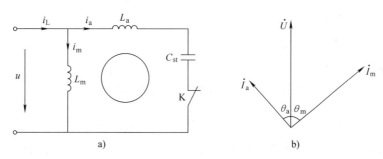

图 3-2 单相电容起动异步电动机的原理图和相量图

电容器的作用是使起动绕组回路中的容抗大于感抗，因此 $\dot{I}_a$ 总是超前电压一个相角 θ_a。工作绕组回路则总是呈电感性，因此 $\dot{I}_m$ 总是滞后电压一个相角 θ_m。如果起动电容选择得适当，可以使 $\dot{I}_a$ 正好超前 $\dot{I}_m$ 90°，因此，单相电容起动异步电动机可以得到较大的起动转矩、较小的起动电流，因而电动机的起动性能好。

单相电容起动异步电动机具有较大的起动转矩，适用于重载起动场合，如小型空压机、电冰箱、粉碎机、水泵等。

3. 单相电容运转异步电动机 如果电动机的副绕组不仅在起动时起作用，而且在运行时和电容器一起不脱离电源并与主绕组一道长期参加运行（见图 3-3），就称它为单相电容运转异步电动机。

单相电容运转异步电动机实质是一种两相电动机。适当地选择电容器和副绕组匝数，可以改善电动机的运行性能，使电动机具有较高的效率和功率因数，并且体积小、重量轻，但由于起动转矩较低，只适用于起动转矩要求不高的场合，如电风扇、洗衣机、通风机、家用电器等。

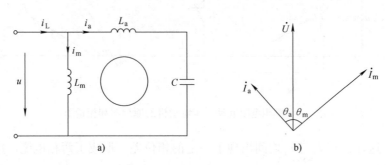

图 3-3　单相电容运转异步电动机的原理图和相量图

4. 单相电容起动和运转异步电动机（双值电容单相异步电动机）　为了使电动机既具有较好的起动性能，又具有较好的运行性能，一般在副绕组回路中并联两个电容器，如图 3-4 所示。

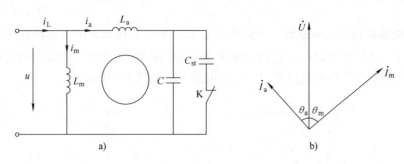

图 3-4　单相电容起动和运转异步电动机的原理图和相量图

电容器 C 是运转时长期使用的电容，可采用金属膜纸介电容；电容器 C_{st} 是起动时短时工作电容，可采用电解电容。

单相电容起动和运转异步电动机具有较好的起动性能，较高的过载能力、效率和功率因数，较低的噪声，适用于带负载起动的场合，如小型机床、泵、家用电器等。

5. 单相罩极式异步电动机　单相罩极式异步电动机分为凸极罩极式（见图 3-5）和隐极罩极式两种，其工作原理完全相同。

单相罩极式异步电动机的起动转矩、效率、功率因数均较低，但结构简单，成本低，适用于轻载起动场合，如小型风扇、电唱机等。

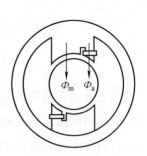

图 3-5　单相罩极式异步电动机工作原理（凸极罩极式）

几种常见单相电动机的比较见表 3-1。

3.1.1.2　基本系列及当前推广使用的系列

我国现在生产的单相异步电动机基本系列及当前推广使用的系列型号见表 3-2。

表3-1 主要类型的小功率电动机性能特点及其典型应用

分类	产品名称	原理线路	机械特性 $T=f(n)$	性能特点				功率范围/W	同步转速/(r/min)	同机座号电动机输出功率比较	同功率的电动机价格比较	典型应用
				起动转矩	力能指标	转速特点	其他					
异步电动机	三相异步电动机			大 $T_{st}=1.8\sim2.4$	高	变化不大	可逆转	10~2200	3000 1500 1000 750	1.0	1.0	有三相电源的场合，如小型机床、泵、电钻、风机
	单相电阻起动异步电动机			中等 $T_{st}=0.8\sim1.7$	不高	变化不大	可逆转，起动电流大	60~1100	3000 1500	0.5	1.20	低惯量，不常起动，转速基本不变的场合，如小车床、鼓风机、医疗器械
	单相电容起动异步电动机			大 $T_{st}=2.0\sim3.0$	不高	变化不大	可逆转，起动电流中等	120~3700	3000 1500 1000	0.5	1.35	驱动空压机、泵、制冷压缩机等要求重载起动的机械

（续）

分类	产品名称	原理线路	机械特性 $T=f(n)$	性能特点				功率范围/W	同步转速/(r/min)	同机座号电动机输出功率比较	同功率的电动机价格比较	典型应用
				起动转矩	功能指标	转速特点	其他					
异步电动机	单相电容运转异步电动机			小 $T_{st}=0.3\sim0.6$	高	变化不大	噪声低，不宜轻载运行	$10\sim2200$	3000 1500	0.75	1.10	直接与工作机械连接并要求低噪声的场合，如风扇、通风机、水泵
	单相双值电容异步电动机			较大 $T_{st}=1.7\sim1.8$	高	变化不大	噪声低	$250\sim3000$	3000 1500	$0.80\sim1.00$	1.3	负载起动及要求噪声低、车使用时数高的场合，如泵、机床、木工机械、农业机械
	罩极异步电动机			小 $T_{st}<0.5$	低	变化不大	不能逆转	$1\sim40$	3000 1500	0.25	$0.6\sim0.7$	对起动转矩要求不高，工作时间较短的场合，如小风扇、排气机、电动模型
交流换向器电动机	单相串励电动机			很大	高	转速高，调速易	机械特性软	$16\sim15000$	$4000\sim$ 30000	$1.10\sim1.60$	1.1	转速随负载大小而变化或高速驱动，如电动工具、吸尘器、搅拌器等

表 3-2　单相异步电动机基本系列及推广使用系列型号

单相异步电动机基本系列	推广使用系列型号	被取代系列产品型号
单相电阻起动异步电动机	YU	BO2　BO　JZ
单相电容起动异步电动机	YC	CO2　CO　JY
单相电容运转异步电动机	YY	DO2　DO　JX
单相双值电容异步电动机	YL	—
单相罩极异步电动机	—	—

这些基本系列的功率、中心高和极数如下：

YU 系列单相电阻起动异步电动机，功率为 60~1100W；中心高由 63mm 到 90mm，极数为 2、4 极。

YC 系列单相电容起动异步电动机，功率为 120~3700W；中心高由 71mm 到 132mm，极数为 2、4、6 极。

YY 系列单相电容运转异步电动机，功率为 10~2200W；中心高由 45mm 到 90mm，极数为 2、4、6 极。

YL 系列单相双值电容异步电动机，功率为 0.25~5.5kW；中心高由 71mm 到 132mm，极数为 2、4 极。

在基本系列的基础上，设计、制造各种派生系列及专用系列产品，以适应各种需要和满足某些特殊的要求。

3.1.2　单相异步电动机的基本结构

图 3-6 所示为单相笼型异步电动机的结构图。单相异步电动机的基本结构与三相异步电

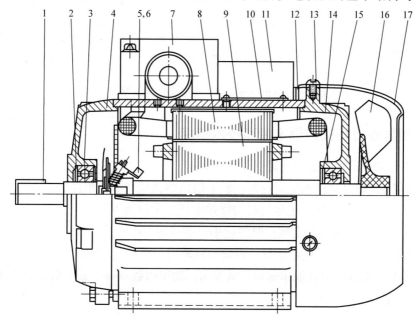

图 3-6　单相笼型异步电动机典型结构

1—键　2—波形弹簧圈　3—轴承　4—前端盖　5，6—离心开关的离心器及开关底板　7—出线盒　8—定子　9—转子　10—铭牌　11—电容器　12—电容器卡子　13—螺钉及垫圈　14—后端盖　15—护油垫　16—风扇　17—风罩

动机基本相同。不同之处是定子为两相分布绕组，而且多采用正弦绕组，以减小磁动势谐波；转子为普通笼型转子。

此外，除电容运转单相异步电动机外，单相电动机在起动过程中，都需要借助起动开关。当转子转速达到75%～85%的同步转速时，才切除起动绕组（副绕组）或起动电容器，常用的起动开关是离心开关。除了普通常用的离心开关之外，还有电流、电压起动继电器，正温度系数热敏电阻起动元件（PTC 元件）和电子起动装置等。有些专用电动机，如单相潜水电泵、电冰箱压缩机电动机等，由于位置有限、环境限制，或由于双电压、双转速等原因，不便安装离心起动开关，因此采用电流起动继电器、PTC 元件和电子起动装置等。带有离心开关、电流起动继电器、PTC 元件和电子起动开关的单相电容起动异步电动机线路原理图分别如图 3-7a、b、c、d 所示。

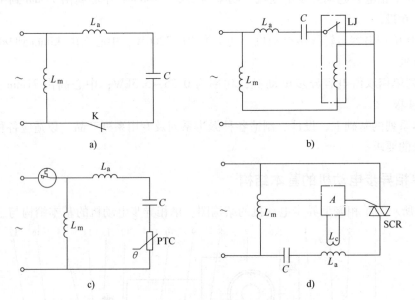

图 3-7 单相电容起动异步电动机线路原理图

3.1.3 单相异步电动机的额定值和技术指标

单相异步电动机设计任务中规定以下额定数据：

额定功率 P_N，指电动机额定运行时，轴上输出的机械功率，单位为 W 或 kW。

额定电压 U_N，指电动机额定运行时的线端电压，单位为 V。

额定频率 f_N，指电动机额定运行时的频率，单位为 Hz。

额定转速 n_N，指电动机额定运行时的输出轴转速，单位为 r/min。

单相异步电动机的主要性能指标有：效率 η、功率因数 $\cos\varphi$、最大转矩倍数 T_{max}、堵转转矩倍数 T_{st}、堵转电流值 I_{st}。

3.1.4 单相异步电动机系列功率等级和中心高

电机制造厂的产品大多是系列电机。所谓系列电机是指技术要求、应用范围、结构型式、冷却方式和生产工艺等基本相同，功率及安装尺寸按一定规律递增，零部件通用性很高的一系列电机。

单相异步电动机系列设计时需要考虑的主要问题有以下几个方面：

1. 功率等级　根据国家标准 GB/T 4772.1—1999 的规定，电机功率等级采用优先数系来确定，必要时允许采用复合优先数系，使个别功率段根据具体情况比相邻段疏些或密些。我国目前生产的新系列小功率单相异步电动机的功率等级（W）为 4，8，15，25，40，60，90，120，180，250，370，550，750，大功率单相双值电容异步电动机功率等级（kW）为 0.55，0.75，1.1，1.5，2.2，3.0，3.7，5.5。

2. 中心高　中心高是电机安装尺寸中最重要的尺寸。功率等级与安装尺寸的对应关系主要是功率等级与中心高的对应关系，通常一个中心高对应 1～2 个功率等级。我国单相异步电动机的中心高（mm）为 45，50，56，63，71，80，90，100，112，132。

3.1.5　单相异步电动机产品的国家及行业标准

指导单相电动机设计与生产的国家标准和行业标准有基础标准、方法标准和产品标准。产品标准是对某一种类型电机提出的全面明确的技术要求。主要有：

JB/T 1010—2017　《YU 系列电阻起动异步电动机　技术条件》

JB/T 1011—2017　《YC 系列电容起动异步电动机　技术条件》

JB/T 1012—2017　《YY 系列电容运转异步电动机　技术条件》

JB/T 7588—2010　《YL 系列双值电容单相异步电动机　技术条件（机座号 80～132)》

JB/T 9542—2015　《双值电容异步电动机通用技术条件》

GB/T 3667.1—2016　《交流电动机电容器　第 1 部分：总则　性能、试验和额定值　安全要求　安装和运行导则》

GB/T 3667.2—2016　《交流电动机电容器　第 2 部分：电动机起动电容器》

JB/T 9547—2011　《单相电动机起动用离心开关技术条件》

方法标准是对各种类型电机性能和参数的试验测定方法提出的规定。主要有：

GB/T 9651—2008　《单相异步电动机试验方法》

3.2　单相异步电动机运行分析

3.2.1　单相异步电动机的磁动势

1. 单相绕组的磁动势　单相绕组通以单相交流电流 $i = \sqrt{2}I\cos\omega t$ 时产生磁动势，这是一个单相脉振磁动势，即

$$f(x,t) = F\cos x\cos\omega t \tag{3-1}$$

利用三角恒等式将式（3-1）改写成

$$F\cos x\cos\omega t = \frac{F}{2}\cos(x-\omega t) + \frac{F}{2}\cos(x+\omega t) \tag{3-2}$$

在式（3-2）中，等式的左边和右边在数量上完全相等，但代表的物理意义却不相同。等式左边代表着脉振磁动势，其特征是磁动势的轴线在空间固定不动，但各点磁动势的大小随时间而变化；而等式的右边则分别代表两个旋转磁动势，其中第一项为正向旋转磁动势

$$f_+(x,t) = \frac{F}{2}\cos(x-\omega t) \tag{3-3}$$

第二项为反向旋转磁动势

$$f_-(x,t) = \frac{F}{2}\cos(x+\omega t) \tag{3-4}$$

综上所述，可以得到一个重要结论：一个在空间按正弦规律分布，振幅随时间做正弦变化的脉振磁动势，可以分解成两个转速相同、转向相反的圆形旋转磁动势，每一个圆形旋转磁动势的幅值为原有脉振磁动势振幅的一半。这个重要结论还可以用图示解释。

图 3-8 是一台单相电动机的示意图，单相绕组产生一个脉振磁动势。对于一个空间正弦分布的脉振磁动势，可以用一个脉动的空间相量 $\dot{F}$ 来表示。而 $\dot{F}$ 可以用大小相等、转向相反的两个圆形旋转磁动势 $\dot{F}_+$ 和 $\dot{F}_-$ 来代替。从图 3-8 中五个不同的瞬时可以清楚地看到，当脉振磁动势的幅值为最大时，两个旋转磁动势正好转到互相重合的位置，脉振磁动势的幅值为两个旋转磁动势相量的代数和（见图 3-8a、e）。当脉振磁动势幅值减小时，两个旋转磁动势互相离开，此时脉振磁动势的幅值为两个旋转磁动势相量的相量和（见图 3-8b）。当脉振磁动势幅值为零时，两个旋转磁动势恰好转到相反的位置，旋转磁动势互相抵消（见图 3-8c）。当脉振磁动势为负值时，两个旋转磁动势的夹角大于 180° 电角度（见图 3-8d）。上面的分析也说明了一个脉振磁动势可以分解成两个大小相等、转向相反的圆形旋转磁动势。这个重要概念是分析单相电动机工作原理的基础。

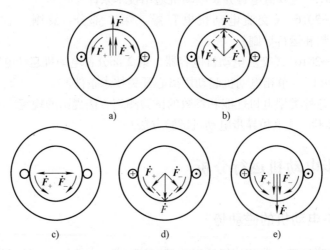

图 3-8 单相电动机的脉振磁动势示意

根据这个重要概念，正序旋转磁场和负序旋转磁场分别切割转子导体，并分别在转子中感应出电动势和电流。正序旋转磁场产生的转矩 T_+ 使转子顺着正序旋转磁场方向旋转，而负序旋转磁场产生的转矩 T_- 使转子顺着负序旋转磁场方向旋转，因此正、负序转矩 T_+ 和 T_- 的方向是相反的。正、负序转矩与转差率的关系如图 3-9 所示。

如果转子转速为 n，对应正序转矩 T_+ 的转差率为

$$s_+ = \frac{n_1-n}{n_1} = s \tag{3-5}$$

而对应负序转矩 T_- 的转差率为

$$s_- = \frac{n_1 + n}{n_1} = \frac{2n_1 - (n_1 - n)}{n_1} = 2 - s \qquad (3-6)$$

从图 3-9 可以看出，当正序转差率 s_+ 在 0~
1 的范围内，正序转矩 T_+ 为拖动转矩时，负序
转矩 T_- 便为一个制动转矩。合成正序转矩与负
序转矩便得到单相电动机的总转矩 $T = f(s)$。从
图 3-9 所示的 $T = f(s)$ 曲线可以得到单相异步电
动机性能上的几个主要的特点：

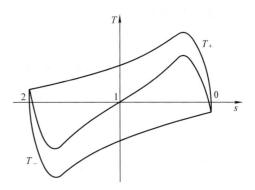

图 3-9　正、负序转矩与转差率的关系

1）当转子不动时，即转子转速 $n = 0$，$s = 1$
时，正、负序电磁转矩大小相等、方向相反，
合成电磁转矩为零。所以单相异步电动机是没有起动转矩的，如果不采取其他措施，它是不
会自行起动的。

2）在 $s = 1$ 的两边，合成转矩是对称的，因此单相异步电动机没有固定的转向，究竟朝
哪个方向旋转由起动转矩的方向来决定。

3）负序转矩的存在，使电动机的总转矩减小，最大转矩也随之减小，因此单相异步电
动机的过载能力不高。单相异步电动机的过载能力为同容量三相异步电动机的 80% 左右。
例如单相异步电动机为 1.8 倍，三相异步电动机为 2.2 倍。

4）当负载转矩相同时，单相异步电动机的转差率大于同容量三相异步电动机的转
差率。

5）由于负序转矩的制动作用，电动机的有效转矩减小，因而输出功率减少，所以单相
异步电动机的效率较低。单相异步电动机的效率为同容量三相异步电动机的 75%~90%。

6）由于单相异步电动机效率较低，在输出功率相同的情况下，单相异步电动机每千瓦
消耗的材料较多。在容量相同的情况下，单相异步电动机的体积约为三相异步电动机的
1.5~2.5 倍。在体积相同的情况下，单相异步电动机的容量约为三相异步电动机的 1/3~
2/3。

综上所述，单相异步电动机的各种技术经济性能指标都低于三相异步电动机，其主要原
因是单相异步电动机中存在着负序磁场。

2. 两相绕组的磁动势　单相绕组产生的只是一个脉振磁动势，因此单相电动机的起动
转矩为零，即电动机不能自行起动。要使单相异步电动机能自行起动，必须如同三相异步电
动机一样，在电动机内部产生一个旋转磁场。产生旋转磁场最简单的方法是在两相绕组中通
入相位不同的两相电流。因此在单相异步电动机中必须有两套绕组，一套为工作绕组，另一
套为起动绕组。一般情况下，这两套绕组的轴线在空间相隔 90° 电角度。单相异步电动机由
单相交流电源供电，如果在起动绕组回路中串入适当的电容，这两相绕组通入的电流相位就
不同了。具体地讲，由于工作绕组是感性电路，而起动绕组是容性电路，所以起动绕组中电
流 i_a 总是超前工作绕组中电流 i_m 一个相角 θ。下面我们来研究两相绕组通以两相电流产生
的旋转磁场和这个磁场的性质。

图 3-10 为起动绕组回路串入电容的单相异步电动机原理图及两相绕组通入电流和外施
电压的相量关系，参照式（3-1）可以分别得到：

主绕组磁动势

$$f_m = F_m \cos(x-90°)\cos(\omega t-\theta)$$

$$= \frac{F_m}{2}\cos[(x-\omega t)+(\theta-90°)] + \frac{F_m}{2}\cos[(x+\omega t)-(\theta+90°)] \qquad (3-7)$$

副绕组磁动势

$$f_a = F_a \cos x \cos \omega t = \frac{F_a}{2}\cos(x-\omega t) + \frac{F_a}{2}\cos(x+\omega t) \qquad (3-8)$$

电动机内的合成磁动势

$$f = f_a + f_m \qquad (3-9)$$

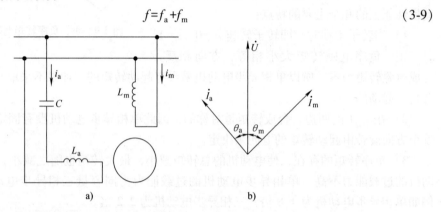

图 3-10 起动绕组回路串入电容的单相异步电动机原理图及两相绕组相量关系图

合成磁动势的性质可以分下面四种情况讨论。

1）两个绕组的磁动势大小相等，相位角为 90°，即

$$\begin{cases} F_m = F_a = F \\ \theta = 90° \end{cases} \qquad (3-10)$$

将式（3-10）代入式（3-7）及式（3-8）得

$$f_a = \frac{F}{2}\cos(x-\omega t) + \frac{F}{2}\cos(x+\omega t)$$

$$f_m = \frac{F}{2}\cos(x-\omega t) - \frac{F}{2}\cos(x+\omega t)$$

因此合成磁动势为

$$f = f_a + f_m = F\cos(x-\omega t) \qquad (3-11)$$

此时电动机内部产生的是一个正向旋转的圆形旋转磁动势。

2）两个绕组产生的磁动势大小不等，但相位角仍为 90°，即

$$\begin{cases} F_m \neq F_a \\ \theta = 90° \end{cases} \qquad (3-12)$$

将式（3-12）代入式（3-7）及式（3-8）得

$$f_a = \frac{F_a}{2}\cos(x-\omega t) + \frac{F_a}{2}\cos(x+\omega t)$$

$$f_m = \frac{F_m}{2}\cos(x-\omega t) - \frac{F_m}{2}\cos(x+\omega t)$$

因此合成磁动势为

$$f=f_a+f_m = \frac{1}{2}(F_a+F_m)\cos(x-\omega t)+\frac{1}{2}(F_a-F_m)\cos(x+\omega t)$$

$$= F_+\cos(x-\omega t)+F_-\cos(x+\omega t) \tag{3-13}$$

此时电动机内部存在着两个圆形旋转磁动势，其一的幅值为 $F_+ = \frac{1}{2}(F_a+F_m)$，沿着 x 轴正方向旋转的圆形旋转磁动势；其二的幅值为 $F_- = \frac{1}{2}(F_a-F_m)$，沿着 x 轴反方向旋转的圆形旋转磁动势。

这两个幅值不同的圆形旋转磁动势的合成磁动势的轨迹为一椭圆，如图 3-11 所示，因此这是一个椭圆形旋转磁动势。

3）应用上面同样的方法对其余的两种情况进行分析

$$\begin{cases} F_m = F_a = F \\ \theta \neq 90° \end{cases} \tag{3-14}$$

$$\begin{cases} F_a \neq F_m \\ \theta \neq 90° \end{cases} \tag{3-15}$$

在这两种情况下，电动机内部的磁动势均为椭圆形旋转磁动势。

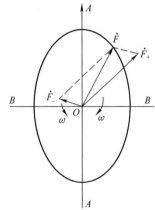

图 3-11 椭圆形旋转磁动势

3. 转子绕组磁动势的作用　在单相绕组情况下，正序旋转磁动势的幅值与负序旋转磁动势的幅值是相等的，各等于单相脉振磁动势的 1/2。正、负序磁动势分别产生正、负序磁通，虽然负序磁动势等于正序磁动势，但在正常运行时负序磁通却远小于正序磁通。造成这种情况的原因是由于转子绕组对正序磁场的阻尼作用较小，而对负序磁场的阻尼作用较强。

假定一个旋转磁场从左向右旋转，磁场切割转子导体并在其中感应电动势，如图 3-12 所示。根据右手定则可知，在正半波下转子电动势是流入纸面 $\oplus$，在负半波下转子电动势是流出纸面 $\odot$。由于转子绕组是感性的，电流滞后于电动势。因此将转子电动势分布逆着磁场旋转方向移动一个角度，就得到转子电流分布。根据转子电流分布可以得到转子磁动势 F_2。从图 3-12a 可以看出，转子磁动势起去磁作用，去磁作用的大小完全由电流滞后的程度来决定。在图 3-12b 中，当转子电流与转子电动势同相位时，转子磁动势 F_2 与气隙磁通密度 B_1 相比位移 90°，两者正交，F_2 不起去磁作用。在图 3-12c 中，当转子电流滞后转子电动势 90°时，转子磁动势 F_2 与气隙磁通密度 B_1 位移 180°，F_2 便有强烈的去磁作用。因此转子电流的去磁作用由电流滞后的程度来决定，电流越滞后去磁作用越强烈。

下面我们研究转子绕组中正序电流和负序电流的相位情况。转子绕组的电抗是正比于转差率的，因此转子绕组的正序电抗 x_{2+} 及负序电抗 x_{2-} 分别为

$$x_{2+} = s_+ x_{2\sigma} = sx_{2\sigma}$$

$$x_{2-} = s_- x_{2\sigma} = (2-s)x_{2\sigma}$$

正常运行时，由于转差率 s 很小，所以转子绕组的负序电抗 x_{2-} 远大于正序电抗 x_{2+}，使得转子绕组中的负序电流的滞后程度远大于正序电流，因此转子绕组对负序磁场的去磁作用强，对正序磁场的去磁作用弱。所以，在单相异步电动机中，虽然正序旋转磁动势的幅值与

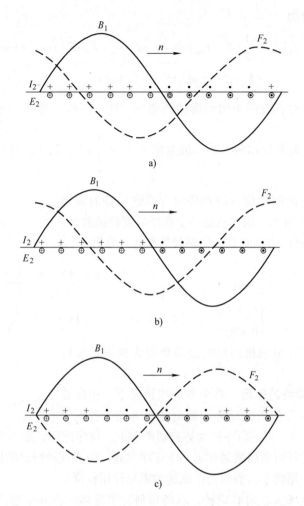

图 3-12　旋转磁场切割转子导体产生感应电动势

负序旋转磁动势的幅值是相等的，但由于转子绕组对负序磁场有较强的阻尼作用，因此，正常运行时，单相异步电动机内部的正序磁场总大于负序磁场。相对应，正序磁场产生的转矩也总大于负序磁场产生的转矩，因此单相异步电动机起动以后，就可以顺着正序磁场的方向继续旋转下去。

3.2.2　单相异步电动机的谐波磁动势

1. 单相绕组的谐波磁动势　单相绕组的磁动势在气隙中通常不是正弦分布的，利用谐波分析法可将这个磁动势分解为基波和一系列谐波磁动势。对单相绕组的磁动势进行谐波分析，可以得到如下结论：

1）单相绕组磁动势可以分解为基波和一系列谐波。通常谐波次数仅为奇数，即 $\nu = 1$，3，5，7，9，…。

2）由于谐波的极数为基波的 ν 倍，如果令 τ_p 表示基波磁动势的极距，$\tau_{p\nu}$ 表示谐波极距，则

$$\tau_{p\nu} = \frac{1}{\nu}\tau_p$$

或者说，对于同一个空间角度，对应基波是 $\frac{\pi}{\tau_p}x$ 电角度，则对应 ν 次谐波就是 $\nu\frac{\pi}{\tau_p}x$ 电角度。

3）在坐标原点 $x=0$ 处，如果基波为正值，3 次谐波便为负值，5 次谐波又为正值，7 次谐波又为负值等，如图 3-13 所示。

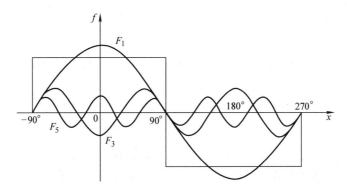

图 3-13　单相绕组磁动势可分解为基波和一系列谐波磁动势

基于上述基本概念，当副绕组中通入电流 $i_a = \sqrt{2}I_a\cos\omega t$ 时，可写出副绕组的磁动势方程式为

$$f_a(x,t) = \left[F_{a1}\cos x - F_{a3}\cos 3x + F_{a5}\cos 5x - F_{a7}\cos 7x + \cdots \right]\cos\omega t \tag{3-16}$$

一般情况下，由于主绕组轴线在空间落后于副绕组轴线 90° 电角度，且主绕组电流在时间上滞后于副绕组电流 θ 电角度，即 $i_m = \sqrt{2}I_m\cos(\omega t - \theta)$，故主绕组磁动势方程式为

$$f_m(x,t) = \left[F_{m1}\cos(x-90°) - F_{m3}\cos 3(x-90°) + F_{m5}\cos 5(x-90°) \right.$$
$$\left. - F_{m7}\cos 7(x-90°) + \cdots \right]\cos(\omega t - \theta) \tag{3-17}$$

2. 两相绕组的谐波磁动势　当单相电阻起动和电容起动异步电动机起动时或电容运转单相异步电动机运行时，总是由两相绕组共同作用而产生磁动势，即将式（3-16）和式（3-17）叠加。下面分两相绕组对称运行和不对称运行进行研究。

（1）两相绕组对称运行时的谐波磁动势　两相绕组对称运行时，电流之间的相位差为 90°，即 $\theta = 90°$。主、副绕组各次谐波的幅值相等，即 $F_{m1} = F_{a1} = F_1$，$F_{m3} = F_{a3} = F_3$，$F_{m5} = F_{a5} = F_5$，$\cdots$。此时各次谐波的合成情况如下：

1）基波

$$f_{a1}(x,t) = F_1\cos x\cos\omega t = \frac{1}{2}F_1\left[\cos(x-\omega t) + \cos(x+\omega t)\right] \tag{3-18}$$

$$f_{m1}(x,t) = F_1\cos(x-90°)\cos(\omega t - 90°) = \frac{1}{2}F_1\left[\cos(x-\omega t) - \cos(x+\omega t)\right] \tag{3-19}$$

总的合成基波磁动势为

$$f_1(x,t) = f_{a1} + f_{m1} = F_1\cos(x-\omega t) \tag{3-20}$$

式（3-20）说明基波合成磁动势 $f_1(x,t)$ 是一个正向旋转的圆形旋转磁动势。

令 $x-\omega t = 0$，即 $x = \omega t$，则 ω_1（rad/s）为

$$\omega_1 = \Delta x / \Delta t = \omega = 2\pi f$$

或

$$\omega_1 = \frac{2\pi f}{p}$$

转速 $n_1(\mathrm{r/min})$ 为

$$n_1 = \frac{60f}{p}$$

2）3 次谐波

$$f_{a3}(x,t) = F_3 \cos 3x \cos \omega t = \frac{1}{2}F_3 \left[\cos(3x-\omega t) + \cos(3x+\omega t) \right] \tag{3-21}$$

$$f_{m3}(x,t) = F_3 \cos 3(x-90°) \cos(\omega t-90°) = \frac{1}{2}F_3 \left[-\cos(3x-\omega t) + \cos(3x+\omega t) \right] \tag{3-22}$$

总的 3 次谐波合成磁动势为

$$f_3(x,t) = f_{a3} + f_{m3} = F_3 \cos(3x+\omega t) \tag{3-23}$$

式（3-23）说明 3 次谐波合成磁动势 $f_3(x,t)$ 是一个反向旋转的圆形旋转磁动势。用同样的方法可以求得 3 次谐波磁动势的转速为

$$\omega_3 = -\frac{1}{3}\omega \quad \text{或} \quad n_3 = -\frac{1}{3}n_1$$

负号表示 3 次谐波转向与基波相反。

3）5 次谐波

$$f_{a5}(x,t) = F_5 \cos 5x \cos \omega t = \frac{1}{2}F_5 \left[\cos(5x-\omega t) + \cos(5x+\omega t) \right] \tag{3-24}$$

$$f_{m5}(x,t) = F_5 \cos 5(x-90°) \cos(\omega t-90°) = \frac{1}{2}F_5 \left[\cos(5x-\omega t) - \cos(5x+\omega t) \right] \tag{3-25}$$

总的 5 次谐波合成磁动势为

$$f_5(x,t) = f_{a5} + f_{m5} = F_5 \cos(5x-\omega t) \tag{3-26}$$

式（3-26）说明 5 次谐波合成磁动势是一个正向旋转的圆形旋转磁动势。用同样的方法可以求得 5 次谐波磁动势的转速为

$$\omega_5 = \frac{1}{5}\omega \quad \text{或} \quad n_5 = \frac{1}{5}n_1$$

正号表示 5 次谐波转向与基波相同。

根据上面的同样方法，可以得到下面的结果：7 次谐波合成磁动势为反向旋转的圆形旋转磁动势，转速为 $\omega_7 = -\frac{1}{7}\omega$ 或 $n_7 = -\frac{1}{7}n_1$；9 次谐波合成磁动势为正向旋转的圆形旋转磁动势，转速为 $\omega_9 = \frac{1}{9}\omega$ 或 $n_9 = \frac{1}{9}n_1$，等等。

综上所述，在对称运行时，两相绕组所产生的谐波磁动势次数可用下式表示，即

$$\nu = 4k+1 \quad k = 0, \pm 1, \pm 2, \pm 3, \cdots \tag{3-27}$$

当 ν 为负号时，表示该次谐波合成磁动势反方向旋转；当 ν 为正号时，表示该次谐波合成磁

动势正方向旋转。谐波磁动势的转速为

$$n_\nu = \frac{1}{\nu} n_1 \tag{3-28}$$

式中 n_1——基波旋转磁场的同步转速。

（2）两相绕组不对称运行时的谐波磁动势 两相不对称运行有下面三种情况：①磁动势谐波的幅值不等，即 $F_{m1} \neq F_{a1}$，$F_{m3} \neq F_{a3}$，…；②电流之间相位差不为90°，即 $\theta \neq 90°$；③磁动势幅值既不相等，电流之间相位差也不是90°。然而，无论哪种不对称运行情况，总是表现为电动机中两相合成的磁动势为椭圆形旋转磁动势。为了简化分析，这里我们以第一种情况为例进行讨论，但所得结论能适用另外两种情况。

1）基波

$$f_{a1}(x,t) = F_{a1}\cos x \cos\omega t = \frac{1}{2}F_{a1}\left[\cos(x-\omega t) + \cos(x+\omega t)\right] \tag{3-29}$$

$$f_{m1}(x,t) = F_{m1}\cos(x-90°)\cos(\omega t - 90°) = \frac{1}{2}F_{m1}\left[\cos(x-\omega t) - \cos(x+\omega t)\right] \tag{3-30}$$

两相合成的基波磁动势为

$$f_1(x,t) = f_{a1}(x,t) + f_{m1}(x,t) = \frac{1}{2}(F_{a1}+F_{m1})\cos(x-\omega t) + \frac{1}{2}(F_{a1}-F_{m1})\cos(x+\omega t) \tag{3-31}$$

由于 $F_{a1} \neq F_{m1}$，故合成磁动势中既有 $\cos(x-\omega t)$ 项，又有 $\cos(x+\omega t)$ 项。即基波合成磁动势中，既有正向旋转的圆形旋转磁动势，又有反向旋转的圆形旋转磁动势，且转速均为基波旋转磁场的同步转速 n_1。

2）3次谐波

$$f_{a3}(x,t) = F_{a3}\cos 3x \cos\omega t = \frac{1}{2}F_{a3}\left[\cos(3x-\omega t) + \cos(3x+\omega t)\right] \tag{3-32}$$

$$f_{m3}(x,t) = F_{m3}\cos 3(x-90°)\cos(\omega t - 90°) = \frac{1}{2}F_{m3}\left[-\cos(3x-\omega t) + \cos(3x+\omega t)\right] \tag{3-33}$$

3次谐波的合成磁动势为

$$f_3(x,t) = f_{a3}(x,t) + f_{m3}(x,t) = \frac{1}{2}(F_{a3}-F_{m3})\cos(3x-\omega t) + \frac{1}{2}(F_{a3}+F_{m3})\cos(3x+\omega t)$$

$$\tag{3-34}$$

在合成磁动势中，既有 $\cos(3x-\omega t)$ 项，又有 $\cos(3x+\omega t)$ 项。即3次谐波合成磁动势中，既有正向旋转的圆形磁动势，又有反向旋转的圆形磁动势，且正、反向的转速均为基波同步转速 n_1 的 $\frac{1}{3}$。

用同样的方法，可以对任意 ν 次谐波进行分析，得到结论是：在不对称运行时，两相绕组所产生的每一次谐波磁动势都包含两个分量，即正向旋转的圆形旋转磁动势和反向旋转的圆形旋转磁动势。因此不对称运行时的谐波磁动势分量要比对称运行时多一倍。其谐波次数可用式（3-35）表示：

$$\nu = \pm(4k+1) \quad k=0, \pm1, \pm2, \pm3, \cdots \tag{3-35}$$

由于绝大多数情况下，单相异步电动机的两相绕组总是不对称的，谐波分量比较多，所以谐波对单相异步电动机性能的影响要比三相异步电动机严重得多。

谐波磁场对电动机性能的影响主要表现在三个方面：①使电动机的附加损耗增加；②引起电动机振动，并产生噪声；③产生附加转矩，使电动机的起动发生困难。

在单相异步电动机中，谐波磁场产生的同步附加转矩严重影响起动性能。例如，单相异步电动机起动转矩的大小随着转子位置的不同而发生波动。在某些转子位置，起动转矩较大，而在另一些转子位置，起动转矩又会减小。在某些转子位置，电动机不能起动，这些位置通常称为"死点"，所以单相异步电动机中谐波磁场的存在严重影响着电动机的性能。为了削弱谐波磁场，常用的有效措施就是定子采用正弦绕组及转子采用斜槽。

3.2.3 转子斜槽

正弦绕组可以明显削弱定子绕组产生的磁动势谐波，但不能消除磁动势谐波。根据式（3-43）可知，要使磁动势曲线为一正弦波，则导体必须按余弦规律连续分布。但实际上导体总是放在槽里，或者为了节省铜线，往往采用一定的空槽，这样导体就不可能按余弦规律连续分布，而是断续分布的。这种绕组所产生的磁动势波形呈现阶梯形，如图 3-14 所示。阶梯形波与正弦波之差，就使正弦绕组所产生的磁动势中存在高次谐波，这种谐波与定、转子齿槽存在有关，称为齿谐波。所以正弦绕组只能削弱谐波磁动势，并不能完全消除谐波磁动势。生产实践中通常采用转子斜槽来进一步削弱谐波磁动势对电动机起动性能和运行性能产生的不利影响。

所谓转子斜槽，就是转子上的槽不是与转子轴线平行，而是斜过一个角度。转子槽斜过的距离 b_{sk} 一定要等于能产生附加转矩的那一次谐波极距的 2 倍，如图 3-15 所示，即

$$b_{sk} = 2\tau_{p\nu} = 2\tau_p/\nu \tag{3-36}$$

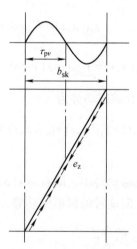

图 3-14　阶梯形波　　　　　　　　　图 3-15　转子斜槽示意

这一关系式在消除同步附加转矩时也是成立的。根据电磁感应定律，转子导条切割齿谐波磁场所产生的感应电动势 $e_z = B_z L v$ 与齿谐波磁通密度 B_z 成正比，由于转子导条两半部所在处 B_z 是大小相等、方向相反，故在导体两半部产生的电动势 e_z 也是大小相等、方向相反，这两部分电动势将互相抵消，从而不会产生相应的电流和磁动势。

转子斜槽程度是根据谐波强度来确定的，即由能产生较强附加转矩的那一次谐波波长来

决定。所谓谐波强度是指谐波磁动势幅值 F_ν 与基波磁动势幅值 F_1 的比值，谐波强度的数学表达式为

$$a_\nu = \frac{F_\nu}{F_1} \quad 或 \quad a_\nu = \frac{K_{dp\nu}}{\nu K_{dp1}} \tag{3-37}$$

采用转子斜槽不仅可以大大削弱异步附加转矩，而且在转子槽扭斜后，转子所产生的齿谐波磁场也随之扭斜同样角度，这样可以削弱转子齿谐波与定子齿谐波磁场之间的相互作用，使同步附加转矩、振动及噪声减小。但斜槽也带来不利的影响，可使转子漏抗增加，从而使最大转矩及功率因数稍有下降。谐波强度见本章附录表 3A-2。

3.2.4 单相异步电动机性能分析

单相异步电动机的电磁设计都是基于双旋转磁场理论，即用双旋转磁场法来分析计算它的运行性能。

一般单相异步电动机按通电运行绕组分为：两相绕组，如单相电容运转电动机；单相绕组，如电阻起动、电容起动电动机。

单相电容运转异步电动机有两个特点：①定子上有两个绕组，即两相绕组，两个绕组在空间能做到相差 90° 电角度，但由于这两个绕组的匝数不等，因而该两相绕组是不对称绕组；②由于主、副相绕组匝数不等，再加上副绕组回路中串有电容器（改变电流相位），所以这两个回路的阻抗不等，使得主相电流 $\dot{I}_m$ 和副相电流 $\dot{I}_a$ 的幅值不相等，相位差也不是 90°，因此是两相不对称电流。两相不对称绕组通入两相不对称电流，一般情况下产生的是椭圆形旋转磁场。因此，不能采用三相对称运行和两相对称运行的分析方法。对于对称运行，只要对其一相进行分析和用一相等效电路进行计算即可。但由于此时在电动机内部产生的是个椭圆形旋转磁场（它是由一个正向的圆形旋转磁场和一个反向的圆形旋转磁场合成的），在正向、反向旋转磁场的作用下，电动机的等效电路、参数、主副相电流等各不相同，电动机的性能是由这两种情况下合成的结果。

1. 两相绕组异步电动机的等效电路 经过绕组折算以后，主、副绕组完全一样，即原来不对称的两相绕组已折算成对称的两相绕组。经过对称分量法进行分解以后，原来一组不对称的两相电流也由两组对称的电流来代替。

正序电流流过对称的两相绕组产生正序圆形旋转磁场，负序电流流过对称的两相绕组产生负序圆形旋转磁场。这样就可以将电动机产生的椭圆形旋转磁场当作两个圆形旋转磁场的叠加来研究。

为了简化分析，我们将铁耗所对应的等效电阻 R_μ 忽略，这样，仿照一相等效电路，可以分别得到主相 m 和副相 a 的正序和负序等效电路，如图 3-16 所示。

将图 3-16 中转子支路的阻抗与励磁支路的电抗的并联电路，用一个等效的串联电路来代替，进行简化后得到图 3-17。

等效电路的参数为：

主相的正序阻抗

$$Z_{m+} = R_{1m} + jx_{1m} + \frac{jx_{\mu m}\left(\dfrac{R_{2m}}{s} + jx_{2m}\right)}{\dfrac{R_{2m}}{s} + j(x_{\mu m} + x_{2m})} = R_{1m} + jx_{1m} + 2Z_f = R_m + jx_{1m} + 2R_f + 2jx_f \qquad (3\text{-}38)$$

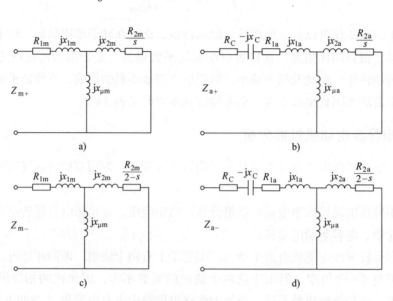

图 3-16 主相 m 和副相 a 的正序和负序等效电路

a）主相 m 的正序等效电路　b）副相 a 的正序等效电路　c）主相 m 的负序等效电路
d）副相 a 的负序等效电路

R_C，x_C—电容器 C 的漏电阻和容抗　R_{1m}，x_{1m}—主绕组 m 的电阻和漏电抗　R_{1a}，x_{1a}—副绕组 a 的电阻和漏电抗

R_{2m}，x_{2m}—折算到主绕组 m 的转子绕组电阻和漏电抗　R_{2a}，x_{2a}—折算到副绕组 a 的转子绕组电阻和漏电抗

$x_{\mu m}$—主绕组 m 的励磁电抗　$x_{\mu a}$—副绕组 a 的励磁电抗

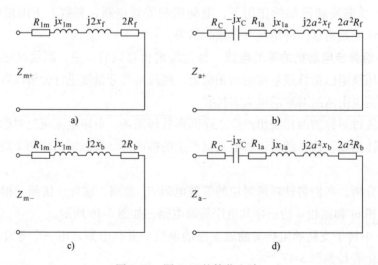

图 3-17　图 3-16 的简化电路

主相的正序电阻

$$R_{m+} = R_{1m} + 2R_f$$

主相的正序电抗

$$x_{m+} = x_{1m} + 2x_f$$

主相的负序阻抗

$$Z_{m-} = R_{1m} + jx_{1m} + \frac{jx_{\mu m}\left(\dfrac{R_{2m}}{2-s} + jx_{2m}\right)}{\dfrac{R_{2m}}{2-s} + j\left(x_{\mu m} + x_{2m}\right)} = R_{1m} + jx_{1m} + 2Z_b = R_{1m} + jx_{1m} + 2R_b + 2jx_b \tag{3-39}$$

主相的负序电阻

$$R_{m-} = R_{1m} + 2R_b$$

主相的负序电抗

$$x_{m-} = x_{1m} + 2x_b$$

同理,对于副相的各参数也可以用同一方法求得。但在实际计算时,副绕组的参数往往利用主绕组的参数来代替,因此计算出主绕组等效电路中各项参数后,便可得到副绕组等效电路中的各项参数,即副相的正序电阻

$$R_{a+} = R_{1a} + R_c + 2a^2 R_f$$

式中 a——副、主绕组的有效匝数比。

副相的正序电抗

$$x_{a+} = a^2\left(x_{1m} + 2x_f\right) - x_c$$

副相的负序电阻

$$R_{a-} = R_{1a} + R_c + 2a^2 R_b$$

副相的负序电抗

$$x_{a-} = a^2\left(x_{1m} + 2x_b\right) - x_c$$

等效电路中的参数包括:定子绕组电阻、转子绕组电阻、定子绕组漏电抗、转子绕组漏电抗和励磁电抗(通过磁路计算求得)五个参数。有了这些参数,就可以根据等效电路计算出电动机的电气性能。

2. 单相绕组异步电动机的等效电路 单相电阻起动和电容起动异步电动机,在起动后转子转速上升到75%~85%的同步转速时,起动开关自行将起动绕组断开,只留下一个工作绕组单独进行工作,等效电路如图3-18所示,变换后如图3-19所示。

等效电路的参数为:

主相的等效总电阻

$$R_T = R_{1m} + R_f + R_b \tag{3-40}$$

主相的等效总电抗

$$x_T = x_{1m} + x_f + x_b \tag{3-41}$$

主相的等效总阻抗

$$Z_T = R_T + jx_T \tag{3-42}$$

同样,单相绕组异步电动机的电气性能的计算也是根据等效电路来进行的。

有关单相异步电动机的运行分析、运行性能和起动性能计算请参看专著《单相异步电动机原理、设计与试验》[20]。

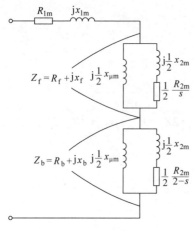

图 3-18　单相绕组异步电动机
起动前等效电路

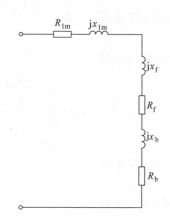

图 3-19　单相绕组异步电动机
起动后等效电路

3.3　单相异步电动机的绕组

3.3.1　定子绕组选择

在单相异步电动机的气隙磁场中，谐波磁场的含量多、次数低、幅值大，可能会产生较大的附加转矩、附加损耗、振动和噪声，从而使电动机起动困难，效率降低，温升增高，振动及噪声指标变差。为了削弱电动机气隙磁场中的谐波磁场，关键在于正确选择绕组的结构型式及精心设计笼型绕组的斜槽。

单相异步电动机定子绕组种类较多，按槽内导体层数分为单层和双层；按绕组端接部分的形状分为单层同心式、单层交叉式、单层链式和双层叠绕组；按槽内导体的分布规律分为集中绕组、分布绕组和正弦绕组。

由于单相异步电动机的定子内径较小，嵌线比较困难，多采用单层绕组。为了削弱高次谐波磁动势，改善起动和运行性能，又多采用正弦绕组。

单相异步电动机的主、副绕组轴线一般是正交的，即空间相距 90° 电角度。这种电动机具有可逆转动特性，且由于绕组分布对称，嵌线工艺较好。但有时为了改善性能，也有把两个绕组设计成非正交的。如在制冷压缩机等某些仅需要单方向运转场合，采用空间非正交绕组，则可显示出其电流小且效率、功率因数和起动转矩高等显著特点。

单相异步电动机主、副绕组所占的槽数，通常各占总槽数的 1/2，即主、副绕组相带各占 90° 电角度。但也有被设计成主绕组占总槽数的 2/3，副绕组仅占 1/3 的，即主、副绕组相带分别为 120° 和 60° 电角度。电阻起动和电容起动单相电动机的副绕组仅在起动时使用，主绕组占总槽数的 2/3，可提高电动机槽的有效利用率，提高电动机的出力。并且此时不会产生 3 次及 3 的整倍数奇次谐波磁动势，从而减少附加损耗和电磁噪声。对于电容运转和双值电容单相异步电动机，如果采用这种绕组，副绕组电流仅产生脉振的 3 次谐波磁动势分量，由此产生的 3 次谐波转矩在额定负载运行时其影响基本可忽略，并且副绕组中的 3 次谐波分量可采用适当的短距来加以限制。例如，对于定子槽数 $Q_1 = 36$ 的 4 极电动机，若采用 $y = 7$ 的短距绕组，则 3 次谐波磁动势的幅值将降到整距时的 $1/2$，3 次谐波转矩将降到整距时的 $1/4$。实践证明，这样做可基本上消除 3 次谐波的影响。

3.3.2 常规绕组

1. 单层同心式绕组 对于单相电阻起动和电容起动异步电动机，电动机的运行性能主要取决于工作绕组，因此通常工作绕组占定子总槽数的 $2/3$，起动绕组占总槽数的 $1/3$，这两个绕组在空间通常相差 90°电角度，下面举例说明单层同心式绕组的连接方法。

例 3-1 已知定子槽数 $Q_1 = 24$，极对数 $p = 2$，画出单层同心式绕组展开图。

解：计算有关数据：

（1）极距 $\tau_{\mathrm{p}} = \dfrac{Q_1}{2p} = \dfrac{24}{4} = 6$

（2）每极槽数 $Q_{\mathrm{p}} = \dfrac{Q_1}{2p} = \dfrac{24}{4} = 6$

（3）槽距角 $\alpha = \dfrac{p \times 360°}{Q_1} = \dfrac{2 \times 360°}{24} = 30°$

（4）槽数分配 即确定每极下每相绕组占有的槽数，这些槽占有的空间范围叫相带。主绕组占 $2/3$，等于 4 个槽，即 $q = 4$，为 120°相带。副绕组占 $1/3$，等于 2 个槽，即 $q = 2$，为 60°相带。联成单层同心式绕组，如图 3-20 所示。由图可见，在某一磁极下，主绕组的轴线在槽 3、4 之间，起动绕组轴线在槽 6、7 之间，两个绕组的轴线相距 3 个槽，在空间相距 $3 \times 30° = 90°$电角度。

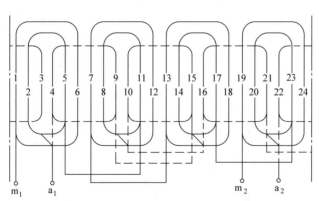

图 3-20 例 3-1 的单层同心式绕组展开图

当工作绕组占定子槽数的 $2/3$，即用 120°相带时，可以提高电动机有效材料的利用率，并能自行消除磁动势空间分布曲线中的 3 次谐波。

对于电容运转异步电动机，由于主、副绕组同为工作绕组长期参与运行，通常两绕组所占定子槽数相等，用铜量也基本相同。下面举例说明这种单层同心式绕组的连接方法。

例 3-2 已知定子槽数 $Q_1 = 16$，极对数 $p = 1$，画出单层同心式绕组展开图。

解：计算有关数据：

（1）极距　$\tau_p = \dfrac{Q_1}{2p} = \dfrac{16}{2} = 8$

（2）每极槽数　$Q_p = \dfrac{Q_1}{2p} = \dfrac{16}{2} = 8$

（3）槽距角　$\alpha = \dfrac{p \times 360°}{Q_1} = \dfrac{1 \times 360°}{16} = 22.5°$

（4）槽数分配　确定每极下每相绕组占有的槽数。主绕组占 1/2，等于 4 个槽，即 $q = 4$，为 90°相带；副绕组占 1/2，等于 4 个槽，即 $q = 4$，为 90°相带。连成单层同心式绕组，如图 3-21 所示。由图可见，在某一磁极下，主绕组的轴线在槽 4、5 之间，副绕组的轴线在槽 8、9 之间，两个绕组的轴线相距 4 个槽，在空间相距 $4 \times 22.5° = 90°$ 电角度。

由上述绕组的构成可见，单层同心式绕组中每个线圈的跨距各不相同，但各线圈的轴线是重合的。这种绕组的绕线和嵌线都比较简单，是单相异步电动机中应用较广的一种形式。

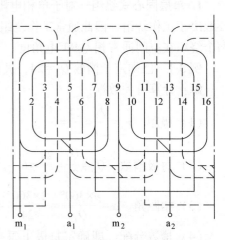

图 3-21　例 3-2 的单层同心式绕组展开图

2. 单层链式绕组　可以根据图 3-20 绕组的数据画制绕组展开图，来了解单层链式绕组的连接方法。连成的单层链式绕组如图 3-22 所示。

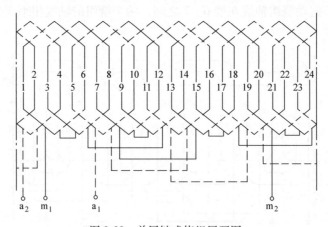

图 3-22　单层链式绕组展开图

由图可见，单层链式绕组的线圈形式有如链形，这种绕组的节距必须为奇数，如 y 等于 5（1~6 槽）。表面上看它是短距的，但从电磁实质来看，仍属全距绕组。

3. 单层交叉式绕组　同样可以根据上述单相同心式绕组的数据画出绕组展开图来了解单层交叉式绕组的连接方法。连成的单层交叉式绕组如图 3-23 所示。

由图可见，单层交叉式绕组的两线圈端部叉开朝不同方向排列，故称交叉式。这种绕组的节距为偶数，如 y 等于 6（1~7 槽）。

4. 双层叠绕组　双层绕组是把定子每个槽分为上、下两层，上层嵌放一个线圈的圈边，下层嵌放另一个线圈的圈边。下面举例说明。

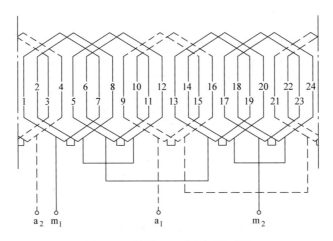

图 3-23 单层交叉式绕组展开图

例 3-3 一台 300mm 台扇，定子槽数 $Q_1 = 8$，转子槽数 $Q_2 = 17$，极对数 $p = 2$，画出双层绕组展开图。

解： 计算有关数据：

（1）极距 $\tau_p = \dfrac{Q_1}{2p} = \dfrac{8}{4} = 2$

（2）每极槽数 $Q_p = \dfrac{Q_1}{2p} = \dfrac{8}{4} = 2$

（3）槽距角 $\alpha = \dfrac{p \times 360°}{Q_1} = \dfrac{2 \times 360°}{8} = 90°$

（4）槽数分配 主绕组占 1/2，等于 1 个槽，即 $q = 1$，为 90°相带；副绕组占 1/2，等于 1 个槽，即 $q = 1$，为 90°相带。

这样可以连成双层绕组，取线圈的节距为整距 $y = 2$，如图 3-24 所示。

双层绕组的每个槽内有上、下两个线圈边，线圈的一条边放在某一槽的上层，另一条边放在相隔数槽的下层。双层绕组的线圈能够设计为任意短距，如果短距设计得适当，可以削弱谐波磁动势，改善磁动势波形。例如：一台定子槽数 $Q_1 = 12$，极对数 $p = 1$，采用缩短 1/3 极距的短距绕组，即取线圈节距 $y = 4$，画其双层短距绕组展开图，如图 3-25 所示。

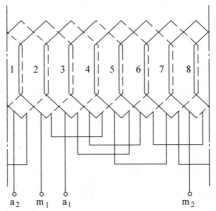

单相异步电动机的正弦绕组视频

3.3.3 正弦绕组

图 3-24 例 3-3 的双层整距绕组展开图

在单相电动机中，为了减小附加转矩，必须尽可能削弱定子磁动势谐波，而削弱定子磁动势谐波的有效措施之一就是采用正弦绕组。正弦绕组是一种特殊的同心式绕组，其特点是

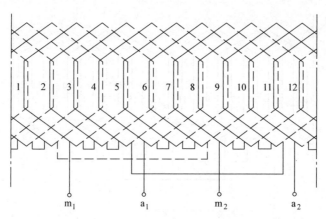

图 3-25　双层短距绕组展开图

组成每相绕组的各个线圈的匝数不相等，使其产生的磁动势在空间的分布尽可能是一个正弦波。为此，每相绕组的导体在空间应按余弦规律分布，我们通过图 3-26 来说明。在图 3-26 中，导体 1、2、3 分别与导体 1′、2′、3′组成一个同心式绕组。在正弦绕组中，这些同心线圈的匝数不相等。如果令 $N(x)$ 表示线密度（即定子内圆圆周单位长度上的导体数）分布曲线，则电负荷（即定子内圆圆周单位长度上的电流）分布曲线应为

$$A(x) = \sqrt{2}\,I N(x)$$

式中，I 为导体中电流的有效值。依全电流定律，作用在距原点 x 处的磁通回路的磁动势应为

$$\int_{-x}^{x} A(x)\,\mathrm{d}x = 2\int_{0}^{x} A(x)\,\mathrm{d}x$$

如果略去铁中磁阻，这些磁动势应消耗在两个空气隙上，故作用在每个空气隙上的磁动势为

$$f(x) = \int_{0}^{x} A(x)\,\mathrm{d}x = \sqrt{2}\,I \int_{0}^{x} N(x)\,\mathrm{d}x \tag{3-43}$$

　　由式（3-43）可以看出，要使作用在空气隙各点的磁动势 $f(x)$ 按照正弦规律分布，则沿空气隙各点的导体分布 $N(x)$ 应为一余弦波。换句话说，只有当导体在空间按余弦规律连续分布时，这些导体所产生的磁动势在空间才是一个正弦波。

　　下面举例说明正弦绕组的构成。

　　例 3-4　每极槽数 9 槽，如图 3-27 所示。槽距角 $\alpha = 180°/9 = 20°$，求正弦绕组的构成。

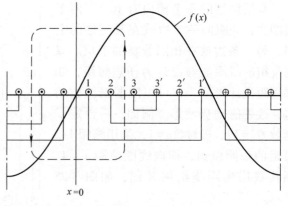

图 3-26　导体在空间按余弦规律分布时产生的磁动势

　　解：（1）计算每个线圈边离坐标原点的空间电角度

$$\alpha_1 = \frac{1}{2}\alpha = \frac{1}{2}\times 20° = 10°$$

$$\alpha_2 = \frac{3}{2}\alpha = \frac{3}{2} \times 20° = 30°$$

$$\alpha_3 = \frac{5}{2}\alpha = \frac{5}{2} \times 20° = 50°$$

$$\alpha_4 = \frac{7}{2}\alpha = \frac{7}{2} \times 20° = 70°$$

（2）计算每个空间电角度的余弦值

$$\cos\alpha_1 = \cos 10° = 0.985$$

$$\cos\alpha_2 = \cos 30° = 0.866$$

$$\cos\alpha_3 = \cos 50° = 0.643$$

$$\cos\alpha_4 = \cos 70° = 0.342$$

每极线圈边余弦值的总和为

$$0.985 + 0.866 + 0.643 + 0.342 = 2.836$$

（3）计算每个线圈匝数占每极总匝数的百分数

$$线圈 1{\sim}9 \ 占 \frac{0.985}{2.836} \times 100\% = 34.7\%$$

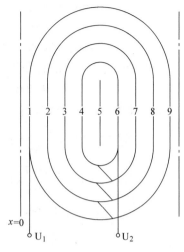

图 3-27　正弦绕组
（偶数节距、短距、槽中心型）

$$线圈 2{\sim}8 \ 占 \frac{0.866}{2.836} \times 100\% = 30.5\%$$

$$线圈 3{\sim}7 \ 占 \frac{0.643}{2.836} \times 100\% = 22.7\%$$

$$线圈 4{\sim}6 \ 占 \frac{0.342}{2.836} \times 100\% = 12.1\%$$

例如：一台单相电容起动异步电动机，$Q_1 = 36$，$p = 2$，每极串联匝数 $W_m = 96$ 匝，则 $Q_p = 9$，$\alpha = 20°$。下面计算正弦绕组的每线圈匝数。

线圈 1~9　　　$96 \times 34.7\% = 33.3$　　取 33 匝

线圈 2~8　　　$96 \times 30.5\% = 29.3$　　取 29 匝

线圈 3~7　　　$96 \times 22.7\% = 21.8$　　取 22 匝

线圈 4~6　　　$96 \times 12.1\% = 11.6$　　取 12 匝

从图 3-27 可以看出，这种绕组的每个线圈节距都是偶数 2、4、6、8，称为偶数节距型。还可以看出，这种绕组的轴线与槽中心线重合，因此又叫作槽中心型。

例 3-5　每极槽数 9 槽，如图 3-28 所示。槽距角 $\alpha = 180°/9 = 20°$，1 槽和 10 槽为共槽线圈。试构成正弦绕组。

解：（1）计算每个线圈边离坐标原点的空间电角度

$$\alpha_1 = 0\alpha = 0°$$

$$\alpha_2 = 1\alpha = 20°$$

$$\alpha_3 = 2\alpha = 40°$$

$$\alpha_4 = 3\alpha = 60°$$

（2）计算每个空间电角度的余弦值

$$\frac{1}{2}\cos\alpha_1 = \frac{1}{2}\cos 0° = 0.5$$

$$\cos\alpha_2 = \cos20° = 0.9397$$
$$\cos\alpha_3 = \cos40° = 0.766$$
$$\cos\alpha_4 = \cos60° = 0.5$$

每极线圈边余弦值的总和为

$$0.5+0.9397+0.766+0.5 = 2.706$$

（3）计算每个线圈匝数占每极总匝数的百分数

线圈 1~10 占 $\dfrac{0.5}{2.706}\times100\% = 18.5\%$

线圈 2~9 占 $\dfrac{0.9397}{2.706}\times100\% = 34.7\%$

线圈 3~8 占 $\dfrac{0.766}{2.706}\times100\% = 28.3\%$

线圈 4~7 占 $\dfrac{0.5}{2.706}\times100\% = 18.5\%$

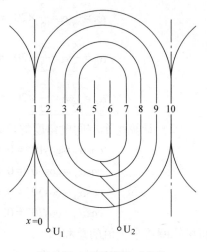

图 3-28　正弦绕组（奇数节距、整距、齿中心型）

例如：一台单相电容运转异步电动机，$Q_1 = 18$，$p=1$，$W_m = 400$ 匝，则 $Q_p = 9$，$\alpha = 20°$。下面计算其正弦绕组的每线圈匝数。

线圈 1~10	$400\times18.5\% = 74$	取 74 匝
线圈 2~9	$400\times34.7\% = 138.8$	取 139 匝
线圈 3~8	$400\times28.3\% = 113.2$	取 113 匝
线圈 4~7	$400\times18.5\% = 74$	取 74 匝

从图 3-28 可以看出，这种绕组的每个线圈节距都是奇数 3、5、7、9，称为奇数节距型。还可看出这种绕组的轴线与齿中心线重合，因此又叫作齿中心型。

由上面的例子可以看出正弦绕组的两个特点：

1）在正弦绕组中，每个线圈匝数不等。跨距大的匝数多，跨距小的匝数少。

2）根据正弦绕组的导体分布规律，从结构上看，只能采用同心式绕组。

图 3-29 中绘出了常用的主、副绕组正弦绕组分布图，供选用时参考。

3.3.4　正弦绕组的绕组系数

绕组系数是表示绕组性能的重要参数，在计算绕组磁动势和绕组电动势时都要用它。在计算正弦绕组的绕组系数时，应注意下面两个问题：

1）正弦绕组都采用同心式绕组，绕组中每个线圈的匝数不等，跨距也各不相同，因此这些线圈的短距系数也各不相等，但所有线圈的中心线都重合在一起，因此每个线圈所产生磁动势的轴线没有位移，故正弦绕组的分布系数等于1。换句话说，计算正弦绕组的绕组系数，就是计算它的短距系数。

2）由电机学可知，短距系数的定义及计算公式为

$$K_p = \frac{短距线圈磁动势}{整距线圈磁动势} = \cos\frac{\beta}{2}$$

上式说明，一个匝数为 W 的短距线圈磁动势等于一个匝数为 $K_p W$ 的整距线圈磁动势。W 为线圈的实际匝数，而 $K_p W$ 则称为有效匝数。所以短距系数也可以定义为

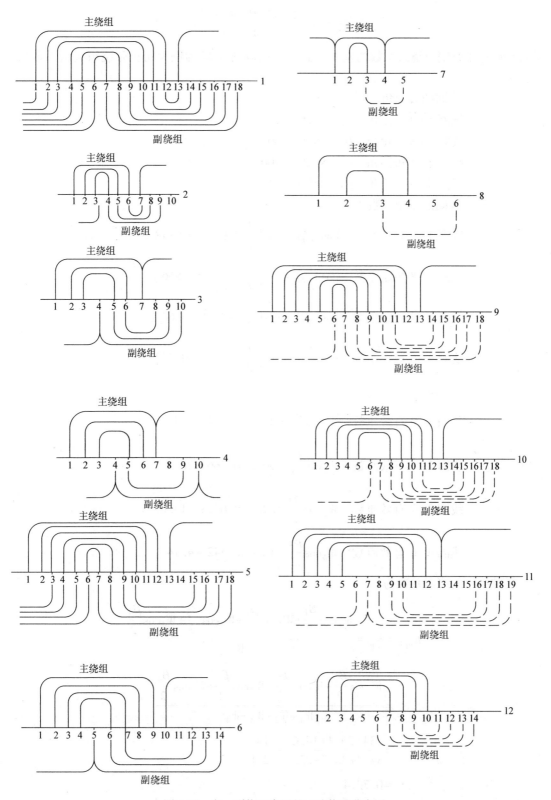

图 3-29　主、副绕组常用的正弦绕组分布图

$$\text{短距系数} = \frac{\text{有效匝数}}{\text{实际匝数}} = \frac{K_p W}{W} = K_p$$

上式是计算正弦绕组绕组系数的基本公式。下面以图 3-27 为例说明正弦绕组绕组系数的计算方法。

（1）计算线圈的短距角

线圈 1~9 短距角　$\beta_1 = 1 \times 20° = 20°$

线圈 2~8 短距角　$\beta_2 = 3 \times 20° = 60°$

线圈 3~7 短距角　$\beta_3 = 5 \times 20° = 100°$

线圈 4~6 短距角　$\beta_4 = 7 \times 20° = 140°$

（2）计算线圈的短距系数

线圈 1~9 短距系数　$\cos\dfrac{1}{2}\beta_1 = \cos\left(\dfrac{1}{2} \times 20°\right) = 0.9848$

线圈 2~8 短距系数　$\cos\dfrac{1}{2}\beta_2 = \cos\left(\dfrac{1}{2} \times 60°\right) = 0.866$

线圈 3~7 短距系数　$\cos\dfrac{1}{2}\beta_3 = \cos\left(\dfrac{1}{2} \times 100°\right) = 0.6428$

线圈 4~6 短距系数　$\cos\dfrac{1}{2}\beta_4 = \cos\left(\dfrac{1}{2} \times 140°\right) = 0.342$

（3）计算线圈的有效匝数

线圈 1~9 有效匝数　$W_1 \cos\dfrac{\beta_1}{2} = 34.7 \times 0.9848 \approx 34$

线圈 2~8 有效匝数　$W_2 \cos\dfrac{\beta_2}{2} = 30.5 \times 0.866 \approx 26.4$

线圈 3~7 有效匝数　$W_3 \cos\dfrac{\beta_3}{2} = 22.7 \times 0.6428 \approx 14.6$

线圈 4~6 有效匝数　$W_4 \cos\dfrac{\beta_4}{2} = 12.1 \times 0.342 \approx 4.14$

正弦绕组的绕组系数为

$$
\begin{aligned}
K_{dp1} = K_{p1} &= \frac{W_1\cos\dfrac{\beta_1}{2} + W_2\cos\dfrac{\beta_2}{2} + W_3\cos\dfrac{\beta_3}{2} + W_4\cos\dfrac{\beta_4}{2}}{W} \\[2mm]
&= \frac{W_1\cos\dfrac{\beta_1}{2} + W_2\cos\dfrac{\beta_2}{2} + W_3\cos\dfrac{\beta_3}{2} + W_4\cos\dfrac{\beta_4}{2}}{W_1 + W_2 + W_3 + W_4} \\[2mm]
&= \frac{34 + 26.4 + 14.6 + 4.14}{34.7 + 30.5 + 22.7 + 12.1} \\[2mm]
&= 0.7914
\end{aligned}
$$

下面再以图 3-28 为例用列表法计算正弦绕组的绕组系数，见表 3-3。

表 3-3　正弦绕组的绕组系数计算

线圈	线圈实际匝数 W	线圈短距角 β	线圈短距系数 $\cos\dfrac{\beta}{2}$	线圈有效匝数 $W\cos\dfrac{\beta}{2}$	正弦绕组系数 K_{dp1}
$1\sim10$	18.5	$0°$	0.5	18.5	
$2\sim9$	34.7	$2\times20°$	0.9397	32.6	
$3\sim8$	28.3	$4\times20°$	0.766	21.7	$K_{dp1}=\dfrac{82.05}{100}=0.8205$
$4\sim7$	18.5	$6\times20°$	0.5	9.25	
总和	100		2.706	82.05	

3.4　设计技术参数

3.4.1　电磁负荷选择

电磁负荷及其比值 A/B_δ 的选择与许多因素有关。电负荷 A 和磁负荷 B_δ 不仅影响电动机的主要尺寸及有效材料的利用率，而且与电动机的参数、运行性能、起动性能和使用寿命等都有着密切关系，因此必须全面考虑。从电动机综合技术经济指标出发来选取最合适的 A 和 B_δ 值，以使制造和运行的总费用最小，而且性能良好。一般常参考成熟的生产和设计经验来选取。

磁负荷 B_δ 一定，电负荷 A 选得较高时产生下述影响：

1）电动机主要尺寸随 A 值增大而减小，因而使材料消耗减少。

2）由于 B_δ 值一定，随着铁心材料的减少，铁耗下降。

3）绕组用铜量、铜耗及温升增加，效率将下降。

4）使漏抗增大，导致最大转矩和起动转矩降低。

5）使电动机的功率因数 $\cos\varphi$ 有所提高。这是因为随着定子绕组每相串联匝数的增加，使励磁电流减小，$\cos\varphi$ 提高。

电负荷 A 一定，磁负荷 B_δ 选得较高时产生下述影响：

1）电动机主要尺寸随 B_δ 增大而减小，因而节省了有效材料。

2）随着 B_δ 值增高，铁心中的磁通密度增高，而铁耗近似地与磁通密度的二次方成比例地增加，从而导致电动机的效率降低。

3）由于空气隙和铁心内磁通密度增大，使励磁电流增大，功率因数 $\cos\varphi$ 降低。

4）使电动机的漏抗减小，引起起动电流增大。

5）使电动机的振动和噪声有所提高。一般单相异步电动机运行时总要有负序磁场存在，致使励磁电流约为对称运行时的两倍，若为低噪声电动机，磁负荷 B_δ 应选得更低些。

由此可见，合理选择电磁负荷 A 和 B_δ 值是很重要的。

在具体选择电磁负荷时，还必须考虑电动机绝缘等级、导电和导磁材料性能、极数、功率、冷却方法及性能要求等一系列因素。由上可见，电磁负荷的选择涉及许多问题，在设计时，主要依据制造和运行实践中积累的数据来选取。

小功率单相异步电动机电磁负荷的选用范围归纳在表 3-4 中，供读者在电动机设计时参考。

表 3-4　小功率单相异步电动机电磁负荷的选用范围

电磁负荷	选用范围
气隙磁通密度 B_δ/T	$0.35 \sim 0.65$
定子齿磁通密度 B_{t1}/T	$1.30 \sim 1.60$
转子齿磁通密度 B_{t2}/T	$1.30 \sim 1.60$
定子轭磁通密度 B_{j1}/T	$0.80 \sim 1.30$
转子轭磁通密度 B_{j2}/T	$0.80 \sim 1.30$
电负荷（2 极）/(A/cm)	$105 \sim 125$
电负荷（4 极）/(A/cm)	$120 \sim 165$
主绕组电流密度 J_m/(A/mm^2)	$6 \sim 8$
电阻起动副绕组电流密度 J_a/(A/mm^2)	$60 \sim 90$
电容起动副绕组电流密度 J_a/(A/mm^2)	$30 \sim 50$
电容运转副绕组电流密度 J_a/(A/mm^2)	$6 \sim 10$
电阻、电容起动转子导条电流密度 J_B/(A/mm^2)	$2 \sim 3$
电容运转转子导条电流密度 J_B/(A/mm^2)	$3 \sim 5$
转子端环电流密度 J_R/(A/mm^2)	$(0.6 \sim 0.8) J_B$

3.4.2　铁心尺寸和空气隙的确定

1. 主要尺寸比　在选择电磁负荷 A 和 B_δ 值之后，由式（3-44）

$$D_{i1}^2 l_1 = \frac{5.5}{\alpha_p' K_{dp} A B_\delta} \frac{P'}{n} \tag{3-44}$$

可以确定电动机的体积 $D_{i1}^2 l_1$，但问题并没有完全解决。对于同样的 $D_{i1}^2 l_1$ 值，单相电动机可以设计得比较细长，也可以设计得比较短粗，因此为了使电动机具有匀称的几何形状，必须对电动机的主要尺寸比 $\lambda = l_1/D_{i1}$ 加以控制，即

$$\lambda = l_1/D_{i1} = 0.70 \sim 1.2 \tag{3-45}$$

λ 值对电动机的技术经济指标有较大的影响。如果 λ 值选得较大，则电动机比较细长；λ 值选得较小，则电动机比较短粗。实践证明，λ 值的大小对电动机的运行性能、经济性和工艺性都有影响。

当 λ 值选得较大时，有以下优点：

1）节省用铜量。因为 λ 值大，定子内径和极距较小，线圈的跨距较短。

2）使效率提高。由于绕组端部缩短，使绕组铜耗减小。

3）由于绕组端部缩短，端部漏抗较小，使总漏抗减小，从而提高了电动机的过载能力和起动转矩。

而 λ 值选得较大时，则有以下缺点：

1）λ 值较大时铁心较长，铁心冲片数增加，费工时。

2）由于电动机细长，使内部的散热条件变坏。

3）由于电动机细长，为了避免扫膛，必须增加转子刚度。

在进行系列电动机设计时，对应同一种定子冲片，一般选取两种铁心长度，则功率大者

取 λ 的上限，功率小者取 λ 的下限。

2. 定子铁心内外径比 在单相异步电动机系列设计时，定子铁心外径也是很重要的尺寸。定子铁心外径 D_1 的确定要考虑硅钢片的合理套裁，要考虑系列电动机中心高和功率等级的对应关系等。定子铁心外径 D_1 与中心高 H 间的关系近似为

$$H \approx 0.62D_1 + (1.0 \sim 3.5) \tag{3-46}$$

目前，我国单相异步电动机采用的定子铁心外径标准值及其与中心高的对应关系，见表3-5。

表3-5 单相异步电动机定子铁心外径与中心高的对应关系

中心高/mm	45	50	56	63	71	80	90	100	112	132
铁心外径/mm	71	80	90	96	110	128	145	160	175	210
	71	84	94	102	120	138	145	160		

定子铁心外径确定后，由电机设计理论可知，增大定子铁心内径 D_{i1} 就可以增大电动机的电磁功率。但 D_{i1} 不可随意加大，否则会引起定子铁心轭部磁路的过饱和，使定子铁心损耗增加，电动机的效率和功率因数降低。为了使定子铁心磁通密度分布合理，应考虑电动机极数的影响。对于极数少的电动机，每极磁通量较大，铁心轭部较高，定子铁心内径相对较小。相反，极数较多的电动机每极磁通量较小，铁心轭高较小，这样定子铁心内径就可以相对大些。可见定子铁心内径和外径比值应有一个合理的数值范围。目前，我国单相异步电动机的定子内外径之比一般在下列范围：

2极电动机 $\lambda_D = D_{i1}/D_1 = 0.52 \sim 0.56$（一般为 0.53）

4极电动机 $\lambda_D = D_{i1}/D_1 = 0.54 \sim 0.63$（一般为 0.60）

3. 空气隙的确定 在单相异步电动机设计时，正确选择空气隙的大小是非常重要的，它对电动机的性能影响很大。为了减小励磁电流以改善功率因数，应该使气隙尽量小些。但是气隙不能太小，否则会使电动机的制造和运行增加困难，而且使某些电气性能变坏。

从结构上来看，气隙的最小值主要决定于定子内径大小、轴的直径和轴承间的长度。

从工艺上来看，零部件加工的同心度、椭圆度及装配的偏心，轴承的间隙及其磨损等，都影响着气隙的大小。

从电气性能来看，气隙也不能太小。气隙越小，谐波漏抗越大，导致最大转矩和起动转矩降低；同时杂耗增大，效率降低，温升增高。气隙的大小，还直接影响励磁电抗 x_μ 的大小，而励磁电抗 x_μ 的数值又影响着有效匝数比 a 和移相电容 C 的选择。当气隙减小时，励磁电抗增加，相应地，有效匝数比 a 减小，电容值 C 增大。所以，气隙的选择，一方面要考虑结构、工艺、性能方面要求，另一方面还要考虑有效匝数比 a 和电容 C 的合理选择。

气隙选择的经验公式如下：

$$\delta = 0.013 + \frac{0.004D_{i1}}{\sqrt{2}p} \tag{3-47}$$

在具体选择气隙长度 δ 时，可参考过去生产的电动机经验数值和所要设计的电动机特点来综合考虑。单相异步电动机的气隙通常在下列范围选取：

$$\delta = 0.2 \sim 0.55\text{mm}$$

小功率低转速时取较小值，大功率高转速时取较大值。

当电动机采用滑动轴承时，由于存在静偏心，气隙长度应比滚动轴承时增加10%~20%。

3.4.3　定、转子槽数的选择

定子槽数的选取对电动机的性能有直接影响。定子槽数增多，可以获得较好的磁动势、电动势波形，削弱了谐波磁场，使附加损耗和附加转矩下降；槽数多了，电动机的漏抗减小，导致最大转矩和起动转矩有所增加，效率和功率因数也略有增加；槽数多了，绕组分散，绕组接触铁心的散热面积增加，对散热有利。但槽数增多，将引起槽绝缘材料和工时的增加，槽利用率降低，对冲模的制造和使用也不利。

在确定定子槽数时，应考虑绕组的平衡。对于单相电动机，每极槽数应为整数；对于两相电动机，定子槽数应为偶数。单相异步电动机目前经常采用的定子槽数见表3-6。

表 3-6　推荐定子槽数

极数 $2p$	定子槽数 Q_1											
2	6	12	18	24	30	36	42	48	54	60	66	72
4		12		24	32	36		48		60		72
6			18			36			54			72
8				24				48				72

对于转子槽数的选取，必须与定子槽数有恰当的配合，这就是通常所谓的定、转子槽配合问题。如果槽配合选择不当，可引起较大的附加转矩（使起动性能变坏，甚至起动不起来）、附加损耗（使效率降低、温升增高）、噪声、振动等，对单相异步电动机性能有较大影响。

关于槽配合问题，有不少专门的理论分析，一般从减小异步附加转矩、同步附加转矩，以及单边磁拉力引起的振动和噪声出发。分析结果认为，定、转子槽配合应满足下列关系：

（1）为了减小振动和噪声

$$Q_1 - Q_2 \neq \pm 1, \pm 2, \pm (2p \pm 1), \pm (2p \pm 2)$$

（2）为了避免机械特性 $T = f(s)$ 上的死点

$$Q_1 - Q_2 \neq \pm 2p$$

（3）为避免机械特性 $T = f(s)$ 上的死点

$$Q_1 - Q_2 \neq 2mp \text{ 或 } 2mpk$$

（4）满足 $Q_1 \neq Q_2$，$Q_1/Q_2 \neq$ 整数

应该指出，定、转子槽配合的选择是一个比较复杂的问题。上述原则不是绝对的，有时虽然与上述原则不符，但起动、运行性能也较好，这是因为还有其他因素的影响，如电动机的饱和程度、气隙大小、斜槽程度和转子槽形等。

表3-7中列出了常用的槽配合，可供选择槽配合时参考。

表 3-7　常用槽配合

极数 2p	定子槽数	转子槽数
2	12	8　15　18
	16	10
	18	12　15　21
	24	18　20　27　28　30　31
4	8	17　25　26
	12	15
	16	10
	18	15
	24	16　17　18　22　30　34
	36	26　34　42　44
6	36	48
	24	36
8	36	40

3.4.4　定、转子槽形设计

定、转子冲片部分尺寸经验公式

1. 定子槽口宽 b_{s0}

当 $Q_1 = 24$ 时　　$b_{s0} = (0.069 + 0.0175 D_{i1})\,\text{cm}$

当 $Q_1 = 36$ 时　　$b_{s0} = (0.038 + 0.0175 D_{i1})\,\text{cm}$

当 $Q_1 = 48$ 时　　$b_{s0} = (0.0175 D_{i1})\,\text{cm}$

单相异步电动机基本系列的 b_{s0} 范围　　$b_{s0} = 0.20 \sim 0.32\,\text{cm}$

2. 定子槽口高　$h_{s0} = 0.05 \sim 0.075\,\text{cm}$

3. 定子轭高　$h_{j1} = \left(\dfrac{B_{t1}}{B_{j1}}\right)\left(\dfrac{Q_1 t_1}{2\pi p}\right)\text{cm}$

其中 B_{t1}/B_{j1} 经验值近似为 1.15。

4. 转子槽口宽　$b_{r0} = 0.05 \sim 0.1\,\text{cm}$

5. 转子槽口高　$h_{r0} = 0.02 \sim 0.05\,\text{cm}$

3.4.5　有效匝数比 a 与电容 C 的选择

影响 a 值和 C 值的因素如下:

1. 磁路饱和程度对 a 值和 C 值的影响　因为励磁电抗 $x_{\mu m}$ 直接影响 R_f 和 x_f 的数值,而 a 值和 C 值主要由 R_f、x_f 来确定,所以 $x_{\mu m}$ 值对确定 a 值和 C 值起主要作用。

当气隙一定时,若电动机磁路不饱和,则 $x_{\mu m}$ 增大,R_f 增大,x_f 减小,a 值减小,x_C 值减小,C 值增大。同时电容器电压 U_C 也随之减小。因此单相电容运转异步电动机往往磁路设计得不太饱和,使得 a 值较小、C 值较大。反之,若磁路饱和程度增高时,则 a 值增大，C 值减小。

2. 气隙对 a 值和 C 值的影响　由于气隙长度直接影响励磁磁动势和励磁电抗 $x_{\mu m}$ 值，当气隙减小时，则 $x_{\mu m}$ 值将增大，使 a 值减小，C 值增大。气隙长度的选择将对副绕组设计有重要影响。

3. 主绕组匝数对 a 值和 C 值的影响　主绕组匝数增多时，将使主绕组电阻 R_{1m} 和励磁电抗 $x_{\mu m}$ 增大，从而使 a 值减小，C 值增大。反之使 a 值增大，C 值减小。

4. 转子电阻 R_{2m} 对 a 值和 C 值的影响　若转差率 s 不变时，随着转子电阻 R_{2m} 的减小，将使 a 值减小、C 值增大。反之，a 值增大、C 值减小。

表 3-8～表 3-11 列出了 a 值和 C 值的选择范围和经验数据，供选取时参考。

表 3-8　推荐 a 值范围

电动机型式	a 值	对性能的影响
电阻起动电动机	0.3~0.8	副绕组线径不变，a 值增大，则堵转转矩和堵转电流下降
电容起动电动机	0.7~1.4	电容 C 不变，a 值增大时，堵转转矩、堵转电流及电容器端电压增大
电容运转电动机	0.9~1.8	电容 C 不变，a 值增大时，堵转转矩、最大转矩、堵转电流和电容器端电压增大，效率、功率因数下降
双值电容电动机	1.2~1.5	

表 3-9　额定功率与起动电容关系

额定功率/W	120	180	250	370	550	750	1100	1500	2200
起动电容/μF	75	75	100	100	150	200	300	400	500
容抗/Ω	42.4	42.4	31.8	31.8	21.2	15.9	10.6	7.95	6.36

表 3-10　额定功率与运转电容关系

额定功率/W	4	8	15	25	40	60	90	120	180	250
运转电容/μF	1	1	2	2	2	4	4	4	6	8
容抗/Ω	3180	3180	1590	1590	1590	795	795	795	530	397.5

表 3-11　双值电容电动机电容器选配

额定功率/W	250	370	550	750	1100	1500	2200	3000
起动电容/μF	75	75	75	75	100	200	300	300
运转电容/μF	12	16	16	20	30	35	40	50

3.5　单相异步电动机电磁计算程序

除特殊注明外，电磁计算程序中的单位均按目前电机行业电磁计算时习惯使用的单位，尺寸以 cm（厘米）、面积以 cm²（平方厘米）、电压以 V（伏）、电流以 A（安）、功率和损耗以 W（瓦）、电阻和电抗以 Ω（欧姆）、磁通以 Wb（韦伯）、磁通密度以 T（特斯拉）、磁场强度以 A/cm（安培/厘米）为单位。

一、额定数据和技术要求

1. 额定功率　P_N
2. 额定电压　U_1
3. 极对数　p
4. 相数　m_1
5. 频率　f_1
6. 效率　η
7. 功率因数　$\cos\varphi$
8. 起动转矩倍数　T_{st}
9. 起动电流　I_{st}
10. 最大转矩倍数　T_{max}
11. 绝缘等级　B 级，F 级
12. 冷却方式　自冷，自扇冷
13. 工作方式　电阻起动，电容起动，电容运转，双值电容

二、冲片尺寸及铁心数据（见图 3-30）

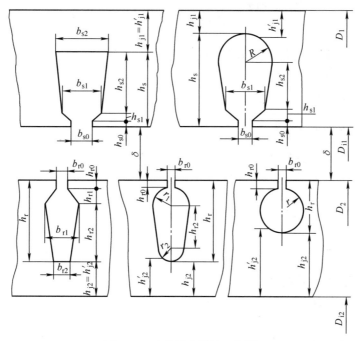

图 3-30　冲片尺寸及铁心数据

14. 定子外径　D_1
15. 定子内径　D_{i1}
16. 单边气隙　δ
17. 转子外径　$D_2 = D_{i1} - 2\delta$
18. 转子内径　D_{i2}

19. 定/转子槽数　Q_1/Q_2

20. 定/转子铁心长　l_1/l_2

21. 极距　$\tau_\mathrm{p} = \dfrac{\pi D_{\mathrm{i}1}}{2p}$

22. 定子齿距　$t_1 = \dfrac{\pi D_{\mathrm{i}1}}{Q_1}$

23. 转子齿距　$t_2 = \dfrac{\pi D_2}{Q_2}$

24. 定子齿宽　$b_{\mathrm{t}1} = \dfrac{\pi\left[D_{\mathrm{i}1} + 2\left(h_{\mathrm{s}0} + h_{\mathrm{s}1} \right) \right]}{Q_1} - b_{\mathrm{s}1}$

注：对非平行齿取靠近最窄的 1/3 处的齿宽。

25. 转子齿宽

梯形槽　$b_{\mathrm{t}2} = \dfrac{\pi\left[D_2 - 2\left(h_{\mathrm{r}0} + h_{\mathrm{r}1} \right) \right]}{Q_2} - b_{\mathrm{r}1}$

梨形槽　$b_{\mathrm{t}2} = \dfrac{\pi\left[D_2 - 2\left(h_{\mathrm{r}0} + r_1 \right) \right]}{Q_2} - 2r_1$

圆形槽　$b_{\mathrm{t}2} = \dfrac{\pi\left[D_2 - 2\left(h_{\mathrm{r}0} + r \right) + \dfrac{2}{3}r \right]}{Q_2} - 0.94 \times 2r$

注：对非平行齿取靠近最窄的 1/3 处的齿宽。

26. 定子齿部磁路计算长度

平底槽　$h'_{\mathrm{t}1} = h_{\mathrm{s}1} + h_{\mathrm{s}2}$

圆底槽　$h'_{\mathrm{t}1} = h_{\mathrm{s}1} + h_{\mathrm{s}2} + \dfrac{1}{3}R$

27. 转子齿部磁路计算长度

梯形槽　$h'_{\mathrm{t}2} = h_{\mathrm{r}1} + h_{\mathrm{r}2}$

梨形槽　$h'_{\mathrm{t}2} = r_1 + h_{\mathrm{r}2} + \dfrac{1}{3}r_2$

圆形槽　$h'_{\mathrm{t}2} = \dfrac{5}{3}r$

28. 定子轭部磁路计算高度

平底槽　$h'_{\mathrm{j}1} = \dfrac{D_1 - D_{\mathrm{i}1}}{2} - h_{\mathrm{s}}$

圆底槽　$h'_{\mathrm{j}1} = \dfrac{D_1 - D_{\mathrm{i}1}}{2} - h_{\mathrm{s}} + \dfrac{1}{3}R$

若冲片为外圆剪方（$D_\mathrm{F} \times D_\mathrm{F}$），应以 $D'_1 = (D_1 + 2D_\mathrm{F})/3$ 代替 D_1。

29. 转子轭部磁路计算高度

梯形槽　$h'_{\mathrm{j}2} = \dfrac{D_2 - D_{\mathrm{i}2}}{2} - h_{\mathrm{r}} + \dfrac{1}{4}D_{\mathrm{i}2}$

梨形槽 $h'_{j2} = \dfrac{D_2 - D_{i2}}{2} - h_r + \dfrac{1}{3} r_2 + \dfrac{1}{4} D_{i2}$

圆形槽 $h'_{j2} = \dfrac{D_2 - D_{i2}}{2} - h_r + \dfrac{1}{3} r_2 + \dfrac{1}{4} D_{i2}$

30. 定子轭部磁路计算长度 $l'_{j1} = \dfrac{\pi(D_1 - h'_{j1})}{4p}$

31. 转子轭部磁路计算长度 $l'_{j2} = \dfrac{\pi(D_{i2} + h'_{j2})}{4p}$

32. 定子槽有效面积 （见图3-31）

圆底槽：槽面积 $S_s = \dfrac{2R + b_{s1}}{2}(h'_s - h) + \dfrac{\pi R^2}{2}$

        槽绝缘占面积 双层 $S_i = C_i(2h'_s + \pi R + 2R + b_{s1})$

                  单层 $S_i = C_i(2h'_s + \pi R)$

平底槽：槽面积 $S_s = \dfrac{b_{s1} + b_{s2}}{2}(h'_s - h)$

        槽绝缘占面积 双层 $S_i = C_i(2h'_s + b_{s1} + b_{s2})$

                  单层 $S_i = C_i(2h'_s + b_{s2})$

槽有效面积 $S_e = S_s - S_i$

式中，C_i 为绝缘厚度，h 为槽楔厚度。

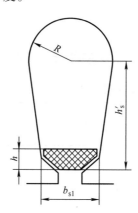

图3-31 定子槽有效面积

33. 转子槽面积

梯形槽 $S_B = \dfrac{b_{r1} + b_{r2}}{2} h_{r2} + \dfrac{b_{r1} + b_{r0}}{2} h_{r1}$

梨形槽 $S_B = (r_1 + r_2) h_{r2} + 1.57(r_1^2 + r_2^2)$

圆形槽 $S_B = \pi r^2$

34. 转子斜槽宽 b_{sk}

35. 端环面积（见图3-32） $S_R = d \dfrac{b_1 + b_2}{2}$

端环内径 D_{Ri}

端环外径 D_{Re}

端环平均直径 $D_R = D_{Re} - b_1$

端环修正系数 $K_R = p\left(1 - \dfrac{D_{Ri}}{D_R}\right) \dfrac{1 + \left(\dfrac{D_{Ri}}{D_R}\right)^{2p}}{1 - \left(\dfrac{D_{Ri}}{D_R}\right)^{2p}}$

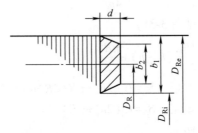

图 3-32 端环面积

36. 气隙系数 $K_\delta = K_{\delta1} K_{\delta2}$

定子 $K_{\delta1} = \dfrac{t_1(4.4\delta + 0.75b_{s0})}{t_1(4.4\delta + 0.75b_{s0}) - b_{s0}^2}$

转子 $K_{\delta2} = \dfrac{t_2(4.4\delta + 0.75b_{r0})}{t_2(4.4\delta + 0.75b_{r0}) - b_{r0}^2}$

三、主绕组计算

37. 绕组型式 正弦绕组（查本章附录表 3A-1）

跨槽 y_{mi}			
百分比(%)			

平均跨槽 $y_m = \dfrac{\displaystyle\sum_{i=1}^{n} y_{mi}}{n}$

38. 绕组系数 K_{dpm}（查本章附录表 3A-1）

39. 初选气隙磁通密度 B_δ'

40. 假设磁路饱和系数 K_{tm}'

计算极弧系数 α_p'（查本章附录表 3B-1）

波形系数 K_B'（查本章附录表 3B-1）

41. 每极磁通初值 $\Phi_1 = \alpha_p' B_\delta' \tau_p l_1 \times 10^{-4}$

42. 总串联导线数初值 $N_m' = \dfrac{K_E' U_1 \times 50 \times 10^{-2}}{K_B' \Phi' f_1 K_{dpm}}$

式中，电动势系数初值 $K_E' = 0.75 \sim 0.95$（功率大、极数少者取较大值）。

43. 每极串联匝数 $W_{pm} = \dfrac{a_m N'_m}{4p}$ （取整数）

式中，a_m 为主绕组并联路数。

44. 总串联导线数 $N_m = \dfrac{4p W_{pm}}{a_m}$

45. 每槽导线数（查本章附录表 3A-1）

跨槽 y_{mi}	每槽导线数百分比 $t_{mi}(\%)$	每槽导线数 N_{mi}
y_{m1} $\vdots$	$t_{m1}\%$ $\vdots$	$N_{m1} = W_{pm} t_{m1}\%$ $\vdots$

46. 定子主相电流初步估算值

分相及电容起动 $I'_1 = \dfrac{P_N}{U_1 \eta' \cos\varphi'}$

电容运转 $I'_1 = \dfrac{P_N}{\sqrt{2}\, U_1 \eta' \cos\varphi'}$

式中，η'、$\cos\varphi'$ 分别为效率和功率因数初选值。

47. 主绕组线规

导线截面积初值（mm^2） $S'_m = \dfrac{I'_1}{a_m J'_m N_{mm}}$

式中，N_{mm} 为导线并绕根数；J'_m 为主绕组电流密度初选值（A/mm^2）。

选用线规直径（mm）d_m/d_{mi}，查书末附录表 A-1。

导线截面积（mm^2） S_m

48. 线圈中心直径 $D_e = D_{i1} + h_s + h_{s0} + h_{s1}$

49. 主绕组平均半匝长度 $l_m = l_1 + \dfrac{\pi D_e r}{Q_1} y_m$

极数 $2p$	2	4	≥ 6
r	1.3~1.35	1.33~1.6	1.55~1.65

四、主绕组参数计算

50. 主绕组电阻 $R_{1m} = \dfrac{\rho_m l_m N_m \times 10^{-2}}{a_m S_m N_{mm}}$

式中 ρ_m——导线电阻率（$\Omega \cdot mm^2/m$），其大小应按绝缘等级取相应基准温度 t 下的值，$\rho_m = \rho_{20℃}[1 + \alpha(t-20)]$。各绝缘等级对应的基准温度见表 2-37，主绕组用导线电阻率及温度系数见表 2-38。

51. 转子电阻 $R_{2m} = R_B + R_R$

导条电阻 $R_B = 2\rho_B \times 10^2 \times \left(\dfrac{N_m K_{dpm}}{1000}\right)^2 \dfrac{\sqrt{l_2^2 + b_{sk}^2}}{S_B Q_2}$

端环电阻　　$R_R = 2\rho_R \times 10^2 \times \left(\dfrac{N_m K_{dpm}}{1000}\right)^2 \dfrac{0.637 D_R K_R}{4p^2 S_R}$

式中　ρ_B、ρ_R——转子导条和端环电阻率（$\Omega \cdot mm^2/m$），其大小应按绝缘等级取相应基准温度 t 下的值，$\rho_B = \rho_R = \rho_{20℃}[1 + \alpha(t-20)]$。各绝缘等级对应的基准温度见表 2-37，转子导条、端环电阻率及温度系数见表 2-39。

52. 定子槽单位漏磁导　$\lambda_{s1} = \lambda_{U1} + \lambda_{L1}$

$\lambda_{U1} = \dfrac{h_{s0}}{b_{s0}} + \dfrac{2h_{s1}}{b_{s0} + b_{s1}}$，$\lambda_{L1}$（平底槽查第 2 章附录图 2C-5，圆底槽查第 2 章附录图 2C-6）

53. 定子谐波单位漏磁导　$\lambda_{d1} = \dfrac{t_2 - b_{s0} - b_{r0}}{11.9\delta K_\delta}$

54. 定子端部单位漏磁导　$\lambda_{e1} = \dfrac{0.358 D_e}{2l_1 p} y_m$

55. 漏抗系数　$K_x = \pi \dfrac{2f_1}{100}\left(\dfrac{N_m K_{dpm}}{1000}\right)^2$

56. 定子槽漏抗　$x_{s1} = K_x \dfrac{2.51 l_1}{Q_1} \lambda_{s1}$

57. 定子谐波漏抗　$x_{d1} = K_x \dfrac{2.51 l_1}{Q_1} \lambda_{d1}$

58. 定子端部漏抗　$x_{e1} = K_x \dfrac{2.51 l_1}{Q_1} \lambda_{e1}$

59. 定子漏抗　$x_{1m} = x_{s1} + x_{d1} + x_{e1}$

60. 转子槽单位漏磁导　$\lambda_{s2} = \lambda_{U2} + \lambda_{L2}$

梯形槽　$\lambda_{U2} = \dfrac{h_{r0}}{b_{r0}} + \dfrac{2h_{r1}}{b_{r0} + b_{r1}}$，$\lambda_{L2}$（查第 2 章附录图 2C-5）

梨形槽　$\lambda_{U2} = \dfrac{h_{r0}}{b_{r0}}$，$\lambda_{L2}$（查第 2 章附录图 2C-7）

圆形槽　$\lambda_{U2} = \dfrac{h_{r0}}{b_{r0}}$，$\lambda_{L2} = 0.623$

闭口槽　$\lambda_{U2} = 0.1 + 1.12\dfrac{h_{r0}}{I'_b} \times 10^4$，$\lambda_{L2}$（查第 2 章附录图 2B-1）

式中，$I'_b = \dfrac{N_m K_{dpm}}{Q_2} I'_1 \cos\varphi'$。

61. 转子谐波单位漏磁导　$\lambda_{d2} = \dfrac{t_1 - b_{s0} - b_{r0}}{11.9\delta K_\delta}$

62. 转子斜槽单位漏磁导　$\lambda_{sk} = 0.5\left(\dfrac{b_{sk}}{t_2}\right)^2 \lambda_{d2}$

63. 转子端部单位漏磁导　$\lambda_{e2} = 0.25\dfrac{Q_2 D_R}{4l_2 p^2}$

64. 转子槽漏抗 $x_{s2} = K_x \dfrac{2.51 l_2}{Q_2} \lambda_{s2}$

65. 转子谐波漏抗 $x_{d2} = K_x \dfrac{2.51 l_2}{Q_2} \lambda_{d2}$

66. 转子斜槽漏抗 $x_{sk} = K_x \dfrac{2.51 l_2}{Q_2} \lambda_{sk}$

67. 转子端部漏抗 $x_{e2} = K_x \dfrac{2.51 l_2}{Q_2} \lambda_{e2}$

68. 转子漏抗 $x_{2m} = x_{s2} + x_{d2} + x_{sk} + x_{e2}$

69. 总电阻 $R_{Tm} = R_{1m} + R_{2m}$

70. 总漏抗 $x_{Tm} = x_{1m} + x_{2m}$

71. 总阻抗 $Z_{Tm} = \sqrt{R_{Tm}^2 + x_{Tm}^2}$

72. 定子主绕组漏阻抗 $Z_{1m} = \sqrt{R_{1m}^2 + x_{1m}^2}$

五、磁 路 计 算

73. 电动势系数 $K_E = \sqrt{1 + \varepsilon_1^2 - 2\varepsilon_1 \cos\,(\varphi' - \varphi_1)}$

$$K_E' = \sqrt{1 + \varepsilon_1'^2 - 2\varepsilon_1' \cos\varphi'}$$

式中，$\varepsilon_1 = \dfrac{I_1' Z_{1m}}{U_1}$，$\varepsilon_1' = \dfrac{I_1' R_{1m}}{U_1}$，$\varphi_1 = \arctan \dfrac{x_{1m}}{R_{1m}}$，$\varphi' = \arccos(\cos\varphi')$。

74. 漏磁系数 $K_p = \dfrac{K_E}{K_E'}$

75. 设齿饱和系数 K_t'，查本章附录表 3B-1 得计算极弧系数 α_p' 和波形系数 K_B。

76. 每极磁通 $\varPhi = \dfrac{K_E U_1 \times 50 \times 10^{-2}}{K_B N_m K_{dpm} f_1}$

77. 气隙磁通密度 $B_\delta = \dfrac{\varPhi}{\alpha_p' \tau_p l_1} \times 10^4$

78. 定子齿磁通密度 $B_{t1} = B_\delta \dfrac{t_1}{K_{Fe} b_{t1} K_p}$

式中，K_{Fe} 为铁心叠压系数，冷轧硅钢片取 $0.96 \sim 0.97$。

79. 转子齿磁通密度 $B_{t2} = B_\delta \dfrac{t_2}{K_{Fe} b_{t2}}$

80. 定子轭磁通密度 $B_{j1} = \dfrac{\varPhi}{2 K_{Fe} l_1 h_{j1}' K_p} \times 10^4$

81. 转子轭磁通密度 $B_{j2} = \dfrac{\varPhi}{2 K_{Fe} l_2 h_{j2}'} \times 10^4$

82. 分别根据 B_{t1}、B_{t2}、B_{j1}、B_{j2} 按实际采用的硅钢片磁化曲线，得出 H_{t1}、H_{t2}、H_{j1}、H_{j2}。

83. 气隙磁压降　$F_\delta = 0.8 B_\delta K_\delta \delta \times 10^4$

84. 齿部磁压降　定子　$F_{t1} = H_{t1} h'_{t1}$

　　　　　　　转子　$F_{t2} = H_{t2} h'_{t2}$

85. 轭部磁压降　定子　$F_{j1} = C_1 H_{j1} l'_{j1}$

　　　　　　　转子　$F_{j2} = C_2 H_{j2} l'_{j2}$

式中，C_1、C_2 为轭部磁路长度校正系数，查本章附录图 3C-1。

86. 齿饱和系数　$K_t = \dfrac{F_{t1} + F_{t2} + F_\delta}{F_\delta}$

若 $\dfrac{|K_t - K'_t|}{K_t} > 2\%$，则应重算 75～86 项。

87. 总磁压降　$F = F_\delta + F_{t1} + F_{t2} + F_{j1} + F_{j2}$

88. 满载励磁电流　$I_{\mu m} = \dfrac{2pF}{0.9 N_m K_{dpm}}$

89. 励磁电抗　$x_{\mu m} = \dfrac{K_E U_1}{I_{\mu m}}$

六、铁　　耗

90. 定子齿重量　$G_{t1} = 7.8 V_{t1} \times 10^{-3}$

式中，定子齿体积　$V_{t1} = Q_1 b_{t1} h'_{t1} l_1 K_{Fe}$

91. 定子轭重量　$G_{j1} = 7.8 V_{j1} \times 10^{-3}$

式中，定子轭体积　$V_{j1} = \pi (D_1 - h'_{j1}) h'_{j1} l_1 K_{Fe}$

92. 转子齿重量　$G_{t2} = 7.8 V_{t2} \times 10^{-3}$

式中，转子齿体积　$V_{t2} = Q_2 b_{t2} h'_{t2} l_2 K_{Fe}$

93. 转子轭重量　$G_{j2} = 7.8 V_{j2} \times 10^{-3}$

式中，转子轭体积　$V_{j2} = \pi (D_{i2} + h'_{j2}) h'_{j2} l_2 K_{Fe}$

94. 单位铁耗　根据 B_{t1}、B_{t2}、B_{j1}、B_{j2} 按实际采用的硅钢片铁耗曲线，得到 p_{t1}、p_{t2}、p_{j1}、p_{j2}。

95. 总铁耗　$P_{Fe} = P_{Fe1} + P_{Fe2}$

定子铁耗　$P_{Fe1} = 2 p_{t1} G_{t1} + 1.7 p_{j1} G_{j1}$

转子铁耗　$P_{Fe2} = 3 p_{t2} G_{t2} + 2.5 p_{j2} G_{j2}$

七、机　械　耗

96. 机械耗　按经验选取或按下式计算：

自冷式　$P_{fw} = k_1 \left(\dfrac{3}{p}\right)^2 \left(\dfrac{D_2}{10}\right)^4$

自扇冷式　$P_{fw} = k_2 \left(\dfrac{3}{p}\right)^2 \left(\dfrac{D_1}{10}\right)^4$

极数 2p	2	4.6
k_1	5~5.5	6~6.5
k_2	1.1	1

P_{fw} 经验数据							（单位：W）
机座号 极数 2p	45	50	56	63	71	80	90
2	2	3	3	6	15	22	35
4	2	3	3	4	8	17	22

八、副绕组计算

97. 绕组型式 正弦绕组（查本章附录表 3A-1）

跨槽 y_{ai}			
百分比(%)			

平均跨槽 $\quad y_a = \dfrac{\displaystyle\sum_{i=1}^{n} y_{ai}}{n}$

98. 绕组系数 $\quad K_{dpa}$（查本章附录表 3A-1）

99. 选取副、主绕组有效匝数比 $\quad a = \dfrac{N_a K_{dpa}}{N_m K_{dpm}}$

100. 总串联导线数初值 $\quad N'_a = a\dfrac{N_m K_{dpm}}{K_{dpa}}$

101. 每极串联匝数 $\quad W_{pa} = \dfrac{a_a N'_a}{4p}$（取整数）

式中，a_a 为副绕组并联路数。

102. 总串联导线数 $\quad N_a = \dfrac{4p W_{pa}}{a_a}$

103. 每槽导线数 查本章附录表 3A-1

跨槽 y_{ai}	每槽导线数百分比 t_{ai}(%)	每槽导线数 N_{ai}
y_{a1} $\vdots$	$t_{a1}\%$ $\vdots$	$N_{a1} = W_{pa} \cdot t_{a1}\%$ $\vdots$

104. 副绕组线规

选用线规直径（mm） $\quad d_a/d_{ai}$，查书末附表 A-1

导线截面积（mm^2） $\quad S_a$

105. 副绕组平均半匝长度 $\quad l_a = l_1 + \dfrac{\pi D_e r}{Q_1} y_a$

106. 副绕组电阻　　$R_{1a} = \dfrac{\rho_a l_a N_a \times 10^{-2}}{a_a S_a N_{aa}}$

式中　N_{aa}——导线并绕根数；

　　　ρ_a——副绕组电阻率（$\Omega \cdot \text{mm}^2/\text{m}$），其大小应按绝缘等级取相应基准温度 t 下的值，$\rho_a = \rho_{20℃}[1 + \alpha(t-20)]$。各绝缘等级对应的基准温度见第 2 章表 2-37，副绕组用导线电阻率及温度系数见第 2 章表 2-38。

107. 槽满率　　$Sf_i = \dfrac{N_{mm}N_{mi}d_{mi}^2 + N_{aa}N_{ai}d_{ai}^2}{S_e \times 100} \times 100\%$

式中　N_{mi}——主绕组第 i 槽导线数；

　　　N_{ai}——副绕组第 i 槽导线数。

跨槽	y_{mi}							
	y_{ai}							
槽满率	Sf_i							

最大槽满率 Sf_{max} 应在 65%~75% 范围内。

九、性能计算关系式

108. 系数　　$x_\alpha = x_{\mu m} + x_{2m}$

$$K_\alpha = \frac{x_{\mu m}}{x_\alpha}$$

$$M_1 = 0.5 K_\alpha^2 R_{2m}$$

$$M_2 = \frac{R_{2m}}{x_\alpha}$$

$$M_3 = 0.5 K_\alpha x_\alpha$$

$$M_4 = 0.5 K_\alpha x_{2m}$$

109. 设转差率　　$s = 1 - \dfrac{n}{n_1}$

110. 正序视在电阻　　$R_f = \dfrac{\dfrac{M_1}{s}}{1 + \left(\dfrac{M_2}{s}\right)^2}$

111. 负序视在电阻　　$R_b = \dfrac{\dfrac{M_1}{2-s}}{1 + \left(\dfrac{M_2}{2-s}\right)^2}$

112. 正序视在电抗　　$x_f = \dfrac{M_3\left(\dfrac{M_2}{s}\right)^2 + M_4}{1 + \left(\dfrac{M_2}{s}\right)^2}$

113. 负序视在电抗 $x_b = \dfrac{M_3\left(\dfrac{M_2}{2-s}\right)^2 + M_4}{1 + \left(\dfrac{M_2}{2-s}\right)^2}$

114. 等效总电阻 $R_T = R_{1m} + R_f + R_b$

115. 等效总电抗 $x_T = x_{1m} + x_f + x_b$

十、电阻起动、电容起动电动机的性能计算

116. 不计铁耗电流 $I'_L = \dfrac{U_1}{\sqrt{R_T^2 + x_T^2}}$

117. 电动势 $E = I'_L\sqrt{(R_f + R_b)^2 + (x_f + x_b)^2}$

118. 输出功率 $P_2 = I'^2_L(R_f + R_b)(1-s) - (P_{fw} + P_{Fe2})$

当 P_2 与额定功率 P_N 的误差大于 1% 时，应调整 s 值，重新计算第 110~118 各项。

119. 计及铁耗电流 $I_L = I'_L + \dfrac{P_{Fe1}}{E}\dfrac{R_T}{\sqrt{R_T^2 + x_T^2}}$

120. 电流密度 $J_m = \dfrac{I_L}{a_m S_m N_{mm}}$

121. 定子铜耗 $P_{Cu1} = I_L^2 R_{1m}$

122. 转子正序铜耗 $P_{Cu2f} = I'^2_L R_f s$

123. 转子负序铜耗 $P_{Cu2b} = I'^2_L R_b(2-s)$

124. 输入功率 $P_1 = P_2 + P_{Cu1} + P_{Cu2f} + P_{Cu2b} + P_{Fe} + P_{fw}$

125. 效率 $\eta = \dfrac{P_2}{P_1} \times 100\%$

126. 功率因数 $\cos\varphi = \dfrac{P_1}{U_1 I_L}$

127. 转速 $n = (1-s)\dfrac{60f_1}{p}$

128. 转矩（N·m） $T_2 = 9.55\dfrac{P_2}{n}$

129. 由 $\dfrac{R_{2m}}{x_{Tm}}$ 查本章附录表 3B-2 得最大转矩时的转差率 s_{max}，并以 s_{max} 代入第 110 项，重新计算第 110~128 各项。

130. 电流 $I_{1max} = \dfrac{U_1}{\sqrt{R_T^2 + x_T^2}}$

131. 输出功率 $P_{2max} = I_{1max}^2(R_f + R_b)(1-s_{max}) - (P_{fw} + P_{Fe})$

132. 最大转矩倍数 $T_{max} = \dfrac{(1-s)P_{2max}}{(1-s_{max})P_2}$

133. 空载点计算　空载电抗　$x_0 = x_{\mu m} + x_{1m}$

空载电流　$I_0 = \dfrac{2U_1}{x_0 + x_{Tm}}$

定子铜耗　$P_{Cu10} = I_0^2 R_{1m}$

转子铜耗　$P_{Cu20} = 0.5 I_0^2 R_{2m} \left(\dfrac{x_{\mu m}}{x_{\mu m} + x_{2m}} \right)^2$

空载损耗　$P_{10} = P_{Cu10} + P_{Cu20} + P_{Fe} + P_{fw}$

十一、电容运转电动机的性能计算

134. 选电容　容抗　$x_C' = (a^2 + 1)(x_{1m} + 2x_f)$

电容量　$C' = \dfrac{10^6}{2\pi f_1 x_C'}$

按电容器规格化选用电容 C，计算出容抗 $x_C = \dfrac{10^6}{2\pi f_1 C}$，并由本章附录表 3B-4 查得漏电阻 R_C。

135. 副绕组等效总电阻　$R_{Ta} = R_{1a} + R_C + a^2(R_f + R_b)$

136. 副绕组等效总电抗　$x_{Ta} = a^2 x_T - x_C$

137. $R_3 = (R_T R_{Ta} - x_T x_{Ta}) - a^2 \left[(R_f - R_b)^2 - (x_f - x_b)^2 \right]$

$x_3 = (R_T x_{Ta} + x_T R_{Ta}) - 2a^2(R_f - R_b)(x_f - x_b)$

138. $R_4 = \dfrac{U_1 R_3}{R_3^2 + x_3^2}$

$x_4 = \dfrac{R_4 x_3}{R_3}$

139. 主绕组电流有功分量　$R_5 = R_4 \left[R_{Ta} - a(x_f - x_b) \right] + x_4 \left[x_{Ta} + a(R_f - R_b) \right]$
主绕组电流无功分量　$x_5 = R_4 \left[x_{Ta} + a(R_f - R_b) \right] - x_4 \left[R_{Ta} - a(x_f - x_b) \right]$

140. 副绕组电流有功分量　$R_6 = R_4 \left[R_T + a(x_f - x_b) \right] + x_4 \left[x_T - a(R_f - R_b) \right]$
副绕组电流无功分量　$x_6 = R_4 \left[x_T - a(R_f - R_b) \right] - x_4 \left[R_T + a(x_f - x_b) \right]$

141. 主绕组电流　$I_m = \sqrt{R_5^2 + x_5^2}$

相位角　$\theta_m = \arctan \dfrac{x_5}{R_5}$

电流密度　$J_m = \dfrac{I_m}{a_m S_m N_{mm}}$

142. 副绕组电流　$I_a = \sqrt{R_6^2 + x_6^2}$

相位角　$\theta_a = \arctan \dfrac{x_6}{R_6}$

电流密度　$J_a = \dfrac{I_a}{a_a S_a N_{aa}}$

143. 线电流　$I_L = \sqrt{(R_5 + R_6)^2 + (x_5 + x_6)^2}$

144. 输入功率　$P_1 = U_1(R_5 + R_6) + P_{Fe1}$

145. 输出功率　$P_2 = \{[I_m^2 + (aI_a)^2](R_f - R_b) + 2a(R_5 x_6 - x_5 R_6)(R_f + R_b)\}(1 - s) - (P_{fw} + P_{Fe2})$

当 P_2 与额定功率 P_N 的误差大于 1% 时，应调整 s 值，重新计算第 110～145 各项。

146. 效率　$\eta = \dfrac{P_2}{P_1} \times 100\%$

147. 功率因数　$\cos\varphi = \dfrac{R_5 + R_6}{I_L}$

148. 转速　$n = (1 - s)\dfrac{60f_1}{p}$

149. 电容器电压　$U_C = I_a\sqrt{R_C^2 + x_C^2}$

150. 由 $\dfrac{R_{2m}}{x_{Tm}}$ 查本章附录表 3B-2 得最大转矩时的转差率 s_{max}，并以 s_{max} 代入第 110 项，重新计算第 110～142 各项。

151. 最大输出功率　$P_{2max} = \{[I_m^2 + (aI_a)^2](R_f - R_b) + 2a(R_5 x_6 - x_5 R_6)(R_f + R_b)\}$
$(1 - s_M) - (P_{fw} + P_{Fe2})$

152. 最大转矩倍数　$T_{max} = \dfrac{(1 - s)P_{2max}}{(1 - s_{max})P_2}$

十二、起动性能计算

153. 系数　$C_R = \dfrac{K_a^2}{1 + (R_{2m}/x_a)^2}$

$$C_x = \dfrac{1 + \dfrac{R_{2m}^2}{x_{Tm}x_a}}{1 + \left(\dfrac{R_{2m}}{x_a}\right)^2}$$

154. 主绕组视在起动电阻　$R_{m(st)} = R_{1m} + C_R R_{2m}$

155. 不计磁路饱和效应时主绕组视在起动总漏抗　$x'_{m(st)} = C_x x_{Tm}$

156. 不计磁路饱和效应时主绕组视在起动总阻抗　$Z'_{m(st)} = \sqrt{R_{m(st)}^2 + x'^2_{m(st)}}$

157. 不计磁路饱和效应时主绕组起动电流　$I'_{m(st)} = \dfrac{U_1}{Z'_{m(st)}}$

158. 计及磁路饱和效应时主绕组起动电流初始假定值　$I''_{m(st)} = (1.1 \sim 1.2)I'_{m(st)}$

159. 气隙中漏磁场虚构磁通密度　$B_L = \dfrac{F_{(st)}}{1.6\delta\beta_C} \times 10^{-4}$

$$F_{(st)} = I''_{m(st)}\dfrac{N_m}{a_m Q_m} \times 0.707 \times \left(1 + K_{dpm}^2\dfrac{Q_1}{Q_2}\right)$$

$$\beta_C = 0.64 + 2.5\sqrt{\dfrac{\delta}{t_1 + t_2}}$$

式中，Q_m 为主绕组线圈所占槽数。

160. 起动时漏磁路饱和引起漏抗变化系数 K_z，由 B_L 查第 2 章附录图 2C-15。

161. 齿顶漏磁饱和引起定子齿顶宽度的减少　$C_{s1} = (t_1 - b_{s0})(1 - K_z)$

162. 齿顶漏磁饱和引起转子齿顶宽度的减少　$C_{s2} = (t_2 - b_{r0})(1 - K_z)$

163. 起动时定子槽单位漏磁导　$\lambda_{s1(st)} = (\lambda_{U1} - \Delta\lambda_{U1}) + \lambda_{L1}$

$$\Delta\lambda_{U1} = \frac{h_{s0} + 0.58h_{s1}}{b_{s0}}\left(\frac{C_{s1}}{C_{s1} + 1.5b_{s0}}\right)$$

164. 起动时定子槽漏抗　$x_{s1(st)} = \dfrac{\lambda_{s1(st)}}{\lambda_{s1}} x_{s1}$

165. 起动时定子谐波漏抗　$x_{d1(st)} = K_z x_{d1}$

166. 起动时主绕组定子漏抗　$x_{1m(st)} = x_{s1(st)} + x_{d1(st)} + x_{e1}$

167. 起动时转子槽单位漏磁导　$\lambda_{s2(st)} = \lambda_{U2(st)} + \lambda_{L2}$

非闭口槽　$\lambda_{U2(st)} = \lambda_{U2} - \Delta\lambda_{U2}$，$\Delta\lambda_{U2} = \dfrac{h_{r0}}{b_{r0}}\left(\dfrac{C_{s2}}{C_{s2} + b_{r0}}\right)$

闭口槽　$\lambda_{U2(st)} = 0.1 + 1.12 \times \dfrac{h_{r0}}{I'_{b(st)}} \times 10^4$，$I'_{b(st)} = I'_b \dfrac{I''_{m(st)}}{I'_1}$

168. 起动时转子槽漏抗　$x_{s2(st)} = \dfrac{\lambda_{s2(st)}}{\lambda_{s2}} x_{s2}$

169. 起动时转子谐波漏抗　$x_{d2(st)} = K_z x_{d2}$

170. 起动时转子斜槽漏抗　$x_{sk(st)} = K_z x_{sk}$

171. 起动时转子漏抗　$x_{2m(st)} = x_{s2(st)} + x_{d2(st)} + x_{e2} + x_{sk(st)}$

172. 主绕组起动漏抗　$x_{Tm(st)} = x_{1m(st)} + x_{2m(st)}$

173. 主绕组视在起动总漏抗　$x_{m(st)} = C_x x_{Tm(st)}$

174. 主绕组视在起动总阻抗　$Z_{m(st)} = \sqrt{R_{m(st)}^2 + x_{m(st)}^2}$

175. 主绕组起动电流　$I_{m(st)} = \dfrac{U_1}{Z_{m(st)}}$

若 $\dfrac{|I_{m(st)} - I''_{m(st)}|}{I_{m(st)}} > 2\%$，应重新计算第 159~175 各项。

176. 主绕组起动电流密度　$J_{m(st)} = \dfrac{I_{m(st)}}{a_m S_m N_{mm}}$

177. 主绕组起动电流相位角　$\theta_{m(st)} = -\arctan\dfrac{x_{m(st)}}{R_{m(st)}}$

178. 选起动电容 C，计算出容抗 $x_C = \dfrac{10^6}{2\pi f_1 C}$，并由本章附录表 3B-4 查得 R_C。

179. 副绕组视在起动总电阻　$R_{a(st)} = R_{1a} + R_C + a^2 C_R R_{2m}$

180. 副绕组视在起动总漏抗　$x_{a(st)} = a^2 x_{m(st)} - x_C$

181. 副绕组视在起动总阻抗　$Z_{a(st)} = \sqrt{R_{a(st)}^2 + x_{a(st)}^2}$

182. 副绕组起动电流 $I_{a(st)} = \dfrac{U_1}{Z_{a(st)}}$

183. 副绕组起动电流密度 $J_{a(st)} = \dfrac{I_{a(st)}}{a_a S_a N_{aa}}$

184. 副绕组起动电流相位角 $\theta_{a(st)} = -\arctan\dfrac{x_{a(st)}}{R_{a(st)}}$

185. 起动转矩倍数 $T_{st} = \dfrac{1.87 C_R R_{2m} a I_{m(st)} I_{a(st)} \sin(\theta_{a(st)} - \theta_{m(st)})}{P_2}$

186. 起动线电流 $I_{st} = \dfrac{I_{m(st)} \sqrt{(R_{m(st)} + R_{a(st)})^2 + (x_{m(st)} + x_{a(st)})^2}}{Z_{a(st)}}$

187. 起动时电容器电压 $U_{C(st)} = I_{a(st)} x_C$

十三、有 效 材 料

188. 硅钢片重量（kg） $G_{Fe} = 7.8 D_1^2 l_1 K_{Fe} \times 10^{-3}$

189. 主绕组铜重量（kg） $G_{Cum} = 8.9 l_m N_m a_m N_{mm} S_m \times 10^{-5}$

190. 副绕组铜重量（kg） $G_{Cua} = 8.9 l_a N_a a_a N_{aa} S_a \times 10^{-5}$

191. 总铜重量（kg） $G_{Cu} = G_{Cum} + G_{Cua}$

192. 转子铝重量（kg） $G_{Al} = 2.7(Q_2 l_2 S_B + 2\pi D_R S_R) \times 10^{-3}$

本书提供云端电机设计程序，可扫描右侧的二维码实现。

小型单相异
步电动机
设计程序

3.6 单相异步电动机电磁计算算例

一、额定数据和技术要求

1. 额定功率 $P_N = 180W$

2. 额定电压 $U_1 = 220V$

3. 极对数 $p = 2$

4. 相数 $m_1 = 2$

5. 频率 $f_1 = 50Hz$

6. 效率 $\eta' = 62.20\%$

7. 功率因数 $\cos\varphi' = 0.938$

8. 起动转矩倍数 $T_{st} = 0.35$

9. 起动电流 $I_{st} = 7$

10. 最大转矩倍数 $T_{max} = 1.8$

11. 绝缘等级 B 级

12. 冷却方式 自扇冷

13. 工作方式 电容运转

二、冲片尺寸及铁心数据（见图 3-33）

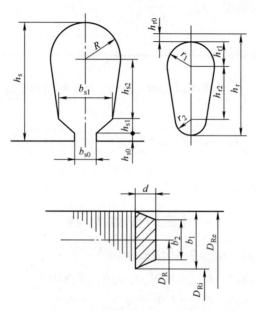

图 3-33　冲片尺寸及铁心数据

槽形及端环尺寸

定子	b_{s0} 0.25	b_{s1} 0.49	R 0.355	h_{s0} 0.07	h_{s1} 0.07	h_{s2} 0.85	h_s 1.345
转子	b_{r0} 0	r_1 0.165	r_2 0.08	h_{r0} 0.02	h_{r1} 0.165	h_{r2} 0.8	h_r 1.065
端环	b_1 1.3	b_2 1.2	d 0.6	D_{Re} 6.61	D_{Ri} 4.01		

14. 定子外径　$D_1 = 11 \text{cm}$

15. 定子内径　$D_{i1} = 6.7 \text{cm}$

16. 单边气隙　$\delta = 0.025 \text{cm}$

17. 转子外径　$D_2 = D_{i1} - 2\delta = (6.7 - 2 \times 0.025) \text{cm} = 6.65 \text{ cm}$

18. 转子内径　$D_{i2} = 1.7 \text{cm}$

19. 定/转子槽数　$Q_1/Q_2 = 24/30$

20. 定/转子铁心长　$l_1/l_2 = 5\text{cm}/5\text{cm}$

21. 极距　$\tau_p = \dfrac{\pi D_{i1}}{2p} = \dfrac{3.14 \times 6.7 \text{cm}}{4} = 5.26 \text{cm}$

22. 定子齿距　$t_1 = \dfrac{\pi D_{i1}}{Q_1} = \dfrac{3.14 \times 6.7 \text{cm}}{24} = 0.877 \text{cm}$

23. 转子齿距　$t_2 = \dfrac{\pi D_2}{Q_2} = \dfrac{3.14 \times 6.65 \text{cm}}{30} = 0.696 \text{cm}$

24. 定子齿宽　$b_{t1} = \dfrac{\pi\left[D_{i1}+2(h_{s0}+h_{s1})\right]}{Q_1} - b_{s1} = \dfrac{3.14\times\left[6.7+2\times(0.07+0.07)\right]\text{cm}}{24}$

$-0.49\text{cm} = 0.423\text{cm}$

25. 转子齿宽　$b_{t2} = \dfrac{\pi\left[D_2-2(h_{r0}+r_1)\right]}{Q_2} - 2r_1 = \dfrac{3.14\times\left[6.65-2\times(0.02+0.165)\right]\text{cm}}{30} - 2\times$

$0.165\text{cm} = 0.327\text{cm}$

26. 定子齿部磁路计算长度　$h'_{t1} = h_{s1}+h_{s2}+\dfrac{1}{3}R = (0.07+0.85+\dfrac{1}{3}\times0.355)\text{cm} = 1.038\text{cm}$

27. 转子齿部磁路计算长度　$h'_{t2} = r_1+h_{r2}+\dfrac{1}{3}r_2 = (0.165+0.8+\dfrac{1}{3}\times0.08)\text{cm} = 0.992\text{cm}$

28. 定子轭部磁路计算高度　$h'_{j1} = \dfrac{D_1-D_{i1}}{2}-h_s+\dfrac{1}{3}R = \left(\dfrac{11-6.7}{2}-1.345+\dfrac{1}{3}\times0.355\right)\text{cm} = 0.923\text{cm}$

29. 转子轭部磁路计算高度　$h'_{j2} = \dfrac{D_2-D_{i2}}{2}-h_r+\dfrac{1}{3}r_2+\dfrac{1}{4}D_{i2} =$

$\left(\dfrac{6.65-1.7}{2}-1.065+\dfrac{1}{3}\times0.08+\dfrac{1}{4}\times1.7\right)\text{cm} = 1.862\text{cm}$

30. 定子轭部磁路计算长度　$l'_{j1} = \dfrac{\pi(D_1-h'_{j1})}{4p} = \dfrac{3.14\times(11-0.923)\text{cm}}{4\times2} = 3.955\text{cm}$

31. 转子轭部磁路计算长度　$l'_{j2} = \dfrac{\pi(D_{i2}+h'_{j2})}{4p} = \dfrac{3.14\times(1.7+1.862)\text{cm}}{4\times2} = 1.398\text{cm}$

32. 定子槽有效面积

槽面积　$S_s = \dfrac{2R+b_{s1}}{2}(h'_s-h)+\dfrac{\pi R^2}{2} = \left[\dfrac{2\times0.355+0.49}{2}\times(0.92-0.2)+\dfrac{3.14\times0.355^2}{2}\right]\text{cm}^2 = 0.63\text{cm}^2$

式中，$h'_s = h_{s1}+h_{s2} = (0.07+0.85)\text{cm} = 0.92\text{cm}$。

槽绝缘占面积　$S_i = C_i(2h'_s+\pi R) = 0.025\times(2\times0.92+3.14\times0.355)\text{cm}^2 = 0.074\text{cm}^2$

槽有效面积　$S_e = S_s-S_i = (0.63-0.074)\text{cm}^2 = 0.556\text{cm}^2$

33. 转子槽面积　$S_B = (r_1+r_2)h_{R2}+1.57(r_1^2+r_2^2) = \left[(0.165+0.08)\times0.8+1.57\times(0.165^2+0.08^2)\right]\text{cm}^2 = 0.249\text{cm}^2$

34. 转子斜槽宽　$b_{sk} = t_1 = 0.877\text{cm}$

35. 端环面积　$S_R = d\dfrac{b_1+b_2}{2} = 0.6\times\dfrac{(1.3+1.2)\ \text{cm}^2}{2} = 0.75\text{cm}^2$

端环内径　$D_{Ri} = 4.01\text{cm}$

端环外径　$D_{Re} = 6.61\text{cm}$

端环平均直径　$D_R = D_{Re}-b_1 = (6.61-1.3)\text{cm} = 5.31\text{cm}$

端环修正系数　$K_R = p\left(1-\dfrac{D_{Ri}}{D_R}\right)\dfrac{1+\left(\dfrac{D_{Ri}}{D_R}\right)^{2p}}{1-\left(\dfrac{D_{Ri}}{D_R}\right)^{2p}} = 2\times\left(1-\dfrac{4.01}{5.31}\right)\times\dfrac{1+\left(\dfrac{4.01}{5.31}\right)^4}{1-\left(\dfrac{4.01}{5.31}\right)^4} = 0.962$

36. 气隙系数 $K_\delta = K_{\delta 1} K_{\delta 2} = 1.315 \times 1 = 1.315$

定子 $K_{\delta 1} = \dfrac{t_1(4.4\delta + 0.75 b_{s0})}{t_1(4.4\delta + 0.75 b_{s0}) - b_{s0}^2} = \dfrac{0.877 \times (4.4 \times 0.025 + 0.75 \times 0.25)}{0.877 \times (4.4 \times 0.025 + 0.75 \times 0.25) - 0.25^2} = 1.315$

转子 $K_{\delta 2} = 1$

三、主绕组计算

37. 绕组型式 正弦绕组（查本章附录表 3A-1）

跨槽 y_{mi}	2	4	6
百分比(%)	26.8	46.4	26.8

平均跨槽 $y_m = \dfrac{\sum\limits_{i=1}^{n} y_{mi}}{n} = \dfrac{2+4+6}{3} = 4$

38. 绕组系数 根据每极槽数 $\dfrac{Q_1}{2p} = \dfrac{24}{4} = 6$，查本章附录表 3A-1 得绕组系数 $K_{dpm} = 0.804$

39. 初选气隙磁通密度 $B_\delta' = 0.777\text{T}$

40. 假设磁路饱和系数 $K_{tm}' = 1.15$

计算极弧系数 $\alpha_p' = 0.668$（查本章附录表 3B-1）

波形系数 $K_B' = 1.096$（查本章附录表 3B-1）

41. 每极磁通初值 $\Phi_1 = \alpha_p' B_\delta' \tau_p l_1 \times 10^{-4} = 0.668 \times 0.777 \times 5.26 \times 5 \times 10^{-4}\text{Wb} = 1.365 \times 10^{-3}\text{Wb}$

42. 总串联导线数初值 $N_m' = \dfrac{K_E' U_1 \times 50 \times 10^{-2}}{K_B' \Phi f_1 K_{dpm}} = \dfrac{0.9 \times 220 \times 50 \times 10^{-2}}{1.096 \times 1.365 \times 10^{-3} \times 50 \times 0.804} = 1646$

式中，电动势系数初值 $K_E' = 0.9$。

43. 每极串联匝数 $W_{pm} = \dfrac{a_m N_m'}{4p} = \dfrac{1 \times 1646}{8} = 206$

44. 总串联导线数 $N_m = \dfrac{4p W_{pm}}{a_m} = \dfrac{4 \times 2 \times 206}{1} = 1648$

45. 每槽导线数（查本章附录表 3A-1）

跨槽 y_{mi}	百分比 t_{mi}(%)	每槽导线数 N_{mi}
2	26.8	55
4	46.4	96
6	26.8	55

46. 定子主相电流初步估算值 $I_1' = \dfrac{P_N}{\sqrt{2} U_1 \eta' \cos\varphi'} = \dfrac{180}{\sqrt{2} \times 220 \times 0.622 \times 0.938} = 0.992$

47. 主绕组线规

导线截面积初值 $S'_m = \dfrac{I'_1}{a_m J'_m N_{mm}} = \dfrac{0.992}{1 \times 7.4 \times 1} mm^2 = 0.134 mm^2$

选用线规直径 $d_m / d_{mi} = 0.45 mm / 0.472 mm$（查书末附录表 A-1）

导线截面积 $S_m = 0.159 mm^2$

48. 线圈中心直径 $D_e = D_{i1} + h_s + h_{s0} + h_{s1} = (6.7 + 1.345 + 0.07 + 0.07) cm = 8.185 cm$

49. 主绕组平均半匝长度 $l_m = l_1 + \dfrac{\pi D_e r}{Q_1} y_m = \left(5 + \dfrac{3.14 \times 8.185 \times 1.45}{24} \times 4\right) cm = 11.211 cm$

四、主绕组参数计算

50. 主绕组电阻（95℃） $R_{1m} = \dfrac{\rho_m l_m N_m \times 10^{-2}}{a_m S_m N_{mm}} = \dfrac{0.0234 \times 11.211 \times 1648 \times 10^{-2}\Omega}{1 \times 0.159 \times 1} = 27.19\Omega$

51. 转子电阻（95℃） $R_{2m} = R_B + R_R = (11.191 + 4.457)\Omega = 15.65\Omega$

导条电阻 $R_B = 2\rho_B \times 10^2 \left(\dfrac{N_m K_{dpm}}{1000}\right)^2 \dfrac{\sqrt{l_2^2 + b_{sk}^2}}{S_B Q_2} = 9.38 \times \left(\dfrac{1648 \times 0.804}{1000}\right)^2 \times \dfrac{\sqrt{5^2 + 0.877^2}}{0.249 \times 30}\Omega = 11.191\Omega$

端环电阻 $R_R = 2\rho_R \times 10^2 \left(\dfrac{N_m K_{dpm}}{1000}\right)^2 \dfrac{0.637 D_R K_R}{4p^2 S_R} = 9.38 \times \left(\dfrac{1648 \times 0.804}{1000}\right)^2 \times \dfrac{0.637 \times 5.3 \times 0.962}{4 \times 2^2 \times 0.75}$

$\Omega = 4.457\Omega$

52. 定子槽单位漏磁导 $\lambda_{s1} = \lambda_{U1} + \lambda_{L1} = 0.469 + 0.743 = 1.212$

$$\lambda_{U1} = \dfrac{h_{s0}}{b_{s0}} + \dfrac{2h_{s1}}{b_{s0} + b_{s1}} = \dfrac{0.07}{0.25} + \dfrac{2 \times 0.07}{0.25 + 0.49} = 0.469$$

根据 $\dfrac{h}{b_2} = \dfrac{h_{s2}}{2R} = \dfrac{0.85}{2 \times 0.355} = 1.1972$ 和 $\dfrac{b_1}{b_2} = \dfrac{b_{s1}}{2R} = \dfrac{0.49}{2 \times 0.355} = 0.690$，查第 2 章附录图 2C-6 并插值得 $\lambda_{L1} = 0.743$。

53. 定子谐波单位漏磁导 $\lambda_{d1} = \dfrac{t_2 - b_{s0} - b_{r0}}{11.9\delta K_\delta} = \dfrac{0.696 - 0.25 - 0}{11.9 \times 0.025 \times 1.315} = 1.140$

54. 定子端部单位漏磁导 $\lambda_{e1} = \dfrac{0.358 D_e}{2l_1 p} y_m = \dfrac{0.358 \times 8.185}{2 \times 5 \times 2} \times 4 = 0.586$

55. 漏抗系数 $K_x = \pi \dfrac{2f_1}{100} \left(\dfrac{N_m K_{dpm}}{1000}\right)^2 = 3.14 \times \dfrac{2 \times 50}{100} \times \left(\dfrac{1648 \times 0.804}{1000}\right)^2 = 5.513$

56. 定子槽漏抗 $x_{s1} = K_x \dfrac{2.51 l_1}{Q_1} \lambda_{s1} = 5.513 \times \dfrac{2.51 \times 5}{24} \times 1.212\Omega = 3.494\Omega$

57. 定子谐波漏抗 $x_{d1} = K_x \dfrac{2.51 l_1}{Q_1} \lambda_{d1} = 5.513 \times \dfrac{2.51 \times 5}{24} \times 1.140\Omega = 3.286\Omega$

58. 定子端部漏抗 $x_{e1} = K_x \dfrac{2.51 l_1}{Q_1} \lambda_{e1} = 5.513 \times \dfrac{2.51 \times 5}{24} \times 0.586\Omega = 1.689\Omega$

59. 定子漏抗 $x_{1m} = x_{s1} + x_{d1} + x_{e1} = (3.494 + 3.286 + 1.689)\Omega = 8.469\Omega$

60. 转子槽单位漏磁导 $\lambda_{s2} = \lambda_{U2} + \lambda_{L2} = 5.55 + 1.279 = 6.829$

$$\lambda_{U2} = 0.1 + 1.12 \frac{h_{r0}}{I'_b} \times 10^4 = 0.1 + 1.12 \times \frac{0.02}{41.1} \times 10^4 = 5.55$$

式中，$I'_b = \frac{N_m K_{dpm}}{Q_2} I'_1 \cos\varphi' = \frac{1648 \times 0.804}{30} \times 0.992 \times 0.938 = 41.1$。

根据 $\frac{h}{b_2} = \frac{h_{r2}}{2r_2} = \frac{0.8}{2 \times 0.08} = 5$ 和 $\frac{r_1}{r_2} = \frac{0.165}{0.08} = 2.0625$，查第 2 章附录图 2C-7 并插值得 $\lambda_{L2} = 1.279$。

61. 转子谐波单位漏磁导 $\quad \lambda_{d2} = \dfrac{t_1 - b_{s0} - b_{r0}}{11.9\delta K_\delta} = \dfrac{0.877 - 0.25 - 0}{11.9 \times 0.025 \times 1.315} = 1.603$

62. 转子斜槽单位漏磁导 $\quad \lambda_{sk} = 0.5\left(\dfrac{b_{sk}}{t_2}\right)^2 \lambda_{d2} = 0.5 \times \left(\dfrac{0.877}{0.696}\right)^2 \times 1.603 = 1.273$

63. 转子端部单位漏磁导 $\quad \lambda_{e2} = 0.25 \dfrac{Q_2 D_R}{4l_2 p^2} = 0.25 \times \dfrac{30 \times 5.31}{4 \times 5 \times 2^2} = 0.498$

64. 转子槽漏抗 $\quad x_{s2} = K_x \dfrac{2.51 l_2}{Q_2} \lambda_{s2} = 5.513 \times \dfrac{2.51 \times 5}{30} \times 6.829\,\Omega = 15.75\,\Omega$

65. 转子谐波漏抗 $\quad x_{d2} = K_x \dfrac{2.51 l_2}{Q_2} \lambda_{d2} = 5.513 \times \dfrac{2.51 \times 5}{30} \times 1.603\,\Omega = 3.697\,\Omega$

66. 转子斜槽漏抗 $\quad x_{sk} = K_x \dfrac{2.51 l_2}{Q_2} \lambda_{sk} = 5.513 \times \dfrac{2.51 \times 5}{30} \times 1.273\,\Omega = 2.936\,\Omega$

67. 转子端部漏抗 $\quad x_{e2} = K_x \dfrac{2.51 l_2}{Q_2} \lambda_{e2} = 5.513 \times \dfrac{2.51 \times 5}{30} \times 0.498\,\Omega = 1.149\,\Omega$

68. 转子漏抗 $\quad x_{2m} = x_{s2} + x_{d2} + x_{sk} + x_{e2} = (15.75 + 3.697 + 2.936 + 1.149)\,\Omega = 23.532\,\Omega$

69. 总电阻 $\quad R_{Tm} = R_{1m} + R_{2m} = (27.19 + 15.65)\,\Omega = 42.84\,\Omega$

70. 总漏抗 $\quad x_{Tm} = x_{1m} + x_{2m} = (8.469 + 23.532)\,\Omega = 32.001\,\Omega$

71. 总阻抗 $\quad Z_{Tm} = \sqrt{R_{Tm}^2 + x_{Tm}^2} = \sqrt{42.84^2 + 32.001^2}\,\Omega = 53.47\,\Omega$

72. 定子主绕组漏阻抗 $\quad Z_{1m} = \sqrt{R_{1m}^2 + x_{1m}^2} = \sqrt{27.19^2 + 8.469^2}\,\Omega = 28.48\,\Omega$

五、磁 路 计 算

73. 电动势系数 $\quad K_E = \sqrt{1 + \varepsilon_1^2 - 2\varepsilon_1 \cos(\varphi' - \varphi_1)}$
$$= \sqrt{1 + 0.128^2 - 2 \times 0.128 \times \cos(20.282 - 17.30)} = 0.872$$
$$K'_E = \sqrt{1 + \varepsilon_1'^2 - 2\varepsilon_1' \cos\varphi'} = \sqrt{1 + 0.123^2 - 2 \times 0.123 \times 0.938} = 0.886$$

式中，$\varepsilon_1 = \dfrac{I'_1 Z_{1m}}{U_1} = \dfrac{0.992 \times 28.48}{220} = 0.128$；$\varepsilon'_1 = \dfrac{I'_1 R_{1m}}{U_1} = \dfrac{0.992 \times 27.19}{220} = 0.123$；

$\varphi_1 = \arctan \dfrac{x_{1m}}{R_{1m}} = \arctan \dfrac{8.469}{27.19} = 17.30°$；$\varphi' = \arccos(\cos\varphi') = \arccos(0.938) = 20.282°$。

74. 漏磁系数 $\quad K_p = \dfrac{K_E}{K'_E} = \dfrac{0.872}{0.886} = 0.984$

75. 设齿饱和系数 $K_t' = 1.223$

$\alpha_p' = 0.682$，$K_B = 1.091$（查本章附录表 3B-1）

76. 每极磁通 $\Phi = \dfrac{K_E U_1 \times 50 \times 10^{-2}}{K_B N_m K_{dpm} f_1} = \dfrac{0.872 \times 220 \times 50 \times 10^{-2}}{1.091 \times 1648 \times 0.804 \times 50}\text{Wb} = 1.327 \times 10^{-3}\text{Wb}$

77. 气隙磁通密度 $B_\delta = \dfrac{\Phi}{\alpha_p' \tau_p l_1} \times 10^4 = \dfrac{1.327 \times 10^{-3}}{0.682 \times 5.26 \times 5}\text{T} \times 10^4 = 0.74\text{T}$

78. 定子齿磁通密度 $B_{t1} = B_\delta \dfrac{t_1}{K_{Fe} b_{t1} K_p} = 0.74 \times \dfrac{0.877}{0.97 \times 0.423 \times 0.984}\text{T} = 1.607\text{T}$

79. 转子齿磁通密度 $B_{t2} = B_\delta \dfrac{t_2}{K_{Fe} b_{t2}} = 0.74 \times \dfrac{0.696}{0.97 \times 0.327}\text{T} = 1.623\text{T}$

80. 定子轭磁通密度 $B_{j1} = \dfrac{\Phi}{2 K_{Fe} l_1 h_{j1}' K_p} \times 10^4 = \dfrac{1.327 \times 10^{-3}}{2 \times 0.97 \times 5 \times 0.923 \times 0.984}\text{T} \times 10^4 = 1.506\text{T}$

81. 转子轭磁通密度 $B_{j2} = \dfrac{\Phi}{2 K_{Fe} l_2 h_{j2}'} \times 10^4 = \dfrac{1.327 \times 10^{-3}}{2 \times 0.97 \times 5 \times 1.862}\text{T} \times 10^4 = 0.734\text{T}$

82. 分别根据 B_{t1}、B_{t2}、B_{j1}、B_{j2} 查 50WW800 直流磁化曲线（书末附录图 C-40），得 $H_{t1} = 19.30\text{A/cm}$，$H_{t2} = 23.50\text{A/cm}$，$H_{j1} = 8.24\text{A/cm}$，$H_{j2} = 1.24\text{A/cm}$。

83. 气隙磁压降 $F_\delta = 0.8 B_\delta K_\delta \delta \times 10^4 = 0.8 \times 0.74 \times 1.315 \times 0.025 \times 10^4\text{A} = 194.62\text{A}$

84. 齿部磁压降 定子 $F_{t1} = H_{t1} h_{t1}' = 19.3 \times 1.038\text{A} = 20.03\text{A}$

转子 $F_{t2} = H_{t2} h_{t2}' = 23.50 \times 0.992\text{A} = 23.31\text{A}$

85. 轭部磁压降 定子 $F_{j1} = C_1 H_{j1} l_{j1}' = 0.347 \times 8.24 \times 3.955\text{A} = 11.31\text{A}$

转子 $F_{j2} = C_2 H_{j2} l_{j2}' = 0.61 \times 1.24 \times 1.398\text{A} = 1.06\text{A}$

式中，轭部磁路长度校正系数：$C_1 = 0.347$，$C_2 = 0.61$（查本章附录图 3C-1）。

86. 齿饱和系数 $K_t = \dfrac{F_{t1} + F_{t2} + F_\delta}{F_\delta} = \dfrac{20.03 + 23.31 + 194.62}{194.62} = 1.223$

此值与 75 项假定值相符合，$(1.223 - 1.223)/1.223 = 0$。

87. 总磁压降 $F = F_\delta + F_{t1} + F_{t2} + F_{j1} + F_{j2} = (194.62 + 20.03 + 23.31 + 11.31 + 1.06)\text{A} = 250.33\text{A}$

88. 满载励磁电流 $I_{\mu m} = \dfrac{2pF}{0.9 N_m K_{dpm}} = \dfrac{2 \times 2 \times 250.33}{0.9 \times 1648 \times 0.804}\text{A} = 0.8397\text{A}$

89. 励磁电抗 $x_{\mu m} = \dfrac{K_E U_1}{I_{\mu m}} = \dfrac{0.872 \times 220}{0.8397}\Omega = 228.46\Omega$

六、铁 耗

90. 定子齿重量 $G_{t1} = 7.8 V_{t1} \times 10^{-3} = 7.8 \times 51.11 \times 10^{-3}\text{kg} = 0.399\text{kg}$

式中，定子齿体积 $V_{t1} = Q_1 b_{t1} h_{t1}' l_1 K_{Fe} = (24 \times 0.423 \times 1.038 \times 5 \times 0.97)\text{cm}^3 = 51.11\text{cm}^3$。

91. 定子轭重量 $G_{j1} = 7.8 V_{j1} \times 10^{-3} = 7.8 \times 141.65 \times 10^{-3}\text{kg} = 1.105\text{kg}$

式中，定子轭体积 $V_{j1} = \pi(D_1 - h_{j1}') h_{j1}' l_1 K_{Fe} = 3.14 \times (11 - 0.923) \times 0.923 \times 5 \times 0.97\text{cm}^3 = 141.65\text{cm}^3$。

92. 转子齿重量 $G_{t2} = 7.8 V_{t2} \times 10^{-3} = 7.8 \times 47.20 \times 10^{-3}\text{kg} = 0.368\text{kg}$

式中，转子齿体积 $V_{t2} = Q_2 b_{t2} h'_{t2} l_2 K_{Fe} = 30 \times 0.327 \times 0.992 \times 5 \times 0.97 \text{cm}^3 = 47.20 \text{cm}^3$。

93. 转子轭重量 $G_{j2} = 7.8 V_{j2} \times 10^{-3} = 7.8 \times 101.01 \times 10^{-3} \text{kg} = 0.788 \text{kg}$

式中，转子轭体积 $V_{j2} = \pi(D_{i2} + h'_{j2}) h'_{j2} l_2 K_{Fe} = 3.14 \times (1.7 + 1.862) \times 1.862 \times 5 \times 0.97 \text{cm}^3 = 101.01 \text{cm}^3$。

94. 单位铁耗

根据 $B_{t1} = 1.607\text{T}$、$B_{j1} = 1.506\text{T}$ 和 $B_{t2} = 1.623\text{T}$、$B_{j2} = 0.734\text{T}$ 分别查 50WW800 铁损耗曲线（50Hz）（查书末附图 C-42），得 $p_{t1} = 5.22\text{W/kg}$，$p_{j1} = 4.55\text{W/kg}$，$p_{t2} = 5.29\text{W/kg}$，$p_{j2} = 1.23\text{W/kg}$。

95. 总铁耗 $P_{Fe} = P_{Fe1} + P_{Fe2} = (14.231 + 8.763)\text{W} = 22.994\text{W}$

定子铁耗 $P_{Fe1} = 2p_{t1}G_{t1} + 1.7p_{j1}G_{j1} = (2 \times 5.22 \times 0.399 + 1.7 \times 4.55 \times 1.105)\text{W} = 12.71\text{W}$

转子铁耗 $P_{Fe2} = 3p_{t2}G_{t2} + 2.5p_{j2}G_{j2} = (3 \times 5.29 \times 0.368 + 2.5 \times 1.23 \times 0.788)\text{W} = 8.45\text{W}$

七、机 械 耗

96. 机械耗 $P_{fw} = k_2 \left(\dfrac{3}{p}\right)^2 \left(\dfrac{D_1}{10}\right)^4 = 1 \times \left(\dfrac{3}{2}\right)^2 \times \left(\dfrac{11}{10}\right)^4 \text{W} = 3.294\text{W}$

八、副绕组计算

97. 绕组型式 正弦绕组（查本章附录表 3A-1）

跨槽 y_{ai}	2	4	6
百分比(%)	26.8	46.4	26.8

平均跨槽 $y_a = \dfrac{\sum\limits_{i=1}^{n} y_{ai}}{n} = \dfrac{2+4+6}{3} = 4$

98. 绕组系数 $K_{dpa} = 0.804$（查本章附录表 3A-1）

99. 选取副、主绕组有效匝数比 $a = 1.6$

100. 总串联导线数初值 $N'_a = a \dfrac{N_m K_{dpm}}{K_{dpa}} = 1.6 \times \dfrac{1648 \times 0.804}{0.804} = 2637$

101. 每极串联匝数 $W_{pa} = \dfrac{a_a N'_a}{4p} = \dfrac{1 \times 2637}{4 \times 2} = 329$

102. 总串联导线数 $N_a = \dfrac{4p W_{pa}}{a_a} = \dfrac{4 \times 2 \times 329}{1} = 2632$

103. 每槽导线数 （查本章附录表 3A-1）

跨槽 y_{ai}	每槽导线数百分比 t_{ai}(%)	每槽导线数 N_{ai}
2	26.8	88
4	46.4	153
6	26.8	88

104. 副绕组线规

选用线规直径 $d_a/d_{ai} = 0.40\text{mm}/0.421\text{mm}$（查书末附表 A-1）

导线截面积 $S_a = 0.1256 \text{mm}^2$

105. 副绕组平均半匝长度 $l_a = l_1 + \dfrac{\pi D_e r}{Q_1} y_a = \left(5 + \dfrac{3.14 \times 8.185 \times 1.45}{24} \times 4\right) \text{cm} = 11.211 \text{cm}$

106. 副绕组电阻（95℃） $R_{1a} = \dfrac{\rho_a l_a N_a \times 10^{-2}}{a_a S_a N_{aa}} = \dfrac{0.0234 \times 11.211 \times 2632 \times 10^{-2}}{1 \times 0.1256 \times 1} \Omega = 54.97 \Omega$

107. 槽满率

跨槽	y_{mi}			2	4	6
	y_{ai}	6	4	2		
槽满率(%)	Sf_i	55.83	70.38	66.05	43.7	

最大槽满率 $Sf_{max} = 70.38\%$。

九、性能计算关系式

108. 系数 $x_\alpha = x_{\mu m} + x_{2m} = (228.46 + 23.532)\Omega = 251.992\Omega$

$$K_\alpha = \frac{x_{\mu m}}{x_\alpha} = \frac{228.46}{251.992} = 0.909$$

$$M_1 = 0.5 K_\alpha^2 R_{2m} = 0.5 \times 0.909^2 \times 15.65 = 6.466$$

$$M_2 = \frac{R_{2m}}{x_\alpha} = \frac{15.65}{251.992} = 0.062$$

$$M_3 = 0.5 K_\alpha x_\alpha = 0.5 \times 0.909 \times 251.992 = 114.53$$

$$M_4 = 0.5 K_\alpha x_{2m} = 0.5 \times 0.909 \times 23.532 = 10.70$$

109. 假设转差率 $s = 0.036$

110. 正序视在电阻 $R_f = \dfrac{\dfrac{M_1}{s}}{1 + \left(\dfrac{M_2}{s}\right)^2} = \dfrac{\dfrac{6.466}{0.036}\Omega}{1 + \left(\dfrac{0.062}{0.036}\right)^2} = 45.29\Omega$

111. 负序视在电阻 $R_b = \dfrac{\dfrac{M_1}{2-s}}{1 + \left(\dfrac{M_2}{2-s}\right)^2} = \dfrac{\dfrac{6.466}{2-0.036}\Omega}{1 + \left(\dfrac{0.062}{2-0.036}\right)^2} = 3.29\Omega$

112. 正序视在电抗 $x_f = \dfrac{M_3\left(\dfrac{M_2}{s}\right)^2 + M_4}{1 + \left(\dfrac{M_2}{s}\right)^2} = \left[\dfrac{114.53 \times \left(\dfrac{0.062}{0.036}\right)^2 + 10.70}{1 + \left(\dfrac{0.062}{0.036}\right)^2}\right]\Omega = 88.35\Omega$

113. 负序视在电抗 $x_b = \dfrac{M_3\left(\dfrac{M_2}{2-s}\right)^2 + M_4}{1 + \left(\dfrac{M_2}{2-s}\right)^2} = \left[\dfrac{114.53 \times \left(\dfrac{0.062}{2-0.036}\right)^2 + 10.70}{1 + \left(\dfrac{0.062}{2-0.036}\right)^2}\right]\Omega = 10.80\Omega$

114. 等效总电阻　$R_T = R_{1m} + R_f + R_b = (27.19 + 45.29 + 3.29)\Omega = 75.77\Omega$

115. 等效总电抗　$x_T = x_{1m} + x_f + x_b = (8.469 + 88.35 + 10.8)\Omega = 107.62\Omega$

十、电阻起动、电容起动电动机的性能计算

116~133 项不计算。

十一、电容运转电动机的性能计算

134. 选电容　$C = 6\mu F$（查本章附录表 3B-4）

容抗　$x_C = \dfrac{10^6}{2\pi f_1 C} = \dfrac{10^6 \Omega}{2 \times 3.14 \times 50 \times 6} = 530.786\Omega$

漏电阻　$R_C = 14\Omega$（查本章附录表 3B-4）

135. 副绕组等效总电阻　$R_{Ta} = R_{1a} + R_C + a^2(R_f + R_b)$

$$= [54.97 + 14 + 1.6^2 \times (45.29 + 3.29)]\Omega = 193.33\Omega$$

136. 副绕组等效总电抗　$x_{Ta} = a^2 x_T - x_C = (1.6^2 \times 107.62 - 530.786)\Omega = -255.28\Omega$

137. $R_3 = (R_T R_{Ta} - x_T x_{Ta}) - a^2[(R_f - R_b)^2 - (x_f - x_b)^2]$

$$= [75.77 \times 193.33 - 107.62 \times (-255.28)] - 1.6^2 \times [(45.29 - 3.29)^2 - (88.35 - 10.80)^2] = 53001.85$$

$x_3 = (R_T x_{Ta} + x_T R_{Ta}) - 2a^2(R_f - R_b)(x_f - x_b)$

$$= [75.77 \times (-255.28) + 107.62 \times 193.33] - 2 \times 1.6^2 \times (45.29 - 3.29) \times (88.35 - 10.80) = -15212.74$$

138. $R_4 = \dfrac{U_1 R_3}{R_3^2 + x_3^2} = \dfrac{220 \times 53001.85}{53001.85^2 + (-15212.74)^2} = 0.00383$

$x_4 = \dfrac{R_4 x_3}{R_3} = \dfrac{0.00383 \times (-15212.74)}{53001.85} = -0.0011$

139. 主绕组电流有功分量

$R_5 = R_4[R_{Ta} - a(x_f - x_b)] + x_4[x_{Ta} + a(R_f - R_b)]$

$$= 0.00383 \times [193.33 - 1.6 \times (88.35 - 10.80)]A + (-0.0011) \times [(-255.28) + 1.6 \times$$

$$(45.29 - 3.29)]A = 0.47A$$

主绕组电流无功分量

$x_5 = R_4[x_{Ta} + a(R_f - R_b)] - x_4[R_{Ta} - a(x_f - x_b)]$

$$= 0.00383 \times [(-255.28) + 1.6 \times (45.29 - 3.29)]A - (-0.0011) \times [193.33 - 1.6 \times$$

$$(88.35 - 10.80)]A = -0.651A$$

140. 副绕组电流有功分量

$R_6 = R_4[R_T + a(x_f - x_b)] + x_4[x_T - a(R_f - R_b)]$

$$= 0.00383 \times [75.77 + 1.6 \times (88.35 - 10.80)]A + (-0.0011) \times [107.62 - 1.6 \times (45.29$$

$$- 3.29)]A = 0.721A$$

副绕组电流无功分量

$x_6 = R_4[x_T - a(R_f - R_b)] - x_4[R_T + a(x_f - x_b)]$

$$= 0.00383 \times [107.62 - 1.6 \times (45.29 - 3.29)]A - (-0.0011) \times [75.77 + 1.6 \times (88.35 -$$

10.80)] A = 0.375A

141. 主绕组电流 $I_m = \sqrt{R_5^2 + x_5^2} = \sqrt{0.47^2 + (-0.651)^2}$ A = 0.803A

相位角 $\theta_m = \arctan\dfrac{x_5}{R_5} = \arctan\dfrac{-0.651}{0.47} = -54.172°$

电流密度 $J_m = \dfrac{I_m}{a_m S_m N_{mm}} = \dfrac{0.803}{1 \times 0.159 \times 1} \text{A/mm}^2 = 5.05\text{A/mm}^2$

142. 副绕组电流 $I_a = \sqrt{R_6^2 + x_6^2} = \sqrt{0.721^2 + 0.375^2}$ A = 0.813A

相位角 $\theta_a = \arctan\dfrac{x_6}{R_6} = \arctan\dfrac{0.375}{0.721} = 27.48°$

电流密度 $J_a = \dfrac{I_a}{a_a S_a N_{aa}} = \dfrac{0.813}{1 \times 0.1256 \times 1} \text{A/mm}^2 = 6.47\text{A/mm}^2$

143. 线电流

$$I_L = \sqrt{(R_5 + R_6)^2 + (x_5 + x_6)^2} = \sqrt{(0.47 + 0.721)^2 + (-0.657 + 0.375)^2} \text{ A} = 1.223\text{A}$$

144. 输入功率 $P_1 = U_1(R_5 + R_6) + P_{Fe1} = [220 \times (0.47 + 0.721) + 12.71]\text{W} = 274.73\text{W}$

145. 输出功率

$P_2 = \{[I_m^2 + (aI_a)^2](R_f - R_b) + 2a(R_5 x_6 - x_5 R_6)(R_f + R_b)\}(1-s) - (P_{fw} + P_{Fe2})$

$= \{[0.803^2 + (1.6 \times 0.813)^2] \times (45.29 - 3.29) + 2 \times 1.6 \times (0.47 \times 0.375 + 0.651 \times$

$0.721) \times (45.29 + 3.29)\} \times (1 - 0.036)\text{W} - (3.294 + 8.263)\text{W}$

$= 198.52 \times (1 - 0.036)\text{W} - (3.294 + 8.263)\text{W} = 179.82\text{W}$

此值与额定功率 P_N 基本符合，(179.82 - 180)/180 × 100% = -0.1%。

146. 效率 $\eta = \dfrac{P_2}{P_1} \times 100\% = \dfrac{179.82}{274.73} \times 100\% = 65.45\%$

147. 功率因数 $\cos\varphi = \dfrac{R_5 + R_6}{I_L} = \dfrac{0.47 + 0.721}{1.223} = 0.974$

148. 转速 $n = (1-s)\dfrac{60f_1}{p} = (1 - 0.036) \times \dfrac{60 \times 50\text{r/min}}{2} = 1\,446\text{r/min}$

149. 电容器电压 $U_C = I_a\sqrt{R_C^2 + x_C^2} = 0.813 \times \sqrt{14^2 + 530.786^2} \text{ V} = 431.68\text{V}$

150. 由 $\dfrac{R_{2m}}{x_{Tm}} = \dfrac{15.65}{32.001} = 0.489$ 查本章附录表 3B-2 得最大转矩时的转差率 $s_{max} = 0.172$，用

s_{max} 重新计算第 110~142 各项：

$$R_f = \dfrac{\dfrac{M_1}{s}}{1 + \left(\dfrac{M_2}{s}\right)^2} = \dfrac{\dfrac{6.466}{0.172}}{1 + \left(\dfrac{0.062}{0.172}\right)^2}\Omega = 33.27\Omega$$

$$R_b = \dfrac{\dfrac{M_1}{2-s}}{1 + \left(\dfrac{M_2}{2-s}\right)^2} = \dfrac{\dfrac{6.466}{2-0.172}}{1 + \left(\dfrac{0.062}{2-0.172}\right)^2}\Omega = 3.533\Omega$$

$$x_{f} = \frac{M_{3}\left(\dfrac{M_{2}}{s}\right)^{2} + M_{4}}{1 + \left(\dfrac{M_{2}}{s}\right)^{2}} = \frac{114.53 \times \left(\dfrac{0.062}{0.172}\right)^{2} + 10.70}{1 + \left(\dfrac{0.062}{0.172}\right)^{2}} \Omega = 22.64\Omega$$

$$x_{b} = \frac{M_{3}\left(\dfrac{M_{2}}{2-s}\right)^{2} + M_{4}}{1 + \left(\dfrac{M_{2}}{2-s}\right)^{2}} = \frac{114.53 \times \left(\dfrac{0.062}{2-0.172}\right)^{2} + 10.70}{1 + \left(\dfrac{0.062}{2-0.172}\right)^{2}} \Omega = 10.82\Omega$$

$R_{T} = R_{1m} + R_{f} + R_{b} = (27.19 + 33.27 + 3.533)\Omega = 63.99\Omega$

$x_{T} = x_{1m} + x_{f} + x_{b} = (8.469 + 22.64 + 10.82)\Omega = 41.93\Omega$

$R_{Ta} = R_{1a} + R_{C} + a^{2}(R_{f} + R_{b}) = [54.97 + 14 + 1.6^{2} \times (33.27 + 3.533)]\Omega = 163.19\Omega$

$x_{Ta} = a^{2}x_{T} - x_{C} = (1.6^{2} \times 41.93 - 530.786)\Omega = -423.44\Omega$

$R_{3} = (R_{T}R_{Ta} - x_{T}x_{Ta}) - a^{2}[(R_{f} - R_{b})^{2} - (x_{f} - x_{b})^{2}]$

$\quad = [63.99 \times 163.19 - 41.93 \times (-423.44)] - 1.6^{2} \times [(33.27 - 3.533)^{2} - (22.64 - 10.82)^{2}]$

$\quad = 26291.25$

$x_{3} = (R_{T}x_{Ta} + x_{T}R_{Ta}) - 2a^{2}(R_{f} - R_{b})(x_{f} - x_{b})$

$\quad = [63.99 \times (-423.44) + 41.93 \times 163.19] - 2 \times 1.6^{2} \times (33.27 - 3.533) \times (22.64 - 10.82)$

$\quad = -22053.00$

$$R_{4} = \frac{U_{1}R_{3}}{R_{3}^{2} + x_{3}^{2}} = \frac{220 \times 26291.25}{26291.25^{2} + (-22053.00)^{2}} = 0.0049$$

$$x_{4} = \frac{R_{4}x_{3}}{R_{3}} = \frac{0.0049 \times (-22053.00)}{26291.25} = -0.0041$$

$R_{5} = R_{4}[R_{Ta} - a(x_{f} - x_{b})] + x_{4}[x_{Ta} + a(R_{f} - R_{b})]$

$\quad = 0.0049 \times [163.19 - 1.6 \times (22.64 - 10.82)]A + (-0.0041) \times [(-423.44) + 1.6 \times (33.27 -$

$\quad 3.533)]A = 2.248A$

$x_{5} = R_{4}[x_{Ta} + a(R_{f} - R_{b})] - x_{4}[R_{Ta} - a(x_{f} - x_{b})]$

$\quad = 0.0049 \times [(-423.44) + 1.6 \times (33.27 - 3.533)]A - (-0.0041) \times [163.19 - 1.6 \times (22.64 -$

$\quad 10.82)]A = -1.250A$

$R_{6} = R_{4}[R_{T} + a(x_{f} - x_{b})] + x_{4}[x_{T} - a(R_{f} - R_{b})]$

$\quad = 0.0049 \times [63.99 + 1.6 \times (22.64 - 10.82)]A + (-0.0041) \times [41.93 - 1.6 \times (33.27 -$

$\quad 3.533)]A = 0.429A$

$x_{6} = R_{4}[x_{T} - a(R_{f} - R_{b})] - x_{4}[R_{T} + a(x_{f} - x_{b})]$

$\quad = 0.0049 \times [41.93 - 1.6 \times (33.27 - 3.533)]A - (-0.0041) \times [63.99 + 1.6 \times (22.64 -$

$\quad 10.82)]A = 0.312A$

$$I_{\mathrm{m}} = \sqrt{R_5^2 + x_5^2} = \sqrt{2.248^2 + (-1.250)^2}\,\mathrm{A} = 2.57\mathrm{A}$$

$$I_{\mathrm{a}} = \sqrt{R_6^2 + x_6^2} = \sqrt{0.429^2 + 0.312^2}\,\mathrm{A} = 0.53\mathrm{A}$$

151. 最大输出功率

$$
\begin{aligned}
P_{2\max} &= \{[I_{\mathrm{m}}^2 + (aI_{\mathrm{a}})^2](R_{\mathrm{f}} - R_{\mathrm{b}}) + 2a(R_5 x_6 - x_5 R_6)(R_{\mathrm{f}} + R_{\mathrm{b}})\}(1 - s_{\mathrm{M}}) - (P_{\mathrm{fw}} + P_{\mathrm{Fe2}}) \\
&= \{[2.57^2 + (1.6 \times 0.53)^2] \times (33.27 - 3.533) + 2 \times 1.6 \times (2.248 \times 0.312 + 1.250 \times \\
&\quad 0.429) \times (33.27 + 3.533)\} \times (1 - 0.172)\,\mathrm{W} - (3.294 + 8.263)\,\mathrm{W} \\
&= 357.48 \times (1 - 0.172)\,\mathrm{W} - (3.294 + 8.263)\,\mathrm{W} = 284.44\mathrm{W}
\end{aligned}
$$

152. 最大转矩倍数　$T_{\max} = \dfrac{(1-s)P_{2\max}}{(1-s_{\max})P_2} = \dfrac{(1-0.036) \times 284.44}{(1-0.172) \times 179.82} = 1.842$

十二、起动性能计算

153. 系数　$C_{\mathrm{R}} = \dfrac{K_{\mathrm{a}}^2}{1 + \left(\dfrac{R_{2\mathrm{m}}}{x_{\mathrm{a}}}\right)^2} = \dfrac{0.909^2}{1 + \left(\dfrac{15.65}{251.992}\right)^2} = 0.823$

$$
C_{\mathrm{x}} = \dfrac{1 + \dfrac{R_{2\mathrm{m}}^2}{x_{\mathrm{Tm}} x_{\mathrm{a}}}}{1 + \left(\dfrac{R_{2\mathrm{m}}}{x_{\mathrm{a}}}\right)^2} = \dfrac{1 + \dfrac{15.65^2}{32.001 \times 251.992}}{1 + \left(\dfrac{15.65}{251.992}\right)^2} = 1.026
$$

154. 主绕组视在起动电阻　$R_{\mathrm{m(st)}} = R_{1\mathrm{m}} + C_{\mathrm{R}} R_{2\mathrm{m}} = (27.19 + 0.823 \times 15.65)\,\Omega = 40.07\Omega$

155. 不计磁路饱和效应时主绕组视在起动总漏抗

$$x'_{\mathrm{m(st)}} = C_{\mathrm{x}} x_{\mathrm{Tm}} = 1.026 \times 32.001\Omega = 32.833\Omega$$

156. 不计磁路饱和效应时主绕组视在起动总阻抗

$$Z'_{\mathrm{m(st)}} = \sqrt{R_{\mathrm{m(st)}}^2 + x_{\mathrm{m(st)}}'^2} = \sqrt{40.07^2 + 32.833^2}\,\Omega = 51.80\Omega$$

157. 不计磁路饱和效应时主绕组起动电流　$I'_{\mathrm{m(st)}} = \dfrac{U_1}{Z'_{\mathrm{m(st)}}} = \dfrac{220}{51.80}\mathrm{A} = 4.247\mathrm{A}$

158. 计及磁路饱和效应时主绕组起动电流初始假定值　$I''_{\mathrm{m(st)}} = 1.12 \times 4.247\mathrm{A} = 4.757\mathrm{A}$

159. 气隙中漏磁场虚构磁通密度　$B_{\mathrm{L}} = \dfrac{F_{\mathrm{(st)}}}{1.6\delta\beta_{\mathrm{C}}} \times 10^{-4} = \dfrac{420.44}{1.6 \times 0.025 \times 0.955} \times 10^{-4}\mathrm{T} = 1.101\mathrm{T}$

式中，$F_{\mathrm{(st)}} = I''_{\mathrm{m(st)}}\,\dfrac{N_{\mathrm{m}}}{a_{\mathrm{m}} Q_{\mathrm{m}}} \times 0.707 \times \left(1 + K_{\mathrm{dpm}}^2\,\dfrac{Q_1}{Q_2}\right)$

$$= 4.757\mathrm{A} \times \dfrac{1648}{1 \times 20} \times 0.707 \times \left(1 + 0.804^2 \times \dfrac{24}{30}\right) = 420.44\mathrm{A};$$

$$\beta_{\mathrm{C}} = 0.64 + 2.5\sqrt{\dfrac{\delta}{t_1 + t_2}} = 0.64 + 2.5\sqrt{\dfrac{0.025}{0.877 + 0.696}} = 0.955;$$

主绕组线圈所占槽数 $Q_{\mathrm{m}} = 20$。

160. 起动时漏磁路饱和引起漏抗变化系数 $K_{\mathrm{z}} = 0.981$（由 B_{L} 查第2章附录图 2C-15）。

161. 齿顶漏磁饱和引起定子齿顶宽度的减少

$$C_{s1} = (t_1 - b_{s0})(1-K_z) = (0.877-0.25) \times (1-0.981) = 0.012$$

162. 齿顶漏磁饱和引起转子齿顶宽度的减少

$$C_{s2} = (t_2 - b_{r0})(1-K_z) = (0.696-0) \times (1-0.981) = 0.013$$

163. 起动时定子槽单位漏磁导 $\quad \lambda_{s1(st)} = (\lambda_{U1} - \Delta\lambda_{U1}) + \lambda_{L1} = (0.469-0.014) + 0.743 = 1.198$

式中，$\Delta\lambda_{U1} = \dfrac{h_{s0}+0.58h_{s1}}{b_{s0}}\left(\dfrac{C_{s1}}{C_{s1}+1.5b_{s0}}\right) = \dfrac{0.07+0.58 \times 0.07}{0.25} \times \left(\dfrac{0.012}{0.012+1.5 \times 0.25}\right) = 0.014$

164. 起动时定子槽漏抗 $\quad x_{s1(st)} = \dfrac{\lambda_{s1(st)}}{\lambda_{s1}}x_{s1} = \dfrac{1.198}{1.212} \times 3.494\Omega = 3.454\Omega$

165. 起动时定子谐波漏抗 $\quad x_{d1(st)} = K_z x_{d1} = 0.981 \times 3.286\Omega = 3.224\Omega$

166. 起动时主绕组定子漏抗 $\quad x_{1m(st)} = x_{s1(st)} + x_{d1(st)} + x_{e1} = (3.454+3.224+1.689)\Omega = 8.367\Omega$

167. 起动时转子槽单位漏磁导 $\quad \lambda_{s2(st)} = \lambda_{U2(st)} + \lambda_{L2} = 1.237+1.279 = 2.516$

式中，$\lambda_{U2(st)} = 0.1+1.12 \times \dfrac{h_{r0}}{I'_{b(st)}} \times 10^4 = 0.1+1.12 \times \dfrac{0.02}{197.00} \times 10^4 = 1.237$；

$$I'_{b(st)} = I'_b\dfrac{I''_{m(st)}}{I'_1} = 41.1A \times \dfrac{4.757}{0.992} = 197.09A。$$

168. 起动时转子槽漏抗 $\quad x_{s2(st)} = \dfrac{\lambda_{s2(st)}}{\lambda_{s2}}x_{s2} = \dfrac{2.516}{6.829} \times 15.75\Omega = 5.803\Omega$

169. 起动时转子谐波漏抗 $\quad x_{d2(st)} = K_z x_{d2} = 0.981 \times 3.697\Omega = 3.627\Omega$

170. 起动时转子斜槽漏抗 $\quad x_{sk(st)} = K_z x_{sk} = 0.981 \times 2.936\Omega = 2.880\Omega$

171. 起动时转子漏抗

$$x_{2m(st)} = x_{s2(st)} + x_{d2(st)} + x_{e2} + x_{sk(st)} = (5.803+3.627+1.149+2.880)\Omega = 13.459\Omega$$

172. 主绕组起动漏抗 $\quad x_{Tm(st)} = x_{1m(st)} + x_{2m(st)} = (8.367+13.459)\Omega = 21.826\Omega$

173. 主绕组视在起动总漏抗 $\quad x_{m(st)} = C_x x_{Tm(st)} = 1.026 \times 21.826\Omega = 22.393\Omega$

174. 主绕组视在起动总阻抗 $\quad Z_{m(st)} = \sqrt{R_{m(st)}^2 + x_{m(st)}^2} = \sqrt{40.07^2+22.393^2}\,\Omega = 45.90\Omega$

175. 主绕组起动电流 $\quad I_{m(st)} = \dfrac{U_1}{Z_{m(st)}} = \dfrac{220A}{45.90} = 4.793A$

此值与 $I''_{m(st)}$ 基本符合，$(4.793-4.757)/4.757 \times 100\% = 0.8\%$。

176. 主绕组起动电流密度 $\quad J_{m(st)} = \dfrac{I_{m(st)}}{a_m S_m N_{mm}} = \dfrac{4.793}{1 \times 0.159 \times 1}A/mm^2 = 30.14A/mm^2$

177. 主绕组起动电流相位角 $\quad \theta_{m(st)} = -\arctan\dfrac{x_{m(st)}}{R_{m(st)}} = -\arctan\dfrac{22.393}{40.07} = -29.20°$

178. 选起动电容 $C=6\mu F$

$$x_C = \dfrac{10^6}{2\pi f_1 C} = \dfrac{10^6\Omega}{2 \times 3.14 \times 50 \times 6} = 530.786\Omega$$

$R_C = 14\Omega$（查本章附录表 3B-4）

179. 副绕组视在起动总电阻

$$R_{a(st)} = R_{1a}+R_C+a^2C_RR_{2m} = （54.97+14+1.6^2×0.823×15.65）\ \Omega = 101.94\Omega$$

180. 副绕组视在起动总漏抗　$x_{a(st)} = a^2x_{m(st)} -x_C = （1.6^2×22.393-530.786）\ \Omega$
$$= -473.46\Omega$$

181. 副绕组视在起动总阻抗　$Z_{a(st)} = \sqrt{R_{a(st)}^2 +x_{a(st)}^2} = \sqrt{101.94^2+ （-473.46）^2}\ \Omega = 484.31\Omega$

182. 副绕组起动电流　$I_{a(st)} = \dfrac{U_1}{Z_{a(st)}} = \dfrac{220}{484.31}A = 0.454A$

183. 副绕组起动电流密度　$J_{a(st)} = \dfrac{I_{a(st)}}{a_aS_aN_{aa}} = \dfrac{0.454}{1×0.1256×1}A/mm^2 = 3.615A/mm^2$

184. 副绕组起动电流相位角　$\theta_{a(st)} = -\arctan\dfrac{x_{a(st)}}{R_{a(st)}} = -\arctan\dfrac{-473.46}{101.94} = 77.85°$

185. 起动转矩倍数

$$T_{st} = \dfrac{1.87C_RR_{2m}aI_{m(st)} I_{a(st)} \sin（\theta_{a(st)} -\theta_{m(st)}）}{P_2}$$

$$= \dfrac{1.87×0.823×15.65×1.6×4.793×0.454×\sin（78.85°+29.20°）}{179.63} = 0.45$$

186. 起动线电流

$$I_{st} = \dfrac{I_{m(st)} \sqrt{（R_{m(st)} +R_{a(st)}）^2+（x_{m(st)} +x_{a(st)}）^2}}{Z_{a(st)}}$$

$$= \dfrac{4.793A×\sqrt{（40.07+101.94）^2+ （22.393-473.46）^2}}{484.31} = 4.68A$$

187. 起动时电容器电压　$U_{C(st)} = I_{a(st)} x_C = 0.454×530.786V = 240.98V$

十三、有 效 材 料

188. 硅钢片重量　$G_{Fe} = 7.8D_1^2l_1K_{Fe}×10^{-3} = 7.8×11^2×5×0.97×10^{-3}kg = 4.58kg$

189. 主绕组铜重量　$G_{Cum} = 8.9l_mN_ma_mN_{mm}S_m×10^{-5} = 8.9×11.211×1648×1×1×0.159×$
$10^{-5}kg = 0.261kg$

190. 副绕组铜重量　$G_{Cua} = 8.9l_aN_aa_aN_{aa}S_a×10^{-5} = 8.9×11.211×2632×1×1×0.1256×$
$10^{-5}kg = 0.33kg$

191. 总铜重量　$G_{Cu} = G_{Cum}+G_{Cua} = （0.261+0.33）\ kg = 0.591kg$

192. 转子铝重量
$$G_{Al} = 2.7（Q_2l_2S_B+2\pi D_RS_R）×10^{-3}$$
$$= 2.7×（30×5×0.249+2×3.14×5.31×0.75）×10^{-3}kg = 0.168kg$$

注：本电磁计算方案非最佳设计，仅供计算时参考。

3.7 单相异步电动机电磁计算方案调整

根据前面讲述的电磁设计原理，可以初步确定单相电动机的一些重要尺寸和数据。但是这些尺寸和数据是否符合技术条件要求，还需经过核算。如果计算结果不能满足国家标准或用户的特殊要求，则需找出原因，然后调整设计，直至各项指标都达到技术条件要求，才能将所计算的电磁设计方案确定下来。当然，这样用计算方法确定的方案还要通过试制和试验来检查，如果有些性能不符合技术条件要求，就要调整设计。电磁方案的确定和调整是一项比较复杂的工作。

下面仅把电磁计算中经常遇到的问题、原因、主要调整方法及注意事项列在表 3-12 中，供参考。

表 3-12　电磁计算中经常遇到的问题、原因、调整方法和注意事项

序号	现象	可能原因	调整方法	调整后对其他性能的影响
1	过载能力低（T_{max}太小）	①总漏抗 x_T（即 x_1+x_2）太大	①减少定子匝数和定子铁心长度 l_1	①磁路过饱和 ②空载电流 $I_{\mu m}$ 增大，$\cos\varphi$ 降低
			②增大气隙长度	$I_{\mu m}$ 增大，$\cos\varphi$ 降低
			③减小转子槽斜度	最小转矩减小
			④调整槽形：增大槽口，采用宽而浅的槽形	影响磁路
		②在单相电机中，转子电阻 R_2 太大	见序号 4	见序号 4
2	最初起动转矩 T_{st} 太小	①总漏抗 x_T 太大	见序号 1	见序号 1
		②转子电阻 R_2 太小	①适当缩小转子导条和端环的截面	①R_2 增大，可能使额定转速下降 ②增大转子铝耗，影响效率
			②调整转子槽形：采用窄而深的槽形，增大趋肤效应	①正常运行时，x_2 增大，可能使 T_{max}，$\cos\varphi$ 下降 ②转子轭磁通密度过饱和，使 $I_{\mu m}$ 增大，$\cos\varphi$ 下降

（续）

序号	现象	可能原因	调整方法	调整后对其他性能的影响
2	最初起动转矩 T_{st} 太小	③在单相电机中有效匝数比 a 或电容量 C 选择不当	①可减小有效匝数比 a	起动电流增大
			②增大副绕组电阻对电抗比值	若减小截面，则电流密度增大，发热。若反绕，则用铜量增加
			③在具有电容器的单相电机中，适当增大有效匝数比 a 或电容量 C	起动电流增大，电容器电压 U_C 增高
3	最初起动电流 I_{st} 太大	①总漏抗 x_T 太小	①适当增加定子匝数 ②转子采用闭口槽 ③调整转子槽形，增大趋肤效应	x_T 增大，使 T_{max}，T_{st} 减小
		②在单相电机中，有效匝数比 a 或电容量 C 选择不当	①在单相电阻起动电机中，可增加 a	T_{st} 减小
			②在具有电容器的单相电机中，适当减少 a 或 C	T_{st} 减小，U_C 减小
4	额定转速低（转差率 s_N 太大）	转子电阻 R_2 太大或转子铝耗 P_{AL2} 太大	①增大转子导条和端环的截面	①R_2 减小，可能使 T_{st} 下降，P_{AL2} 减小，效率将提高 ②单相电机中，可使 T_{max} 增大
			②减少定子匝数	①磁路可能过饱和 ②$\cos\varphi$ 下降 ③因 x_T 下降，可使 T_{max}，T_{st} 和 I_{st} 均增大
5	功率因数 $\cos\varphi$ 太低	①空载电流 I_0 太大	①减少主磁路饱和程度 a. 增加定子匝数 b. 增加铁心长度 c. 调整槽形尺寸，降低过饱和部分的磁通密度	漏抗 x_T 增大，可能使 T_{max}，T_{st} 下降，且使电容电流 I_C 增大，削弱了提高 $\cos\varphi$ 的效果
			②减小气隙长度	①增加制造和装配困难 ②附加损耗和旋转铁耗增加
		②在单相电容运转电机中，a 和 C 匹配不当	适当调整 a 和 C 的匹配，一般可加大 C 值	若 C 增大时，则 I_{st}、T_{st} 相应增大，且使运行时副相电流增大
6	效率 η 低	①定子铜耗太大	因 $P_{Cu1}=I_1^2 R_1$，定子电流 I_1 变化较小，故主要减小定子电阻 R_1 ①嵌线工艺允许时，缩短线圈端接	嵌线较困难
			②放大线径，降低定子电流密度	①槽满率提高，嵌线困难 ②若需放大槽形，影响磁通密度
			③减少定子匝数，可使定子、转子电阻同时减小，使 P_{Cu1}，P_{AL2} 同时下降（当电机磁通密度低时，此法是个较有效的措施）	①磁通密度增加，$I_{\mu m}$ 增大，使 $\cos\varphi$ 下降 ②铁耗增加，影响效率的提高 ③漏抗 x_T 减小，会使 I_{st} 增大
			④当 $\cos\varphi$ 亦低时，增加定子匝数，使 I_1 下降	

（续）

序号	现象	可能原因	调整方法	调整后对其他性能的影响
6	效率 η 低	②转子铝耗 P_{AL2} 太大	见序号 4	见序号 4
		③铁耗 P_{Fe} 太大	主要是降低磁通密度，措施： ①增加铁心长（只当磁通密度很饱和时采用）	①增加铁重和电机体积 ②铁心长增大，磁通密度减小，但用铁量增加，削弱了降低 P_{Fe} 的效果
			②增加定子匝数	①用铜量增加，P_{Cu}、P_{AL2} 增大，影响提高效率的效果 ②x_T 增大，使 T_{max}、T_{st} 下降
			③调整槽形，使磁通密度分布合理	
			④减少旋转铁耗 a. 减小定、转子槽口或转子采用闭口槽 b. 定子采用磁性槽楔 c. 增大气隙	①漏抗 x_T 增大，使 T_{max}、T_{st} 下降 ②降低 $\cos\varphi$
			⑤改善硅钢片材质性能 a. 热处理：退火或氧化膜处理 b. 涂漆处理 c. 采用高导磁低损耗的硅钢片	①增加工序和工时，提高成本 ②受材料来源限制
		④附加损耗 P_s 太大	①定子绕组采用合理的短距、分布绕组	
			②转子斜槽	
			③增大气隙长度（尤指 2 极机）	使 $I_{\mu m}$ 增大，$\cos\varphi$ 下降
			④铸铝转子脱壳处理（尤指压铸法转子）	增加工序和工时
		⑤机械损耗太大	①风摩耗太大时，减小风扇尺寸	温升有裕度时采用
			②提高轴承挡加工质量改善套轴承工艺，保证轴承质量	
			③采用优质润滑脂	

附　　录

表 3A-1

附录 3A　正弦绕组系数、谐波强度

表 3A-1　正弦绕组系数

每槽线数百分比 $w(\%)$，槽编号数 1~19；平均跨槽数 y；基波绕组系数 K_{dp1}

每极槽数	1	2	3	4	5	6	7	8	9	10	11	12	13	14	15	16	17	18	19	y	K_{dp1}
4	41.4	58.6		58.6	41.4															2.83	0.828
6	50.0	36.5	13.5	13.5	36.5	50.0														3.73	0.776
	26.8	46.4	26.8		26.8	46.4	26.8													4.00	0.804
	57.7	42.3			42.3	57.7														4.15	0.856
	36.6	63.4				63.4	36.6													4.73	0.915
8	19.9	36.8	28.0	15.3		15.3	28.0	36.8	19.9											5.23	0.795
	41.4	35.1	23.5			23.5	35.1	41.4												5.36	0.828
	23.5	43.4	33.1				33.1	43.4	23.5											5.81	0.870
	54.1	46.9					45.9	54.1												6.08	0.912
	35.2	64.8						64.8	35.2											6.70	0.950
9	34.6	30.6	22.7	12.1		12.1	22.7	30.6	34.6											5.75	0.793
	18.5	34.7	28.3	18.5			18.5	28.3	34.7	18.5										6.06	0.820
	39.5	34.8	25.7				25.7	34.8	39.5											6.23	0.855
	22.7	42.6	34.7					34.7	42.6	22.7										6.76	0.893
	52.2	47.8						47.8	52.2											7.05	0.928
	34.7	65.3							65.3	34.7										7.69	0.961
12	25.8	24.1	20.8	15.9	10.0	3.4	3.4	10.0	15.9	20.8	24.1	25.8								7.59	0.783
	13.2	25.4	22.8	18.6	13.2	6.8		6.8	13.2	18.6	22.8	25.4	13.2							7.73	0.790
	26.8	25.0	21.4	16.5	10.3			10.3	16.5	21.4	25.0	26.8								7.83	0.806
	14.1	27.3	24.5	20.0	14.1				14.1	20.0	24.5	27.3	14.1							8.15	0.829
	29.9	27.8	24.0	18.3					18.3	24.0	27.8	29.9								8.39	0.855
	16.4	31.8	28.5	23.3						23.3	28.5	31.8	16.4							8.83	0.883
	36.6	34.1	29.3							29.3	34.1	36.6								9.15	0.910
	21.4	41.4	37.2								37.2	41.4	21.4							9.68	0.936
	51.8	48.2									48.2	51.8								10.04	0.959
	34.1	65.9										65.9	34.1							10.68	0.977
16	19.9	19.2	17.6	15.4	12.7	9.4	5.8			5.8	9.4	12.7	15.4	17.6	19.2	19.9				10.34	0.798
	10.3	20.0	18.9	17.2	14.4	11.3	7.9				7.9	11.3	14.4	17.2	18.9	20.0	10.3			10.58	0.812
	21.1	20.4	18.7	16.4	13.4	10.0					10.0	13.4	16.4	18.7	20.4	21.1				10.79	0.829
	11.1	21.8	20.5	18.5	15.7	12.4						12.4	15.7	18.5	20.5	21.8	11.1			11.14	0.848
	23.5	22.6	20.8	18.2	14.9							14.9	18.2	20.8	22.6	23.5				11.43	0.869
	12.7	24.9	23.4	21.1	17.9								17.9	21.1	23.4	24.9	12.7			11.87	0.889
	27.6	26.5	24.5	21.4									21.4	24.5	26.5	27.6				12.21	0.910
	15.5	30.3	28.5	25.7										25.7	28.5	30.3	15.5			12.71	0.929
	35.1	33.8	31.1											31.1	33.8	35.1				13.08	0.947
	20.8	40.8	38.4												38.4	40.8	20.8			13.65	0.963
18	17.6	17.1	16.0	14.5	12.5	10.2	7.5	4.6			4.6	7.5	10.2	12.5	14.5	16.0	17.1	17.6		11.58	0.795
	9.0	17.8	17.0	15.7	13.8	11.6	9.0	6.3				6.3	9.0	11.6	13.8	15.7	17.0	17.8	9.0	11.83	0.808
	8.5	17.9	16.3	15.2	13.2	10.7	7.8					7.8	10.7	13.2	15.2	16.3	17.9	8.5		12.01	0.821
	9.6	18.9	18.1	16.7	14.7	12.4	9.6						9.6	12.4	14.7	16.7	18.1	18.9	9.6	12.33	0.837
	20.1	19.5	18.2	16.5	14.2	11.5							11.5	14.2	16.5	18.2	19.5	20.1		12.61	0.855
	10.6	20.9	20.0	18.4	16.4	13.7								13.7	16.4	18.4	20.0	20.9	10.6	13.00	0.873
	22.7	22	20.8	18.6	16.1									16.1	18.6	20.8	22	22.7		13.36	0.893
	12.3	24.3	23.2	21.3	18.9										18.9	21.3	23.2	24.3	12.3	13.80	0.910
	27.0	26.2	24.6	22.2											22.2	24.6	26.2	27.0		14.16	0.927
	15.2	29.9	28.6	26.3												26.3	28.6	29.9	15.2	14.68	0.943

表 3A-2　正弦绕组的谐波强度 α_ν 表

每极槽数	\	\	\	\	谐波次数 ν	\	\	\	\	\	\	\	编号
	3	5	7	9	11	13	15	17	19	21	23	25	
4	-0.01538	-0.09310	0.14286	0.11111	-0.00419	-0.00355	0.06667	0.05882	-0.00243	-0.00220	0.04348	0.04000	1
	-0.00014	-0.00008	0.14286	0.11111	-0.00004	-0.00003	0.06667	0.05882	-0.00002	-0.00002	0.04348	0.04000	2
6	-10^{-13}	0.04422	-0.00032	0.00143	-0.09091	-0.07692	0.086×10^{-13}	-0.00013	0.00012	-0.061×10^{-13}	0.04348	0.04000	3
	0.0000	0.00004	0.00002	0.00000	0.09090	0.07692	0.00000	0.00001	0.00001	0.00009	0.04347	0.03999	4
	0.04238	-0.03497	0.02498	-0.01412	-0.09090	-0.07692	-0.00847	0.01028	-0.00920	0.00605	0.04347	0.03999	5
	0.13332	-0.04001	-0.02857	0.04444	0.09090	0.07692	0.02663	-0.01176	-0.01052	0.01904	0.04347	0.03999	6
8	0.00020	0.00038	-0.00027	-0.00021	0.00017	0.00004	0.06666	0.05882	0.00003	0.00009	-0.00008	-0.00007	7
	0.01821	-0.01651	0.01400	-0.01089	0.00751	-0.00320	-0.06666	-0.05882	-0.00288	0.00393	0.00426	0.00392	8
	0.06399	-0.03796	0.01118	0.00861	-0.01725	0.01476	0.06666	0.05882	0.01010	-0.00903	0.00340	0.00313	9
	0.13165	-0.03280	-0.02341	0.01820	0.01491	-0.03040	-0.06666	-0.05882	0.02079	0.00781	0.00712	-0.00655	10
	0.21036	0.02188	-0.03706	-0.02883	0.00994	0.04854	0.06666	0.05882	0.03321	0.00520	-0.01128	-0.01037	11
9	-0.00071	-0.00026	-0.00015	0.00000	0.00009	0.00010	0.00014	-0.05760	-0.05154	0.00010	0.00005	0.00004	12
	0.01300	-0.01187	0.01059	-0.00816	0.00674	-0.00456	0.00260	0.05882	0.05263	0.00185	-0.00258	0.00296	13
	0.04656	-0.03164	0.01449	0.00000	0.00922	0.01217	-0.00931	-0.05882	-0.05263	-0.00665	0.00687	-0.00405	14
	0.09946	-0.03875	-0.00625	0.01841	-0.00397	-0.01490	0.01989	0.05882	0.05263	0.01420	-0.00842	-0.00175	15
	0.16237	-0.01690	-0.03624	0.00000	0.02306	0.00649	-0.03247	-0.05882	-0.05263	-0.02519	0.00367	0.01014	16
	0.23370	0.04863	-0.02278	-0.03539	-0.01450	0.01870	0.04674	0.05882	0.05263	0.03338	0.01057	-0.00638	17
12	0.00000	0.00009	0.00007	0.00000	0.00002	-0.00001	0.00000	-0.00002	0.00000	0.00000	-0.04348	0.04000	18
	0.00000	0.00011	0.00011	0.00000	0.00011	-0.00009	0.00000	-0.00004	0.00003	0.00000	0.04347	0.03999	19
	0.00569	-0.00535	0.00503	-0.00458	0.00381	-0.00322	0.01274	-0.00207	0.00140	-0.00081	-0.04347	-0.03999	20
	0.02075	-0.01723	0.01208	-0.00692	0.00203	0.00172	-0.00415	0.00497	-0.00453	0.00296	0.04347	0.03999	21
	0.04744	-0.03064	0.01257	0.00120	-0.00706	0.00597	-0.00072	-0.00517	0.00806	-0.00677	-0.04347	-0.03999	22
	0.08462	-0.03744	-0.00005	0.01307	-0.00629	-0.00532	0.00784	-0.00002	-0.00985	0.01208	0.04347	0.03999	23
	0.13053	-0.02869	-0.02047	0.01168	0.00955	-0.00808	-0.00700	0.00843	0.00755	-0.01864	-0.04347	-0.03999	24
	0.18045	-0.00021	-0.03286	-0.00934	0.01323	0.01119	-0.00560	-0.01353	-0.00005	0.02577	0.04347	0.03999	25
	0.23048	0.04724	-0.01936	-0.02863	-0.01107	0.00937	0.01717	0.00797	-0.01243	-0.03292	-0.04347	-0.03999	26
	0.27517	0.10466	0.02490	-0.01420	-0.02748	-0.02325	-0.00852	0.01025	0.02754	0.03931	0.04347	0.03999	27
16	0.00271	-0.00215	0.00224	0.00222	0.00181	-0.00183	0.00165	-0.00146	0.00125	0.00094	0.00087	-0.00062	28
	0.00921	-0.00830	0.00658	-0.00512	0.00418	-0.00202	0.00063	0.00055	-0.00138	0.00219	-0.00200	0.00184	29
	0.02197	-0.01709	0.01147	-0.00615	0.00128	0.00166	-0.00313	0.00276	-0.00114	-0.00067	0.00240	-0.00320	30
	0.04009	-0.02703	0.01271	-0.00134	-0.00453	0.00497	-0.00197	-0.00174	0.00340	-0.00237	-0.00052	0.00356	31
	0.06577	-0.03425	0.00693	0.00714	-0.00752	0.00090	0.00423	-0.00373	-0.00062	0.00394	-0.00279	-0.00194	32
	0.09588	-0.03546	-0.00502	0.01324	-0.00209	-0.00656	0.00375	0.00331	-0.00447	-0.00109	0.00518	-0.00140	33
	0.13020	-0.02743	-0.01963	0.01016	0.00838	-0.00588	-0.00514	0.00453	0.00402	-0.00439	-0.00397	0.00549	34
	0.16712	-0.00813	-0.02951	-0.00294	0.01268	0.00515	-0.00664	0.00585	0.00352	0.00664	-0.00115	-0.00826	35
	0.20442	0.02159	-0.02799	-0.01944	0.00253	0.01219	0.00583	-0.00514	-0.00834	-0.00132	0.00760	0.00783	36
18	0.24030	0.05915	-0.00996	-0.02612	-0.01563	0.01125	0.00125	-0.00903	0.00085	0.00819	-0.01022	-0.00278	37
	0.00122	-0.00153	0.00163	-0.00158	0.00142	-0.00136	0.00119	-0.00119	0.00106	-0.00085	0.00076	-0.00062	38
	0.00624	-0.00578	0.00484	-0.00440	0.00338	-0.00238	0.00139	-0.00050	-0.00045	0.00099	-0.00134	0.00148	39
	0.01556	0.01315	0.00978	-0.00593	0.00278	-0.00026	-0.00142	0.00220	-0.00197	0.00101	0.00014	-0.00122	40
	0.02918	-0.02176	0.01245	0.00451	-0.00122	0.00367	-0.00312	0.00114	0.00102	-0.00223	0.00207	-0.00053	41
	0.04870	-0.02959	0.01132	0.00146	-0.00602	0.00408	0.00009	-0.00305	0.00273	-0.00006	-0.00231	0.00265	42
	0.00000	0.00009	0.00007	0.00000	0.00001	-0.00001	0.00000	-0.00003	-0.00002	0.00000	-0.04348	0.04000	43
	0.09951	-0.03468	-0.00656	0.01304	-0.00098	-0.00671	0.00271	0.00376	-0.00336	-0.00194	0.00379	0.00043	44
	0.13007	-0.02708	-0.01935	0.00977	0.00794	-0.00563	-0.00483	0.00401	0.00358	-0.00345	-0.00318	0.00349	45
	0.16265	-0.01073	-0.02859	-0.00135	0.01220	0.00358	-0.00663	-0.00429	-0.00384	0.00473	-0.00202	-0.00537	46
	0.19581	0.01415	-0.02917	-0.01578	0.00563	0.01124	0.00254	-0.00632	-0.00566	0.00182	0.00635	0.00247	47

附录3B　单相异步电动机电磁计算用表

表 3B-1　$K_B = f(K_t)$　　$\alpha'_p = f(K_t)$

表 3B-1

K_t	K_B	α'_p	K_t	K_B	α'_p
1.10	1.10	0.658	1.37	1.081	0.713
1.11	1.099	0.660	1.38	1.080	0.715
1.12	1.099	0.661	1.39	1.080	0.716
1.13	1.098	0.664	1.40	1.079	0.718
1.14	1.097	0.666	1.41	1.079	0.720
1.15	1.096	0.668	1.42	1.078	0.722
1.16	1.095	0.670	1.43	1.078	0.723
1.17	1.095	0.672	1.44	1.077	0.725
1.18	1.094	0.674	1.45	1.076	0.728
1.19	1.093	0.677	1.46	1.076	0.729
1.20	1.092	0.680	1.47	1.075	0.731
1.21	1.091	0.681	1.48	1.075	0.732
1.22	1.091	0.682	1.49	1.074	0.733
1.23	1.090	0.684	1.50	1.074	0.735
1.24	1.090	0.686	1.51	1.073	0.737
1.25	1.089	0.689	1.52	1.073	0.738
1.26	1.088	0.690	1.53	1.072	0.739
1.27	1.087	0.694	1.54	1.072	0.740
1.28	1.086	0.696	1.55	1.071	0.742
1.29	1.086	0.698	1.56	1.071	0.744
1.30	1.085	0.700	1.57	1.070	0.745
1.31	1.084	0.702	1.58	1.070	0.746
1.32	1.084	0.703	1.59	1.069	0.748
1.33	1.083	0.706	1.60	1.068	0.749
1.34	1.083	0.707	1.61	1.068	0.751
1.35	1.082	0.709	1.62	1.067	0.752
1.36	1.081	0.711	1.63	1.067	0.754

表 3B-2　单相电动机最大转矩时转差率的近似值

表 3B-2

R_{2m}/X_{Tm}	0.30	0.35	0.40	0.45	0.50	0.55	0.60	0.65	0.70	0.75
S_{max}	0.125	0.14	0.15	0.16	0.175	0.19	0.20	0.205	0.215	0.22
R_{2m}/X_{Tm}	0.80	0.85	0.90	0.95	1.00	1.05	1.10	1.15	1.20	1.25
S_{max}	0.23	0.235	0.24	0.245	0.25	0.252	0.255	0.257	0.26	0.262
R_{2m}/X_{Tm}	1.30	1.35	1.40	1.45	1.50	1.55	1.60	1.65	1.70	
S_{max}	0.265	0.267	0.27	0.275	0.28	0.282	0.285	0.287	0.29	

表 3B-3　电容器电容量选用表

电动机容量/W	15	25	40	60	90	120	180	250	370	550	750
电动机极数 2p	2/4	2/4	2/4	2/4	2/4	2/4	2/4	2/4	2/4	2/4	2/4
工作电容器电容量 C_1（CBB 型纸介电容器）/μF	1.2	1.2/2	2/2	2/4	2/4	4/4	4/6	6			
起动电容器电容量 C_{st}（CDJ 型电解电容器）/μF						75	75	100	100	150	200

表 3B-4　电容器的交流电阻 R_C 和电抗 x_C（$f=50$Hz）

电容量 C/μF	1	2	3	4	5	6	8	10	75	100	150	200
电抗 x_C/Ω	3180	1590	1060	795	637	530	396	318	42.5	31.8	21.2	15.9
电阻 R_C/Ω	20	16	15.5	15	14.5	14	13	12	4.3	3.2	2.2	1.6

附录 3C　单相异步电动机轭部磁路长度校正系数

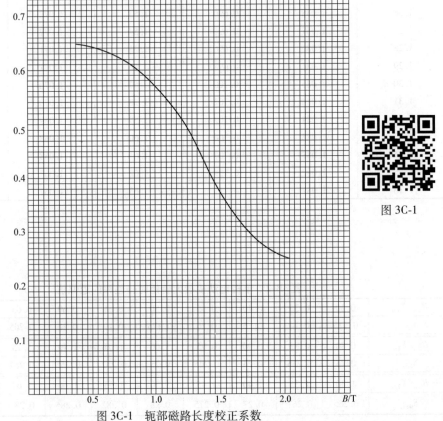

图 3C-1

图 3C-1　轭部磁路长度校正系数

第4章　小型电动机电力电子变流驱动电源

随着微电子技术、计算机技术、电力电子技术和现代自动控制技术的发展，电动机控制技术进入了一个崭新的发展阶段，20 世纪 50 年代末出现的半控型器件晶闸管取代了电动机-发电机组、电子管放大器、交磁电机扩大机和磁放大器。70 年代之后出现了全控型器件 GTO 晶闸管、GTR、IGBT、MOSFET 和 MCT 等，近来出现了具有开关速度快、抗高温、抗辐射等性能及可靠性更高的碳化硅、氮化镓、宽禁带半导体器件，这些功率半导体器件在交直流电动机控制中将发挥更大的作用。

4.1　直流电动机的整流电源

不可控整流电源简单可靠，但无法实现调压控制，采用调压器代替整流变压器为整流电路提供可调交流输入电压的方法，可得到可调直流电压，但体积大，且无法实现自动控制输出。本节介绍采用可控整流器器件晶闸管实现整流电源的无级调节，通常分为：直流电动机单相全控桥式整流电源和直流电动机三相全控桥式整流电源两种，见表 4-1 和表 4-2。

表 4-1　晶闸管单相整流电路及有关参数

电路图和特性	单相半波	单相全波	单相半控桥
电路			
输出平均电压	$0\sim0.45U_2$	$0\sim0.9U_2$	$0\sim0.9U_2$
晶闸管移相范围	$180°$	$180°$	$180°$
晶闸管导通角	最大 $180°$	最大 $180°$	最大 $180°$
晶闸管最大反向电压	$\sqrt{2}\,U_2$	$2\sqrt{2}\,U_2$	$\sqrt{2}\,U_2$
晶闸管平均电流	I_{dT}	$\dfrac{1}{2}I_{dT}$	$\dfrac{1}{2}I_{dT}$

（续）

电路图和特性	单相半波	单相全波	单相半控桥
优点	线路简单,调控方便	波形比半波好	要求器件耐压较低,两个元件可共用一套触发电路
缺点	输出直流脉动大,需要变压器容量较大	元件反压高,变压器需有中心抽头且要求容量较大	电感性负载时必须有续流二极管,否则会出现失控现象
适用范围	用于几十毫安,对波动要求不高的场合	用于要求负载电流较大,稳定性较高的场合	用于要求负载电流较大,稳定性较高的场合,应用广泛

注:U_2 为变流变压器二次相电压有效值;R_1 为纯电阻负载;I_{dT} 为晶闸管平均电流;VD 为二极管;VT 为晶闸管。

表 4-2　晶闸管三相整流电路及有关参数

电路图和特性	三相半波	三相半控桥	带平衡电抗器的双反星形
电路	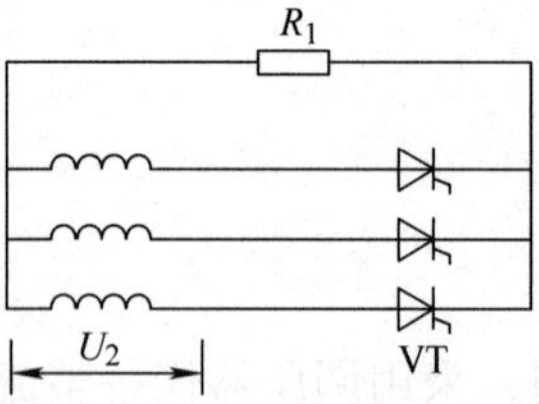	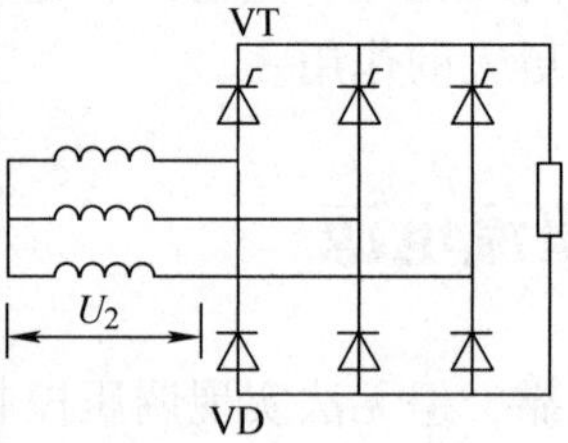	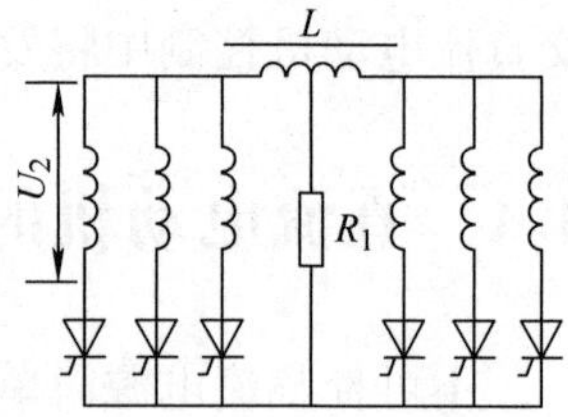
输出平均电压	$0\sim1.17U_2$	$0\sim2.34U_2$	$0\sim1.17U_2$
晶闸管移相范围	$150°$(R 负载)	$180°$	$150°$
晶闸管导通角	最大 $120°$	最大 $120°$	最大 $120°$
晶闸管最大反向电压	$2.45U_2$	$2.45U_2$	$2.45U_2$
晶闸管平均电流	$\frac{1}{3}I_{dT}$	$\frac{1}{3}I_{dT}$	$\frac{1}{6}I_{dT}$
优点	线路简单,常可省去专用变压器,而由电网直接向其提供交流电	整流效率高,器件耐压要求低	器件平均电流小,变压器利用率高,输出电流脉动小
缺点	器件耐压要求比较高,对交流电网工作不利	大电感负载时必须加续流二极管	电路器件多,结构比较复杂
适用范围	用于容量较小的用电设备	广泛应用于各种用电设备	用于对输出电流脉动小的特殊场合

注:U_2 为变流变压器二次相电压有效值;R_1 为纯电阻负载;I_{dT} 为晶闸管平均电流;VD 为二极管;VT 为晶闸管;L 为电感。

4.1.1　直流电动机单相桥式整流电源

1. 单相桥式全控整流电路　单相可控整流电路交流侧接单相交流电源，是常用于直流电动机整流电源的典型电路，包括单相桥式全控整流电路、单相桥式半控整流电路。

单相桥式全控整流电路如图 4-1a 所示。对正在运行的电动机在忽略电枢漏感时，相当于一个直流电源，由与电动机转速成正比的反电动势 E 和电枢内阻 R 串联构成，等效电路如图 4-1b 所示。

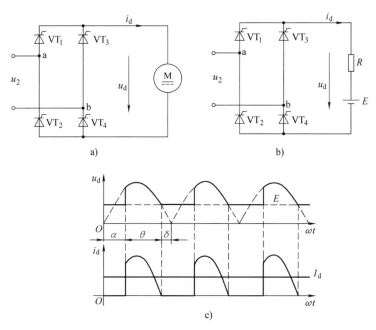

图 4-1　单相桥式全控整流电路接直流电动机的电路及波形
a）电路原理图　b）等效电路图　c）波形图

在 u_2 瞬时值的绝对值大于电动机反电动势时，即 $|u_2| > E$ 时，晶闸管才开始承受正电压，当给触发脉冲时，晶闸管导通，导通之后，$u_d = u_2$，则有

$$i_d = \frac{u_d - E}{R} \qquad (4\text{-}1)$$

直至 $|u_2| \leqslant E$，i_d 即降至 0，使得晶闸管关断，此后 $u_d = E$。与电阻负载时相比，晶闸管提前了电角度 δ 停止导电，δ 称为停止导电角。

$$\delta = \arcsin \frac{E}{\sqrt{2}\, U_2} \qquad (4\text{-}2)$$

在 α 角相同时，整流输出电压比电阻负载时大。

如图 4-1c 所示，i_d 波形在一个周期内有部分时间为 0 的情况，称为电流断续。与此对应，若 i_d 波形不出现为 0 的情况，称为电流连续。当 $\alpha < \delta$ 时，触发脉冲到来时，晶闸管承受负电压，不可能导通。为了使晶闸管可靠导通，要求触发脉冲有足够的宽度，保证当 $\sqrt{2}\, U_2 \sin\omega t = \sqrt{2}\, U_2 \sin\delta = E$ 时刻有晶闸管开始承受正向电压时，触发脉冲仍然存在。这样，相当于触发延迟角被推迟到 δ，即 $\alpha = \delta$。

在负载为直流电动机时，如果出现电流断续，则电动机的机械特性将很软，为了克服此缺点，一般在主电路中直流输出侧串联一个平波电抗器，用来减少电流的脉动和延长晶闸管导通的时间。这时整流电压 u_d 的波形和负载电流 i_d 的波形与电感负载电流连续时的波形相同，u_d 的计算公式也一样。为保证电流连续所需的电感量 L 可由式（4-3）求出：

$$L = \frac{2\sqrt{2}\,U_2}{\pi\omega I_{dmin}} = 2.87\times10^{-3}\,\frac{U_2}{I_{dmin}} \quad (4-3)$$

在电动机低速轻载运行时电流临界连续的情况，给出整流电压 u_d 的波形和负载电流 i_d 的波形，如图 4-2 所示。

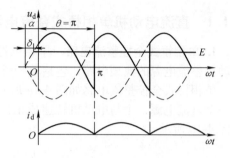

图 4-2　单相桥式全控整流电路带反电动势负载串联平波电抗器，电流连续的临界情况

在电感 L 足够大时，负载电流连续且波形近似为一条直线。图 4-3 为单相全控桥带大电感时的电路及波形。

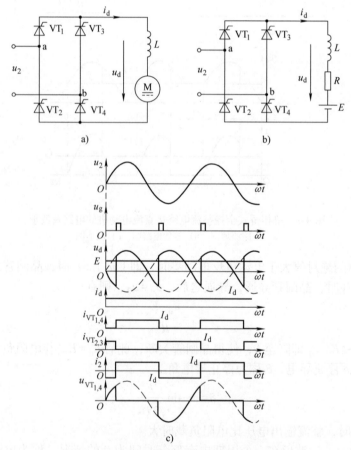

图 4-3　单相全控桥带大电感时的电路及波形
a）电路原理图　b）等效电路　c）波形图

u_d 平均值为

$$U_d = \frac{1}{\pi}\int_{\alpha}^{\pi+\alpha}\sqrt{2}\,U_2\sin\omega t\,d(\omega t) = \frac{2\sqrt{2}}{\pi}U_2\cos\alpha = 0.9U_2\cos\alpha \quad (4-4)$$

晶闸管移相范围为 $90°$，当 $U_2 = 220\text{V}$ 时，由式（4-4），$U_d = 0 \sim 198\text{V}$，这样可以实现调压至 160V 等其他需要的电压值。

晶闸管承受的最大正反向电压均为 $\sqrt{2}\,U_2$。晶闸管导通角 θ 与 α 无关，均为 $180°$。平均值和有效值分别为 $I_{dT} = I_d/2$ 和 $I_T = I_d/\sqrt{2} = 0.707 I_d$。

变压器二次电流 i_2 的波形为 $\pm 180°$ 的矩形波，其相位由 α 角决定，有效值 $I_2 = I_d$。

2. 单相桥式半控整流电路 单相全控桥中，每个导电回路中有 2 个晶闸管，为了对每个导电回路进行控制，只需 1 个晶闸管就可以了，另 1 个晶闸管可以用二极管代替，从而简化整个电路。如此即成为单相桥式半控整流电路，分两种情况讨论：

（1）无续流二极管单相桥式半控整流电路 如图 4-4 所示。半控电路与全控电路在大电感负载时的工作情况相同，对于单相半控桥带大电感负载的情况，假设负载中电感很大，且电路已工作于稳态，在 u_2 正半周，触发延迟角 α 处给晶闸管 VT_1 加触发脉冲，u_2 经 VT_1 和 VD_4 向负载供电，u_2 过零变负时，因电感作用使电流连续，VT_1 继续导通。但因 a 点电位低于 b 点电位，使得电流从 VD_4 转移至 VD_2，VD_4 关断，电流不再流经变压器二次绕组，而是由 VT_1 和 VD_2 续流，在 u_2 负半周，触发延迟角 α 时刻触发 VT_3，VT_3 导通，则向 VT_1 加反向电压使之关断，u_2 经 VT_3 和 VD_2 向负载供电。u_2 过零变正时，VD_4 导通，VD_2 关断。VT_3 和 VD_4 续流，u_d 又为零。

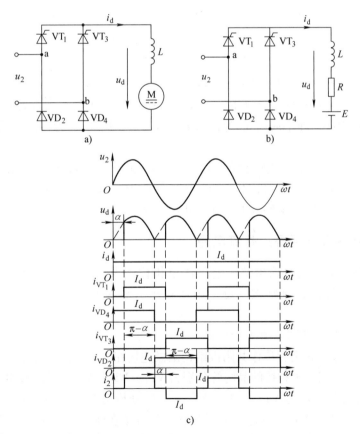

图 4-4 无续流二极管单相桥式半控整流电路及波形
a）电路原理图 b）等效电路 c）波形图

单相桥式半控整流电路的另一种接法如图 4-5 所示。相当于把图 4-1a 中的 VT_3 和 VT_4 换为二极管 VD_3 和 VD_4，这样可以省去图 4-6 所示的续流二极管 VD_R，续流由 VD_3 和 VD_4 来实现。

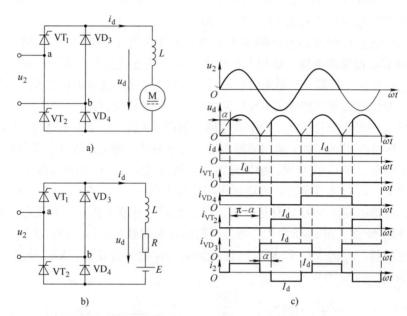

图 4-5　无续流二极管单相桥式半控整流电路及波形（另一种接法）

a）电路原理图　b）等效电路　c）波形图

（2）有续流二极管单相桥式半控整流电路　图 4-4 中，若无续流二极管，则当 α 突然增大至 180°或触发脉冲丢失时，会发生一个晶闸管持续导通而两个二极管轮流导通的情况，这使 u_d 成为正弦半波，即半周期 u_d 为正弦半波，另外半周期 u_d 为零，其平均值保持恒定，这称为失控现象。

有续流二极管 VD_R 时，续流过程由 VD_R 完成，晶闸管关断，避免了某一个晶闸管持续导通从而导致失控的现象。同时，续流期间导电回路中只有一个管压降，有利于降低损耗。有续流二极管，大电感时的电路及波形如图 4-6 所示。

4.1.2　直流电动机三相桥式整流电源

三相桥式全控整流电路输出整流电压比单相桥式及三相半波整流电路高，脉动小，变压器利用率高，且无直流励磁问题，因而在中大容量直流电动机整流电源中获得了广泛应用。

1. 原理分析　其原理图如图 4-7 所示。

阴极连接在一起的晶闸管称作共阴极组，阳极连接在一起的晶闸管称作共阳极组。共阴极组中与 a、b、c 三相电源相接的晶闸管分别为 VT_1、VT_3、VT_5，共阳极组中与 a、b、c 三相电源相接的晶闸管分别为 VT_4、VT_6、VT_2。以后分析可知，晶闸管的导通顺序为 VT_1、VT_2、VT_3、VT_4、VT_5、VT_6。在忽略电枢漏感时，对正在运行的电动机，相当于一个直流电源，由与电动机转速成正比的反电动势 E 和电枢内阻 R 串联构成。下面首先分析带电阻负载时的工作情况，对于带电动机反电动势阻感负载的情况其原理是一样的。

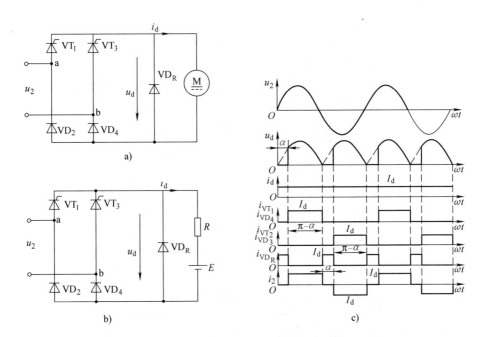

图 4-6 有续流二极管、单相桥式半控整流电路及波形

a）电路原理图 b）等效电路 c）波形图

1）$\alpha \leqslant 60°$时 u_d 波形连续，电路的工作情况与带电阻负载时十分相似，各晶闸管的通断情况、输出整流电压 u_d 波形、晶闸管承受的电压波形等都一样，其区别在于：由于负载不同，同样的整流输出电压加到负载上，得到的负载电流 i_d 波形不同。阻感负载时，由于电感的作用，使得负载电流波形变得平直，当电感足够大时，负载电流的波形可近似为一条水平线，如图 4-8 所示。

2）$\alpha > 60°$时阻感负载时的工作情况与电阻负载时不同，电阻负载时 u_d 波形不会出现负的部分，而阻感负载时，由于电感 L 的作用，u_d 波形会出现负的部分。

带阻感负载时，三相桥式全控整流电路的 α 角移相范围为 90°，如图 4-10 所示。

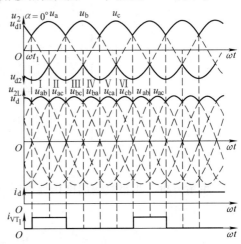

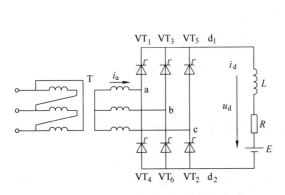

图 4-7 三相桥式全控整流电路原理电路

图 4-8 三相桥式全控整流电路带阻感负载

$\alpha = 0°$时的波形

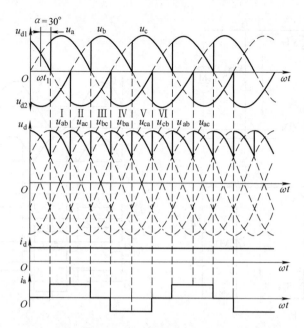

图 4-9　三相桥式全控整流电路带阻感负载 $\alpha = 30°$ 时的波形

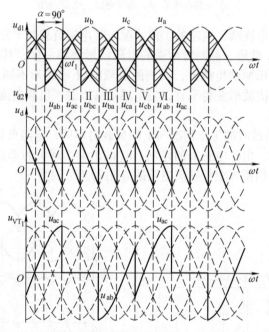

图 4-10　三相桥式整流电路带阻感负载 $\alpha = 90°$ 时的波形

2. 定量分析　当整流输出电压连续时（即带阻感负载时，或带电阻负载 $\alpha \leqslant 60°$ 时）的整流电压平均值为

$$U_d = \frac{3}{\pi} \int_{\frac{\pi}{3}+\alpha}^{\frac{2\pi}{3}+\alpha} \sqrt{6} U_2 \sin\omega t \, d(\omega t) = 2.34 U_2 \cos\alpha \tag{4-5}$$

当 $U_2 = 220V$ 时，由式（4-5）可得 $U_d = 0 \sim 515V$，这样可以实现调压至 $440V$ 等其他需

要的电压值。

带电阻负载且 $\alpha>60°$ 时，整流电压平均值为

$$U_d = \frac{3}{\pi}\int_{\frac{\pi}{3}+\alpha}^{\frac{2\pi}{3}+\alpha}\sqrt{6}\,U_2\sin\omega t\mathrm{d}(\omega t) = 2.34U_2\left[1+\cos\left(\frac{\pi}{3}+\alpha\right)\right] \tag{4-6}$$

输出电流平均值为 $I_d = U_d/R$

当整流变压器为图 4-7 中所示采用星形联结，带阻感负载时，变压器二次电流波形如图 4-9 所示，为正负半周各宽 120°、前沿相差 180° 的矩形波，其有效值为

$$I_2 = \sqrt{\frac{1}{2\pi}\left(I_d^2\times\frac{2\pi}{3}+(-I_d^2)\times\frac{2\pi}{3}\right)} = \sqrt{\frac{2\pi}{3}}\,I_d = 0.816I_d \tag{4-7}$$

晶闸管电压、电流等的定量分析与三相半波时一致。

三相桥式全控整流电路接反电动势阻感负载时，在负载电感足够大足以使负载电流连续的情况下，电路工作情况与电感性负载时相似，电路中各处电压、电流波形均相同，仅在计算 I_d 时有所不同，接反电动势阻感负载时的 I_d 为

$$I_d = \frac{U_d-E}{R} \tag{4-8}$$

式中　R、E——负载中的电阻值和反电动势的值。

4.1.3　直流电动机自动调速原理

不论直流电动机与交流电动机都可以用各种不同的方法进行调速，过去在工业上应用较多的是直流电动机的调速，目前交流调速应用越来越广泛，但直流调速仍占很大比例，本节介绍直流电动机调速。

1. 直流电动机的开环调速方法　根据电机原理，直流电动机转速为

$$n = \frac{E}{C_e\Phi} = \frac{U}{C_e\Phi}-\frac{I_dR_\Sigma}{C_e\Phi} = n_0-\Delta n \tag{4-9}$$

（1）用改变电枢供电电压的方法来调速　一般情况下，改变供电电压只是向小于额定电压的方向变化，得到的转速都是低于额定转速。由于晶闸管整流电路的内阻较大，向直流电动机供电的机械特性较软。只由晶闸管整流电路向直流电动机供电的系统叫开环系统，能得到的调速范围是极其有限的。

（2）用减弱直流电动机的磁通来调速　调速时，使磁通小于额定值，因而所得到的转速（在额定负载下）是高于额定转速 n_N 的。减弱磁通能运行的最高转速 n_{max} 受到电动机的换向与机械强度的限制，一般小于 $2n_N$，特殊设计的可达 $(3\sim4)n_N$，最高转速一般在 3000r/min 以下。

励磁电流减少的方法，在过去是由固定直流电源向励磁绕组供电，用串接附加电阻的方法减小励磁电流，而在现代较大容量的调速系统上，则由专门的晶闸管整流电路向励磁绕组供电，降低供电电压，即可实现弱磁控制。

（3）调压与调磁的配合方法　在额定转速以下用调压方法调速，而在额定转速以上则用调磁方法调速。升速时，应该在额定励磁下提升电枢供电电压，电压升到额定电压，转速也达到额定转速，然后把电枢电压固定在额定值，再减弱磁通来升速，使转速超过额定值。

在降速时，应先把磁通增加到额定值，使转速降到额定值，然后再降低电枢电压来降速。在调速过程中，这种工作顺序必须予以保证。

在一台电动机上，调压与调磁是由两套控制系统来实现的；分为"独立控制系统"与"非独立控制系统"。在独立控制系统中，两套系统没有电的联系，上述工作顺序要由人工正确的操作步骤来保证。在非独立控制系统中，两套系统之间有一定的电气联系，上述工作顺序由控制电路来自动实现。

在非独立调压调磁系统中，电枢升压和磁通减弱是由一个给定信号来控制的。当转速由零到 n_N 的升速过程中，主电路晶闸管电路输出电压由零升到 u_d，这期间电动机的磁通保持为额定磁通值。当转速升到 $(0.9\sim0.95)n_N$ 后，主电路晶闸管电压保持为 U_N，而励磁电路的输出电压降低，励磁电流开始减小，磁通减小，电动机进行弱磁升速，转速超过额定转速，升到给定信号所规定的数值。当电动机需要减速时，控制电路自动实现先增加磁通到额定值，再降低电枢电压。

2. 直流电动机的闭环调速方法　上述的晶闸管整流—电动机系统是没有采用反馈控制的，称之为"开环系统"，其特点是在每一个规定转速下，供电电压是一个固定的数值。这样在电动机负载加大时，主电路的电流必然造成电压降落，使电动机的转速下降，其机械特性较软，不能得到较大的调速范围。

而在自动调速系统中，由专门的设备对转速（或者电压、电流）进行测量，变成电的信号反送到控制信号的输入端，与控制信号进行比较，得到偏差信号，把它送进放大器加以放大，再控制晶闸管整流电路的输出电压。这样，在每一个规定转速下，供电电压不再是一个固定的数值，而是随着电动机负载的加大而加大的数值，这种电压的升高，补偿了主电路的压降，使电动机的静态转速降落 Δn 减小，提高了机械特性的硬度，从而扩大了电动机的调速范围。这种系统属于"闭环系统"。

在闭环自动调速系统中，放大器是不可少的。过去，放大器是使用晶体管放大器，而近代，多用集成电路及单片机、数字信号处理器（DSP）控制。

电压负反馈加电流正反馈调速系统原理图如图 4-11 所示。

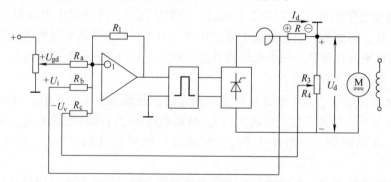

图 4-11　电压负反馈加电流正反馈调速系统

它由电压负反馈和电流正反馈两个反馈环节组成，电压信号引自电动机两端电压的分压器，电流引自主电路所串电阻的两端，以反映电枢电流大小，使放大器的输入信号能随着负载电流的大小而增减，故称为电流正反馈。当负载电流增加时，放大器的输入信号增加，于是晶闸管的输出整流电压 U_d 也增加，用来补偿电枢电阻所产生的压降，那么电动机的转速降落就可以大为减少，从而扩大了系统的调速范围。一般来说，电流正反馈环节在调速系统中不能单独使用，它容易引起系统静特性的不稳定，它总是和电压负反馈一起共同使用。

图 4-12 所示是一个简单实用的中等容量（4.0kW）晶闸管直流调速装置，其控制电路为晶体管控制，主电路为单相半控整流电路。

若控制电路采用由电流内环和速度外环组成的双闭环控制方式，将具有更加良好的动态和静态指标，在此不再赘述。

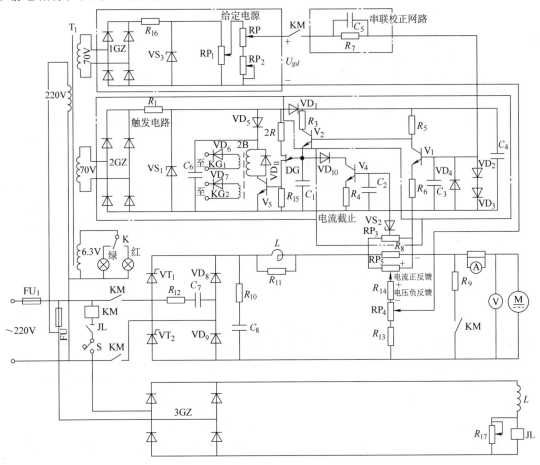

图 4-12　KZD-2 晶闸管直流调速装置

4.1.4　直流电动机整流电源性能分析

随着电力电子技术和现代自动控制技术的发展，整流电源在直流电气传动系统中已基本替代了直流发电机，但是整流输出的是含有脉动分量的电压和电流，对直流电动机的运行性能带来很多不良的影响，如无火花换向区缩小，换向性能变差，一般换向火花将比发电机供电大一个火花等级左右；附加铜耗和附加铁耗增加；振动噪声增大；还对电动机绝缘提出了更高要求和产生高频轴电压等。

（1）脉动电流　整流电源输出的电流是脉动的，如图 4-13 所示。电流波形的品质用电流波形因数 K_{wi} 或电流脉动率 μ 来表示。

电流波形因数为其有效值 I_{ef} 与平均值 I_{av} 之比，即

$$K_{wi} = \frac{I_{ef}}{I_{av}} \qquad (4\text{-}10)$$

电流的脉动率是一个周期内电流最大值与最小值之差与平均值之比的百分数，即

$$\mu = \frac{I_{max} - I_{min}}{I_{av}} \times 100\% \qquad (4\text{-}11)$$

为了降低电流脉动，常串接平波电抗器，同时还能在轻载时防止电流不连续，以免引起电路时间常数变化，影响电动机的动态性能；此外，还可采用多相整流、增大电抗器电感量等措施来改善整流波形的品质。

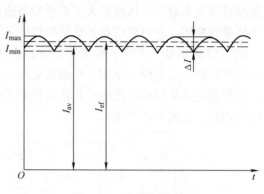

图 4-13　脉动电流波形

未考虑整流电源供电设计的小型直流电动机，如维持相同的温升，由整流电源供电时的电动机输出功率将比发电机供电时小，随电流波形因数成反比变化，使用不同型式整流电源，电动机输出功率降低的程度也不相同。

未接平波电抗器时，采用①单相桥式整流电源供电时，电流波形因数为 1.3~1.5，电动机输出功率为直流发电机供电时的 50%~60%；②三相半控整流电源供电时，电动机输出功率为直流发电机供电时的 85% 左右；③三相全控桥式整流电源供电时，电动机输出功率为直流发电机供电时的 95% 左右。所以三相全控桥式整流电源供电应用最为普遍。

（2）整流电源的输出电压　整流电源供电时，要求直流电动机的额定电压与整流电源输出电压相匹配，对直接接电网的单相和三相整流电源输出电压及其直流电动机的额定电压见表 4-3。

表 4-3　整流电源供电时直流电动机额定电压

整流电源装置			单相网络		三相网络
网络频率/Hz			50		50
网络电压/V			220	380	380
整流系数			0.9		1.35
全开放理想直流电压/V			198	342	513
网络电压波动 5% 时的直流压降/V			198×5%≈10	342×5%≈17.1	513×5%≈25.7
整流装置本身电阻压降及管压降/V			3		6
整流桥系数			0.7		0.5
交流进线电抗及平波电抗直流压降/V			0.7×4%×198+2.5≈8	0.7×4%×342+2.5≈12	0.5×4%×513+2.5≈12.8
控制裕度内的电压损失/V	一象限运行 $\alpha_{min}=5°\sim20°$	半控	2	4	10
		全控	4	7	20
	四象限运行 $\beta_{min}=25°\sim30°$	全控	18.6	32	69
装置能输出的电压/V	一象限	半控	173.1	309	458.6
		全控	171.1	306	448.6
	四象限	全控	158.5	288	406.6
直流电动机额定电压/V	一象限	半控	160	280	440
		全控	160	280	440
	四象限	全控	160	280	400

（3）直流传动电源 全数字直流传动装置 KMⅡ系列技术数据见表4-4，该装置进线为三相
AC400（$1^{+15\%}_{-20\%}$）V，频率为45~65Hz；静态精度：测速发电机反馈时为 $n=0.1\%$，编码器反馈
时为 $n=0.006\%$；动态速降 $\Delta n<2\%$，调速范围为 1：40，稳速精度、速度漂移<0.3%。

表4-4 全数字直流传动装置 KMⅡ系列技术数据

型 号	直流输出		配用电动机		励磁电流 /A	柜子外形尺寸 ($A×B×C$)/mm
	额定电压 /V	额定电流 /A	额定电压 /V	额定功率 /kW		
KMⅡ-15/440②	420	15	400	5.5	3	600×850×1600
KMⅡ-30/440	485/420	30	440/400	11	5	600×850×1600
KMⅡ-60/440	485/420	60	440/400	22	10	600×850×1600
KMⅡ-90/440①	485	90	440	40	10	600×850×1600
KMⅡ-100/440②	420	100	400	40	10	600×850×1600
KMⅡ-125/440①	485	125	440	40	10	600×850×1600
KMⅡ-140/440②	420	140	400	55	10	600×850×1600
KMⅡ-200/440	485/420	200	440/400	75	15	600×850×1800
KMⅡ-250/440	485/420	250	440/400	90	15	600×850×1800
KMⅡ-400/440	483/420	400	440/400	160	25	600×1050×2000
KMⅡ-600/440	485/420	600	440/400	220	25	600×1050×2000
KMⅡ-850/440	485/420	850	440/400	315	30	1200×600×2000
KMⅡ-1200/440	584/420	1200	440/400	450	30	1200×600×2000

注：型号中的分子为额定直流电流，分母为额定直流电压。
① 仅不可逆有此规格。
② 仅可逆有此规格。

4.2 异步电动机变频调速控制驱动电源

4.2.1 变频交流调速系统的基本原理

1. 变频交流调速系统特点 由于直流调速具有优越的调速性能，在过去很长时间里，
直流调速系统占据主导地位，约占电气传动总容量的80%，但由于直流电动机存在换向器、
电刷，而使直流调速系统具有以下一些缺点：

1）体积大，成本高，结构复杂，故障多，维修困难。

2）不适用于易燃、易爆、易腐蚀等恶劣环境。

3）换向器的换向能力限制了电动机功率及转速。

随着电力电子器件和控制技术的飞速发展，使得变频交流调速性能可以与直流调速相媲
美。交流电动机具有以下一些主要优点：

1）笼型异步电动机的价格远低于直流电动机。

2）不易出故障，维修简单。

3）使用场合没有限制。

4）单机功率远大于直流电动机。

5）体积小，节省空间。

异步电动机采用变频调速方式时，无论电动机转速高低，转差功率的消耗基本不变，系

统效率是各种交流调速方式中最高的，具有显著的节能效果，是交流调速传动中应用最多的一种调速方式。笼型异步电动机的定子频率控制方式有：①恒压频比（U_1/f）控制；②转差频率控制；③矢量控制；④直接转矩控制等。

2. PWM 控制的基本原理

面积等效原理：将正弦半波 N 等分，可看成 N 个相连的脉冲序列，其宽度相等，但幅值不等，如图 4-14a 所示。用一系列等幅不等宽的脉冲来代替这样的正弦半波，其特点是中点与图 4-14a 相应脉冲重合，面积（冲量）相等，其宽度按正弦规律变化，如图 4-14b 所示，这就是 SPWM 波形。要改变等效输出正弦波幅值，按同一比例改变各脉冲宽度即可，将 SPWM 波形加在电动机感性的惯性负载上时，其输出电流响应与正弦电压效果相同，这便可实现变频调速。

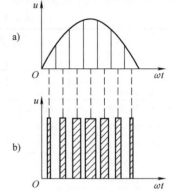

图 4-14　用 PWM 波代替正弦半波
a）正弦波　b）SPWM 波

4.2.2　PWM 逆变电路及其控制方法

目前中小功率的逆变电路几乎都采用 PWM 技术，逆变电路是 PWM 控制技术最为重要的应用场合，PWM 逆变电路也可分为电压型和电流型两种，目前实用的几乎都是电压型。

1. 单相桥式 PWM 逆变电路　输出波形作调制信号，进行调制得到期望的 PWM 波，通常采用等腰三角波或锯齿波作为载波，等腰三角波应用最多，其任一点水平宽度和高度呈线性关系且左右对称，与任一平缓变化的调制信号波相交，在交点控制器件通断，就得到宽度正比于信号波幅值的脉冲，符合 PWM 的要求，调制信号波为正弦波时，得到的就是 SPWM 波。

如图 4-15 所示，结合 IGBT 单相桥式电压型逆变电路对调制方法进行说明。VI_1 和 VI_2 通断互补，VI_3 和 VI_4 通断互补。

（1）单相桥式单极性 PWM 逆变电路　控制规律如下：

u_o 正半周：VI_1 保持导通，VI_2 保持关断，VI_3 和 VI_4 交替通断，负载电流比电压滞后，在电压正半周，电流有一段为正，一段为负。负载电流为正区间，VI_1 和 VI_4 导通时，$u_o = U_d$。VI_4 关断时，负载电流通过 VI_1 和 VD_3 续流，$u_o = 0$。负载电流为负区间，i_o 为负，实际上从 VD_1 和 VD_4 流过，仍有 $u_o = U_d$。VI_4 关断，VI_3 导通后，i_o 从 VI_3 和 VD_1 续流，$u_o = 0$，这样，u_o 总可以得到 U_d 和 0 两种电平。

u_o 负半周：VI_2 保持导通，VI_1 保持关断，VI_3 和 VI_4 交替通断，u_o 可以得到 $-U_d$ 和 0 两种电平。

单极性 SPWM 控制方式（单相桥逆变），在 u_r 和 u_c 的交点时刻控制 IGBT 的通断，如图 4-16 所示，图中虚线 u_{of} 表示 u_o 的基波分量。

u_r 正半周：给 VI_1 导通信号，VI_2 保持关断。当 $u_r > u_c$ 时，给 VI_4 导通信号，VI_3 关断，如 $i_o > 0$，VI_1 和 VI_4 导通，如 $i_o < 0$，VD_1 和 VD_4 导通，$u_o = U_d$；当 $u_r < u_c$ 时，给 VI_3 导通信号，VI_4 关断，如 $i_o > 0$，VI_1 和 VD_3，如 $i_o < 0$，VD_1 和 VI_3 导通，$u_o = 0$。

u_r 负半周：给 VI_2 导通信号，VI_1 保持关断。当 $u_r < u_c$ 时，给 VI_3 导通信号，VI_4 关断，如 $i_o < 0$，VI_2 和 VI_3 导通，如 $i_o > 0$，VD_2 和 VD_3 导通，$u_o = -U_d$；当 $u_r > u_c$ 时，给 VI_4 导通信

号，VI_4 关断，如 $i_o>0$，VI_4 和 VD_2，如 $i_o<0$，VD_4 和 VI_2 导通，$u_o=0$。

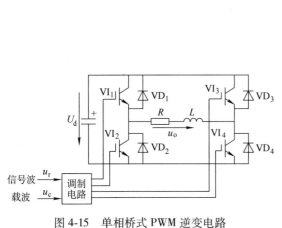

图 4-15 单相桥式 PWM 逆变电路

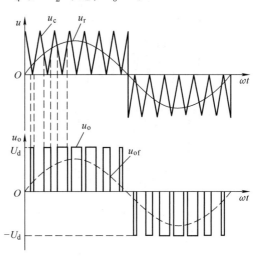

图 4-16 单极性 SPWM 控制方式波形

由此可见，在 u_r 正半周，输出电压为正极性脉冲，在 u_r 负半周，输出电压为负极性脉冲。这种只在单个极性范围内变化的控制方式称为单极性 PWM 控制方式。

（2）单相桥式双极性 PWM 逆变电路　与单极性控制不同，在 u_r 半个周期内，三角波载波有正有负，所得 PWM 波也有正有负，在 u_r 一个周期内，输出 PWM 波只有 $\pm U_d$ 两种电平，仍在调制信号 u_r 和载波信号 u_c 的交点控制器件的通断。PWM 逆变电路与单极性控制相同。其波形如图 4-17 所示。

u_r 正负半周，对各开关器件的控制规律相同，当 $u_r>u_c$ 时，给 VI_1 和 VI_4 导通信号，给 VI_2 和 VI_3 关断信号，如 $i_o>0$，VI_1 和 VI_4 导通，如 $i_o<0$，VD_1 和 VD_4 导通，$u_o=U_d$。

当 $u_r<u_c$ 时，给 VI_2 和 VI_3 导通信号，给 VI_1 和 VI_4 关断信号，如 $i_o<0$，VI_2 和 VI_3 导通，如 $i_o>0$，VD_2 和 VD_3 导通，$u_o=-U_d$。

2. 三相桥式 PWM 逆变电路　三相桥式 PWM 逆变电路都采用双极性控制方式。逆变电路如图 4-18 所示，波形如图 4-19 所示。

三相 PWM 控制公用 u_c，三相的调制信号 u_{rU}、u_{rV} 和 u_{rW} 依次相差 120°，以 U 相为例来说明控制规律：

当 $u_{rU}>u_c$ 时，给 VI_1 导通信号，给 VI_4 关断信号，$u_{UN'}=U_d/2$；当 $u_{rU}<u_c$ 时，给 VI_4 导通信号，给 VI_1 关断信号，$u_{UN'}=-U_d/2$。当给 VI_1（VI_4）加导通信号时，可能是 VI_1（VI_4）导通，也可能是 VD_1（VD_4）导通，这要由电流的方向来定。

$u_{UN'}$、$u_{VN'}$ 和 $u_{WN'}$ 的 PWM 波形只有 $\pm U_d/2$ 两种电平。

u_{UV} 波形可由 $u_{UN'}-u_{VN'}$ 得出，当 VI_1 和 VI_6 导通时，$u_{UV}=U_d$，当 VI_3 和 VI_4 导通时，$u_{UV}=-U_d$，当 VI_1 和 VI_3 或 VI_4 和 VI_6 导通时，$u_{UV}=0$。

输出线电压 PWM 波由 $\pm U_d$ 和 0 三种电平构成，负载相电压 PWM 波由 $(\pm 2/3)U_d$、$(\pm 1/3)U_d$ 和 0 共 5 种电平组成。

$$u_{UN}=u_{UN'}-\frac{u_{UN'}+u_{VN'}+u_{WN'}}{3} \tag{4-12}$$

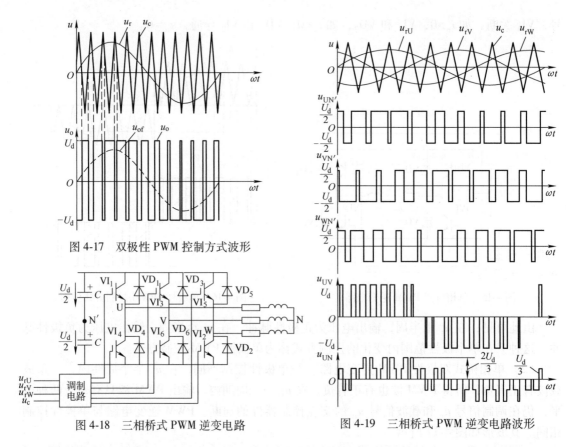

图 4-17　双极性 PWM 控制方式波形

图 4-18　三相桥式 PWM 逆变电路

图 4-19　三相桥式 PWM 逆变电路波形

同一相上下两臂的驱动信号互补，为防止上下臂直通造成短路，留一小段上下臂都施加关断信号的死区时间，死区时间的长短主要由器件关断时间决定，死区时间会给输出 PWM 波带来影响，使其稍稍偏离正弦波。

3. 自然采样法　以上是通过硬件电路的办法实现 SPWM 波，也可根据正弦波频率、幅值和半周期脉冲数，经软件准确计算 PWM 波各脉冲宽度和间隔，据此控制逆变电路开关器件的通断，就可得到所需 PWM 波形，这种方法便是自然采样法，其缺点是：繁琐，要求解复杂的超越方程，当输出正弦波的频率、幅值或相位变化时，结果都要变化，难以在实时控制中在线计算，工程应用不多。

4. 规则采样法　规则采样法是一种应用较广的工程实用方法，效果接近自然采样法，但计算量少得多。规则采样法原理：如图 4-20 所示，三角波两个正峰值之间为一个采样周期 T_c，自然采样法中，脉冲中点不和三角波一周期中点（即负峰点）重合，规则采样法使两者重合，每个脉冲中点为相应三角波中点，计算大为简化，三角波负峰时刻 t_D 对信号波采样得 D 点，过 D 作水平线和三角波交于 A、B 点，在 A 点时刻 t_A 和 B 点时刻 t_B 控制器件的通断，这样脉冲宽度和用自然采样法得到的脉冲宽度非常接近。

推导规则采样法计算公式时，正弦调制信号波为

$$u_r = a\sin\omega_r t \tag{4-13}$$

式中　a——调制度，$0 \leqslant a < 1$；

　　　ω_r——信号波角频率。

如图 4-20 所示，利用三角形相似原理得

$$\frac{1+a\sin\omega_r t_D}{\delta/2}=\frac{2}{T_C/2} \tag{4-14}$$

因此可得

$$\delta=\frac{T_C}{2}(1+a\sin\omega_r t_D) \tag{4-15}$$

三角波一周期内，脉冲两边间隙宽度为

$$\delta'=\frac{1}{2}(T_C-\delta)=\frac{T_C}{4}(1-a\sin\omega_r t_D) \tag{4-16}$$

对于三相桥式逆变电路的情况，载波公用，三相调制波相位依次差 120°，同一三角波周期内三相的脉宽分别为 δ_U、δ_V 和 δ_W，脉冲两边的间隙宽度分别为 δ'_U、δ'_V 和 δ'_W，同一时刻三相调制波之和为零，由式（4-15）得

$$\delta_U+\delta_V+\delta_W=\frac{3T_C}{2} \tag{4-17}$$

由式（4-16）得

$$\delta'_U+\delta'_V+\delta'_W=\frac{3T_C}{4} \tag{4-18}$$

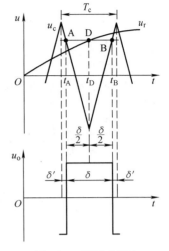

图 4-20　规则采样法

利用以上两式可简化三相 SPWM 波的计算。

5. 特定谐波消去法　特定谐波消去（Selected Harmonic Elimination PWM，SHEPWM）法是计算法中一种较有代表性的方法，如图 4-21 所示。

输出电压半周期内，器件通断各 3 次（不包括 0 和 π），共有 6 个开关时刻可控，为减少谐波并简化控制，要尽量使波形对称。

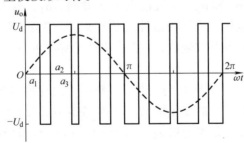

图 4-21　特定谐波消去法的输出 PWM 波形

首先，为消除偶次谐波，使波形正负两半周期镜像对称，即

$$u(\omega t)=-u(\omega t+\pi) \tag{4-19}$$

其次，为消除谐波中的余弦项，使波形在半周期内前后 1/4 周期以 π/2 为轴线对称，得

$$u(\omega t)=u(\pi-\omega t) \tag{4-20}$$

同时满足式（4-19）和式（4-20）成为 1/4 周期对称波形，用傅里叶级数表示为

$$u(\omega t) = \sum_{n=1,3,5\cdots}^{\infty} a_n \sin n\omega t \tag{4-21}$$

式中　$a_n = \dfrac{4}{\pi} \displaystyle\int_0^{\frac{\pi}{2}} u(\omega t) \sin n\omega t \mathrm{d}(\omega t)$。

1/4 周期对称波形如图 4-21 所示，能独立控制 α_1、α_2 和 α_3 共三个时刻。该波形的 a_n 为

$$a_n = \frac{4}{\pi}\left[\int_0^{\alpha_1} \frac{U_\mathrm{d}}{2}\sin n\omega t \mathrm{d}(\omega t) + \int_{\alpha_1}^{\alpha_2}\left(-\frac{U_\mathrm{d}}{2}\sin n\omega t\right)\mathrm{d}(\omega t) + \int_{\alpha_2}^{\alpha_3}\frac{U_\mathrm{d}}{2}\sin n\omega t \mathrm{d}(\omega t) \right.$$

$$\left. + \int_{\alpha_3}^{\frac{\pi}{2}}\left(-\frac{U_\mathrm{d}}{2}\sin n\omega t\right)\mathrm{d}(\omega t) \right] = \frac{2U_\mathrm{d}}{n\pi}(1-2\cos n\alpha_1 + 2\cos n\alpha_2 - 2\cos n\alpha_3) \tag{4-22}$$

式中　$n=1,3,5,\cdots$

确定 a_1 的值，再令两个不同的 $a_n=0$，就可建立三个方程，求得开关控制角 α_1、α_2 和 α_3。消去两种特定频率的谐波，在三相对称电路的线电压中，相电压所含的 3 次谐波相互抵消，可考虑消去 5 次和 7 次谐波，得如下联立方程：

$$\left. \begin{aligned} a_1 &= \frac{2U_\mathrm{d}}{\pi}(1-2\cos\alpha_1 + 2\cos\alpha_2 - 2\cos\alpha_3) \\[2mm] a_5 &= \frac{2U_\mathrm{d}}{5\pi}(1-2\cos5\alpha_1 + 2\cos5\alpha_2 - 2\cos5\alpha_3)=0 \\[2mm] a_7 &= \frac{2U_\mathrm{d}}{7\pi}(1-2\cos7\alpha_1 + 2\cos7\alpha_2 - 2\cos7\alpha_3)=0 \end{aligned} \right\} \tag{4-23}$$

给定 a_1，解方程可得 α_1、α_2 和 α_3。基波幅值 a_1 变化时，α_1、α_2 和 α_3 也相应改变。

一般情况下，在输出电压半周期内器件通断各 k 次，考虑 PWM 波 1/4 周期对称，k 个开关时刻可控，除用一个控制基波幅值，可消去 $k-1$ 个频率的特定谐波，k 越大，开关时刻的计算越复杂。

在 SPWM 逆变器中，载波频率 f_c 与调制信号频率 f_r 之比称作载波比 N，$N=f_\mathrm{c}/f_\mathrm{r}$，根据载波和信号波是否同步及载波比的变化情况，PWM 控制方式分为异步调制和同步调制。

6. 异步调制　异步调制方式为载波信号和调制信号不同步的调制方式。通常保持 f_c 固定不变，当 f_r 变化时，载波比 N 是变化的，在信号波的半周期内，PWM 波的脉冲个数不固定，相位也不固定，正负半周期的脉冲不对称，半周期内前后 1/4 周期的脉冲也不对称。

当 f_r 较低时，N 较大，一周期内脉冲数较多，脉冲不对称的不利影响较小。而当 f_r 增高时，N 减小，一周期内的脉冲数减少，PWM 脉冲不对称的影响就变大。

7. 同步调制　同步调制方式为 $N=f_\mathrm{c}/f_\mathrm{r}=$ 常数，并在变频时使载波和信号波保持同步，f_r 变化时 N 不变，信号波一周期内输出脉冲数固定，对于三相逆变电路，共用一个三角波载波，且取 N 为 3 的整数倍，使三相输出对称，为使一相的 PWM 波正负两半周镜像对称，N 应取奇数。同步调制三相 PWM 波形如图 4-22 所示。

f_r 很低时，f_c 也很低，由调制带来的谐波不易滤除，f_r 很高时，f_c 会过高，使开关器件难以承受。

8. 分段同步调制　把 f_r 范围划分成若干个频段，每个频段内保持 N 恒定，不同频段 N 不同，在 f_r 高的频段采用较低的 N，使载波频率不致过高，在 f_r 低的频段采用较高的 N，使载波频率不致过低。图 4-23 所示为分段同步调制举例。

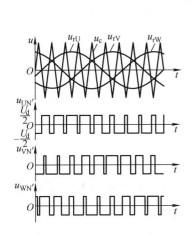

图 4-22　同步调制三相 PWM 波形

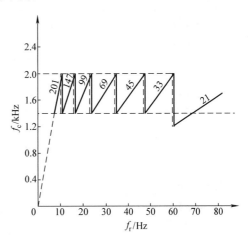

图 4-23　分段同步调制方式举例

为防止 f_c 在切换点附近来回跳动，采用滞后切换的方法，同步调制比异步调制复杂，但用微机控制时容易实现，可在低频输出时采用异步调制方式，高频输出时切换到同步调制方式，这样把两者的优点结合起来，和分段同步方式效果接近。

4.2.3　产生 SPWM 脉冲的专用集成电路及应用

1. 产生 SPWM 脉冲的专用集成电路　产生 SPWM 控制信号的方法主要有三种：采用微处理器；采用专用大规模集成电路；采用微处理器和专用大规模集成电路相结合。采用微处理器的好处是灵活、功能强、易于保密；不足之处是周期长、通用性差。采用专用大规模集成电路的好处是使用简单、无需编写软件、开发周期短，不足之处是功能单一、不能扩展。采用微处理器和专用大规模集成电路相结合，具有功能性强、易于保密、输出功率大、电磁兼容性强、可靠性高的优点，缺点是电路复杂、开发周期较长。

几种用于产生 SPWM 信号的专用大规模集成电路见表 4-5。

表 4-5　产生 SPWM 脉冲的专用集成电路

序号	型号	厂家	功　　能
1	SA8381	MITEL 半导体公司	单相 PWM 产生器,能产生增强型波形,并联微处理器接口,高智能,CMOS 集成电路,功耗低,载波频率高达 24kHz,电源频率精度为 12 位
2	SA8382		单相 PWM 产生器,能产生纯正弦波,并联微处理器接口,高智能,CMOS 集成电路,功耗低,载波频率高达 24kHz,电源频率精度为 12 位

（续）

序号	型号	厂家	功　　能
3	SA869		单相 PWM 产生器,无需微处理器,工厂掩模编程,能产生纯正弦波,4 位数字输入确定 16 档速度,内设驱动器,系统简捷,适合低成本、大批量的应用,电源频率精度为 16 位
4	SA867AE SA867AM		单相 PWM 产生器,无需微处理器,专用工作模式适用于静止逆变器及变频调速,并可组成闭环回路控制输出电压,外接 EEPROM 编程,输出纯正弦波,模拟输入实现连续调速,电源频率精度为 16 位。SA867AM 功能与 SA867AE 一样,由工厂掩模取代 EEPROM 编程
5	SA867DE SA867DM		单相 PWM,无需微处理器,专用工作模式适用于静止逆变器及变频调速,并可组成闭环控制回路而输出电压,外接 EEPROM 编程,输出纯正弦波,数字输入实现 12 档速度输出,电源频率精度为 16 位。SA867DM 功能与 SA867DE 一样,由工厂掩模取代 EEPROM 编程
6	SA802		两相 PWM 产生器,与微处理器串联接口,能产生纯正弦波,节省了 MCU 外部总线的连接线
7	SA862AE SA862AM		两相 PWM 产生器,无需微处理器,输出纯正弦波,通过外接 EEPROM 编程,模拟信号输入,实现连续调速。SA862AM 功能与 SA862AE 一样,由工厂掩模编程取代 EEPROM 编程
8	SA862DE		两相 PWM 产生器,无需微处理器,输出纯正弦波,通过外接 EEPROM 编程,数字信号输入,实现 12 档速度输出。SA862DM 功能与 SA862DE 一样,由工厂掩模编程取代 EEPROM 编程
9	SA8282	MITEL 半导体公司	三相 PWM 产生器,能产生纯正弦波,并联微处理器接口,高智能,载波频率可高达 24kHz,电源频率精度为 12 位
10	SA4828		三相 PWM 产生器,并联微处理器接口,性能比 SA828 系列升级,三相幅值独立控制,也可用于两相中,内部可编程"看门狗",能产生纯正弦波、增强型及高效型三种波形,开关功耗低,载波频率高达 24kHz,电源频率精度为 16 位
11	SA868		三相 PWM 产生器,无需微处理器,工厂掩模编程,能产生纯正弦波、增强型及高效型三种波形,4 位数字输入确定 16 档速度,内设驱动器,系统简捷,适合低成本、大批量的应用,载波频率高达 24kHz,电源频率精度为 16 位,电源频率范围为 0~4kHz
12	SA808		三相 PWM 产生器,与微处理器串联接口,输出纯正弦波、增强型及高效型三种波形,节省了 MCU 外部总线的连接线
13	SA866AE SA866AM		三相 PWM 产生器,无需微处理器,专用工作模式适用静止逆变器及变频调速,并可组成闭环回路控制输出电压,能输出纯正弦波、增强型及高效型三种波形,外接 EEPROM 编程,模拟信号输入实现连续调速,电源频率精度为 16 位。SA866AM 功能与 SA866AE 一样,由工厂掩模编程取代 EEPROM 编程
14	SA866DE SA866DM		三相 PWM 产生器,无需微处理器,专用工作模式适用于静止逆变器及变频调速,并可组成闭环回路控制输出电压,能输出纯正弦波、增强型及高效型三种波形,外接 EEPROM 编程,数字信号输入实现 12 档速度输出,电源频率精度为 16 位。SA866DM 功能与 SA866DE 一样,由工厂掩模编程取代 EEPROM 编程

（续）

序号	型号	厂家	功　　能
15	HEF4752	Mullard 公司	三相 SPWM 产生器,无需微处理器,属硬件实现,利用 COCMOS 技术制造,它的驱动输出经隔离放大后,既可驱动晶闸管逆变器,也可驱动晶体管逆变器,在交流电机变频调速和不间断电源中用作控制器件。输出频率从 1Hz 到上百赫兹之间连续可调
16	SLE4520	西门子公司	三相 PWM 产生器,是一种应用 ACMOS 技术制作的低功耗高频大规集成电路,是一种可编程器件。能把三个 8 位数字量同时转换成三路相应脉宽的矩形波信号,与 8 位或 16 位微处理器联合使用,可产生三相变频器所需的六路控制信号,输出的 SPWM 波的开关频率可达 20kHz,基波频率可达 2600Hz,适用于 IGBT 变频器
17	MA818	Marconi 公司	三相 PWM 产生器,全数字操作。可以非常容易地由微处理器通过 MO-TEL 总线接口直接进行控制。PWM 的全数字化产生方法使它的脉冲具有很高的精确性和稳定性。工作频率范围宽。三角载波频率可选,最高可达 24kHz。这使它可方便地应用于电动机临界噪声以上的传动,输出调制频率最高可达 4kHz,输出频率的分辨率可精确到 12 位,工作方式灵活。MA818 具有 6 个标准 TTL 电平的输出,可方便地用来驱动逆变器的 6 个功率开关器件。载波频率、调制频率、调制深度、过调制选择、最小脉冲宽度、延迟时间、相序等,可由微处理器通过向其写入控制字而方便地确定或修改,不需外加任何电路

2. 产生 SPWM 脉冲的专用集成电路的应用　以采用 SA866DE 集成电路为例,如图 4-24 所示。

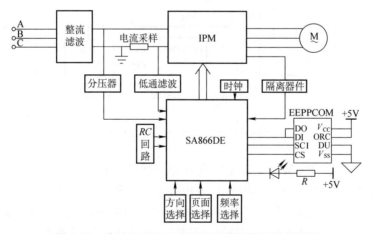

图 4-24　采用 SA866DE 变频调速控制装置原理框图

系统主电路输入引自电网的三相交流电,经整流、滤波后变为直流电提供给电力电子器件,经过电力电子器件变频后形成三相交流电驱动交流异步电动机。电力电子器件采用集成度高的智能功率模块（IPM）,它将功率变换、栅极驱动和保护电路集为一体,具有驱动欠电压、开关过电流、桥臂短路及过热等系统保护功能。SA866DE 的 SET TRIP 脚与 IPM 的保护输出端相连,一旦检测到保护信号时快速向 SA866DE 发出保护高电平,高速切断电路,关断 PWM 输出。

控制电路是整个变频调速系统的核心，整个控制电路只需采用一片 SA866DE 三相 PWM 波形产生器芯片即可实现 PWM 信号输出、系统保护等功能。12 档速度调节通过加/减速速率设置端 R_{ACC}/R_{DEC} 及电压监控端 V_{MON} 和电流监控端 I_{MON} 很容易实现，电动机的正反转通过 DIR 端控制，因此，系统电路结构简单，控制调节方便，具有一定的智能性。

SA866DE 内部电路框图如图 4-25 所示。其功能说明如下：

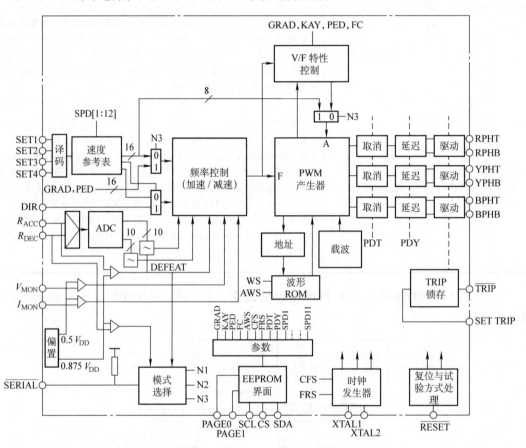

图 4-25　SA866DE 内部电路框图

（1）PWM 产生器　PWM 产生器是实现脉冲序列的核心。脉冲调制信号是通过比较输入参考波形和高频载波得到的。SA866DE 采用异步不对称规则采样的调制方法。SA866DE 为用户提供的参考波形以数字形式存在片内 ROM 中。SA866DE 使用数字调制技术，避免了使用模拟器件时产生的漂移现象。三角波（载波）由一个加/减计数器合成，并通过数字比较器和调制波进行比较。调制波在每个载波波峰上升和下降沿都进行采样，称作“双沿规则采样”。调制波以数字形式存在片内 ROM（1536 个采样点/360°）中。开关频率被 ROM 内特定地址的比例控制，该比例值与 SA866DE 的载波频率无关，因此称为异步 PWM 方法。PWM 波形最终输出三对互补信号分别驱动三相逆变桥的上、下桥臂开关管。每相输出控制电路由脉冲取消电路、脉冲延迟电路和功率驱动电路组成。脉冲取消电路用来将脉冲宽度小于取消时间的脉冲去掉；脉冲延迟电路保证死区时间间隔，防止转换瞬间上、下桥臂间开关器件产生直通现象，以使逆变器可靠换相；驱动电路用于 PWM 波形输出功率放大，使之可直接驱动光耦合器件，以实现隔离。

（2）速度及加速/减速控制 速度控制（即频率控制）通常由 4 位数字输入 SET1～SET4 脚决定，从而可由速度参考表选取 12 档速度目标值。加速、减速控制主要通过一个 16 位幅值比较器和 17 位加速/减计数器组成。加/减计数器的时钟由加速/减速振荡器提供，加速/减速速率可单独设定，由 $\overline{\text{OSC}}$/CLK（图中未标出）输入状态用 3 种方式控制。加速/减速速率设置端 R_{ACC}/R_{DEC} 分别外接电阻、电容确定加速/减速振荡器频率。是否实行加速/减速，还应由电压监控端 V_{MON} 和电流监控端 I_{MON} 的输入信号值共同确定。

在图 4-25 内部电路框图中，$\overline{\text{OSC}}$/CLK 脚用来选择本机时钟或外部输入时钟，以控制加速/减速速率。当 $\overline{\text{OSC}}$/CLK 为低电平时，选择 R_{AAC} 和 R_{DEC} 输入电压方式，内部 A/D 转换电路将它们转换为数字量，并由这两个数字量决定对本机晶体振荡时钟的分频数，从而决定加速/减速速率。当 $\overline{\text{OSC}}$/CLK 是高电平时，允许在 R_{ACC} 和 R_{DEC} 输入外部时钟信号来确定加速/减速速率。如果对 R_{ACC} 脚施加大于 $0.875V_{\text{DDA}}$ 的电平，加速/减速功能失效，输入的频率和方向指令直接决定输出的转速和转向，没有加减速过程。

（3）U_1/f 特性控制 为了适应各种场合，保证 SA866 在任何频率下都能对电压幅度进行控制，有两种 U_1/f 控制方式可以选择。线性方式和二次型方式。为了减小铜耗，初始电压都设置成可调，然后电压和频率按线性关系和二次型关系上升到指定值。线性 U_1/f 操作使频率在恒转矩区上升到指定值。在恒转矩区外振幅保持最大值，但随着频率的增大，转矩不断下降，而使功率保持不变，此时被称为恒功率区。U_1/f 特性曲线形状由一个 8 位精度的可编程参数决定。

（4）模式选择 将 $\overline{\text{SERIAL}}$ 脚置 1 或悬空不用，可以选择 N1～N3 模式，这三种模式均为正常工作模式，所有参数均由外部 EEPROM 读入。将 $\overline{\text{SERIAL}}$ 脚置 0，可以选择 S1 或 S2 模式，这两种模式均为串行工作模式，由微处理器/微控制器取代外部 EEPROM，串行加载初始化参数。

SA866DE 具有 MICROWIRE 三线串行接口，可与 256 或 1024 位的串行总线型 EEPROM 兼容。EEPROM 的存储单元分为 4 页，每页为 4 个 16 位字，分别包含一套参数。页面选择通过 SA866DE 给 EEPROM 发送的首地址命令及所读取的位数确定，这样对于每种产品可以有四套参数供选择，由 PAGE0、PAGE1 两个逻辑引脚决定（详细资料参见相关手册）。

4.2.4 异步电动机恒压频比变频调速控制方式

异步电动机的转速主要由电源频率和极对数决定。改变电源（定子磁场）频率，就可进行电动机的调速，即使进行宽范围的调速运行，也能获得足够的转矩。在各种异步电动机调速系统中，调速性能最好而且现在应用最广的系统是变压变频调速系统。在这种系统中，要调节电动机的转速，必须同时调节定子供电电源的电压和频率，使机械特性平滑地上下移动，而转差功率不变，调速时不致增加转差功率的消耗，因此可以获得很高的运行效率。恒压频比控制是比较简单的控制方式，历史悠久，且目前仍然被大量采用。该方式被用于转速开环的交流调速系统，适用于生产机械对调速系统的静、动态性能要求不高的场合，例如利用通用变频器对风机、泵类进行调速，以达到节能的目的，近年来也被大量用于空调等家用电器产品。

恒压频比控制就是保持电动机中每极磁通量 Φ 为额定值不变。如果磁通太弱，则没有充分利用电动机的铁心，如果过分增大磁通，又会使铁心饱和，从而导致过大的励磁电流，引起功率因数和效率的降低，严重时会因绕组过热而损坏电动机。三相异步电动机定子每相电动势的有效值为

$$E = 2.22fN_{\Phi 1}K_{dp1}\Phi \tag{4-24}$$

$$\Phi = \frac{E}{2.22fN_{\Phi 1}K_{dp1}} \tag{4-25}$$

式中　E——气隙磁通在定子每相绕组中的感应电动势有效值（V）；

f——定子频率（Hz）；

$N_{\Phi 1}$——定子每相绕组串联导体数；

K_{dp1}——定子基波绕组系数；

Φ——每极气隙磁通量（Wb）。

由式（4-25）可知，只要控制好电动势 E 和频率 f，便可达到控制磁通的目的，对此需要考虑基频（额定频率）以下和基频以上两种情况。

1. 基频以下调速　由式（4-26）可知，要保持 Φ 不变，当频率从额定值向下调节时，必须同时降低电动势，即采用电动势与频率之比为恒值的控制方式：

$$\Phi = \frac{E}{f} = 常数 \tag{4-26}$$

然而，绕组中的感应电动势是难以直接控制的，当电动势值较高时，可以忽略定子绕组漏阻抗压降，于是可得

$$\Phi = \frac{E}{f} \approx \frac{U_1}{f} = 常数 \tag{4-27}$$

这便是恒压频比的控制方式。

低频时，U_1 和 E 都较小，定子漏磁阻抗压降所占的比例比较大，不能再忽略。这时，把电压 U_1 提高一些，以便近似地补偿定子压降。恒压频比控制特性如图 4-26 中曲线 1 所示，无补偿的控制特性则如虚线 2 所示。

2. 基频以上调速　在基频以上调速时，频率应该从 f_N 向上升高，但定子电压 U_1 却不允许超过额定电压 U_{1N}，最多只能保持在 U_{1N}，这将迫使磁通与频率成反比，基频以上控制特性则如图 4-26 曲线 3 所示。在基频以下，磁通恒定时，转矩也恒定，属于恒转矩调速性质，而在基频以上，转速升高时，转矩降低，基本上属于恒功率调速性质。

3. 恒压频比控制调速系统　恒压频比控制调速系统通常由数字控制的通用变频器-异步电动机调速系统组成。其原理框图如图 4-27 所示。

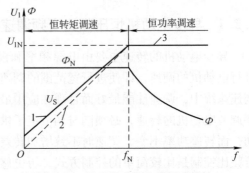

图 4-26　异步电动机变频调速特性

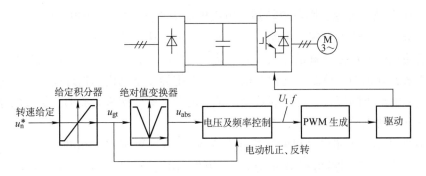

图 4-27　数字控制的恒压频比控制调速系统原理框图

转速给定信号 u_n^* 既作为调节加减速度的频率 f 的指令值，同时经过适当分压，也被作为定子电压 U_1 的指令值。该 f 指令值和 U_1 指令值之比就决定了 U_1/f 比值。由于频率和电压由同一给定值控制，因此可以保证压频比为恒定。为防止电动机起动电流过大，在给定信号之后加有给定积分器，可将阶跃给定信号转换为按设定斜率逐渐变化的斜坡信号 u_{gt}，从而使电动机的电压和转速都平缓地升高或降低，避免产生冲击。此外，为使电动机可正反转，给定信号是可正可负的，但电动机的转向由变频器输出电压的相序决定，不需要由频率和电压给定信号反映极性，因此用绝对值变换器将 u_{gt} 变换为绝对值信号 u_{abs}，经电压及频率控制环节处理之后，得出电压及频率的指令信号，经 PWM 生成环节形成控制逆变器的 PWM 信号，再经驱动电路控制变频器中 IGBT 的通断，使变频器输出所需频率、相序和大小的交流电压，从而控制交流电动机的转速和转向。

4. 转差频率控制　以上所述转速开环的控制方式可满足一般平滑调速的要求，但其静、动态性能均有限，要提高调速系统的动态性能，需采用转速闭环的控制方式。其中一种常用的闭环控制方式就是转差频率控制方式。

由异步电动机稳态模型可以证明，当稳态气隙磁通恒定时，电磁转矩近似与转差角频率 ω_2 成正比，如果能保持稳态转子全磁链恒定，则转矩准确地与 ω_2 成正比。因此，控制 ω_2 就相当于控制转矩。采用转速闭环的转差频率控制时，使定子角频率 $\omega_1 = \omega_2 + \omega_r$，则可使 ω_1 随实际转子角频率 ω_r 增加或减小，得到平滑而稳定的调速，保证了较高的调速范围。但是，这种方法是基于稳态模型的，仍得不到理想的动态性能。

4.3　交流电动机矢量控制驱动电源

4.3.1　坐标变换原理

异步电动机恒压频比变频调速控制方式是建立在异步电动机稳态数学模型基础上的，动态性能不高。为适应高动态性能的需要，1971 年德国学者 Blaschke 和 Hasse 提出了对交流电动机可以进行矢量变换控制，这是一种新的控制思想、新的控制理论和新的控制技术。可以说，它的出现对交流电动机控制技术的研究具有划时代的意义。因为这种通过磁场定向构成的矢量变换交流闭环控制系统，其性能几乎可与直流电动机系统相媲美。

直流电动机电磁转矩 $T = C_T \Phi I_a$。不考虑磁路饱和，磁通 Φ 正比于励磁电流 I_f。保持励

磁电流 I_f 不变即磁通不变，则电磁转矩与电枢电流 I_a 成正比。阻碍电枢电流 I_a 变化的是电枢漏电感，所以响应速度很快。由此可以实现转矩的快速调节，获得理想的动态性能。

异步电动机的矢量控制就是仿照直流电动机的控制方式，把定子电流的磁场分量和转矩分量解耦开来，分别加以控制。这种解耦，实际是把异步电动机的物理模型设法等效地变换成类似于直流电动机的模式。这种等效变换是借助于坐标变换来完成的。等效的原则是，在不同坐标系下电动机模型所产生的磁动势相同。

如图 4-28 所示，异步电动机的三相静止绕组 U、V、W 通以三相电流 i_U、i_V、i_W，产生合成旋转磁动势 F_1 以同步角频率 ω_r 逆时针旋转。用两个互相垂直的静止绕组 α 和 β 通入两相对称电流 $i_{\alpha1}$、$i_{\beta1}$ 同样可以产生相同的旋转磁动势 F_1，由于两个静止绕组互相垂直，所以相互之间没有互感。其电流变换关系见式（4-28），这种变换也称"2→3"相变换。

$$\begin{bmatrix} i_{\alpha1} \\ i_{\beta1} \end{bmatrix} = \frac{N_S}{N_D}\begin{bmatrix} 1 & \cos120° & \cos240° \\ 0 & \sin120° & \sin240° \end{bmatrix}\begin{bmatrix} i_U \\ i_V \\ i_W \end{bmatrix} \tag{4-28}$$

式中　N_S——三相绕组有效导体数；

　　　N_D——两相绕组有效导体数。

为满足功率不变的约束，$N_S/N_D = \sqrt{\dfrac{2}{3}}$，由此得

$$\begin{bmatrix} i_{\alpha1} \\ i_{\beta1} \end{bmatrix} = \sqrt{\frac{2}{3}}\begin{bmatrix} 1 & \cos120° & \cos240° \\ 0 & \sin120° & \sin240° \end{bmatrix}\begin{bmatrix} i_U \\ i_V \\ i_W \end{bmatrix} \tag{4-29}$$

磁链和电压变换矩阵与式（4-29）相同。

同理，两相静止绕组 α、β 与三相静止绕组 U、V、W 的变换关系见式（4-30），这种变换也称"3→2"相变换，有

$$\begin{bmatrix} i_U \\ i_V \\ i_W \end{bmatrix} = \sqrt{\frac{2}{3}}\begin{bmatrix} 1 & 0 \\ -\dfrac{1}{2} & \dfrac{\sqrt{3}}{2} \\ -\dfrac{1}{2} & -\dfrac{\sqrt{3}}{2} \end{bmatrix}\begin{bmatrix} i_{\alpha1} \\ i_{\beta1} \end{bmatrix} \tag{4-30}$$

磁链和电压变换矩阵与式（4-30）相同。

如果选择互相垂直以同步角频率 ω_1 旋转的 M、T 两相旋转绕组，使 M 轴与转子磁链位置相同，这便是目前常用的按转子磁场定向的矢量控制，此外还有按定子磁场定向的矢量控制和按气隙磁场定向的矢量控制。图 4-29 所示的直流电流 i_{m1} 和 i_{t1}，可以与 $i_{\alpha1}$ 和 $i_{\beta1}$ 产生相同的旋转磁动势 F_1。这样便可以用直流电动机控制原理来控制交流电动机。

$i_{\alpha1}$、$i_{\beta1}$［参考图 4-29 和式（4-31）、式（4-32）］与 i_{m1} 和 i_{t1} 之间存在如下关系：

$$i_{\alpha1} = i_{m1}\cos\theta_1 - i_{t1}\sin\theta_1 \tag{4-31}$$

$$i_{\beta1} = i_{m1}\sin\theta + i_{t1}\cos\theta_1 \tag{4-32}$$

将其写成矩阵形式，得

$$\begin{bmatrix} i_{\alpha 1} \\ i_{\beta 1} \end{bmatrix} = \begin{bmatrix} \cos\theta_1 & -\sin\theta_1 \\ \sin\theta_1 & \cos\theta_1 \end{bmatrix} \begin{bmatrix} i_{m1} \\ i_{t1} \end{bmatrix} \tag{4-33}$$

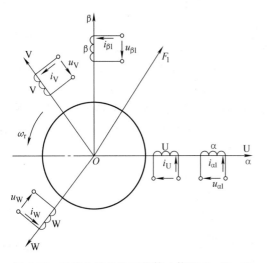

图 4-28　异步电动机的三相静止绕组 U、V、W
与两相静止绕组 α、β 的变换

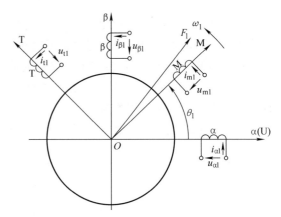

图 4-29　异步电动机的两相静止绕组 α、β
与直流旋转绕组 M、T 的变换

也存在式（4-33）的逆变换，其电流变换关系如式（4-34）：

$$\begin{bmatrix} i_{m1} \\ i_{t1} \end{bmatrix} = \begin{bmatrix} \cos\theta_1 & \sin\theta_1 \\ -\sin\theta_1 & \cos\theta_1 \end{bmatrix} \begin{bmatrix} i_{\alpha 1} \\ i_{\beta 1} \end{bmatrix} \tag{4-34}$$

式中　θ_1——M 轴与 α 轴夹角，$\theta_1 = \int \omega_1 dt$ 。

磁链和电压变换矩阵与式（4-33）和式（4-34）相同。

式（4-34）由 $i_{\alpha 1}$、$i_{\beta 1}$ 到 i_{m1} 和 i_{t1} 的变换称为 "VR"，而 i_{m1} 和 i_{t1} 到 $i_{\alpha 1}$、$i_{\beta 1}$ 的变换称为 "VR^{-1}" 变换。

4.3.2　异步电动机电磁转矩和转子磁链观测

由电机理论知，异步电动机电磁转矩为

$$T_{em} = p_1 \frac{L_m}{L_r} \Psi_2 i_{t1} \tag{4-35}$$

转子磁链为

$$\Psi_2 = \frac{L_m}{1 + T_2 p} i_{m1} \tag{4-36}$$

式中　p_1——电动机极对数；

　　　p——微分算子，p=d/dt；

　　　L_m——定转子之间的互感；

　　　L_r——转子电感；

　　　T_2——转子时间常数，$T_2 = L_r/r_2$。

$$T_{em} = p_1 \frac{L_m^2}{L_r} \left(\frac{i_{m1}}{1 + T_2 p} \right) i_{t1}$$

当转子磁链恒定时

$$T_{em} = p_1 \frac{L_m^2}{L_r} i_{m1} i_{t1} \tag{4-37}$$

在转子磁场定向中，如能保持 i_{m1} 恒定，即 Ψ_2 恒定，则电磁转矩与定子电流的有功分量成正比。对电磁转矩的控制与对直流电动机的控制完全类似。

直接检测 Ψ_2 的位置在技术上是比较困难的，目前主要通过特定的数学模型（也称观测器）经过运算间接得到，观测模型有多种，如电压模型法和电流模型法。在此仅介绍电压模型法。电流模型法见相关参考文献。

由两相静止坐标，得电压方程

$$u_{\alpha 1} = r_1 i_{\alpha 1} + L_s \frac{d i_{\alpha 1}}{dt} + L_m \frac{d i_{\alpha 2}}{dt} \tag{4-38}$$

$$u_{\beta 1} = r_1 i_{\beta 1} + L_s \frac{d i_{\beta 1}}{dt} + L_m \frac{d i_{\beta 2}}{dt} \tag{4-39}$$

由于

$$\Psi_{\alpha 2} = L_m i_{\alpha 1} + L_r i_{\alpha 2} \tag{4-40}$$

$$\Psi_{\beta 2} = L_m i_{\beta 1} + L_r i_{\beta 2} \tag{4-41}$$

$$\sigma = 1 - L_m^2 / L_s L_r \tag{4-42}$$

经整理得

$$\Psi_{\alpha 2} = \frac{L_r}{L_m} \left[\int (u_{\alpha 1} - r_1 i_{\alpha 1}) dt - L_s \sigma i_{\alpha 1} \right] \tag{4-43}$$

$$\Psi_{\beta 2} = \frac{L_r}{L_m} \left[\int (u_{\beta 1} - r_1 i_{\alpha 1}) dt - L_s \sigma i_{\beta 1} \right] \tag{4-44}$$

式中　L_s ——电动机定子电感；

$\quad\quad r_1$ ——电动机定子电阻；

$\quad\quad \sigma$ ——漏感系数。

$$| \Psi_2 | = \sqrt{\Psi_{\alpha 2}^2 + \Psi_{\beta 2}^2} \tag{4-45}$$

$$\sin \theta_1 = \frac{\Psi_{\alpha 2}}{| \Psi_2 |} \tag{4-46}$$

$$\cos \theta_1 = \frac{\Psi_{\beta 2}}{| \Psi_2 |} \tag{4-47}$$

由此可见，转子磁链可由定子电阻、定子电感、转子电感及定子电压和电流决定，与转子电阻无关，定子电阻易测试，定子电感、转子电感变化较小，这是这种方法的优越性，当然定子电阻随温度增加会影响观测精度。

4.3.3　异步电动机电压型逆变器矢量控制原理

电机转速方程为

$$\omega_r = \omega_1 - \omega_2 = \omega_1 - \frac{1}{T_2}\frac{L_m}{\varPsi_2}i_{t1} \tag{4-48}$$

式中　ω_r——转子电角频率;

　　　ω_1——同步电角频率;

　　　ω_2——转差电角频率。

$$\omega_2 = \frac{1}{T_2}\frac{L_m}{\varPsi_2}i_{t1} \tag{4-49}$$

将式（4-49）代入式（4-35）后得

$$T_{em} = p_1\frac{L_m}{L_r}\varPsi_2 i_{t1} = p_1\frac{T_2}{L_r}\varPsi_2^2\omega_2 = \frac{p_1}{R_2}\varPsi_2^2\omega_2$$

电压型逆变器矢量控制原理框图如图 4-30 所示。

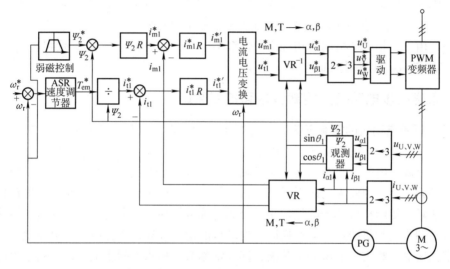

图 4-30　电压型逆变器矢量控制原理框图

根据给定转速 ω_r^* 和测得转速 ω_r，速度调节器 ASR（通常为 PI 调节器）确定输出转矩 T_{em}^*，由式（4-35）得

$$T_{em} = p_1\frac{L_m}{L_r}\varPsi_2 i_{t1} \propto \varPsi_2 i_{t1}$$

T_{em}^* 除以 $\varPsi_2$ 得 i_{t1}^*，与实测值 i_{t1} 比较后，经 $i_{t1}^* R$ 调节器（通常为 PI 调节器）得 $i_{t1}^* {'}$。 ω_r 经弱磁控制器，在转速 ω_r 低于基速时，$\varPsi_2$ 保持恒定。在转速 ω_r 高于基速时，$\varPsi_2$ 随 ω_r 反比例地减小，其与实测值 i_{m1} 比较后，经 $i_{m1}^* R$ 调节器（通常为 PI 调节器）得 $i_{m1}^* {'}$。

经电流电压变换 u_{m1}^* 和 u_{t1}^* 后可由以下两式得到：

$$u_{m1}^* = r_1 i_{m1}^* - \sigma L_s i_{t1}^*\left(\omega_r + \frac{1}{T_2}\frac{i_{t1}^*}{i_{m1}^*}\right) \tag{4-50}$$

$$u_{t1}^* = \left[r_1(1+2\sigma T_1 p) + \frac{L_s}{T_2}\right]i_{t1}^* + L_s i_{m1}\omega_r \tag{4-51}$$

式中　T_1——定子时间常数，$T_1 = L_s/r_1$。

u_{m1}^* 和 u_{t1}^* 到 $u_{\alpha1}^*$ 和 $u_{\beta1}^*$ 的变换，由 VR^{-1} 变换器来完成，可得

$$\begin{bmatrix} u_{\alpha1}^* \\ u_{\beta1}^* \end{bmatrix} = \begin{bmatrix} \cos\theta_1 & -\sin\theta_1 \\ \sin\theta_1 & \cos\theta_1 \end{bmatrix} \begin{bmatrix} u_{m1}^* \\ u_{t1}^* \end{bmatrix} \tag{4-52}$$

$u_{\alpha1}^*$ 和 $u_{\beta1}^*$ 到 u_U^*、u_V^* 和 u_W^* 的变换，可由 "2-3" 即两相/三相变换器来完成，可得

$$\begin{bmatrix} u_U^* \\ u_V^* \\ u_W^* \end{bmatrix} = \sqrt{\frac{2}{3}} \begin{bmatrix} 1 & 0 \\ -\dfrac{1}{2} & \dfrac{\sqrt{3}}{2} \\ -\dfrac{1}{2} & -\dfrac{\sqrt{3}}{2} \end{bmatrix} \begin{bmatrix} u_{\alpha1}^* \\ u_{\beta1}^* \end{bmatrix} \tag{4-53}$$

经驱动后控制 PWM 变频器驱动电动机。

对于电流型逆变器 $i_{m1}^{*\prime}$、$i_{t1}^{*\prime}$ 经 VR^{-1} 变换器得到 $i_{\alpha1}^*$、$i_{\beta1}^*$，再由 "2→3" 即两相/三相变换器得 i_U^*、i_V^*、i_W^*，经驱动后控制 PWM 变频器驱动电动机。

此外，由于三相电动机的三相绕组中性线不引出，仅测量 i_U 和 i_W，便可得 $i_V = -i_U - i_W$。经测量 u_{UW} 和 u_{VW} 便可得到 u_U、u_V、u_W。

4.3.4　永磁同步电动机的控制策略和控制原理

1. 永磁同步电动机的控制策略　永磁同步电动机在位置伺服系统中作为执行机构，它用永磁体取代普通同步电动机转子中的励磁绕组，从而省去了励磁线圈、供应励磁绕组励磁电流的外部电源、电刷，以及安装在转子轴上的集电环，也免去了对电刷的定期维护。由于转子没有励磁绕组，因此无励磁损耗。与直流伺服电动机相比，永磁同步伺服电动机转子本身不产生热量，传给机械部分的热量小，因此系统可靠性高，电动机容量和转子转速都可以提高。永磁同步电动机的定子与普通同步电动机的定子一样，通常由三相电枢绕组和铁心组成，要求输入的三相定子电流为正弦波，因此常称为三相永磁同步电动机。由于永磁同步电动机的电枢绕组在定子上，因此可以直接对定子冷却，散热效果好。采用高性能永磁材料后，永磁同步电动机具有功率密度高、效率高、动态响应快、定位精确等优点，使得三相永磁同步电动机作为交流伺服电动机在中小功率位置伺服控制系统中已经日益受到广泛的重视和应用。

永磁同步电动机作为电动机运行可以进行开环或闭环控制，实现转矩（力）、转速或位置伺服控制。对于永磁同步电动机开环调速驱动系统，不需要安装位置和速度传感器，只要改变供电电源的频率就可以实现电动机转速的调节。不过，在改变频率的过程中，永磁同步电动机与异步电动机不同，异步电动机虽然开环速度跟踪精度不高，但依靠转差运行的异步电动机不存在失步的问题。也就是说不需要转子转速与定子变频频率保持同步转速，调速过程中频率变化快慢不会影响最终的控制要求。然而，永磁同步电动机则不同，定子电源频率不能改变得太快。如果要求永磁同步电动机转速升高，那么定子电源频率必须增大。在频率调节过程中，若定子磁场的频率上升太快，则定子磁场转速增加就很快，因为转子有惯量转速来不及改变，使得定转子磁场之间的相位差迅速增大，电磁转矩增大；如果定转子磁场之间的相位差超过永磁同步电动机稳定运行范围后，电磁转矩反而减小。只要电磁转矩始终大于负载转矩，那么定转子磁场之间的相位差最终还是会恢复到稳定运行的范围内，永磁同步

电动机调速能正常进行。如果随着相位差增大，发生电磁转矩小于负载转矩的情况，那么电动机转子不仅得不到加速，反而会减速，造成转子跟不上定子磁场而出现失步现象。这样定转子磁场之间的相位差由于转子减速将进一步增大，电磁转矩也由驱动变为制动，导致电磁转矩在以后的 360°电角度周期内的平均值等于 0，因为负载转矩的作用使转子不断减速，最终永磁同步电动机停止运行，调速失败。

对于永磁同步电动机闭环控制系统，特别是位置伺服系统都需要转子位置信息，以避免上述失步现象的发生。转子位置信息的获取采用精度相对较高的光电编码器或旋转变压器等位置传感器，也可以采用无位置传感器的方法。为了提高永磁同步电动机的控制响应速度，通常采用矢量控制技术。由于永磁同步电动机的数学模型建立在转子 dq0 坐标系基础上，因此永磁同步电动机矢量控制策略与异步电动机类似，但也存在明显的不同之处。在具体应用场合，永磁同步电动机矢量控制策略根据不同的速度调节范围、性能要求还可分为如下形式：①直轴电枢电流为 0 的控制策略；②最大电磁转矩/电流比控制；③弱磁控制；④最大输出功率控制。

2. 永磁同步电动机矢量控制原理　　在位置伺服控制系统中，对伺服电动机的驱动控制根据位置信号控制原理可以有开环与闭环两种。开环控制不检测伺服电动机的位置信号，省去了机械位置检测装置，采用直接步进脉冲控制，控制方式简单，但控制精度一般不高。如果采用无位置传感器矢量控制策略，那么控制算法复杂，但可以提高控制精度，同时又解决了安装机械位置传感器带来的各种问题，节省了成本，提高了可靠性。闭环控制需要在伺服电动机非动力轴端安装机械位置传感器，如编码器或旋转变压器等，机械位置传感器检测伺服电动机转子位置角作为位置反馈信号，将给定位置指令信号与位置反馈信号进行比较，形成误差值控制伺服电动机，使得系统快速消除误差，最终达到给定位置指令值。在具有机械变速系统的实际位置伺服系统中，还要检测实际运动控制部件的位置信号，然后将其转换成伺服电动机的位置角信号，并对机械变速装置存在的误差进行补偿，以消除整个伺服系统的位置控制误差。

对于位置伺服控制系统，要求具有高的抗干扰能力或稳定性、控制响应的快速性和定位的准确性，同时系统结构要简单，成本要适中，维护也要方便。

对于驱动电动机来说，不论存在机械变速装置与否，都是直接驱动机械负载，只是机械负载的特性不同而已，因此研究三相永磁同步电动机直接驱动机械机构的位置伺服系统是最基本的，也是十分必要的。具有位置传感器的永磁同步电动机位置伺服系统控制有两种基本的策略：一种是按照交流电流跟踪策略，也可称为电流型，如图 4-31 所示；另一种是按照 dq 电流的控制策略，最后控制逆变器的电压，也可称为电压型，如图 4-32 所示。这两种控制策略的主要不同在于形成 dq 坐标电流指令以后处理的方法不同，交流电流跟踪策略是将指令 dq 电流通过转子两相到定子三相的坐标变换获得三相电流指令值，再将三相电流指令值与实际三相电流比较，利用滞环比较器控制逆变器的导通与关断，实际三相电流是通过电流传感器检测得到的，控制结果使得实际三相电流跟踪三相电流指令值。

而电压型则是将指令 dq 电流与实际 dq 电流比较，通过电流调节器获得 dq 指令电压，再经过转子两相到定子两相的 VR^{-1} 变换，[见式（4-33），将下标 m，t 换为 d，q]，获得定子两相指令电压，由 "2→3" 即两相/三相变换器获得逆变器导通与关断控制的 PWM 波形。实际 dq 电流是由电流传感器检测三相电流，并利用定子三相到转子两相的坐标变换得

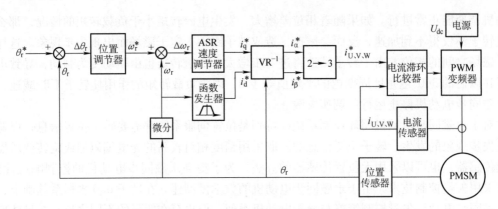

图 4-31 电流型交流电流跟踪策略闭环位置伺服控制系统

到的。这里主要介绍电压型。

图 4-32 所示的系统是由指令给定、转子位置传感器、电流传感器、电压型逆变器、三相永磁同步电动机以及 DSP 组成。DSP 完成检测信号的 A/D 转换，完成位置调节器、速度调节器、电流调节器以及逆变器驱动。位置传感器通常是旋转变压器或光电编码器，其中旋转变压器输出的正弦和余弦电压信号需要经过数字编码（如 AD2S90 芯片），增量式光电编码器需要确定转子初始位置。

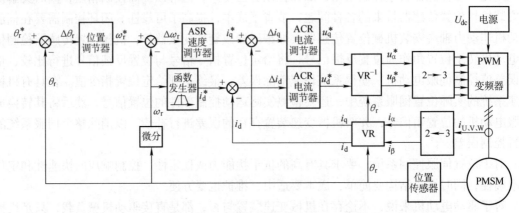

图 4-32 电压型闭环位置伺服控制系统硬件结构框图

转子位置传感器检测实际转子位置信号 θ_r，位置伺服系统给定位置信号 θ_r^*，两者比较后得到位置误差信号 $\Delta\theta_r = \theta_r^* - \theta_r$，该位置误差信号经过位置调节器 PI 调节后，输出转子转速给定信号 ω_r^*。实际转子转速信号由实际转子位置信号经过微分得到 $\omega_r = \mathrm{d}\theta/\mathrm{d}t$，指令转子速度与实际速度比较后形成速度误差信号 $\Delta\omega_r = \omega_r^* - \omega_r$，速度误差信号作为速度调节器 ASR 的输入，经过转速调节输出 q 轴电流指令 i_q^*（相当于电磁转矩给定信号，期望电动机的电磁转矩达到给定值 T_{em}^*），并根据转子转速确定直轴电流指令值 i_d^*。电流电压传感器对永磁同步电动机三相电流和直流母线电压进行检测，利用转子位置角信号进行坐标变换，计算出实际电流指令值 i_d 和 i_q，直轴与交轴指令电流 i_d^* 和 i_q^* 与实际电流 i_d 和 i_q 比较，分别得到直轴与交轴电流分量误差信号，再根据电流调节器控制算法分别获得直轴与交轴电压指令信号 u_d^* 和 u_q^*，直轴与交轴经 VR^{-1} 变换器［见式 (4-33)］得到定子静止两相坐标系统中的

电压指令信号 u_α^* 和 u_β^*。$u_{\alpha 1}^*$ 和 $u_{\beta 1}^*$ 到 u_U^*、u_V^* 和 u_W^* 的变换，可由 "2→3" 即两相/三相变换器完成。

矢量控制方式的稳态、动态性能都很好，但是控制复杂。为此，又有学者提出了 "直接转矩控制"。直接转矩控制方法同样是基于动态模型的，其控制闭环中的内环，直接采用了转矩反馈，并采用砰-砰控制，可以得到转矩的快速动态响应，并且控制相对要简单许多。限于篇幅，在此不做详细分析讨论。

4.4　无刷直流电动机控制驱动电源

4.4.1　无刷直流电动机的控制原理及其实现

无刷直流电动机的控制原理如图 4-33 所示。控制系统大致分为三部分：①控制部分；②位置检测器；③驱动及逆变器主电路。下面分别介绍。

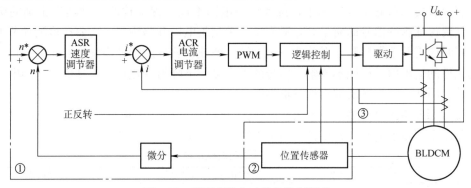

图 4-33　无刷直流电动机的控制原理

速度给定信号 n^* 与速度反馈信号 n 求差后送给速度调节器 ASR，速度调节器的输出作为电流信号的参考值 i^*，与电流信号的反馈值求差后送至电流调节器 ACR，电流调节器的输出为电压参考值，决定电磁转矩，形成 PWM 调制波，正反转控制信号和位置检测器的输出信号一起输入到逻辑控制单元，确定要导通的相，送至逻辑 "与" 单元，把换相信号和 PWM 信号结合起来，再输出到逆变器的驱动电路，驱动无刷直流电动机工作。通常采用 PID 算法实现。速度为外环，电流为内环。位置传感器主要有光电式和霍尔元件两种形式，霍尔元件位置传感器应用较多。

1. 控制部分　无刷直流电动机的控制经历了从分立元器件加少量集成电路、专用集成电路到以微型计算机控制的发展过程。

（1）分立元器件加少量集成电路构成模拟控制系统　模拟控制系统在以往的无刷直流电动机中大量应用，但由于模拟电路中存在参数漂移和参数不一致等问题，同时电路复杂、不易调试，使电动机的可靠性和性能受到影响，目前应用较少，只用于一些经济实用型无刷直流电动机中，并逐步被基于专用集成电路的控制系统所取代。

（2）基于专用集成电路的控制系统　很多半导体厂商推出了不同规格和用途的无刷直流电动机控制专用集成电路。专用集成控制电路克服了分立元器件的缺点，它体积小、可靠性高，在特定环境下可完成特定功能，对具有规模化生产的无刷直流电动机控制系统来说是首选方案。但其应用范围局限性大，功能难以扩展。

（3）以微型计算机技术为核心的数模混合控制系统与全数字化控制系统　随着无刷直流电动机应用领域的不断扩大，对其性能提出了越来越高的要求，因而其控制器由以硬件模拟电子器件为主，转向采用数字电路、单片机以及数字信号处理器（DSP）方向发展，实现半数字化数模控制和数字化控制。控制规律由软件实现，随着运算速度的提高可以实现 PI、PID、模糊、神经网络控制等。

2. 位置检测器　位置传感器分有位置传感器的位置检测和无位置传感器的位置检测两种。以反电动势过零检测法说明无位置传感器的位置检测的原理。

反电动势过零检测法是通过将电动机电枢绕组的端电压与电枢的中性点电压比较获得反电动势过零点，从而确定转子磁极的位置，其检测电路由端电压检测、低通滤波、过零比较和光隔离等环节组成。由于端电压并不是完全的梯形波，总带有毛刺和谐波干扰，为此进行深度滤波，以不影响反电动势过零点的正确检测。滤波后的端电压检测信号与电动机的中性点电压进行比较，获得反电动势的过零点。

在有位置传感器的位置检测中，位置检测电路不仅要保证检测元件输出正确的脉冲信号，而且要保证脉冲信号的质量。一般霍尔开关是集电极开路输出，需要在检测环节加上拉电阻；同时还需要根据检测波形采取一定的硬件滤波和软件防抖动措施。而光电式位置传感器检测元件的输出信号往往不规整，信号的上升沿、下降沿变化迟缓，高低电平的电压值也不尽一致。因此，应在输出端附加整形电路。

3. 驱动及逆变器主电路　对于小功率电动机驱动电路直接集成在专用集成电路里，大功率控制用专用驱动电路。常用集成驱动电路见表 4-6。

表 4-6　常用集成驱动电路

序号	集成驱动电路型号	适用的功率开关器件	驱动形式
1	UAA4002	GTR，MOSFET	单路驱动
2	M579181	MOSFET	单路驱动
3	M57924L	MOSFET	双路驱动
4	M579191	MOSFET	三路驱动
5	EXB850，EXB851	IGBT	单路驱动，标准型
6	EXB840，EXB841	IGBT	单路驱动，高速型
7	IR2110	MOSFET，IGBT	双路驱动
8	IR2130，IR2132	MOSFET，IGBT	六路驱动
9	TLP250	MOSFET，IGBT	单路驱动

4.4.2　无刷直流电动机专用集成电路及其应用

国际众多厂家推出多种不同类别和用途的无刷直流电动机专用集成电路，功能齐全，性能优异、价格低廉，为无刷直流电动机推广应用创造了条件。专用集成电路可分为两大类：带有功率驱动的专用集成电路和需使用外接逆变器的控制器专用集成电路。前者属于小功率范围，而后者可用于较大功率电动机的控制。这些专用集成电路有以下特点：

1）专用集成电路大多数是为三相电动机设计的，少数是两相、四相的。

2）尽管无刷直流电动机的位置传感器有多种，但专用集成电路中绝大部分是为霍尔开关式转子位置传感器设计的。电路内均含有一个转子位置译码器电路，接收转子位置信号，给予放大和译码，有的还可向转子位置传感器送出励磁电流。

3）大多数专用集成电路的功率控制采用 PWM 方式。电路内含频率可设定的锯齿波振荡器、误差放大器、PWM 比较器和温度补偿基准电源等。对于桥式驱动电路，常只对下桥臂开关进行脉宽调制。

4）闭环速度控制采用模拟量控制方式或数字锁相环工作方式。如 MC33035 控制器利用转子位置信号综合出与速度频率成正比的脉冲，经 MC33039 电子测速器进行 F/V 变换，得到速度电压信号。在误差放大器中，速度反馈信号和给定速度比较，其误差送到 PWM 发生器中，实现速度闭环调节。又如 A8902 控制器内部设有锁相环电路，具有频率锁定速度控制功能。

5）具有正反转控制、起停控制、制动控制等功能。

6）内部设有一些保护电路，包括输出限流、过电流延时关断、控制电压欠电压关断、结温过高报警和关断、向微处理器主控系统发出故障信号。对桥式逆变器，电路上有交叉保护功能，防止上下桥臂出现直通。

7）利用反电动势检测转子位置的无位置传感器专用集成电路，解决了转子位置的判别、电动机的平滑起动及电流换相问题，缩短了开发周期，具有构成简单、调试方便的特点。如 Micro Linear 公司的 ML4425、ML4428，Philips 公司的 TDA5140、TDA5141 及 Allegro 公司的 A8901、A8902 等。

采用集成电路芯片为核心构成无刷直流电机调速系统具有构成简单、调试方便、开发周期短、性能稳定和运行速度快等优点。但专用集成电路以硬件方式完成对无刷直流电动机的控制，不具有用户可编程的特点，也难以做到将来的升级。因此，基于专用集成电路的控制系统适用于一些要求简单、性能不高，但实时性要求高的场合。

表 4-7　部分无刷直流电动机专用集成电路　　　　　表 4-7

序号	型号	厂商	电压/V	电流/A	特　　　点	封装
1	MC33033	Motorola	30		三相电机控制器,接霍尔传感器,全波驱动,PWM 控制,可实现正反转、制动、二、四相电机也可用	DIP20
2	MC33034		30			DIP24
3	MC33035		30			DIP24
4	MC33039		5		电子测速器,可实现 F/V 变换	DIP8
5	LM621	NS	45		三/四相电机控制器,可实现全波或半波驱动	DIP18
6	LS7260	LSI Computer	28		三/四相电机控制器,PWM 驱动,可实现正反转、制动、限流功能	DIP20
7	LS7261		28			DIP20
8	LS7262		28			DIP20
9	LS7263		28		三/四相电机控制器,具有速度控制器功能	DIP18
10	LS7264		28			DIP20
11	LS7362		28		三/四相电机控制器	DIP20
12	TDA5140	Philips	12	0.6	三相全波电机控制器,可利用反电动势检测转子位置,可输出测速信号	DIP18
13	TDA541		12	1.5		DIP18
14	TDA5142		14.5		三相全波控制器,利用反电动势检测转子位置,可输出测速信号	SO24
15	TDA5143		18	1	三相全波控制器,利用反电动势检测转子位置,可输出测速、频率信号	SO20
16	TDA5144		14.5	1.8		SO20
17	TDA5145		14.5	2.0		DIP28

（续）

序号	型号	厂商	电压/V	电流/A	特　点	封装
18	ML4411	Micro Linear	12		三相全波控制器,利用反电动势检测转子位置,可以输出测速、频率信号	SO28
19	ML4412		12			SO28
20	ML4420		12			SO28
21	ML6035		5	1	三相全波控制器	QFP32
22	ML4510		5		三相全波控制器,可利用反电动势检测转子位置	SO28
23	UC3620	UNITRODE	40	2	三相、开关型控制器	DIL24
24	UC3622		40	2	三相、开关型控制器,PWM 控制	ZIP15
25	UC3623		40	1	三相、低噪声开关型控制器	ZIP15
26	UC3625		20		三相、开关型控制器,具有软起动、测速功能	DIL28
27	UC3655		40	3	三相、低饱和电压线性控制器	ZIP15
28	L6230	SGS	18	3	三相全波、线性电流驱动器,可实现双向控制	ZIP15
29	L6231		18	3	三相全波、线性电流驱动器	ZIP15
30	L6232		12	2.5	主导轴驱动控制器	LDCC44
31	L6235		18	0.4	R-DAT 驱动控制器	LDCC20
32	L6236		20	0.4	R-DAT 驱动,双向控制器	LDCC20
33	A8901	Allegro	7	0.9	三相电机全波控制器,利用反电动势检测转子位置,可编程电流控制	DIP24
34	A8902		14	0.9	三相电机全波控制器,可利用反电动势检测转子位置,实现锁相速度控制	DIP24
35	A8925		14	4	三相全波电机控制器,可实现电流控制	PLCC44
36	A8980		7	4	硬盘驱动器主轴和音圈电动机控制	PLCC64
37	UDN2936		45	2	双向控制,可实现三相全波控制、PWM 电流控制和制动功能	SIP12
38	UDN3625		12	0.9	单相无刷电机控制器,内含霍尔传感器,可输出测速信号	DIP8
39	UDN3626		24	0.4		DIP8
40	AN8290NS	Panasonic	20	0.3	CD 机主轴控制器	DIP24
41	TA7712	Toshiba	8		三相全波电机控制器,可实现双向控制、F/V 变换、制动功能	DIL20
42	TA7745		18	1	三相半波控制器,可外接上侧晶体管变为全波驱动	DIL16
43	TA8402F		18	1		DIL20
44	TA7247		38	1.5	三相全波控制器,可实现双向控制和 PWM 控制,具有过电流、过热保护功能	DIL20
			38	1.5		DIL20
45	TA7248		26	1.2	三相全波电机控制器,可实现双向控制,用于硬盘主轴等驱动控制	DIL14
46	TA7259					
47	TA7262		25	1.5	三相全波电机控制器,具有双向控制功能	DIL14

4.4.3 有位置传感器无刷直流电动机专用集成电路的应用

MC33033/MC33034/MC33035 是 Motorola 公司的第二代无刷直流电动机专用集成电路。外接功率开关器件后，可用来控制三相（全波或半波）、两相和四相无刷直流电动机，还可以用于有刷直流电动机的控制。同时，可以引入电子测速器（如 Motorola 公司的 MC33039）构成闭环调速系统

1. MC33035 主要特点

1）24 脚塑封封装，内部带有温度补偿基准电源和转子位置传感器译码电路。

2）具有 PWM 开环速度控制、使能控制（起动或停止）、正反转控制和能耗制动控制等功能。

3）在外围加少许元器件，便可以实现软起动，调试及检测非常方便。

4）内部有锯齿波振荡器，频率可以根据需要进行设定。

5）具有过电流保护、欠电压保护、过热保护功能。

6）具有输出驱动电路。

无刷直流电动机专用集成电路 MC33035 内部结构如图 4-34 所示。

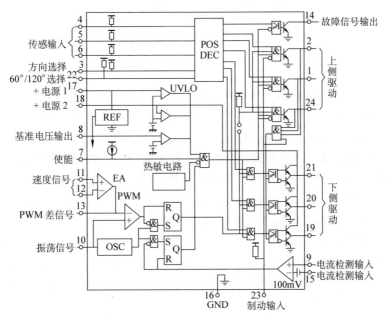

图 4-34　无刷直流电动机专用集成电路 MC33035 内部结构图

2. MC33035 功能说明（见表 4-8）

表 4-8　无刷直流电动机专用集成电路 MC33035 引脚功能说明

引脚号	符号与功能	功能说明
1,2,24	B_T,A_T,C_T	集电极开路输出,可用来驱动三相桥上侧 3 个功率开关。最大允许电压为 40V,最大吸入电流为 50mA
3	正向/反向	改变电动机转向

（续）

引脚号	符号与功能	功能说明
4,5,6	S_A,S_B,S_C	转子位置传感器输入端
7	使能控制	逻辑高电平使电动机起动,逻辑低电平使电动机停车
8	基准电压输出	典型值为 6.24V
9	电流检测输入	电流检测比较器的同相输入端
10	振荡器	由外接定时元件 R_T 和 C_T 决定其振荡频率
11	误差放大器输入	同相输入端
12	误差放大器输入	反相输入端
13	误差放大器输出	在闭环控制时连接校正阻容元件。此引脚也连接到内部 PWM 比较器反相输入端
14	故障信号输出	集电极开路输出,故障时输出低电平
15	电流检测输入	反相输入端
16	地	地端
17	V_{CC}	给下驱动输出提供正电源,10~30V
18	V_C	供给本集成电路的正电源,10~30V
19, 20,21	C_B,B_B,A_B	下侧驱动输出端
22	60°/120°选择	高电平对应传感器相位差 60°,低电平对应传感器相位差 120°
23	制动输入	逻辑低电平使电动机正常运转,逻辑高电平使电动机制动减速

（1）起停控制 电动机的起停控制由 7 脚使能端来实现。当 7 脚悬空时,内部有 40μA 电流使驱动输出电路正常工作。如此脚接地,则 3 个上侧驱动输出开路,3 个下侧驱动输出强制为低电平,使电动机失去激励而停车。

（2）电动机转向控制 3 脚用来确定电动机的转向。当 3 脚逻辑电平改变时,译码器将传感器信号取反,进而改变输出相序,实现电动机反转。

（3）23 脚控制电动机制动 当加上的制动信号为高电平时,电动机进行制动操作。它使 3 个上侧驱动输出开路,下侧 3 个驱动输出为高电平,外接逆变桥下侧 3 个功率开关导通,使电动机 3 个绕组端对地短接,实现能耗制动。芯片内设一个四与门电路、其输入端是 23 脚的制动信号和上侧驱动输出 3 个信号,它的作用是等待 3 个上侧驱动输出确实已转变为高电平状态后,才允许 3 个下侧驱动输出变为高电平状态,从而避免逆变桥上下开关出现同时导通的危险

（4）位置传感器译码电路 位置传感器输入到 4、5、6 脚,输入端 4、5、6 脚都设有上拉电阻,输入电路与 TTL 电路电平兼容,门槛电压为 2.2V。其内部电路适用于传感器相位差为 60°、120°、240°、300°的三相无刷直流电动机。由于有 3 个输入逻辑信号,原则上可能有 8 种逻辑组合。其中 6 种正常状态决定了电动机 6 个不同的位置状态。控制器真值表见表 4-9。

（5）误差放大器 该芯片内设有高性能、全补偿的误差放大器。在闭环速度控制时,该放大器的直流电压增益为 80dB,增益带宽为 0.6MHz,输入共模电压范围从地到 V_{REF}（典型值为 6.24V）,可得到良好的性能。作开环速度控制时,可将此放大器改接成增益为 1 的

电压跟随器，即速度设定电压从其同相输入端 11 脚输入，12 和 13 脚短接。

表 4-9　MC33035 控制器真值表

输　　入										输　　出						
位置传感器信号						正向/反向 (F/R)	使能 (Enable)	制动 (Brake)	电流检测 (Current Sense)	上侧驱动			下侧驱动			故障输出 $\overline{\text{Fault}}$
60°			120°													
S_A	S_B	S_C	S_A	S_B	S_C					A_T	B_T	C_T	A_B	B_B	C_B	
1	0	0	1	0	0	1	1	0	0	0	1	1	0	0	1	1
1	1	0	1	1	0	1	1	0	0	1	0	1	0	0	1	1
1	1	1	0	1	0	1	1	0	0	1	0	0	1	0	0	1
0	1	1	0	1	1	1	1	0	0	1	1	0	1	0	0	1
0	0	1	0	0	1	1	1	0	0	0	1	0	0	1	0	1
0	0	0	1	0	1	1	1	0	0	0	1	1	0	1	0	1
1	0	0	1	0	0	0	1	0	0	1	1	0	1	0	0	1
1	1	0	1	1	0	0	1	0	0	0	1	0	0	1	0	1
1	1	1	0	1	0	0	1	0	0	0	1	1	0	1	0	1
0	1	1	0	1	1	0	1	0	0	0	0	1	0	0	1	1
0	0	1	0	0	1	0	1	0	0	1	0	1	0	0	1	1
0	0	0	1	0	1	0	1	0	0	1	0	0	1	0	0	1
1	0	1				×	×	0	×	1	1	1	0	0	0	0
0	1	0	1	1	1	×	×	0	×	1	1	1	0	0	0	0
√	√	√	√	√	√	×	0	0	0	1	1	1	0	0	0	0
√	√	√	√	√	√	×	1	1	0	1	1	1	1	1	1	1
√	√	√	√	√	√	×	0	1	1	1	1	1	1	1	1	0
√	√	√	√	√	√	×	1	0	1	1	1	1	0	0	0	0

注：√—传感器正常逻辑状态；×—0 或 1。

（6）锯齿波振荡器　内部振荡器振荡频率由外接定时元件 C_T 和 R_T 决定。每个振荡周期由基准电压 V_{REF}（8 脚）经 R_T 向 C_T 充电，然后 C_T 上的电荷通过内部一晶体管迅速放电而形成锯齿波振荡信号。其波峰和波谷分别为 4.1V 和 1.5V；建议使用振荡器频率为 20~30kHz，以兼顾过低脉动噪声大和过高则导致功率开关管开关损耗大的矛盾。

（7）脉宽调制器　在正常情况下，误差放大器输出与振荡器输出锯齿波信号比较后，产生脉宽调制（PWM）信号，控制 3 个下侧驱动输出。改变输出脉冲宽度，相当于改变供给电动机绕组的平均电压，从而控制其转速和转矩。脉宽调制时序图如图 4-35 所示。

（8）电流限制　逆变器 3 个下桥臂连接后，经一电阻 R_S 接地，作电流采样。采样电压由 9 和 15 脚输入至电流检测比较器。比较器反相输入端设置有 100mV 基准电压，作为电流限流基准。在振荡器锯齿波上升时间内，若电流过大，此比较器翻转，使下 RS 触发器重置，将驱动输出关闭，以限制电流继续增大。在锯齿波下降时间，重新将触发器置位，使驱动输出开通。利用这样的逐个周期电流比较，实现了限流。若允许最大电流为 I_{max}，则采样电阻按式（4-54）选择：

$$R_S = \frac{0.1}{I_{\text{max}}} \tag{4-54}$$

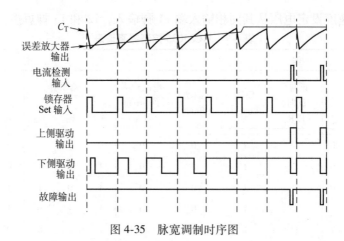

误差放大器输出

电流检测输入

锁存器 Set 输入

上侧驱动输出

下侧驱动输出

故障输出

图 4-35　脉宽调制时序图

为了避免由换相尖峰脉冲引起电流检测误动作，在 9 脚输入前可设置 RC 低通滤波器，需要注意，在制动工作时，电动机绕组短路电流只流过下桥臂的开关晶体管，并没有流过采样电阻。因此本电流限制电路并不能为制动工作提供限流保护。如果需要采用制动运行方式，应选择足够大峰值电流的功率开关管。

（9）欠电压保护　内设欠电压保护电路，在下列 3 种情况下，关闭驱动输出：本芯片电压 V_{CC} 不足、V_C 不足（典型值低于 9.1V），基准电压不足（典型值低于 4.5V），以保证芯片内部全部工作正常和向下侧驱动输出提供足够大的驱动电压。从图 4-34 可见，欠电压保护没有锁存功能，当电压恢复正常后，系统会自动恢复正常。欠电压保护是由 3 个电压比较器来实现的。

（10）故障信号输出　14 脚是故障信号输出端，它的集电极开路 NPN 晶体管吸入电流能力为 16mA，可直接驱动 LED 作故障显示，也可以将故障信号输出至微处理器来处理。14 脚输出低电平是表示下列情况之一的故障：

不正常的位置传感器输入状态；电流检测端输入电压大于 100mV；3 种欠电压之一；内部芯片过热，典型值超过 170℃；使能端（7 脚）为逻辑 0 状态。

本芯片内没有故障锁存，若要锁存故障状态，可采取这样的接法，即将 14 脚接至 7 脚，实现故障的延时锁存。

（11）驱动输出　3 个上侧驱动输出（1、2、24 脚）是集电极开路 NPN 晶体管，吸入电流能力为 50mA，耐压为 40V，可用来驱动外接逆变桥上桥臂的 NPN 功率晶体管和 P 沟道 MOSFET 功率管。3 个下侧驱动输出（19、20、21 脚）是推挽输出，电流能力为 100mA，可直接驱动 NPN 晶体管和 N 沟道功率 MOSFET。下侧驱动输出的电源 V_C 由 18 脚单独引入，与供给电动机的电源 V_{CC} 分开。为配合标准 MOSFET 栅漏电压不大于 20V 的限制，18 脚上宜接一个 18V 稳压二极管进行钳位。

3. MC33039 电子测速器功能简介　MC33039 电子测速器是为无刷直流电动机闭环速度控制专门设计的集成电路，系统采用廉价的 3 个霍尔集成电路作为转子位置传感器，就可实现精确调速控制。它直接利用三相无刷直流电动机转子位置传感器 3 个输出信号，经 F/V 变换成正比于电动机转速的电压。

由图 4-36 原理框图可知，1、2、3 脚接收位置传感器 3 个信号，经有滞环的缓冲电路，以抑制输入噪声。经"或"运算得到相当于电动机每对极下 6 个脉冲的信号。再经有外接定时元件 C_T 和 R_T 的单稳态电路，从 5 脚输出的 f_{out} 信号的占空比与电动机转速成正比。此信号外接低通滤波器处理后，即可得到与转速成正比的测速电压。在图 4-37 波形图中 f_{out} 是

5 脚输出，V_{out}（AVG）表示了它的平均值，即直流分量。

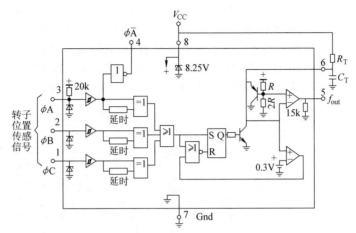

图 4-36　MC33039 电子测速器原理框图

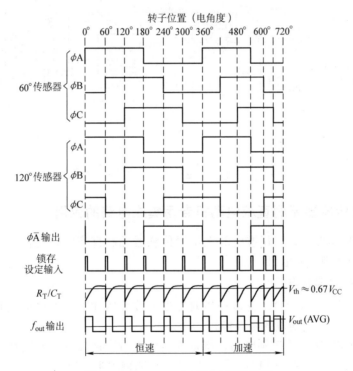

图 4-37　MC33039 电子测速器波形图

4. MPM3003 三相逆变桥功率模块　MPM3003 三相逆变桥功率模块是 12 脚塑料封装模块。上侧 3 个 P 沟道功率 MOSFET 的导通电阻为 0.28Ω，下侧 3 个 N 沟道功率 MOSFET 的导通电阻为 0.15Ω，漏—源电压为 60V，电流为 10A。各功率管均带有反向续流二极管。

5. MC33039/MC33035/MPM3003 组成的三相全波无刷直流电动机闭环速度控制系统　闭环速度控制系统如图 4-38 所示，用 3 个霍尔集成电路作为转子位置传感器。用 MC33035 的 8 脚基准电压（6.24V）作为它们的电源。霍尔集成电路输出信号送至 MC33039 电子测速器和 MC33035。无刷直流电动机为 4 极，每转一转 MC33039 输出 12 个脉冲，若最高转速为 5000r/min，即 83r/s，则每秒输出脉冲数是 83×12 = 996 个，频率约为 1000Hz，周期约为 1ms。参见 MC33039 说明书，取定时元件参数 $R_T = 1M\Omega$，$C_T = 750pF$，单稳态电路产生脉冲宽度为 950μs。8 脚接 MC33035 的基准电压，5 脚输出经电阻 R_2 接 MC33035 的 12 脚误差放大器反相输入端。放大器此时增益为 10，电容 C_1 起滤波平滑作用，MC33035 振荡器参数 $R_4 = 5.1k\Omega$，$C_2 = 0.001\mu F$，PWM 频率约为 24kHz。电流检测采用无感电阻 $R_7 = 0.05\Omega$（1W），经 R_5、R_6 分压后输入到 9 脚，保护电流门阈值为 8A，C_3 是滤波电容。

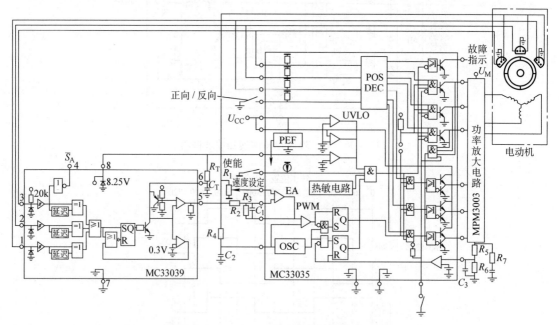

图 4-38　无刷直流电动机闭环速度控制系统

4.4.4　无位置传感器无刷直流电动机专用集成电路的应用

ML4428 是 Micro Linear 公司推出的无位置传感器无刷直流电动机控制器，适用于△联结和丫联结的三相无刷直流电机。

1. ML4428 的主要特点

1）由压控振荡器（VCO）、反电动势取样误差放大器和顺序器构成锁相环，利用锁相技术实现三相无刷直流电动机的闭环换相。

2）片内含有 PWM 转速控制电路，根据参考值进行变速控制。速度环由片内放大器控制，速度信号的检测通过监测 VCO（压控振荡器）的输出来完成。

3）采用专门的起动技术，起动顺序为检测位置、驱动、加速、设定速度。起动速度快，起动时无反转。

4）可通过 PWM 控制获得最大效率或通过线性控制达到最低噪声。

5）独立控制正反向运行。

6）只用一个外部电阻就可调节和设定所有临界电流。

7）工作电压 12V，可直接驱动 12V 电机的场效应管；也可用高端（对应逆变器的上桥臂）栅极驱动器驱动高压电机；可直接驱动外部场效应管的栅极且确保其不被击穿。

8）通过关断时间恒定的 PWM 控制来限制电机的电流，具有限流保护功能。

9）提供制动和电源故障检测等功能。

无刷直流电动机专用集成电路 ML4428 内部结构如图 4-39 所示。

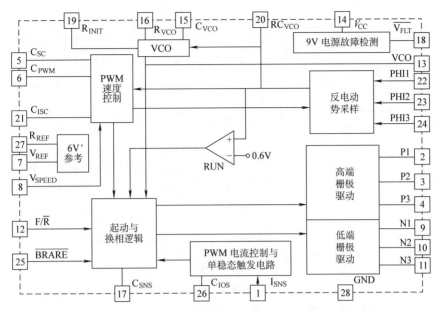

图 4-39　无刷直流电动机专用集成电路 ML4428 内部结构

2. ML4428 功能说明　ML4428 采用 28 脚 DIP 及 SOIC 封装，引脚功能说明见表 4-10。

（1）反电动势信号的检测　由无刷直流电动机的工作原理可知，反电动势过零点延时 30°电角度处即相绕组的换相点，因此找出反电动势的过零点，就找到了换相点。基于这一原理，ML4428 芯片内设计了一个独特的反电动势检测电路，由于有了中性点模拟电路，不需从电动机三相绕组中引出中性线。其多路转换器开关依次接入产生反电动势的绕组，比较中性点模拟器与多路转换器的输出，两路波形的交点就是反电动势过零点。这两路波形通过比较器比较，决定换相器（指压控振荡器 VCO）频率的增减，换相频率与采样反电动势相位比较，滞后换相使误差放大器向环路滤波器充电，从而增大 VCO 的输入；反之，提早换相则引起环路滤波器上电容放电，使 VCO 的输入减小。这样，利用锁相环（PLL）技术，就获得了正确的换相时刻。此外，从 RC_{VCO} 脚取出的信号是代表电动机速度的电压信号，可用于闭环速度控制。速度的频率信号可通过监视 VCO 的输出得到，它是锁相环锁定到的电动机准确的换相频率。

（2）起动换相技术　在电动机静止及低速运行时，其反电动势为零或很低，无法检测，因此必须由他控方式"开环"起动，直到产生足够大的反电动势时再进入正常换相运行。

表 4-10　ML4428 引脚功能说明

引脚号	符　　号	功能说明
1	I_{SNS}	电动机检测电流输入。引脚电压大约在 0.5V 时，限流单稳态触发器被触发
2,3,4	P1,P2,P3	驱动三相绕组接线端 PHI1、PHI2、PHI3 外接的 P 沟道晶体管
5	C_{SC}	外接跨导放大器输出端电阻/电容
6	C_{PWM}	通过电容接地，设定 PWM 振荡器频率。直接接地时，可实现线性速度控制
7	V_{REF}	参考电压，可用于设定速度基准电压

（续）

引脚号	符　号	功能说明
8	V_{SPEED}	该电压加到速度环的放大器上,控制电动机的转速
9,10,11	N1,N2,N3	驱动三相绕组接线端 PHI1、PHI2、PHI3 外接的 N 沟道 MOS 管
12	$F/\overline{R}$	正/反转引脚。控制换相顺序及电动机转向(TTL)
13	VCO	压控振荡器(VCO)逻辑电平输出端。指示运行状态下电动机的换相频率
14	V_{CC}	12V 电源输入端
15	C_{VCO}	VCO 定时电容
16	R_{VCO}	外接电阻,设定产生可重复 VCO 频率所需的电流
17	C_{SNS}	通过电容接地。在起动和低速时,用于位置检测 6 个脉冲的导通时间
18	$\overline{V_{FLT}}$	"0"电平表示电源电压过低
19	R_{INIT}	外接电阻,设定 VCO 最低频率和起动状态下驱动激励的初始导通时间。2MΩ 电阻设定的 VCO 最低频率约为 10Hz。该电阻与 82nF 的 C_{VCO} 和 10kΩ 的 R_{VCO} 一起产生 100ms 驱动激励脉冲
20	RC_{VCO}	VCO 环的滤波器元件
21	C_{ISC}	外接跨导放大器输出端的接地电容
22,23,24	PHI1,PHI2,PHI3	电机三相绕组的 3 个接线端
25	$\overline{BRAKE}$	由"0"电平触发制动电路
26	C_{IOS}	外接定时电容。对定关断时间的 PWM 控制,该引脚用 50μA 电流给定时电容充电
27	R_{REF}	外接设定恒定电流的电阻
28	GND	信号和功率地

ML4428 控制芯片内部有一个 RUN 比较器,如图 4-40 所示,RC_{VCO} 脚电压信号代表了电动机的速度信号,起动时 RC_{VCO} 脚电压低于 0.16V,RUN 比较器的输出"开启"起动逻辑电路,"关闭"换相逻辑电路。ML4428 将发出 6 个取样信号来测定转子位置,并驱动相应的绕组以产生所需转矩,使电动机加速,直到 RC_{VCO} 脚的电压达到 0.16V（转速达到电动机最大转速的 8%）。此时,RUN 比较器的输出关闭起动逻辑电路,允许锁相环电路开始工作,进入正常的换相状态,即自同步运行状态。

（3）闭环调速系统　ML4428 内部的调速系统类似于直流电动机的 PWM 双闭环调速系统,转速调节器的输出作为电流调节器的给定,再用电流调节器的输出控制开关器件,这样组成双闭环系统。

（4）内部保护电路　ML4428 内部具有电流检测和限流功能,还具有电源故障保护功能,ML4428 正常电源供给为 12V,当电源低于 8.75V 时,6 个输出驱动器将全部关断。

3. ML4428 组成的三相全波无刷直流电动机闭环速度控制系统　闭环速度控制系统如图 4-41 所示,给出了用 ML4428 驱动 24～60V 无刷直流电动机的电路,ML4428 接少量的外围器件可直接用于驱动 12V 电动机的逆变器,给高端驱动器加上电平偏移电路,ML4428 就可以驱动较高电压的电动机,如采用专门的高端驱动器,则可驱动高达 600V 的电动机,外围器件参数的选择可参阅 Micro Linear 公司的器件手册。

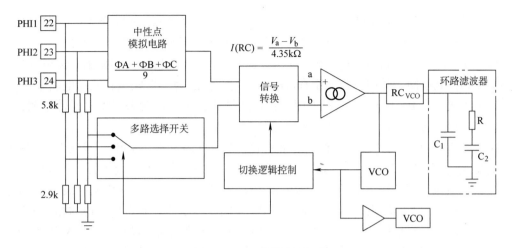

图 4-40　反电动势检测电路

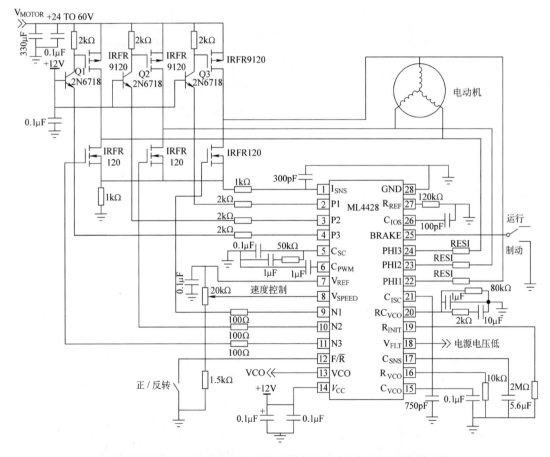

图 4-41　ML4428 组成的三相全波无刷直流电动机闭环速度控制系统

4.4.5　无刷直流电动机 DSP 调速系统

1. 有位置传感器控制　根据外部转速指令和转子位置传感器的信息确定定子电枢各相

绕组的导通顺序，从而在 DSP 控制器的作用下将直流电逆变成 PWM 交流电分配给各相绕组，这样定子电枢绕组产生的电枢磁场可以驱动永磁转子旋转。这里主要介绍三相无刷直流电动机两相导通模式六状态调速系统的 DSP 实现。图 4-42 给出了三相无刷直流电动机 DSP 结构框图和控制框图。其中三相无刷直流电动机定子绕组为星形联结，驱动电路采用 IR 公司的专用集成芯片 IR2130，逆变器采用三相桥式结构，转子位置采用霍尔元件检测，并利用位置信号计算转子转速以实现转速闭环控制。

速度给定信号 n^* 与速度反馈信号 n 求差后送给速度调节器（ASR），速度调节器的输出作为电流信号的参考值 I_{dc}^*，与直流母线电流信号的反馈值求差后送至电流调节器（ACR），电流调节器的输出为电压参考值，决定电磁转矩，形成 PWM 调制波，正/反转控制信号和位置检测器的输出信号一起输入到 PWM 同步控制器，确定要导通的相，把换相信号和 PWM 信号结合起来，输出到 PWM 逆变器，驱动无刷直流电动机工作。ASR 和 ACR 分别为转速和电流调节器，通常采用 PID 算法实现。速度为外环，电流为内环。

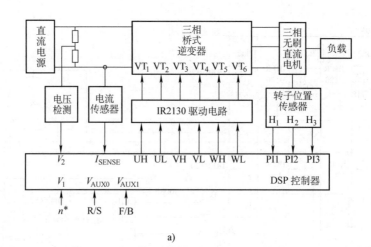

a)

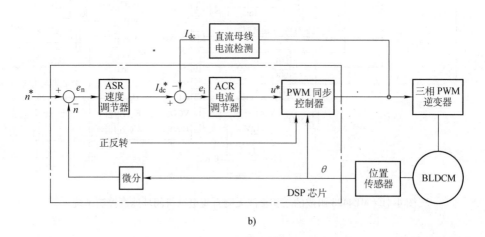

b)

图 4-42　三相无刷直流电动机 DSP 控制系统框图

a）结构框图　b）控制框图

2. 无位置传感器调速系统

（1）无位置传感器检测技术基本原理　转子位置传感器增加了额外费用，增大了系统体积，降低了可靠性。特别是在压缩机、图形扫描仪等的应用中，位置传感器往往无法安装，采用无转子位置传感器的无刷直流电动机便成为首选，并逐渐成为研究的热门课题。

由于无刷直流电动机电枢绕组的反电动势波形直接反映转子位置与换相时刻的关系，因此可以利用电枢绕组的反电动势来获取转子位置信息，从而获得正确的换相逻辑。在很多种无位置传感器控制策略中，最常用的便是反电动势检测技术。

以三相无刷直流电动机电枢绕组两相通电模式为例，首先检测不导通相绕组反电动势过零点，再经过30°电角度移相，最后根据转矩和转向的要求实现电枢绕组正确换相逻辑的控制。无刷直流电动机的反电动势为梯形波，波形与转子转速和位置有关，当电枢绕组中不导通相绕组的反电动势过零时，表示该相绕组的线圈边处在转子磁场等于零的交轴位置，也即，该相绕组的轴线与转子磁极直轴重合。根据无刷直流电动机工作原理，在理想状态下滞后或超前反电动势过零点30°电角度电动机必须进行换相，即反电动势过零点的一相绕组应该滞后30°电角度导通，而超前30°电角度关断。每相绕组在360°电角度范围内反电动势有2次过零点，一次反电动势由正变负，另一次反电动势由负变正，三相共有6个过零点，这6个过零点正好相互间隔60°电角度，因此，只要检测不导通相绕组反电动势过零点，根据转子转速估计值确定移相30°电角度所需要的时间，确定360°电角度周期内的6次换相时刻，实现无位置传感器三相无刷直流电动机的导通与关断控制。

无位置传感器无刷直流电动机反电动势控制技术需要解决两大难题：一是反电动势过零点如何检测；二是接近零速时反电动势很小甚至等于0，这时反电动势检测控制策略失效，如何实现电动机的起动。对于第一个问题，电枢绕组反电动势难以直接测量，通常采用检测电动机绕组端电压信号，再经过运算放大器和比较器获取绕组反电动势信号与过零点发生时刻，从而得到转子关键位置的信息。对于第二个问题，采用开环变频起动控制电动机，即先让转子磁极与固定位置的电枢磁场对齐，确定转子位置，然后利用交流变频的方式起动电动机，当电动机转速达到反电动势检测最小阈值时，切换成反电动势检测控制方式。开环变频起动无刷直流电动机的低速性能不良，特别是恒转矩负载条件下低速性能尤为恶化，这是因为初始转子磁极与电枢磁场对齐就存在困难。对于驱动空气压缩机之类负载的无刷直流电动机控制系统，起动问题很容易解决，主要不是低速性能优良与否的问题，而是在高速运行时引起功率因数低、效率低、出力小以及温升高的问题。

市场上有许多无位置传感器无刷直流电动机专用集成电路控制芯片供选择，如 Philips 公司的 TDA5140/5141/5142/5143/5144/5145 系列芯片，Micro Linear 公司的 ML4411/4412/4420/4425/4426/4428/4510 系列芯片，Allegro 公司的 A8901/8902 系列芯片，以及 Sanyo 公司的 LBl670M/1673 系列等产品。这些专用集成电路芯片主要采用反电动势检测技术，运行可靠，外围电路简单。

除此之外，还有其他无位置传感器位置估计方法，如磁链观测器法、反电动势积分法和续流二极管电流检测法等。磁链观测器法是测量导通相电压和电流，利用电压方程进行积分获得磁链估计值，再根据初始转子位置、电动机参数与磁链的关系可以估计出转子位置。磁链观测器法在低速时存在较大误差，因为低速时积分时间长，参数误差和采样电流误差容易累积。反电动势积分法是通过非导通相反电动势积分获得转子位置信息，反电动势积分自开路相反电动势过零开始，当积分值达到一定阈值大小时认为换相时刻到。反电动势积分法存在积分累积误差与阈值设置问题。续流二极管电流检测法是检测流过非导通相续流二极管上的电流，因为在非导通相反电动势过零点的短时间内，存在很小的流过续流二极管的电流。斩波控制过程中会出现这种电流。这种方法的最大缺点是需要增加检测续流二极管电流电路，增加了电路复杂度。

（2）反电动势过零点检测 本文介绍以端电压信号检测的星形联结三相无刷直流电动机两相导通模式无位置传感器控制反电动势检测方法。

依据三相无刷直流电动机电压方程，可得到绕组端点电压与反电动势和中性点电压之间的关系为

$$
\left.\begin{array}{l}
u_A = u_{Ao} + u_o = R_s i_A + Ls \dfrac{di_A}{dt} + e_A + u_o \\[2mm]
u_B = u_{Bo} + u_o = R_s i_B + Ls \dfrac{di_B}{dt} + e_B + u_o \\[2mm]
u_C = u_{Co} + u_o = R_s i_C + Ls \dfrac{di_C}{dt} + e_C + u_o
\end{array}\right\} \tag{4-55}
$$

星形联结两相通电模式三相无刷直流电动机，三相电流之和等于 0，导通两相反电动势大小相等符号相反，所以将式（4-55）中的 3 个电压方程相加，得到不导通相反电动势 e_K 与绕组端点电压和中性点电压的关系为

$$
e_K = u_A + u_B + u_C - 3u_0 \tag{4-56}
$$

当不导通相电流等于 0 时，该相绕组端点电压、反电动势和中性点电压关系为

$$
e_K = u_k - u_0 \tag{4-57}
$$

将式（4-57）代入式（4-56）得

$$
e_K = \frac{3}{2}\left[u_k - \frac{1}{3}(u_A + u_B + u_C) \right] \tag{4-58}
$$

由式（4-58）可见，在不导通相绕组电流等于 0 的条件下，该相绕组反电动势只与三相绕组端点电压有关。并且注意到，当发生换相时，不导通相绕组电流尚未完全衰减，这时的端点电压将会迅速变化，直到电流衰减到 0 为止。同时，换相后不导通相绕组电流必须在反电动势过零前衰减到 0，否则上述反电动势检测表达式不成立，需要借助于绕组中性点电压值。由式（4-58）可知，不导通相绕组反电动势过零的条件是不导通相绕组端点电压等于三相端点电压之和的 1/3。

$$
u_k = \frac{1}{3}(u_A + u_B + u_C) \tag{4-59}
$$

注意到式（4-59）中的 u_k 为虚拟中性点电压，它等于三相绕组端点电压平均值，并不是真正的中性点电压 U_0。只有当不导通相绕组反电动势过零且电流等于 0 时，虚拟中性点电压才等于实际中性点电压。进一步推得，不导通相绕组端点电压也等于导通两相绕组端点电压之和的一半。

转子转速恒定时，根据理想状态反电动势波形可以得到不导通相绕组的反电动势波形，

如图 4-43 所示。可以看出，反电动势过零后移相 30°电角度电动机进行换相，因此首先要判断反电动势过零点，然后确定换相点。

反电动势过零检测如图 4-44 所示，它由端电压检测电阻网络、虚拟中性点电压计算、多路开关选择和电压比较器 4 部分组成。

端电压检测电阻网络主要包括衰减电阻网络和分压电阻网络。衰减电阻网络将三相存在高压状态的端点电压和开

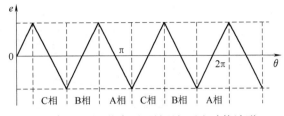

图 4-43　理想状态下不导通相反电动势波形

关切换引起的干扰噪声加以抑制，获得便于检测的低压端点电压信号。分压电阻网络将衰减后的端点电压信号再各取三分之一大小用于虚拟中性点电压计算。虚拟中性点电压利用运算放大器求和实现，运算结果给电压比较器。多路开关选择是为了获取不导通相绕组端点电压信号，以便与虚拟中性点电压一起送往比较器。

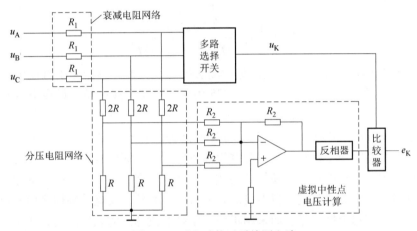

图 4-44　反电动势过零检测电路

电压比较器完成反电动势过零检测。当反电动势大于 0 时，不导通相绕组端点电压超过虚拟中性点电压，比较器输出高电平，当反电动势小于 0 时，不导通相绕组端点电压低于虚拟中性点电压，比较器输出为低电平，当反电动势过零时，比较器输出电平翻转。在理想状态下，反电动势过零检测比较器输出电平波形与霍尔传感器输出波形一致。

（3）移相 30°电角度时间计算　要实现电动机的正确换相，还要知道反电动势过零点后，转子再转过 30°电角度所需的时间，首先要精确估计转子转速。在相邻两次换相时间间隔 T 或反电动势过零点时间间隔 T（称为换相周期）内，转子电角速度可以根据式（4-60）计算

$$\omega = \frac{\Delta\theta}{T} = \frac{\pi/3}{T} \tag{4-60}$$

式（4-60）的电角速度变换成转子转速，转速计算值可为

$$n = \frac{10}{p_\mathrm{n}T} \tag{4-61}$$

根据图 4-43 不导通相反电动势波形可知，尽管任意相邻 2 次反电动势过零点转子转过

的位置角都等于60°电角度，但是换相周期 T 随着转速的变化而变化，每次转速估计只能获得换相周期内的平均转速，如图4-45所示。

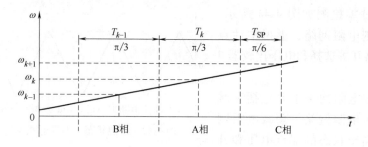

图4-45　转子角速度随时间变化

为此，移相时间计算必须考虑转子加速或减速因素的影响。假设相邻2次转子角速度估计值以及相应的时间分别为 ω_{k-1}、ω_k、T_{k-1} 和 T_k，根据图4-45移相30°电角度所需时间估计为：

$$T_{SP}=\frac{1}{2}T_k+\frac{T_k^2(T_k-T_{k-1})}{3T_{k-1}T_k+T_{k-1}^2-2T_k^2} \tag{4-62}$$

（4）检测信号的接口处理　反电动势检测法进行无位置传感器无刷直流电动机控制接口如图4-46所示。图中DSP芯片以DSP 28335为例，直流母线电压、母线电流和三相绕组端点电压检测信号分别送模/数转换接口A5、A6和A0，A1，A2通道进行分时采样。由于DSP 28335其主频可达150MHz，指令执行周期时间为6.67ns，尽管是分时采样，但从工程角度时延不大，基本实现了同步。为克服绕组端点电压、直流母线电压和电流等检测信号存在的各种噪声，因此通常需要采用硬件低通滤波电路或软件滤波方法。硬件低通滤波电路存在信号相位延时，这种延时与电动机本身的转速有关。另外，反电动势检测信号由于噪声干扰可能出现多个过零的干扰信号。而采用扩展卡尔曼滤波算法的软件滤波方法来消除噪声是一个不错的选择。

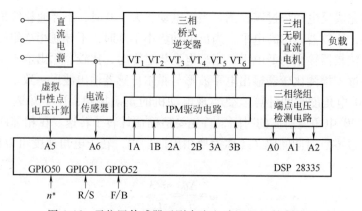

图4-46　无位置传感器无刷直流电动机DSP控制接口

第5章 永磁电机磁路计算基础

5.1 永磁电机的磁路

1. 永磁电机的磁路 作为机电能量转换的永磁电机，像所有电机一样，能量转换是利用电磁感应原理通过磁场进行的。磁场在能量转换过程中起媒介作用，通过磁场在一定条件下电机可以从电系统吸收或送出能量，还可以在一定条件下向机械系统送出或吸收能量。形成集中的磁场、并储存能量是构成电机必不可少的条件。这就要求有产生磁通的磁源和把磁场集中到一定体积内的磁路。永磁体，又叫磁钢，是永磁电机的磁源。软磁材料是良好的导磁体，可以把磁场集中起来，使磁通构成相对集中闭合的回路，称为磁路。

所谓磁路，是指磁通所经过的一条或几条路径。在电机中，尽管不同的电机有其不同的磁路结构型式，不同的永磁体安置方法，从形式上看有着不同的磁路结构。但就其实质而言，各类电机中的磁路构成都是一致的。永磁电机磁路的构成，一般包含永磁体、软磁材料、工作气隙三个部分。其中，永磁体是磁路中的磁动势源，而当磁通流经软磁材料时，造成磁压降并产生损耗（电机中的铁耗）；气隙是构成磁路的一个重要环节，在磁动势源的作用下，气隙中的磁通量 Φ_δ（或气隙磁通密度 B_δ）是决定电机尺寸、影响电机性能的重要参数之一，电机的合理设计应该使磁动势的主要部分降落在气隙中。电机的气隙长度很小，但是磁场的能量却主要集中在气隙内。

2. 主磁路和漏磁路 在地球上，存在良好的导电材料（如银、铜、铅），同样也存在着良好的绝缘材料（如橡胶，其电阻率为铜的 10^{20} 倍）。因而，电路的界限十分明确，在任何地方，电流总有它确切的流动路径——沿着导电材料（如导线）流动。电路的漏电一般只在绝缘损坏的情况下才会发生。然而，磁的情况就不同了，在自然界，磁导率最小的材料是铋（Bi），其相对磁导率为 0.999824（真空的相对磁导率为 1.0），而导磁性能最好的铁磁材料的磁导率约为真空的 10^6 倍。也就是说，目前自然界还没有发现常温下能绝磁的材料。因而，严格地说，磁路是难于分成一个简单的分支的，磁总是以场的形态存在于某一空间。漏电在一般情况下不会发生，而漏磁却是无处不有的。我们平常提及的磁路，只表明磁通的主要部分流经的路径，是因为铁磁性物质的磁导率要远远大于非铁磁性物质的磁导率。

（1）主磁路 通过主气隙的磁通与电枢绕组相交链，在能量转换过程中起主要作用，称为主磁通。与主磁通相应的磁路称为主磁路。如图 5-1 所示，主磁路在永磁体以外的部分包括气隙、转子齿、转子轭和定子机壳等部分。

（2）漏磁路　不通过主气隙的磁通，如图 5-1 中①、②所示的部分称为漏磁通。与漏磁通相对应的磁路称为漏磁路。

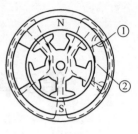

凡磁路的构成，其主要部分均为铁磁材料，但由于铁磁材料的磁导率不是常数，故磁路一般都是非线性的。

3. 磁路与电路的相似性　磁路和电路有很多相似之处主要表现在它们的构成、参数和求解所用到的基本定律等方面。表 5-1 列出了磁路和电路相似性的比较。

图 5-1　主磁通与漏磁通

表 5-1　磁路和电路的相似性

磁　路			电　路		
参数或定律	符号或表达式	单位	参数或定律	符号或表达式	单位
磁通	Φ	Wb	电流	I	A
磁压降	U_m	A	电压降	U	V
磁动势	F	A	电动势	E	V
磁阻	$R_m = \dfrac{l}{\mu S}$	1/H	电阻	$R = \dfrac{l}{\gamma S}$	Ω
磁导	$\Lambda = 1/R_m$	H	电导	$G = 1/R$	S
磁通密度	$B = \Phi/S$	T	电流密度	$J = I/S$	A/m²
磁导率	μ	H/m	电导率	γ	S/m
磁路磁通定律	$\sum \Phi = 0$		电路电流定律	$\sum I = 0$	
磁路磁压定律	$\sum U_m = \sum F$		电路电压定律	$\sum U = \sum E$	
磁路欧姆定律	$U_m = \Phi R_m$		电路欧姆定律	$U = IR$	

（1）磁路磁通定律　设想有一封闭曲面 S 包围磁路某一部分，则穿过曲面 S 而进入被其包围的这一部分磁路的磁通代数和等于零。磁路磁通定律的数学表达式为

$$\sum \Phi = 0 \tag{5-1}$$

磁路磁通定律是磁通连续性客观规律的反映。利用磁路磁通定律，根据材料特性可以合理地确定各段磁路的截面积。

（2）磁路磁压定律　沿任一闭合路径上，磁路的磁压降的代数和等于穿过该闭合路径的磁动势的代数和。磁路磁压定律的数学表达式为

$$\sum U_m = \sum F \tag{5-2}$$

对于永磁体磁路，式中磁动势 F 为

$$F = \sum H_c h_M \tag{5-3}$$

式中　H_c ——永磁体的矫顽力；

h_M ——永磁体磁化方向长度。

（3）漏磁对磁路的影响　由于没有绝对不导磁的物质，故磁通的路径不受约束，只能

有主要部分磁通沿规定的路径通过，其余部分则散布于磁路周围的空间，即漏磁。漏磁既难于精确计算，又难于精确测量，然而它却会对电机性能带来影响，工程上又常不能忽视。因此磁路磁通、磁压定律在工程应用时常常需要进行修正。

（4）磁路的非线性　磁路的主要部分均为铁磁材料，由于铁磁材料的磁导率不是常数，故磁路一般都是非线性的。前面提到的磁路欧姆定律 $U_m = \Phi R_m$，磁阻 R_m 的概念只有在铁磁材料的线性范围内才是正确的。

由于不存在绝磁材料，所以磁路中也不存在电路中那样的断路现象。在电路中，电阻损耗 I^2R 一般转化为热能，这是因为电动力对带电质点做功而消耗的电能；然而在磁路中，磁通不代表任何质点的运动，故 $\Phi^2 R_m$ 也没有功率损耗的含义。这正说明了电路和磁路的不同物理内含。

5.2　永磁材料的基本性能及主要参数

5.2.1　退磁曲线

1. 铁磁材料的磁化过程　众所周知，铁磁材料的磁化过程如图 5-2 所示，通常称 *abcde-fa* 为磁滞回线，*Oa* 为起始磁化曲线；H_s 为饱和磁场强度；B_r 为剩余磁感应强度；H_c 为矫顽力，单位为 A/m。

2. 磁性材料分类　磁性材料按矫顽力大小可分为以下三类：

（1）软磁材料　其矫顽力小于 100A/m，在电机制造中用来构成电机磁路，如定、转子铁心冲片。

（2）半硬磁材料　其矫顽力为 100 ~ 1000A/m，这类材料可用于制作磁滞电动机

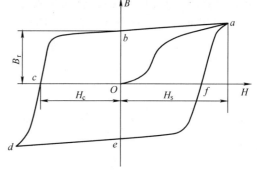

图 5-2　铁磁材料的磁化过程

转子，也称磁滞材料，在工作过程中常处于交变磁化状态。

（3）硬磁材料（即永磁材料）　其矫顽力大于 1000A/m，硬磁材料常作为永磁电机的磁源，安装在电机的定子或转子上。

3. 退磁曲线　退磁曲线是永磁材料的基本特性曲线，指的是磁滞回线第二象限的部分，如图 5-2 所示的 *bc* 段。它有两个极限位置，即（O，B_r）和（$-H_c$，O）两点，矫顽力 H_c 在负轴上。退磁曲线的磁场强度是负数。在永磁磁路的实际计算中，我们关心的是第二象限的特性，工程计算中常把磁场强度 H 表示成绝对值，即把 H 坐标轴的方向改变，由负轴改为正轴。通常情况下，钕铁硼、铝镍钴、铁氧体永磁材料的退磁曲线如图 5-3 所示。

（1）剩余磁感应强度 B_r　剩余磁感应强度 B_r 是指永磁材料在外部磁场的作用下磁化到饱和，当去掉外部磁场后，永磁材料本身所具有的磁通密度值，从图 5-3 看，是退磁曲线与纵坐标的交点。从永磁材料应用的角度看，剩余磁感应强度越大越好。现代用烧结法制成的钴基稀土永磁材料其剩余磁感应强度可做到 1.3T，而烧结铁基稀土永磁材料可做到 1.4T。

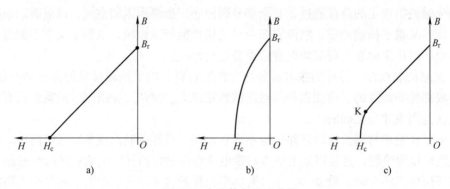

图 5-3 永磁体的退磁曲线

a）钕铁硼永磁体 b）铝镍钴永磁体 c）铁氧体

（2）磁能积（BH）和最大磁能积（BH）$_{max}$ 永磁体是永磁电机的励磁源，电机中的永磁体总是在其开路状态下工作。退磁曲线上任一点的 B 和 H 值的乘积（BH），称作该点的磁能积。磁能积的单位是 J/m^3，表示单位体积永磁体向外磁路提供的磁场能量。退磁曲线上的不同点，有不同的磁能积，把各不同点处的磁能积连成线，就叫作永磁体的磁能积曲线，如图 5-4 所示，与 P_1、P_2 点对应的磁通密度和磁场强度的乘积具有最大值，称为最大磁能积，表示为（BH）$_{max}$。对于退磁曲线为直线的永磁材料，$B = \frac{1}{2} B_r$、$H = \frac{1}{2} H_c$ 时，具有最大磁能积：

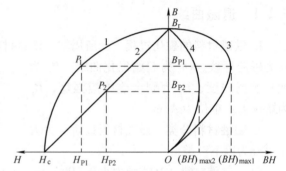

图 5-4 退磁曲线和磁能积曲线

1，2—退磁曲线 3，4—磁能积曲线

$$(BH)_{max} = \frac{1}{4} B_r H_c$$

电机中的永磁体，要求其最大磁能积越大越好，因为在获得相同的磁场能量的条件下，最大磁能积越大，所用的永磁材料越省。目前，用烧结法制造的第一代钴基稀土永磁体（RCo_5），其最大磁能积已可做到 192J/m³，用同样方法制造的第二代钴基稀土永磁体（R_2Co_{17}）的最大磁能积可做到 240J/m³；而用烧结法制成的第三代稀土永磁体——铁基稀土永磁体钕铁硼（NdFeB），其最大磁能积可达 438J/m³。

（3）温度系数

1）剩余磁感应强度 B_r 温度系数。剩余磁感应强度 B_r 温度系数是指剩余磁感应强度 B_r 随温度可逆变化的程度，记为 α_{Br}。如果已知 t_0 温度时的剩余磁感应强度 B_{rt0}，则工作温度 t_1 时的剩余磁感应强度 B_{rt1} 为

$$B_{rt1} = B_{rt0} \left[1 + (t_1 - t_0) \frac{\alpha_{Br}}{100} \right] \tag{5-4}$$

温度系数的大小是衡量永磁材料热稳定性的重要指标。对于不同的永磁材料，它们的温

度系数也不相同。对于铁氧体永磁材料，α_{Br} 为-（0.18~0.20）%；对于钕铁硼永磁材料，温度系数为-（0.068~0.13）%。

2）内禀矫顽力 H_{ci} 的温度系数。内禀矫顽力 H_{ci} 的温度系数是指内禀矫顽力随温度可逆变化的程度，记为 α_{Hci}。对于铁氧体永磁材料，它的矫顽力温度系数与其他永磁材料不同，它是随着温度升高而增加，α_{Hci} 一般在 0.2%~0.3% 范围内。在低温运行时，其内禀矫顽力急剧下降。对于钕铁硼永磁材料，α_{Hci} 一般在-（0.55%~0.60%）范围内。

钕铁硼永磁材料在不同温度下的内禀退磁曲线和退磁曲线如图 5-5 所示。

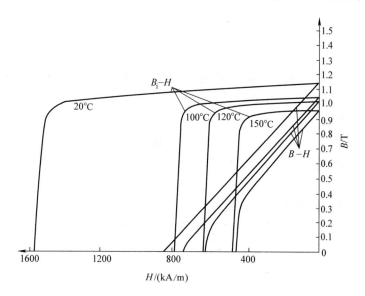

图 5-5　不同温度下钕铁硼永磁材料的内禀退磁曲线和退磁曲线（N33SH）

5.2.2　磁化强度与内禀磁感应强度

1. 介质的磁化　根据物质的基本原子模型，原子中的电子围绕原子核作轨道运动，形成一个闭合的环形电流，称作磁偶极子，如图 5-6 所示。其磁偶极矩（简称磁矩）$\boldsymbol{m}$ 为

$$\boldsymbol{m} = I\mathrm{d}\boldsymbol{S} \tag{5-5}$$

在通常情况下，因热运动，这些磁偶极子具有随机的方向（见图 5-7a），宏观的合成磁矩为零，$\sum \boldsymbol{m} = 0$。当在外磁场作用下，磁偶极子发生旋转（见图 5-7b），呈现宏观的合成磁矩不再为零的磁化现象，$\sum \boldsymbol{m} \neq 0$。这时，处于外磁场中的媒质对外显现磁性，称为磁化现象。

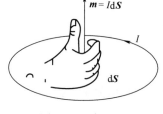

图 5-6　磁偶极子

2. 磁化强度　为了描述介质的宏观磁化状态，定义单位体积中磁偶极矩的矢量和为磁化强度矢量，以 $\boldsymbol{M}$（A/m）表示，即

$$\boldsymbol{M} = \lim_{\Delta V \to 0} \frac{\sum \boldsymbol{m}}{\Delta V} \tag{5-6}$$

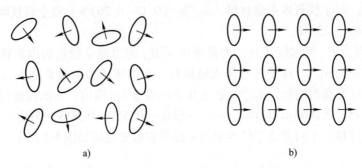

a)   b)

图 5-7　磁化前后介质磁偶极子的状态

a) 磁化前　b) 磁化后

3. 磁化强度与磁场强度的关系　介质被磁化后出现的净磁矩，可以看作是在介质中出现了等效的宏观束缚电流，即磁化电流的结果。磁化电流密度与磁化强度的关系为

体磁化电流密度 J_m

$$J_m = \nabla \times M \tag{5-7}$$

面磁化电流密度 K_m

$$K_m = M \times e_n \tag{5-8}$$

式中　e_n——介质表面法向单位方向矢量。

因此有磁介质存在时，磁场中的磁通密度 B 是自由电流 I 和磁化电流 I_m 共同作用在真空中产生的，磁化电流具有与传导电流相同的磁效应。根据安培环路定律有

$$\oint B \cdot dl = \mu_0 (I + I_m) \tag{5-9}$$

式中　μ_0——真空磁导率（$\mu_0 = 1.256 \times 10^{-6} \mathrm{H/m}$），$I_m = \int_S J_m \cdot dS$。

再将式（5-7）体磁化电流密度 J_m 与磁化强度 M 的关系代入式（5-9）得

$$\oint B \cdot dl = \mu_0 I + \mu_0 \int_S (\nabla \times M) \cdot dS \tag{5-10}$$

利用斯托克斯定理，将式（5-10）中的面积分变换为线积分：

$$\oint B \cdot dl = \mu_0 I + \mu_0 \oint_l M \cdot dS \tag{5-11}$$

移项并整理得

$$\oint_l \left(\frac{B}{\mu_0} - M \right) \cdot dl = I \tag{5-12}$$

这样磁介质的磁场强度 H 与磁通密度 B、磁化强度 M 的关系为

$$H = \frac{B}{\mu_0} - M \tag{5-13}$$

在线性、均匀、各向同性的磁介质中，磁化强度 M 与磁场强度 H 的关系为

$$M = \chi_m H \tag{5-14}$$

式中　χ_m——磁介质的磁化率，则

$$B = \mu_0 H + \mu_0 M = \mu_0 (1 + \chi_m) H = \mu_0 \mu_r H = \mu H \tag{5-15}$$

式中　μ_r——磁介质的相对磁导率。

$$\mu_r = 1 + \chi_m = \frac{\mu}{\mu_0}$$

式中 μ——磁介质的磁导率，$\mu = \mu_0 \mu_r$。

所以在各向同性、线性、均匀的磁介质中，**B** 与 **H** 的关系为

$$B = \mu H \tag{5-16}$$

对于永磁材料，定义内禀磁感应强度 B_i 为

$$B_i = \mu_0 M = B - \mu_0 H = B + \mu_0(-H) \tag{5-17}$$

式中 **H** 在第二象限为负数，当 **H** 取绝对值时式（5-17）可改写为

$$B_i = \mu_0 M = B + \mu_0 H \tag{5-18}$$

5.2.3 内禀曲线与内禀矫顽力

内禀磁感应强度 B_i 是磁介质磁化后的内在磁通密度，它与磁场强度 H 的关系曲线 $B_i = f(H)$ 称为内禀退磁曲线，简称内禀曲线，如图 5-8 所示。退磁曲线表征的是永磁材料对外呈现的磁通密度 B 与磁场强度 H 之间的关系。而内禀曲线表征的是永磁材料内在磁性能的曲线。定义内禀磁感应强度 $B_i = 0$（或 $M = 0$）时的磁场强度为内禀磁感应强度矫顽力，简称内禀矫顽力，记为 H_{ci}，单位为 A/m。

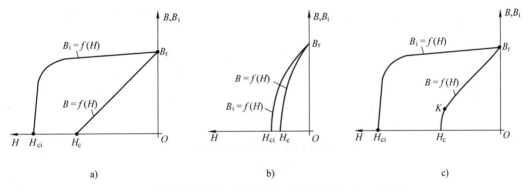

图 5-8 永磁体的退磁曲线和内禀退磁曲线（B-H 坐标）

a）稀土永磁体 b）铝镍钴永磁体 c）铁氧体

在计算永磁电机磁路时，更常用的是磁通 Φ 和磁动势 F 这两个物理量，使用 $\Phi = f(F)$ 曲线。实际上，只要将 $B = f(H)$ 曲线的纵坐标乘以永磁体提供每极磁通的截面积 S_M，横坐标乘以每对极磁路中永磁体磁化方向厚度 h_M，也就将图 5-8 的 $B = f(H)$ 曲线转换为图 5-9 的 $\Phi = f(F)$ 曲线，$\Phi_i = \Phi + \Phi_0$。

剩余磁通 Φ_r

$$\Phi_r = B_r S_M \times 10^{-4} \tag{5-19}$$

磁动势 F_c

$$F_c = H_c h_M \times 10^{-2} \tag{5-20}$$

内禀磁动势 F_{ci}

$$F_{ci} = H_{ci} h_M \times 10^{-2} \tag{5-21}$$

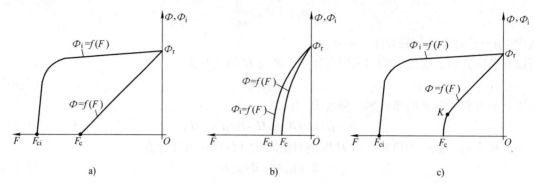

图 5-9　永磁体的退磁曲线和内禀退磁曲线（$\varPhi$-F 坐标）

a）稀土永磁体　b）铝镍钴永磁体　c）铁氧体

内禀曲线与退磁曲线之间的关系，如图 5-10 所示，内禀磁感应强度 B_i、内禀磁通 $\varPhi_i$ 含有两个分量，一部分是自退磁磁通密度 $\mu_0 H$ 和自退磁磁通 $\varPhi_0$；另一部分是对外发出的磁通密度 B 和磁通 $\varPhi$。$B_i = f(H)$ 与 $B = f(H)$、$\varPhi_i = f(F)$ 与 $\varPhi = f(F)$ 两条特性曲线中，只要知道其中的一条，另一条就可由式 $B_i = B + \mu_0 H$ 和 $\varPhi_i = \varPhi + \varPhi_0$ 求出。

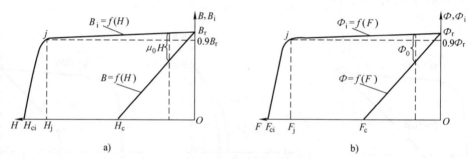

图 5-10　内禀曲线与退磁曲线的关系

a）B-H 坐标　b）$\varPhi$-F 坐标

1. 内禀矫顽力 H_{ci} 与矫顽力 H_c 区别　矫顽力是退磁曲线与横坐标的交点，是永磁材料在饱和磁化的情况下，当剩余磁感应强度降到零时所需要的反向磁场强度。在永磁电机应用中，永磁材料的矫顽力代表着它抗外磁场干扰的能力，矫顽力越高，抗外磁场干扰的能力就越强，电机越能适应具有强大外磁场的动态工作环境。在永磁电机设计中，为了得到磁路的磁动势平衡，磁体在磁化方向上必须有一定的厚度，矫顽力越大，则磁体在磁化方向的厚度就可以越小。

内禀矫顽力是指永磁材料在饱和磁化的条件下，当内禀磁感应强度（或磁化强度）降低到零时的磁场强度值，是内禀曲线与横坐标的交点。内禀矫顽力的大小与永磁体的温度稳定性有着密切的关系。内禀矫顽力越高，永磁体的工作温度也可以越高。例如欲使 NdFeB 磁体的稳定工作温度达到 150℃，其内禀矫顽力需达到 2000kA/m 才有可能。

退磁曲线上的任一点代表永磁体工作在这一点时，单位体积的磁体向外磁路提供的磁场能量。而内禀退磁曲线上任一点，却代表这时单位磁体内部所储藏着的磁场能量，是永磁体之所以能向外磁路提供能量的前提。当外磁场强度到达 H_c 时，永磁体的磁通密度为零，表示这时永磁体没有向外磁路提供能量，但并不说明永磁体自身没有能量；而当外磁场强度到达 H_{ci} 时，磁化强度 $M=0$，才表示磁体已真正地被退磁，自身已经完全无磁场能量储存。从这个意义上说。内禀矫顽力才是真正代表着稀土永磁体拥有磁场能量和抗外磁场的能力。

如图 5-8 所示，铝镍钴永磁材料的内禀曲线与退磁曲线很接近，H_{ci} 与 H_c 相近且很小。稀土永磁材料的内禀退磁曲线与退磁曲线相差很大，H_{ci} 远大于 H_c，这正是表征稀土永磁材料抗去磁能力强的一个重要参数。

2. 临界场强 H_j　内禀退磁曲线的形状也影响永磁材料的磁稳定性。曲线的矩形度越好，磁性能越稳定。为标志曲线的矩形度，引入临界场强 H_j。临界场强 H_j 是指内禀曲线上当内禀磁通密度 B_i 降到 $0.9B_r$ 时所对应的磁场强度，即图 5-10 中的 j 点。j 点的位置实际上到了内禀曲线的弯曲处，若再增大外磁场，永磁体的磁化强度和磁场能量将急剧减小。在稀土永磁体的实际应用中，临界场强 H_j 比内禀矫顽力 H_{ci} 具有更重要的意义，应当成为永磁体的必测参数之一。

5.2.4　自退磁磁场与永磁体等效磁路

1. 自退磁磁场　如图 5-11 所示为一块被均匀磁化的永磁体，在它的两端显现出 N 极和 S 极。在不考虑其他磁动势影响的情况下，作为磁动势源，它将在周围空间形成磁场 Φ_m，磁力线从 N 极向它的四周发散，经过一定的路径从各个方向向 S 极集中。很显然，从 N 极到 S 极的磁力线路径，有一部分（Φ_0）是经过永磁体本身内部的。在永磁体内部，磁力线 Φ_0 方向是与原磁化的方向（S 极到 N 极）相反的，称为自退磁磁通。自退磁磁通的大小与永磁磁路的工作状态及结构、尺寸有关。永磁体的内禀磁通 $\Phi_i = \Phi_0 + \Phi_m$。

2. 永磁体的等效　由于永磁体的自退磁特性，可以用一个磁通源 Φ_i 与一个内磁导 Λ_0 并联来等效永磁体，如图 5-12a 所示。设永磁体磁化方向厚度为 h_M，提供磁通的截面积为 S_M，其内磁导为

$$\Lambda_0 = \mu_0\mu_r \frac{S_M}{h_M} \tag{5-22}$$

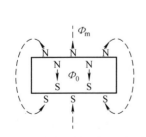

图 5-11　自退磁磁场示意图

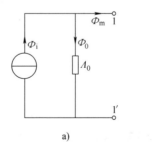

图 5-12　永磁体等效磁路

a) 等效磁通源　b) 等效磁动势源

磁通源磁通（即内禀磁通）$\Phi_i = B_i S_M$。从图 5-10 可见，内禀曲线基本为矩形，因此可认为内禀磁通密度 B_i 近似等于剩余磁通密度 B_r，所以

$$\Phi_i \approx \Phi_r = B_r S_M \tag{5-23}$$

见表 5-1，根据磁路与电路的相似性，利用戴维南定理，可将图 5-12a 等效变换为图 5-12b 的等效磁动势源，其中磁动势源磁动势（即内禀磁动势）为

$$F_i = \frac{\Phi_i}{\Lambda_0} \approx \frac{B_r S_M}{\dfrac{S_M}{\mu_0 \mu_r \dfrac{1}{h_M}}} = H_c h_M \tag{5-24}$$

即

$$F_i \approx F_c = H_c h_M$$

3. 处于短路工作状态的永磁磁路　图 5-13a 所示为永磁体与软铁导磁体直接闭合而构成的一个简单磁路，若忽略软铁的磁阻，则该图所示即为永磁体短路工作状态。图 5-13b、c 分别为其相应的磁通源、磁动势源等效磁路。在忽略软铁的磁阻情况下，外磁路（即软铁）磁压降等于零，磁场强度为

$$H_m = 0$$

永磁体的自退磁磁通为

$$\Phi_0 = 0$$

永磁体提供给外磁路（软铁磁路）的磁通等于内禀磁通，即

$$\Phi_m = \Phi_i = F_i \Lambda_0 \tag{5-25}$$

外磁路（软铁磁路）磁通密度为

$$B_m = \Phi_i S_M = B_i \approx B_r \tag{5-26}$$

此时磁路的工作点就是退磁曲线与纵轴的交点，永磁体向外磁路提供的能量为零。

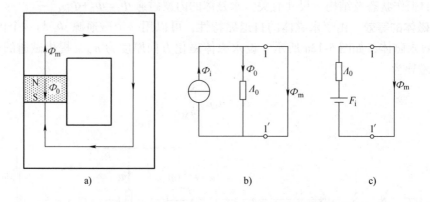

a)　　　　　　　　　　　　　b)　　　　　　　　　　c)

图 5-13　短路工作状态的永磁磁路和等效磁路
a）永磁磁路　b）磁通源等效磁路　c）磁动势源等效磁路

4. 处于开路工作状态的永磁磁路　当在一个经饱和磁化并处于短路状态的磁路上开一个气隙 δ，如图 5-14a 所示，图 5-14b 和图 5-14c 分别是其相应的磁通源等效磁路和磁动势源等效磁路。

气隙的磁导为

$$\Lambda_\delta = \mu_0 \frac{S_\delta}{\delta} \tag{5-27}$$

式中　S_δ ——软铁磁路的磁通截面积；

　　　δ ——气隙长度。

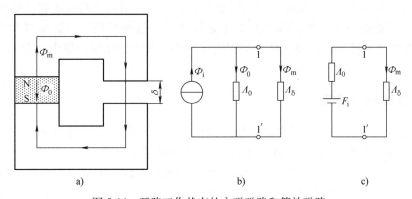

图 5-14　开路工作状态的永磁磁路和等效磁路

a）永磁磁路　b）磁通源等效磁路　c）磁动势源等效磁路

永磁体的自退磁磁通为

$$\Phi_0 = \frac{\Lambda_0}{\Lambda_0 + \Lambda_\delta}\Phi_i \tag{5-28}$$

永磁体提供给软铁磁路的磁通为

$$\Phi_m = \frac{\Lambda_\delta}{\Lambda_0 + \Lambda_\delta}\Phi_i \tag{5-29}$$

磁路的磁动势为

$$F_\delta = \frac{\Lambda_0}{\Lambda_0 + \Lambda_\delta}F_i \tag{5-30}$$

在忽略软铁的磁阻情况下，外磁路磁压降等于气隙磁压降，气隙磁通密度为

$$B_\delta = \frac{\Phi_m}{S_\delta} = \frac{1}{S_\delta}\frac{\Lambda_\delta}{\Lambda_0 + \Lambda_\delta}\Phi_i = \frac{\Lambda_\delta}{\Lambda_0 + \Lambda_\delta}B_r \tag{5-31}$$

从上式可见 $B_\delta < B_r$。气隙磁场强度为

$$H_\delta = \frac{B_\delta}{\mu_0} = \frac{1}{\mu_0}\frac{\Lambda_\delta}{\Lambda_0 + \Lambda_\delta}B_r \tag{5-32}$$

此时永磁体处于工作状态，其工作点如图 5-15 所示的 Q 点，永磁体向外磁路提供能量，其磁能积为 $B_\delta H_\delta$。

若增大气隙长度 δ，则 Λ_δ 减小，自退磁磁通 Φ_0 增加，永磁体提供给外磁路的磁通 Φ_m 减小，气隙磁通密度 B_δ 减小，工作点下降。

从图 5-15 可见永磁体的各部分能量关系。当外磁场为 H_δ 时，单位永磁体内部所具有的磁场能量为矩形 $OH_\delta Q_i P$ 所占的面积，而此时永磁体向外磁路提供的能量则为矩形 $OH_\delta QB_\delta$ 所占

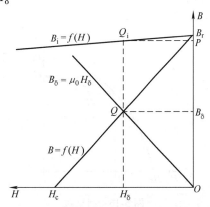

图 5-15　开路工作状态时的永磁磁路工作点

的面积。比较这两部分能量，可以看出它们之间在数值上的差值部分即为自退磁的能量。也就是说，永磁体在其较大的内禀磁场能量当中，仅仅有一部分提供给外磁路。外磁场强度越大（气隙长度 δ 越大），自退磁部分的能量也越大，向外磁路提供的磁场能量则越小。

对具有曲线退磁特性（如铝镍钴）的永磁体来说，这种材料的退磁曲线和内禀退磁曲线很接近，如图 5-9 所示，自退磁部分的损失比较小，其内禀磁场能量中的大部分可向外磁路提供。

5.2.5 回复线和磁导率

退磁曲线所表示的磁通密度与磁场强度间的关系，只有在磁场强度单方向变化时才存在。实际上，永磁电机运行时受到作用的退磁磁场强度是反复变化的。当对已充磁的永磁体施加退磁磁场强度时，磁通密度沿图 5-16 中的退磁曲线下降。如果在下降到 P 点时消去外加退磁磁场强度 H_P，则磁通密度并不沿退磁曲线回复，而是沿另一曲线 $P1Q$ 上升。若再施加退磁磁场强度，则磁通密度沿另外一曲线 $Q2P$ 下降。如此多次反复后形成一个局部的小回线，称为局部磁滞回线。由于该回线的上升曲线与下降曲线很接近，可以近似地用一条直线 PQ 来代替，称为回复线。P 点为回复线的起始点。回复线的平均斜率与真空磁导率 μ_0 的比值称为相对回复磁导率，简称相对磁导率，记为 μ_{rec}，简写为 μ_r：

$$\mu_r = \left| \frac{\Delta B}{\Delta H} \right| \frac{1}{\mu_0}$$

当退磁曲线为曲线时，μ_r 的值与回复线起始点的位置有关，不是常数。但通常情况下变化很小，可以近似认为是一个常数，且近似等于退磁曲线上 $(B_r, 0)$ 处切线的斜率。即各点的回复线可近似认为是一组平行线，它们都与退磁曲线上 $(B_r, 0)$ 处的切线相平行。

当退磁曲线为直线时，回复线与退磁曲线相重合，这可以使永磁电机的磁性能在运行过程中保持稳定，是最理想的退磁曲线。大部分永磁材料（如：钕铁硼，见图 5-3a）的退磁曲线全部为直线，回复线与退磁曲线相重合。部分铁氧体永磁材料的退磁曲线上半部分为直线，当退磁磁场强度超过一定值后，退磁曲线就急剧下降，开始拐弯的点称为拐点（见图 5-17 中的 K 点）。当退磁磁场强度不超过拐点时，回复线与退磁曲线的直线段相重合。当退磁磁场强度超过拐点后，新的回复线 PQ 就不再与退磁曲线重合了（见图 5-17）。

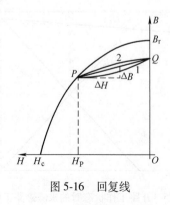

图 5-16　回复线

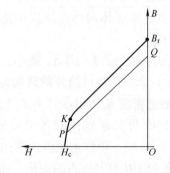

图 5-17　有拐点的退磁曲线的回复线

5.3 永磁电机等效磁路

对于退磁曲线为直线或部分为直线的永磁材料，其回复线与其直线段相重合，回复磁导率即为磁体的磁导率，这给用磁路的方法分析永磁电机的磁场带来方便。

1. 永磁电机外磁路的等效磁路 永磁体向外磁路所提供的总磁通 Φ_m 分为两部分，一部分与电枢绕组交链，称为主磁通（即每极气隙磁通）Φ_δ；另一部分不与电枢绕组交链，称为漏磁通 Φ_σ。相应地将永磁体以外的磁路（简称外磁路）分为主磁路和漏磁路，相应的磁导分别为主磁导 Λ_δ 和漏磁导 Λ_σ。永磁电机实际的外磁路比较复杂，分析时可根据其磁通分布情况分成许多段，再经串、并联进行组合。主磁导和漏磁导是各段磁路磁导的合成。在空载情况下外磁路的等效磁路如图 5-18 所示。

在负载运行时，主磁路中增加了电枢磁动势，设每对极磁路中的电枢磁动势为 F_a，其相应的等效磁路如图 5-19 所示。根据永磁电机的结构和运行情况，电枢磁动势对励磁磁场作用不同，F_a 起增磁或去磁作用。根据惯例本书规定，起去磁作用时，F_a 为正值；起增磁作用时，F_a 为负值。

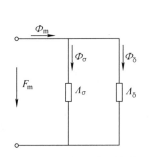

图 5-18 空载时外磁路的等效磁路

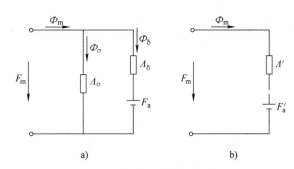

a)

b)

图 5-19 负载时外磁路的等效磁路

为便于分析计算，利用戴维南定理，将图 5-19a 的等效磁路变换成图 5-19b，其中外磁路合成磁导

$$\Lambda' = \Lambda_\delta + \Lambda_\sigma = \frac{\Lambda_\delta + \Lambda_\sigma}{\Lambda_\delta} \Lambda_\delta = k_\sigma \Lambda_\delta \tag{5-33}$$

式中 k_σ——转换系数。

$$k_\sigma = \frac{\Lambda_\delta + \Lambda_\sigma}{\Lambda_\delta}$$

合成电枢磁动势

$$F_a' = F_a \frac{\dfrac{1}{\Lambda_\sigma}}{\dfrac{1}{\Lambda_\sigma} + \dfrac{1}{\Lambda_\delta}} = F_a \frac{\Lambda_\delta}{\Lambda_\delta + \Lambda_\delta} = \frac{F_a}{k_\sigma} \tag{5-34}$$

2. 永磁电机的等效磁路 将图 5-19 与图 5-12 合并即得负载时永磁电机的等效磁路，如

图 5-20 所示。令 $F_a=0$，即得空载时的等效磁路。

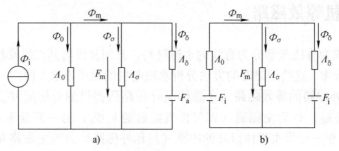

图 5-20 负载时永磁电机的等效磁路
a）磁通源等效磁路 b）磁动势源等效磁路

3. 主磁导和漏磁导 永磁电机的主磁路通常包括气隙、定（转）子齿、定（转）子轭等几部分。可以用通常的磁路计算方法求取在主磁通 Φ_δ 情况下各段磁路磁压降的总和 $\sum F$，得出 $\Phi_\delta = f(\sum F)$ 曲线。则在某一 Φ_δ 时主磁路的主磁导为

$$\Lambda_\delta = \frac{\Phi_\delta}{\sum F} \tag{5-35}$$

式中 Φ_δ ——每极气隙磁通（Wb）；

$\quad \sum F$ ——每极主磁路的总磁压降（A）。

由于主磁路中有铁磁材料，其磁压降通常不能忽略，因此，主磁导 Λ_δ 不是常数，随主磁路的饱和程度不同而变化。为便于分析 Λ_δ 与磁压降中主要部分——气隙的参数和磁路饱和程度的关系，Λ_δ 可表示成

$$\Lambda_\delta = \frac{\mu_0 S_\delta}{2\delta K_s K_\delta} \times 10^{-2} = \frac{\mu_0 \alpha'_p \tau_p l_{eff}}{2\delta K_\delta K_s} \times 10^{-2} \tag{5-36}$$

式中 S_δ ——每极气隙有效面积（cm^2）；

$\quad \alpha'_p$ ——计算极弧系数；

$\quad \tau_p$ ——极距（cm）；

$\quad l_{eff}$ ——电枢计算长度（cm）；

$\quad \delta$ ——气隙长度（cm）；

$\quad K_\delta$ ——气隙系数；

$\quad K_s$ ——磁路饱和系数。

漏磁导 Λ_σ 的计算更为繁杂，并且也很难计算得十分准确。有的电机，漏磁路径的大部分是空气，铁心部分的影响通常可以忽略，则 $\Phi_\sigma = f(F_\sigma)$ 基本上是条直线，即 Λ_σ 基本上是个常数。有的电机，例如永磁同步电动机的内置径向式磁路结构，漏磁路中有一段高度饱和的铁心，$\Phi_\sigma = f(F_\sigma)$ 是条曲线，即 Λ_σ 不是常数。通常这需要通过电磁场计算来求取。

4. 漏磁系数和空载漏磁系数 永磁体向外磁路提供的总磁通 Φ_m 与外磁路的主磁通 Φ_δ 之比称为漏磁系数，用 σ 表示：

$$\sigma = \frac{\Phi_m}{\Phi_\delta} = \frac{\Phi_\delta + \Phi_\sigma}{\Phi_\delta} = 1 + \frac{\Phi_\sigma}{\Phi_\delta} \tag{5-37}$$

在电机永磁体的形状和尺寸、气隙和外磁路尺寸一定的情况下，σ 还随负载情况不同，

即主磁路和漏磁路的饱和程度不同而变化，不是常数。

空载时，$F_a = 0$。从等效磁路图 5-20 可以看出，在此情况下空载总磁通与空载主磁通之比在数值上等于外磁路的合成磁导与主磁导之比，即空载漏磁系数为

$$\sigma_0 = \frac{\Phi_m}{\Phi_\delta} = \frac{\Phi_\delta + \Phi_\sigma}{\Phi_\delta} = \frac{\Lambda_\delta + \Lambda_\sigma}{\Lambda_\delta} = 1 + \frac{\Lambda_\sigma}{\Lambda_\delta} \tag{5-38}$$

由上式可见，空载漏磁系数 σ_0 与前面的转换系数 k_σ 相等，于是图 5-19b 所示的负载时外磁路等效图，其合成磁导 Λ' 和合成磁动势 F_a' 还可以利用空载漏磁系数 σ_0 表示为

$$\Lambda' = \sigma_0 \Lambda_\delta$$

$$F_a' = \frac{F_a}{\sigma_0}$$

σ_0 是空载时的漏磁系数，是空载时的总磁通与主磁通之比，它反映的是空载时永磁体向外磁路提供的总磁通的有效利用程度，σ_0 以磁导表示时，$\sigma_0 = k_\sigma$。

而从等效磁路图 5-20 可见，由于负载时 $F_a \neq 0$，合成磁导与主磁导之比并不等于总磁通与主磁通之比，此时的 σ_0 已不再是原来意义的空载漏磁系数。同时由于负载情况不同，电枢磁动势 F_a 的大小不同，磁路的饱和程度也随着改变，Λ_δ、Λ_σ 和 σ_0 都不是常数。因此，σ_0 在作为变换系数使用时需要选用与负载时磁路饱和程度相对应的合成磁导与主磁导之比，而不是选用空载时的 σ_0 值，也不是负载时的 σ 值。只有在某些可以忽略磁路饱和影响的永磁电机中，负载时作为变换系数的 σ_0 才等于空载时的 σ_0。

由上面分析可见，空载漏磁系数 σ_0 是一个很重要的参数。一方面，σ_0 大表明漏磁导 Λ_σ 相对较大，$\Lambda_\sigma = (\sigma_0 - 1) \Lambda_\delta$，在永磁体提供总磁通一定时，漏磁通相对较大而主磁通相对较小，永磁体的利用率就差。另一方面，σ_0 大表明对电枢反应的分流作用大，电枢反应对永磁体两端的实际作用值 F_a' 就小，永磁体的抗去磁能力就强。因此设计时要综合考虑，选取合适的 σ_0 值。

5.4　永磁电机等效磁路的求解

永磁电机等效磁路的求解方法有解析法和图解法两种。解析法数学运算关系清晰，便于计算机编程计算。但是当退磁曲线为曲线或具有拐点和磁路饱和程度较高时，解析法不够直观。图解法是直接画出永磁体工作图，可以清晰地看出各种因素的影响程度和工作点与拐点间的关系。因此工程上在应用解析法进行求解的同时，还常采用图解法进行补充分析。下面以图 5-21 所示的等效磁路阐述其求解方法。

5.4.1　解析法

1. 等效磁路各参数的标幺值　标幺值是各物理量的实际值与其基值（两者单位相同）的比值。永磁磁路中有关物理量的基值选为

磁通基值

$$\Phi_b = \Phi_r = B_r S_M \times 10^{-4} \tag{5-39}$$

磁动势基值

$$F_b = F_c = H_c h_M \times 10^{-2} \tag{5-40}$$

磁导基值

$$\Lambda_{\mathrm{b}} = \frac{\Phi_{\mathrm{b}}}{F_{\mathrm{b}}} = \frac{\Phi_{\mathrm{r}}}{F_{\mathrm{c}}} = \frac{B_{\mathrm{r}} S_{\mathrm{M}}}{H_{\mathrm{c}} h_{\mathrm{M}}} \times 10^{-2} = \frac{\mu_{\mathrm{r}} \mu_0 S_{\mathrm{M}}}{h_{\mathrm{M}}} \times 10^{-2} = \Lambda_0 \tag{5-41}$$

通常用小写字母表示各相应物理量的标幺值，即

$$\varphi_{\mathrm{m}} = \frac{\Phi_{\mathrm{m}}}{\Phi_{\mathrm{r}}} = \frac{B_{\mathrm{m}}}{B_{\mathrm{r}}} = b_{\mathrm{m}} \tag{5-42}$$

$$\varphi_{\mathrm{r}} = \frac{\Phi_{\mathrm{r}}}{\Phi_{\mathrm{r}}} = 1 = b_{\mathrm{r}} \tag{5-43}$$

$$f_{\mathrm{m}} = \frac{F_{\mathrm{m}}}{F_{\mathrm{c}}} = \frac{H_{\mathrm{m}}}{H_{\mathrm{c}}} = h_{\mathrm{m}} \tag{5-44}$$

$$f'_{\mathrm{a}} = \frac{F'_{\mathrm{a}}}{F_{\mathrm{c}}} = h'_{\mathrm{a}} \tag{5-45}$$

$$f_{\mathrm{c}} = \frac{F_{\mathrm{c}}}{F_{\mathrm{c}}} = 1 = h_{\mathrm{c}} \tag{5-46}$$

$$\lambda_{\delta} = \frac{\Lambda_{\delta}}{\Lambda_{\mathrm{b}}} = \Lambda_{\delta} \frac{h_{\mathrm{M}}}{\mu_{\mathrm{r}} \mu_0 S_{\mathrm{M}}} \tag{5-47}$$

$$\lambda_0 = \frac{\Lambda_0}{\Lambda_{\mathrm{b}}} = 1 \tag{5-48}$$

$$\lambda_{\sigma} = \frac{\Lambda_{\sigma}}{\Lambda_{\mathrm{b}}} \tag{5-49}$$

$$\lambda' = \frac{\Lambda_{\sigma} + \Lambda_{\delta}}{\Lambda_{\mathrm{b}}} = \lambda_{\sigma} + \lambda_{\delta} \tag{5-50}$$

用标幺值表示时，直线型退磁曲线可用解析式表示成

$$\varphi_{\mathrm{m}} = 1 - f_{\mathrm{m}} \tag{5-51}$$

或

$$b_{\mathrm{m}} = 1 - h_{\mathrm{m}} \tag{5-52}$$

于是其相应的以标幺值表示的等效磁路如图 5-21 所示。

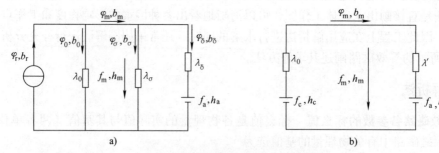

图 5-21　以标幺值表示的等效磁路

a）磁通源等效磁路　b）磁动势源等效磁路

2. 等效磁路的解析解　分析磁路不饱和，即 λ_{δ}、λ_{σ} 和 λ' 都是常数的情况。

（1）电机空载工作点　电机空载时电枢磁动势标幺值 $f_{\mathrm{a}} = 0$，直线型退磁曲线表示为

$$\varphi_{m0} = 1 - f_{m0} \tag{5-53}$$

合成磁导 λ' 与磁通 φ_{m0}、磁动势 f_{m0} 的关系为

$$\frac{\varphi_{m0}}{f_{m0}} = \lambda_\delta + \lambda_\sigma = \lambda' = \sigma_0 \lambda_\delta \tag{5-54}$$

联立求解式（5-53）与式（5-54）得永磁体的空载工作点（φ_{m0}，f_{m0}）或（b_{m0}，h_{m0}）为

$$\begin{cases} \varphi_{m0} = \dfrac{\lambda'}{\lambda' + 1} = b_{m0} \\[2mm] f_{m0} = \dfrac{1}{\lambda' + 1} = h_{m0} \end{cases} \tag{5-55}$$

根据空载工作点可以计算出空载时各部分磁通：
永磁体提供给外磁路的总磁通

$$\Phi_{m0} = b_{m0} B_r S_M \times 10^{-4} \tag{5-56}$$

漏磁通

$$\Phi_{\sigma 0} = h_{m0} \lambda_\sigma B_r S_M \times 10^{-4} \tag{5-57}$$

每极气隙磁通

$$\Phi_{\delta 0} = (b_{m0} - h_{m0} \lambda_\sigma) B_r S_M \times 10^{-4} = \frac{b_{m0} B_r S_M}{\sigma_0} \times 10^{-4} \tag{5-58}$$

（2）电机负载工作点　电机负载时电枢磁动势标幺值 $f_a \neq 0$，直线型退磁曲线表示为

$$\varphi_{mN} = 1 - f_{mN} \tag{5-59}$$

合成磁导 λ' 与磁通 φ_{mN}、磁动势 f_{mN} 的关系为

$$\frac{\varphi_{mN}}{f_{mN} - f_a'} = \lambda' \tag{5-60}$$

联立求解式（5-59）与式（5-60）得永磁体的负载工作点（φ_{mN}，f_{mN}）或（b_{mN}，h_{mN}）为

$$\begin{cases} \varphi_{mN} = \dfrac{\lambda'(1 - f_a')}{\lambda' + 1} = b_{mN} \\[2mm] f_{mN} = \dfrac{1 + \lambda' f_a'}{\lambda' + 1} = h_{mN} \end{cases} \tag{5-61}$$

根据负载工作点可以计算出负载时各部分磁通：
永磁体提供给外磁路的磁通：

$$\Phi_{mN} = b_{mN} B_r S_M \times 10^{-4} \tag{5-62}$$

漏磁通：

$$\Phi_{\sigma N} = h_{mN} \lambda_\sigma B_r S_M \times 10^{-4} \tag{5-63}$$

每极气隙磁通：

$$\Phi_{\delta N} = (b_{mN} - h_{mN} \lambda_\sigma) B_r S_M \times 10^{-4} \tag{5-64}$$

（3）非线性磁路　上面分析的是线性等效磁路时的情况。但通常情况下，永磁电机的磁路是饱和的，λ' 不是常数。空载、额定工况和最大去磁时的 λ' 随饱和程度不同而变化较大，而且 Φ_m 和 λ' 又互相制约。此时空载、负载工作点需利用迭代方法求解。空载工作点迭代求解具体步骤如图 5-22 所示。

（4）具有拐点的直线型退磁曲线工作点计算　前面的分析是基于直线型退磁曲线。在

永磁电机运行时，永磁体工作点是变化的，直接决定永磁体的磁通密度与磁场强度关系的是回复线，不是退磁曲线。钕铁硼永磁材料的退磁曲线是直线，回复线与退磁曲线重合。对于铁氧体永磁材料和部分高温下工作的钕铁硼永磁材料，退磁曲线的上半部分为直线，回复线与拐点以上的直线段退磁曲线相重合，如图 5-23 所示。此时，在设计中要保证永磁体的最低工作点不低于拐点，并且改用回复线的延长线与横轴的交点 H'_c 替代矫顽力 H_c，用同样的方法进行计算即可。如果永磁体的最低工作点低于拐点，则应以最低工作点为起始点 P，采用新的回复线的 B'_r 和 H''_c 替代剩余磁感应强度 B_r 和矫顽力 H_c，用同样的方法进行计算即可。

必须着重指出，永磁材料的磁性能对温度的敏感性很大，尤其是钕铁硼永磁材料和铁氧体永磁材料，其 B_r 的温度系数达 $-0.126\%/\mathrm{K}$ 和 $-(0.18 \sim 0.20)\%/\mathrm{K}$。因此实际应用时不能直接引用实测退磁曲线，而要根据实测退磁曲线换算到工作温度时的计算剩磁密度 B_r 和计算矫顽力 H_c，以此作为基值进行计算。工作温度不同，B_r 和 H_c 随着改变，计算出的工作点和磁通也不相同。

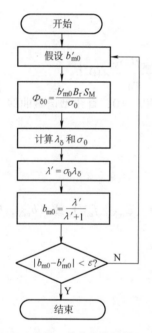

图 5-22 空载工作点迭代计算的步骤

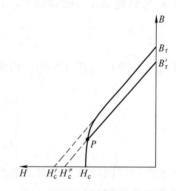

图 5-23 具有拐点的直线型退磁曲线和回复线

5.4.2 图解法

从等效磁路的推导过程可以看出，在空载情况下外磁路的 $\Phi_m = f(F_m)$ 曲线反映的是主磁路和漏磁路总的磁化特性，也可表示成 $\Lambda' = f(\Phi_m)$ 曲线，在磁路计算中称为合成磁导曲线。而 Φ_m 和 F_m 又是由永磁体作为磁源所提供的，两者关系是由回复线决定的。因此用图解法求解等效磁路就是求出回复线与合成磁导曲线的交点，如图 5-24 所示。

作图时先在 Φ-F 坐标系中画出永磁体的回复线及其延长线 $\Phi_r F'_c$。再根据外磁路的结构型式、尺寸及磁路饱和程度画出主磁导曲线 $\Lambda_\delta = f(\Phi_m)$，即主磁路的磁化特性曲线 $\Phi_\delta = f(\sum F)$。并根据漏磁通情况，画出漏磁导曲线 $\Lambda_\sigma = f(\Phi_m)$，即漏磁路的磁化特性曲线 $\Phi_\sigma =$

$f(\sum F)$；或者由 $\Lambda_\sigma = (\sigma_0 - 1)\Lambda_\delta$ 求出漏磁导曲线。然后将两条磁导曲线沿纵轴方向相加，得合成磁导曲线 $\Lambda' = f(\Phi_m)$，即外磁路合成磁化特性曲线 $\Phi_m = f(\sum F)$，它与回复线的交点 a 即为空载时永磁体的工作点。其纵坐标表示永磁体所提供的磁通 Φ_{m0}，横坐标表示永磁体所提供的磁动势 F_{m0}。a 点的垂线与 Λ_δ 和 Λ_σ 线的交点分别表示空载主磁通 $\Phi_{\delta0}$ 和空载漏磁通 $\Phi_{\sigma0}$。

负载时，在外磁路中存在电枢磁动势 F_a 或等效磁动势 $F'_a = \dfrac{F_a}{\sigma_0}$，由图 5-19b 可知，此时作用于外磁路合成磁导 Λ' 的磁动势为 $F_m - F'_a$。因此作图时只要将合成磁导曲线从原点向左平移 $|F'_a|$ 距离，合成磁导曲线与回复线的交点 N 即为负载时永磁体的工作点，其垂线与合成磁导曲线和漏磁导曲线的交点分别表示负载时的总磁通 Φ_{mN} 和漏磁通 $\Phi_{\sigma N}$，二者之差即为气隙磁通 $\Phi_{\delta N}$，如图 5-25 所示。如 F_a 起增磁作用，作用于外磁路磁导 Λ' 的磁动势为 $F_m + F'_a$，则将合成磁导曲线从原点向右移动 $|F'_a|$ 的距离即得。

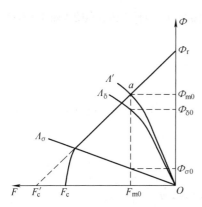

图 5-24　空载时等效磁路图解法

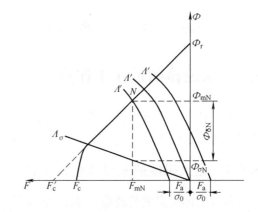

图 5-25　负载时等效磁路图解法

当永磁材料的退磁曲线有拐点时，要进行去磁校核计算，即计算出电机运行时可能出现的最大去磁电流，用以求出该时的工作点，如果工作点低于退磁曲线的拐点，则将产生不可逆退磁。此时，或者调整磁路设计，使工作点高于拐点，或者据此重新确定回复线起始点和新的回复线，重新求解。

上面使用 Φ-F 坐标求解永磁体工作图，可以直接得出永磁体所提供的总磁通 Φ_m 和磁动势 F_m 以及各部分磁通，有一定的方便性。但在设计计算中还常采用 B-H 坐标，即将图 5-25 的纵坐标除以 S_M，横坐标除以 h_M，得到图 5-26。相应地将磁导 Λ 乘以 $\dfrac{h_M}{S_M}$。得到其相对值，称为比磁导 P，即

$$P_\delta = \Lambda_\delta \frac{h_M}{S_M} \times 10^2 \tag{5-65}$$

$$P' = \Lambda' \frac{h_M}{S_M} \times 10^2 = \frac{B_m}{H_m} \tag{5-66}$$

这样，对于同一种永磁材料以 $B = f(H)$ 表示的回复线是相同的，以相对值表示的比磁导曲线的变化范围不大，在比较各种因素的影响和分析判断设计的合理性时比较方便。

进一步采用标幺值表示，如图 5-27 所示。此时不仅 $\varphi = f(f)$ 和 $b = f(h)$ 相同，所有永磁材料的回复线及其延长线可以用同一条直线表示（但拐点位置不同），都可以用式 $\varphi_m = 1 - f_m$ 或 $b_m = 1 - h_m$ 表示，而且 λ'、λ_δ 和 λ_σ 的变化范围都不大，计算和分析比较时都更为方便。

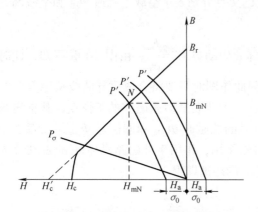

图 5-26　$B\text{-}H$ 坐标的永磁体工作图

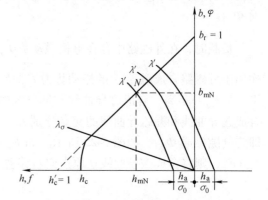

图 5-27　以标幺值表示的永磁体工作图

5.5　永磁体的最佳工作点

在设计永磁电机时，为了充分利用永磁材料，缩小永磁体和整个电机的尺寸，应该力求用最小的永磁体体积在气隙中建立具有最大磁能的磁场。

5.5.1　最大磁能的永磁体最佳工作点

设永磁体所提供的磁通为 Φ_D，磁动势为 F_D，则磁能为

$$J_D = \frac{1}{2}\Phi_D F_D = \frac{1}{2}BS_M Hh_M \times 10^{-6} = \frac{1}{2}(BH)V_M \times 10^{-6} \qquad (5\text{-}67)$$

永磁体体积

$$V_M = \frac{\Phi_D F_D}{(BH)} \times 10^6 \qquad (5\text{-}68)$$

由式（5-68）可见，在 $\Phi_D F_D$ 不变的情况下，永磁体体积与其工作点的磁能积 (BH) 成反比。因此，应该使永磁体工作点位于回复线（直线型退磁曲线）上才有最大磁能积的点。如图 5-28 所示，永磁体的磁能 $\dfrac{\Phi_D F_D}{2}$ 正比于四边形 $A\Phi_D OF_D$ 的面积。若想获得最大磁能，必须使四边形 $A\Phi_D OF_D$ 的面积最大。当工作点 A 在回复线的中点时，四边形 $A\Phi_D OF_D$ 的面积最大，即永磁体具有最大磁通。具有最大磁能的永磁体最佳工作点的标幺值为

$$b_D = \varphi_D = 0.5$$

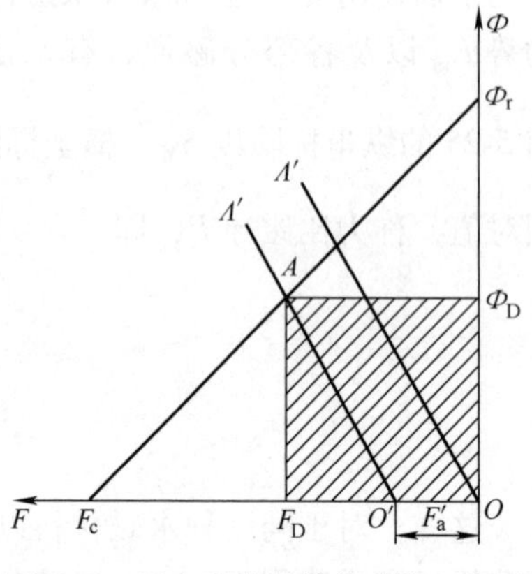

图 5-28　最大磁能时的永磁体工作图

5.5.2 最大有效磁能的永磁体最佳工作点

永磁电机中存在漏磁通，实际参与机电能量转换的是气隙磁场中的有效磁能，并不是永磁体的总磁能。因此永磁体的最佳工作点应该选在有效磁能 $J_e = \dfrac{1}{2}\Phi_e F_e$ 最大的点。由图 5-29a 可知，有效磁能正比于四边形 $ABB'A'$ 的面积。为使四边形 $ABB'A'$ 的面积最大，永磁体最佳工作点应该是 $\Phi_r K$ 的中点 A。

$$AB = A'B' = \frac{1}{2}\Phi_r \tag{5-69}$$

因为

$$\frac{AC}{AB} = \frac{\Phi_m}{\Phi_\delta} = \sigma \tag{5-70}$$

式中　σ——负载漏磁系数。

所以

$$A'O = AB\frac{AC}{AB} = \frac{\sigma}{2}\Phi_r \tag{5-71}$$

则具有最大有效磁能的永磁体最佳工作点的标幺值为

$$b_e = \varphi_e = \frac{\sigma}{2} \tag{5-72}$$

永磁体最佳工作点还可以用磁导标幺值表示。由图 5-29b 可知，在最大有效磁能时，主磁通的标幺值为

$$\varphi_\delta = \frac{1}{2}$$

漏磁通的标幺值为

$$\varphi_\sigma = (1-\varphi_e)\lambda_\sigma \tag{5-73}$$

所以

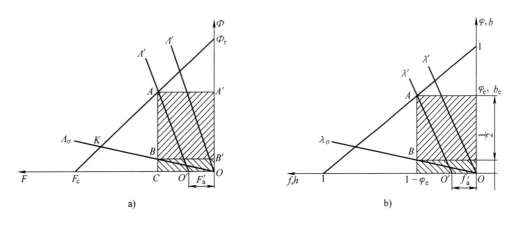

图 5-29　最大有效磁能时的永磁体工作图

$$\varphi_e = \frac{1}{2} + (1-\varphi_e)\lambda_\sigma \tag{5-74}$$

即

$$b_e = \varphi_e = \frac{2\lambda_\sigma + 1}{2\lambda_\sigma + 2} \tag{5-75}$$

从永磁体最佳工作点出发，可以估算电机中永磁体最佳利用时外磁路的尺寸和永磁体之间的关系。

$$b_{mN} = \frac{\lambda'(1-f'_a)}{\lambda'+1} = \frac{\sigma}{2} \tag{5-76}$$

故设计时应取 λ' 的最佳值为

$$\lambda' = \frac{\sigma}{2-\sigma-2f'_a} \tag{5-77}$$

λ' 与永磁体及外磁路的尺寸之间的关系为

$$\lambda' = \sigma_0\lambda_\delta = \frac{\sigma_0\alpha'_p\tau_p l_{eff}h_M}{2\delta K_\delta K_s\mu_r S_M} \tag{5-78}$$

由上式可见，为了使永磁体得到最佳利用，必须正确选择永磁体尺寸、外磁路的结构和尺寸以及两者之间的关系。

以上分析的是理想情况，在实际应用时还要受到其他因素的制约，因此实际电机设计时有时不得不偏离最佳工作点，例如：

1）当退磁曲线有拐点时，首先要进行最大去磁工作点（b_{mh}，h_{mh}）的校核，使其高于退磁曲线（或回复线）的拐点（b_K，h_K），即 $b_{mh}>b_K$ 或 $h_{mh}<h_K$，并留有充分余地，以防止永磁体产生不可逆退磁。在保证不失磁的前提下追求尽可能大的有效磁能。

2）永磁体的最佳利用不一定产生电机的最佳设计，因为影响电机设计的因素除永磁体尺寸外，还要考虑结构、工艺和电机性能的特殊要求。因此在设计电机时首先着眼于电机的最佳设计，有时只好放弃永磁体的最佳利用。一般取 $b_{mN} = 0.6 \sim 0.85$。

第6章　小型永磁直流电动机设计

6.1　小型永磁直流电动机设计概述

6.1.1　永磁直流电动机的特点、用途和分类

永磁直流电动机是由永磁体建立励磁磁场的直流电动机。它除了具有一般电磁式直流电动机所具备的良好的机械特性和调节特性以及调速范围宽和便于控制等特点外，还具有体积小、效率高、结构简单等优点。

永磁直流电动机的应用领域十分广泛。近年来由于高性能、低成本的永磁材料的大量出现，价廉的铁氧体永磁材料和高性能的钕铁硼永磁材料的广泛应用，使永磁直流电动机出现了前所未有的发展，特别是随着钕铁硼等高性能永磁材料的发展，永磁直流电动机已从微型向小型发展。

永磁直流电动机在家用电器、办公设备、医疗器械、电动自行车、摩托车、汽车用各种电动机等和在要求良好动态性能的精密速度和位置驱动的系统（如录像机、磁带记录仪、精密机械、直流伺服、计算机外部设备等）以及航空航天等国防领域中都有大量的应用。特别是家用电器、生活器具以及电动玩具用的铁氧体永磁直流电动机，其产量是无以类比的，很难以数量来统计。

根据性能要求和应用场合的不同，永磁直流电动机可分为永磁驱动直流电动机（其磁极结构有径向式、切向式和横向式，见图6-1~图6-3）和永磁控制直流电动机。永磁控制直流电动机根据不同结构型式和使用要求，又可分为永磁式直流伺服电动机（见图6-4）、永磁直流力矩电动机、无槽永磁直流伺服电动机、空心杯型电枢永磁直流伺服电动机（见图6-5）、印制绕组永磁直流电动机（见图6-6）、线绕盘式电枢永磁直流电动机（见图6-7、图6-8）等。而且很多永磁直流电动机产品都已经系列化。

驱动用永磁直流电动机主要系列：

1）M 系列永磁直流电动机。机座号为 $\phi20mm$、$\phi26mm$、$\phi28mm$、$\phi36mm$、$\phi45mm$。

2）ZYT 系列铁氧体永磁直流电动机。机座号为 $\phi20mm$、$\phi24mm$、$\phi28mm$、$\phi36mm$、$\phi45mm$、$\phi55mm$、$\phi70mm$、$\phi90mm$、$\phi110mm$、$\phi130mm$、$\phi160mm$。

3）ZYN 钕铁硼永磁直流电动机。

伺服用永磁直流电动机主要系列：

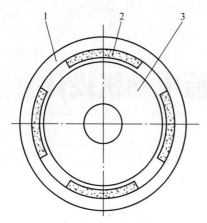

图 6-1 径向式结构
1—机座 2—稀土磁钢 3—转子

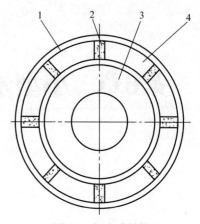

图 6-2 切向式结构
1—不导磁机座 2—磁钢 3—电枢 4—磁极

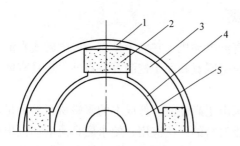

图 6-3 横向式结构
1—机座 2—永磁体 3—极靴
4—气隙 5—转子铁心

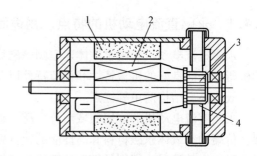

图 6-4 永磁式直流伺服电动机结构
1—永磁材料制成的磁极 2—电枢
3—换向器 4—电刷

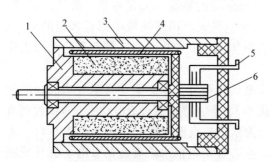

图 6-5 空心杯型电枢永磁直流伺服电动机
内定子磁钢结构
1—内定子 2—磁钢 3—机座 4—杯型电枢
5—电刷 6—换向器

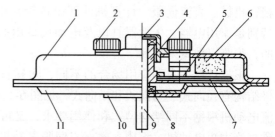

图 6-6 印制绕组永磁直流电动机的基本结构
1—后端盖 2—电刷盒 3—后轴承座 4—轴套
5—电刷 6—永磁体 7—盘式电枢 8—轴承
9—转轴 10—前轴承盖 11—前端盖

1）SY 系列永磁直流伺服电动机。机座号为 $\phi20mm$、$\phi24mm$、$\phi28mm$、$\phi36mm$、$\phi45mm$。

2）SYK 系列空心杯电枢永磁直流伺服电动机。机座号为 $\phi12mm$、$\phi16mm$、$\phi20mm$、$\phi24mm$、$\phi28mm$、$\phi32mm$、$\phi36mm$、$\phi40mm$、$\phi45mm$。

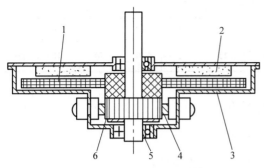

图6-7　线绕盘式电动机的结构

1—盘式电枢　2—定子磁钢　3—机座
4—电刷　5—轴承　6—换向器

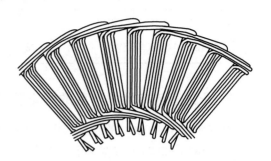

图6-8　线绕盘式电动机电枢绕组

3）SXP 系列线绕盘式电枢永磁直流伺服电动机。机座号为 $\phi100mm$、$\phi160mm$、$\phi184mm$、$\phi192mm$、$\phi250mm$、$\phi360mm$，功率为 $13\sim4500W$。

4）SN 系列印刷绕组电枢永磁直流伺服电动机。机座号为 $\phi110mm$、$\phi145mm$、$\phi160mm$、$\phi245mm$、$\phi278mm$、$\phi330mm$。

5）SWC 系列无槽电枢永磁直流伺服电动机。

6）LY、SYL 系列永磁直流力矩电动机。

各种常用永磁直流电动机的主要性能比较见表6-1。

本章主要分析讨论传统式永磁直流电动机，其主要内容可推广应用于其他种类的永磁直流电动机。

表6-1　各种常用的永磁直流电动机主要性能

特性 \ 型式	传统式	力矩式	无槽电枢式	印刷电机	空心杯型
惯性矩	中等	大	小	小	最小
电气时间常数	一般	长	短	很短	最短
惯性阻尼	中等	高	小	小	小
高速性能	好	低	很好	一般	一般
低速性能	一般	好	好	很好	很好
电枢热时间常数	长	长	一般	短	很短
转矩惯量比	中等	低	高	高	很高
成本	低	中等	高	中等	中~高
电刷 导电方向	径向	径向	径向	轴向	径向
电刷 几何尺寸	中等	大	中等	大	中等

6.1.2　永磁直流电动机基本技术要求

永磁直流电动机的额定数据为额定功率 P_N（W）、额定电压 U_N（V）、额定电流 I_N（A）、额定转速 n_N（r/min）、绝缘等级、安装结构型式以及环境条件等级等。

永磁直流电动机的电压等级分别为 6V、9V、12V、24V、27V、48V、60V、72V、96V、110V、160V、220V、440V 等以及静止整流器供电电源的对应电压等级。

机座号规定见表6-2。

表 6-2　机座号与机座外径对应关系

机座号	12	16	20	24	28	36	45	55	70	90	110	130
机座外径/mm	12.5	16	20	24	28	36	45	55	70	90	110	130

6.1.3　永磁直流电动机产品的国家及行业标准

GB/T 39553—2020《直流伺服电动机通用技术条件》

JB/T 5866—2004《宽调速永磁直流伺服电动机通用技术条件》

GB/T 10401—2008《永磁式直流力矩电动机通用技术条件》

JB/T 5867—2004《空心杯电枢永磁直流伺服电动机通用技术条件》

JB/T 1377.2—1999《SY 系列微型永磁式直流伺服电动机》

GB/T 6656—2008《铁氧体永磁直流电动机》

JB/T 5868—2015《印制绕组直流伺服电动机通用技术条件》

6.1.4　永磁直流电动机绕组

按照绕组的联结方法，电枢绕组可分为 5 种形式：单叠绕组、单波绕组、复叠绕组、复波绕组和蛙绕组（叠绕和波绕混合绕组），其中单叠和单波绕组是最基本的。

1. 绕组参数

1）元件数 S 和换向片数 K　$S=K$。

2）槽数 Q 和虚槽数 Q_u　如图 6-9 所示，$Q_u=uQ=S$。

3）第一节距　如图 6-10 所示，一个元件的两个元件边在电枢表面所跨的距离。

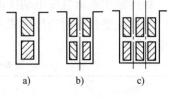

图 6-9　把一个实槽分成几个虚槽

a）一个虚槽　b）两个虚槽
c）三个虚槽

$$y_1 = \frac{Q_u}{2p} \mp \varepsilon = 整数$$

式中　ε——小于 1 的分数。

4）合成节距 y　如图 6-10 所示，相串联的两个元件的对应元件边在电枢表面的距离。

5）换向器节距 y_K　如图 6-10 所示，元件的两个线端所接的换向片在换向器表面的距离。

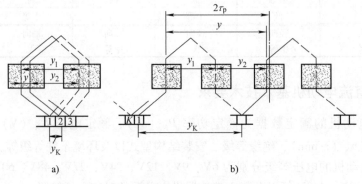

图 6-10　绕组元件在电枢上的联结

a）叠绕组　b）波绕组

$$y_{\text{K}} = y$$

2. 单叠绕组　单叠绕组的特点：$y = y_{\text{K}} = \pm 1$，$2a = 2p$，$y_1 = +1$ 时称为右行绕组，$y_1 = -1$ 时称为左行绕组，构成单叠绕组的展开图如图 6-11 所示。

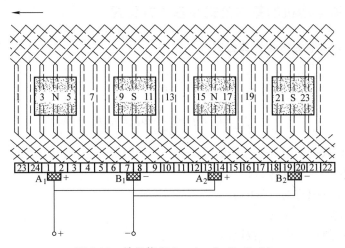

图 6-11　单叠绕组 $2p = 4$，$Q = K = S = 24$

例 6-1　$2p = 4$，$Q = K = S = 24$，则 $y = y_{\text{K}} = 1$，$y_1 = Q_{\text{u}}/(2p) \mp \varepsilon = 24/4 \mp 0 = 6$（整距）。

3. 单波绕组　单波绕组的特点：$y = y_{\text{K}} = (K \mp 1)/p$，负号为左行绕组，正号为右行绕组；$2a = 2$，构成单波绕组的展开图，如图 6-12 所示。

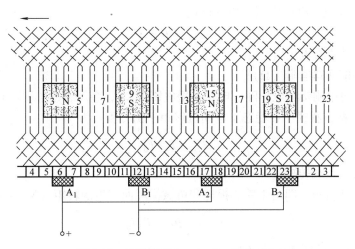

图 6-12　单波绕组 $2p = 4$，$Q = K = S = 23$

例 6-2　$2p = 4$，$Q = K = S = 23$，则 $y = y_{\text{K}} = (K \mp 1)/p = (23 - 1)/2 = 11$。

4. 电枢绕组的对称条件

$$\frac{Q}{a} = 整数$$

$$\frac{p}{a} = 整数$$

6.2 永磁直流电动机的运行分析

6.2.1 永磁直流电动机的基本公式和基本方程式

1. 感应电动势和电磁转矩计算公式

$$E_a = C_e \Phi n = \frac{pN}{60a} \Phi n = K_e n \tag{6-1}$$

$$T_{em} = C_T \Phi I_a = \frac{pN}{2\pi a} \Phi I_a = K_T I_a \tag{6-2}$$

式中　p ——极对数；

N ——电枢绕组总导体数；

Φ ——每极气隙磁通（Wb）；

I_a ——电枢电流（A）；

a ——电枢绕组并联支路对数；

n ——电枢转速（r/min）；

C_e ——电动势常数；

C_T ——电磁转矩常数。

2. 基本方程式

（1）永磁直流电动机的电压平衡方程式为

$$U = E_a + I_a R_a + \Delta U \tag{6-3}$$

式中　U ——电动机端电压（V）；

R_a ——电枢回路电阻（Ω）；

ΔU ——一对电刷接触电压降，电化石墨电刷取 2V，金属石墨电刷取 0.6V。

（2）转矩平衡方程式　在稳态下电动机转矩平衡方程式为

$$T_{em} = T_2 + T_0 \tag{6-4}$$

式中　T_2 ——机械负载转矩（N·m）；

T_0 ——空载转矩，即由于铁心损耗和机械损耗而产生的转矩（N·m）。

$$T_0 = C_T \Phi I_0 = K_T I_0 \tag{6-5}$$

式中　I_0 ——电动机的空载电流（A）。

（3）功率平衡方程式　永磁直流电动机的电磁功率为

$$P_{em} = E_a I_a = T_{em} \Omega \tag{6-6}$$

式中　Ω ——转子机械角速度（rad/s），$\Omega = \frac{2\pi n}{60}$。

电动机的功率关系：

$$P_1 = P_{em} + P_{Cua} + P_b$$
$$P_{em} = P_2 + P_0 = P_2 + P_{Fe} + P_{fw} \tag{6-7}$$

式中　P_1——电动机输入功率（W）；

　　　P_{Cua}——电枢绕组铜耗（W）；

　　　P_{b}——电刷接触电阻损耗（W）；

　　　P_0——电动机空载损耗（W）；

　　　P_{Fe}——铁心损耗（W）；

　　　P_{fw}——机械损耗（风摩损耗）（W）；

　　　P_2——电动机输出机械功率（W），$P_2 = T_2\Omega$。

6.2.2　永磁直流电动机的运行特性

1. 机械特性

$$n = \frac{U - \Delta U}{C_e \Phi} - \frac{R_a}{C_e C_T \Phi^2} T_{\mathrm{em}} = n_0' - \frac{R_a}{K_e K_T} T_{\mathrm{em}} \tag{6-8}$$

式中　n_0'——理想空载转速，$n_0' = \dfrac{U - \Delta U}{C_e \Phi}$，对应于 $T_{\mathrm{em}} = 0$ 时的状态。

在电动机堵转（$n = 0$）时的电磁转矩，即为电动机的堵转转矩（N·m）：

$$T_{\mathrm{k}} = C_T \Phi \frac{U - \Delta U}{R_a}$$

机械特性曲线的斜率：

$$|\tan\alpha| = \frac{R_a}{C_e C_T \Phi^2} = \frac{R_a}{K_e K_T}$$

在 $U = U_N$ 时，$n = f(T_{\mathrm{em}})$ 即为电动机的机械特性。

如在电枢回路中串入一定的调节电阻 R_j，则

$$n = n_0' - \frac{R_a + R_j}{K_e K_T} T_{\mathrm{em}} \tag{6-9}$$

在不同的 R_j 下，其机械特性曲线如图 6-13 所示，当 $R_j = 0$ 时的机械特性为自然机械特性曲线，当 R_j 为不同值时的机械特性为人工机械特性。

在不同的电动机端电压 U 下，机械特性曲线是一组平行的直线，如图 6-14 所示。

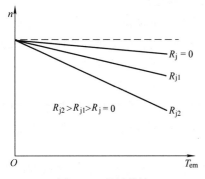

图 6-13　机械特性

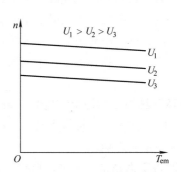

图 6-14　永磁直流电动机的机械特性

工程上表征机械特性软硬程度，通常用转速调节率 $\Delta n\%$ 来表示，即

$$\Delta n\% = \frac{n_0 - n_N}{n_N} \times 100\% \tag{6-10}$$

2. 调节特性 当电磁转矩 T_{em} = 常数时，电动机的转速与端电压的变化关系 $n = f(U)$，称为永磁直流电动机的调节特性，如图 6-15 所示。由图 6-15 可见，对应不同的 T_{em} 值，调节特性也是一组平行的直线，调节特性与横坐标的交点，表示对应某一转矩时电动机的始动电压。

6.2.3 永磁直流电动机的工作特性

永磁直流电动机的工作特性，在端电压 $U = U_N$ = 常数时，速度特性 $n = f(P_2)$，转矩特性 T_{em}、$T_2 = f(P_2)$，效率特性 $\eta = f(P_2)$，如图 6-16 所示。

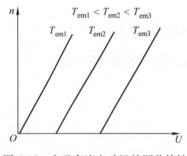

图 6-15 永磁直流电动机的调节特性

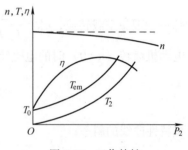

图 6-16 工作特性

6.3 永磁直流电动机的磁极结构型式

随着新产品的不断发展，永磁直流电动机的磁极结构是多种多样的，各有优缺点。由于永磁直流电动机的用途和使用场合越来越多，新的磁极结构也在不断地出现，本节主要介绍目前常用的铁氧体和钕铁硼永磁材料的磁极结构。

由于永磁直流电动机采用永磁体励磁，因此磁极材料的性能和磁极结构及尺寸，对电动机的技术性能、经济指标和几何尺寸等有着重要的影响。在磁路计算中磁极结构对磁路计算参数以及电枢磁动势对气隙磁场和永磁磁极的影响都是不同的。

在永磁直流电动机中大多采用外磁式结构，即磁钢位于电动机气隙的外部，这种结构型式的优点是，可采用充磁方向长度较长的磁钢，以弥补矫顽力低的不足；或便于采用磁极面积较大的磁钢，以弥补磁能积小的缺点。缺点是漏磁偏大。下面介绍几种常用的结构型式及特点。

1. 环形结构（圆筒形结构） 环形结构如图 6-17a 所示，外形为环形整体，结构工艺简单，装配方便，适于批量生产。但极间部分不起作用，磁钢利用率差些，对抗去磁能力和换向也有一定的影响。

2. 改进环形结构 改进环形结构如图 6-17b 所示。由于结构上的改进，磁钢利用率、抗去磁能力和换向性能等都有所改善，但磁钢结构形状比较复杂，制造有一些难度。

3. 瓦片形结构　瓦片形结构如图 6-1 和图 6-18a 所示。磁钢结构简单，利用率高，当采用各向异性磁钢时，可以沿辐射方向定向充磁，称为径向充磁；也可以沿与磁极中心线平行的方向定向充磁，称为平行充磁。采用径向充磁对提高磁钢的性能有利。

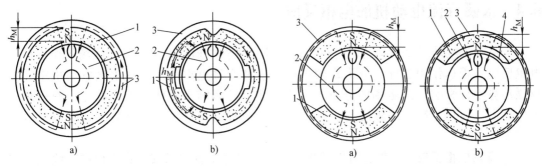

图 6-17　圆筒形磁极结构

a）圆筒形磁极　b）改进的圆筒形磁极

1—永磁体　2—电枢　3—机座

图 6-18　瓦片形磁极结构

a）无极靴瓦片形磁极　b）带极靴瓦片形磁极

1—永磁体　2—电枢　3—机座　4—极靴

瓦片形结构除带极靴的瓦片形结构外，尚有翘极尖瓦片形结构（见图 6-19a、b）和削极尖瓦片形结构（见图 6-19c、d），这类瓦片形磁极多为铁氧体材料，而且已定形系列生产，设计时可以选用。

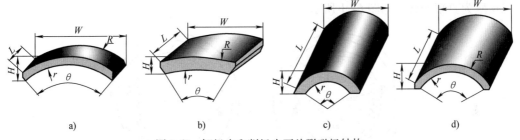

图 6-19　翘极尖和削极尖瓦片形磁极结构

4. 带极靴的瓦片形结构　带极靴的瓦片形结构如图 6-18b 所示。由于带极靴，可提高气隙磁通密度，但结构稍复杂。

5. 弧形结构　弧形和多极弧形结构如图 6-20a、b 所示。磁极由软磁材料制成，用以改善气隙磁场，材料利用率高，抗去磁能力强，换向性能较好，磁钢加工容易。

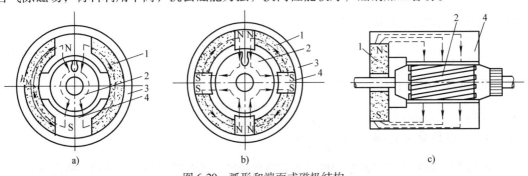

图 6-20　弧形和端面式磁极结构

a）弧形磁极　b）多极弧形磁极　c）端面式

1—永磁体　2—电枢　3—机座　4—极靴

其他尚有端面式结构（见图 6-20c）、轴向结构、切向结构（见图 6-2）、横向结构（见图 6-3）、内圆形结构以及多极结构等。

6.4 永磁直流电动机的电枢反应

永磁直流电动机负载运行时电枢绕组电流产生的电枢磁动势对气隙磁场的作用称为电枢反应，根据作用状况，分为直轴电枢反应和交轴电枢反应。在永磁电动机中，电枢磁动势不仅影响气隙磁场的分布与大小，而且还影响永磁体的工作状态，使磁路的工作点发生变化，影响的程度与磁极结构、电动机的运行状态以及最大瞬时电枢电流等有关。

1. 直轴电枢反应 永磁直流电动机的电刷，理论上都要求安放在几何中性线上（实际电动机的电刷安放在磁极中心线上，这是由绕组结构决定的），但实际上由于装配偏差或为改善换向而设置的偏移，电刷对几何中性线都有一定的偏移，偏移的几何中心线的角度为 β，相对于沿电枢表面离开几何中性线的距离为 b_β。此时电枢的磁动势有两部分电流产生，一部分为（$\tau_p - 2b_\beta$）范围内的导体电流产生，另一部分为 $2b_\beta$ 范围内的导体电流产生。

对于电动机当电刷逆电动机转向偏移时，电枢反应为直轴去磁，当电刷顺转向偏移时，电枢反应为直轴增磁，如图 6-21 所示。

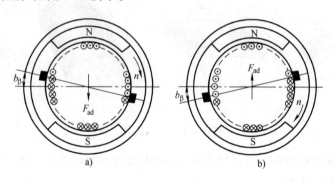

图 6-21 电枢反应

a）电枢反应增磁 b）电枢反应去磁

交轴电枢反应磁动势的幅值（A/极）

$$F_{aq} = A\left(\frac{\tau_p}{2} - b_\beta\right) \tag{6-11}$$

直轴电枢反应磁动势的幅值（A/极）

$$F_{ad} = Ab_\beta \tag{6-12}$$

式中 A——电负荷（A/cm），$A = \dfrac{NI_a}{2pa\tau_p}$。

一般微型、小型永磁直流电动机是不装换向极的，此时换向为延迟换向。换向电流所产生的直轴电枢反应起增磁作用，如图 6-22 所示。但当突然反转时，电枢电流方向突然改变而转向来不及改变，换向元件的直轴电枢磁动势变为去磁磁动势（A/极）为

$$F_{ac} = \frac{b_K N^2 W_S l_a n_N I_a}{120 a \pi D_a \sum R} \sum \lambda \times 10^{-8} \qquad (6\text{-}13)$$

式中　b_K——换向区宽度（cm）；

　　　W_S——换向元件匝数；

　　　$\sum R$——换向回路总电阻（Ω）；

　　　$\sum \lambda$——换向元件比漏磁导；

　　　N——电枢总导体数。

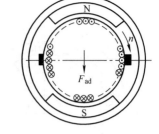

图 6-22　电动机延迟换向增磁

由以上分析可见，直轴电枢反应分别由电刷偏移和延迟换向产生。

装配电刷偏移量一般 $b_s = 0.015 \sim 0.03 \mathrm{cm}$，偏移方向是随机的，为可靠起见，设计时一般按去磁计算，即

$$F_{as} = b_s A \qquad (6\text{-}14)$$

2. 交轴电枢反应　由电机学可知，交轴电枢磁动势（见图 6-23）沿电枢表面作三角形分布，在交轴处，即 $X = \pm \frac{\tau_p}{2}$，交轴磁动势最大，其幅值（A/极）为

$$F_{aq} = \pm \frac{A \tau_p}{2} \qquad (6\text{-}15)$$

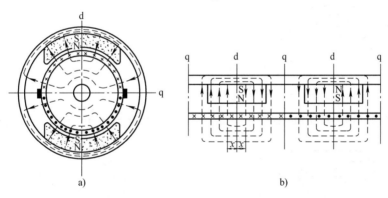

图 6-23　理想化永磁直流电动机模型

a）断面图　b）展开图

交轴电枢反应会使气隙磁场发生畸变，当磁路饱和时，尚产生去磁作用，因此也会影响永磁体的工作点，对于不同的磁钢结构其影响也是不同的，下面简要分析几种磁钢结构。

（1）瓦片形磁钢结构　如图 6-24 所示，交轴电枢反应磁通的路径是穿过气隙和永磁体通过机座后闭合，以磁极的中心线为界，电枢反应在磁极的一侧为增磁，另一侧为去磁，其磁场分布如图 6-25 所示，交轴电枢反应使磁场发生了畸变。由于永磁体的磁导率近似于空气，因此交轴电枢反应磁路路径的磁阻很大，交轴磁通 Φ_{aq} 不强，主极磁场的畸变可以忽略不计。

（2）环形（圆筒形）磁钢结构　如图 6-26 所示，电枢反应磁通路径穿过气隙进入环形永磁体沿着圆周方向闭合，在磁极中心线两侧，一侧呈增磁，另一侧呈去磁。由于电枢反应

图 6-24　瓦片形磁体交轴电枢反应

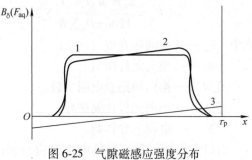

图 6-25　气隙磁感应强度分布
1—空载　2—负载　3—F_{aq} 分布

路径定子部分几乎全部可视为空气，磁路磁阻很大，电枢反应十分微弱，在工程设计中可以忽略不计。

（3）带极靴永磁体结构　交轴电枢反应如图 6-27 所示。

交轴电枢反应磁通经气隙和极靴闭合，并不经过永磁体，所以它只对气隙磁场产生影响。利用过渡特性曲线可以方便地确定交轴电枢反应去磁磁动势。

所谓过渡特性曲线是气隙磁通密度 B_δ 对于每极气隙磁压降 F_δ 和齿磁压降 F_t 之和的关系曲线，即 $B_\delta = f(F_\delta + F_t)$，如图 6-28 所示的曲线。

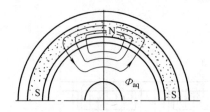

图 6-26　环形永磁体交轴电枢反应

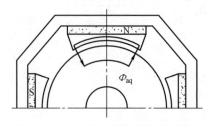

图 6-27　带极靴永磁体交轴电枢反应

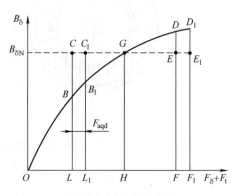

图 6-28　过渡特性曲线

首先，绘出电动机的过渡特性曲线，在曲线上确定一点 G，其纵坐标对应于额定电压时的气隙磁通密度 $B_{\delta N}$，横坐标为 H 点，在 H 两侧取 L 和 F 两点，且

$$LH = FH = \frac{1}{2}b'_p A$$

再从 L 和 F 两点作横轴的垂线，分别交过渡特性曲线于 B、D 两点，交 $B_{\delta N}G$ 于 C、E 两点。由于交轴电枢磁动势从主极中心向两侧极尖是按线性规律变化的，且在主极中心线处为零，在两侧极尖处分别为 $\frac{1}{2}b'_p A$ 和 $-\frac{1}{2}b'_p A$（ b'_p 为计算极弧宽度，A 为电负荷），若以 OH

表示由主磁极消耗在气隙和齿上的每极磁压降，则 OL 和 OF 分别为被交轴电枢反应去磁和增磁后的极尖合成磁动势，相应地，LB 和 FD 表示对应的气隙磁通密度，曲线 BGD 为负载时极靴下的气隙磁感应强度分布。若用矩形 $LCEF$ 表示空载时气隙磁通，则曲边梯形 $LBDF$ 则为负载时的气隙磁通。两者之差即为交轴电枢反应去磁磁通。

为求得交轴电枢反应去磁磁动势 F_{aqd}，只要将 LF 向右平移至 L_1F_1，并使

$$\text{曲边 } \Delta C_1B_1G \text{ 面积} = \text{曲边 } \Delta D_1E_1G \text{ 面积}$$

这样就得到另一个曲边梯形 $L_1B_1D_1F_1$，其面积等于矩形 $LCEF$ 面积，即等于空载气隙磁通。因此 LF 向右平移的距离 LL_1 就为交轴电枢反应去磁磁动势 F_{aqd}，即

$$F_{aqd} = LL_1$$

3. 电枢反应对磁钢工作的影响 通过对电枢反应的分析，就可以确定永磁体的工作点。先作出永磁体的去磁曲线 1 和空载特性曲线 2（见图 6-29），两者交点为永磁体空载工作点，然后确定总的直轴电枢反应磁动势

$$\sum F_d = F_{ad} + F_{aqd} \tag{6-16}$$

若 $\sum F_d > 0$，呈去磁效应，将空载特性曲线向左平移，$\sum F_d$ 在去磁曲线上的交点为 B，B 点即为永磁体负载工作点。

4. 最大去磁时永磁体工作点 永磁直流电动机经常处于起动、堵转、突然停转或突然反转等运行状态，此时绕组中的电流常常是额定电流的几倍甚至十几倍，这样大的电流产生的电枢反应去磁作用是很强的，将使永磁体工作点显著下降。因此从电动机运行可靠性出发，在电动机设计中必须校核最大去磁工作点，使其位于永磁体退磁曲线拐点之上。

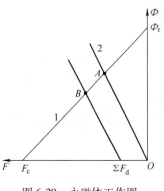

图 6-29 永磁体工作图

在永磁直流电动机中，最大去磁磁动势取决于电动机可能产生的最大瞬时电流，这与电动机的运行状态有关，现分别计算如下。

（1）突然停转 此时电枢电压 $U = 0$，由于转子惯性，在 $U = 0$ 的初始瞬间，电动机转速 n 来不及变化，相应的反电动势 $E_a = C_e\Phi n$ 也不变。突然停转时瞬时电流为

$$i_a = \frac{U - E_a}{R} = -\frac{E_a}{R} \tag{6-17}$$

它比额定电流大很多倍。

（2）起动 在加上电压 U 的初始瞬间，转子有惯性来不及转动，$n = 0$，$E_a = 0$，起动时最大瞬时电流为

$$i_a = \frac{U - E_a}{R} = \frac{U}{R} \tag{6-18}$$

（3）突然堵转 当突然堵转时，$n = 0$，$E_a = 0$ 其最大瞬时电流为

$$i_a = \frac{U}{R} \tag{6-19}$$

（4）突然反转　此时电动机电枢电压突然反极性，由 $+U$ 变为 $-U$，而转子由于机械惯性，n 和 E_a 都来不及变化，其最大瞬时电流为

$$i_a = \frac{-U - E_a}{R} \tag{6-20}$$

将最大瞬时电流代入上述交、直轴电枢磁动势计算公式，求出作用于去磁侧永磁磁极极尖处的每对极的最大电枢去磁磁动势为

$$F_{amax} = 2\left(F_{ad} + F_{as} + F_{ac} + \frac{\alpha_p \tau_p}{\tau_p - 2b_\beta} F_{aq}\right) \tag{6-21}$$

根据最大去磁磁动势计算出最大去磁时的工作点（b_{mh}，h_{mh}），设计时应保证电动机在产生最大去磁磁动势时，磁极极尖处的永磁体工作点位于退磁曲线拐点之上，即

$$b_{mh} > b_k$$
$$h_{mh} < h_k$$

式中　b_k——永磁体退磁曲线上拐点处磁通密度标幺值；

　　　h_k——永磁体退磁曲线上拐点处退磁磁场强度标幺值。

6.5　永磁直流电动机的设计技术参数

永磁直流电动机的设计大部分与电励磁直流电动机相同，主要差别在于励磁部分不同及由此而引起的结构型式和参数取值范围的差异。有关永磁材料和磁极结构型式的选择、磁路计算、电枢反应和永磁体工作点的计算已在前面介绍，下面主要介绍小功率永磁直流电动机的设计特点。

1. 主要尺寸的确定　永磁直流电动机的主要尺寸是电枢直径 D_a 和电枢长度 l_a。主要尺寸可通过理论分析计算确定。

与传统电动机一样，主要尺寸的基本关系式：

$$D_a^2 l_a = \frac{6.1}{\alpha_p' A B_\delta} \frac{P'}{n} \tag{6-22}$$

式中　P'——计算功率，$P' = E_a I_a$。

在实际电动机设计中，式（6-22）中的 P' 一般根据给定的额定数据按式（6-23）计算：

$$P' = \left(\frac{1 + 2\eta}{3\eta}\right) P_N \tag{6-23}$$

电动机长径比 $\lambda = \dfrac{l_a}{D_a}$ 的选择对电动机的性能、重量、成本有很大影响。

对一般小功率永磁直流电动机，取 $\lambda = 0.7 \sim 1.5$。对控制用永磁直流伺服电动机，为了减小机械时间常数，λ 取值很大，有的达 2.5。

将 $l_a = \lambda D_a$ 代入式（6-22）可得到电枢直径 D_a 的计算公式

$$D_a = \sqrt[3]{\frac{6.1 P'}{\alpha_p' A B_\delta \lambda n}} \tag{6-24}$$

除理论计算外实际选择主要尺寸时还要考虑用户对安装尺寸的要求，同时还要与经验结合，通过类比法参考类似规格的电动机尺寸确定。主要尺寸的确定并不是唯一的，它可以有很多方案。确定一个尺寸以后，通过试探法进行计算，在计算过程中常需要反复修改，最后才能确定是否合适。

2. 电磁负荷的选择　直流电动机的主要尺寸与所选择的电负荷和磁负荷有密切关系。永磁电动机的磁负荷基本上由永磁材料的性能和磁路尺寸决定，当永磁材料和磁极尺寸选定后，B_δ 就基本上被确定了，在设计时变化很小。

电磁负荷乘积 AB_δ 越大，电动机尺寸越小，但会引起铜耗和铁耗的增大，使电动机温升上升、效率下降。在 AB_δ 一定的情况下，选大的 A 和小的 B_δ，还是选小的 A 和大的 B_δ，与电动机性能也有密切关系。

在永磁直流电动机中一般取大的 B_δ 和小的 A，这是因为：

1）电负荷 A 减小，电枢绕组铜线截面积、体积和重量减小，可节省用铜量，可以降低成本。

2）一般电动机的铜耗比铁耗大，选择大的 B_δ 和小的 A，可使铜耗降低、铁耗增大，对提高电动机效率和降低电枢绕组温升有利。

3）有利换向，因为换向元件中的电动势与电负荷 A 成正比。

4）可以减小电枢反应的去磁磁动势，对磁钢工作点有利。

但取大的 B_δ 和小的 A 也会带来一些问题，主要是：磁路截面积增加、磁钢体积增大，使整个电动机的直径和重量随之增大。

（1）气隙磁通密度 B_δ 的选择　主要受两个因素制约：

1）受电枢齿和轭部磁通密度饱和的限制。部分磁通密度与 B_δ 有一定的比例关系，当 B_δ 超过一定值后，齿部磁路最先饱和。在永磁直流电动机中一般取

$$B_{ta} = 1.2 \sim 1.95 T$$

$$B_{ja} = 1.1 \sim 1.6 T$$

2）受磁钢材料和性能影响。通常 $B_\delta = (0.6 \sim 0.85) B_r$。

（2）电负荷的选择　对于连续工作的永磁直流电动机，一般取电负荷

$$A = 30 \sim 100 A/cm \quad （小功率电动机）$$

$$A = 100 \sim 300 A/cm \quad （小型电动机）$$

功率小时通常取小值。

实际上电动机的电磁负荷通常指气隙磁通密度 B_δ、电负荷 A 和绕组导线的电流密度 J_a。一般电枢绕组的发热最严重，温升最高。而乘积 AJ_a 称为发热因子，决定了电枢绕组的发热状况。因此 A 和 J_a 的大小受到电动机温升的制约。AJ_a 又称为热负荷，其大小与绝缘等级和电动机的结构型式以及通风冷却方式有关，可以参考类似规格电动机的热负荷选择。

通常热负荷的参考值：

B 级绝缘封闭式电动机 $AJ_a = 1000 \sim 1400 (A/cm) \cdot (A/mm^2)$

B 级绝缘自通风电动机 $AJ_a = 1200 \sim 2000 (A/cm) \cdot (A/mm^2)$

F、H 级绝缘电动机的 AJ_a 值应可提高 $10\% \sim 30\%$。

F、H 级绝缘电动机的 A 值相应可提高 $10\% \sim 20\%$。

从热负荷的角度，可看出电负荷 A 和电流密度 J_a 相互制约，可在一定范围内调整。一般 B 级绝缘电动机的电枢绕组电流密度

$$J_a = 4.5 \sim 8 A/mm^2$$

F、H 级绝缘的电流密度可以相应提高，但考虑到电动机的效率要求，J_a 也不易提高。

3. 气隙长度的选择 永磁直流电动机的气隙长度 δ 是影响制造成本和性能的重要设计参数，它的取值范围很宽，在永磁直流电动机设计中选取 δ 值时，需要考虑多种因素的影响。

气隙大小影响换向性能，δ 太小可使换向变坏。气隙的选择与极数有关，一对极 δ 可取大一些，多对极相应取小一些。气隙长度 δ 的选取还与所选用的永磁材料的种类有关。一般来说，对于铝镍钴永磁材料，δ 宜取小一些；铁氧体永磁材料 δ 可取大一些；而钕铁硼等稀土永磁材料 δ 可取更大一些。

4. 极弧系数 α_p 的确定 图 6-30 为永磁直流电动机的气隙磁场分布图形。

为了计算上的方便，常把气隙磁场分布曲线等效成为图 6-30 所示的矩形，其高为 B_δ、底边长为 b_p'。b_p' 称为计算极弧宽度，比实际的电动机极弧宽度 b_p 略大，一般取

$$b_p' = b_p + 2\delta \qquad (6\text{-}25)$$

$$\alpha_p' = \frac{b_p'}{\tau_p} \qquad (6\text{-}26)$$

$$\alpha_p = \frac{b_p}{\tau_p} \qquad (6\text{-}27)$$

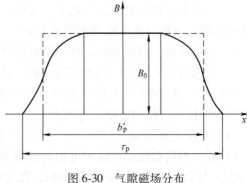

图 6-30 气隙磁场分布

称 α_p 为电动机极弧系数，α_p' 为电动机计算极弧系数。

采用等效矩形气隙磁场分布曲线代替实际气隙磁场分布曲线分布的物理意义，是在每极气隙磁通量不变的前提下，假设每极气隙磁通集中在计算极弧宽度 b_p' 范围内，在这个范围内气隙磁通密度均匀分布，其最大值等于 B_δ。于是

$$\Phi = \alpha_p' \tau_p l_a B_\delta \times 10^{-4} \qquad (6\text{-}28)$$

在电动机设计中，极弧系数 α_p 是一个重要参数。α_p 的大小取决于气隙磁通密度分布曲线的形状。而气隙磁通密度分布曲线的形状与下述因素有关：

1）比值 b_p/τ_p 的大小。

2）气隙的均匀程度。

3）磁钢充磁的几何形状。

4）充磁能量的大小。只有充磁能量足够大时，α_p 才能达到稳定的极限值。

5）与磁路饱和程度有关。

一般取 $\alpha_p = 0.6 \sim 0.75$。

为了提高电动机的力能指标和利用率，可取 $\alpha_p = 0.7 \sim 0.85$。但 α_p 的增大会造成中性区减少、换向条件恶化和极间漏磁增大。

5. 漏磁系数的确定 永磁直流电动机的漏磁系数与磁极的结构型式和永磁材料的种类

有关。由于钕铁硼永磁材料的磁能积较大，定向性强，所以漏磁系数较小。

对于瓦片形磁极结构，漏磁系数 $\sigma = 1.05 \sim 1.1$。

对于粘结钕铁硼永磁体制成的圆筒形磁极结构：

$$\sigma = 1.1 \qquad (\lambda > 1)$$
$$\sigma = 1.15 \qquad (\lambda = 1)$$
$$\sigma = 1.15 \sim 1.3 \quad (\lambda < 1)$$

极弧系数 α_p 与漏磁系数 σ 的确定，由于这两个参数对设计计算的准确程度影响较大，因此有条件者可通过电磁场数值计算来确定。

6. 极数的确定　永磁直流电动机由于结构紧凑，通常采用一对和二对极结构，但也有采用多对极结构的。极对数的选择对电动机的用铁、用铜和价格都有影响。

在气隙磁通密度 B_δ 和电枢直径 D_a 一定时，电动机内总磁通 $2p\Phi$ 也一定。极对数 p 减少，对电动机的影响有：

1）每极磁通量 Φ 增加，使定转子轭部截面增大，用铁量增加。

2）极距 τ_p 增大 $\left(\tau_p = \dfrac{\pi D_a}{2p}\right)$，绕组的长度和端接部分增大，电枢绕组的用铜量增加。

3）电刷数减少，流过电刷的电流增加，若电刷宽度和电刷电流密度不变，则换向器的轴向长度增加，增加用铜量。

4）由于结构简单、零件减少，使工时大大减少，总的造价反而下降。

7. 永磁体尺寸的选取

（1）永磁体磁化方向厚度　永磁体磁化方向厚度 h_M 与气隙 δ 大小有关，由于永磁体是电动机的磁动势源，因此永磁体磁化方向厚度 h_M 的选取首先应从电动机的磁动势平衡关系出发，预估一初值，再根据具体的电磁性能计算进行调整。h_M 的大小决定了电动机的抗去磁能力，因此还要根据电枢反应去磁情况的校核计算来最终确定 h_M 选择得是否合适。

从磁动势平衡关系出发，对于径向式磁极结构，永磁体磁化方向厚度 h_M（cm）的初选值可由式（6-29）给出：

$$h_M = \frac{K_s K_\delta b_{m0} \mu_r}{\sigma_0 \left(1 - b_{m0}\right)} \delta \tag{6-29}$$

式中　K_s——外磁路饱和系数；

　　　K_δ——气隙系数；

　　　δ——气隙长度（cm）；

　　　σ_0——空载漏磁系数；

　　　b_{m0}——预估永磁体空载工作点；

　　　μ_r——永磁材料相对回复磁导率。

对于切向式结构，可将按式（6-29）估算出的值加倍后作为 h_M 的初选值。

在 h_M 的具体选择中应注意的原则是：在保证电动机不产生不可逆退磁的前提下 h_M 应尽可能小。因为 h_M 过大将造成永磁材料不必要的浪费，增加电动机成本。

（2）永磁体内径 D_{mi}

$$D_{mi} = D_a + 2\delta + 2h_p \tag{6-30}$$

式中　h_p——极靴高（cm），对于无极靴磁极结构，$h_p = 0$。

（3）永磁体外径 D_{mo}

$$D_{mo} = D_{mi} + 2h_M \text{（瓦片形结构）} \tag{6-31}$$

（4）永磁体轴向长度 l_M

一般取

$$l_M = l_a \tag{6-32}$$

对于铁氧体永磁材料，由于 B_r 较低，可取

$$l_M = (1.1 \sim 1.3)l_a$$

8. 机座尺寸的选取

（1）机座厚度 h_j　铁氧体或钕铁硼永磁电动机一般采用钢板拉伸机座。由于机座是磁路的一部分（定子轭部磁路），在选择厚度时要考虑不应使定子轭部磁通密度 B_j 太高，一般应使

$$B_j = 0.95 \sim 1.5T$$

则机座厚度 h_j

$$h_j = \frac{\sigma \alpha'_p \tau_p l_a B_\delta}{2l_j B_j} \tag{6-33}$$

式中　l_j——机座计算长度。

$$l_j = (1.8 \sim 2.2)l_a$$

（2）机座外径 D_j

$$D_j = D_{mo} + 2h_j \tag{6-34}$$

9. 电枢槽数　一般根据电枢直径 D_a（cm）的大小选取 Q，并且通常按奇数槽选择，因为奇数槽能减少由电枢齿产生的主磁通脉动，有利于减小定位力矩。对于小功率永磁直流电动机，其槽数一般为几槽到二十几槽。

槽数的选择一般从以下几个方面考虑：

1）当元件总数一定时，选择较多槽数，可以减少每槽元件数，从而降低槽中各换向元件的电抗电动势，有利于换向；同时槽数增多后，绕组接触铁心的面积增加，有利于散热。但槽数增多后，槽绝缘也相应增加，使槽面积的利用率降低，而且电动机的制造成本也会有所增加。

2）槽数过多，则电枢齿距 t_a 过小，齿根容易损坏。

齿距通常限制为

① 当 $D_a < 30cm$ 时，$t_a > 1.5cm$；

② 当 $D_a > 30cm$ 时，$t_a > 2.0cm$。

3）电枢槽数应符合绕组的绕制规则和对称条件，一般选 $Q = 9 \sim 29$。

10. 电枢槽形　一般选择梨形槽、半梨形槽和斜肩圆底槽等平行齿的槽形结构。此外，电瓶车、汽车、摩托车用电动机，因电压仅 12V，采用矩形导体和全开口矩形槽。

图 6-31 为常用电枢槽形结构示意图，下面以梨形槽和矩形槽为例说明各部分尺寸的选

择原则和设计计算方法。

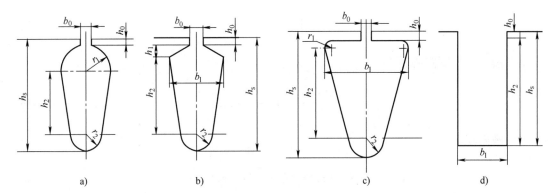

图 6-31 永磁直流电动机常用槽形

a) 梨形槽 b) 斜肩圆底槽 c) 半梨形槽 d) 矩形槽

（1）梨形槽

1）槽口宽 b_0

$$b_0 = 0.2 \sim 0.3 \mathrm{cm}$$

在保证下线和机械加工方便的条件下，应选小的 b_0 值。

2）槽口高 h_0

$$h_0 = 0.05 \sim 0.1 \mathrm{cm}$$

h_0 主要从机械强度和冲模寿命两方面考虑，不能取得太小。

3）齿宽 b_t

$$b_t = \frac{B_\delta t_a l_a}{K_{Fe} B_{ta} l_a} \tag{6-35}$$

式中　t_a——电枢齿距，$t_a = \dfrac{\pi D_a}{Q}$；

　　　K_{Fe}——电枢冲片叠压系数，一般取 $K_{Fe} = 0.92 \sim 0.95$；

　　　B_{ta}——电枢齿磁通密度，通常取 $B_{ta} = 1.2 \sim 1.95\mathrm{T}$。

4）轭高 h_{ja}

$$h_{ja} = \frac{\Phi'_\delta}{2 K_{Fe} B_{ja} l_a} \times 10^4 \tag{6-36}$$

式中　B_{ja}——电枢轭磁通密度，通常取 $B_{ja} = 1.1 \sim 1.6\mathrm{T}$。

5）电枢冲片内径 D_{ia}。D_{ia} 应与轴伸端的转轴外径相配，相等或取略大值。轴伸端的外径应符合标准尺寸。

6）槽上半部半径 r_1　根据几何关系，可得

$$r_1 = \frac{D_a(t_a - b_t) - 2 t_a h_0}{2(D_a + t_a)} \tag{6-37}$$

7）槽下半部半径 r_2　可初算为

$$r_2 = \left(\frac{1}{2} \sim \frac{2}{3} \right) r_1 \tag{6-38}$$

8）槽上下半圆圆心距 h_2

$$h_2 = \frac{D_a - D_{ia}}{2} - (h_0 + r_1 + r_2 + h_{ja}) \tag{6-39}$$

9）槽面积 S_s

$$S_s = (r_1 + r_2) h_2 + \frac{\pi}{2} (r_1^2 + r_2^2) \tag{6-40}$$

（2）矩形槽　槽宽与槽口宽相同，槽口高度为绑扎无纬玻璃丝带的位置。绕组为矩形导线成形线圈构成。矩形槽为非平行齿，因此有最小齿宽 b_{tmin} 要求。

$$b_{tmin} = \frac{B_\delta l_a t_a}{K_{Fe} B_{tmax} l_a} \tag{6-41}$$

式中　B_{tmax}——齿下部允许的磁通密度，可取 1.8T。

通常矩形槽的槽宽选择可参考

$$b_1 = (0.35 \sim 0.45) t_a$$

槽形确定，最后还要进行槽满率校核计算。

11. 换向器尺寸的确定　换向器直径一般 $D_K = (0.65 \sim 0.85) D_a$。换向器的长度根据电刷长度来计算：

$$l_K = n_b (l_b + 0.5) + 1.5 + b_{KE} \tag{6-42}$$

式中　n_b——每杆电刷数；

　　　l_b——电刷长度；

　　b_{KE}——换向器升高片宽度。

电刷长度由电刷面积确定，电刷面积 $b_b \times l_b$ 由电刷的电流密度确定。

电刷的电流密度 J_b：

对于电化石墨电刷 $J_b = (8 \sim 10)$ A/cm^2

对于金属石墨电刷 $J_b = (10 \sim 12)$ A/cm^2

电刷的刷盖系数一般取：$\beta_K = 2 \sim 3$

12. 绕组数据　小型永磁直流电动机，大都采用单叠绕组和单波绕组。绕组数据见表6-3。

直流电动机电枢绕组的对称条件为

$$\frac{Q}{a} = 整数$$

$$\frac{p}{a} = 整数$$

表 6-3　单叠绕组和单波绕组的特性

绕组名称	换向器节距 $y_K = y$	第一节距 y_1	第二节距 y_2	支路数 $2a$
单叠	± 1	$\dfrac{uQ}{2p} \pm \varepsilon$	$y_1 \mp 1$	$2p$
单波	$\dfrac{K \pm 1}{p}$	$\dfrac{uQ}{2p} \pm \varepsilon$	$y - y_1$	2

6.6　永磁直流电动机电磁计算程序

除特殊注明外，电磁计算程序中的单位均按目前电机行业电磁计算时习惯使用的单位，尺寸以 cm（厘米）、面积以 cm^2（平方厘米）、电压以 V（伏）、电流以 A（安）、功率和损耗以 W（瓦）、电阻和电抗以 Ω（欧姆）、磁通以 Wb（韦伯）、磁通密度以 T（特斯拉）、磁场强度以 A/cm（安培/厘米）为单位。

一、额定数据及技术要求

1. 额定功率　P_N

2. 额定电压　U_N

3. 额定转速　n_N

4. 额定效率　η'

5. 额定电流　$I_N = \dfrac{P_N}{U_N \eta'}$

6. 绝缘等级　B 级、F 级

7. 工作制

8. 外壳防护等级

9. 冷却方式　自然冷却、自通风冷却

二、主要尺寸及永磁体尺寸

10. 电枢直径　D_a

11. 电枢长度　$l_a = \lambda D_a$，$\lambda = 0.7 \sim 1.5$

12. 气隙　δ

13. 电枢计算长度　$l'_a = l_a + 2\delta$

14. 主极极数　$2p$

15. 极距　$\tau_p = \dfrac{\pi D_a}{2p}$

16. 极弧系数　α_p（$0.6 \sim 0.75$）

17. 计算极弧系数　$\alpha'_p = \dfrac{b'_p}{\tau_p}$

式中　主极计算弧长 $b'_p = \alpha_p \tau_p + 2\delta$。

18. 永磁体材料　钕铁硼、铁氧体

19. 工作温度 t

20. 永磁体剩磁密度　B_{r20}（20℃）

工作温度 t 时的剩磁密度　$B_r = \left[1 + (t-20) \dfrac{\alpha_{Br}}{100} \right] B_{r20}$

式中　α_{Br}——永磁体 B_r 的温度系数。

21. 永磁体矫顽力（kA/m）H_{C20}（20℃）

工作温度 t 时的矫顽力　$H_c = \left[1 + (t-20) \dfrac{\alpha_{Hc}}{100} \right] H_{c20}$

式中　α_{Hc}——永磁体 H_c 的温度系数。

22. 永磁体相对回复磁导率　$\mu_r = \dfrac{B_r}{\mu_0 H_c} \times 10^{-3}$

式中　$\mu_0 = 1.256 \times 10^{-6} \mathrm{H/m}$。

23. 永磁体结构　瓦片形，环形（圆筒形），弧形，切向

24. 磁瓦中心角　θ_p

瓦片形结构　$\theta_p = \alpha_p \times 180°$（电角度）

$$\theta_p = \alpha_p \times \dfrac{180°}{p} （空间角度）$$

25. 永磁体磁化方向厚度　h_M

26. 永磁体轴向长度　$l_M = l_a$（NTP）

$l_M = (1.1 \sim 1.3) l_a$（铁氧体）

27. 永磁体内径　$D_{mi} = D_a + 2\delta + 2h_p$

式中　h_p——极靴高，无极靴 $h_p = 0$。

28. 永磁体外径　$D_{me} = D_{mi} + 2h_M$

29. 机座材料　铸钢、无缝钢管或钢板卷制等

对于铁氧体或钕铁硼永磁电动机一般采用钢板卷制或拉伸机壳。

30. 机壳计算长度　$l_j = (1.5 \sim 2.2) l_a$

31. 机壳厚度　$h_j = \dfrac{\sigma \alpha'_p \tau_p l_a B'_\delta}{2 l_j B'_j}$

式中　B'_j——初选机座磁通密度，0.95 ~ 1.5T；

B'_δ——初选气隙磁通密度，（0.6 ~ 0.85）B_r；

σ——漏磁系数。

32. 机座内径与外径

内径　$D_{ji} = D_a + D_{me}$

外径　$D_j = D_{me} + 2h_j$

三、电枢铁心及绕组

33. 绕组型式　在小功率直流电动机中，两极的采用单叠绕组，多极的采用单波绕组。

34. 绕组并联支路对数　单叠绕组 $a = p$，单波绕组 $a = 1$。

35. 槽数 Q

36. 预计满载气隙磁通密度 $B'_\delta = (0.6 \sim 0.85)B_r$

37. 预计满载磁通 $\Phi'_\delta = b'_p l'_a B'_\delta \times 10^{-4}$

38. 预计电枢电动势 $E'_a = \left(\dfrac{1+2\eta/100}{3}\right)U_N$

39. 预计导体数 $N' = \dfrac{60aE'_a}{p\Phi'_\delta n_N}$

40. 预计每槽导体数 $N'_s = \dfrac{N'}{Q}$

41. 每槽元件数 $u = 1, 2, 3$

42. 每元件匝数 $W'_a = \dfrac{N'_s}{2u}$，规整为整数 W_a。

43. 每槽导体数 $N_s = 2uW_a$

44. 电枢导体数 $N = 2QuW_a$

45. 电负荷 $A = \dfrac{NI_N}{2\pi aD_a}$

46. 支路电流 $I_a = \dfrac{I_N}{2a}$

47. 导线电流密度预计值 J'_a（$4.5 \sim 8A/mm^2$，B 级），对 F 级绝缘其值可提高 $10\% \sim 20\%$。

48. 电枢绕组导线截面积预计值 $S'_{Cua} = \dfrac{I_a}{J'_a}$

标准线规 由 S'_{Cua} 查书末附表 A-1 取面积相近的标准线规 d_a/d_{ai}

每槽导体所占面积 $S_d = 2N_1 u W_a d_{ai}^2 \times 0.01$

式中 N_1——导体并绕导线数。

49. 导线截面积 $S_{Cua} = \dfrac{\pi}{4}d_a^2 N_1$（圆导线）

50. 导线电流密度 $J_a = \dfrac{I_a}{S_{Cua}}$

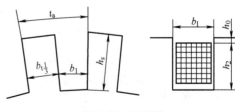

图 6-32 矩形槽

51. 热负荷 AJ_a

52. 槽形选择和尺寸

（1）矩形槽（见图 6-32）

1）预计槽宽 $b'_1 = (0.35 \sim 0.5)t_a$

2）预计导线宽（mm）$b' = \dfrac{b'_1 - (0.6+b_i)}{u} \times 10$

式中 b_i——槽宽度方向的实际绝缘厚度；

0.6+b_i——考虑槽形公差、铜线弯曲等及槽两侧绝缘厚度。

3）预计导线高（mm）$h' = \dfrac{S'_{Cua}}{b'}$

4）标注线规　$b×h$，S'_{Cua} 由 b'、h'查书末附表 A-2，取面积相近的标准线规。

5）槽宽与槽高

$$b_1 = [\,0.6 + b_i + u(b + \Delta b + 0.05)\,] × 0.1$$

$$h_s = [\,2.6 + h_i + 2W_a(h + \Delta h)\,] × 0.1$$

式中　h_i——槽高度方向的实际绝缘厚度；

Δb、Δh——导线宽度方向和高度方向两侧绝缘厚度。

6）齿宽

$\dfrac{1}{2}$齿高处 $b_{t1/2} = \dfrac{\pi\,(D_a - h_s)}{Q} - b_1$

$\dfrac{1}{3}$齿高处 $b_{t1/3} = \dfrac{\pi\left(D_a - \dfrac{4}{3}h_s\right)}{Q} - b_1$

7）验算齿磁通密度　$B_{ta1/3} = \dfrac{t_a B'_\delta}{0.95 b_{t1/3}}$

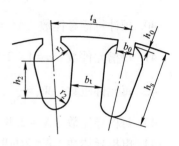

图 6-33　梨形槽

（2）梨形槽（见图 6-33）

1）齿宽预计值　$b'_t = \dfrac{t_a B'_\delta}{0.95 B'_{ta}}$

齿磁通密度预计值　$B'_{ta} \leqslant 1.2 \sim 1.95\text{T}$

2）槽口尺寸　$h_0 = 0.08$，$b_0 = 0.2 \sim 0.35$

3）槽总高　h_s

4）槽内尺寸　$r_1 = \dfrac{\dfrac{\pi}{Q}(D_a - 2h_0) - b'_t}{2\left(1 + \dfrac{\pi}{Q}\right)}$

$$r_2 = \dfrac{\dfrac{\pi}{Q}(D_a - 2h_s) - b'_t}{2\left(1 - \dfrac{\pi}{Q}\right)}$$

$$h_2 = h_s - (h_0 + r_1 + r_2)$$

5）齿宽　$b_t = \dfrac{\pi[\,D_a - h_2 - 2(h_0 + r_1)\,]}{Q} - (r_1 + r_2)$

（3）斜肩圆底槽（见图 6-34）

1）齿宽预计值　$b'_t = \dfrac{t_a B'_\delta}{0.95 B'_{ta}}$

齿磁通密度预计值　$B'_{ta} \leqslant 1.2 \sim 1.95\text{T}$

2）槽口尺寸　$h_0 = 0.05 \sim 0.1$，$b_0 = 0.2 \sim 0.4$

3）槽总高　h_s

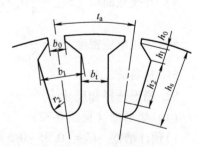

图 6-34　斜肩圆底槽

4）槽内尺寸 $r_2 = \dfrac{\dfrac{\pi}{Q}(D_a - 2h_s) - b_t'}{2\left(1 - \dfrac{\pi}{Q}\right)}$

$$h_2 = h_S - (h_0 + h_1 + r_2)$$

5）齿宽 $b_t = \dfrac{\pi[D_a - h_2 - 2(h_0 + h_1)]}{Q} - \left(\dfrac{b_1}{2} + r_2\right)$

53. 槽满率 $Sf = \dfrac{S_d}{S_e} \times 100\%$ （65% ~ 80%）

式中槽内有效面积为

梨形槽 $S_e = (r_1 + r_2 - 2C_i)(h_2 + r_1 - C_k - 2C_i) + \dfrac{\pi}{2}(r_2 + C_i)^2 - 2(r_1 + r_2)C_i$;

圆底槽 $S_e = \left(\dfrac{b_1}{2} + r_2 - 2C_i\right)(h_2 + h_1 - C_k - 2C_i) + \dfrac{\pi}{2}(r_2 + C_i)^2 - 2\left(\dfrac{b_1}{2} + r_2\right)C_i$;

式中 C_i ——槽绝缘一侧实际厚度；

C_k ——槽楔在槽中所占高度，取 $0.15 \sim 0.20\mathrm{cm}$。

54. 电枢绕组

槽节距 $y_t = \dfrac{Q}{2p} \mp \varepsilon$

第一节距 $y_1 = u y_t$

换向片节距 $y_K = \dfrac{Qu \mp 1}{p}$ （单波绕组）

$\qquad\qquad y_K = 1$ （单叠绕组）

55. 电枢绕组平均半匝长

矩形槽 $l_{aAV} = 1.4\tau_p + l_a$

梨形槽或圆底槽 $l_{aAV} = 0.85\tau_p + l_a (p = 1)$

$\qquad\qquad l_{aAV} = 1.1\tau_p + l_a (p = 2)$

56. 电枢绕组电阻 $R_a = \dfrac{\rho l_{aAV} N}{100 (2a)^2 S_{Cua}}$

式中 ρ ——导线电阻率（$\Omega \cdot \mathrm{mm}^2/\mathrm{m}$），其大小应按绝缘等级取相应基准温度 t 下的值，$\rho = \rho_{20℃}[1 + a(t - 20)]$。各绝缘等级对应的基准温度见表2-37，电枢绕组用导线电阻率及温度系数见表2-38。

57. 电枢绕组铜重量（kg） $G_{Cua} = 8.9 l_{aAV} N S_{Cua} \times 10^{-5}$

四、磁 路 计 算

58. 电枢齿顶齿距 $t_a = \dfrac{\pi D_a}{Q}$

59. 气隙系数 $K_\delta = K_{\delta a} K_{\delta g}$

电枢槽气隙系数 $\qquad K_{\delta a}=\dfrac{(5\delta+b_0)t_a}{(5\delta+b_0)t_a-b_0^2}$

对于矩形槽 $\quad b_0=b_1$

电枢铁心扎带沟气隙系数 $\qquad K_{\delta g}=1+\dfrac{n_g b_g h_g}{l_a(\delta+h_g)-n_g b_g h_g}$

式中 $\quad n_g$——扎带沟数；

$\quad b_g$——扎带沟宽，取 $b_g=1.5$；

$\quad h_g$——扎带沟深，取 $h_g=0.2$。

60. 气隙磁通密度 $\quad B_\delta=\dfrac{\varPhi'_\delta}{\alpha'_p\tau_p l'_a}\times 10^4$

61. 每对极气隙磁压降 $\quad F_\delta=1.6K_\delta\delta B_\delta\times 10^4$

62. 电枢齿磁通密度 $\quad B_{ta1/3}=\dfrac{t_a l'_a B_\delta}{K_{Fe}l_a b_{t1/3}}$，（$B_{ta}\approx1.2\sim1.95$T）

式中 $\quad K_{Fe}$——铁心叠片系数，$0.96\sim0.98$。

63. 齿部磁路长度

矩形槽 $\quad l_{ta}=h_s$

式中 $\quad h_s=h_0+h_2$。

梨形槽 $\quad l_{ta}=h_2+\dfrac{2}{3}(r_1+r_2)$

圆底槽 $\quad l_{ta}=h_1+h_2+\dfrac{2}{3}r_2$

64. 每对极齿磁压降 $\quad F_{ta}=2l_{ta}H_{ta}$

式中，H_{ta} 由 B_{ta} 值按实际采用的硅钢片磁化曲线得出。

65. 电枢轭高

矩形槽 $\quad h_{ja}=\dfrac{D_a-D_{ia}}{2}-h_s$

梨形槽或圆底槽 $\quad h_{ja}=\dfrac{D_a-D_{ia}}{2}-h_s+\dfrac{1}{3}r_2$

式中 $\quad D_{ia}$——电枢铁心内径由转轴机械强度计算而定，若 $p=1$，则 D_{ia} 用 $\dfrac{1}{3}D_{ia}$ 代入；

$h_s=h_0+h_1+h_2+r_2$。

66. 电枢轭部磁通密度 $\quad B_{ja}=\dfrac{\varPhi'_\delta}{2K_{Fe}h_{ja}l_a}\times 10^4$（$B_{ja}\approx1.1\sim1.6$T）

67. 电枢轭部磁路长度 $\quad l_{ja}=\dfrac{\pi(D_a-2h_s-h_{ja})}{4p}$

68. 每对极电枢轭磁压降 $\quad F_{ja}=2l_{ja}H_{ja}$

式中，H_{ja} 由 B_{ja} 值按实际采用的硅钢片磁化曲线得出。

69. 机座轭磁通密度 $\quad B_j=\dfrac{\sigma\varPhi'_\delta}{2l_j h_j}\times 10^4$（$B_j\approx0.95\sim1.50$T）

式中　漏磁系数 $\sigma = 1.05 \sim 1.25$。

70. 每对极机座轭磁压降 $\quad F_j = 2l'_j H_j$

机座轭磁路长度 $\quad l'_j = \dfrac{\pi(D_j - h_j)}{4p}$

式中，H_j 由 B_j 值按实际采用的钢板磁化曲线得出。

71. 每对极总磁压降 $\quad \sum F = F_\delta + F_{ta} + F_{ja} + F_j$

72. 饱和系数 $\quad K_t = \dfrac{F_\delta + F_{ta}}{F_\delta}(K_t \approx 1.1 \sim 1.3)$

五、负载工作点计算

73. 气隙主磁导 $\quad \Lambda_\delta = \dfrac{\Phi_\delta}{\sum F}$

74. 磁极提供磁通的面积

径向充磁（瓦片形、环形、弧形）$S_M = \alpha_p \dfrac{\pi}{2p}(D_{me} - h_M) l_M$

切向充磁（矩形、弧形）$S_M = 2b_M l_M$

75. 磁导基值 $\quad \Lambda_b = \dfrac{B_r S_M}{F_c} \times 10^{-5}$

式中　径向充磁 $F_c = 2H_M L_M$；

切向充磁 $F_c = H_M L_M$。

76. 主磁导标幺值 $\quad \lambda_\delta = \dfrac{\Lambda_\delta}{\Lambda_b}$

77. 外磁路总磁导 $\quad \lambda' = \sigma_0 \lambda_\delta$

78. 直轴电枢去磁磁动势 $\quad F_{adN} = F_{abN} + F_{asN}$
$$F_{abN} = b_\beta A$$
$$F_{asN} = b_s A$$

式中　b_β——电刷相对几何中性线逆旋转方向的偏离距离；

b_s——装配偏差，一般取 $0.02 \sim 0.03$cm。

79. 永磁体负载工作点 $\quad b_{mN} = \dfrac{\lambda'(1 - f'_{adN})}{1 + \lambda'}$
$$h_{mN} = 1 - b_{mN}$$

式中　电枢反应去磁磁动势标幺值 $f'_{adN} = \dfrac{2F_{adN}}{\sigma_0 F_c}$

80. 气隙磁通 $\quad \Phi_\delta = \dfrac{b_{mN} B_r S_M}{\sigma} \times 10^{-4}$

注：Φ_δ 与 Φ'_δ 应基本一致，若误差较大，需重新假设 Φ'_δ，并重新计算第 $60 \sim 80$ 项。

81. 电枢电动势 $E_a = U_N - \Delta U_b - I_N R_a$

式中　ΔU_b——电刷电压降，对于电化石墨电刷取 $\Delta U_b = 2$V，对于金属石墨电刷取
$\Delta U_b = 0.6$V。

82. 额定转速　$n_N = \dfrac{60aE_a}{p\Phi_\delta N}$

83. 空载转速　$n_0 = \dfrac{U_N - \Delta U_b}{C_e \Phi_\delta}$

式中　$C_e = \dfrac{pN}{60a}$。

84. 转速变化率　$\Delta n = \dfrac{n_N - n_0}{n_N} \times 100\%$

六、换 向 参 数

85. 换向器直径　$D_K = (0.65 \sim 0.85) D_a$，并圆整到标准直径：4cm、4.5cm、5cm、5.6cm、6.3cm、7.1cm、8cm、9cm、10cm、11.2cm、12.5cm、14cm、16cm。

86. 换向器圆周速度（m/s）　$v_K = \dfrac{\pi D_K n_N}{6000} < 35$

87. 换向器片数　$K = uQ$

88. 换向片片距　$t_K = \dfrac{\pi D_K}{K}$

89. 换向片间平均电压　$U_{KAV} = \dfrac{2pU_N}{K} < 16V$

90. 电刷尺寸　$b_b \times l_b$，取标准电刷

式中　l_b——电刷长度；

　　　b_b——电刷宽度，$b_b \geqslant 1.5 t_K$。

91. 刷杆对数　$N_b = p$（单叠绕组）

　　　　　　　$N_b = 1$（单波绕组）

92. 每杆电刷数　$n_b = \dfrac{I_N}{N_b b_b l_b J'_b}$（取整数）

电化石墨电刷电流密度预计值　$J'_b = (8 \sim 10) \text{A/cm}^2$

金属石墨电刷电流密度预计值　$J'_b = (10 \sim 12) \text{A/cm}^2$

93. 电刷电流密度　$J_b = \dfrac{I_N}{N_b b_b l_b n_b} \text{A/cm}^2$

94. 换向器升高片长度　$l_{KE} \geqslant \dfrac{I_N}{10 a l_d J'_K}$

式中　l_d——升高片中所有导线截面周长之和（mm）；

　　　J'_K——接触电流密度，取 $0.5 \sim 0.7 \text{A/mm}^2$。

95. 换向器升高片电流密度　$J_K = \dfrac{I_N}{10 a l_d l_{KE}}$

96. 换向器长度　$l_K = n_b(l_b + 0.5) + 1.5 + l_{KE}$

97. 刷盖系数　$\beta_K = \dfrac{b_b}{t_K}$，（电刷覆盖换向片数一般为 $2 \sim 3$ 片）

98. 中性区宽　$b_N = (1 - \alpha_p)\, \tau_p$

99. 换向区宽　$b_K = t_K \dfrac{D_a}{D_K}\left(u + \beta_K + |\, u\varepsilon\,| - \dfrac{a}{p} \right)$

100. 换向区占中性区宽　$\dfrac{b_K}{b_N} \times 100\% \leqslant 75\%$

101. 漏磁导计算

（1）槽漏磁导系数

矩形槽　$\lambda_s = \dfrac{h_0}{b_1} + \dfrac{h_2}{3b_1}$

梨形槽　$\lambda_s = \dfrac{h_0}{b_0} + \dfrac{h_2}{3\,(r_1 + r_2)} + 0.623$

圆底槽　$\lambda_s = \dfrac{h_0}{b_0} + \dfrac{h_2}{3\left(\dfrac{b_1}{2} + r_2\right)} + 0.623$

（2）齿顶漏磁导系数　$\lambda_t = 0.73\log\dfrac{\pi t_a}{b_0}$

对于矩形槽　$b_0 = b_1$

（3）绕组端部漏磁导系数　$\lambda_e = 0.75\dfrac{l_{aAV} - l_a}{l_a}$

（4）平均比磁导　$\xi = 0.4\pi\left[\dfrac{K_\beta}{2\beta_K}(\lambda_s + \lambda_t) + \lambda_e \right]$

电感系数 K_β 由本章附录图 6A-1、附录图 6A-2 查取（$\varepsilon_K = \left| \dfrac{K}{2p} - u y_t \right|$）

102. 电枢圆周速度　$V_a = \dfrac{\pi D_a n_N}{6000} < 35$

103. 电抗电动势　$e_K = 2W_a l_a V_a \xi A \times 10^{-6} < 3V$

七、最大去磁核算

104. 最大（起动）电流　$I_{st} = \dfrac{U_N - \Delta U_b}{R_a}$

105. 最大电负荷　$A_{st} = \dfrac{N I_{st}}{2\pi D_a}$

106. 直轴最大去磁磁动势　$F_{ast} = F_{adst} + F_{asst}$

$$F_{adst} = 2b_\beta A_{st}$$

$$F_{asst} = 2b_s A_{st}$$

107. 气隙磁阻 $R_\delta = \dfrac{200\delta}{\mu_0(1-\alpha_p)\tau_p l_a'}$

108. 永磁体磁阻 $R_M = \dfrac{100}{\mu_0 l_M}$

109. 交轴最大去磁磁动势 $F_{aqst} = \dfrac{2F_{qst}\left(1-\dfrac{\alpha_p}{2}\right)\times R_M}{R_\delta + R_M}$

式中 $F_{qst} = A_{st}(\tau_p - b_K)\times 0.01$。

110. 最大去磁磁动势 $F_{ast} = F_{aqst} + F_{adst}$

111. 最大去磁工作点 $b_{mhst} = \dfrac{\lambda'(1-f'_{ast})}{1+\lambda'}$

$$h_{mhst} = 1 - b_{mhst}$$

式中 $f'_{ast} = \dfrac{F_{ast}}{\sigma F_C}$

八、性 能 计 算

112. 电枢铜耗 $P_{Cua} = I_N^2 R_a$

113. 电刷电压降损耗 $P_b = I_N \Delta U_b$

114. 电枢齿铁重量（kg） $G_{ta} = 7.8 K_{Fe} b_t Q h_s l_a \times 10^{-3}$

115. 电枢轭铁重量（kg）

矩形槽 $G_{ja} = 7.8\times\dfrac{\pi}{4}K_{Fe}l_a\left[(D_a-2h_s)^2-D_{ia}^2\right]\times 10^{-3}$

梨形槽或圆底槽 $G_{ja} = 7.8\pi K_{Fe} h_{ja} l_a(D_a - 2h_s - h_{ja})\times 10^{-3}$

116. 电动机有效材料重量（kg） $G = G_{ta} + G_{ja} + G_{Cua}$

117. 铁耗系数（W/kg）

电枢齿部 $p_{ta} = k B_{ta}^2$

电枢轭部 $p_{ja} = k B_{ja}^2$

式中，$k = 0.044f + 5.6\left(\dfrac{f}{100}\right)^2$ 或由本章附录图 6A-3 查取；$f = \dfrac{pn_N}{60}$。

118. 铁耗 $P_{Fe} = 2.5(p_{ta}G_{ta} + p_{ja}G_{ja})$

119. 机械耗 $P_{fw} = 0.01 D_a^{2.5}\dfrac{n_N}{1000}\left[4+\left(\dfrac{n_N}{1000}\right)^2\right]$

120. 电刷摩擦损耗 $P_{fb} = 0.8 b_b l_b n_b N_b v_K$

121. 杂耗 $P_S = 0.3 P_{Fe}$

122. 总损耗 $\sum P = P_{Cua} + P_b + P_{Fe} + P_{fw} + P_{fb} + P_S$

123. 输出功率 $P_2 = P_1 - \sum p$

式中输入功率 $P_1 = U_N I_N$。

124. 效率　$\eta = \dfrac{P_2}{P_1} \times 100\%$

注：η 与 η' 应基本一致，若误差较大，需重新假设 η'，并重新计算第 5~124 项。

125. 输出转矩 $T_N = 9.55 \dfrac{P_2}{n_N}$

126. 起动电流倍数　$I_{stb} = \dfrac{I_{st}}{I_N}$

127. 起动转矩　$T_{st} = \dfrac{pN\Phi_\delta I_{st}}{2\pi a}$

128. 起动转矩倍数　$T_{stb} = \dfrac{T_{st}}{T_N}$

九、工作特性曲线计算

129. 转速、效率、转矩特性曲线

按 $\dfrac{I_a}{I_N} = 0.5$，0.75，0.9，1.0，1.1，1.2，分别算出 I_a，$I_a R_a$，E_a，Φ_δ，n，$\sum P$，P_1，P_2，η，T，作出转速、效率、转矩特性曲线：$n = f(I_a)$、$\eta = f(I_a)$、$T = f(I_a)$。

$$E_a = U_N - \Delta U_b - I_a R_a$$

$$n = \frac{60 a E_a}{p \Phi_\delta N}$$

$$\sum P = P_{Cua} + P_b + P_{Fe} + P_{fw} + P_{fb} + P_s$$

$$P_1 = U_N I_N$$

$$P_2 = P_1 - \sum P$$

$$\eta = \frac{P_2}{P_1} \times 100\%$$

$$T = 9.55 \frac{P_2}{n}$$

小型永磁直流电
动机设计程序

本书提供云端电机设计程序，可扫描右侧二维码实现。

6.7　永磁直流电动机电磁计算算例

一、额定数据及技术要求

1. 额定功率　$P_N = 0.5\text{kW}$
2. 额定电压　$U_N = 90\text{V}$

3. 额定转速　$n_N = 1700 \mathrm{r/min}$

4. 额定效率　$\eta' = 84\%$

5. 额定电流　$I_N = \dfrac{P_N}{U_N \eta'} = \dfrac{500 \mathrm{A}}{90 \times 0.84} = 6.61 \mathrm{A}$

6. 绝缘等级　B 级

7. 工作制　连续

8. 外壳防护等级

9. 冷却方式　自然冷却，自通风冷却

二、主要尺寸及永磁体尺寸

10. 电枢直径　$D_a = 7.5 \mathrm{cm}$

11. 电枢长度　$l_a = 7.8 \mathrm{cm}$

12. 气隙　$\delta = 0.15 \mathrm{cm}$

13. 电枢计算长度　$l_a' = l_a + 2\delta = (7.8 + 2 \times 0.15) \mathrm{cm} = 8.1 \mathrm{cm}$

14. 主极极对数　$p = 1$

15. 极距　$\tau_p = \dfrac{\pi D_a}{2p} = \dfrac{3.14 \times 7.5}{2} \mathrm{cm} = 11.775 \mathrm{cm}$

16. 极弧系数　$\alpha_p = 0.667$

17. 计算极弧系数　$\alpha_p' = \dfrac{b_p'}{\tau_p} = \dfrac{8.15}{11.775} = 0.692$

式中　主极计算弧长 $b_p' = \alpha_p \tau_p + 2\delta = (0.667 \times 11.775 + 2 \times 0.15) \mathrm{cm} = 8.15 \mathrm{cm}$。

18. 永磁体材料　钕铁硼，N35SH

19. 工作温度　$t = 60 ℃$

20. 永磁体剩磁密度　$B_{r20} = 1.20 \mathrm{T}$（20℃）

工作温度 $t = 60℃$ 时的剩磁密度 $B_r = \left[1 - (t-20) \dfrac{\alpha_{Br}}{100} \right] B_{r20} = \left[1 - (60-20) \times \dfrac{0.12}{100} \right] \times 1.20 \mathrm{T} = 1.14 \mathrm{T}$

式中　温度系数 $\alpha_{Br} = 0.12$。

21. 永磁体矫顽力　$H_{C20} = 880 \mathrm{kA/m}$（20℃）

工作温度 $t = 60℃$ 时的矫顽力 $H_c = \left[1 - (t-20) \dfrac{\alpha_{Hc}}{100} \right] H_{C20} = \left[1 - (60-20) \times \dfrac{0.12}{100} \right] \times 880 \mathrm{kA/m} = 837.76 \mathrm{kA/m}$

式中　温度系数 $\alpha_{Hc} = 0.12$。

22. 永磁体相对回复磁导率　$\mu_r = \dfrac{B_r}{\mu_0 H_c} \times 10^{-3} = \dfrac{1.16}{1.256 \times 10^{-6} \times 879} \times 10^{-3} = 1.05$

23. 永磁体结构　瓦片形

24. 磁瓦中心角　θ_p

对于瓦片形结构　$\theta_p = \alpha_p \times 180° = 0.667 \times 180° = 120°$（电角度）

$\theta_p = \alpha_p \times \dfrac{180°}{p} = 0.667 \times \dfrac{180°}{1} = 120°$（空间角度）

25. 永磁体厚度 $h_M = 0.6\text{cm}$

26. 永磁体轴向长度 $l_M = l_a = 7.8\text{cm}$

27. 永磁体内径 $D_{mi} = D_a + 2\delta + 2h_p = (7.5 + 2\times0.15 + 0)\text{cm} = 7.8\text{cm}$

式中 $h_p = 0$。

28. 永磁体外径 $D_{me} = D_{mi} + 2h_M = (7.8 + 2\times0.6)\text{cm} = 9\text{cm}$

29. 机座材料 采用 10 号钢板机壳

30. 机座长度 $l_j = 16.5\text{cm}$

31. 机座外径 $D_j = 11.4\text{cm}$

32. 机座厚度 $h_j = (D_j - D_{me})/2 = (11.4 - 9)\text{cm}/2 = 1.2\text{cm}$

三、电枢铁心及绕组

33. 绕组形式 单叠绕组

34. 绕组并联支路对数 $a = 1$

35. 槽数 $Q = 15$

36. 预计满载气隙磁通密度 $B'_\delta = 0.65B_r = 0.65\times1.142\text{T} = 0.742\text{T}$

37. 预计满载磁通 $\Phi'_\delta = b'_p l'_a B'_\delta \times 10^{-4} = 8.15\times8.1\times0.742\times10^{-4}\text{Wb} = 0.0049\text{Wb}$

38. 预计电枢电动势 $E'_a = \left(\dfrac{1 + 2\eta/100}{3}\right)U_N = \left(\dfrac{1 + 2\times0.84}{3}\right)\times90\text{V} = 80.4\text{V}$

39. 预计导体数 $N' = \dfrac{60aE'_a}{p\Phi'_\delta n_N} = \dfrac{60\times1\times80.4}{1\times0.0049\times1700} = 579$

40. 每槽导体数 $N'_s = \dfrac{N'}{Q} = \dfrac{579}{15} = 39$

41. 每槽元件数 $u = 2$

42. 每元件匝数 $W'_a = \dfrac{N'_s}{2u} = \dfrac{39}{2\times2} = 10$

43. 每槽导体数 $N_s = 2uW_a = 2\times2\times10 = 40$

44. 电枢导体数 $N = 2QuW_a = 2\times15\times2\times10 = 600$

45. 电负荷 $A = \dfrac{NI_N}{2\pi aD_a} = \dfrac{600\times6.61}{2\times3.14\times1\times7.5}\text{A/cm} \approx 84.2\text{A/cm}$

46. 支路电流 $I_a = \dfrac{I_N}{2a} = \dfrac{6.69}{2\times1}\text{A} = 3.345\text{A}$

47. 导线电流密度预计值 $J'_a = 5.26\text{A/mm}^2$

48. 电枢绕组导线截面积预计值 $S'_{Cua} = \dfrac{I_a}{J'_a} = \dfrac{3.31}{5.26}\text{mm}^2 \approx 0.63\text{mm}^2$

查书末附表 A-1 选择线规：0.9/0.96

$$S_d = 2N_1 uW_a d_{ai}^2 \times 0.01 = 2\times1\times2\times10\times0.96^2\times0.01\text{cm}^2 = 0.37\text{cm}^2$$

49. 导线截面积 $S_{Cua} = \dfrac{\pi}{4}d_a^2 N_1 = \dfrac{3.14}{4}\times0.9^2\times1\text{cm}^2 = 0.636\text{mm}^2$

50. 导线电流密度 $J_a = \dfrac{I_a}{S_{Cua}} = \dfrac{3.31}{0.636} \text{A/mm}^2 = 5.2 \text{A/mm}^2$

51. 热负荷 $AJ_a = 84.2\text{A/cm} \times 5.26 \text{A/mm}^2 = 437.8(\text{A/cm}) \cdot (\text{A/mm}^2)$

52. 斜肩圆底槽 $b_0 = 0.25\text{cm}$，$b_1 = 0.807\text{cm}$，$r_2 = 0.173\text{cm}$，$h_0 = 0.08\text{cm}$，$h_1 = 0.05\text{cm}$，$h_2 = 1.1\text{cm}$

$$h_s = h_0 + h_1 + h_2 = (0.08 + 0.05 + 1.1)\text{cm} = 1.403\text{cm}$$

$$b_t = \frac{\pi[D_a - h_2 - 2(h_0 + h_1)]}{Q} - \left(\frac{b_1}{2} + r_2\right) = \frac{3.14 \times [7.5 - 1.1 - 2 \times (0.08 + 0.05)]}{15}\text{cm} - \left(\frac{0.807}{2} + 0.173\right)\text{cm}$$

$$= 0.709\text{cm}$$

53. 槽满率 $Sf = \dfrac{S_d}{S_e} \times 100\% = \dfrac{0.37}{0.51} \times 100\% = 72.55\%$

$$S_e = \left(\frac{b_1}{2} + r_2 - 2C_i\right)(h_2 + h_1 - C_k - 2C_i) + \frac{\pi}{2}(r_2 - C_i)^2 - 2\left(\frac{b_1}{2} + r_2\right)C_i$$

$$= \left(\frac{0.807}{2} + 0.173 - 2 \times 0.025\right) \times (1.1 + 0.05 - 0.15 - 2 \times 0.025)\text{cm} + \frac{3.14}{2} \times (0.173 -$$

$$0.025)^2\text{cm} - 2 \times \left(\frac{0.807}{2} + 0.173\right) \times 0.025\text{cm}$$

$$= 0.51\text{cm}$$

54. 电枢绕组 $y_t = \dfrac{Q}{2p} \mp \varepsilon = \dfrac{15}{2 \times 1} \mp \varepsilon = 7$

$$\varepsilon = 0.5$$

$$y_1 = uy_t = 2 \times 7 = 14$$

$$y_K = 1$$

55. 电枢绕组平均半匝长 $l_{aAV} = 0.85\tau_p + l_a = (0.85 \times 11.775 + 7.8)\text{cm} = 17.81\text{cm}$

56. 电枢绕组电阻（95℃） $R_a = \dfrac{\rho_{Cu} l_{aAV} N}{100(2a)^2 S_{Cua}} = \dfrac{0.0234 \times 17.81 \times 600\Omega}{100 \times (2 \times 1)^2 \times 0.636} = 0.983\Omega$

57. 电枢绕组铜重量 $G_{Cua} = 8.9 L_{aAV} N S_{Cua} \times 10^{-5} = 8.9 \times 17.81 \times 600 \times 0.636 \times 10^{-5}\text{kg} = 0.60\text{kg}$

四、磁路计算

58. 电枢齿顶齿距 $t_a = \dfrac{\pi D_a}{Q} = \dfrac{3.14 \times 7.5}{15}\text{cm} = 1.57\text{cm}$

59. 气隙系数 $K_\delta = K_{\delta a} K_{\delta g} = 1.041 \times 1 = 1.041$

$$K_{\delta a} = \frac{(5\delta + b_0)t_a}{(5\delta + b_0)t_a - b_0^2} = \frac{(5 \times 0.15 + 0.25) \times 1.57}{(5 \times 0.15 + 0.25) \times 1.57 - 0.25^2} = 1.041$$

$$K_{\delta g} = 1$$

60. 气隙磁通密度 $B_\delta = \dfrac{\Phi_\delta'}{\alpha_p' \tau_p l_a'} \times 10^4 = \dfrac{0.0049}{0.692 \times 11.775 \times 8.1} \times 10^4 \text{T} = 0.742\text{T}$

61. 每对极气隙磁压降　$F_\delta = 1.6 K_\delta \delta B_\delta \times 10^4 = 1.6 \times 1.041 \times 0.15 \times 0.742 \times 10^4 \mathrm{A} = 1853.81\mathrm{A}$

62. 电枢齿磁通密度　$B_{ta} = \dfrac{t_a l'_a B_\delta}{K_{Fe} b_t l_a} = \dfrac{1.57 \times 8.1 \times 0.742}{0.97 \times 0.709 \times 7.8}\mathrm{T} = 1.759\mathrm{T}$

63. 齿部磁路长度　$l_{ta} = h_1 + h_2 + \dfrac{2}{3} r_2 = \left(0.05 + 1.1 + \dfrac{2}{3} \times 0.173\right)\mathrm{cm} = 1.265\mathrm{cm}$

64. 每对极齿磁压降　$F_{ta} = 2 l_{ta} H_{ta} = 2 \times 1.265 \times 84.82\mathrm{A} = 214.59\mathrm{A}$

式中，由 $B_{ta} = 1.759\mathrm{T}$ 查 50WW470 直流磁化曲线（见书末附图 C-33）得 $H_{ta} = 84.82\mathrm{A/cm}$。

65. 电枢轭高　$h_{ja} = \dfrac{D_a - D_{ia}/3}{2} - h_s + \dfrac{1}{3} r_2 = \left(\dfrac{7.5 - 1.5/3}{2} - 1.403 + \dfrac{1}{3} \times 0.173\right)\mathrm{cm} = 2.155\mathrm{cm}$

式中　$h_s = h_0 + h_1 + h_2 + r_2 = (0.08 + 0.05 + 1.1 + 0.173)\ \mathrm{cm} = 1.403\mathrm{cm}$。

66. 电枢轭部磁通密度　$B_{ja} = \dfrac{\varPhi'_\delta}{2 K_{Fe} h_{ja} l_a} \times 10^4 = \dfrac{0.0049}{2 \times 0.97 \times 2.155 \times 7.8} \times 10^4 \mathrm{T} = 1.502\mathrm{T}$

67. 电枢轭部磁路长度　$l_{ja} = \dfrac{\pi(D_a - 2h_s - h_{ja})}{4p} = \dfrac{3.14 \times (7.5 - 2 \times 1.403 - 2.155)}{4 \times 1}\mathrm{cm} = 1.993\mathrm{cm}$

68. 每对极电枢轭磁压降　$F_{ja} = 2 l_{ja} H_{ja} = 2 \times 1.993 \times 11.06\mathrm{A/cm} = 44.09\mathrm{A/cm}$

式中，由 $B_{ja} = 1.551\mathrm{T}$ 查 50WW470 直流磁化曲线（见书末附图 C-33）得 $H_{ja} = 11.06\mathrm{A/cm}$。

69. 机座轭磁通密度　$B_j = \dfrac{\sigma \varPhi'_\delta}{2 l_j h_j} \times 10^4 = \dfrac{1.2 \times 0.0049}{2 \times 16.5 \times 1.2} \times 10^4 \mathrm{T} = 1.485\mathrm{T}$

70. 每对极机座轭磁压降　$F_j = 2 l'_j H_j = 2 \times 8.007 \times 23.7\mathrm{A} = 379.53\mathrm{A}$

机座轭磁路长度　$l'_j = \dfrac{\pi(D_j - h_j)}{4p} = \dfrac{3.14 \times (11.4 - 1.2)}{4 \times 1}\mathrm{cm} = 8.007\mathrm{cm}$

式中，由 $B_j = 1.485\mathrm{T}$ 查 10#钢磁化曲线（见书末附表 B-4）得 $H_j = 23.7\mathrm{A/cm}$。

71. 每对极总磁压降　$\sum F = F_\delta + F_{ta} + F_{ja} + F_j = (1853.81 + 214.59 + 44.09 + 379.53)\mathrm{A} = 2492.02\mathrm{A}$

72. 饱和系数　$K_t = \dfrac{F_\delta + F_{ta}}{F_\delta} = \dfrac{1853.81 + 214.59}{1853.81} = 1.12$

五、负载工作点计算

73. 气隙主磁导　$\varLambda_\delta = \dfrac{\varPhi_\delta}{\sum F} = \dfrac{0.0049}{2492.02}\mathrm{H} = 1.966 \times 10^{-6}\mathrm{H}$

74. 磁极提供磁通的面积　$S_M = \alpha_p \dfrac{\pi}{2p}(D_{me} - h_M) l_M = 0.667 \times \dfrac{3.14}{2 \times 1} \times (9 - 0.6) \times 7.8\mathrm{cm}^2 = 68.61\mathrm{cm}^2$

75. 磁导基值　$\varLambda_b = \dfrac{B_r S_M}{F_c} \times 10^{-5} = \dfrac{1.14 \times 68.61}{10053.12} \times 10^{-4} = 7.78 \times 10^{-7}$

式中　$F_c = 2 H_C h_M = 2 \times 837.76 \times 0.6 \times 10\mathrm{A} = 10053.12\mathrm{A}$。

76. 主磁导标幺值　$\lambda_\delta = \dfrac{\varLambda_\delta}{\varLambda_b} = \dfrac{1.966 \times 10^{-6}}{7.78 \times 10^{-7}} = 2.527$

77. 外磁路总磁导　$\lambda' = \sigma_0 \lambda_\delta = 1.2 \times 2.527\mathrm{H} = 3.032\mathrm{H}$

78. 直轴电枢去磁磁动势　$F_{adN} = F_{abN} + F_{asN} = 1.68\mathrm{A}$

$$F_{abN} = b_\beta A = 0$$
$$F_{asN} = b_s A = (0.02 \times 84.2) A = 1.68A$$

式中　$b_\beta = 0$；$b_s = 0.02\text{cm}$。

79. 永磁体负载工作点　$b_{mN} = \dfrac{\lambda'(1-f'_{adN})}{1+\lambda'} = \dfrac{3.032 \times (1-0.000278)}{1+2.972} = 0.76$

$$h_{mN} = 1 - b_{mN} = 1 - 0.76 = 0.24$$

式中　电枢反应去磁磁动势标幺值 $f'_{adN} = \dfrac{2F_{adN}}{\sigma_0 F_c} = \dfrac{2 \times 1.68}{1.2 \times 10053.12} = 0.000278$

80. 气隙磁通　$\Phi_\delta = \dfrac{b_{mN} B_r S_M}{\sigma} \times 10^{-4} = \dfrac{0.76 \times 1.14 \times 68.61}{1.2} \times 10^{-4}\text{Wb} = 0.00495\text{Wb}$

Φ_δ 与 Φ'_δ 基本相符，$(0.00495 - 0.0049) \div 0.0049 = 1‰$

81. 电枢电动势　$E_a = U_N - \Delta U_b - I_N R_a = (90 - 0.6 - 6.61 \times 0.912)\text{V} = 83.37\text{V}$

式中　$\Delta U_b = 0.6\text{V}$。

82. 额定转速　$n_N = \dfrac{60aE_a}{p\Phi_\delta N} = \dfrac{60 \times 1 \times 83.37}{1 \times 0.0049 \times 600}\text{r/min} = 1701\text{r/min}$

83. 空载转速　$n_0 = \dfrac{U_N - \Delta U_b}{C_e \Phi_\delta} = \left(\dfrac{90 - 0.6}{10 \times 0.0049}\right)\text{r/min} = 1824\text{r/min}$

式中　$C_e = \dfrac{pN}{60a} = \dfrac{1 \times 600}{60 \times 1} = 10$。

84. 转速变化率　$\Delta n = \dfrac{|n_N - n_0|}{n_N} \times 100\% = \dfrac{|1701 - 1824|}{1701} \times 100\% = 7.23\%$

六、换向参数

85. 换向器直径　$D_K = 4.45\text{cm}$

86. 换向器圆周速度　$v_K = \dfrac{\pi D_K n_N}{6000} = \dfrac{3.14 \times 4.45 \times 1701}{6000}\text{m/s} = 3.96\text{m/s}$

87. 换向器片数　$K = uQ = 2 \times 15 = 30$

88. 换向片片距　$t_K = \dfrac{\pi D_K}{K} = \dfrac{3.14 \times 4.45}{30}\text{cm} = 0.466\text{cm}$

89. 换向片间平均电压　$U_{KAV} = \dfrac{2pU_N}{K} = \dfrac{2 \times 1 \times 90}{30}\text{V} = 6\text{V}$

90. 电刷尺寸　$b_b = 0.8\text{cm}$；$l_b = 1.6\text{cm}$

91. 刷杆对数　$N_b = p = 1$

92. 每杆电刷数　$n_b = 1$

93. 电刷电流密度　$J_b = \dfrac{I_N}{N_b b_b l_b n_b} = \dfrac{6.61}{1 \times 0.8 \times 1.6 \times 1}\text{A/cm}^2 = 5.16\text{A/cm}^2$

94. 换向器升高片长度　$l_{KE} = 0.4\text{cm}$

95. 换向器升高片电流密度 $J_K = \dfrac{I_N}{10al_d l_{KE}} = \dfrac{6.61}{10 \times 1 \times 4.8 \times 0.4} \text{A/cm}^2 = 0.34 \text{A/mm}^2$

式中 $l_d = 5d_1 = 5 \times 0.96\text{mm} = 4.8\text{mm}$。

96. 换向器长度 $l_K = 3.8\text{cm}$

97. 刷盖系数 $\beta_K = \dfrac{b_b}{t_K} = \dfrac{0.8}{0.466} = 1.72$

98. 中性区宽 $b_N = (1 - \alpha_p)\tau_p = (1 - 0.667) \times 11.775\text{cm} = 3.921\text{cm}$

99. 换向区宽 $b_K = t_K \dfrac{D_a}{D_K}\left(u + \beta_K + |u\varepsilon| - \dfrac{a}{p}\right) = 0.466 \times \dfrac{7.5}{4.45} \times \left(2 + 1.72 + |2 \times 0.5| - \dfrac{1}{1}\right)\text{cm} = $

2.922cm

100. 换向区占中性区宽 $\dfrac{b_K}{b_N} \times 100\% = \dfrac{2.922}{3.921} \times 100\% = 74.52\%$

101. 漏磁导计算

（1）槽漏磁导系数 $\lambda_s = \dfrac{h_0}{b_0} + \dfrac{h_2}{3\left(\dfrac{b_1}{2} + r_2\right)} + 0.623 = \dfrac{0.08}{0.25} + \dfrac{1.1}{3 \times \left(\dfrac{0.807}{2} + 0.173\right)} + 0.623 = 1.579$

（2）齿顶漏磁导系数 $\lambda_t = 0.73\log\dfrac{\pi t_a}{b_0} = 0.73\log\dfrac{3.14 \times 1.57}{0.25} = 0.945$

（3）绕组端部漏磁导系数 $\lambda_e = 0.75\dfrac{l_{aAV} - l_a}{l_a} = 0.75 \times \dfrac{17.81 - 7.8}{7.8} = 0.963$

（4）平均比磁导 $\xi = 0.4\pi\left[\dfrac{K_\beta}{2\beta_K}(\lambda_s + \lambda_t) + \lambda_e\right] = 0.4 \times 3.14 \times \left[\dfrac{4.6}{2 \times 1.72} \times (1.579 + 0.945) + 0.963\right] = 5.45$

由 $\varepsilon_K = \left|\dfrac{K}{2p} - uy_t\right| = \left|\dfrac{30}{2 \times 1} - 2 \times 7\right| = 1$，查得 $K_\beta = 4.6$（见本章附录图6A-1）。

102. 电枢圆周速度 $V_a = \dfrac{\pi D_a n_N}{6000} = \dfrac{3.14 \times 7.5 \times 1701}{6000}\text{m/s} = 6.673\text{m/s}$

103. 电抗电动势 $e_K = 2W_a l_a V_a \xi A \times 10^{-6} = 2 \times 10 \times 7.8 \times 6.673 \times 5.45 \times 84.2 \times 10^{-6}\text{V} = 0.48\text{V}$

七、最大去磁核算

104. 最大（起动）电流 $I_{st} = \dfrac{U_N - \Delta U_b}{R_a} = \left(\dfrac{90 - 0.6}{0.983}\right)\text{A} = 90.95\text{A}$

105. 最大电负荷 $A_{st} = \dfrac{NI_{st}}{2\pi D_a} = \dfrac{600 \times 90.95}{2 \times 3.14 \times 7.5}\text{A/cm} = 1158.60\text{A/cm}$

106. 直轴最大去磁磁动势 $F_{adst} = F_{abst} + F_{asst} = (0 + 46.34)\text{A} = 46.34\text{A}$

$$F_{abst} = 2b_\beta A_{st} = 0$$

$$F_{asst} = 2b_s A_{st} = 2 \times 0.02 \times 1158.60\text{A} = 46.34\text{A}$$

107. 气隙磁阻 $R_\delta = \dfrac{200\delta}{\mu_0(1 - \alpha_p)\tau_p l_a'} = \dfrac{200 \times 0.15}{1.256 \times 10^{-6} \times (1 - 0.667) \times 11.775 \times 8.1}\Omega = 752040.88\Omega$

108. 永磁体磁阻 $R_M = \dfrac{100}{\mu_0 l_M} = \dfrac{100}{1.256 \times 10^{-6} \times 7.8}\Omega = 10207414.67\Omega$

109. 交轴最大去磁磁动势 $F_{aqst} = \dfrac{2F_{qst}\left(1-\dfrac{\alpha_p}{2}\right) \times R_M}{R_\delta + R_M} = \dfrac{2 \times 104.58 \times \left(1-\dfrac{0.667}{2}\right) \times 10207414.67\text{A}}{752040.88 + 10207414.67}$

$= 129.83\text{A}$

式中　$F_{qst} = A_{st}(\tau_p - b_K) \times 0.01 = 1158.60 \times (11.775 - 2.749) \times 0.01\text{A} = 104.58\text{A}$。

110. 最大去磁磁动势 $F_{ast} = F_{aqst} + F_{adst} = (129.83 + 46.34)\ \text{A} = 176.17\text{A}$

111. 最大去磁工作点 $b_{mhst} = \dfrac{\lambda'(1-f'_{ast})}{1+\lambda'} = \dfrac{3.032 \times (1-0.0146)}{1+3.032} = 0.741$

$h_{mhst} = 1 - b_{mhst} = 1 - 0.741 = 0.259$

式中　$f'_{ast} = \dfrac{F_{ast}}{\sigma F_C} = \dfrac{176.17}{1.2 \times 10053.12} = 0.0146$。

八、性 能 计 算

112. 电枢铜耗 $P_{Cua} = I_N^2 R_a = 6.61^2 \times 0.983\text{W} = 42.95\text{W}$

113. 电刷电压降损耗 $P_b = I_N \Delta U_b = 6.61 \times 0.6\text{W} = 3.97\text{W}$

114. 电枢齿铁重量 $G_{ta} = 7.8 K_{Fe} b_t Q h_s l_a \times 10^{-3} = 7.8 \times 0.97 \times 0.709 \times 15 \times 1.403 \times 7.8 \times 10^{-3}\text{kg} = 0.88\text{kg}$

115. 电枢轭铁重量

$G_{ja} = 7.8\pi K_{Fe} h_{ja} l_a (D_a - 2h_s - h_{ja}) \times 10^{-3} = 7.8 \times 3.14 \times 0.97 \times 2.155 \times 7.8 \times (7.5 - 2 \times 1.403 - 2.155) \times 10^{-3}\text{kg} = 1.01\text{kg}$

116. 电动机有效材料重量 $G = G_{ta} + G_{ja} + G_{Cua} = (0.88 + 1.01 + 0.60)\text{kg} = 2.49\text{kg}$

117. 铁耗系数 $p_{ta} = kB_{ta}^2 = 1.697 \times 1.759^2\text{W/kg} = 5.25\text{W/kg}$

$p_{ja} = kB_{ja}^2 = 1.697 \times 1.502^2\text{W/kg} = 3.83\text{W/kg}$

式中　$k = 0.044f + 5.6\left(\dfrac{f}{100}\right)^2 = 0.044 \times 28.35 + 5.6\left(\dfrac{28.35}{100}\right)^2 = 1.697$；

$f = \dfrac{pn_N}{60} = \dfrac{1 \times 1701\text{Hz}}{60} = 28.35\text{Hz}$。

118. 铁耗 $P_{Fe} = 2.5(p_{ta}G_{ta} + p_{ja}G_{ja}) = 2.5 \times (5.25 \times 0.88 + 3.83 \times 1.01)\text{W} = 21.22\text{W}$

119. 机械耗 $P_{fw} = 0.01 D_a^{2.5} \dfrac{n_N}{1000}\left[4 + \left(\dfrac{n_N}{1000}\right)^2\right] = 0.01 \times 7.5^{2.5} \times \dfrac{1701}{1000} \times \left[4 + \left(\dfrac{1701}{1000}\right)^2\right]\text{W} = 18.06\text{W}$

120. 电刷摩擦损耗 $P_{fb} = 0.8 b_b l_b n_b N_b v_K = 0.8 \times 0.8 \times 1.6 \times 1 \times 1 \times 3.96\text{W} = 4.06\text{W}$

121. 杂损耗 $P_S = 0.3 P_{Fe} = 0.3 \times 21.22\text{W} = 6.37\text{W}$

122. 总损耗 $\sum P = P_{Cua} + P_b + P_{Fe} + P_{fw} + P_{fb} + P_S = (42.95 + 3.97 + 21.22 + 18.06 + 4.06 + 6.37)\text{W} = 96.63\text{W}$

123. 输出功率 $P_2 = P_1 - \sum P = (594.9 - 96.63)\text{W} = 498.27\text{W}$

式中　$P_1 = U_N I_N = 90 \times 6.61\text{W} = 594.9\text{W}$。

124. 效率 $\eta = \dfrac{P_2}{P_1} \times 100\% = \dfrac{498.27}{594.9} \times 100\% = 83.76\%$

注：η 与 η' 基本相符，$(0.8376-0.84) \div 0.84 = -0.3\%$

125. 输出转矩 $T_N = 9.55 \dfrac{P_2}{n_N} = 9.55 \times \dfrac{498.27}{1701} \mathrm{N \cdot m} = 2.80 \mathrm{N \cdot m}$

126. 起动电流倍数 $I_{stb} = \dfrac{I_{st}}{I_N} = \dfrac{90.05}{6.61} = 13.76$

127. 起动转矩 $T_{st} = \dfrac{pN\Phi_\delta I_{st}}{2\pi a} = \dfrac{1 \times 600 \times 0.00495 \times 90.05}{2 \times 3.14 \times 1} \mathrm{N \cdot m} = 43.01 \mathrm{N \cdot m}$

128. 起动转矩倍数 $T_{stb} = \dfrac{T_{st}}{T_N} = \dfrac{43.01}{2.81} = 15.31$

129. 电流、转速、效率、功率和转矩特性见表6-4。

表6-4 电流、转速、效率、功率和转矩特性

I_1/I_N	0.5	0.8	0.9	1.0	1.1	1.2
电流 I_1/A	3.31	5.29	5.95	6.61	7.27	7.93
$n = \dfrac{60aE_a}{p\Phi_\delta N}/(\mathrm{r/min})$	1755	1715	1702	1689	1675	1662
$\eta = \dfrac{P_2}{P_1} \times 100\%$	78.92	83.14	83.6	83.82	83.87	83.79
$P_2 = P_1 - \sum P/\mathrm{W}$	235.22	396.47	448.49	499.65	549.95	599.39
$T = 9.55 \dfrac{P_2}{n}/(\mathrm{N \cdot m})$	1.28	2.21	2.52	2.83	3.13	3.44

注：本电磁计算方案非最佳设计，仅供计算时参考。

附　　录

附录6A　直流电动机电磁计算用曲线

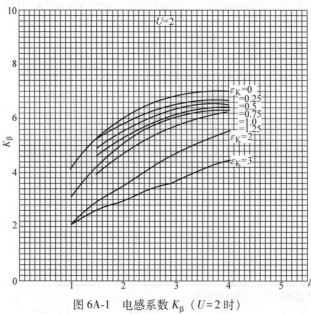

图 6A-1

图 6A-1　电感系数 K_β（$U=2$ 时）

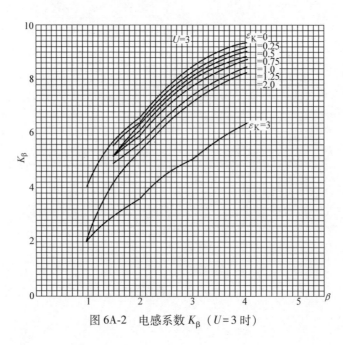

图 6A-2

图 6A-2　电感系数 K_β（$U=3$ 时）

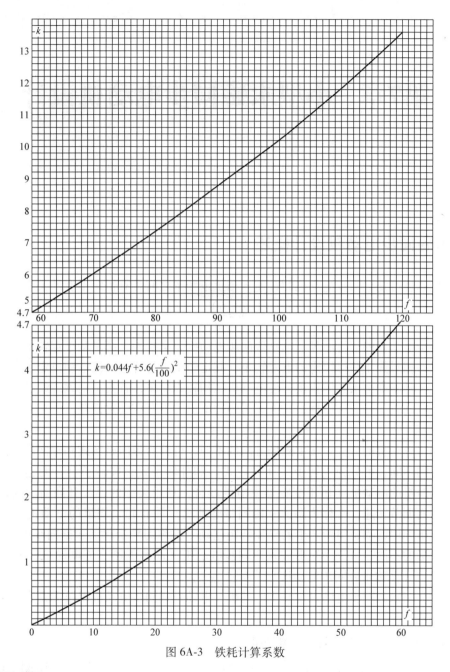

图 6A-3　铁耗计算系数

图 6A-3

第7章 小型永磁同步电动机设计

7.1 永磁同步电动机设计概述

由电机原理可知，同步电动机的转速 n 与供电频率之间具有恒定不变的关系，即

$$n = \frac{60f}{p}$$

永磁同步电动机的运行原理与电励磁同步电动机完全相同，都是基于定转子磁动势相互作用，并保持相对静止获得恒定的电磁转矩。其定子绕组与普通交流电动机定子绕组完全相同，但其转子励磁则由永磁体提供，使电动机结构较为简单，省去了励磁绕组及集电环和电刷，提高了电动机运行的可靠性，又因无需励磁电流，不存在励磁损耗，提高了电动机的效率和功率密度。

永磁同步电动机的分类：按主磁场方向的不同，可分为径向磁场式和轴向磁场式；按电枢绕组位置的不同，可分为内转子式（常规式）和外转子式；按转子上有无起动绕组，可分为无起动绕组的电动机（用于变频器供电的场合，利用频率的逐步升高而起动，并随着频率的改变而调节转速，常称为调速永磁同步电动机）和有起动绕组的电动机（可在某一频率和电压下利用起动绕组所产生的异步转矩起动，常称为异步起动永磁同步电动机）；按供电电流波形的不同，可分为矩形波永磁同步电动机（简称无刷直流电动机）和正弦波永磁同步电动机（简称永磁同步电动机）。

以下将介绍永磁同步电动机与异步电动机、电励磁式同步电动机以及无刷直流电动机的比较和设计特点。

1. 永磁同步电动机与笼型异步电动机

（1）效率高、节能 永磁同步电动机无转差，转子上没有基波铁耗；永磁同步电动机为双边励磁，且主要是转子永磁体励磁，其功率因数可高达1；功率因数高，一方面节约无功功率，另一方面也使定子电流下降，定子铜耗减少，效率提高；永磁同步电动机的极弧系数一般大于异步电动机的极弧系数，当电源电压和定子结构一定时，永磁同步电动机的平均磁通密度较异步电动机小，铁耗小；至于永磁同步电动机的杂散损耗，一般认为由于永磁同步电动机永磁体磁场的非正弦增加了杂耗，但另一方面，永磁同步电动机较大的气隙降低了杂散损耗。

由于永磁同步电动机的不变损耗 $(P_{Fe}+P_{fw})$ 小，可变损耗 P_{Cu1} 变化比异步电动机可变损

耗（$P_{Cu1}+P_{Cu2}$）变化慢，使其效率特性具有高而平的特点，这一特点使永磁同步电动机的节能效果比其效率的提高更为明显。

（2）体积小、功率密度高　从电磁负荷角度分析，有

$$D_{i1}^2 l_{eff} = \frac{5.5}{\alpha'_p K_{dp} A B_\delta} \cdot \frac{P'}{n} \tag{7-1}$$

由于永磁同步电动机计算极弧系数 α'_p 较异步电动机大，使永磁同步电动机在电负荷 A 和气隙磁通密度 B_δ 相同的条件下，体积、重量减小。另外，从热负荷角度分析，由于永磁同步电动机效率高，发热少，A、B_δ 可适当提高，使电动机有效体积减小。可见永磁同步电动机体积小、重量轻、功率密度高。

（3）转速与频率成正比　永磁同步电动机的转速与频率严格成正比这一特点非常适合于转速恒定和精确同步的驱动系统中，如纺织、化纤、轧钢、玻璃等机械设备。

（4）与异步电动机相比，永磁同步电动机结构复杂、成本高。

2. 永磁同步电动机与电励磁式同步电动机　与电励磁式同步电动机相比较，永磁同步电动机具有以下优点：

1）永磁同步电动机无需电流励磁，不设电刷和集电环，无励磁损耗，无电刷和集电环之间的摩擦损耗和接触电损耗。因此，永磁同步电动机的效率比电励磁式同步电动机要高，而且结构简单，可靠性高。

2）永磁同步电动机转子结构多样，结构灵活，而且不同的转子结构往往带来自身性能上的特点，故永磁同步电动机可根据设计需要选择不同的转子结构型式。

3）永磁同步电动机在一定功率范围内，可以比电励磁式同步电动机具有更小的体积和重量。

3. 永磁同步电动机与无刷直流电动机　由变频器供电的永磁同步电动机加上转子位置闭环控制系统后构成永磁自同步电动机，它既具有永磁直流电动机的优异调速性能，又实现了无刷化。

对于永磁同步电动机而言，由于转子结构和永磁体的几何形状不同，转子励磁磁场在空间分布有正弦波和矩形波之分，因而定子绕组中产生的反电动势也有两种波形：正弦波和梯形波。通常将反电动势为梯形波、电枢电流为方波的永磁同步电动机系统称为无刷直流电动机（BLDCM），而将反电动势和电枢电流均为正弦波的永磁同步电动机系统称为永磁同步电动机（PMSM）。也有人把它们分别称为方波无刷直流电动机和正弦波无刷直流电动机。两种驱动模式的波形如图7-1所示。

从电动机结构上看，方波永磁电动机与正弦波永磁电动机基本没有差别，但由于它们的运行原理不同，使它们在转矩产生的方式、控制方法、出力等方面均有很大差异。下面就两种驱动模式的特点进行比较分析。

1）方波气隙磁场可以分解为基波和一系列谐波，可见方波电动机的电磁转矩不仅由基波产生，同时也由谐波产生。在同样体积的条件下，无刷直流电动机比正弦波永磁同步电动机的出力大约增加15%。

2）无刷直流电动机气隙磁场的极弧宽度为180°电角度时，脉动转矩为0，输出转矩最大。但由于实际电机的极弧宽度不可能做到180°电角度，因而无刷直流电动机不可能完全消除转矩脉动。而正弦波永磁同步电动机只要保证各相量均为正弦波，就可以削弱转矩脉动。

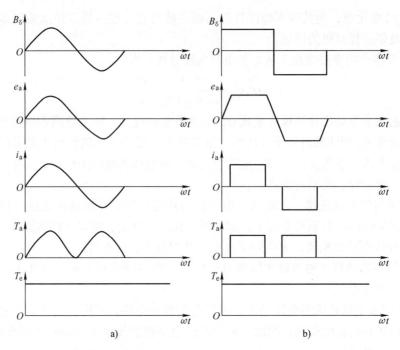

图 7-1 永磁同步电动机与无刷直流电动机的比较

a) 永磁同步电动机 b) 无刷直流电动机

3) 无刷直流电动机的定子磁场是跳跃旋转的，而永磁同步电动机的定子磁场是连续旋转的。

4) 方波气隙磁场的产生比较简单，而正弦波气隙磁场对磁路设计要求严格。

5) 无刷直流电动机通常采用整距集中绕组，以产生梯形波反电动势。而永磁同步电动机为了产生正弦波反电动势，需要采用短距分布绕组、分数槽或斜槽绕组。

6) 无刷直流电动机的控制方法简单，控制器成本较低，永磁同步电动机通常采用矢量控制等方法，控制算法复杂，控制器成本高。

7) 无刷直流电动机转子位置传感器结构简单、成本低，而永磁同步电动机必须使用高分辨率的转子位置传感器。

8) 正弦波永磁同步电动机与异步电动机一样都是调频调速，其转速由电动机外部变频电源的基准频率振荡器给定，称为他控式变频调速永磁同步电动机。而方波无刷直流电动机的控制方式是调压调速，因此其系统的工作频率不是由外部电源决定的，而是由电动机的转速确定的，称为自控式无刷直流电动机。

本章主要介绍永磁同步电动机的转子磁路结构，然后主要介绍调速运行的三相正弦波永磁同步电动机及其基本设计方法。

7.2 永磁同步电动机的磁路结构

7.2.1 总体结构

永磁同步电动机由定子、转子和端盖等部件构成。定子与普通异步电动机基本相同，采用叠片结构，以减小电动机运行时的铁损耗。转子铁心可以做成实心的，也可以用冲片叠压而成。图 7-2 为一台永磁同步电动机的横截面示意图。电枢绕组（见图 7-3）既有采用集中整距绕组的，也有采用分布短距绕组和分数槽绕组的。方波永磁同步电动机通常采用集中整距绕组，而正弦波永磁同步电动机常采用分布短距绕组。为减小电动机杂耗，定子绕组通常采用星形联结。永磁同步电动机的气隙长度是一个关键尺寸，尽管它对这类电动机的无功电流的影响不像对异步电动机那样大，但是它对电动机的交、直轴电抗影响很大，进而影响到电动机的其他性能。

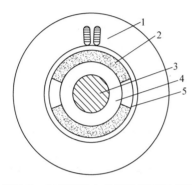

图 7-2 永磁同步电动机横截面示意图

1—定子 2—永磁体 3—转轴 4—转子铁心 5—紧固圈

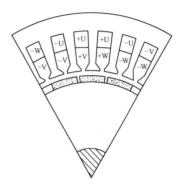

图 7-3 永磁同步电动机绕组

7.2.2 转子磁路结构

转子磁极和磁路结构的不同，对电动机的运行性能、控制系统、制造工艺和适用场合的影响也不同。

按照永磁体在转子上位置的不同，永磁同步电动机的转子磁路结构一般可分为三种：表面式、内置式和爪极式。

1. 表面式转子磁路结构 永磁体通常呈瓦片形，位于转子铁心的外表面，永磁体提供磁通的方向为径向，且永磁体外表面一般要套以起保护作用的非磁性圆筒，或绕包以无纬玻璃丝带保护层。

表面式转子磁路结构又分为表面凸出式转子（见图 7-4a）和表面插入式转子（见图 7-4b）两种，对采用钕铁硼永磁体的电动机来说，由于永磁材料的相对回复磁导率接近 1，所以表面凸出式转子在电磁性能上属于隐极转子结构；而表面插入式转子的相邻两永磁磁极间有着磁导率很大的铁磁材料，故在电磁性能上属于凸极转子结构。

（1）表面凸出式转子结构 由于其具有结构简单、制造成本较低、转

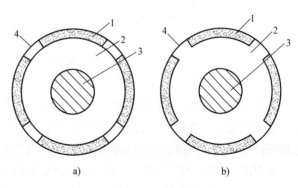

图 7-4 表面式转子磁路结构

a）凸出式 b）插入式

1—永磁体 2—转子铁心 3—转轴 4—紧固圈

动惯量小等优点，在方波永磁同步电动机和恒功率运行范围不宽的正弦波永磁同步电动机中得到了广泛应用。此外，表面凸出式转子结构中的永磁磁极易于实现，气隙磁通密度波形趋近于正弦波的磁极形状，可显著提高电动机及控制系统的性能。

（2）表面插入式转子结构　这种结构可充分利用转子磁路的不对称性所产生的磁阻转矩，提高电动机的功率密度，动态性能较表面凸出式转子结构有所改善，制造工艺也较简单，常被某些调速永磁同步电动机所采用。但漏磁系数较表面凸出式转子结构大。

总之，表面式转子磁路结构的制造工艺简单、成本低，应用较为广泛，尤其适宜于方波永磁同步电动机。

2. 内置式转子磁路结构　这类结构的永磁体位于转子内部，永磁体外表面可以放置铸铝笼或铜条笼，起阻尼或起动作用，动、稳态性能好，广泛用于要求有异步起动能力或动态性能高的永磁同步电动机。内置式转子内的永磁体受到极靴的保护，其转子磁路结构的不对称性所产生的磁阻转矩也有助于提高电动机的过载能力和功率密度，而且易于"弱磁"增速。

按永磁体磁化方向与转子旋转方向的相互关系，内置式转子磁路结构又可分为径向式、切向式和混合式三种。

（1）径向式结构　这类结构（见图7-5）的优点是漏磁系数小、转轴上不需采取隔磁措施、极弧系数易于控制、转子冲片机械强度高、安装永磁体后转子不易变形等。图7-5a和b中，永磁体轴向插入永磁体槽并通过隔磁磁桥限制漏磁，结构简单，运行可靠，转子机械强度高，应用较广。

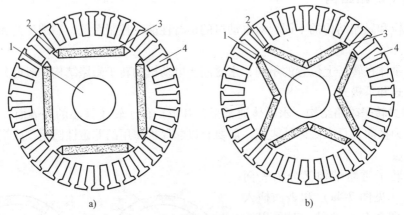

图 7-5　内置径向式转子磁路结构
1—转轴　2—永磁体槽　3—永磁体　4—转子导条

（2）切向式结构　这类结构（见图7-6）的漏磁系数较大，并且需采用相应的隔磁措施，其优点在于一个极距下的磁通由相邻两个磁极并联提供，可得到更大的每极磁通。尤其当电动机极数较多、径向式结构不能提供足够的每极磁通时，这种结构的优势便显得突出。此外，采用切向式转子结构的永磁同步电动机的磁阻转矩在电动机总电磁转矩中的比例可达40%，这对充分利用磁阻转矩，提高电动机功率密度和扩展电动机的恒功率运行范围都是有利的。

（3）混合式结构　这类结构（见图7-7）集中了径向式和切向式转子结构的优点，但

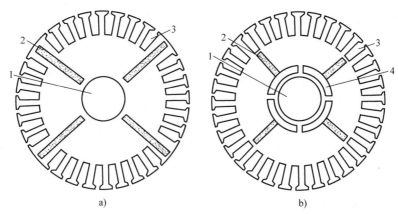

图 7-6 内置切向式转子磁路结构

1—转轴 2—永磁体 3—转子导条 4—空气隔磁槽

其结构和制造工艺均较复杂。图 7-7a 是混合式转子磁路结构，需采用非磁性转轴或采用隔磁铜套，主要应用于采用剩余磁通密度较低的铁氧体永磁体的永磁同步电动机。图 7-7b 所示结构近年来用得较多，需采用隔磁磁桥隔磁。图 7-7c 是由图 7-5 径向式结构 a 和 b 演变过来的混合式转子磁路结构，也需采用隔磁磁桥隔磁。在图 7-7 所示的三种结构中，转子依次可为安放永磁体提供更多的空间，空载漏磁系数也依次减小，但制造工艺却依次更复杂，转子冲片的机械强度也依次有所下降。

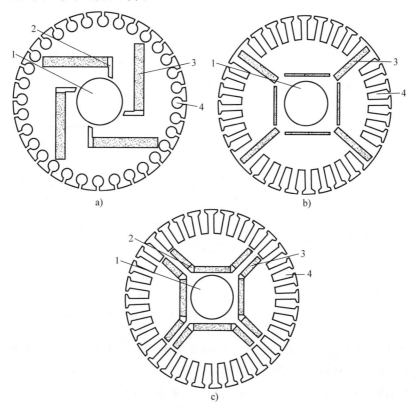

图 7-7 内置混合式转子磁路结构

1—转轴 2—永磁体槽 3—永磁体 4—起动笼

在选择转子磁路结构时还应考虑到不同转子磁路结构电动机的交、直轴同步电抗 X_q、X_d 及其比例 X_q/X_d（称为凸极率）也不同。在相同条件下，上述三类内置式转子磁路结构电动机的直轴同步电抗 X_d 相差不大，但它们的交轴同步电抗 X_q 却相差较大。切向式转子结构电动机的 X_q 最大，径向式转子结构电动机的 X_q 次之。由于磁路结构和尺寸多种多样，X_d、X_q 的大小需要根据所选定的结构和具体尺寸运用电磁场数值计算求得。较大的 X_q 和凸极率可以提高电动机的牵入同步能力、磁阻转矩和电动机的过载倍数，因此在设计高过载倍数的电动机时可充分利用较大凸极率所产生的磁阻转矩。

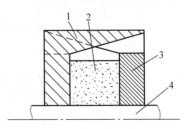

图 7-8　爪极式转子磁路结构
1—左法兰盘　2—圆环形永磁体
3—右法兰盘　4—非磁性转轴

3. 爪极式转子磁路结构　爪极式转子磁路结构通常由两个爪极盘和一个圆环形的永磁体构成，图 7-8 为其结构示意图。左右爪极数相同，且两者的爪极互相错开，沿圆周均匀分布，永磁体轴向充磁，因而左右爪极分别形成极性相异、相互错开的永磁磁极。爪极式转子磁路结构永磁同步电动机的性能较低，不具备异步起动能力，但结构和工艺较为简单。若采取一定的变异结构，也能具备自起动能力。

7.2.3　隔磁措施

为不使电动机中永磁体的漏磁系数过大而导致永磁材料利用率过低，应注意各种转子结构的隔磁措施。图 7-9 为几种典型的隔磁措施。图中标注尺寸 b 的冲片部位称为隔磁磁桥，通过隔磁磁桥部位磁通达到饱和来起限制漏磁的作用。隔磁磁桥宽度 b 越小，该部位磁阻便越大，越能限制漏磁。b 的大小应考虑冲片的机械强度。

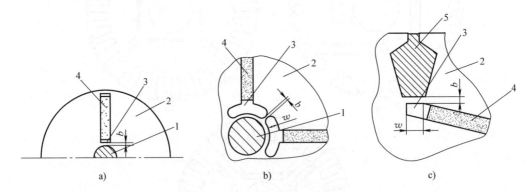

图 7-9　几种典型的隔磁措施
1—转轴　2—转子铁心　3—永磁体槽　4—永磁体　5—转子导条

隔磁磁桥长度 w 也是一个关键尺寸，如果隔磁磁桥长度不能保证一定的尺寸，即使隔磁磁桥宽度小，隔磁磁桥的隔磁效果也将明显下降。但当 w 达到一定的大小后，再增加 w，隔磁效果不再有明显的变化，而过大的 w 将使转子机械强度下降。

切向式转子结构的隔磁措施一般采用非磁性转轴或在转轴上加隔磁套，隔磁套通常为铝、铜或不锈钢等非导磁材料。

7.3 永磁同步电动机稳定运行特性

永磁同步电动机
相量图视频

7.3.1 相量图

永磁同步电动机与电励磁式凸极同步电动机有着相似的内部电磁关系，如同电机原理所述，可采用双反应理论来分析。电动机稳态运行于同步转速时，根据双反应理论可写出永磁同步电动机的电动势方程式为

$$\dot{U} = \dot{E}_0 + \dot{I}_1 R_1 + j\dot{I}_1 X_1 + \dot{E}_{ad} + \dot{E}_{aq}$$
$$= \dot{E}_0 + \dot{I}_1 R_1 + j\dot{I}_1 X_1 + j\dot{I}_d X_{ad} + j\dot{I}_q X_{aq}$$
$$= \dot{E}_0 + \dot{I}_1 R_1 + j\dot{I}_d X_d + j\dot{I}_q X_q \qquad (7-2)$$

式中　$\dot{E}_0$ ——永磁气隙基波磁场所产生的每相空载反电动势有效值（V）；

$\dot{U}$ ——外施相电压有效值（V）；

$\dot{I}_1$ ——定子相电流有效值（A）；

R_1 ——定子绕组相电阻（Ω）；

X_{ad}、X_{aq} ——直、交轴电枢反应电抗（Ω）；

X_1 ——定子漏抗（Ω）；

X_d ——直轴同步电抗（Ω），$X_d = X_{ad} + X_1$；

X_q ——交轴同步电抗（Ω），$X_q = X_{aq} + X_1$；

$\dot{I}_d$、$\dot{I}_q$ ——直、交轴电枢电流（A），$I_d = I_1 \sin\psi$，$I_q = I_1 \cos\psi$；

ψ ——$\dot{I}_1$ 与 $\dot{E}_0$ 间的夹角，称为电枢反应角。

由电动势平衡方程式可画出永磁同步电动机不同稳态运行时的几种典型相量图，如图7-10所示。图中，$\dot{E}_\delta$ 为气隙合成基波磁场所产生的电动势，称为气隙合成电动势（V）；E_d 为气隙合成基波磁场直轴分量所产生的电动势，称为直轴内电动势（V）；θ 为 $\dot{U}$ 超前 $\dot{E}_0$ 的角度，即功率角（功角），也称转矩角；φ 为电压 $\dot{U}$ 与定子相电流 $\dot{I}_1$ 的夹角，即功率因数角。

图7-10中可见，当电流 $\dot{I}_1$ 超前于空载电动势 $\dot{E}_0$ 时，直轴电枢反应为去磁性质，致使直轴内电动势 $E_d < E_0$；当电流 $\dot{I}_1$ 滞后于 $\dot{E}_0$ 时，直轴电枢反应为增磁性质，致使 $E_d > E_0$。

图7-10a 中 $\varphi < 0$ 为过励容性去磁性质；图7-10b 为直轴增、去磁临界性质（$\dot{I}_1$ 与 $\dot{E}'_0$ 同相，$\psi = 0$）；图7-10c 为欠励感性增磁性质；图7-10d 中 $\varphi > 0$ 为欠励感性去磁性质。当 $I_d = 0$、$F_{ad} = 0$ 时，从图7-10b 相量图可以写出如下电压方程

$$U\cos\theta = E'_0 + I_1 R_1$$
$$U\sin\theta = I_1 X_q$$

从而可以求得直轴增、去磁临界状态时的空载反电动势为

$$E'_0 = \sqrt{U^2 - (I_1 X_q)^2} - I_1 R_1 \qquad (7-3)$$

用此式可以判别所设计的电动机是运行于增磁状态还是去磁状态。实际 E_0 值是由永磁

体产生的空载气隙磁通算出，若 $E'_0 > \sqrt{U^2 - (I_1 X_q)^2} - I_1 R_1$，电动机将运行于去磁工作状态，反之将运行于增磁工作状态。

永磁同步电动机的额定工作状态一般都设计在图 7-10d 的感性去磁作用状态下，此时不仅永磁体用量小，电动机尺寸小，而且力能指标（$\eta\cos\varphi$）高，因此感性去磁作用为永磁同步电动机的最佳理想工作状态。为保证电动机工作在此状态，需选取合理的 $K_e = E_0/U \in (0.75 \sim 1.3)$ 范围内，此值受凸极率 $K_x = X_q/X_d$ 影响。

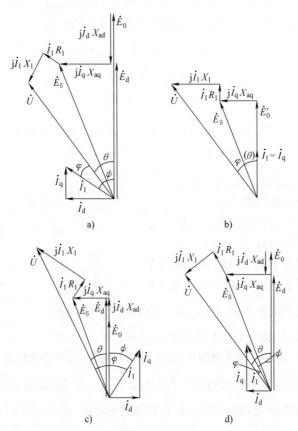

图 7-10　永磁同步电动机几种典型相量图

a) $\varphi = \theta - \psi < 0,\ \psi > 0$　b) $\varphi = \theta,\ \psi = 0$　c) $\varphi = \theta - 4 > 0,\ \psi < 0$　d) $\varphi = \theta - \psi > 0,\ \psi < 0$

7.3.2　功角特性

在忽略定子铜耗，并将铁耗、杂耗都计入电磁功率（W）的前提下，可以方便地得到

$$P_{em} \approx P_1 \approx \frac{mE_0 U}{X_d}\sin\theta + \frac{mU^2}{2}\left(\frac{1}{X_q} - \frac{1}{X_d}\right)\sin2\theta \tag{7-4}$$

将式（7-4）除以电动机的机械角速度 Ω，即可得电动机的电磁转矩（N·m）

$$T_{em} = \frac{P_{em}}{\Omega} = \frac{mpE_0 U}{\omega X_d}\sin\theta + \frac{mpU^2}{2\omega}\left(\frac{1}{X_q} - \frac{1}{X_d}\right)\sin2\theta \tag{7-5}$$

计及铜耗时，上式中 P_{em} 可用输入功率 P_1 替代，由于永磁同步电动机的 $X_q > X_d$，其功

角特性与电励磁式同步电动机有明显的差异，如图 7-11 所示。

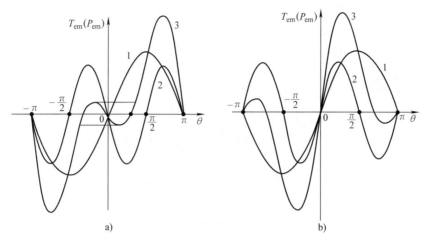

图 7-11　凸极同步电动机的功角特性

a）永磁同步电动机　b）电励磁式同步电动机

1—永磁转矩　2—磁阻转矩　3—合成转矩

图 7-11a 曲线 1 为由永磁磁场与定子电枢磁场相互作用产生的基本电磁转矩，又称永磁转矩，曲线 2 为由电动机 d、q 轴磁路不对称而产生的磁阻转矩，曲线 3 为曲线 1 和曲线 2 的合成。由于永磁同步电动机直轴同步电抗 X_d 一般小于交轴同步电抗 X_q，磁阻转矩为一负正弦函数，因而矩角特性曲线上转矩最大值所对应的转矩角大于 90°，而不像电励磁式同步电动机那样小于 90°。

功角特性（又称矩角特性）上的转矩最大值 T_{max} 被称为永磁同步电动机的失步转矩，如果负载转矩超过此值，则电动机将不再保持同步转速。最大转矩与电动机额定转矩 T_N 的比值 $K_M(K_M = T_{max}/T_N)$ 称为永磁同步电动机的失步转矩倍数，也称为过载能力。

永磁同步电动机的比整步功率为

$$\frac{dP_{em}}{d\theta} = \frac{mE_0U}{X_d}\cos\theta + mU^2\left(\frac{1}{X_q} - \frac{1}{X_d}\right)\cos2\theta \tag{7-6}$$

令 $dP_{em}/d\theta = 0$，可得出其极值功角方程为

$$\cos\theta_{max} - K_{ex}(2\cos^2\theta_{max} - 1) = 0 \tag{7-7}$$

式中

$$K_{ex} = \frac{K_x - 1}{K_e K_x} = \frac{U}{E_0} \cdot \frac{X_q - X_d}{X_q}$$

极值功角：

$$\theta_{max} = \arccos\left[\frac{1}{4K_{ex}} \pm \sqrt{\frac{1}{16K_{ex}^2} + \frac{1}{2}}\right] \tag{7-8}$$

永磁同步电动机的过载能力为

$$K_M = \frac{T_{max}}{T_{emN}} = \frac{\sin\theta_{max} - \dfrac{K_{ex}}{2}\sin2\theta_{max}}{\sin\theta_N - \dfrac{K_{ex}}{2}\sin2\theta_N} \tag{7-9}$$

式中　T_{max}——最大电磁转矩；

　　　T_{emN}——额定电磁转矩。

通常可取 $K_M > 2.5$。永磁同步电动机部分参数较为合理的取值范围一般为：$K_e = E_0/U \approx 0.75 \sim 1.3$，$K_x = X_q/X_d \approx 1.0 \sim 4.0$，$\theta_N \approx 30° \sim 60°$，$\theta_{max} \approx 110° \sim 120°$。

7.3.3　功率因数和 V 形曲线

1. 功率因数　永磁同步电动机的无功功率为

$$Q = \pm I_d E_d + I_q E_q = \pm \frac{mE_0 U}{X_d}\cos\theta + mU^2\left(\frac{\cos^2\theta}{X_d} + \frac{\sin^2\theta}{X_q}\right) \qquad (7\text{-}10)$$

该式对于容性去磁、感性去磁和感性增磁等状态都是适用的。

图 7-12 给出了三相异步电动机、电励磁式同步电动机和永磁同步电动机的功率因数随电磁功率 P_{em} 变化的曲线。

利用电动势方程式（7-2）和图 7-10 相量图可以求出永磁同步电动机不同运行状态下的功率因数角 φ。

（1）增磁作用

$$\theta = \arccos\left[\frac{\left(E_d + X_1 I_d + \frac{R_1^2}{X_q}I_d\right)X_q}{U(R_1^2 + X_q^2)^{\frac{1}{2}}}\right] - \beta \qquad (7\text{-}11)$$

$$\psi = \arctan\left(\frac{X_q I_d}{U\sin\theta + R_1 I_d}\right)$$

$$\varphi = \psi + \theta$$

（2）去磁作用

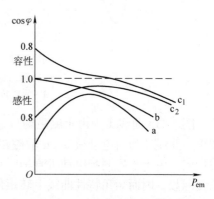

图 7-12　不同电动机功率因数
随电磁功率 P_{em} 变化的曲线
a—三相异步电动机
b—电励磁式同步电动机（$E_0 = U$，I_f 恒定）
c—永磁同步电动机（c_1：$E_0 > U$，c_2：$E_0 < U$）

$$\theta = \arccos\frac{\left[E_d - X_1 I_d - \frac{R_1^2}{X_q}I_d\right]X_q}{U\sqrt{R_1^2 + X_q^2}} - \beta \qquad (7\text{-}12)$$

$$\psi = \arctan\left(\frac{X_q I_d}{U\sin\theta - R_1 I_d}\right)$$

$$\varphi = \theta - \psi$$

上两式中，$\varphi > 0$ 为感性；$\varphi < 0$ 为容性；$\beta = \arctan(R_1/X_q)$。

2. V 形曲线　如电励磁式同步电动机定子电流 I_1 与励磁电流 I_f 的关系为一条 V 形曲线，当永磁同步电动机其他参数不变，而仅改变永磁体的尺寸或永磁材料性能时，$I_1 = f(E_0)$ 也是一条 V 形曲线，如图 7-13 所示。若忽略电阻 R_1，$x_t \approx X_d \approx X_q$，结合图 7-14 可分析出所设计的永磁同步电动机过励、欠励状态。

7.3.4　工作特性

1. 损耗　永磁同步电动机的功率流程如图 7-15 所示。

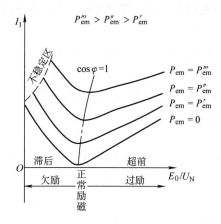

图 7-13　永磁同步电动机的 V 形曲线

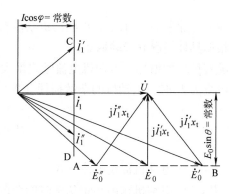

图 7-14　恒功率、变磁钢时永磁同步电动机

永磁同步电动机稳态运行时的损耗包括下列四项。

（1）定子绕组铜耗　铜耗 P_{Cu1}（W）可按如下常规公式计算：

$$P_{Cu1} = m I_2 R_1 \tag{7-13}$$

（2）铁心铁耗　永磁同步电动机的铁耗 P_{Fe} 不仅与电动机所采用的硅钢片材料有关，而且随电动机的工作温度、负载大小的改变而变化。这是因为电动机温度和负载的变化导致电动机中永磁体工作点改变，定子齿、轭部磁通密度也随之变化，从而影响到电动机的铁耗。工作温度越高，负载越大，定子齿、轭部的磁通密度越小，电动机的铁耗就越小。

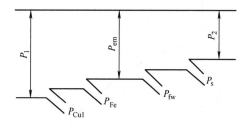

图 7-15　永磁同步电动机功率流程

永磁同步电动机铁耗的准确计算非常困难。这是因为永磁同步电动机定子齿、轭部磁通密度饱和严重，且磁通谐波含量非常丰富的缘故。工程上常采用与异步电动机铁耗计算类似的公式，然后根据实验值进行修正。

永磁同步电动机在某负载下运行时，根据其相量图可以得出气隙基波合成电动势（V）为

$$E_\delta = \sqrt{(E_0 - I_d X_{ad})^2 + (I_q X_{aq})^2} \tag{7-14}$$

气隙合成磁通（Wb）

$$\Phi_\delta = \frac{E_\delta}{2.22 f K_{dp1} N_{\Phi 1} K_\Phi} \tag{7-15}$$

式中　f——电源频率（Hz）；

K_{dp1}——绕组系数；

$N_{\Phi 1}$——定子绕组每相串联导体数；

K_Φ——气隙磁通的波形系数。

由 Φ_δ 不难求出定子齿、轭部磁通密度，进而求出电动机的铁耗。图 7-16 即为用上述方法求出的永磁同步电动机的铁耗随输出功率变化的曲线。

（3）机械损耗　永磁同步电动机的机械损耗 P_{fw} 与其他电动机一样，与所采用的轴承、

润滑脂、冷却风扇和电动机的装配质量等有关，其机械损耗可根据第 2 章的计算方法计算和确定。

（4）杂散损耗　永磁同步电动机杂散损耗 P_s 目前还没有一个准确实用的计算公式，一般均根据具体情况和经验取定。

随着负载的增加，电动机电流随之增大，杂散损耗近似随电流的二次方关系增大。当定子相电流为 I_1 时，电动机的杂散损耗（W）可用下式近似计算：

$$P_s = \left(\frac{I_1}{I_N}\right)^2 P_{sN} \tag{7-16}$$

式中　I_N——电动机额定电流（A）；

P_{sN}——电动机输出额定功率时的杂散损耗（W）。

2. 工作特性　计算出电动机的 E_0、X_d、X_q 和 R_1 等参数后，给定一系列不同的转矩角 θ，便可求出相应的输入功率、定子相电流和功率因数等，然后求出电动机此时的损耗，便可得到电动机的输出功率 P_2 和效率 η，从而得到电动机稳态运行性能（P_1、η、$\cos\varphi$ 和 I_1 等）与输出功率 P_2 之间的关系曲线，即电动机的工作特性曲线，如图 7-17 所示。

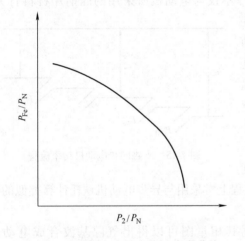

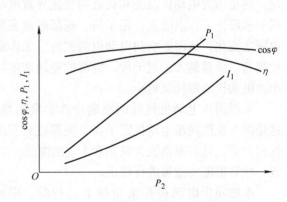

图 7-16　永磁同步电动机铁耗-负载曲线　　　图 7-17　永磁同步电动机工作特性曲线

图 7-17 中的效率特性具有高而平的特点。与电励磁式同步电动机相比，永磁同步电动机没有励磁铜耗 P_{Cuf}。

与异步电动机相比，永磁同步电动机转子没有铜耗 P_{Cu2}。永磁同步电动机一般极弧系数较大，在相同的 E_δ 或电压 U 时，Φ_δ 相同，B_δ 小，铁耗 P_{Fe} 较异步电动机小。由于永磁同步电动机气隙 δ 较大，其杂散损耗较小；损耗的减少和 $\cos\varphi$ 的增加，使永磁同步电动机定子电流 I_1 减少，定子铜耗 P_{Cu1} 减小。当负载大范围变化时，节能效果更为明显。这是因为永磁同步电动机的空载损耗 P_0 较异步电动机小得多，因而其效率曲线随负载的增加上升得快；另一方面，当负载增加时，永磁同步电动机的可变的铜耗 P_{Cu1} 要比异步电动机的可变的铜耗（$P_{Cu1}+P_{Cu2}$）增加得慢，使永磁同步电动机能在较宽的功率范围内保持高效。

7.4　永磁同步电动机的磁路分析

7.4.1　空载磁路特点

普通的永磁同步电动机，极弧系数 α_p 较大（对于切向结构可大于 0.9），气隙磁通密度在空间分布接近于矩形平顶波，如图 7-18 所示。

1. 计算极弧系数　永磁同步电动机转子磁路结构型式不同，其极弧系数 α_p 和计算极弧系数 α'_p 的计算公式也不相同。根据定义，计算极弧系数为

$$\alpha'_p = \frac{B_{av}}{B_\delta} \tag{7-17}$$

一般可引用经验公式

$$\alpha'_p \approx 0.17 + 0.817\alpha_p \tag{7-18}$$

当气隙均匀时，也可引用

$$\alpha'_p = \alpha_p + \frac{4}{\dfrac{\tau_p}{\delta} + \dfrac{6}{1-\alpha_p}}$$

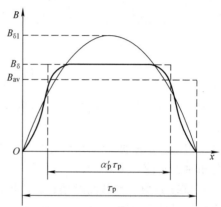

图 7-18　永磁同步电动机气隙磁通密度分布
$B_{\delta1}$—气隙磁通密度基波幅值
B_{av}—气隙磁通密度平均值　B_δ—气隙磁通密度幅值

对于表面式磁路结构，其 α'_p 的计算公式为

$$\alpha'_p = \frac{b_M + 2\delta}{\tau_p}$$

对于内置式磁路结构，其 α'_p 的计算公式为

$$\alpha'_p = \frac{b_p}{\tau_p} - 2\left(\frac{\delta + b_M}{\tau_p}\right)$$

式中　b_M——每极永磁体所跨弧长（cm）；

b_p——电动机的极靴弧长（cm）。

2. 波形系数　如图 7-18 所示，经傅里叶级数分解后，可得永磁同步电动机空载气隙磁通密度基波幅值（T）为

$$B_{\delta1} = \frac{4}{\pi} B_\delta \sin\frac{\alpha'_p\pi}{2} \tag{7-19}$$

因此，永磁同步电动机的空载气隙磁通密度波形系数为

$$K_f = \frac{B_{\delta1}}{B_\delta} = \frac{4}{\pi}\sin\frac{\alpha'_p\pi}{2} \tag{7-20}$$

永磁同步电动机空载时永磁体提供的气隙磁通（Wb）为

$$\Phi_{\delta0} = \frac{b_{m0}B_r S_M}{\sigma_0} \times 10^{-4} = B_\delta \alpha'_p \tau_p l_{eff} \times 10^{-4} \tag{7-21}$$

式中　S_M——永磁体提供每极磁通的面积（cm²），径向式结构为 $S_M = b_M L_M$，切向式结构

为 $S_M = 2b_M L_M$；

b_M ——永磁体磁极宽度（cm），如永磁体为瓦片形，则 b_M 为弧长；

L_M ——永磁体的轴向长度（cm）。

空载时永磁体提供的气隙基波磁通（Wb）为

$$\Phi_{10} = \frac{2}{\pi} B_{\delta 1} \tau_p l_{eff} \times 10^{-4} \tag{7-22}$$

式中 l_{eff} ——电枢计算长度（cm）。

因此，电动机基波磁通 Φ_{10} 与气隙主磁通 $\Phi_{\delta 0}$ 之比，即永磁同步电动机气隙磁通的波形系数为

$$K_\Phi = \frac{\Phi_{10}}{\Phi_{\delta 0}} = \frac{8}{\pi^2 \alpha'_p} \sin \frac{\alpha'_p \pi}{2} \tag{7-23}$$

由上式可以看出，α'_p 的大小影响气隙基波磁通与气隙主磁通的比值，即影响永磁材料的利用率。另外，α'_p 的大小还影响气隙中谐波的大小。设计中选定 α'_p 时应综合考虑永磁体的合理利用、谐波抑制和电动机性能的需要。为了改善电动机的性能，需要气隙磁通密度正弦分布时，常使 $\alpha'_p \approx 0.637$。

3. 漏磁系数 空载漏磁系数 σ_0 的大小不仅标志着永磁材料的利用程度，而且对电动机中永磁材料抗去磁能力和电动机的性能也有较大的影响。因此，应尽可能在设计中选取合适的 σ_0 值。

永磁同步电动机转子磁路结构多种多样，漏磁磁路复杂，既有极间漏磁，又有端部漏磁，没有什么解析法可求，只有估计值。需要准确计算时应采用电磁场数值解法求解电动机内电磁场。

永磁同步电动机可采用与永磁直流电动机类似的方法，通过电磁场数值计算来分别求取电动机的极间漏磁系数 σ_1 和端部漏磁计算系数 σ_2，则电动机空载漏磁系数为

$$\sigma_0 = k(\sigma_1 + \sigma_2 - 1) \tag{7-24}$$

式中 σ_2 ——永磁同步电动机的端部漏磁系数；

k ——经验系数。

对于表面式转子磁路结构，极弧系数越大，气隙长度越小，则电动机的极间漏磁系数越小；在合适设计取值范围内，永磁体的磁化方向长度越大、电动机的气隙长度越大，则永磁体端部漏磁计算系数越大。永磁体尺寸越大，气隙长度越小，电动机的极间漏磁系数也越小。

对于内置式转子磁路结构的永磁同步电动机，磁路结构虽然多种多样，但对电动机极间漏磁系数影响最大的是它所采用的隔磁磁桥的尺寸和永磁体的尺寸。

内置径向式永磁同步电动机端部漏磁系数除与气隙长度和永磁体磁化方向长度有关外，还与永磁体离转子表面的距离有较大的关系，永磁体离转子表面越近，端部漏磁系数越小。

由于影响永磁同步电动机漏磁系数的因素很多，因此在具体设计电动机时，应根据实际状况对漏磁系数计算公式中的 k 值加以适当修正。

4. 磁压降计算 计算永磁同步电动机的磁路磁压降时，可采用电动机惯用的方法。但由于永磁同步电动机的极弧系数一般较大，计算气隙和齿部磁压降时应该用 B_δ 而不是用 $B_{\delta 1}$；计算电动机轭部磁压降时也应该用轭部铁心的有效主磁通 Φ_δ 而不是用基波磁通 Φ_1。

7.4.2　电枢反应及电抗参数

1. 电枢反应　电枢磁场对永磁体建立的气隙磁场的影响，称为永磁同步电动机的电枢反应。无论是切向结构还是径向结构的转子，其永磁体磁阻都位于直轴磁路上，故其直轴磁阻远大于电励磁式同步电动机的直轴磁阻。交轴方向磁阻因转子结构不同而不同，一般来说，永磁同步电动机的气隙是均匀的，其直轴磁阻大于交轴磁阻，图 7-19 是切向充磁的永磁同步电动机电枢交、直轴电枢磁路示意图。

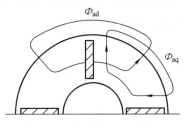

图 7-19　永磁同步电动机交、直轴电枢磁路示意图

　　磁路不对称引起同一电枢磁动势作用在不同位置时的电枢反应不同，利用勃朗德尔（Blondel）双反应理论将电枢磁动势 F_a 分解为交、直轴两个分量

$$\dot{F}_a = \dot{F}_{ad} + \dot{F}_{aq} \tag{7-25}$$

式中　$\dot{F}_{ad}$——电枢磁动势直轴分量；

　　　$\dot{F}_{aq}$——电枢磁动势交轴分量。

　　单位交、直轴磁动势和单位励磁磁动势产生的气隙磁通密度因磁动势波形及磁路的不同而不同。衡量单位磁动势产生的基波气隙磁通密度，根据电机原理可利用电枢反应折合系数 K_{ad} 与 K_{aq}，即

$$K_{ad} = \frac{B_{ad1}/F_{ad}}{B_{f1}/F_f} \tag{7-26}$$

$$K_{aq} = \frac{B_{aq1}/F_{aq}}{B_{f1}/F_f} \tag{7-27}$$

式中　K_{ad}——直轴电枢反应折合系数；

　　　K_{aq}——交轴电枢反应折合系数；

　　　B_{ad1}——F_{ad} 产生的气隙磁通密度基波幅值；

　　　B_{aq1}——F_{aq} 产生的气隙磁通密度基波幅值；

　　　B_{f1}——励磁磁动势 F_f 产生的气隙磁通密度基波幅值。

　　K_{ad}、K_{aq} 的物理意义为单位直、交轴电枢磁动势产生的基波气隙磁通密度与单位励磁磁动势产生的气隙基波磁通密度之比。

2. 电枢反应折合系数的计算　用 B_f、B_{ad}、B_{aq} 分别表示相应磁动势 F_f、F_{ad}、F_{aq} 产生的气隙磁通密度最大值，根据电机原理引入波形系数 K_f、K_d、K_q 分别为

$$K_f = \frac{B_{f1}}{B_f} \tag{7-28}$$

式中　K_f——励磁磁通密度波形系数。

$$K_d = \frac{B_{ad1}}{B_{ad}} \tag{7-29}$$

式中　K_d——直轴电枢磁动势产生的磁通密度波形系数。

$$K_q = \frac{B_{aq1}}{B_{aq}} \tag{7-30}$$

式中 K_q ——交轴电枢磁动势产生的磁通密度波形系数。

K_f、K_d、K_q 的准确计算可利用电磁场数值计算和谐波分析法确定。当忽略边缘效应时，一般可采用下列近似公式计算

$$K_f = \frac{4}{\pi} \sin\left(\frac{\alpha'_p \pi}{2}\right) \tag{7-31}$$

$$K_d = \alpha'_p + \frac{1}{\pi} \sin\ (\alpha'_p \pi) \tag{7-32}$$

$$K_q = \alpha'_p - \frac{1}{\pi} \sin\ (\alpha'_p \pi)\ + \frac{2}{3\pi} \cos\left(\frac{\alpha'_p \pi}{2}\right) \tag{7-33}$$

交、直轴电枢磁动势折算系数 K_{aq} 和 K_{ad} 反映了电动机磁路结构对电动机电枢反应电抗 X_{aq} 和 X_{ad} 的影响。转子磁路结构不同，电动机的交、直轴电枢磁动势折算系数也各有差别。根据定义可知，$K_{ad} = K_d / K_f$，$K_{aq} = K_q / K_f$。

对近似于隐极电动机性能的表面凸出式永磁同步电动机，$K_d = K_q = 1$，因而其直、交轴电枢磁动势折算系数为

$$K_{aq} = K_{ad} = \frac{1}{K_f} = \frac{\pi}{4\sin\dfrac{\alpha'_p \pi}{2}} \tag{7-34}$$

而对表面插入式和内置式永磁同步电动机，则 K_d 和 K_q 与电动机的极弧系数、永磁体尺寸和电动机气隙长度等许多因素有关，较难用解析法准确计算，一般需用电磁场数值计算求出气隙磁场分布，然后用谐波分析确定其基波后得出，或采用经验值。

3. 电抗参数计算

（1）空载反电动势　空载反电动势 E_0 是永磁同步电动机一个非常重要的参数。E_0（V）由电动机中永磁体产生的空载气隙基波磁通在电枢绕组中感应产生，其值为

$$E_0 = 2.22 f K_{dp1} N_{\Phi1} \Phi_{10} = 2.22 f K_{dp1} N_{\Phi1} K_\Phi \Phi_{\delta0} = 2.22 f K_{dp1} N_{\Phi1} K_\Phi \frac{b_{m0} B_r S_M}{\sigma_0} \times 10^{-4} \tag{7-35}$$

E_0 的大小不仅决定电动机是运行于增磁状态还是去磁状态，而且对电动机的动、稳态性能均有很大的影响。

由图 7-13 可见，合理设计 E_0，可降低定子电流，提高电动机效率，降低电动机的温升。设计实践表明，所有设计比较成功的电动机，其 E_0 与额定电压的比值均在一定的合理范围内。

空载损耗 P_0 与空载电流 I_0 是永磁同步电动机出厂试验的两个重要指标，而 E_0 对这两个指标的影响尤其重大。

（2）交、直轴电枢反应电抗计算　从电动机相量图出发，可得电动机直轴内电动势（V）为

$$E_d = E_0 \pm I_d X_{ad} \tag{7-36}$$

式中，当电动机运行于去磁状态时取"$-$"号；当电动机运行于增磁状态时取"$+$"。由此可得直轴电枢反应电抗（Ω）

$$X_{ad} = \frac{|\ E_0 - E_d\ |}{I_d} \tag{7-37}$$

式中 E_d ——直轴内电动势（V）。

$$E_d = 2.22fK_{dp1}N_{\Phi 1}\Phi_{1N}$$

式中 Φ_{1N} ——直轴电枢电流等于 I_d 时永磁体提供的有效气隙基波磁通（Wb）。

$$\Phi_{1N} = \left[b_{mN} - (1 - b_{mN})\lambda_0 \right] B_r S_M K_\Phi \times 10^{-4}$$

式中 b_{mN} ——直轴电流等于 I_d 时永磁体的负载工作点。

所以直轴电枢反应电抗（Ω）

$$X_{ad} = \frac{2.22fK_{dp1}N_{\Phi 1}\ |\ \Phi_{10} - \Phi_{1N}\ |}{I_d} \tag{7-38}$$

交轴电流分量

$$I_q = \frac{2pF_{aq}}{1.35K_{dp1}N_{\Phi 1}K_{aq}} \tag{7-39}$$

式中 K_{aq} ——交轴电枢磁动势折算系数。

交轴电枢反应电动势（V）

$$E_{aq} = 2.22fK_{dp1}N_{\Phi 1}\Phi_{aq1} \tag{7-40}$$

交轴电枢反应电抗（Ω）

$$X_{aq} = \frac{E_{aq}}{I_q} \tag{7-41}$$

当既考虑磁路饱和，又计及 d、q 轴磁场相互作用时，X_{ad} 对永磁同步电动机性能的影响比 X_{aq} 对电动机性能的影响更加敏感。增加永磁体的磁化方向长度以减少 X_{ad}，可明显提高电动机的过载能力，但对恒功率调速运行电动机的弱磁增速能力不利。为了得到较高的功率因数和空载反电动势 E_0，可增加电动机的绕组匝数和铁心长度，但这同时会导致 X_{ad} 和 X_{aq} 的增大，使电动机过载能力变小、牵入同步能力变差。

同步电抗

$$X_d = X_{ad} + X_1 \tag{7-42}$$

$$X_q = X_{aq} + X_1 \tag{7-43}$$

式中 X_1 ——定子漏抗，计算方法同普通同步电动机。

4. 斜槽对电抗参数的影响 永磁同步电动机转子上有永磁体，不能扭斜。为了抑制谐波引起的附加转矩及噪声，定子可采用斜槽的形式，即把定子槽相对轴线扭斜一个角度。这样，定、转子间的电磁耦合系数就小了，即定子磁场有一部分不与转子磁场耦合。这就相当于减小了定、转子间的互感电抗，而增加了漏抗。这种使定、转子因互感电抗减小的因数，称为斜槽系数 K_{sk}，而由斜槽引起的附加漏抗称为斜槽漏抗 X_{sk}。

定子斜槽的宽度原则上是尽量削弱一阶齿谐波。

一阶齿谐波的阶数

$$\nu_z = 2mq \pm 1$$

定子斜槽后，每个定子槽可看作 $q = \infty$ 的无数小导条组成，因此斜槽系数可看作 $q = \infty$ 的绕组分布系数：

$$K_{sk\nu} = \frac{\sin\left(\dfrac{\nu b_{sk}}{\tau_p}\ \dfrac{\pi}{2} \right)}{\nu\ \dfrac{b_{sk}}{\tau_p}\ \dfrac{\pi}{2}} = \frac{\sin\left(\nu\ \dfrac{b_{sk}}{t_1}\ \dfrac{p\pi}{Q_1} \right)}{\nu\ \dfrac{b_{sk}}{t_1}\ \dfrac{p\pi}{Q_1}} \tag{7-44}$$

式中　b_{sk}——斜槽的扭斜宽度（见图 7-20）；

　　　t_1——定子齿距；

　　　Q_1——定子槽数。

合理选择 b_{sk} 值，可以有效抑制齿谐波。工程上一般取 $b_{sk} \approx t_1$，此时

$$K_{sk1} = \frac{\sin \dfrac{p\pi}{Q_1}}{\dfrac{p\pi}{Q_1}} \tag{7-45}$$

$$K_{sk\nu} = \frac{\sin\left[(2mq \pm 1)\dfrac{p\pi}{Q_1} \right]}{(2mq \pm 1)\dfrac{p\pi}{Q_1}} \tag{7-46}$$

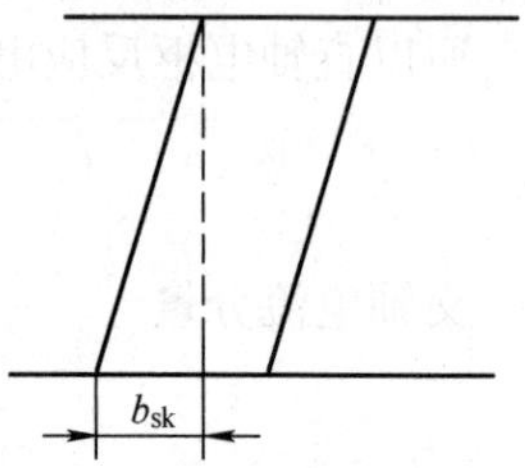

图 7-20　定子斜槽扭斜宽度

斜槽后，定子的绕组系数为

$$K_{dp\nu} = K_{d\nu} K_{p\nu} K_{sk\nu} \tag{7-47}$$

永磁同步电动机的主电抗由 X_m 变为 $K_{sk}X_m$。定子斜槽后电枢反应电抗减小，漏抗增加，而交、直轴电抗变化很小。

7.4.3　永磁同步电动机工作点的计算

永磁体工作点是空载、额定负载和最大去磁时的工作点。

1. 空载和负载工作点的计算　永磁同步电动机的转子磁路结构中既有径向式，又有切向式和混合式。为避免混淆，本节统一以永磁同步电动机每对极的磁动势（A）和每极磁通（Wb）作为计算量。

对径向式结构

$$F_c = 2H_c h_M \times 10$$

$$\Phi_r = B_r S_M \times 10^{-4} = B_r b_M L_M \times 10^{-4} \tag{7-48}$$

对切向式结构

$$F_c = H_c h_M \times 10$$

$$\Phi_r = B_r S_M \times 10^{-4} = 2B_r b_M l_M \times 10^{-4} \tag{7-49}$$

式中　B_r、H_c——在工作温度下永磁材料的计算剩余磁通密度（T）和计算矫顽力（kA/m）。

永磁同步电动机直轴电枢磁动势（A/极）

$$F_{ad} = \frac{1.35 K_{dp1} N_{\Phi1} K_{ad}}{2p} I_d \tag{7-50}$$

则其作用于永磁体的去（增）磁磁动势标幺值

$$f'_a = \frac{2F_{ad}}{F_c \sigma_0} = \frac{1.35 K_{dp1} N_{\Phi1}}{\sigma_0 p F_c} K_{ad} I_d \tag{7-51}$$

将以上各式分别代入以下两式，即得空载时永磁体工作点

$$\varphi_{m0} = \frac{\lambda'}{\lambda'+1} = b_{m0}$$

$$f_{m0} = \frac{1}{\lambda'+1} = h_{m0} \qquad (7\text{-}52)$$

式中

$$\lambda' = \sigma_0 \lambda_\delta$$

负载时永磁体工作点为

$$\varphi_{mN} = \frac{\lambda'(1-f'_a)}{\lambda'+1} = b_{mN} \qquad (7\text{-}53)$$

$$f_{mN} = \frac{1+\lambda' f'_a}{\lambda'+1} = h_{mN}$$

式中　$f'_a = F'_a / F_c$；

　　　$F'_a = F_a / \sigma_0$。

2. 最大去磁时永磁体工作点校核　永磁体尺寸设计不合理、电枢反应过大、所选用永磁材料的内禀矫顽力过低或电动机工作温度过高等因素都可导致电动机中永磁体的退磁。设计时应进行永磁体的最大退磁工作点校核计算。

对调速永磁同步电动机来说，其永磁体去磁最严重的情况是运行中的电动机绕组突然短路，短路电流产生直轴电枢磁动势而对永磁体起去磁作用。电动机短路时的去磁电流（A）近似为

$$I_h \approx \frac{E_0}{X_d} \qquad (7\text{-}54)$$

由 I_h 代替 I_d，求出 f'_a，即可求出永磁体的最大去磁工作点（b_{mh}，h_{mh}）。

实际设计永磁同步电动机时，应使永磁体的最大去磁工作点高于所采用永磁材料在允许工作温度（铁氧体永磁为最低环境温度）下退磁曲线的拐点（b_k，h_k），并留有一定的裕量。

7.5　永磁同步电动机的设计特点

调速永磁同步电动机的应用场合极为广泛，与其配套的传动系统和控制方式不同，因此对其技术性能的要求也不相同。

一般来说，对调速永磁同步电动机的主要要求是：调速范围宽，转矩和转速平稳，动态响应快速准确，单位电流转矩大等。

调速永磁同步电动机的设计是与相匹配的功率系统的有关性能密不可分的。永磁同步电动机调速传动系统的主要特性是它的调速范围和动态响应性能。调速范围又分为恒转矩调速段和恒功率调速段，如图 7-21 所示。下面以正弦波永磁同步电动机为例分析研究调速永磁同步电动机的设计特点。

永磁同步电动机的电磁设计基本方法和普通同步电动机的设计方法有很多相似之处，但也存在不

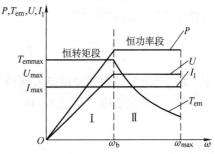

图 7-21　调速永磁同步电动机的调速范围

同之处。基本设计思路：由技术要求首先确定转子结构和永磁体材料性能，再由电磁负荷（A，B_δ）确定主要尺寸（$D_{il}l_{eff}$），其电磁设计计算流程如图 7-22 所示。该方程思路清晰，参数确定和方案调整都很方便，对电机研发人员来说非常习惯，但需要很多经验参数。

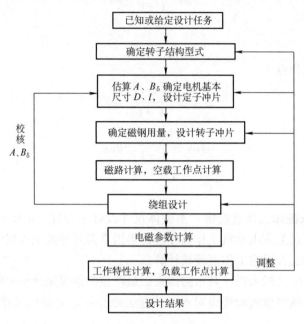

图 7-22　永磁同步电动机电磁设计计算流程

7.5.1　主要尺寸选择

永磁同步电动机设计与其他交流电动机设计一样，通过电磁计算来确定电动机的各部分几何尺寸，如电动机的主要尺寸、定子冲片尺寸、绕组数据和气隙长度等，还要确定转子磁极结构型式以及永磁体材料和尺寸等。

主要尺寸（D_{il} 和 l_{eff}）、定子冲片尺寸、槽数、槽形尺寸、电枢绕组等都可采用类比法参考类似规格的异步电动机初步选定，再进行电磁计算核算。

调速永磁同步电动机的主要尺寸尚可由所需要的最大转矩和动态响应性能指标确定，为了提高加速能力，一般情况下，最大转矩（又称峰值转矩）T_{max} 为额定转矩 T_N 的 2.5 倍以上。

下面分析表面凸出式转子磁路结构正弦波永磁同步电动机主要尺寸的设计过程。

当调速永磁同步电动机最大电磁转矩指标为 T_{max}（N·m）时，最大转矩与电磁负荷和电动机主要尺寸有如下关系：

$$T_{max} = \frac{\sqrt{2}}{4}\pi B_{\delta 1} l_{eff} D_{il}^2 A \times 10^{-4} \tag{7-55}$$

式中　$B_{\delta 1}$——气隙磁通密度基波幅值（T）；

　　　A——定子电负荷（A/cm）

$$A = \frac{mN_{\Phi 1}I_1 K_{dp1}}{2p\tau_p}$$

当选定电动机的电磁负荷后，电动机的主要尺寸

$$D_{i1}^2 l_{\text{eff}} = \frac{4 T_{\max} \times 10^4}{\sqrt{2}\,\pi B_{\delta 1} A} \tag{7-56}$$

确定电动机定子外径时，一般是在保证电动机有足够散热能力的前提下，视具体情况为提高电动机效率而加大定子外径或为减小电动机制造成本而缩小定子外径。

内置式调速永磁同步电动机的主要尺寸可参考上述步骤进行设计。

调速永磁同步电动机的气隙长度一般由于电动机的不同用途，其气隙长度的取值也不相同：对采用表面式转子磁路结构的永磁同步电动机，由于转子铁心上的瓦片形磁极需加以表面固定，其气隙长度不得不做得较大；对采用内置式转子磁路结构，并要求具有一定的恒功率运行速度范围的永磁同步电动机，则电动机的气隙长度不宜太大，否则将导致电动机的直轴电感过小，弱磁能力不足，无法达到电动机的最高转速。

调速永磁同步电动机的杂散损耗偏大，为了降低杂散损耗、振动和噪声，其气隙长度 δ（mm）一般要比同规格电励磁式同步电动机要大，比同规格异步电动机大得多，而且随着中心高的增加，气隙长度也随之增加。一般比异步电动机增加 20%~30%，或按以下经验公式选取：

$$\delta = 4.7 D_{i1} / \sqrt{p} \times 10^{-2} \tag{7-57}$$

式中 D_{i1} ——定子内径（cm）；

  p ——极对数。

7.5.2 永磁体设计

永磁体的尺寸主要包括永磁体的轴向长度 l_M、磁化方向长度 h_M 和宽度 b_M。永磁体的轴向长度一般与电动机铁心轴向长度相等，因此实际上只有两个永磁体尺寸（即 h_M 和 b_M）需设计。设计时，应考虑下列因素：

1）h_M 的确定应使电动机的直轴电抗 X_{ad} 合理。因为 h_M 是决定 X_{ad} 的重要因素，而 X_{ad} 又影响电动机的许多性能。

2）h_M 不能过小。这主要是从两方面考虑：一是 h_M 大小应保证电动机主磁路的磁动势平衡；二是永磁体太薄将使其易于退磁。

3）设计 h_M 应使永磁体工作于最佳工作点。因为电动机中永磁体的工作点更大程度上取决于永磁体的磁化方向长度 h_M。

4）为调整电动机的性能，常常要调整 b_M，因为 b_M 直接决定了永磁体能够提供磁通的面积。

电动机的磁负荷与永磁体的尺寸和电动机的转子磁路结构有关。而磁负荷则决定着电动机的功率密度和损耗。对表面式转子磁路结构的调速永磁同步电动机，其永磁体尺寸可近似地由下式确定：

$$\begin{cases} h_M = \dfrac{\mu_r}{\dfrac{B_r}{B_\delta} - 1}\,\delta_e \\[3mm] b_M = \alpha_p \tau_p \end{cases} \tag{7-58}$$

式中 δ_e ——电动机的计算气隙长度；

  B_r / B_δ ——一般取为 1.1~1.35。

对内置径向式转子磁路结构的电动机，永磁体尺寸的确定比较复杂，因为它与许多因素都有关，例如，确定永磁体的磁化方向长度时，应考虑它对永磁体工作点的影响，对电动机抗不可逆退磁能力的影响和电动机的弱磁增速能力等。

永磁体尺寸除影响电动机的运行性能外，还影响着电动机中永磁体的空载漏磁系数 σ_0，从而也决定了永磁体的利用率。通常内置径向式转子磁路结构永磁体尺寸的估算公式为

$$\begin{cases} h_{\mathrm{M}} = \dfrac{K_{\mathrm{t}} K_{\mathrm{a}} b_{\mathrm{m0}} \delta}{(1 - b_{\mathrm{m0}})} \dfrac{1}{\sigma_0} \\[3mm] b_{\mathrm{M}} = \dfrac{2\sigma_0 B_{\delta 1} \tau_{\mathrm{p}} l_{\mathrm{eff}}}{\pi b_{\mathrm{m0}} B_{\mathrm{r}} K_{\Phi} l_{\mathrm{M}}} \end{cases} \tag{7-59}$$

式中　K_{t}——电动机的饱和系数，其值为 $1.05 \sim 1.3$；

　　　K_{a}——与转子结构有关的系数，取值范围为 $0.7 \sim 1.2$。

对内置切向式转子磁路结构永磁体尺寸的估算公式为

$$\begin{cases} h_{\mathrm{M}} = \dfrac{2K_{\mathrm{t}} K_{\mathrm{a}} b_{\mathrm{m0}} \delta}{(1 - b_{\mathrm{m0}})} \dfrac{1}{\sigma_0} \\[3mm] b_{\mathrm{M}} = \dfrac{\sigma_0 B_{\delta 1} \tau_{\mathrm{p}} l_{\mathrm{eff}}}{\pi b_{\mathrm{m0}} B_{\mathrm{r}} K_{\Phi} l_{\mathrm{M}}} \end{cases} \tag{7-60}$$

永磁体的磁化方向长度与电动机的气隙长度有着很大的关系，气隙越长，永磁体的磁化方向长度也越长。

需要指出的是在正弦波永磁同步电动机中，由永磁体产生的气隙磁通密度并不是呈正弦分布，因而设计时必须合理设计电枢绕组以减少转矩脉动。当永磁体产生的气隙磁通密度接近正弦波，且通过先进的 SPWM 技术使定子绕组产生的磁动势也接近正弦波时，便可得到低脉动的转矩输出。

7.6　永磁同步电动机电磁计算程序

一、额定数据和技术要求

除特殊注明外，电磁计算程序中的单位均按目前电机行业电磁计算时习惯使用的单位，尺寸以 cm（厘米）、面积以 cm^2（平方厘米）、电压以 V（伏）、电流以 A（安）、功率和损耗以 W（瓦）、电阻和电抗以 Ω（欧姆）、磁通以 Wb（韦伯）、磁通密度以 T（特斯拉）、磁场强度以 A/cm（安培/厘米）为单位。

1. 额定功率　P_{N}（kW）

2. 相数　m_1

3. 额定线电压　U_{N1}

　　额定相电压　$U_{\mathrm{N}} = \dfrac{U_{\mathrm{N1}}}{\sqrt{3}}$（丫联结）；$U_{\mathrm{N}} = U_{\mathrm{N1}}$（△联结）

4. 额定频率　f

5. 极对数　p

6. 额定效率　η'_{N}

7. 额定功率因数　$\cos\varphi'_{\mathrm{N}}$

8. 额定相电流　$I_N = \dfrac{P_N \times 10^3}{m_1 U_N \eta'_N \cos\varphi'_N}$

9. 额定转速　$n_N = \dfrac{60f}{p}$

10. 额定转矩（N·m）　$T_N = \dfrac{9.55 P_N}{n_N} \times 10^3$

11. 绝缘等级　F级

12. 绕组型式　双层

二、主要尺寸

13. 铁心材料　硅钢片型号

14. 转子磁路结构型式

① 表面式：插入式，凸出式

② 内置式：切向式，径向式

15. 气隙长度　δ

16. 定子外径　D_1

17. 定子内径　D_{i1}

18. 转子外径　$D_2 = D_{i1} - 2\delta$

19. 转子内径　D_{i2}

20. 定、转子铁心长度　l_1/l_2

21. 铁心计算长度（当 $l_1 = l_2 = l_a$ 时）

有效长度　$l_{eff} = l_a + 2\delta$

净铁心长　$l_{Fe} = K_{Fe} l_a$

式中　K_{Fe}——铁心叠压系数（0.92~0.96）

22. 定子槽数　Q_1

23. 定子每极槽数　$Q_{p1} = \dfrac{Q_1}{2p}$

24. 极距　$\tau_p = \dfrac{\pi D_{i1}}{2p}$

25. 定子槽形（见图7-23）

26. 每槽导体数　N_{s1}

对于双层线圈　$N_{s1} = 2 \times$ 每圈匝数

对于单层线圈　$N_{s1} =$ 每圈匝数

27. 并联支路数　a_1

28. 每相绕组串联导体数　$N_{\Phi 1} = \dfrac{Q_1 N_{s1}}{m_1 a_1}$

29. 绕组线规　$N'_1 S'_1 = \dfrac{I_N}{a_1 J'_1}$

式中　$N'_1 S'_1$——导线并绕根数×导线截面积（mm^2）；

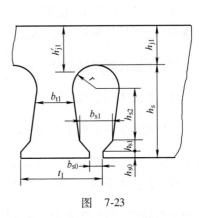

图 7-23

J'_1——定子电流密度（A/mm^2），按经验选用。

根据 $N'_1 S'_1$ 参照书末附表 A-1 选定铜线规格 d_1/d_{1i} 和并绕根数 N_1。

30. 槽满率

① 槽面积（见图 7-24） $S_s = \dfrac{2r+b_{s1}}{2}(h'_s-h)+\dfrac{\pi r^2}{2}$

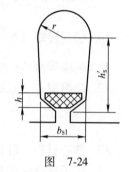

图 7-24

式中 h——槽楔厚度，按实际厚度选用。

② 槽绝缘占面积

对于双层 $S_i = C_i(2h'_s+\pi r+2r+b_{s1})$

对于单层 $S_i = C_i(2h'_s+\pi r)$

式中 C_i——绝缘厚度，按实际厚度选用。

③ 槽有效面积 $S_e = S_s-S_i$

④ 槽满率 $Sf = \dfrac{N_1 N_{s1} d_{1i}^2}{S_e}$

三、永磁体计算

31. 永磁材料类型：钕铁硼、铁氧体

32. 永磁体结构：瓦片形，矩形

33. 极弧系数 α_p

对于瓦片形结构 $\alpha_p = \dfrac{p\theta_M}{180°}$

式中 θ_M——磁瓦中心角（电角度）。

对于矩形结构，α_p 根据电磁场数值计算确定。

34. 主极计算弧长 $b'_p = \alpha_p \tau_p+2\delta$

35. 主极计算极弧系数 $\alpha'_p = \dfrac{b'_p}{\tau_p}$

36. 永磁体剩余磁通密度 B_{r20}（20℃）

工作温度 t 时的剩余磁通密度 $B_r = \left[1+(t-20)\dfrac{\alpha_{Br}}{100}\right]B_{r20}$

式中 α_{Br}——永磁体 B_r 温度系数。

37. 永磁体矫顽力 H_{c20}（20℃）（kA/m）

工作温度 t 时的矫顽力 $H_c = \left[1+(t-20)\dfrac{\alpha_{Hc}}{100}\right]H_{c20}$

式中 α_{Hc}——永磁体 H_c 温度系数。

38. 永磁体相对回复磁导率 $\mu_r = \dfrac{B_r}{\mu_0 H_c}\times10^{-3}$

式中 $\mu_0 = 1.256\times10^{-6} H/m$。

39. 最高工作温度（铁氧体为最低环境温度）下退磁曲线的拐点 b_k

40. 永磁体宽度 b_M（矩形结构）

磁瓦中心角（瓦片形结构） $\theta_M = \dfrac{\alpha_p \times 180°}{p}$

41. 永磁体磁化方向厚度 h_M

瓦片形结构：永磁体外径 $D_{mo} = D_2$

永磁体内径 $D_{mi} = D_{mo} - 2h_M$

42. 永磁体轴向长度 l_M

对于钕铁硼 $l_M = l_a$

对于铁氧体 $l_M = (1.1 \sim 1.3) l_a$

43. 提供每极磁通的截面积

对于瓦片形 $S_M = \alpha_p \dfrac{\pi}{2p} (D_{mo} - h_M) l_M$

对于矩形 $S_M = b_M l_M$ （径向）

$S_M = 2b_M l_M$ （切向）

四、磁 路 计 算

44. 定子齿距 $t_1 = \dfrac{\pi D_{i1}}{Q_1}$

45. 定子斜槽扭斜宽度 b_{sk} （一般取一个定子齿距 t_1，也可按需要设计）

46. 斜槽系数 $K_{sk1} = \dfrac{\sin\left(\dfrac{b_{sk}}{t_1} \dfrac{p\pi}{Q_1}\right)}{\dfrac{b_{sk}}{t_1} \dfrac{p\pi}{Q_1}}$

47. 节距 y （以槽数计）

48. 绕组系数 $K_{dp1} = K_{d1} K_{p1} K_{sk1}$

（1）分布系数 查第 2 章附录表 2A-1 或者按下式计算：

$$K_{d1} = \frac{\sin\left(\dfrac{\alpha}{2} q_1\right)}{q_1 \sin \dfrac{\alpha}{2}}$$

式中 $\alpha = \dfrac{p \times 360°}{Q_1}$；

q_1——定子每极每相槽数，60° 相带：$q_1 = Q_1/2m_1 p$；120° 相带：$q_1 = Q_1/m_1 p$。

注：分数槽绕组的分布系数，应将 q_1 化为假分数后将其分子代入上式求得，具体详见第 2 章三相异步电动机电磁计算程序。

（2）短距系数 查第 2 章附录表 2A-2 或按下式计算：

$$K_{p1} = \sin(\beta \times 90°)$$

式中 $\beta = \dfrac{y}{Q_{p1}}$。

49. 气隙磁通密度波形系数　$K_f = \dfrac{4}{\pi} \sin \dfrac{\alpha'_p \pi}{2}$

50. 气隙磁通波形系数　$K_\Phi = \dfrac{8}{\pi^2 \alpha'_p} \sin \dfrac{\alpha'_p \pi}{2}$

51. 气隙系数　$K_\delta = \dfrac{t_1(4.4\delta + 0.75 b_{s0})}{t_1(4.4\delta + 0.75 b_{s0}) - b_{s0}^2}$

52. 空载漏磁系数　σ_0

根据转子磁路结构、气隙长度、铁心长度、永磁体尺寸以及永磁材料性能等因素来确定。

53. 永磁体空载工作点假设值　b'_{m0}

54. 空载气隙主磁通　$\Phi_{\delta 0} = \dfrac{b'_{m0} B_r S_M}{\sigma_0} \times 10^{-4}$

55. 气隙磁通密度　$B_{\delta 0} = \dfrac{\Phi_{\delta 0}}{\alpha'_p \tau_p l_{\text{eff}}} \times 10^4$

56. 气隙磁压降

对于直轴磁路　$F_\delta = \dfrac{2B_{\delta 0}}{\mu_0}(K_\delta \delta + \delta_{12}) \times 10^{-2}$

式中，δ_{12} 为永磁体沿磁化方向与永磁体槽间的间隙。

对于交轴磁路　$F_{\delta q} = \dfrac{2B_{\delta 0}}{\mu_0} K_\delta \delta \times 10^{-2}$

57. 定子齿部磁路计算长度　$h'_{t1} = h_{s1} + h_{s2} + \dfrac{1}{3} r$

58. 定子齿宽　$b_{t1} = \dfrac{\pi[D_{il} + 2(h_{s0} + h_{s1})]}{Q_1} - b_{s1}$

59. 定子齿部磁通密度　$B_{t10} = \dfrac{B_{\delta 0} t_1 l_{\text{eff}}}{b_{t1} l_{\text{Fe}}}$

60. 定子齿部磁压降　$F_{t1} = 2H_{t10} h'_{t1}$

式中，H_{t10} 根据 B_{t10} 值按实际采用的硅钢片磁化曲线得出。

61. 定、转子轭部计算高度

定子轭部计算高度　$h'_{j1} = \dfrac{D_1 - D_{il}}{2} - \left(h_{s0} + h_{s1} + h_{s2} + \dfrac{2}{3} r\right)$

转子轭部计算高度（径向充磁）　$h'_{j2} = \dfrac{D_{mi} - D_{i2}}{2}$

62. 定、转子轭部磁路计算长度

定子轭部磁路计算长度　$l'_{j1} = \dfrac{\pi}{4p}(D_1 - h'_{j1})$

转子轭部磁路计算长度（径向充磁）　$l'_{j2} = \dfrac{\pi}{4p}(D_{mi} - h'_{j2})$

63. 定、转子轭部磁通密度

定子轭部磁通密度 $\quad B_{j10}=\dfrac{\Phi_{\delta0}}{2h'_{j1}l_{\mathrm{Fe}}}\times10^4$

转子轭部磁通密度（径向充磁）$B_{j20}=\dfrac{\Phi_{\delta0}}{2h'_{j2}l_{\mathrm{Fe}}}\times10^4$

64. 定、转子轭部磁压降

定子轭部磁压降 $\quad F_{j1}=2C_1H_{j10}l'_{j1}$

转子轭部磁压降（径向充磁）$F_{j2}=2C_2H_{j20}l'_{j2}$

式中 H_{j10}、H_{j20} 根据 B_{j10}、B_{j20} 值按实际采用的硅钢片磁化曲线得出；

C_1、C_2 为定、转子轭部磁路校正系数，查第 2 章附录图 2C-2~图 2C-4，最大取 0.7。

65. 磁路齿饱和系数 $\quad K_{\mathrm{t}}=\dfrac{F_{t1}+F_{\delta}}{F_{\delta}}$

66. 每对极总磁压降

对于直轴磁路 $\quad \sum F_{ad}=F_{t1}+F_{j1}+F_{\delta}$（切向充磁）

$\qquad\qquad\qquad \sum F_{ad}=F_{t1}+F_{j1}+F_{j2}+F_{\delta}$（径向充磁）

对于交轴磁路 $\quad \sum F_{aq}=F_{t1}+F_{j1}+F_{\delta q}$（切向充磁）

$\qquad\qquad\qquad \sum F_{aq}=F_{t1}+F_{j1}+F_{j2}+F_{\delta q}$（径向充磁）

67. 气隙主磁导 $\quad \Lambda_{\delta}=\dfrac{\Phi_{\delta0}}{\sum F_{ad}}H$

68. 磁导基值

对于径向磁路结构 $\quad \Lambda_{\mathrm{b}}=\dfrac{\mu_{\mathrm{r}}\mu_0 S_{\mathrm{M}}}{2h_{\mathrm{M}}}\times10^{-2}$

对于切向磁路结构 $\quad \Lambda_{\mathrm{b}}=\dfrac{\mu_{\mathrm{r}}\mu_0 S_{\mathrm{M}}}{h_{\mathrm{M}}}\times10^{-2}$

69. 主磁导标幺值 $\quad \lambda_{\delta}=\dfrac{\Lambda_{\delta}}{\Lambda_{\mathrm{b}}}$

70. 外磁路总磁导标幺值 $\quad \lambda'_{\sigma}-\lambda'=\sigma_0\lambda_{\delta}$

71. 漏磁导标幺值 $\quad \lambda_{\sigma}=(\sigma_0-1)\lambda_{\delta}$

72. 永磁体空载工作点 $\quad b_{m0}=\dfrac{\lambda'}{1+\lambda'}$

如计算的 b_{m0} 与假设值之间误差超过 1%，则应重新设定 b'_{m0}，重复第 53~72 项的计算。

73. 气隙磁通密度基波幅值 $\quad B_{\delta1}=K_{\mathrm{f}}\dfrac{\Phi_{\delta0}}{\alpha'_{\mathrm{p}}\tau_{\mathrm{p}}l_{\mathrm{eff}}}\times10^4$

74. 空载反电动势 $\quad E_0=2.22fK_{dp1}K_{sk1}N_{\Phi1}\Phi_{\delta0}K_{\Phi}$

五、参数计算

75. 线圈平均半匝长（见图 7-25）

对于单层线圈 $\quad l_Z=L_B+K_S\tau_y$

对于双层线圈 $\quad l_Z=L_B+2C_S$

式中 L_B（直线部分长）$=l_1+2d$；

K_S——经验值，2 极取 1.16；4、6 极取 1.2；8 极取 1.25；或选其他经验值；$C_S = \dfrac{\tau_y}{2\cos\alpha}$；

$$\tau_y = \frac{\pi[D_{i1} + 2(h_{s0} + h_{s1}) + h_{s2} + r]}{2p}\beta_\circ$$

注：对单层同心式或交叉式线圈 β 取平均值。

d——线圈直线部分伸出铁心长，取 10~30（mm），对机座大、极数少者取较大值；

$$\cos\alpha = \sqrt{1 - \sin^2\alpha}\ ;$$

$$\sin\alpha = \frac{b_{s1} + 2r}{b_{s1} + 2r + 2b_{t1}}\circ$$

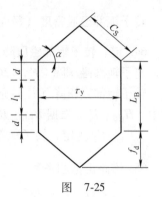

图 7-25

76. 双层线圈端部轴向投影长　$f_d = C_S\sin\alpha$

单层线圈端部平均长　$l_S = 2d + K_S\tau_y$

77. 定子直流电阻　$R_1 = \dfrac{\rho l_Z N_{\Phi1}}{a_1 S_1 N_1 \times 100}$

式中　ρ——导线电阻率（$\Omega \cdot mm^2/m$），其大小按绝缘等级取相应基准温度 t 下的值，$\rho = \rho_{20℃}[1 + a(t-20)]$。各绝缘等级对应的基准温度见表 2-37，定子绕组用导线电阻率及温度系数见表 2-38；

S_1——每根导线截面积（mm^2）。

78. 漏抗系数　$C_x = \dfrac{\pi f \mu_0 l_{eff}(N_{\Phi1}K_{dp1}K_{sk1})^2}{p} \times 10^{-2}$

79. 定子槽比漏磁导　$\lambda_{s1} = K_{U1}\lambda_{U1} + K_{L1}\lambda_{L1}$

式中　K_{U1}、K_{L1}——节距漏抗系数，查第 2 章附录图 2C-10 或附录表 2A-3；

λ_{U1}、λ_{L1} 按槽形查第 2 章附录图 2B-1 和图 2B-2。

80. 定子槽漏抗　$X_{s1} = \dfrac{2m_1 p l_1 \lambda_{s1}}{l_{eff}(K_{dp1}K_{sk1})^2 Q_1} C_x$

81. 定子谐波漏抗　$X_{d1} = \dfrac{m_1 \tau_p \sum S}{\pi^2 K_\delta \delta (K_{dp1}K_{sk1})^2 K_t} C_x$

式中　$\sum S$ 查第 2 章附录图 2C-11~图 2C-13 或附录表 2A-4。

82. 定子端部漏抗

对于双层叠绕组　$X_{e1} = \dfrac{1.2(d + 0.5f_d)}{l_{eff}} C_x$

对于单层同心式绕组　$X_{e1} = 0.47\left(\dfrac{l_S - 0.64\tau_y}{l_{eff}(K_{dp1}K_{sk1})^2}\right) C_x$

对于单层交叉式绕组　$X_{e1} = 0.67\left(\dfrac{l_S - 0.64\tau_y}{l_{eff}(K_{dp1}K_{sk1})^2}\right) C_x$

单层链形绕组　$X_{e1} = 0.2\left(\dfrac{l_S}{l_{eff}(K_{dp1}K_{sk1})^2}\right) C_x$

83. 定子斜槽漏抗 $X_{sk1} = 0.5\left(\dfrac{b_{sk}}{t_1}\right)X_{d1}$

84. 定子漏抗 $X_1 = X_{s1} + X_{d1} + X_{e1} + X_{sk1}$

85. 直轴电枢磁动势折算系数 $K_{ad} = \dfrac{1}{K_f}$

86. 交轴电枢磁动势折算系数 $K_{aq} = \dfrac{K_q}{K_f}$

式中，K_q 由电磁场数值计算算出，或取经验值。

87. 直轴电枢反应电抗 $X_{ad} = \dfrac{|E_0 - E_d|}{I'_d}$

式中 $E_d = 2.22 f K_{dp1} K_{sk1} N_{\Phi1} \Phi_{\delta ad} K_{\Phi}$

$\Phi_{\delta ad} = [b_{mad} - (1 - b_{mad})\lambda_{\sigma}]S_M B_r \times 10^{-4}$

$b_{mad} = \dfrac{\lambda'(1 - f'_{ad})}{\lambda' + 1}$

对于径向磁路结构 $f'_{ad} = \dfrac{F_{ad}}{2\sigma_0 h_M H_c \times 10}$

对于切向磁路结构 $f'_{ad} = \dfrac{F_{ad}}{\sigma_0 h_M H_c \times 10}$

式中 $F_{ad} = 0.45 m_1 K_{ad} \dfrac{K_{dp1} K_{sk1} N_{\Phi1} I'_d}{p}$

取 $I'_d = (0.1 \sim 0.5) I_N$。

88. 直轴同步电抗 $X_d = X_{ad} + X_1$

89. 交轴磁化曲线 $(X_{aq} - I_q)$ 计算

(1) 假设 Φ_{aq}（可在 $0.15\Phi_{\delta0} \sim 0.85\Phi_{\delta0}$ 间取值）

(2) 交轴磁路总磁压降 $\sum F_{aq}$

以 Φ_{aq} 代替第 55 项中的 $\Phi_{\delta0}$，计算第 55~66 项，所得 $\sum F_{aq}$ 即为交轴磁路总磁压降。

(3) 对应交轴电流 $I_q = \dfrac{p \sum F_{aq}}{0.45 m_1 K_{aq} K_{sk1} K_{dp1} N_{\Phi1}}$

(4) 交轴电动势 $E_{aq} = \dfrac{\Phi_{aq}}{\Phi_{\delta0}} E_0$

(5) 交轴电枢反应电抗 $X_{aq} = \dfrac{E_{aq}}{I_q}$

给定不同的 Φ_{aq}，重复第 (1)~(5) 项即可得到 $X_{aq} - I_q$ 曲线。

六、工作性能计算

90. 设定转矩角 θ'

91. 假定交轴电流 I'_q

92. 交轴电枢反应电抗 X'_{aq}，由 I'_q 查 $X_{aq} - I_q$ 曲线得到

93. 交轴同步电抗 $X_q = X_{aq} + X_1$

94. 输入功率 $P_1 = \dfrac{m_1\left[E_0 U_N (X_q \sin\theta - R_1 \cos\theta) + R_1 U_N^2 + \dfrac{1}{2} U_N^2 (X_d - X_q) \sin 2\theta \right]}{X_d X_q + R_1^2}$

95. 直轴电流 $I_d = \dfrac{R_1 U_N \sin\theta + X_q (E_0 - U_N \cos\theta)}{X_d X_q + R_1^2}$

96. 交轴电流 $I_q = \dfrac{X_d U_N \sin\theta - R_1 (E_0 - U_N \cos\theta)}{X_d X_q + R_1^2}$

如 I_q 计算值与第 91 项假设值间的误差超过 1%，则重新设定 I_q'，重新计算第 91 ~ 96 项。

97. 功率因数 $\cos\varphi$

$$\varphi = \theta - \psi$$

$$\psi = \arctan \frac{I_d}{I_q}$$

98. 定子电流 $I_1 = \sqrt{I_d^2 + I_q^2}$

99. 负载气隙磁通 $\Phi_\delta = \dfrac{E_\delta}{2.22 f K_{dp1} K_{sk1} N_{\Phi 1} K_\Phi}$

式中 $E_\delta = \sqrt{(E_0 - I_d X_{ad})^2 + (I_q X_{aq})^2}$

100. 负载气隙磁通密度 $B_\delta = \dfrac{\Phi_\delta}{\alpha_p' \tau_p l_{eff}} \times 10^4$

101. 负载定子齿磁通密度 $B_{t1} = \dfrac{B_\delta t_1 l_{eff}}{b_{t1} l_{Fe}}$

102. 负载定子轭磁通密度 $B_{j1} = \dfrac{\Phi_\delta}{2 l_{Fe} h_{j1}'} \times 10^4$

103. 铜耗 $P_{Cu1} = m_1 I_1^2 R_1$

104. 铁耗

（1）定子轭重量（kg） $G_{j1} = \pi l_{Fe} h_{j1}' (D_1 - h_{j1}') \times 7.8 \times 10^{-3}$

（2）定子齿重量（kg） $G_{t1} = Q_1 l_{Fe} h_{t1}' b_{t1} \times 7.8 \times 10^{-3}$

（3）定子齿、轭的单位铁耗 p_{t1}、p_{j1}（W/kg）

p_{t1}、p_{j1} 根据 B_{t10}、B_{j10} 值按实际采用的硅钢片铁损耗曲线得出。

（4）定子齿损耗 $P_{t1} = p_{t1} G_{t1}$

（5）定子轭损耗 $P_{j1} = p_{j1} G_{j1}$

（6）总铁耗 $P_{Fe} = k_1 P_{t1} + k_2 P_{j1}$

式中 k_1、k_2——铁耗校正系数，对于半闭口槽取 $k_1 = 2.5$、$k_2 = 2$；对于开口槽取 $k_1 = 3.0$、$k_2 = 2.5$，或选取其他经验值。

105. 杂散损耗 $P_s = \left(\dfrac{I_1}{I_N}\right)^2 P_{sN} \times 10^3$

式中，$P_{sN}=P_{sN}^{*}P_N$ 可参考试验值或凭经验给定。

106. 机械损耗 可按下列公式估算：

对于2极防护式 $\quad P_{fw}=5.5\left(\dfrac{3}{p}\right)^2\left(\dfrac{D_2}{10}\right)^3$

对于4极及以上防护式 $\quad P_{fw}=6.5\left(\dfrac{3}{p}\right)^2\left(\dfrac{D_2}{10}\right)^3$

对于2极封闭型自扇冷式 $\quad P_{fw}=1.3\left(1-\dfrac{D_1}{100}\right)\left(\dfrac{3}{p}\right)^2\left(\dfrac{D_1}{10}\right)^4$

对于4极及以上封闭型自扇冷式 $\quad P_{fw}=\left(\dfrac{3}{p}\right)^2\left(\dfrac{D_1}{10}\right)^4$

107. 总损耗 $\quad \sum P=P_{Cu1}+P_{Fe}+P_{fw}+P_s$

108. 输出功率 $\quad P_2=P_1-\sum P$

109. 效率 $\quad \eta=\dfrac{P_2}{P_1}\times100\%$

110. 工作特性 给定一系列递增的转矩角 θ，分别求出不同转矩角的 P_2、η、I_1、$\cos\varphi$ 等性能，即为电动机的工作特性。

111. 失步转矩倍数 $\quad K_M=\dfrac{T_{max}}{T_N}$

式中 T_{max} ——最大输出转矩，由电动机工作特性曲线上得到。

112. 永磁体额定负载工作点 $\quad b_{mN}=\dfrac{\lambda'(1-f_{adN}')}{\lambda'+1}$

式中 $f_{adN}'=\dfrac{0.45m_1K_{ad}K_{dp1}K_{sk1}N_{\Phi1}I_d}{2p\sigma_0H_ch_M\times10}$ （径向磁路结构）

$f_{adN}'=\dfrac{0.45m_1K_{ad}K_{dp1}K_{sk1}N_{\Phi1}I_d}{p\sigma_0H_ch_M\times10}$ （切向磁路结构）

I_d ——输出额定功率时定子电流的直轴分量。

113. 电负荷 $\quad A_1=\dfrac{m_1N_{\Phi1}I_1}{\pi D_{i1}}$

114. 电流密度 $\quad J_1=\dfrac{I_1}{a_1N_1S_1}$

115. 热负荷 $\quad A_1J_1$

116. 永磁体最大去磁工作点 $\quad b_{mh}=\dfrac{\lambda'(1-f_{adh}')}{\lambda'+1}$

式中 对于径向磁路结构 $\quad f_{adh}'=\dfrac{0.45m_1K_{ad}K_{dp1}K_{sk1}N_{\Phi1}I_{adh}}{2p\sigma_0H_ch_M\times10}$

对于切向磁路结构 $\quad f_{adh}'=\dfrac{0.45m_1K_{ad}K_{dp1}K_{sk1}N_{\Phi1}I_{adh}}{p\sigma_0H_ch_M\times10}$

$$I_{adh} = \frac{E_0 X_d + \sqrt{E_0^2 X_d^2 - (R_1^2 + X_d^2)(E_0^2 - U_N^2)}}{R_1^2 + X_d^2}$$

b_{mh} ——应高于最高工作温度（钕铁硼）或最低温度（铁氧体）时永磁材料退磁曲线的拐点。

本书提供云端电机设计程序，可扫描右侧二维码实现。

小型永磁同步
电动机设计程序

7.7 永磁同步电动机电磁计算算例

一、额定数据及主要技术要求

1. 额定功率　$P_N = 4kW$

2. 相数　$m_1 = 3$

3. 额定线电压　$U_{N1} = 360V$

   额定相电压　$U_N = \dfrac{U_{N1}}{\sqrt{3}} = \dfrac{360}{\sqrt{3}} = 208V$（丫联结）

4. 额定频率　$f = 26.5Hz$

5. 极对数　$p = 3$

6. 额定效率　$\eta'_N = 89.6\%$

7. 额定功率因数　$\cos\varphi'_N = 1$

8. 额定相电流　$I_N = \dfrac{P_N}{m_1 U_N \eta'_N \cos\varphi'_N} \times 10^3 = \dfrac{4}{3 \times 208 \times 0.896 \times 1} \times 10^3 A = 7.15A$

9. 额定转速　$n_N = \dfrac{60f}{p} = \dfrac{60 \times 26.5}{3} r/min = 530 r/min$

10. 额定转矩　$T_N = \dfrac{9.55 P_N}{n_N} \times 10^3 = \dfrac{9.55 \times 4}{530} \times 10^3 N \cdot m = 72.081 N \cdot m$

11. 绝缘等级　F 级

12. 绕组型式　双层

二、主要尺寸

13. 铁心材料　50WW310 硅钢片

14. 转子磁路结构型式　内置切向式

15. 气隙长度　$\delta = 0.05cm$

16. 定子外径　$D_1 = 23cm$

17. 定子内径　$D_{i1} = 14.8cm$

18. 转子外径　$D_2 = D_{i1} - 2\delta = (14.8 - 2 \times 0.05)cm = 14.7cm$

19. 转子内径　$D_{i2} = 4.8cm$

20. 定、转子铁心长度　$l_1 = l_2 = 19cm$

21. 铁心计算长度　$l_a = l_1 = 19cm$

铁心有效长度 $l_{eff} = l_a + 2\delta = (19 + 2 \times 0.05)\text{cm} = 19.1\text{cm}$

净铁心长 $l_{Fe} = K_{Fe} l_a = 0.97 \times 19\text{cm} = 18.43\text{cm}$

式中，铁心叠压系数 $K_{Fe} = 0.97$。

22. 定子槽数 $Q_1 = 36$

23. 定子每极槽数 $Q_{p1} = \dfrac{Q_1}{2p} = \dfrac{36}{6} = 6$

24. 极距 $\tau_p = \dfrac{\pi D_{i1}}{2p} = \dfrac{3.14 \times 14.8}{6}\text{cm} = 7.75\text{cm}$

25. 定子槽形

梨形槽 $b_{s0} = 0.35\text{cm}$，$h_{s0} = 0.08\text{cm}$，$b_{s1} = 0.68\text{cm}$，$h_{s1} = 0.09\text{cm}$，$h_{s2} = 1.06\text{cm}$，$r = 0.44\text{cm}$

26. 每槽导体数 $N_{s1} = 2 \times 16 = 32$

27. 并联支路数 $a_1 = 1$

28. 每相绕组串联导体数 $N_{\Phi1} = \dfrac{Q_1 N_{s1}}{m_1 a_1} = \dfrac{36 \times 32}{3 \times 1} = 384$

29. 绕组线规 $N'_1 S'_1 = \dfrac{I_N}{a_1 J'_1} = \dfrac{7.15}{1 \times 4.65}\text{mm}^2 = 1.54\text{mm}^2$

式中，定子电流密度 $J'_1 = 4.65\text{A/mm}^2$。

根据 $N'_1 S'_1 = 1.54\text{mm}^2$，查书末附表 A-1 线径取 $d_1/d_{1i} = 1.4\text{mm}/1.46\text{mm}$，并绕根数 $N_1 = 1$。

30. 槽满率

（1）槽面积 $S_s = \dfrac{2r + b_{s1}}{2}(h'_s - h) + \dfrac{\pi r^2}{2} = \left[\dfrac{2 \times 0.44 + 0.68}{2} \times (1.15 - 0.2)\text{cm}^2 + \dfrac{3.14 \times 0.44^2}{2}\right]\text{cm}^2$

$\qquad = 1.045\text{cm}^2$

式中，$h'_s = h_{s1} + h_{s2} = (0.09 + 1.06)\text{cm} = 1.15\text{cm}$

槽楔厚度 $h = 0.2\text{cm}$。

（2）槽绝缘占面积 $S_i = C_i(2h'_s + \pi r + 2r + b_{s1}) = 0.03 \times (2 \times 1.15 + 3.14 \times 0.44 + 2 \times 0.44 + 0.68)\text{cm}^2 = 0.157\text{cm}^2$

式中，绝缘厚度 $C_i = 0.03\text{cm}$

（3）槽有效面积 $S_e = S_s - S_i = (1.045 - 0.157)\text{cm}^2 = 0.888\text{cm}^2$

（4）槽满率 $Sf = \dfrac{N_1 N_{s1} d_{1i}^2}{S_e} = \dfrac{1 \times 32 \times 1.46^2}{0.888}\% = 76.81\%$

三、永磁体计算

31. 永磁材料类型：钕铁硼

32. 永磁体结构：矩形

33. 极弧系数 $\alpha_p = 0.82$

34. 主极计算弧长 $b'_p = \alpha_p \tau_p + 2\delta = (0.82 \times 7.75 + 2 \times 0.05)\text{cm} = 6.455\text{cm}$

35. 主极极弧系数 $\alpha'_{\rm p} = \dfrac{b'_{\rm p}}{\tau_{\rm p}} = \dfrac{6.455}{7.75} = 0.833$

36. 永磁体剩余磁通密度 $B_{\rm r20} = 1.22{\rm T}$

工作温度 $t = 80{\rm ℃}$ 时的剩余磁通密度 $B_{\rm r} = \left[1 + (t-20)\dfrac{\alpha_{\rm Br}}{100}\right]B_{\rm r20} = \left[1 + (80-20)\times\dfrac{-0.12}{100}\right]\times$

$1.22{\rm T} = 1.13{\rm T}$

式中，永磁体 $B_{\rm r}$ 温度系数 $\alpha_{\rm Br} = -0.12$。

37. 永磁体矫顽力 $H_{\rm c20} = 923{\rm kA/m}$

工作温度 $t = 80{\rm ℃}$ 时的矫顽力 $H_{\rm c} = \left[1 + (t-20)\dfrac{\alpha_{\rm Hc}}{100}\right]H_{\rm c20} = \left[1 + (80-20)\times\dfrac{-0.12}{100}\right]\times 923{\rm kA/m}$

$$= 856.54{\rm kA/m}$$

式中，永磁体 $H_{\rm c}$ 温度系数 $\alpha_{\rm Hc} = -0.12$。

38. 永磁体相对回复磁导率 $\mu_{\rm r} = \dfrac{B_{\rm r}}{\mu_0 H_{\rm c}}\times 10^{-3} = \dfrac{1.13}{1.256\times 10^{-6}\times 856.54}\times 10^{-3} = 1.05$

式中 $\mu_0 = 1.256\times 10^{-6}{\rm H/m}$。

39. 最高工作温度下退磁曲线的拐点 $b_{\rm k} = 0$

40. 永磁体宽度 $b_{\rm M} = 3.6{\rm cm}$

41. 永磁体磁化方向厚度 $h_{\rm M} = 1.2{\rm cm}$

42. 永磁体轴向长度 $l_{\rm M} = 19{\rm cm}$

43. 提供每极磁通的截面积 $S_{\rm M} = 2b_{\rm M}l_{\rm M} = 2\times 3.6\times 19{\rm cm}^2 = 136.8{\rm cm}^2$

四、磁 路 计 算

44. 定子齿距 $t_1 = \dfrac{\pi D_{\rm i1}}{Q_1} = \dfrac{3.14\times 14.8}{36}{\rm cm} = 1.291{\rm cm}$

45. 定子斜槽扭斜宽度 $b_{\rm sk} = 1.3t_1 = 1.3\times 1.291{\rm cm} = 1.678{\rm cm}$

46. 斜槽系数 $K_{\rm sk1} = \dfrac{\sin\left(\dfrac{b_{\rm sk}}{t_1}\cdot\dfrac{p\pi}{Q_1}\right)}{\dfrac{b_{\rm sk}}{t_1}\cdot\dfrac{p\pi}{Q_1}} = \dfrac{\sin\left(\dfrac{1.678}{1.291}\times\dfrac{3\times 3.14}{36}\right)}{\dfrac{1.678}{1.291}\times\dfrac{3\times 3.14}{36}} = 0.981$

47. 节距 $y = 5$

48. 绕组系数 $K_{\rm dp1} = K_{\rm d1}K_{\rm p1} = 0.966\times 0.966 = 0.933$

（1）分布系数 $K_{\rm d1} = \dfrac{\sin\left(\dfrac{\alpha}{2}q_1\right)}{q_1\sin\dfrac{\alpha}{2}} = \dfrac{\sin\left(\dfrac{30°}{2}\times 2\right)}{2\times\sin\dfrac{30°}{2}} = 0.966$

式中 $\alpha = \dfrac{p\times 360°}{Q_1} = \dfrac{3\times 360°}{36} = 30°$；

$q_1 = \dfrac{Q_1}{2m_1 p} = \dfrac{36}{2\times 3\times 3} = 2$。

（2）短距系数　$K_{p1} = \sin(\beta \times 90°) = \sin\left(\dfrac{5}{6} \times 90°\right) = 0.966$

式中　$\beta = \dfrac{y}{Q_{p1}} = \dfrac{5}{6} = 0.833$。

49. 气隙磁通密度波形系数　$k_f = \dfrac{4}{\pi} \sin \dfrac{\alpha'_p \pi}{2} = \dfrac{4}{3.14} \times \sin \dfrac{0.833 \times 3.14}{2} = 1.230$

50. 气隙磁通波形系数　$K_\Phi = \dfrac{8}{\pi^2 \alpha'_p} \sin \dfrac{\alpha'_p \pi}{2} = \dfrac{8}{3.14^2 \times 0.833} \times \sin \dfrac{0.833 \times 3.14}{2} = 0.941$

51. 气隙系数　$K_\delta = \dfrac{t_1(4.4\delta + 0.75 b_{s0})}{t_1(4.4\delta + 0.75 b_{s0}) - b_{s0}^2} = \dfrac{1.291 \times (4.4 \times 0.05 + 0.75 \times 0.35)}{1.291 \times (4.4 \times 0.05 + 0.75 \times 0.35) - 0.35^2} =$

1.245

52. 空载漏磁系数　$\sigma_0 = 1.3$

53. 永磁体空载工作点假设值　$b'_{m0} = 0.87$

54. 空载气隙主磁通　$\Phi_{\delta 0} = \dfrac{b'_{m0} B_r S_M}{\sigma_0} \times 10^{-4} = \dfrac{0.87 \times 1.13 \times 136.8}{1.3} \times 10^{-4} \text{Wb} = 0.0103\text{Wb}$

55. 气隙磁通密度　$B_{\delta 0} = \dfrac{\Phi_{\delta 0}}{\alpha'_p \tau_p l_{eff}} \times 10^4 = \dfrac{0.0103}{0.833 \times 7.75 \times 19.1} \times 10^4 \text{T} = 0.835\text{T}$

56. 气隙磁压降

对于直轴磁路　$F_\delta = \dfrac{2 B_{\delta 0}}{\mu_0}(K_\delta \delta + \delta_{12}) \times 10^{-2} = \dfrac{2 \times 0.835}{1.256 \times 10^{-6}} \times (1.245 \times 0.05 + 0.02) \times 10^{-2}\text{A} =$

1093.61A

式中　$\delta_{12} = 0.02\text{cm}$。

对于交轴磁路　$F_{\delta q} = \dfrac{2 B_{\delta 0}}{\mu_0} K_\delta \delta \times 10^{-2} = \dfrac{2 \times 0.835}{1.256 \times 10^{-6}} \times 1.245 \times 0.05 \times 10^{-2}\text{A} = 827.69\text{A}$

57. 定子齿部磁路计算长度　$h'_{t1} = h_{s1} + h_{s2} + \dfrac{1}{3} r = \left(0.09 + 1.06 + \dfrac{1}{3} \times 0.44\right)\text{cm} = 1.297\text{cm}$

58. 定子齿宽　$b_{t1} = \dfrac{\pi[D_{i1} + 2(h_{s0} + h_{s1})]}{Q_1} - b_{s1} = \left\{\dfrac{3.14 \times [14.8 + 2 \times (0.08 + 0.09)]}{36} - 0.68\right\}\text{cm} =$

0.641cm

59. 定子齿部磁通密度　$B_{t10} = \dfrac{B_{\delta 0} t_1 l_{eff}}{b_{t1} l_{Fe}} = \dfrac{0.835 \times 1.291 \times 19.1}{0.641 \times 18.43}\text{T} = 1.743\text{T}$

60. 定子齿部磁压降　$F_{t1} = 2 H_{t10} h'_{t1} = 2 \times 96.08 \times 1.297\text{A} = 249.23\text{A}$

式中　$H_{t10} = 96.08\text{A/cm}$（根据 $B_{t10} = 1.743\text{T}$ 查 50WW310 直流磁化曲线，见书末附图 C-21）。

61. 定子轭部计算高度　$h'_{j1} = \dfrac{D_1 - D_{i1}}{2} - \left(h_{s0} + h_{s1} + h_{s2} + \dfrac{2}{3} r\right) = \dfrac{(23 - 14.8)\text{cm}}{2} -$

$$\left(0.08 + 0.09 + 1.06 + \dfrac{2}{3} \times 0.44\right)\text{cm} = 2.577\text{cm}$$

62. 定子轭部磁路计算长度　$l'_{j1} = \dfrac{\pi}{4p}(D_1 - h'_{j1}) = \dfrac{3.14}{4 \times 3} \times (23 - 2.577)\text{cm} = 5.344\text{cm}$

63. 定子轭部磁通密度　$B_{j10} = \dfrac{\Phi_{\delta 0}}{2 h'_{j1} l_{Fe}} \times 10^4 = \dfrac{0.0103}{2 \times 2.577 \times 18.43} \times 10^4 \mathrm{T} = 1.084 \mathrm{T}$

64. 定子轭部磁压降　$F_{j1} = 2 C_1 H_{j10} l'_{j1} = 2 \times 0.7 \times 1.07 \times 5.344 \mathrm{cm} = 8.01 \mathrm{cm}$

式中　$H_{j10} = 1.07 \mathrm{A/cm}$（根据 B_{j10} 查 50WW310 直流磁化曲线，见书末附图 C-21）；

$\quad C_1 = 0.7$（由 $\dfrac{h'_{j1}}{\tau_p} = \dfrac{2.577}{7.75} = 0.33$ 和 $B_{j10} = 1.084 \mathrm{T}$ 查第 2 章附录图 2C-4）。

65. 磁路齿饱和系数　$K_t = \dfrac{F_{t1} + F_\delta}{F_\delta} = \dfrac{249.23 + 1093.61}{1093.61} = 1.228$

66. 每对极总磁压降　$\sum F_{ad} = F_{t1} + F_{j1} + F_\delta = (249.23 + 8.01 + 1093.61)\mathrm{A} = 1350.85\mathrm{A}$

$\qquad\qquad\qquad\qquad \sum F_{aq} = F_{t1} + F_{j1} + F_{\delta q} = (249.23 + 8.01 + 827.69)\mathrm{A} = 1084.93\mathrm{A}$

67. 气隙主磁导　$\Lambda_\delta = \dfrac{\Phi_{\delta 0}}{\sum F_{ad}} = \dfrac{0.0103}{1350.85}\mathrm{H} = 7.624 \times 10^{-6}\mathrm{H}$

68. 磁导基值　$\Lambda_b = \dfrac{\mu_r \mu_0 S_M}{h_M} \times 10^{-2} = \dfrac{1.05 \times 1.256 \times 10^{-6} \times 136.8}{1.2} \times 10^{-2}\mathrm{H} = 1.503 \times 10^{-6}\mathrm{H}$

69. 主磁导标幺值　$\lambda_\delta = \dfrac{\Lambda_\delta}{\Lambda_b} = \dfrac{7.624 \times 10^{-6}}{1.503 \times 10^{-6}} = 5.07$

70. 外磁路总磁导　$\lambda' = \sigma_0 \lambda_\delta = 1.3 \times 5.07\mathrm{H} = 6.591\mathrm{H}$

71. 漏磁导标幺值　$\lambda_\sigma = (\sigma_0 - 1)\lambda_\delta = (1.3 - 1) \times 5.07 = 1.521$

72. 永磁体空载工作点　$b_{m0} = \dfrac{\lambda'}{1 + \lambda'} = \dfrac{6.591}{1 + 6.591} = 0.868$

注：与假设值误差小于 1%，$(0.868 - 0.87) \div 0.87 = -0.2\%$。

73. 气隙磁通密度基波幅值　$B_{\delta 1} = K_f \dfrac{\Phi_{\delta 0}}{\alpha'_p \tau_p l_{eff}} \times 10^4 = 1.230 \times \dfrac{0.0103}{0.833 \times 7.75 \times 19.1} \times 10^4 \mathrm{T} = 1.027\mathrm{T}$

74. 空载反电动势　$E_0 = 2.22 f K_{dp1} K_{sk1} N_{\Phi1} \Phi_{\delta 0} K_\Phi = 2.22 \times 26.5 \times 0.933 \times 0.981 \times 384 \times$
$0.0103 \times 0.941\mathrm{V} = 200.40\mathrm{V}$

五、参　数　计　算

75. 线圈平均半匝长　$l_Z = L_B + 2 C_s = (23 + 2 \times 4.342)\mathrm{cm} = 31.68\mathrm{cm}$

式中　$l_B = l_1 + 2d = (19 + 2 \times 2)\mathrm{cm} = 23\mathrm{cm}$；

$\quad d = 2\mathrm{cm}$；

$\quad \tau_y = \dfrac{\pi \left[D_{i1} + 2(h_{s0} + h_{s1}) + h_{s2} + r \right]}{2p} \beta = \dfrac{3.14 \times \left[14.8 + 2 \times (0.08 + 0.09) + 1.06 + 0.44 \right]}{6} \times \dfrac{5}{6}\mathrm{cm} = 7.26\mathrm{cm}$；

$\quad \sin\alpha = \dfrac{b_{s1} + 2r}{b_{s1} + 2r + 2b_{t1}} = \dfrac{0.68 + 2 \times 0.44}{0.68 + 2 \times 0.44 + 2 \times 0.641} = 0.549$；

$\quad \cos\alpha = \sqrt{1 - \sin^2\alpha} = \sqrt{1 - 0.523^2} = 0.836$；

$\quad C_s = \dfrac{\tau_y}{2\cos\alpha} = \dfrac{7.26}{2 \times 0.836} = 4.342$。

76. 双层线圈端部轴向投影长　$f_d = C_s \sin\alpha = (4.342 \times 0.549)\mathrm{cm} = 2.384\mathrm{cm}$

77. 定子直流电阻 $R_1 = \dfrac{\rho l_Z N_{\Phi 1}}{a_1 S_1 N_1 \times 100} = \dfrac{0.0245 \times 31.68 \times 384}{1 \times 1.539 \times 1 \times 100}\Omega = 1.937\Omega$

式中，$\rho = 0.0245\Omega \cdot mm^2/m$，F 级 $115℃$ 基准工作温度下的电阻率。

$$S_1 = \frac{\pi d_1^2}{4} = \frac{3.14 \times 1.4^2}{4}mm^2 = 1.539mm^2。$$

78. 漏抗系数

$$C_x = \frac{\pi f \mu_0 l_{eff}(N_{\Phi 1} K_{dp1} K_{sk1})^2}{p} \times 10^{-2} = \frac{3.14 \times 26.5 \times 1.256 \times 10^{-6} \times 19.1 \times (384 \times 0.933 \times 0.981)^2}{3} \times$$
$$10^{-2} = 0.822$$

79. 定子槽比漏磁导 $\lambda_{s1} = K_{U1}\lambda_{U1} + K_{L1}\lambda_{L1} = 0.87 \times 0.413 + 0.905 \times 0.674 = 0.969$

式中 $K_{U1} = 0.87$、$K_{L1} = 0.905$（查第 2 章附表 2A-3）；

$$\lambda_{U1} = \frac{h_{s0}}{b_{s0}} + \frac{2h_{s1}}{b_{s0} + b_{s1}} = \frac{0.08}{0.35} + \frac{2 \times 0.095}{0.35 + 0.68} = 0.413；$$

$\lambda_{L1} = 0.674$（根据 $\dfrac{h_{s2}}{2r} = \dfrac{1.06}{0.88} = 1.20$、$\dfrac{b_{s1}}{2r} = \dfrac{0.68}{0.88} = 0.77$ 查第 2 章附录图 2B-1、附录图

2C-6）。

80. 定子槽漏抗 $X_{s1} = \dfrac{2m_1 p l_1 \lambda_{s1}}{l_{eff}(K_{dp1}K_{sk1})^2 Q_1}C_x = \dfrac{2 \times 3 \times 3 \times 19 \times 0.969}{19.1 \times (0.933 \times 0.981)^2 \times 36} \times 0.822\Omega = 0.473\Omega$

81. 定子谐波漏抗

$$X_{d1} = \frac{m_1 \tau_p \sum S}{\pi^2 K_\delta \delta (K_{dp1}K_{sk1})^2 K_t}C_x = \frac{3 \times 7.75 \times 0.0205}{3.14^2 \times 1.245 \times 0.05 \times (0.933 \times 0.981)^2 \times 1.21} \times 0.822\Omega$$
$$= 0.646\Omega$$

式中，$\sum S = 0.0205$（查第 2 章附录表 2A-4）。

82. 定子端部漏抗 $X_{e1} = \dfrac{1.2(d + 0.5f_d)}{l_{eff}}C_x = \dfrac{1.2 \times (2 + 0.5 \times 2.384)}{19.1} \times 0.822\Omega = 0.165\Omega$

83. 定子斜槽漏抗 $X_{sk1} = 0.5\left(\dfrac{b_{sk}}{t_1}\right)^2 X_{d1} = 0.5 \times \left(\dfrac{1.678}{1.291}\right)^2 \times 0.646\Omega = 0.546\Omega$

84. 定子漏抗 $X_1 = X_{s1} + X_{d1} + X_{e1} + X_{sk1} = (0.473 + 0.646 + 0.165 + 0.546)\Omega = 1.83\Omega$

85. 直轴电枢磁动势折算系数 $K_{ad} = \dfrac{1}{K_f} = \dfrac{1}{1.23} = 0.813$

86. 交轴电枢磁动势折算系数 $K_{aq} = \dfrac{K_q}{K_f} = \dfrac{0.4}{1.23} = 0.325$

式中，取 $K_q = 0.4$。

87. 直轴电枢反应电抗 $X_{ad} = \dfrac{|E_0 - E_d|}{I'_d} = \dfrac{|200.40 - 193.01|}{1.229}\Omega = 6.01\Omega$

式中 $E_d = 2.22 f K_{dp1} K_{sk1} N_{\Phi 1} \Phi_{\delta ad} K_\Phi = 2.22 \times 26.5 \times 0.933 \times 0.981 \times 384 \times 9.92 \times 10^{-3} \times 0.941V$
$\qquad = 193.01V$

$\qquad \Phi_{\delta ad} = [b_{mad} - (1 - b_{mad})\lambda_\sigma]S_M B_r \times 10^{-4} = [0.858 - (1 - 0.858) \times 1.521] \times 136.8 \times 1.13 \times$

$$10^{-4}\,\mathrm{Wb} = 9.92 \times 10^{-3}\,\mathrm{Wb}$$

$$b_{\mathrm{mad}} = \frac{\lambda'(1-f'_{\mathrm{ad}})}{\lambda'+1} = \frac{6.591 \times (1-0.0118)}{6.591+1} = 0.858$$

$$f'_{\mathrm{ad}} = \frac{F_{\mathrm{ad}}}{\sigma_0 h_{\mathrm{M}} H_{\mathrm{c}} \times 10} = \frac{158.03}{1.3 \times 1.2 \times 856.54 \times 10} = 0.0118$$

$$F_{\mathrm{ad}} = 0.45 m_1 K_{\mathrm{ad}} \frac{K_{\mathrm{dp1}} K_{\mathrm{sk1}} N_{\Phi1} I'_{\mathrm{d}}}{p} = 0.45 \times 3 \times 0.813 \times \frac{0.933 \times 0.981 \times 384 \times 1.229}{3}\,\mathrm{A}$$

$$= 158.03\,\mathrm{A}_{\circ}$$

式中，取 $I'_{\mathrm{d}} = 0.172 I_{\mathrm{N}} = 0.172 \times 7.15\,\mathrm{A} = 1.229\,\mathrm{A}_{\circ}$

88. 直轴同步电抗　$X_{\mathrm{d}} = X_{\mathrm{ad}} + X_1 = (6.01 + 1.83)\,\Omega = 7.84\,\Omega$

89. 交轴磁化曲线（X_{aq}-I_{q}）计算（见表 7-1 和图 7-26）

表 7-1　X_{aq}-I_{q} 曲线表

$I_{\mathrm{q}}/\mathrm{A}$	X_{aq}/Ω	$I_{\mathrm{q}}/\mathrm{A}$	X_{aq}/Ω
0.27	8.89	16.80	9.70
3.30	9.81	18.44	9.42
6.31	9.86	21.16	8.83
12.36	9.88	24.57	8.09
15.36	9.83		

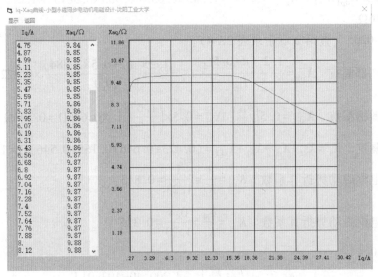

图 7-26　交轴电抗（X_{aq}）-电流（I_{q}）变化曲线

六、工作性能计算

90. 转矩角　$\theta = 23.19°$

91. 假定交轴电流　$I'_q = 6.3\text{A}$

92. 交轴电枢反应电抗　$X_{aq} = 9.86\Omega$（根据 I'_q 查表7-1）

93. 交轴同步电抗　$X_q = X_{aq} + X_1 = (9.86 + 1.83)\Omega = 11.69\Omega$

94. 输入功率

$$P_1 = \frac{m_1}{X_d X_q + R_1^2}\left[E_0 U_N(X_q\sin\theta - R_1\cos\theta) + R_1 U_N^2 + \frac{1}{2}U_N^2(X_d - X_q)\sin2\theta\right]$$

$$= \frac{3}{7.84\times11.69 + 1.937^2}\times\left[200.40\times208\times(11.69\times\sin23.19° - 1.937\times\cos23.19°) + \right.$$

$$\left. 1.937\times208^2 + \frac{1}{2}\times208^2\times(7.84 - 11.69)\times\sin(2\times23.19°)\right]\text{W} = 4525.48\text{W}$$

95. 直轴电流

$$I_d = \frac{R_1 U_N\sin\theta + X_q(E_0 - U_N\cos\theta)}{X_d X_q + R_1^2} = \frac{1.937\times208\times\sin23.19° + 11.69\times(200.40 - 208\times\cos23.19°)}{7.84\times11.69 + 1.937^2}\text{A}$$

$$= 2.791\text{A}$$

96. 交轴电流

$$I_q = \frac{X_d U_N\sin\theta - R_1(E_0 - U_N\cos\theta)}{X_d X_q + R_1^2} = \frac{7.84\times208\times\sin23.19° - 1.937\times(200.40 - 208\times\cos23.19°)}{7.84\times11.69 + 1.937^2}\text{A}$$

$$= 6.544\text{A}$$

97. 功率因数　$\cos\varphi = \cos(-0.09°) = 1$

$$\varphi = \theta - \psi = 23.19 - 23.10 = -0.09°$$

$$\psi = \arctan\frac{I_d}{I_q} = \arctan\frac{2.791}{6.544} = 23.10°$$

98. 定子电流　$I_1 = \sqrt{I_d^2 + I_q^2} = \sqrt{2.791^2 + 6.544^2}\text{A} = 7.11\text{A}$

99. 负载气隙磁通　$\Phi_\delta = \dfrac{E_\delta}{2.22 f K_{dp1} K_{sk1} N_{\Phi1} K_\Phi} = \dfrac{194.67}{2.22\times26.5\times0.933\times0.981\times384\times0.941}\text{Wb}$

$$= 0.01\text{Wb}$$

式中　$E_\delta = \sqrt{(E_0 - I_d X_{ad})^2 + (I_q X_{aq})^2} = \sqrt{(200.40 - 2.791\times6.01)^2 + (6.544\times9.86)^2}\text{V} = 194.67\text{V}$

100. 负载气隙磁通密度　$B_\delta = \dfrac{\Phi_\delta}{\alpha'_p\tau_p l_{eff}}\times10^4 = \dfrac{0.01}{0.833\times7.75\times19.1}\times10^4\text{T} = 0.811\text{T}$

101. 负载定子齿磁通密度　$B_{t1} = \dfrac{B_\delta t_1 l_{eff}}{b_{t1} l_{Fe}} = \dfrac{0.811\times1.291\times19.1}{0.641\times18.43}\text{T} = 1.693\text{T}$

102. 负载转子磁通密度　$B_{j1} = \dfrac{\Phi_\delta}{2h'_{j1} l_{Fe}}\times10^4 = \dfrac{0.01}{2\times2.577\times18.43}\times10^4\text{T} = 1.061\text{T}$

103. 铜耗　$P_{Cu1} = m_1 I_1^2 R_1 = 3\times7.11^2\times1.937\text{W} = 293.76\text{W}$

104. 铁耗

（1）定子轭重量　$G_{j1} = \pi l_{Fe} h'_{j1}(D_1 - h'_{j1})\times7.8\times10^{-3} = 3.14\times18.43\times2.577\times(23 - 2.557)\times$

$$7.8\times10^{-3}\text{kg} = 23.78\text{kg}$$

（2）定子齿重量　$G_{t1}=Q_1 l_{Fe} h'_{t1} b_{t1}\times 7.8\times 10^{-3}=36\times 18.43\times 1.297\times 0.641\times 7.8\times 10^{-3}\,\text{kg}=4.30\,\text{kg}$

（3）单位铁耗　$p_{t1}=4.26\,\text{W/kg}$，$p_{j1}=1.34\,\text{W/kg}$

根据 $B_{t10}=1.743\,\text{T}$、$B_{j10}=1.084\,\text{T}$ 查 50WW310 铁损耗曲线（50Hz），见书末附图 C-23。

（4）定子齿损耗　$P_{t1}=p_{t1}G_{t1}=4.26\times 4.30\,\text{W}=18.31\,\text{W}$

（5）定子轭损耗　$P_{j1}=p_{j1}G_{j1}=1.34\times 23.78\,\text{W}=31.87\,\text{W}$

（6）总铁耗　$P_{Fe}=k_1 P_{t1}+k_2 P_{j1}=(2.5\times 18.31+2\times 31.87)\,\text{W}=109.52\,\text{W}$

105. 杂散损耗　$P_s=\left(\dfrac{I_1}{I_N}\right)^2 P_{sN}\times 10^3=\left(\dfrac{7.11}{7.15}\right)^2\times 0.020\times 10^3\,\text{W}=19.78\,\text{W}$

式中，取 $P_{sN}=0.5\%P_N=0.5\%\times 4\,\text{kW}=0.02\,\text{kW}$。

106. 机械损耗　$P_{fw}=\left(\dfrac{3}{p}\right)^2\left(\dfrac{D_1}{10}\right)^4=\left(\dfrac{3}{3}\right)^2\times\left(\dfrac{23}{10}\right)^4\,\text{W}=27.98\,\text{W}$

107. 总损耗　$\sum P=P_{Cu1}+P_{Fe}+P_s+P_{fw}=(293.76+109.52+19.78+27.98)\,\text{W}=451.04\,\text{W}$

108. 输出功率　$P_2=P_1-\sum P=(4525.48-451.04)\,\text{W}=4074.44\,\text{W}$

109. 效率　$\eta=\dfrac{P_2}{P_1}\times 100\%=\dfrac{4704.44}{4525.48}\times 100\%=90.03\%$

110. 工作特性（见表 7-2 和图 7-27）

表 7-2　电动机工作特性

$\theta(°)$	P_2/kW	$\theta(°)$	P_2/kW
5	0.83	45	7.63
10	1.71	75	11.22
15	2.58	89	11.69
20	3.45	90	11.68
25	4.31	95	11.55
30	5.17		

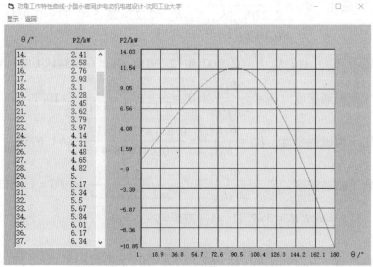

图 7-27　功角（θ）-输出功率（P_2）变化曲线

111. 失步转矩倍数　$K_\mathrm{M} = \dfrac{T_\mathrm{max}}{T_\mathrm{N}} = \dfrac{11.69}{4.00} = 2.92$（失步转矩 T_max 对应功角特性曲线最大值）

112. 永磁体额定负载工作点　$b_\mathrm{mN} = \dfrac{\lambda'(1-f'_\mathrm{adN})}{\lambda'+1} = \dfrac{6.591\times(1-0.0269)}{6.591+1} = 0.845$

式中　$f'_\mathrm{adN} = \dfrac{0.45m_1 K_\mathrm{ad}K_\mathrm{dp1}K_\mathrm{sk1}N_{\Phi1}I_\mathrm{d}}{p\sigma_0 H_\mathrm{c}h_\mathrm{M}\times10} = \dfrac{0.45\times3\times0.813\times0.933\times0.981\times384\times2.791}{3\times1.3\times856.54\times1.2\times10} = 0.0269$

113. 电负荷　$A_1 = \dfrac{m_1 N_{\Phi1}I_1}{\pi D_\mathrm{i1}} = \dfrac{3\times384\times7.11}{3.14\times14.8}\mathrm{A/cm} = 176.25\mathrm{A/cm}$

114. 电流密度　$J_1 = \dfrac{I_1}{a_1 N_1 S_1} = \dfrac{7.11}{1\times1\times1.539}\mathrm{A/mm^2} = 4.62\mathrm{A/mm^2}$

115. 热负荷　$A_1 J_1 = 176.75\mathrm{A/cm}\times4.62\mathrm{A/mm^2} = 814.28(\mathrm{A/cm})\cdot(\mathrm{A/mm^2})$

116. 永磁体最大去磁工作点　$b_\mathrm{mh} = \dfrac{\lambda'(1-f'_\mathrm{adh})}{\lambda'+1} = \dfrac{6.591\times(1-0.473)}{6.591+1} = 0.46$

式中　$f'_\mathrm{adh} = \dfrac{0.45m_1 K_\mathrm{ad}K_\mathrm{dp1}K_\mathrm{sk1}N_{\Phi1}I_\mathrm{adh}}{p\sigma_0 H_\mathrm{c}h_\mathrm{M}\times10} = \dfrac{0.45\times3\times0.813\times0.933\times0.981\times384\times49.15}{3\times1.3\times856.54\times1.2\times10} = 0.473$

$I_\mathrm{adh} = \dfrac{E_0 X_\mathrm{d}+\sqrt{E_0^2 X_\mathrm{d}^2-(R_1^2+X_\mathrm{d}^2)(E_0^2-U_\mathrm{N}^2)}}{R_1^2+X_\mathrm{d}^2}$

$= \dfrac{200.4\times7.84+\sqrt{200.4^2\times7.84^2-(1.937^2+7.84^2)\times(200.4^2-208^2)}}{1.937^2+7.84^2}\mathrm{A} = 49.15\mathrm{A}$

注：本电磁计算方案非最佳设计，仅供计算时参考。

第8章　无刷直流电动机设计

8.1　无刷直流电动机设计概述

与交流电动机相比，直流电动机具有运行效率高和调速性能好等优点。但传统的直流电动机采用电刷—换向器结构，以实现机械换向，因此不可避免地存在噪声、火花、无线电干扰以及寿命短等弱点，再加上制造成本高及维修困难等缺点，大大限制了它的应用范围，致使三相感应电动机得到了非常广泛的应用。

无刷直流电动机（简称BLDCM）是一种典型的机电一体化电动机，它是由电动机本体、位置传感器、逆变器和控制器组成的自控式变频同步电动机，如图8-1所示。位置检测器检测转子磁极的位置信号，控制器对转子位置信号进行逻辑处理并产生相应的开关信号，开关信号以一定的顺序触发逆变器中的功率开关器件，将电源功率以一定的逻辑关系分配给电动机定子各相绕组，使电动机产生连续转矩。

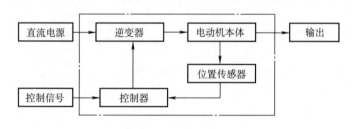

图8-1　无刷直流电动机系统的组成

8.1.1　无刷直流电动机的基本结构

1. 电动机本体　无刷直流电动机的设计思想来自普通的有刷直流电动机，不同的是将直流电动机的定、转子位置进行了互换，其转子为永磁结构，产生气隙磁通；定子电枢为多相对称绕组。原直流电动机的电刷和换向器被逆变器和转子位置传感器所代替。所以无刷直流电动机的电动机本身实际上是一种永磁同步电动机，如图8-2所示。由于无刷直流电动机的电动机本身为永磁电动机，所以无刷直流电动机也称为永磁无刷直流电动机。

定子的结构与普通交流电动机相同，铁心中嵌有多相对称绕组。绕组可以接成星形或三角形，并分别与逆变器中的各开关管相连。三相无刷直流电动机最为常见。无刷直流电动机中多采用钕铁硼高矫顽力、高剩磁密度的永磁材料，其常见的转子结构有三种形式，如图8-3所示。

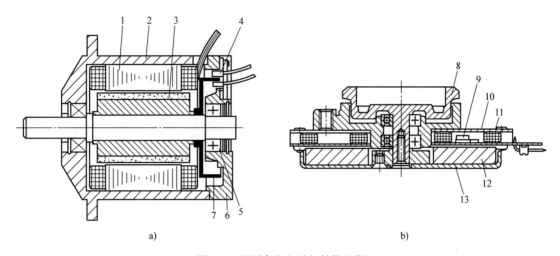

图 8-2　无刷直流电动机结构示例

a）光电传感器无刷直流电动机　b）霍尔传感器盘式无刷直流电动机

1—定子　2—机壳　3—转子　4—光电传感器　5—轴承　6—端盖　7—位置传感器转子杯
8—支架　9—霍尔集成电路　10—定子轭　11—定子绕组　12—永磁体　13—转子轭

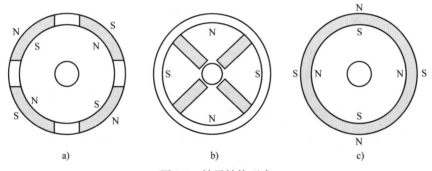

图 8-3　转子结构型式

a）表面式磁极　b）嵌入式磁极　c）环形磁极

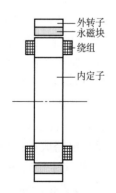

图 8-4　外转子无刷直流电动机结构示意图

此外，在电梯和电动车等驱动中还采用外转子结构。外转子无刷直流电动机的结构如图8-4所示，其定子绕组出线和位置传感器引线都从电动机的轴引出。

2. 逆变器　逆变器将直流电转换成交流电向电动机供电。与一般逆变器不同，它的输出频率不是独立调节的，而是受控于转子位置信号，是一个"自控式逆变器"。由于采用自控式逆变器，无刷直流电动机输入电流的频率和电动机转速始终保持同步，电动机和逆变器不会产生振荡和失步，这是无刷直流电动机的重要优点。

逆变器主电路有桥式和非桥式两种，而电枢绕组既可以接成星形也可以接成角形（封闭形），因此电枢绕组与逆变器主电路的连接可以有多种不同的组合，图8-5给出了几种常用的联结方式。其中图 8-5a、d 是半桥式主电路，电枢绕组只允许单方向通电，属于半控型主电路；其余为桥式主电路，电枢绕组允许双向通电，属于全控型主电路。

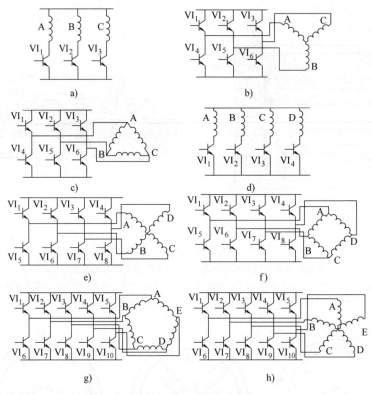

图 8-5 无刷直流电动机绕组联结方式

a）三相星形半桥 b）三相星形全桥 c）三相角形全桥 d）四相星形半桥
e）四相星形全桥 f）四相角形全桥 g）五相角形全桥 h）五相星形全桥

无刷直流电动机的逆变器主开关一般采用 IGBT 或功率 MOSFET 等全控型器件，有些主电路已有集成的功率模块（PIC）和智能功率模块（IPM），模块化是提高系统可靠性的重要措施。

无刷直流电动机定子绕组的相数可以有不同的选择，绕组的联结方式也有星形和角形之分，而逆变器又有半桥型和全桥型两种。不同的组合会使电动机获得不同的性能。设计时应综合考虑以下三个因素：

1）绕组利用率与普通直流电动机不同，无刷直流电动机的绕组是断续通电的。若要提高绕组利用率应使同时通电的导体数增加，电阻下降，效率提高。

2）转矩脉动：无刷直流电动机的输出转矩脉动比普通直流电动机的转矩脉动大。一般相数越多，转矩的脉动越小；采用桥式主电路比采用非桥式主电路时的转矩脉动小。

3）电路成本：相数越多，逆变器电路使用的开关管越多，成本越高。桥式主电路所用的开关管比半桥式多一倍，成本要高；多相电动机的逆变器结构复杂，成本也高。

3. 位置检测器　位置检测器的作用是检测转子磁极相对于定子绕组的位置信号，为逆变器提供正确的换相信息。位置检测包括有位置传感器检测和无位置传感器检测两种方式。

转子位置传感器也由定子和转子两部分组成（见图 8-2），其转子与电动机转子同轴，以跟踪电动机转子磁极的位置；其定子固定在电动机本体定子或端盖上，以检测和输出转子位置信号。转子位置传感器的种类包括磁敏式、电磁式、光电式、接近开关式以及编码器等。

在无刷直流电动机系统中安装机械式位置传感器解决了电动机转子位置的检测问题。目前又出现无转子位置传感器的控制方式。无转子位置传感器的转子位置检测是通过检测和计算与转子位置有关的物理量间接地获得转子位置信息，主要有反电动势检测法、续流二极管工作状态检测法、定子三次谐波检测法和瞬时电压方程法等。

4. 控制器　控制器是无刷直流电动机正常运行并实现各种调速伺服功能的核心，它主要完成以下功能：

1）对转子位置传感器输出的信号、PWM 调制信号、正反转和停车信号进行逻辑综合处理，为驱动电路提供各开关管的斩波信号和选通信号，实现电动机的正反转及停车控制。

2）产生 PWM 信号，使电动机的电压随给定速度信号而自动变化，实现电动机开环调速。

3）对电动机进行速度闭环调节和电流闭环调节，使系统具有较好的动态和静态性能。

4）实现短路、过电流、过电压和欠电压等故障保护功能。

控制器的主要形式有：①分立元件加集成电路构成的模拟控制系统；②基于专用集成电路的控制系统；③数模混合控制系统；④全数字控制系统。

8.1.2　无刷直流电动机的工作原理

用图 8-6 所示的无刷直流电动机系统来说明无刷直流电动机的工作原理。电动机的定子绕组为三相星形联结，位置传感器与电动机转子同轴，控制电路对位置信号进行逻辑变换后产生驱动信号，驱动信号经驱动电路放大后控制逆变器的功率开关管，使电动机的各相绕组按一定的顺序工作。

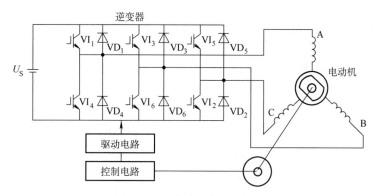

图 8-6　三相无刷直流电动机系统

当转子旋转到图 8-7a 所示的位置时，转子位置传感器输出的信号经控制电路逻辑变换后驱动逆变器，使 VI_1、VI_6（见图 8-6）导通，即 A、B 两相绕组通电，电流从电源的正极流出，经 VI_1 流入 A 相绕组，再从 B 相绕组流出，经 VI_6 回到电源的负极。电枢绕组在空间产生的磁动势 F_a，如图 8-7a 所示，此时定转子磁场相互作用，使电动机的转子顺时针转动。

当转子在空间转过 60°电角度，到达图 8-7b 所示位置时，转子位置传感器输出的信号经控制电路逻辑变换后驱动逆变器，使 VI_1、VI_2 导通，A、C 两相绕组通电，电流从电源的正极流出，经 VI_1 流入 A 相绕组，再从 C 相绕组流出，经 VI_2 回到电源的负极。电枢绕组在空间产生的磁动势 F_a，如图 8-7b 所示，此时定转子磁场相互作用，使电动机的转子继续顺时针转动。

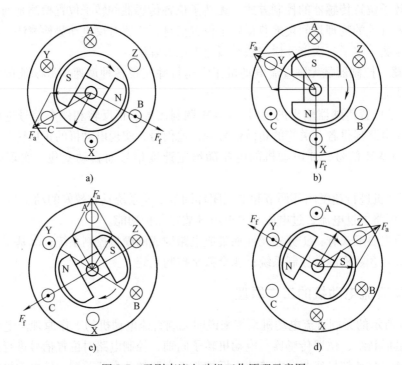

图 8-7　无刷直流电动机工作原理示意图

a) VI_1、VI_6 导通，A、B 相通电　　b) VI_1、VI_2 导通，A、C 相通电

c) VI_3、VI_2 导通，B、C 相通电　　d) VI_3、VI_4 导通，B、A 相通电

转子在空间每转过 60°电角度，逆变器开关就发生一次切换，功率开关管的导通逻辑为 VI_1、$VI_6 \to VI_1$、$VI_2 \to VI_3$、$VI_2 \to VI_3$、$VI_4 \to VI_5$、$VI_4 \to VI_5$、$VI_6 \to VI_1$、VI_6。在此周期，转子始终受到顺时针方向的电磁转矩作用，沿顺时针方向连续旋转。

在图 8-7a 到图 8-7b 的 60°电角度范围内，转子磁场沿顺时针连续旋转，而定子合成磁场在空间保持图 8-7a 中 F_a 的位置静止。只有当转子磁场连续旋转 60°电角度，到达图 8-7b 所示的 F_f 位置时，定子合成磁场才从图 8-7a 的 F_a 位置跳跃到图 8-7b 中的 F_a 位置。可见，定子合成磁场在空间不是连续旋转的，而是一种跳跃式旋转磁场，每个步距角是 60°电角度。

转子在空间每转过 60°电角度，定子绕组就进行一次换流，定子合成磁场的磁状态就发生一次跃变。可见，电动机有六种磁状态，每一状态有两相导通，每相绕组的导通时间对应于转子旋转 120°电角度。我们把无刷直流电动机的这种工作方式称为两相导通星形三相六状态。

由于定子合成磁动势每隔 1/6 周期（60°电角度）跳跃旋转一步，在此过程中，转子磁极上的永磁磁动势却是随着转子连续旋转的，这两个磁动势之间平均速度相等，保持"同步"，但是瞬时速度却是有差别的，二者之间的相对位置是时刻有变化的，所以，它们相互作用下所产生的转矩除了平均转矩外，还有脉动转矩分量。

比较图 8-7 和图 8-8 可以看出，只要根据磁极的不同位置，以恰当的顺序去导通和阻断各相出线端所连接的可控晶闸管，始终保持电枢磁动势超前磁极磁动势一定电角度的位置关系，便可产生类似于直流电动机的电磁转矩条件，使该电动机产生一定方向的电磁转矩而稳定运行。跟踪转子位置按一定顺序适时导通各相可控晶闸管任务的是转子位置传感器。也可以看出当借助逻辑电路来改变功率晶体管的导通顺序，即可实现电动机正反转。

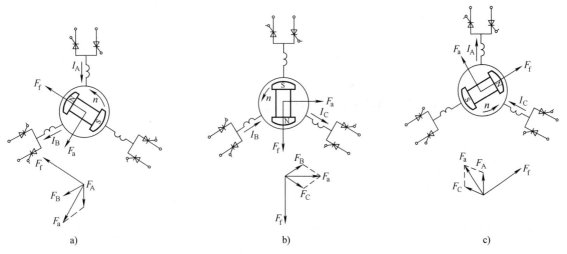

图 8-8 各相功率晶体管依次导通的情况

8.1.3 无刷直流电动机的特点

与感应电动机相比，无刷直流电动机具有较大的功率密度、较高的效率和较好的控制性能，主要表现在以下几个方面：

1) 由于采用高性能（NdFeB）永磁材料，无刷直流电动机转子体积得以减小，可以具有较低的惯性、更快的响应速度、更高的转矩/惯量比。

2) 由于无转子损耗，无需转子励磁电流，所以无刷直流电动机具有较高的效率和功率密度。

3) 由于转子没有发热，无刷直流电动机也无需考虑转子冷却问题。

4) 尽管变频调速感应电动机系统应用较为普遍，但由于其非线性的本质，控制系统极为复杂。调速永磁同步电动机则把交流电动机复杂的磁场定向控制转化为转子位置定向控制。无刷直流电动机则将其简化为离散六状态的转子位置控制，故无需坐标变换。

与永磁同步电动机相比，无刷直流电动机具有明显优点：

1) 无刷直流电动机采用方波电流供电，可以提供更高的转矩/体积比，相同条件下输出转矩大 15%。

2) 在电动机中产生矩形波的磁场分布和梯形波的感应电动势要比产生正弦波的磁场分布和正弦变化的电动势容易，因此无刷直流电动机结构简单、制造成本低。

3) 对于永磁同步电动机，由于定子电流是转子位置的正弦函数，系统需要高分辨率的位置传感器，构造复杂，价格昂贵。

4）产生方波电压和电流的变频器比产生正弦波电压和电流的变频器简单，因此无刷直流电动机控制简单、控制器成本较低。

与有刷直流电动机相比，无刷直流电动机有以下特点：

1）可靠性高，寿命长。它的工作期限主要取决于轴承及其润滑系统。高性能的无刷直流电动机工作寿命比有刷直流电动机寿命一般长很多。

2）无换向火花和无线电干扰，不必经常进行维护。

3）可工作于真空、不良介质环境。可在高转速下工作，专门设计的高速无刷直流电动机的工作转速可达每分钟 10 万转以上。

4）机械噪声低。

5）发热的绕组安放在定子上，有利于散热。

8.2 无刷直流电动机转子位置传感器

在无刷直流电动机中，常用的位置传感器主要有以下几种类型：①电磁式位置传感器；②磁敏式位置传感器；③光电式位置传感器。

本节只介绍目前常用的磁敏式位置传感器，它是由霍尔元件或霍尔集成电路构成的。霍尔元件式位置传感器的特点是结构简单、性能可靠、成本低。

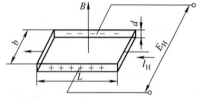

图 8-9　霍尔效应原理

霍尔效应原理如图 8-9 所示，在半导体薄片上通以电流 I_H，当将半导体薄片置于外磁场中，并使其与外磁场垂直时，则在与电流 I_H 和磁感应强度 B 构成的平面相垂直的方向上会产生一个电动势 E_H，称其为霍尔电动势，其大小为

$$E_H = K_H I_H B$$

式中　K_H——霍尔元件的灵敏度系数。

霍尔元件所产生的电动势很低，在应用时往往需要外接放大器，很不方便。随着半导体技术的发展，将霍尔元件与附加电路封装为三端模块，构成霍尔集成电路。

霍尔集成电路有开关型和线性型两种类型。通常采用开关型霍尔集成电路作为位置传感元件。为简明起见，我们把开关型霍尔集成电路叫作霍尔开关，其外形像一只普通晶体管，如图 8-10a 所示，其内部电路如图 8-10b 所示。

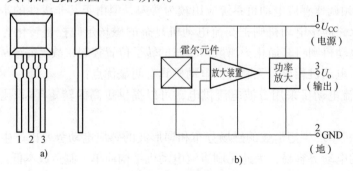

图 8-10　霍尔集成电路

a）外形　b）内部电路

使用霍尔开关构成位置传感器通常有两种方式。第一种方式是将霍尔开关粘贴于电动机端盖内表面，在靠近霍尔开关并与之有一定间隙处，安装着与电动机轴同轴的永磁体。

第二种方式是直接将霍尔开关敷贴在定子电枢铁心表面或绕组端部紧靠铁心处，利用电动机转子上的永磁体主磁极作为传感器的永磁体，根据霍尔开关的输出信号即可判定转子位置。

对于两相导通星形三相六状态无刷直流电动机，三个霍尔开关在空间彼此相隔120°电角度，传感器永磁体的极弧宽度为180°电角度，这样，当电动机转子旋转时，三个霍尔开关便交替输出三个宽为180°电角度、相位互差120°电角度的矩形波信号。

霍尔开关的安装精度对于无刷直流电动机的运行性能有较大的影响，在安装时不但要保证三个霍尔开关在空间彼此相差120°电角度，同时还必须保证霍尔开关与绕组的相对位置正确。

两相导通星形三相六状态无刷直流电动机的霍尔位置传感器与电枢绕组、转子磁极的相对位置如图8-11所示，三个霍尔开关 H_A、H_B、H_C 分别位于三相绕组各自的中心线上。

图8-12给出了三个位置传感器的输出信号（图中矩形部分）与三相电枢绕组反电动势之间的相位关系。可见，在一个电周期内，三路位置信号共有六种不同组合，分别对应电动机的六种工作状态。

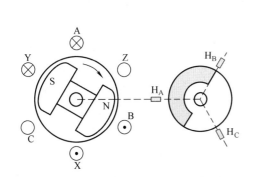

图8-11　霍尔传感器与电枢绕组、磁极的相对位置

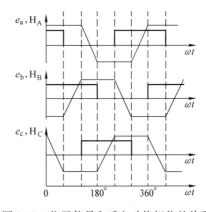

图8-12　位置信号和反电动势相位的关系

8.3　无刷直流电动机绕组联结和换相方式

目前，无刷直流电动机大多采用三相对称绕组，由于三相绕组既可以是星形联结，也可以是三角形联结，同时功率逆变器又有桥式和非桥式两种。因此，无刷直流电动机的主电路主要有星形联结三相半桥式、星形联结三相桥式和三角形联结三相桥式三种形式。

8.3.1　三相星形非桥式联结和换相

常见的三相半桥主电路如图8-13所示。图中A、B、C三相绕组分别与三只功率开关管 VI_1、VI_2、VI_3 串联，来自位置传感器的信号 H_A、H_B、H_C 控制三只开关管的通断。

在三相半桥主电路中，位置信号有1/3周期为高电平、2/3周期为低电平，各传感器之间的相位差也是 1/3 周期，如图 8-14 所示。

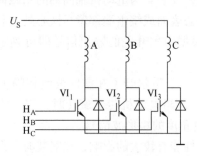

图 8-13　三相半桥主电路

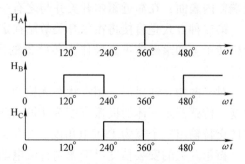

图 8-14　三相半桥主电路中位置传感器信号

当转子磁极转到图 8-15a 所示的位置时，H_A 为高电平，H_B、H_C 为低电平，使功率开关 VI_1 导通，A 相绕组通电，该绕组电流同转子磁极作用后所产生的转矩使转子沿顺时针方向转动。

当转子磁极转到图 8-15b 所示的位置时，H_B 为高电平，H_A、H_C 为低电平，使功率开关 VI_2 导通，A 相绕组断电，B 相绕组通电，电磁转矩仍使转子沿顺时针方向转动。

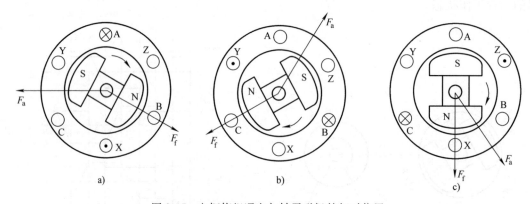

图 8-15　电枢绕组通电与转子磁极的相对位置

当转子磁极转到图 8-15c 所示的位置时，H_C 为高电平，H_A、H_B 为低电平，使功率开关 VI_3 导通，B 相绕组断电，C 相绕组通电，转子继续沿顺时针方向旋转，而后重新回到图 8-15a 所示的位置。

这样，定子绕组在位置传感器的控制下，便一相一相地依次馈电，实现了各相绕组电流的换相。在换相过程中，定子各相绕组在气隙中所形成的旋转磁场是跳跃式的，其旋转磁场在 360°电角度范围内有三种磁状态，每种磁状态持续 120°电角度。我们把这种工作方式叫作单相导通星形三相三状态。

三相半桥主电路虽然结构简单，但电动机本体的利用率很低，每相绕组只通电 1/3 周期，2/3 周期处于关断状态，绕组没有得到充分利用，在整个运行过程中转矩脉动也比较大。

8.3.2　三相星形桥式联结和换相

图 8-16 所示是一种星形联结三相桥式主电路。图中，上桥臂三个开关管 VI_1、VI_3、VI_5

是 P 沟道功率 MOSFET，栅极电位低电平时导通；下桥臂三个开关管 VI_2、VI_4、VI_6 是 N 沟道功率 MOSFET，栅极电位高电平时导通。这种逆变器电路利用 P 沟道 MOSFET 和 N 沟道 MOSFET 导通规律的互补性，简化了功率开关管的驱动电路。位置传感器的三个输出信号通过逻辑电路控制这些开关管的导通和截止，其控制方式有两种：二相导通方式和三相导通方式。

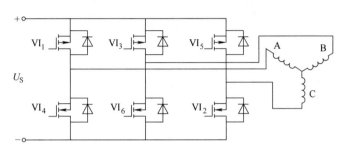

图 8-16 星形联结三相桥式主电路

1. 二相导通方式 二相导通方式是指在任一瞬间使两个开关管同时导通。这种工作方式就是两相导通星形三相六状态方式，前面已经在 8.1.2 节分析了其工作原理，这里不再赘述。下面根据反电动势和电磁转矩的概念来分析其导通规律及特点。

电动机的瞬时电磁转矩可由电枢绕组的电磁功率求得

$$T_e = \frac{e_a i_a + e_b i_b + e_c i_c}{\Omega} \tag{8-1}$$

式中 e_a、e_b、e_c —— A、B、C 三相绕组的反电动势；

i_a、i_b、i_c —— A、B、C 三相绕组的电流；

Ω —— 转子的机械电角速度。

可见，电磁转矩取决于反电动势的大小。在一定的转速下，如果电流一定，反电动势越大，转矩越大。

图 8-17 给出了无刷直流电动机三相绕组的反电动势波形及其二相导通方式下的开关管导通规律。为了使电动机获得最大转矩，在二相导通方式下，开关管的导通顺序应为：VI_1、$VI_2 \rightarrow VI_2$、$VI_3 \rightarrow VI_3$、$VI_4 \rightarrow VI_4$、$VI_5 \rightarrow VI_5$、$VI_6 \rightarrow VI_6$、VI_1。在这种工作方式下，每个通电周期共有六种导通状态，每隔 60°电角度工作状态改变一次，每个开关管导通 120°电角度。

由此可见，如果忽略换相过程的影响，当梯形波反电动势的平顶宽度大于等于 120°电角度时，电动机的转矩脉动为 0。因此，无刷直流电动机在设计时，应尽量增大磁极的极弧系数，以获得足够宽的磁通密度分布波形，从而得到平顶部分较宽的反电动势波形。如果假定电流为方波，电动机工作在两相导通星形三相六状态方式时，总的电磁转矩是每相电磁转矩的两倍。

2. 三相导通方式 三相导通方式是在任一瞬间使三个开关管同时导通。如图 8-18 所示，各开关管导通的顺序为：VI_1、VI_2、$VI_3 \rightarrow VI_2$、VI_3、$VI_4 \rightarrow VI_3$、VI_4、$VI_5 \rightarrow VI_4$、VI_5、$VI_6 \rightarrow VI_5$、VI_6、$VI_1 \rightarrow VI_6$、VI_1、VI_2。由此可见，这种工作方式也是三相导通星形六状态方式，同样也是每隔 60°改变一次导通状态，每改变一次工作状态换相一次，但是每个开关管导通 180°，导通的时间增加了。

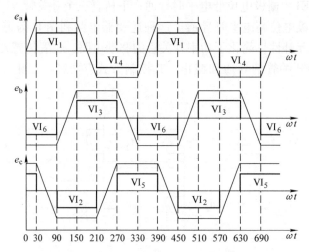

图 8-17　三相绕组的反电动势波形及其二相导通方式下的导通规律

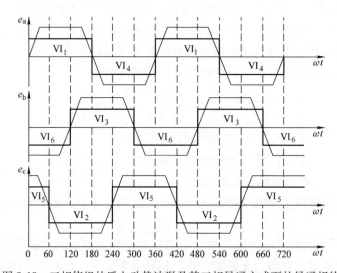

图 8-18　三相绕组的反电动势波形及其三相导通方式下的导通规律

　　当 VI_1、VI_2、VI_3 导通时，电流的路径为：电源→VI_1、VI_3→A 相绕组和 B 相绕组→C 相绕组→VI_2→地。其中 A 相和 B 相相当于并联。如果假定 C 相绕组的电流为 I，则 A、B 两相绕组的电流分别为 $I/2$，可以求得电枢绕组产生的总电磁转矩约为单相转矩的两倍。

　　在三相导通方式下，各相绕组不是在反电动势的平顶部分换相，而是在反电动势的过零点换相。因此，在电枢电流和转速相同的情况下，三相导通方式的平均电磁转矩比二相导通方式的要小，同时瞬时电磁转矩还存在脉动。

　　比较两种导通方式可见：在二相导通方式下，每个管子均有 60° 电角度的不导通时间，不可能发生直通短路故障。而在三相导通方式下，因每个管子导通时间为 180° 电角度，一个管子的导通和关断稍有延迟，就会发生直通短路，导致开关器件损坏。并且，两相导通三相六状态工作方式很好地利用了方波气隙磁场的平顶部分，使电动机出力大，转矩平稳性好。所以两相导通三相六状态工作方式最为常用。

8.3.3 三相三角形桥式联结和换相

图 8-19 所示为三角形联结三相桥式主电路。与星形联结一样，三角形联结的控制方式也有二相导通和三相导通两种。

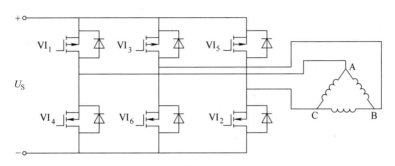

图 8-19　三角形联结三相桥式主电路

1. 二相导通方式　三相三角形联结二相导通方式的开关管导通顺序为 VI_1、$VI_2 \rightarrow VI_2$、$VI_3 \rightarrow VI_3$、$VI_4 \rightarrow VI_4$、$VI_5 \rightarrow VI_5$、$VI_6 \rightarrow VI_6$、VI_1，如图 8-20 所示。

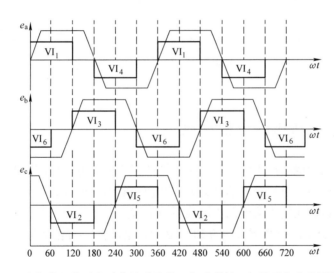

图 8-20　电枢绕组的反电动势波形及其三角形联结二相导通方式的导通规律

当 VI_1、VI_2 导通时，电流的路径为：电源 $\rightarrow VI_1 \rightarrow$ A 相绕组、B 相绕组和 C 相绕组 $\rightarrow VI_2 \rightarrow$ 地。其中，B 相与 C 相串联，再与 A 相并联。如果 A 相绕组中的电流为 I，则 B、C 两相绕组中的电流约为 $I/2$，总电磁转矩约为单相电磁转矩的两倍。但各相绕组在反电动势的过零点导通，在反电动势平顶部分关断，瞬时电磁转矩存在脉动。

可见，三角形联结二相导通方式下无刷直流电动机的工作情况与星形联结三相导通时情况相似。

2. 三相导通方式　三相三角形联结三相导通方式的各开关管导通顺序为：VI_1、VI_2、$VI_3 \rightarrow VI_2$、VI_3、$VI_4 \rightarrow VI_3$、VI_4、$VI_5 \rightarrow VI_4$、VI_5、$VI_6 \rightarrow VI_5$、VI_6、$VI_1 \rightarrow VI_6$、VI_1、VI_2，如图 8-21 所示。

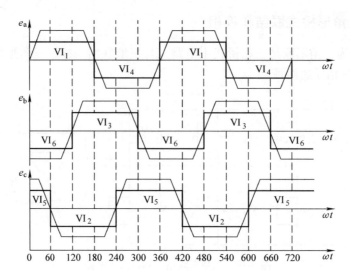

图 8-21　电枢绕组的反电动势波形及其三角形联结三相导通方式的导通规律

当 VI_1、VI_2、VI_3 导通时，电流的路径为：电源→VI_1、VI_3→A 相绕组和 B 相绕组→VI_2→地。A、B 两相绕组并联，流经 A、B 两相的电流大小相同。因此，总电磁转矩为单相电磁转矩的两倍。

所以三角形联结三相导通方式下无刷直流电动机的工作情况与星形联结二相导通时情况相似。所不同的是，在星形联结二相通电方式下，两通电绕组为串联；而三角形联结三相通电时，两绕组为并联。

8.4　无刷直流电动机的电枢反应

电动机负载时电枢绕组产生的磁场对主磁场的影响称为电枢反应。电枢反应与磁路的饱和程度、电动机的转向、电枢绕组的联结方式和逆变器的通电方式有关。下面以两相导通星形三相六状态为例讨论无刷直流电动机电枢反应的特点。

设电动机工作在 A 相和 B 相绕组导通的磁状态范围内，两相绕组在空间的合成磁动势 F_a 如图 8-22 所示。

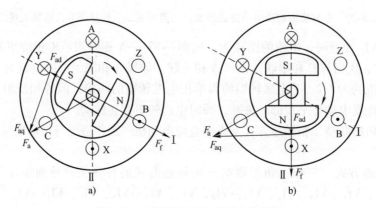

图 8-22　电枢绕组的合成磁动势变化

电动机工作在两相导通星形三相六状态时，每个磁状态持续60°电角度，即磁状态角 $\alpha_Q = 60°$。转子顺时针旋转时，对应于该磁状态的转子边界在图中Ⅰ和Ⅱ位置。电枢磁动势 F_a 可分解为直轴分量 F_{ad} 和交轴分量 F_{aq}。

当转子磁极轴线处于Ⅰ位置时，如图8-22a所示，电枢磁动势的直轴分量 F_{ad} 对转子主磁极产生最大去磁作用。

当转子磁极轴线旋转到位置Ⅱ时，如图8-22b所示，电枢磁动势的直轴分量 F_{ad} 对转子主磁极产生最大增磁作用。

当转子磁极轴线处于Ⅰ和Ⅱ位置的正中间时，转子主磁极轴线和电枢合成磁动势 F_a 互相垂直，电枢磁动势的直轴分量 F_{ad} 等于0。

可见，在一个磁状态范围内，电枢磁动势在刚开始为最大去磁，然后去磁磁动势逐渐减小；在1/2磁状态时既不去磁也不增磁；在后半个磁状态内增磁逐渐增大，最后达到最大值。增磁和去磁磁动势的大小等于电枢合成磁动势 F_a 在转子磁极轴线上的投影，其最大值为

$$F_{adm} = F_a \sin \frac{\alpha_Q}{2} = 2F_\Phi \sin \frac{\alpha_Q}{2} = I_a N_{\Phi 1} K_{dp} \sin \frac{\alpha_Q}{2} \tag{8-2}$$

式中　F_Φ ——每相绕组的磁动势；

　　　$N_{\Phi 1}$ ——每相绕组的串联导体数；

　　　K_{dp} ——绕组系数。

由于在无刷直流电动机中磁状态角比较大，不可忽视直轴电枢反应磁动势的作用，为了避免使永磁体发生去磁，在设计时应予以注意。

交轴电枢磁动势对主磁场的作用是使气隙磁场波形发生畸变。对于永磁体为径向充磁的结构，由于永磁体本身的磁阻很大，故交轴电枢磁动势引起气隙磁场畸变较小，通常可不予考虑；对于切向充磁的永磁体，由于转子主磁极极靴的磁阻很小，故交轴电枢磁动势可导致气隙磁场发生较大畸变，使气隙磁场前极尖部分磁感应强度加强，后极尖部分磁感应强度削弱。如果磁路不饱和，则加强部分与削弱部分相等，反之，产生一定的饱和去磁作用。此外，畸变的气隙磁场还将引起转矩脉动增加。

考虑永磁体的最佳磁路设计时，表8-1列出了电枢反应直轴分量最大值计算公式。

表8-1　电枢反应直轴分量最大值计算表

电枢绕组和电子换相电路的不同组合	一个磁极的最大磁动势 F_{max}
星形三相三状态	$\dfrac{\sqrt{3}}{8} I_a N_{\Phi 1} K_{dp}$
星形三相六状态	$\dfrac{\sqrt{3}}{8} I_a N_{\Phi 1} K_{dp}$
封闭式三相六状态	$\dfrac{1}{8} I_a N_{\Phi 1} K_{dp}$
星形四相四状态	$\dfrac{\sqrt{2}}{8} I_a N_{\Phi 1} K_{dp}$
封闭式四相四状态	$\dfrac{1}{4} I_a N_{\Phi 1} K_{dp}$

8.5 无刷直流电动机的绕组

与所有交流电动机一样，无刷直流电动机的定子绕组也是一套交流绕组。同样交流绕组可分为单层绕组和双层绕组。单层绕组又可分为链式、交叉式和同心式；双层绕组又可分为叠绕组和波绕组。无刷直流电动机的绕组连接有时还采用一种单双层绕组，它是把一相绕组占有整个槽的线圈作为单层，另把占有半个槽的线圈仍作为双层，就构成了单双层绕组。此外无刷直流电动机中多采用分数槽绕组。

在无刷直流电动机中，如采用整数槽，往往会产生定子的齿同转子磁极相吸而产生齿和磁极对齐的粘住（定位）现象，对电动机的运行产生不良影响。因此常采用分数槽，它能把定子上的齿和转子上的磁极错开，从而改善了电动机的运行性能。近年来，无刷直流电动机被广泛地用于视听设备、计算机外部设备和情报信息机械等领域。在这些领域内，无刷直流电动机大多采取多极外转子结构，其电枢绕组大多采用分数槽形式的绕组。此外，分数槽绕组还能减小齿槽效应引起的转矩脉动。当采用分数槽集中绕组时，能方便机械化下线，并缩短线圈端部长度。

8.5.1 分数槽绕组的基本概念

众所周知，当 q 为整数时，电动机每个极距内的槽数也是整数。在三相电动机中，每个极距分成三个相互间隔 60° 电角度的相带，后一对磁极是前一对磁极的重复，一台电动机以一对磁极为一个周期，重复 p 次。若把各对磁极依次重叠起来，则它们的齿槽将一一对应重合，各对磁极下的相应的绕组导体中的感应电动势，或由该绕组导体中的电流所产生的磁动势也都是同相位的。一台电动机每相总的感应电动势便是每对磁极下的每相感应电动势与磁极对数 p 的乘积。因此，为分析方便，可以把一对磁极所对应的部分称为单元电动机，一台电动机每相总的感应电动势就是单元电动机的每相感应电动势与磁极对数 p 的乘积。

采用分数槽绕组时，每极每相槽数 q 为

$$q = \frac{Q}{2pm} = b + \frac{c}{d} \tag{8-3}$$

式中　m ——相数；

　　　Q ——槽数；

　　　p ——磁极对数；

　　　b ——整数；

　　　$\dfrac{c}{d}$ ——不可约的真分数。

当 $q = \dfrac{Q}{2pm}$ 为分数时，则每个极距内的槽数就不是整数。一般情况下，分数槽电动机的 Q 和 p 有一个最大的公约数，即

$$\frac{Q}{p} = \frac{Q_0}{p_0} \tag{8-4}$$

式中　$Q = Q_0 t$

$$p = p_0 t$$

t ——最大公约数。

因此 q 可写成

$$q = \frac{Q_0}{2mp_0} \tag{8-5}$$

上式说明在分数槽电动机中，每 $2p_0$ 个磁极下每相占有 $\dfrac{Q_0}{m}$ 个槽。电动机的齿槽分布、感应电动势相量图和磁动势相量图，以 $2p_0$ 个磁极为一个周期，重复 t 次。在同一个 $2p_0$ 个磁极范围内，若把各对磁极依次重叠起来，则不同对磁极下面的齿槽就不会一一对应重合，各个磁极对下面的绕组导体中的感应电动势相量，或由该绕组导体内的电流所产生的磁动势相量也不是同相位的。因此，在 $2p_0$ 个磁极范围内，每相总的感应电动势不是每对磁极下每相感应电动势的标量代数相加，而是相量几何相加。为分析起见，可以把由 p_0 个相平面重叠在一起后得到的感应电动势相量星形图或磁动势相量星形图，看作为一个虚拟相平面上的感应电动势相量星形图或磁动势相量星形图；把由 p_0 个磁极对所对应的部分看作具有一对虚拟磁极的电动机，并称之为分数槽电动机的虚拟单元电动机。因此，虚拟单元电动机的槽数为 Q_0，磁极对数为 1。一台分数槽电动机由 t 个虚拟单元电动机所组成，其每相总的感应电动势就是虚拟单元电动机的每相感应电动势与 t 的乘积。虚拟单元电动机，及其对应的感应电动势相量星形图和磁动势相量星形图是分析计算分数槽电动机的基础。

绕组系数计算

$$q' = qd = bd + c$$

$$\alpha' = \frac{60°}{q'}$$

$$K_{d1} = \frac{\sin\left(q'\dfrac{\alpha'}{2}\right)}{q'\sin\dfrac{\alpha'}{2}} \tag{8-6}$$

$$K_{d\nu} = \frac{\sin\left(\nu q'\dfrac{\alpha'}{2}\right)}{q'\sin\left(\nu\dfrac{\alpha'}{2}\right)} \tag{8-7}$$

8.5.2　分数槽绕组的对称条件

在电动机中，为了获得对称的电动势和磁动势，首先要求具有对称的电枢绕组。对三相电动机而言，所谓对称的电动势和磁动势，就要求 A、B、C 三相的电动势和磁动势在数值上相等，相互间相位相差 120° 电角度。在分数槽电动机中，不是任何槽数 Q 和任何磁极对数 p 相配合就能获得对称的电枢绕组的。为了获得对称的电枢绕组，参数 Q 和 m 必须满足下列关系：

1）Q/m = 整数；

2）Q_0/m = 整数（$Q = Q_0 t$，$p = p_0 t$）。

上述关系式被称作分数槽绕组的对称条件。

8.5.3 分数槽电枢绕组的连接方法

下面通过一些实例讨论有关分数槽电枢绕组的连接方法。

例 8-1 $m=3$，$Q=12$，$2p=8$（$Q_0=3$，$p_0=1$，$t=4$）。

（1）相邻两齿槽间的夹角

相邻两齿槽间的机械角度 $\alpha_m=360°/Q=30°$

相邻两齿槽间的电气角度 $\alpha_e=p\alpha_m=120°$

（2）电枢线圈的磁动势星形图　由于电枢绕组为整距集中绕组，$y_1=1$，在电枢的每个齿上绕有一个集中线圈，因此每一个齿上的电枢线圈的磁动势轴线与齿的中心线相一致，所以两相邻电枢线圈轴线间的夹角 $\alpha_e=120°$，与之（$Q_0=3$，$p_0=1$，$t=4$）相对应的电枢线圈的磁动势星形图如图 8-23 所示。

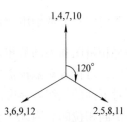

图 8-23　电枢线圈的磁动势星形图
（$m=3$，$Q=12$，$2p=8$）

（3）电枢绕组的连接方法　由图 8-23 可见，电动机由 $t=4$ 个虚拟单元电动机所组成，第 1、第 4、第 7 和第 10 个齿上的第 1、第 4、第 7 和第 10 个线圈为 A 相，第 2、第 5、第 8 和第 11 个齿上的第 2、第 5、第 8 和第 11 个线圈为 B 相，第 3、第 6、第 9 和第 12 个齿上的第 3、第 6、第 9 和第 12 个线圈为 C 相。电枢绕组的连接见表 8-2。

表 8-2　电枢绕组的连接（$m=3$，$Q=12$，$2p=8$）

相序	电枢线圈的编号				备　注
A 相	（头）1（尾）	（头）4（尾）	（头）7（尾）	（头）10（尾）	头尾相连
B 相	（头）2（尾）	（头）5（尾）	（头）8（尾）	（头）11（尾）	头尾相连
C 相	（头）3（尾）	（头）6（尾）	（头）9（尾）	（头）12（尾）	头尾相连

（4）绕组系数

绕组系数 $K_{dp}=K_dK_p=0.866$；

短距系数 $K_p=\cos\dfrac{\beta}{2}=\cos30°=0.866$，$\beta=60°$；

分布系数 $K_d=1$。

（5）霍尔元件的数量和配置　霍尔元件的数量和配置是与电动机的导通状态密切相关的。下面就一相导通星形三相三状态的非桥式电路和二相导通星形三相六状态的桥式电路两种典型情况来分别加以讨论：

1）一相导通星形三相三状态的非桥式电路。一相导通星形三相三状态的非桥式线路如图 8-24 所示。

① 导通状态

导通顺序：电枢绕组各相导通的规律，即各相电枢绕组先后导通的次序为 A→B→C。

磁状态角 α_Q：电枢中先后相继出现的两个空间磁状态之间所夹的电角度称为磁状态角 α_Q。根据图 8-25 所示的电枢磁动势相量图，其磁状态角为 $\alpha_Q=120°$电角度。

导通角 α_t：为了使电动机能维持一定的导通顺序和磁状态，就要求其驱动电路中相应的功率晶体管也能按一定的顺序导通，且每一次导通能维持一定的时间。功率晶体管从导通到截止，其对应的时间相量所扫过的电角度称为该功率晶体管的导通角 α_t。在此例中，导通角 $\alpha_t = \alpha_Q = 120°$ 电角度。相电流示意图如图8-26所示。

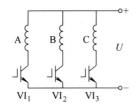

图8-24　一相导通星形三相三状态非桥式电路

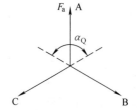

图8-25　电枢磁动势相量图

② 霍尔元件的数量和配置。霍尔元件的输出信号，经处理后被送至功率晶体管的基极，去触发和驱动功率晶体管导通。因此，霍尔元件的数量和配置应满足电动机导通状态的要求，亦即要与图8-26所示的电动机的相电流示意图相一致。综上分析，对于一相导通星形三相三状态非桥式电路的电动机而言，需要配置三个霍尔元件。在时间域内，两相邻霍尔元件之间的夹角 θ_e 为120°电角度。霍尔元件输出的逻辑波形如图8-27所示。

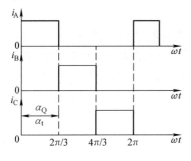

图8-26　相电流示意图

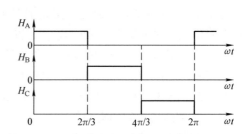

图8-27　霍尔元件输出的逻辑波形图

上述分析均以电角度为角度计量单位。在安装的过程中，还必须把两相邻霍尔元件之间的夹角从时间域的电角度 θ_e 转换成空间机械角度 θ_m，它们之间有如下的关系：

$$\theta_m = \frac{\theta_e}{p}$$

式中　θ_m——空间机械角度；

　　　θ_e——时间域的电角度；

　　　p——电动机的磁极对数。

对于一相导通星形三相三状态非桥式电路的电动机而言，两相邻霍尔元件之间的空间机械夹角 θ_m 为30°，三个霍尔元件应相邻间隔地被放置在电枢铁心的三个相邻的槽中心线上。

众所周知，在直流电动机中，当电枢磁场和励磁磁场正交时，电动机产生最大的电磁转矩。因此，在转子位置传感器的转子永磁体与电动机的主转子永磁体兼容的情况下，必须调整由霍尔元件组成的转子位置传感器的定子和主定子之间的相对位置，以便确保电动机获得最大的电磁转矩。

2) 二相导通星形三相六状态的桥式电路。二相导通星形三相六状态的桥式电路如图8-28所示。

① 导通状态。

导通顺序：各相电枢绕组先后导通的次序为 $AB \rightarrow AC \rightarrow BC \rightarrow BA \rightarrow CA \rightarrow CB \rightarrow AB$。电枢磁动势相量图如图 8-29 所示。

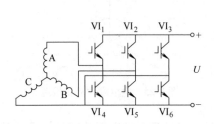

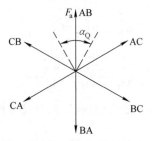

图 8-28　二相导通星形三相六状态桥式电路　　　　图 8-29　电枢磁动势相量图

磁状态角 α_Q：根据图 8-29 所示的电枢磁动势相量图，其磁状态角为 $\alpha_Q = 60°$ 电角度。

导通角 α_t：由于一相绕组的导通持续了两个磁状态，即驱动电路中与该导通相绕组相连接的功率晶体管从导通到截止要维持两个磁状态所对应的时间，所以其导通角 $\alpha_t = 2\alpha_Q = 120°$ 电角度。电动机的相电流示意图如图 8-30 所示。

② 霍尔元件的数量和配置。在此情况下，霍尔元件的数量和配置与一相导通星形三相三状态非桥式电路的情况一样，需要配置三个霍尔元件，两相邻霍尔元件之间的夹角 θ 为 $120°$ 电角度。霍尔元件的输出波形如图 8-27 所示。两相邻霍尔元件之间的空间机械夹角 θ_m 为 $30°$，三个霍尔元件应相邻间隔地被放置在电枢铁心的三个相邻的槽中心线上。

例 8-2　$m = 3$，$Q = 9$，$2p = 8$（$Q_0 = 9$，$p_0 = 4$，$t = 1$）。

（1）相邻两齿槽间的夹角

相邻两齿槽间的机械角度 $\alpha_m = 360°/Q = 40°$；

相邻两齿槽间的电角度 $\alpha_e = p\alpha_m = 160°$。

（2）电枢线圈的磁动势星形图　两相邻电枢线圈轴线间的电气夹角是 $\alpha_e = 160°$，与之（$Q_0 = 9$，$p_0 = 4$，$t = 1$）相对应的电枢线圈的磁动势星形图如图 8-31 所示。

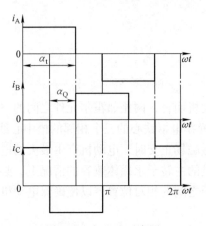

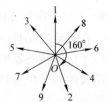

图 8-30　相电流示意图　　　　　　　图 8-31　电枢线圈的磁动势星形图
$\qquad\qquad\qquad\qquad\qquad\qquad\qquad$（$m = 3$，$Q = 9$，$2p = 8$）

（3）电枢绕组的连接方法　由图8-31可见，电动机由 $t=1$ 个虚拟单元电动机所组成。电枢绕组的连接见表8-3。

表8-3　电枢绕组的连接 $（m=3，Q=9，2p=8）$

相序	电枢线圈的编号			备　注
A 相	（头）1（尾）	（尾）2（头）	（尾）9（头）	1 号线圈的头为 A 相的头、9 号线圈的头为 A 相的尾
B 相	（头）4（尾）	（尾）5（头）	（尾）3（头）	4 号线圈的头为 B 相的头、3 号线圈的头为 B 相的尾
C 相	（头）7（尾）	（尾）8（头）	（尾）6（头）	7 号线圈的头为 C 相的头、6 号线圈的头为 C 相的尾

（4）绕组系数

绕组系数 $K_{dp}=K_d K_p=0.98$；

短距系数 $K_p=\cos\frac{\beta}{2}=\cos10°=0.98$，$\beta=20°$；

分布系数 $K_d=1$。

（5）霍尔元件的数量和配置　本例的无刷直流电动机需要配置三个霍尔元件，三个霍尔元件被依次放置在电枢铁心的三个相互间隔三个齿距的槽中心线上，如第1个霍尔元件被放置在第1个槽的中心线上，则第2个和第3个霍尔元件应依次被放置在第4和第7个槽的中心线上。第1个霍尔元件对应 A 相，第2个霍尔元件对应 B 相，第3个霍尔元件对应 C 相。

例 8-3　$m=3$，$Q=12$，$2p=16$（$Q_0=3$，$p_0=2$，$t=4$）。

（1）相邻两齿槽间的夹角

相邻两齿槽间的机械角度 $\alpha_m=360°/Q=30°$

相邻两齿槽间的电角度 $\alpha_e=p\alpha_m=240°$

（2）电枢线圈的磁动势星形图　两相邻电枢线圈轴线间的电气夹角是 $\alpha_e=240°$，与之（$Q_0=3$，$p_0=2$，$t=4$）相对应的电枢线圈的磁动势星形图如图8-32所示。

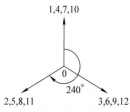

图 8-32　电枢线圈的磁动势星形图（$m=3$，$Q=12$，$2p=16$）

（3）电枢绕组的连接方法　由图8-32可见，电动机由 $t=4$ 个虚拟单元电动机所组成。电枢绕组的连接见表8-4。

表8-4　电枢绕组的连接（$m=3,Q=12,2p=16$）

相序	电枢线圈的编号				备　注
A 相	（头）1（尾）	（头）4（尾）	（头）7（尾）	（头）10（尾）	头尾相连
B 相	（头）3（尾）	（头）6（尾）	（头）9（尾）	（头）12（尾）	头尾相连
C 相	（头）2（尾）	（头）5（尾）	（头）8（尾）	（头）11（尾）	头尾相连

（4）绕组系数

绕组系数 $K_{dp}=K_d K_p=0.866$；

短距系数 $K_p=\cos\frac{\beta}{2}=\cos30°=0.866$，$\beta=60°$；

分布系数 $K_d=1$。

（5）霍尔元件的数量和配置　本例的无刷直流电动机需要配置三个霍尔元件，三个霍尔元件应相邻间隔地被放置在电枢铁心的三个相邻的槽中心线上。第一个霍尔元件对应 A 相，第二个霍尔元件对应 C 相，第三个霍尔元件对应 B 相。

例 8-4 $m=3$，$Q=24$，$2p=16$（$Q_0=3$，$p_0=1$，$t=8$）。

（1）相邻两齿槽间的夹角

相邻两齿槽间的机械角度 $\alpha_m=360°/Q=15°$

相邻两齿槽间的电角度 $\alpha_e=p\alpha_m=120°$

（2）电枢线圈的磁动势星形图　两相邻电枢线圈轴线间的电气夹角是 $\alpha_e=120°$，与之（$Q_0=3$，$p_0=1$，$t=8$）相对应的电枢线圈的磁动势星形图如图 8-33 所示。

（3）电枢绕组的连接方法　由图 8-33 可见，电动机由 $t=8$ 个虚拟单元电动机所组成。电枢绕组的连接见表 8-5。

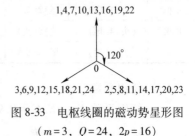

图 8-33　电枢线圈的磁动势星形图
（$m=3$，$Q=24$，$2p=16$）

表 8-5　电枢绕组的连接（$m=3$，$Q=24$，$2p=16$）

相序	电枢线圈的编号				备　注
A 相	(头)1(尾)	(头)4(尾)	(头)7(尾)…	(头)22(尾)	头尾相连
B 相	(头)2(尾)	(头)5(尾)	(头)8(尾)…	(头)23(尾)	头尾相连
C 相	(头)3(尾)	(头)6(尾)	(头)9(尾)…	(头)24(尾)	头尾相连

（4）绕组系数

绕组系数 $K_{dp}=K_d K_p=0.866$；

短距系数 $K_p=\cos\dfrac{\beta}{2}=\cos30°=0.866$，$\beta=60°$；

分布系数 $K_d=1$。

（5）霍尔元件的数量和配置　本例的无刷直流电动机需要配置三个霍尔元件，三个霍尔元件的放置同例 8-3。

例 8-5 $m=3$，$Q=9$，$2p=12$（$Q_0=3$，$p_0=2$，$t=3$）。

（1）相邻两齿槽间的夹角

$\alpha_m=360°/Q=40°$

$\alpha_e=p\alpha_m=240°$

（2）电枢线圈的磁动势星形图　两相邻电枢线圈轴线间的电气夹角是 $\alpha_e=240°$，与之（$Q_0=3$，$p_0=2$，$t=3$）相对应的电枢线圈的磁动势星形图如图 8-34 所示。

（3）电枢绕组的连接方法　由图 8-34 可见，电动机由 $t=3$ 个虚拟单元电动机所组成，电枢绕组的连接见表 8-6。

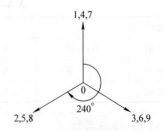

图 8-34　电枢线圈的磁动势星形图

（4）霍尔元件的数量和配置　本例的无刷直流电动机需要配置三个霍尔元件，三个霍尔元件的放置同例 8-2。

例 8-6 $m=3$、$Q=15$、$2p=4$，试画出其绕组连接图。

表 8-6　电枢绕组的连接（$m=3$，$Q=9$，$2p=12$）

相序	电枢线圈的编号			备　注
A 相	（头）1（尾）	（头）4（尾）	（头）7（尾）	头尾相连
B 相	（头）3（尾）	（头）6（尾）	（头）9（尾）	头尾相连
C 相	（头）2（尾）	（头）5（尾）	（头）8（尾）	头尾相连

$$q = \frac{Q}{2mp} = \frac{15}{2 \times 3 \times 2} = 1\frac{1}{4}$$

$$\alpha_e = \frac{p \times 360°}{Q} = \frac{2 \times 360°}{15} = 48°$$

$$\text{极距：} \tau_p = \frac{Q}{2p} = \frac{15}{4} = 3\frac{3}{4}\text{槽}$$

采用短距绕组，取节距 $y = 3$ 槽。图 8-35 是它们的星形相量图。由于 Q 和 p 之间无公约数，故整个定子槽只能作为一个单元来处理。为了获得最大合成转矩，把星形相量图分为六个相带，由图 8-35 可得三相绕组的具体分配如下（各槽数上有横线的表示绕组要反接）：

A 相：1，2，$\overline{5}$，9，$\overline{13}$

B 相：4，$\overline{8}$，11，12，$\overline{15}$

C 相：$\overline{3}$，6，7，$\overline{10}$，14

它们的具体连接图如图 8-36 所示。

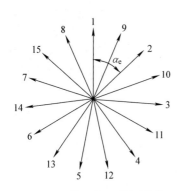

图 8-35　绕组的星形相量图

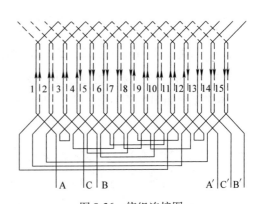

图 8-36　绕组连接图

各次谐波的分布系数计算如下：

$$q' = qd = 1\frac{1}{4} \times 4 = 5$$

$$\alpha' = \frac{60°}{q'} = \frac{60°}{5} = 12°$$

$$K_{d1} = \frac{\sin\left(q'\frac{\alpha'}{2}\right)}{q'\sin\left(\frac{\alpha'}{2}\right)} = \frac{\sin\left(5 \times \frac{12°}{2}\right)}{5 \times \sin\left(\frac{12°}{2}\right)} = 0.956$$

$$K_{d3} = \frac{\sin\left(\nu q' \dfrac{\alpha'}{2}\right)}{q' \sin\left(\nu \dfrac{\alpha}{2}\right)} = \frac{\sin\left(3 \times 5 \times \dfrac{12°}{2}\right)}{5 \times \sin\left(3 \times \dfrac{12°}{2}\right)} = 0.647$$

$$K_{d5} = \frac{\sin\left(\nu q' \dfrac{\alpha'}{2}\right)}{q' \sin\left(\nu \dfrac{\alpha}{2}\right)} = \frac{\sin\left(5 \times 5 \times \dfrac{12°}{2}\right)}{5 \times \sin\left(5 \times \dfrac{12°}{2}\right)} = 0.2$$

例 8-7　$m=3$、$Q=36$、$2p=10$，试画出其绕组连接图。

$$q = \frac{Q}{2mp} = \frac{36}{2 \times 3 \times 5} = 1\frac{1}{5}$$

$$\alpha_e = \frac{p \times 360°}{Q} = \frac{5 \times 360°}{36} = 50°$$

极距：$\tau_p = \dfrac{Q}{2p} = \dfrac{36}{10} = 3.6$ 槽

采用短距绕组，取节距 $y=3$ 槽。图 8-37 是它们的星形相量图。同样，由于 Q 和 p 之间无公约数，整个定子槽只能为一个单元来处理。由图 8-37 可得，三相绕组的具体分配如下：

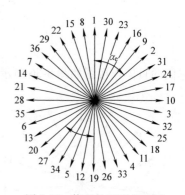

图 8-37　绕组的星形相量图

A 相：1, 2, $\overline{5}$, 9, $\overline{12}$, 16, $\overline{19}$, $\overline{20}$, 23, $\overline{27}$, 30, $\overline{34}$

B 相：4, $\overline{7}$, $\overline{8}$、11、$\overline{15}$, 18, $\overline{22}$, 25, 26, $\overline{29}$, 33, $\overline{36}$

C 相：$\overline{3}$, 6, $\overline{10}$, 13, 14, $\overline{17}$, 21, $\overline{24}$, 28, $\overline{31}$, $\overline{32}$, 35

它们的具体连接图如图 8-38 所示（因三相对称，现仅画出 A 相）。

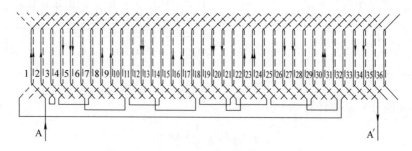

图 8-38　绕组连接图

各次谐波的分布系数计算如下：

$$q' = qd = 1\frac{1}{5} \times 5 = 8$$

$$\alpha' = \frac{60°}{q'} = \frac{60°}{8} = \left(7\frac{1}{2}\right)°$$

$$K_{d1} = \frac{\sin\left(q'\dfrac{\alpha'}{2}\right)}{q'\sin\left(\dfrac{\alpha'}{2}\right)} = \frac{\sin\left(8 \times \dfrac{\left(7\frac{1}{2}\right)^{\circ}}{2}\right)}{8 \times \sin\left(\dfrac{\left(7\frac{1}{2}\right)^{\circ}}{2}\right)} = 0.956$$

$$K_{d3} = \frac{\sin\left(\nu q'\dfrac{\alpha'}{2}\right)}{q'\sin\left(\nu\dfrac{\alpha'}{2}\right)} = \frac{\sin\left(3 \times 8 \times \dfrac{\left(7\frac{1}{2}\right)^{\circ}}{2}\right)}{8 \times \sin\left(3 \times \dfrac{\left(7\frac{1}{2}\right)^{\circ}}{2}\right)} = 0.64$$

$$K_{d5} = \frac{\sin\left(\nu q'\dfrac{\alpha'}{2}\right)}{q'\sin\left(\nu\dfrac{\alpha'}{2}\right)} = \frac{\sin\left(5 \times 8 \times \dfrac{\left(7\frac{1}{2}\right)^{\circ}}{2}\right)}{8 \times \sin\left(5 \times \dfrac{\left(7\frac{1}{2}\right)^{\circ}}{2}\right)} = 0.194$$

例 8-8 $m = 3$，$Q = 36$，$2p = 40$。

$$q = \frac{36}{2 \times 3 \times 20} = \frac{3}{10}$$

即 $d = 10$，$c = 3$，每相绕组彼此位移 3 个槽，符合对称条件。三相绕组排列分配如下：

A 相	1	$\overline{2}$	3	10	$\overline{11}$	12	19	$\overline{20}$	21	28	$\overline{29}$	30
B 相	7	$\overline{8}$	9	13	$\overline{14}$	15	25	$\overline{26}$	27	34	$\overline{35}$	36
C 相	4	$\overline{5}$	6	16	$\overline{17}$	18	22	$\overline{23}$	24	31	$\overline{32}$	33

注：数字上有"—"代表槽内绕组要反接。

例 8-9 $m = 3$，$Q = 45$，$2p = 60$。

$$q = \frac{45}{2 \times 3 \times 30} = \frac{1}{4}$$

即 $d = 4$，$c = 1$，每相绕组位移一个槽，符合对称条件，三相绕组排列分配如下：

A 相	1	4	7	10	13	16	19	22	25	28	31	34	37	40	43
B 相	3	6	9	12	15	18	21	24	27	30	33	36	39	42	45
C 相	2	5	8	11	14	17	20	23	26	29	32	35	38	41	44

8.6 无刷直流电动机的基本计算公式

无刷直流电动机的稳态运行性能与电动机驱动方式有关。为适应宽调速范围及低转矩波动和速度波动的要求，可选用两种驱动方式：矩形波（方波）电流驱动和正弦波电流驱动。

1. 方波电流驱动方式 以双极性三相六状态换相方式为例说明。对电动机气隙磁场进行特殊设计，使每相绕组反电动势波形为梯形波，在匀速运行时，其平顶部分不小于120°，其幅值为E_m。由转子位置传感器作用和系统控制，使相电流在反电动势平顶部120°内保持为恒值I。对于星形联结电动机，在这种换相方式时，一周内共分为六个状态。对于任一个状态的60°范围内，都是两相绕组串联工作，它们的合成反电动势为$2E_m$，相电流为I。此时，电动机电磁功率P_{em}和产生的电磁转矩T_{em}表示为

$$T_{em} = \frac{P_{em}}{\Omega} = \frac{2E_m I}{\Omega} \tag{8-8}$$

在一个状态角内没有转矩波动和电流波动。同样，由于六个状态对称，电动机旋转一周内也没有转矩波动。

2. 正弦波电流驱动方式　仍以三相电动机为例说明。设计电动机和控制系统时，使各相绕组反电动势为正弦波（幅值为E_m），相电流亦为正弦波（幅值为I_m），并且任一相的电流和反电动势是同相位的，即

$$\begin{cases} e_A = E_m \sin\theta \\ e_B = E_m \sin\left(\theta - \dfrac{2\pi}{3}\right) \\ e_C = E_m \sin\left(\theta + \dfrac{2\pi}{3}\right) \end{cases} \tag{8-9}$$

$$\begin{cases} i_A = I_m \sin\theta \\ i_B = I_m \sin\left(\theta - \dfrac{2\pi}{3}\right) \\ i_C = I_m \sin\left(\theta + \dfrac{2\pi}{3}\right) \end{cases} \tag{8-10}$$

产生的电磁转矩为

$$T_{em} = \frac{1}{\Omega}(e_A i_A + e_B i_B + e_C i_C) = \frac{3E_m I_m}{2\Omega} \tag{8-11}$$

式（8-11）表明，理论上，正弦波电流驱动的无刷直流电动机在任一瞬时产生的转矩都是恒定的，与转角θ无关，瞬态转矩没有转矩波动。

本章主要介绍方波电流驱动无刷直流电动机的稳态运行。

无刷直流电动机的主电路如图8-39所示。图中表示的各物理量的含义见图注。

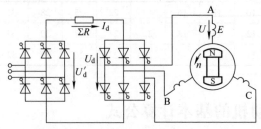

图8-39　无刷直流电动机主电路图

U'_d—可控晶闸管整流器输出电压的平均值　U_d—逆变器直流输入电压的平均值

I_d—逆变器直流输入电流的平均值　U—电动机相电压的有效值　E—电动机每相电动势的有效值

ΣR—主电路总等效电阻，包括晶闸管正向电压降的等效电阻和两相电枢绕组的电阻等

根据变流技术原理可知，经逆变器换流后电动机所获得的端电压波形如图 8-40 所示，逆变器直流输入电压的平均值为

$$U_{\mathrm{d}} = \frac{3\sqrt{6}}{\pi} U \cos\left(\gamma_0 - \frac{\mu}{2}\right) \cos\frac{\mu}{2} \qquad (8\text{-}12)$$

式中 γ_0——换相超前角，即自然换流位置（图 8-40 中的 M 点）提前到实际换流位置（图 8-40 中的 M′点）的超前角度；

     μ——换相重叠角。

而电动机电枢绕组每相反电动势的有效值为

$$E = \sqrt{2}\,\pi\,\frac{pn}{120} N_{\Phi 1} K_{\mathrm{dp}} \Phi_\delta \qquad (8\text{-}13)$$

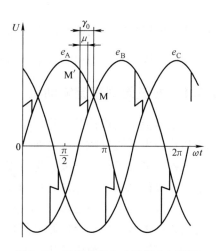

图 8-40 无刷直流电动机端电压波形

式中 $N_{\Phi 1}$——电枢绕组每相导体数。

若忽略电动机内部的漏阻抗电压降，则电动机的端电压（即逆变器的输出相电压）与电动机的反电动势相等，即

$$U = E = \sqrt{2}\,\pi\,\frac{pn}{120} N_{\Phi 1} K_{\mathrm{dp}} \Phi_\delta \qquad (8\text{-}14)$$

将式（8-12）~式（8-14）整理得

$$n = \frac{20 U_{\mathrm{d}}}{\sqrt{3}\, p N_{\Phi 1} K_{\mathrm{dp}} \Phi_\delta \cos\left(\gamma_0 - \dfrac{\mu}{2}\right) \cos\dfrac{\mu}{2}} \qquad (8\text{-}15)$$

根据可控晶闸管整流电路原理可知，对于图 8-39 所示的三相全控桥式整流电路，其输出电压平均值为

$$U'_{\mathrm{d}} = \frac{3\sqrt{6}}{\pi} U_2 \cos\alpha = 2.34 U_2 \cos\alpha \qquad (8\text{-}16)$$

式中 α——可控晶闸管整流器的触发延迟角；

     U_2——三相交流电相电压的有效值。

根据主电路的回路电压平衡有

$$U'_{\mathrm{d}} = U_{\mathrm{d}} + I_{\mathrm{d}} \sum R = 2.34 U_2 \cos\alpha \qquad (8\text{-}17)$$

即

$$U_{\mathrm{d}} = 2.34 U_2 \cos\alpha - I_{\mathrm{d}} \sum R \qquad (8\text{-}18)$$

将式（8-18）代入公式（8-15）得

$$n = \frac{2.34 U_2 \cos\alpha - I_{\mathrm{d}} \sum R}{\left[\dfrac{\sqrt{3}}{20} p N_{\Phi 1} K_{\mathrm{dp}} \cos\left(\gamma_0 - \dfrac{\mu}{2}\right) \cos\dfrac{\mu}{2}\right]\Phi_\delta} = \frac{2.34 U_2 \cos\alpha - I_{\mathrm{d}} \sum R}{C_{\mathrm{e}} \Phi_\delta \cos\left(\gamma_0 - \dfrac{\mu}{2}\right) \cos\dfrac{\mu}{2}} \qquad (8\text{-}19)$$

式中 C_{e}——电动势常数。

$$C_{\mathrm{e}} = \frac{\sqrt{3}}{20} p N_{\Phi 1} K_{\mathrm{dp}}$$

式（8-19）便是无刷直流电动机的转速方程式，与直流电动机的转速方程式 $n = \dfrac{U - I_a R_a}{C_e \Phi_\delta}$ 极为相似，因此可以看出，该电动机具有直流电动机类似的转速特性。

8.6.1　方波无刷直流电动机

无刷直流电动机的基本物理量有电磁转矩、电枢电流、反电动势和转速等。这些物理量的表达式与电动机气隙磁场分布、绕组形式有十分密切的关系。对于永磁无刷直流电动机，其气隙磁场波形可以为方波，也可以为正弦波，根据磁路结构和永磁体形状的不同而不同。对于径向励磁结构，永磁体直接面向均匀气隙，由于永磁体的取向性好，可以方便地获得具有较好方波形状的气隙磁场，其理想波形如图 8-41 所示。对于采用非均匀气隙或非均匀磁化方向长度的永磁体的径向励磁结构，气隙磁场波形可以实现正弦波分布。正弦波气隙磁场在永磁三相同步电动机中常用，而在永磁无刷直流电动机中较少采用。对于方波气隙磁场，当定子绕组采用集中整距绕组，即每极每相槽数 $q = 1$ 时，方波磁场在定子绕组中感应的电动势为梯形波。对于二相导通星形三相六状态永磁无刷直流电动机，方波气隙磁通密度在空间的宽度应大于 120° 电角度，在定子电枢绕组中感应的梯形波反电动势的平顶宽应大于 120° 电角度。这种具有方波气隙磁通密度分布、梯形波反电动势的无刷直流电动机称为方波电动机。方波电动机通常采用方波电流驱动，即与 120° 导通型三相逆变器相匹配，由逆变器向方波电动机提供三相对称的、宽度为 120° 电角度的方波电流。方波电流应与电动势同相位或位于梯形波反电动势的平顶宽度范围内，如图 8-42 所示。为了获得梯形波反电动势，电枢绕组应设计成集中绕组。

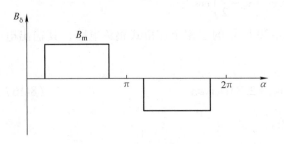

图 8-41　方波气隙磁场分布

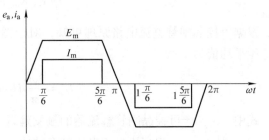

图 8-42　梯形波反电动势与方波电流

1. 电枢绕组感应电动势　设电枢绕组导体的有效长度为 l_a，导体的线速度为 v，则单根导体在气隙磁场中感应的电动势 e（V）为

$$e = B_\delta l_a v \tag{8-20}$$

$$v = \frac{\pi D}{60} n = \frac{2p \tau_p n}{60}$$

式中　v——导体线速度（m/s）。

如果电枢绕组每相串联导体数为 $N_{\Phi 1}$，则每相绕组的感应电动势幅值 E_m（V）为

$$E_m = N_{\Phi 1} e = \frac{p N_{\Phi 1}}{30 \alpha'_p} \Phi_\delta n = C'_e \Phi_\delta n \tag{8-21}$$

式中　Φ_δ——每极磁通量（Wb），$\Phi_\delta = B_\delta \alpha'_p \tau_p l_a \times 10^{-4}$；

C'_e ——相电动势常数，$C'_e = \dfrac{pN_{\Phi1}}{30\alpha'_p}$；

α'_p ——计算极弧系数。

则二相合成电动势（V）（线电动势），即电枢感应电动势为

$$E = 2E_m = \frac{pN_{\Phi1}}{15\alpha'_p}\Phi_\delta n = C_e\Phi_\delta n \tag{8-22}$$

式中　C_e ——电动势常数，$C_e = \dfrac{pN_{\Phi1}}{15\alpha'_p}$。

2. 电枢电流　由图8-43无刷直流电动机等效电路，在每个导通时间内有以下电压平衡方程式

$$U_d - 2\Delta U = E + 2I_aR_a \tag{8-23}$$

式中　U_d ——电源电压；

　　　ΔU ——开关管的饱和管压降；

　　　I_a ——每相绕组电流；

　　　R_a ——每相绕组电阻。

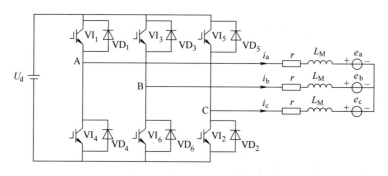

图 8-43　无刷直流电动机的等效电路

由式（8-23）得每相绕组电流 I_a（A）

$$I_a = \frac{U_d - 2\Delta U - E}{2R_a} \tag{8-24}$$

3. 电磁转矩　在任一时刻，电动机的电磁转矩 T_{em}（N·m）由两相绕组的合成磁场与转子永磁体磁场相互作用而产生，则

$$T_{em} = \frac{2E_mI_a}{\Omega} = \frac{EI_a}{\Omega} \tag{8-25}$$

式中　Ω ——电动机的角速度（rad/s），$\Omega = \dfrac{2\pi n}{60}$。

则有

$$T_{em} = \frac{\dfrac{p}{15\alpha'_p}N_{\Phi1}\Phi_\delta nI_a}{\dfrac{2\pi n}{60}} = \frac{2p}{\pi\alpha'_p}N_{\Phi1}\Phi_\delta I_a = C_T\Phi_\delta I_a \tag{8-26}$$

式中　C_T——转矩常数，$C_T = \dfrac{2p}{\pi\alpha'_p}N_{\Phi 1}$。

4. 转速　电动机的转速（r/min）为

$$n = \frac{U_d - 2\Delta U - 2I_a R_a}{C_e \Phi_\delta} \tag{8-27}$$

空载转速（r/min）为

$$n_0 = \frac{U_d - 2\Delta U}{C_e \Phi_\delta} = \frac{U_d - 2\Delta U}{\dfrac{p}{15\alpha'_p}N_{\Phi 1}\Phi_{\delta 0}} = 15\alpha'_p \frac{U_d - 2\Delta U}{pN_{\Phi 1}\Phi_{\delta 0}} \tag{8-28}$$

5. 电动势系数与转矩系数

电动势系数 $[V/(r \cdot min^{-1})]$ 为

$$K_e = \frac{E}{n} = C_e \Phi_\delta = \frac{p}{15\alpha'_p}N_{\Phi 1}\Phi_\delta \tag{8-29}$$

转矩系数（N·m/A）为

$$K_T = \frac{T_{em}}{I_a} = C_T \Phi_\delta = \frac{2p}{\pi\alpha'_p}N_{\Phi 1}\Phi_\delta \tag{8-30}$$

当电动机转速以角速度 Ω 来表示时，则电动势系数（V·s/rad）为

$$K'_e = \frac{E}{\Omega} = \frac{E}{\dfrac{2\pi n}{60}} = \frac{60}{2\pi}K_e \tag{8-31}$$

将以上各式整理后可得

$$K'_e = \frac{60}{2\pi 15\alpha'_p}pN_{\Phi 1}\Phi_\delta = \frac{2p}{\pi\alpha'_p}N_{\Phi 1}\Phi_\delta = K_T \tag{8-32}$$

可见，电动势系数 K'_e 与转矩系数 K_T 相等。

同理可得一相导通星形三相三状态永磁无刷直流方波电动机的基本表达式，见表8-7。

表 8-7　公式对照表

	物理量	方波电动机	普通无刷直流电动机
星形三相三状态	相电动势幅值 E_m	$\dfrac{p}{30\alpha'_p}N_{\Phi 1}\Phi_\delta n$	$0.05225pN_{\Phi 1}K_{dp}\Phi_\delta n$
	平均电枢电流 I_{av}	$\dfrac{U_d - \Delta U - E_m}{R_a}$	$\dfrac{U_d - \Delta U}{R_a} - 0.827\dfrac{E_m}{R_a}$
	平均电磁转矩 T_{av}	$\dfrac{p}{\pi\alpha'_p}N_{\Phi 1}\Phi_\delta I_{av}$	$0.152\dfrac{N_{\Phi 1}p\Phi_\delta}{\alpha'_p R_a}[\sqrt{3}(U_d - \Delta U) - 1.48E_m]$
	空载转速 n_0	$30\alpha'_p\dfrac{U_d - \Delta U}{pN_{\Phi 1}\Phi_{\delta 0}}$	$23.1\dfrac{U_d - \Delta U}{pN_{\Phi 1}K_{dp}\Phi_{\delta 0}}$
星形三相六状态	相电动势幅值 E_m	$\dfrac{p}{30\alpha'_p}N_{\Phi 1}\Phi_\delta n$	$0.05225pN_{\Phi 1}K_{dp}\Phi_\delta n$
	平均电枢电流 I_{av}	$\dfrac{U_d - 2\Delta U - 2E_m}{2R_a}$	$\dfrac{U_d - 2\Delta U}{2R_a} - 0.827\dfrac{E_m}{R_a}$
	平均电磁转矩 T_{av}	$\dfrac{2p}{\pi\alpha'_p}N_{\Phi 1}\Phi_\delta I_{av}$	$0.3035\dfrac{N_{\Phi 1}p\Phi_\delta}{\alpha'_p R_a}[(U_d - 2\Delta U) - 1.655E_m]$
	空载转速 n_0	$15\alpha'_p\dfrac{U_d - 2\Delta U}{pN_{\Phi 1}\Phi_{\delta 0}}$	$11.57\dfrac{U_d - 2\Delta U}{pN_{\Phi 1}K_{dp}\Phi_{\delta 0}}$

8.6.2 普通无刷直流电动机

从表 8-7 可以看出方波无刷直流电动机与普通无刷直流电动机的公式有所不同。主要原因是由于永磁体在气隙中产生的磁场波形不同。普通无刷直流电动机基本公式的推导是建立在假设转子永磁体产生的气隙磁感应强度按正弦波分布，绕组感应电动势也按正弦波分布的基础之上的。

由于普通无刷直流电动机的气隙磁场并非严格按正弦波分布，通常为梯形波，而电枢绕组反电动势也不是标准正弦波，因而在实际电动机设计中一般都采取了近似处理。即忽略气隙磁通密度和反电动势的高次谐波，仅考虑基波，将其视为正弦波分布。因为基波气隙磁感应强度和反电动势起主导作用，掌握了基波的电磁关系也就基本得出了电动机的基本性能和特性。这种近似处理简化了设计计算，在工程上具有较大实用价值，因而在普通无刷直流电动机的设计中得到广泛应用。但若用这种基于正弦波气隙磁场和反电动势波形的计算方法去设计方波电动机，则会产生较大误差。

表 8-8 为永磁方波电动机与普通无刷直流电动机的有关波形对照表。

表 8-8 永磁方波电动机与普通无刷直流电动机波形对照表

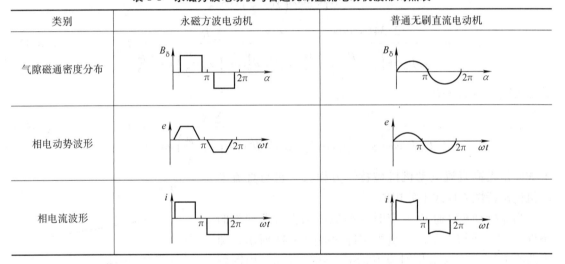

8.7 无刷直流电动机的运行特性

由图 8-39 无刷直流电动机平均转矩，可由输入的电磁功率 P_{em} 及转子的角速度 Ω 求出。根据电磁转矩的定义，有

$$T_{em}=\frac{P_{em}}{\Omega}=\frac{U_d I_d}{\frac{2\pi n}{60}}=\frac{30 U_d I_d}{\pi n} \tag{8-33}$$

$$U_d=\frac{\sqrt{3}}{20}pN_{\Phi 1}K_{dp}\Phi_\delta n\cos\left(\gamma_0-\frac{\mu}{2}\right)\cos\frac{\mu}{2} \tag{8-34}$$

将式（8-33）与式（8-34）经整理得

$$T_{em} = \frac{\frac{\sqrt{3}}{20} p N_{\Phi 1} K_{dp} \Phi_\delta n \cos\left(\gamma_0 - \frac{\mu}{2}\right) \cos\frac{\mu}{2}}{\pi n} \times 30 I_d$$

$$= \frac{3\sqrt{3}}{2\pi} N_{\Phi 1} K_{dp} p \Phi_\delta I_d \cos\left(\gamma_0 - \frac{\mu}{2}\right) \cos\frac{\mu}{2}$$

$$= K_T \Phi_\delta I_d \cos\left(\gamma_0 - \frac{\mu}{2}\right) \cos\frac{\mu}{2} \tag{8-35}$$

式中 K_T ——转矩系数。

$$K_T = \frac{3\sqrt{3}}{2\pi} K_{dp} N_{\Phi 1} p$$

式（8-35）便是无刷直流电动机的平均转矩公式，与直流电动机的转矩公式 $T = C_M \Phi_\delta I$ 十分相似。

变换上式可得以下 I_d 和 n 公式：

$$I_d = \frac{T_{em}}{K_T \Phi_\delta \cos\left(\gamma_0 - \frac{\mu}{2}\right) \cos\frac{\mu}{2}} \tag{8-36}$$

$$n = \frac{2.34 U_2 \cos\alpha}{C_e \Phi_\delta \cos\left(\gamma_0 - \frac{\mu}{2}\right) \cos\frac{\mu}{2}} - \frac{\sum R}{C_e C_T \Phi_\delta^2 \cos^2\left(\gamma_0 - \frac{\mu}{2}\right) \cos^2\frac{\mu}{2}} T_{em} \tag{8-37}$$

若考虑到 $U'_d = 2.34 U_2 \cos\alpha$，上式可写为

$$n = \frac{U'_d}{C_e \Phi_\delta \cos\left(\gamma_0 - \frac{\mu}{2}\right) \cos\frac{\mu}{2}} - \frac{\sum R}{C_e C_T \Phi_\delta^2 \cos^2\left(\gamma_0 - \frac{\mu}{2}\right) \cos^2\frac{\mu}{2}} T_{em} \tag{8-38}$$

上式便是无刷直流电动机机械特性方程式，它与直流电动机机械特性方程式十分相似。

当保持励磁磁通 Φ 一定时（类似他励直流电动机的条件），在不同 U'_d 下的一组机械特性如图 8-44 所示，图中曲线 1、2、3、4 分别对应 $U'_{d1} > U'_{d2} > U'_{d3} > U'_{d4}$。由图可见，它与他励直流电动机改变电枢电压的人工机械特性相似，是一组平行的直线，且特性较硬。

由图 8-44 可以看出，在 U'_{d4} 时才可能堵转。因此这种电动机有可能在很低的转速下稳定运行，从而具有较宽的调速范围。一般无刷直流电动机在开环控制情况下，调速范围可达 $10:1 \sim 20:1$。

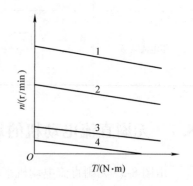

图 8-44　无刷直流电动机改变电枢电压的人工机械特性

无刷直流电动机除了具有良好的调速性能外，还具有结构简单、维修方便、能在恶劣环境下工作及快速性能好等优点。特别是在任何转速下都能平滑地实现电动、回馈制动及可逆运转方式的无触点自动切换。

总之，无刷直流电动机是一种较为理想的机电一体化电动机，在化纤、造纸、印刷、轧钢以及国防等领域，有着广泛的应用前景。

8.7.1 无刷直流电动机的机械特性

若简化分析有刷直流电动机的运行特性，则转速 n（r/min）为

$$n = \frac{U_d - 2\Delta U}{C_e \Phi_\delta} - \frac{2R_a}{C_e \Phi_\delta} I_a = \frac{U_d - 2\Delta U}{C_e \Phi_\delta} - \frac{2R_a}{C_e C_T \Phi_\delta^2} T_{em} \tag{8-39}$$

可见，永磁无刷直流电动机的机械特性与有刷直流电动机的机械特性的表达式相同，机械特性较硬，如图 8-45 曲线 1 所示。但由于公式 $n = \dfrac{U_d - 2\Delta U - 2I_a R_a}{C_e \Phi_\delta}$ 是在忽略电枢绕组电感时得到的，故与实际电动机的机械特性有一定区别。

对于有刷直流电动机，由于参与换相的绕组元件相对较少，因而通常只考虑电阻对机械特性的影响，忽略或较少考虑电感的作用。但对于无刷直流电动机，定子电枢为多相绕组，参与换相的绕组为一相绕组，而不是单个线圈，因此电感较大。当永磁无刷直流电动机采用不同的转子结构时，电感和电阻对机械特性的影响是不同的，通常有以下特点：

1）当电动机采用径向励磁结构型式（图 8-3a、c）时，电动机电感较小，电阻作用较大，电动机具有硬的机械特性（见图 8-45 中曲线 1）。

2）当电动机采用切向励磁结构型式（图 8-3b）时，电动机电感较大，机械特性较软（见图 8-45 曲线 3）。

3）一般情况下，机械特性介于上述两者之间（见图 8-45 曲线 2）。

不同的供电电压驱动时，对于径向励磁结构的永磁无刷直流电动机，可得到图 8-46 所示的机械特性曲线簇。

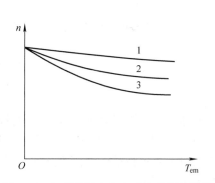

图 8-45　永磁无刷直流电动机的机械特性

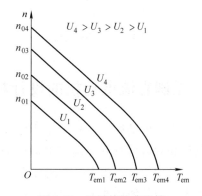

图 8-46　机械特性曲线簇

图中低速大转矩时产生的弯曲现象，是由于此时流过开关管的电流较大，管压降 ΔU 增加较快，使电动机电枢绕组上的电压下降，转速进一步降低，机械特性下弯。

8.7.2 无刷直流电动机的调节特性

根据转速公式变换可得

$$n = \frac{U_d - 2\Delta U}{C_e \Phi_\delta} - \frac{2R_a}{C_e C_T \Phi_\delta^2} T_{em} \tag{8-40}$$

当 $n = 0$ 时，便可求得调节特性曲线（见图 8-47）和始动电压

$$U_{d0} = \frac{2R_a T_{em}}{C_T \Phi_\delta} + 2\Delta U \tag{8-41}$$

从机械特性和调节特性可以看出，永磁无刷直流电动机具有和一般有刷直流电动机一样的控制性能，可以通过改变电源电压实现无级调速。但不能通过改变磁通来实现调速，因为永磁材料励磁的主磁场无法调节。

8.7.3 无刷直流电动机的工作特性

电枢电流与输出转矩的关系、电动机效率和输出转矩的关系如图 8-48 所示。

从效率特性可以看出，永磁无刷电动机的高效率段较宽，当输出转矩 T_2 在一定范围变化时，仍可得到较高效率。主要原因在于这类电动机的主磁通受电枢反应的影响较小，故当电动机负载增大时，其电枢电流的增加相对较小，铜耗就小，最高效率点下降较慢。这种特点极有利于变负载场合的应用。

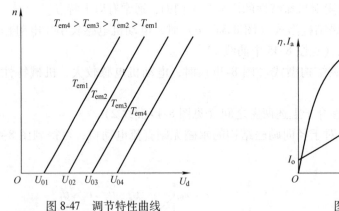

图 8-47　调节特性曲线

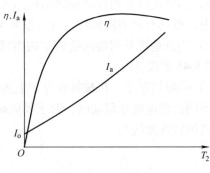

图 8-48　工作特性

8.8　无刷直流电动机的设计特点

无刷直流电动机设计的任务是根据给定的额定值和基本技术性能要求，选用合适的转子磁路结构和永磁体材料，确定电动机的各部分尺寸，并计算其性能，以满足性能好、材料省、工艺简单等基本要求。无刷直流电动机的额定值和技术要求目前尚无国家标准可循，通常是根据用户的使用要求，结合制造厂实际，通过双方协商制定。

由于无刷直流电动机是一种新发展起来的机电一体化（智能化）电动机，尚没有形成系列，若采用类比法，也只能借鉴普通小型直流电动机的有关数据。一般用途直流电动机的功率递增系数为 1.35。额定电压为 12V、24V、48V、72V、96V、110V、160V、220V 和 440V 等。额定转速为 500r/min、600r/min、750r/min、1000r/min、1500r/min、3000r/min、3600r/min、4800r/min 和 6000r/min。运行方式、防护等级、绝缘等级等和一般直流电动机基本相同。

目前无刷直流电动机的电磁计算程序也不是十分完善，通常主要尺寸的计算可参考永磁直流电动机的设计，定子内径可参照三相异步电动机内径 D_{i1}，也可以参照一般直流电动机的电枢直径 D_a 选用。磁路计算可参照小型永磁同步电动机设计进行。下面将对无刷直流电动机的总体设计的一些问题做一些介绍。

1. 转子励磁结构的确定　转子励磁结构对于发挥不同种类永磁材料的性能、保障电动机的性能指标和体积重量要求，起着至关重要的作用。

当电动机的额定功率和转速给定后，电动机的主要尺寸基本取决于电磁负荷的选取。其计算公式为

$$D_{i1}^2 l_1 = \frac{6.1P'}{\alpha_p' K_{dp} A B_\delta n} \tag{8-42}$$

式中　A——电负荷；

　　　P'——电动机的计算功率。

其中磁负荷 B_δ 取决于永磁体与外磁路系统的配合，而永磁体的形状、尺寸、性能、种类以及其励磁结构型式，对磁负荷 B_δ 的大小起着决定作用。

图 8-3 的三种常用转子励磁结构型式中，图 8-3a、b 中的永磁体可为烧结钕铁硼永磁体，而图 8-3c 中的永磁体常用黏结钕铁硼永磁体。图 8-3a 励磁结构容易产生方波气隙，气隙磁通密度一般可达到 0.65~0.85T；图 8-3b 励磁结构适用于更高磁负荷的电动机，由于磁轭的聚磁作用，其气隙磁通密度一般可达 0.7~0.9T；图 8-3c 励磁结构的优点是其工艺简单，适宜于大批量生产的工艺要求，但由于黏结钕铁硼永磁体的性能较低，其气隙磁通密度仅能达到 0.35~0.45T。以上三种励磁结构的气隙磁感应强度波形如图 8-49 所示。

从图 8-49 可见，切向励磁和环形径向励磁结构在气隙磁场的方波形状方面不如瓦形永磁体径向的励磁结构好。

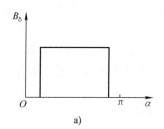 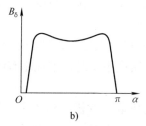 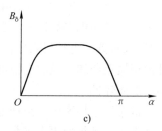

a)　　　　　　　　　　　b)　　　　　　　　　　　c)

图 8-49　不同励磁结构气隙磁感应强度波形

a）瓦形永磁体径向励磁　b）矩形永磁体切向励磁　c）环形永磁体径向励磁

2. 相数、极数和槽数的选择　无刷直流电动机结构与传统直流电动机不同，是普通直流电动机的"反装"结构。即电枢固定，磁极旋转和永磁同步电动机结构极为相似。电枢铁心也是由硅钢片叠成，铁心有齿槽，放置多相绕组，与有刷直流电动机不同，工作过程中（电流）应该是电子换相，而不是机械换向。在无刷电动机设计中，电枢绕组的相数、极数、槽数、绕组的排列及连接方式有较多选择自由，不同选择对电动机性能有重要影响。

（1）相数选择　无刷直流永磁电动机电枢放置多相绕组，多相绕组由功率电子器件的开关电路供电，不受工频电源限制，电枢绕组相数可在较大范围内选择。绕组的相数可选二、三、四、五、…直至十五相，但用得最多的是三相和四相，五相以上的相数用得较少。

绕组相数选择应该考虑到：绕组的利用程度、电子开关电路的复杂程度及成本、转矩脉动和电子元件应力等，根据不同的使用条件来综合决定相数。

1）绕组利用程度。在有刷直流电动机运行的任何时刻绕组中所有导体都通电，除换向元件外，都产生转矩。而在无刷直流电动机运行时绕组是依次一相一相通电或几相通电产生转矩，从这个角度看，相数越多，绕组利用程度越低。

2）电子电路复杂程度及成本。相数增加，所用开关元件数增加，电路复杂，成本也增高。

3）转矩脉动。无刷直流电动机转矩脉动比有刷电动机大。相数越多，转矩脉动就越小，实验表明奇数相比偶数相转矩脉动小。

（2）极数选择 无刷直流电动机的磁极对数 p 与电动机转速 n 之间不像永磁同步电动机有着严格对应关系，但无刷直流电动机转速与极对数（通过反电动势）有一定的约束关系，以三相星形桥式六状态电路为例，理想空载转速 n_0 为

$$n_0 = 11.57 \frac{U_d - 2\Delta U}{p N_{\Phi 1} K_{dp1} \Phi_{\delta 0}}$$
(8-43)

式中　U_d——电源电压；

　　　ΔU——电子开关电路管压降；

　　　$\Phi_{\delta 0}$——气隙磁通。

在选择极对数时，应综合考虑运行性能和经济指标，参考直流电动机极数选择方法做几个方案比较。比较可以考虑以下因素：

1）极对数与材料利用率。若气隙磁通密度及电枢直径不变，$2p\Phi_{\delta 0}$ 实际不变。随着极数增加，每极磁通减少，使得电枢轭及定子轭部减少，用铜用铁量减少，所以外转子低速运转无刷直流电动机多数选取较多极数。

2）极对数与电动机效率。随着极对数增加，铁心磁场交变频率增高，铁耗增加，电子器件换相损耗增加。虽然电枢电流密度不变时，铜耗略有降低，电动机的效率还是随着极对数的增加而降低。

通常对于小功率中、高速电动机取一对极；对于中、低速电动机取 2~3 对极；对小型低速和力矩电动机取更多极数，甚至数十对极，可参考 8.5 节。

（3）槽数选择

1）整数槽绕组。无刷直流电动机的槽数应为相数和极对数的整数倍，这是针对微型无刷直流电动机往往采用整距集中绕组而言。例如二对极三相时槽数应为 12。为了构成多相对称绕组，槽数必须是相数的整数倍，但不一定是极数的整数倍。随着功率增大或外转子应用，为了改善电动机性能，电枢绕组经常采用分数绕组，

$$Q = 2pmq$$

式中　q——每极每相槽数，可以为整数，也可以为分数。

2）分数槽绕组。分数槽绕组的无刷直流电动机，电枢槽数不仅不是极数的整数倍，而且槽数可以少于磁极数，只要满足绕组对称条件就能保证各相产生的转矩对称。

3. 电枢绕组和电子换相电路形式的选择 无刷直流电动机的电枢绕组有整数槽绕组和分数槽绕组两种形式；电枢绕组的联结方法有星形和角形两类；电子换相电路有桥式和非桥式之分。因此，如何正确选择电枢绕组和电子换相电路是设计人员应考虑的问题。

（1）整数槽绕组和分数槽绕组的比较 整数槽绕组和分数槽绕组的特点比较见表 8-9。

表 8-9　整数槽绕组和分数槽绕组的特点比较

项　　目	整数槽绕组	分数槽绕组
输出功率	比较大	比较小
端部长度	长	短
用铜量	大	小
电感量	大	小
绕组冷却条件	比较差	比较好
转矩脉动	比较大	小
制造成本	高	便于大规模生产,制造成本低

（2）星形和角形的比较　在角形电枢绕组内,要感应高次谐波电动势和由此而产生的高次谐波电流。以三相绕组为例,将感应三次谐波电动势,并在封闭回路内产生三次谐波电流。这种三次谐波电流全部以发热的形式消耗在角形电枢绕组的回路内,而不产生有用的电磁转矩。因此,在一般情况下,总是采用星形电枢绕组。如果一定要采用三相角形电枢绕组,则绕组的第一节距要缩短 1/3 极距（τ_p）。

（3）桥式换相电路和非桥式换相电路的比较　桥式换相电路和非桥式换相电路的特点比较见表 8-10。

表 8-10　桥式换相电路和非桥式换相电路的特点比较

项　　目	桥式换相电路	非桥式换相电路
电源电压的利用	消耗在开关功率晶体管上的压降和功耗比较大,电源电压的利用比较差	比较好
转子位置传感器	结构比较复杂	结构比较简单
输出功率	比较大	比较小
磁状态数	比较多	比较少
绕组利用程度	比较好	比较差
转矩平稳度	比较好	比较差

综上所述,各种电枢绕组形式与电子换相电路的组合各有特点,适合于各种不同的具体场合。因此,在设计之初应依据技术指标的要求,综合分析,合理选择。一般来说,对于电动机的性能指标要求比较高和电源电压比较低的场合,选择星形式三相整数槽绕组与非桥式换相电路的组合比较合适;对于电动机的运行指标,如转矩脉动和伺服性能等要求高的场合,选择星形三相分数槽绕组与桥式换相电路的组合比较合适。

4. 绕组的连接　三相及多相无刷直流电动机电枢绕组联结方法主要有星形和多边形联结。图 8-50 表示由桥形电路供电五相永磁无刷直流电动机电枢绕组连接图。

其中,$VI_1 \sim VI_{10}$ 表示由晶体管组成开关电路,$W_A \sim W_E$ 表示电枢绕组。图中实线表示星形联结,五相绕组有一个星形中点 0。五相绕组按虚线连接则构

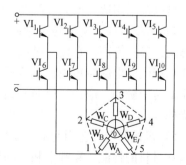

图 8-50　五相永磁无刷直流电动机电枢绕组连接图

成多边形联结。

多相绕组连接成星形可以有一个中点或多个中点。例如一个六相绕组，可以将 A、B、C、D、E、F 各绕组连接一个中点，也可以把 A、C、E 三相连接成一个中点，再把 B、D、F 三相连接成另一个中点。接成多边形也可以有不同的连接次序，例如上述五相电枢绕组可以一次连接，按 A—B—C—D—E—A 顺序接成五边形，也可分两次连接，按 A—C—E—B—D—A 顺序接成五角星形。

不同的联结方式、同一种联结方式中点数目不同或连接次序不同，采用适当的通电方式，对电动机主要性能没有太大影响，但影响电子开关电路的参数，影响电枢磁动势中谐波含量，影响转矩脉动。

8.9 无刷直流电动机的转矩脉动

无刷直流电动机转矩脉动及引起转矩脉动的原因如下。

转矩脉动是无刷直流电动机一项非常重要的性能指标，通常转矩脉动定义为

$$T_r = \frac{T_{max} - T_{min}}{T_N} \times 100\% \tag{8-44}$$

式中　T_r——脉动转矩（%）；

　　　T_{max}——最大电磁转矩；

　　　T_{min}——最小电磁转矩；

　　　T_N——额定平均电磁转矩。

产生转矩脉动有以下几种原因：

1）电磁因素引起的转矩脉动。在理想情况下，当定子采用集中式绕组，转子磁通密度的空间分布为 180°方波，电动势为大于或等于 120°梯形波时，无刷直流电动机的转矩与转子位置无关。但实际上电动机不可能做到极弧系数等于 1，而且通常采用分布式绕组，因此会引起转矩脉动。

2）换相引起的转矩脉动。由于电枢绕组有电感存在，换相（流）时引起电流延迟，从而会引起转矩脉动。可采用控制重叠相的方法来抑制换相引起转矩脉动。

3）齿槽引起的转矩脉动。由于电动机的定子有齿槽存在，当转子旋转时气隙磁导将发生变化，从而引起转矩脉动。减少齿槽引起的转矩脉动最常用的措施是定子采用斜槽或采用分数槽以及采用适当增大气隙的方法。

4）电枢反应引起的转矩脉动。电枢反应的影响一方面引起气隙磁场发生畸变，导致转矩脉动；另一方面，在任一磁状态内，静止的电枢反应磁场与相对于旋转的转子磁极磁场相互作用产生的电磁转矩因转子位置的不同而是变化的。减小电枢反应对气隙磁场畸变影响而产生的转矩脉动，应选择径向充磁瓦片形结构或采用环形永磁体结构以及采用适当增大气隙的措施。

5）机械制造工艺引起的转矩脉动。这方面引起转矩脉动的因素很多，也很复杂，一般都是在材料的性能一致性上和提高机械加工及装配工艺水平上下功夫。

由以上分析可知，若要抑制无刷直流电动机的转矩脉动，需要从电动机设计和控制系统两方面同时采用相应的技术措施。

8.10 无刷直流电动机电磁计算程序

一、额定数据及技术要求

除特殊注明外，电磁计算程序中的单位均按目前电机行业电磁计算时习惯使用的单位，尺寸以 cm（厘米）、面积以 cm^2（平方厘米）、电压以 V（伏）、电流以 A（安）、功率和损耗以 W（瓦）、电阻和电抗以 Ω（欧姆）、磁通以 Wb（韦伯）、磁通密度以 T（特斯拉）、磁场强度以 A/cm（安/厘米）为单位。

1. 额定功率 P_N
2. 相数 m_1
3. 标称电压 U_d（DC）
4. 额定转速 n_N
5. 额定效率 η'
6. 额定电流 $I_N = \dfrac{P_N}{U_d \eta'}$
7. 机电时间常数 t_m
8. 换相方式
9. 导通相数 m_2
10. 绝缘等级 B 级、F 级
11. 冷却方式 自然冷却，自通风冷却
12. 工作环境温度

二、主要尺寸

13. 铁心材料 硅钢片型号
14. 转子磁路结构型式
（1）瓦片表面式：径向充磁
（2）矩形内置式：切向充磁
（3）环形：径向充磁
15. 气隙长度 δ
16. 电枢外径 D_1
17. 电枢内径 D_{i1}
18. 极对数 p
19. 转子外径 $D_2 = D_{i1} - 2\delta$
20. 转子内径 D_{i2}
21. 电枢铁心长度 l_1
有效长度 $l_{eff} = l_1 + 2\delta$
净铁心长 $l_{Fe} = K_{Fe} l_1$
式中，K_{Fe} 为铁心叠压系数，一般 K_{Fe} 取 $0.96 \sim 0.98$。

22. 转子铁心长度 l_2

23. 极距 $\tau_{\mathrm{p}} = \dfrac{\pi D_{i1}}{2p}$

24. 电枢结构

（1）齿数 Q_1

（2）齿距 $t_1 = \dfrac{\pi D_{i1}}{Q_1}$

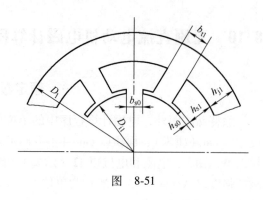

图 8-51

（3）齿距角（机械角度） $\alpha_1 = \dfrac{360°}{Q_1}$

（4）槽形尺寸（见图 8-51）

三、永磁体计算

25. 永磁材料类型 黏结或烧结钕铁硼，铁氧体

26. 永磁体结构 瓦片形，环形，矩形

27. 极弧系数 α_{p}

对于瓦片形结构 $\alpha_{\mathrm{p}} = \dfrac{p\theta_{\mathrm{M}}}{180°}$

式中 θ_{M} ——磁瓦中心角（机械角度）。

矩形结构 α_{p} 根据电磁场数值计算确定。

28. 主极计算弧长 $b'_{\mathrm{p}} = \alpha_{\mathrm{p}}\tau_{\mathrm{p}} + 2\delta$

29. 计算极弧系数 $\alpha'_{\mathrm{p}} = \dfrac{b'_{\mathrm{p}}}{\tau_{\mathrm{p}}}$

30. 永磁体剩磁密度 $B_{\mathrm{r}20}$（20℃）

工作温度 t 时的剩磁密度 $B_{\mathrm{r}} = \left[1 + (t-20)\dfrac{\alpha_{\mathrm{Br}}}{100}\right]B_{\mathrm{r}20}$

式中 α_{Br} ——永磁体 B_{r} 温度系数。

31. 永磁体矫顽力（kA/m） $H_{\mathrm{c}20}$（20℃）

工作温度 t 时的矫顽力 $H_{\mathrm{c}} = \left[1 + (t-20)\dfrac{\alpha_{\mathrm{Hc}}}{100}\right]H_{\mathrm{c}20}$

式中 α_{Hc} ——永磁体 H_{c} 温度系数。

32. 永磁体相对回复磁导率 $\mu_{\mathrm{r}} = \dfrac{B_{\mathrm{r}}}{\mu_0 H_{\mathrm{c}}} \times 10^{-3}$

式中 $\mu_0 = 1.256 \times 10^{-6}\mathrm{H/m}$

33. 最高工作温度（铁氧体为最低环境温度）下退磁曲线的拐点 b_{k}

34. 永磁体宽度 b_{M}（矩形结构）

磁瓦中心角（瓦片形结构） $\theta_{\mathrm{M}} = \dfrac{\alpha_{\mathrm{p}} \times 180°}{p}$

35. 永磁体磁化方向厚度 h_{M}

瓦片形结构:

永磁体外径 $D_{me} = D_2$

永磁体内径 $D_{mi} = D_{me} - 2h_M$

36. 永磁体轴向长度 l_M

对于钕铁硼 $l_M = l_1$

对于铁氧体 $l_M = (1.1 \sim 1.3)l_1$

37. 提供每极磁通的截面积

对于瓦片形 $S_M = \alpha_p \dfrac{\pi}{2p}(D_{me} - h_M)l_M$

对于矩形 $S_M = b_M l_M$ (径向)

$\qquad\qquad S_M = 2b_M l_M$ (切向)

四、参数计算

38. 绕组形式及换相方式 两相导通、丫联结三相六状态

39. 定子绕组平均半匝长度 $l_{av} = l + l_d$

式中 绕组端部计算长度 $l_d = 1.2\dfrac{\pi(D_{i1} + D_1)}{4p}$。

40. 节距 y (以槽数计)

41. 绕组系数 $K_{dp} = K_d K_p$

整数槽绕组系数按第2章2.3节中的方法计算,分数槽绕组系数的计算分别按本章 8.5.1节中真分数和假分数的方法计算。

42. 每相串联导体数 $N_{\Phi1} = 15\alpha_p' \dfrac{U_d - m_2\Delta U}{p\Phi_{\delta0}n_0'}$ (取整数)

式中 U_d ——电源电压,$U_d = U_N$;

ΔU ——开关管的饱和管压降;

n_0' 为空载转速假设值,取额定转速的 $1.1 \sim 1.5$ 倍。

43. 电枢总导体数 $N = m_1 N_{\Phi1}$

44. 每槽导体数 $N_{s1} = \dfrac{N}{Q_1}$

45. 并联支路数 a_1

46. 额定工作时的支路电流 $I_1 = \dfrac{I_N}{a_1}$

47. 预估导线截面积 $N_1' S_1' = \dfrac{I_1}{J_1'}$

式中 $N_1' S_1'$ ——导线并绕根数×导线截面积 (mm^2);

J_1' ——定子电流密度 (A/mm^2),按经验选用。

根据 $N_1' S_1'$ 参照书末附表 A-1 和附表 A-2,选定铜线规格 d_1/d_{1i} 和并绕根数 N_1。

48. 热负荷 AJ_1

式中　A——电负荷（A/cm），$A=\dfrac{m_2 N_{\Phi 1} I_1}{\pi D_{i1}}$；

J_1——定子电流密度（A/mm^2），$J_1=\dfrac{I_1}{N_1 S_1}$；

S_1——每根导线截面积（mm^2），$S_1=\dfrac{\pi}{4}d_1^2$。

49. 槽满率

（1）槽面积　$S_s=\dfrac{1}{2}(b_{s1}+b_{s2})(h_{s1}-h_i)$

式中　　$b_{s1}=\dfrac{\pi(D_{i1}+2h_{s0})}{Q_1}-b_{t1}$；

$\qquad b_{s2}=\dfrac{\pi(D_{i1}+2h_{s0}+2h_{s1})}{Q_1}-b_{t1}$；

h_i——槽楔厚度，按实际厚度选用。

（2）槽绝缘占面积　$S_i=C_i(2h_{s1}-2h_i+b_{s1}+b_{s2})$

式中　C_i——槽绝缘厚度，按实际厚度选用。

（3）槽有效面积　$S_e=S_s-S_i$

（4）槽满率　$Sf=\dfrac{N_1 N_{s1} d_{1i}^2}{S_e\times 100}\times 100\%$

50. 电枢直流电阻　$R_1=\dfrac{\rho l_{av} N\times 10^{-2}}{m_1 a_1^2 S_1 N_1}$

式中　ρ——导线电阻率（$\Omega\cdot$mm^2/m），其大小应按绝缘等级取相应基准温度 t 下的值，
$\rho=\rho_{20℃}[1+a(t-20)]$。各绝缘等级对应的基准温度见表2-37，电枢绕组用导线
电阻率及温度系数见表2-38。

五、空载磁路计算

51. 气隙系数　$K_\delta=\dfrac{t_1(4.4\delta+0.75b_{s0})}{t_1(4.4\delta+0.75b_{s0})-b_{s0}^2}$

52. 空载漏磁系数　σ_0

根据转子磁路结构、气隙长度、铁心长度、永磁体尺寸以及永磁材料性能等因素来
确定。

53. 永磁体空载工作点假设值　b'_{m0}

54. 空载主磁通　$\Phi_{\delta 0}=\dfrac{b'_{m0}B_r S_M}{\sigma_0}\times 10^{-4}$

55. 气隙磁通密度　$B_{\delta 0}=\dfrac{\Phi_{\delta 0}}{\alpha'_p \tau_p l_{eff}}\times 10^4$

56. 气隙磁压降　$F_{\delta 0}=\dfrac{2B_{\delta 0}}{\mu_0}K_\delta\delta\times 10^{-2}$

57. 电枢齿磁路计算长度 $h_{t1} = h_{s1}$

58. 电枢齿磁通密度 $B_{t10} = \dfrac{B_{\delta0} t_1 l_{eff}}{b_{t1} l_{Fe}}$

59. 电枢齿磁压降 $F_{t1} = 2H_{t10} h_{t1}$

式中，H_{t10} 根据 B_{t10} 值按实际采用的硅钢片磁化曲线得出。

60. 电枢、转子轭计算高度

电枢轭计算高度 $h_{j1} = \dfrac{D_1 - D_{i1}}{2} - (h_{s0} + h_{s1})$

转子轭计算高度（径向充磁）$h_{j2} = \dfrac{D_{mi} - D_{i2}}{2}$

61. 电枢、转子轭磁路计算长度

电枢轭磁路计算长度 $l_{j1} = \dfrac{\pi}{4p}(D_1 - h_{j1})$

转子轭磁路计算长度（径向充磁）$l_{j2} = \dfrac{\pi}{4p}(D_{i2} + h_{j2})$

62. 电枢、转子轭磁通密度

电枢轭磁通密度 $B_{j10} = \dfrac{\Phi_{\delta0}}{2h_{j1} l_{Fe}} \times 10^4$

转子轭磁通密度（径向充磁）$B_{j20} = \dfrac{\Phi_{\delta0}}{2h_{j2} l_{Fe}} \times 10^4$

63. 电枢、转子轭磁压降

定子轭磁压降 $F_{j1} = 2C_{10} H_{j10} l_{j1}$

转子轭磁压降（径向充磁）$F_{j2} = 2C_{20} H_{j20} l_{j2}$

式中，H_{j10}、H_{j20} 由 B_{j10}、B_{j20} 值按实际采用的硅钢片磁化曲线得出；C_{10}、C_{20} 为定、转子轭部磁路长度校正系数，查第 2 章附录图 2C-2、图 2C-3，最大取 0.7。

64. 磁路齿饱和系数 $K_t = \dfrac{F_{t1} + F_{\delta0}}{F_{\delta0}}$

65. 每对极总磁压降 $\sum F_0 = F_{t1} + F_{j1} + F_{\delta0}$（切向充磁）

$\sum F_0 = F_{t1} + F_{j1} + F_{j2} + F_{\delta0}$（径向充磁）

66. 气隙主磁导 $\Lambda_{\delta0} = \dfrac{\Phi_{\delta0}}{\sum F_0}$

67. 磁导基值

径向磁路结构 $\Lambda_b = \dfrac{\mu_r \mu_0 S_M}{2h_M} \times 10^{-2}$

切向磁路结构 $\Lambda_b = \dfrac{\mu_r \mu_0 S_M}{h_M} \times 10^{-2}$

68. 主磁导标幺值 $\lambda_{\delta0} = \dfrac{\Lambda_{\delta0}}{\Lambda_b}$

69. 外磁路总磁导 $\lambda'_0 = \sigma_0 \lambda_{\delta0}$

70. 漏磁导标幺值 $\lambda_\sigma = (\sigma_0 - 1)\lambda_{\delta 0}$

71. 永磁体空载工作点 $b_{m0} = \dfrac{\lambda_0'}{1 + \lambda_0'}$

如 b_{m0} 与假设值 b_{m0}' 误差超过 1%，则重新设定 b_{m0}'，重新计算第 53~71 项。

72. 空载转速（两相导通、丫联结三相六状态） $n_0 = 15\alpha_p' \dfrac{U_d - m_2 \Delta U}{p N_{\Phi 1} \Phi_{\delta 0}}$

如 n_0 与假设值 n_0' 误差超过 1%，调整 $N_{\Phi 1}$ 重新计算第 42~72 项。

73. 空载反电动势 $E_{N0} = \dfrac{m_2 p N_{\Phi 1} n_0}{30\alpha_p'}\Phi_{\delta 0}$

六、负载工作点计算

74. 永磁体负载工作点假设值 b_{mN}'

75. 负载主磁通 $\Phi_\delta = \dfrac{b_{mN}' B_r S_M}{\sigma_0} \times 10^{-4}$

76. 气隙磁通密度 $B_\delta = \dfrac{\Phi_\delta}{\alpha_p' \tau_p l_{eff}} \times 10^4$

77. 气隙磁压降 $F_\delta = \dfrac{2B_\delta}{\mu_0} K_\delta \delta \times 10^{-2}$

78. 电枢齿磁通密度 $B_{t1} = \dfrac{B_\delta t_1 l_{eff}}{b_{t1} l_{Fe}}$

79. 电枢齿磁压降 $F_{t1} = 2H_{t1} h_{t1}$

式中，H_{t1} 根据 B_{t1} 值按实际采用的硅钢片磁化曲线得出。

80. 电枢、转子轭磁通密度

电枢轭磁通密度 $B_{j1} = \dfrac{\Phi_\delta}{2h_{j1} l_{Fe}} \times 10^4$

转子轭磁通密度（径向充磁） $B_{j2} = \dfrac{\Phi_\delta}{2h_{j2} l_{Fe}} \times 10^4$

81. 电枢、转子轭磁压降

定子轭磁压降 $F_{j1} = 2C_1 H_{j1} l_{j1}$

转子轭磁压降（径向充磁） $F_{j2} = 2C_2 H_{j2} l_{j2}$

式中，H_{j1}、H_{j2} 根据 B_{j1}、B_{j2} 值按实际采用的硅钢片磁化曲线得出；C_1、C_2 为定、转子轭部磁路长度校正系数，查第 2 章附录图 2C-2~图 2C-4 最大取 0.7。

82. 每对极总磁压降 $\sum F = F_{t1} + F_{j1} + F_\delta$ （切向充磁）

$\sum F = F_{t1} + F_{j1} + F_{j2} + F_\delta$ （径向充磁）

83. 气隙主磁导 $\Lambda_\delta = \dfrac{\Phi_\delta}{\sum F}$

84. 主磁导标幺值 $\lambda_\delta = \dfrac{\Lambda_\delta}{\Lambda_b}$

85. 外磁路总磁导　$\lambda' = \sigma_0 \lambda_\delta$

86. 额定工作时最大直轴去磁磁动势　$F_{adm} = \dfrac{\sqrt{3}}{8} I_1 N_{\Phi 1} K_{dp}$

87. 永磁体负载工作点　$b_{mN} = \dfrac{\lambda'(1 - f'_{adm})}{1 + \lambda'}$

$$h_{mN} = 1 - b_{mN}$$

式中，电枢反应去磁磁动势标幺值　$f'_{adm} = \dfrac{m_2 F_{adm} \times 10^{-1}}{\sigma_0 H_c (2 h_M)}$（径向充磁）

$$f'_{adm} = \dfrac{m_2 F_{adm} \times 10^{-1}}{\sigma_0 H_c h_M}\text{（切向充磁）}$$

如 b_{mN} 与假设值 b'_{mN} 误差超过 1%，则重新设定 b'_{mN}，重复第 74~87 项的计算。

88. 额定工作时转速

最大去磁时：$n_{Nmax} = 15 \alpha'_p \dfrac{U_d - m_2 \Delta U - m_2 I_N R_1}{p N_{\Phi 1} \Phi_\delta}$

最小去磁时：$n_{Nmin} = 15 \alpha'_p \dfrac{U_d - m_2 \Delta U - m_2 I_N R_1}{p N_{\Phi 1} \Phi_{\delta 0}}$

89. 电枢感应电动势 $E_N = \dfrac{m_2 p N_{\Phi 1}}{30 \alpha'_p} \Phi_\delta n_{Nmax}$

七、最大去磁计算

90. 定子起动电流（两相导通、丫联结三相六状态）$I_{1st} = \dfrac{U_d - m_2 \Delta U}{2 R_1}$

91. 电枢反应直轴磁动势最大值（按表 11-1 公式计算）$F_{adstm} = \dfrac{\sqrt{3}}{8} I_{1st} N_{\Phi 1} K_{dp}$

92. 最大去磁时工作点　$b_{mst} = \dfrac{\lambda'(1 - f'_{adstm})}{1 + \lambda'}$

$$h_{mst} = 1 - b_{mst}$$

式中，电枢反应去磁磁动势标幺值　$f'_{adstm} = \dfrac{m_2 F_{adstm} \times 10^{-1}}{\sigma_0 H_c (2 h_M)}$（径向充磁）

$$f'_{adstm} = \dfrac{m_2 F_{adstm} \times 10^{-1}}{\sigma_0 H_c h_M}\text{（切向充磁）}$$

八、工作性能计算

93. 转速变化率

最大转速变化率：$\Delta n_{Nmax} = \dfrac{n_{Nmax} - n_0}{n_0} \times 100\%$

最小转速变化率：$\Delta n_{Nmin} = \dfrac{n_{Nmin} - n_0}{n_0} \times 100\%$

94. 额定工作时电磁转矩　$T_{em} = \dfrac{2p}{\pi \alpha'_p} N_{\Phi 1} \Phi_\delta I_1$

95. 起动电磁转矩　$T_{st} = \dfrac{2p}{\pi \alpha'_p} N_{\Phi 1} \Phi_\delta I_{1st}$

96. 电枢铜耗　$P_{Cu1} = m_2 I_1^2 R_1$

97. 电枢铁耗

(1) 电枢齿重量（kg）$G_{t1} = Q_1 l_{Fe} \left(b_{t1} h_{s1} + \left(\dfrac{\pi D_{i1}}{Q_1} - b_{s0} \right) h_{s0} \right) \times 7.8 \times 10^{-3}$

(2) 电枢轭重量（kg）$G_{j1} = \pi l_{Fe} h_{j1} (D_1 - h_{j1}) \times 7.8 \times 10^{-3}$

(3) 电枢齿、轭的单位铁耗　p_{t1}、p_{j1}

p_{t1}、p_{j1} 根据 B_{t10}、B_{j10} 值按实际采用的硅钢片铁损耗曲线得出。

(4) 定子齿损耗　$P_{t1} = p_{t1} G_{t1}$

(5) 定子轭损耗　$P_{j1} = p_{j1} G_{j1}$

(6) 总铁耗　$P_{Fe} = 2.5 P_{t1} + 2 P_{j1}$

98. 开关管损耗

对于两相导通、丫联结三相六状态 $P_\Delta = m_2 I_1 \Delta U$

99. 机械损耗　$P_{fw} = \left(\dfrac{3}{p} \right)^2 \left(\dfrac{D_1}{10} \right)^4$

100. 杂散损耗　$P_{ad} = 0.3 P_{Fe}$

101. 总损耗　$\sum P = P_{Cu1} + P_{Fe} + P_\Delta + P_{fw} + P_{ad}$

102. 输入功率　$P_1 = U_d I_1$

103. 输出功率　$P_2 = P_1 - \sum P$

104. 效率　$\eta = \dfrac{P_2}{P_1} \times 100\%$

η 与 η' 比较，若不相符修改 η' 重新计算第 6 ~ 104 项。

105. 摩擦转矩　$T_0 = 9.55 \dfrac{P_{ad} + P_{Fe} + P_{fw}}{n_{Nmin}}$

106. 额定输出转矩　$T_2 = T_{em} - T_0$

107. 机电时间常数　$t_m = \dfrac{J}{T_{st}} \dfrac{2\pi n_0}{60}$

小型无刷直流电动机
设计程序

式中　J——转子惯性转矩（N·m·s²），$J = 8 D_2^4 l_t \times 9.8 \times 10^{-9}$；

l_t——为考虑位置传感器后转子的等效长度，$l_t = l_2 + l'$。

本书提供云端电机设计程序，可扫描右侧二维码实现。

8.11　无刷直流电动机电磁计算算例

一、额定数据及技术要求

1. 额定功率　$P_N = 50W$

2. 相数　$m_1 = 3$

3. 标称电压　$U_d = 24V$（DC）

4. 额定转速　$n_N = 3000r/min$

5. 额定效率　$\eta' = 83\%$

6. 额定电流　$I_N = \dfrac{P_N}{U_d \eta'} = \dfrac{50}{24 \times 0.83}A = 2.51A$

7. 机电时间常数　$t_M < 15ms$

8. 换相方式　两相导通、三相六状态

9. 导通相数　$m_2 = 2$

10. 绝缘等级 B 级

11. 冷却方式　自然冷却

12. 工作环境温度 80℃

二、主要尺寸

13. 铁心材料 50WW470

14. 转子磁路结构型式　径向充磁

15. 气隙长度　$\delta = 0.05cm$

16. 电枢外径　$D_1 = 6.6cm$

17. 电枢内径　$D_{i1} = 3.9cm$

18. 极对数　$p = 5$

19. 转子外径　$D_2 = D_{i1} - 2\delta = 3.8cm$

20. 转子内径　$D_{i2} = 1.2cm$

21. 电枢铁心长度　$l_1 = 3cm$

有效长度　$l_{eff} = l_1 + 2\delta = (3.0 + 2 \times 0.05)cm = 3.1cm$

净铁心长　$l_{Fe} = K_{Fe}l_1 = 0.97 \times 3.0cm = 2.91cm$

22. 转子铁心长度　$l_2 = 3.0cm$

23. 极距　$\tau_p = \dfrac{\pi D_2}{2p} = \dfrac{3.14 \times 3.8}{10}cm = 1.193cm$

24. 电枢结构

（1）齿数　$Q_1 = 9$

（2）齿距　$t_1 = \dfrac{\pi D_{i1}}{Q_1} = \dfrac{3.14 \times 3.9}{9}cm = 1.361cm$

（3）齿距角　$\alpha_1 = \dfrac{360°}{Q_1} = \dfrac{360°}{9} = 40°$

（4）槽形尺寸　$b_{s0} = 0.2cm$，$b_{t1} = 0.4cm$，$h_{s0} = 0.2cm$，$h_{s1} = 0.89cm$

三、永磁体计算

25. 永磁材料类型　黏结钕铁硼

26. 永磁体结构　环形

27. 极弧系数 $\alpha_p = \dfrac{p\theta_M}{180°} = \dfrac{5 \times 30°}{180°} = 0.833$

式中，磁瓦中心角 $\theta_M = 30°$。

28. 主极计算弧长 $b'_p = \alpha_p \tau_p + 2\delta = (0.833 \times 1.193 + 2 \times 0.05)\text{cm} = 1.094\text{cm}$

29. 计算极弧系数 $\alpha'_p = \dfrac{b'_p}{\tau_p} = \dfrac{1.094}{1.193} = 0.917$

30. 永磁体剩磁密度 $B_{r20} = 0.6\text{T}$

工作温度 $t = 80℃$ 时的剩磁密度 $B_r = \left[1 + (t-20)\dfrac{\alpha_{Br}}{100}\right]B_{r20} = \left[1 + (80-20) \times \dfrac{-0.1}{100}\right] \times 0.6\text{T} = 0.56\text{T}$

31. 永磁体矫顽力（kA/m）$H_{c20} = 480\text{kA/m}$

工作温度 $t = 80℃$ 时的矫顽力 $H_c = \left[1 + (t-20)\dfrac{\alpha_{Hc}}{100}\right]H_{c20} = \left[1 + (80-20) \times \dfrac{-0.1}{100}\right] \times 480\text{A/m} = 451.2\text{kA/m}$

32. 永磁体相对回复磁导率 $\mu_r = \dfrac{B_r}{\mu_0 H_c} \times 10^{-3} = \dfrac{0.56}{1.256 \times 10^{-6} \times 451.2} \times 10^{-3} = 0.988$

式中，$\mu_0 = 1.256 \times 10^{-6}\text{H/m}$。

33. 最高工作温度下退磁曲线的拐点 $b_k = 0$

34. 永磁体宽度 $\theta_M = \dfrac{\alpha_p \times 180°}{p} = \dfrac{0.833 \times 180°}{5} = 30°$

35. 永磁体磁化方向厚度 $h_M = 0.45$

永磁体外径 $D_{me} = D_2 = 3.8\text{cm}$

永磁体内径 $D_{mi} = D_{me} - 2h_M = (3.8 - 2 \times 0.45)\text{cm} = 2.9\text{cm}$

36. 永磁体轴向长度 $l_M = l_1 = 3.0\text{cm}$

37. 永磁体提供每极磁通的截面积 $S_M = \alpha_p \dfrac{\pi}{2p}(D_{me} - h_M)l_M = 0.833 \times \dfrac{3.14}{10} \times (3.8 - 0.45) \times 3.0\text{cm}^2 = 2.629\text{cm}^2$

四、参 数 计 算

38. 绕组形式及换相方式 两相导通、丫联结三相六状态

39. 定子绕组每半匝平均长度 $l_{av} = l + l_d = (3.0 + 1.98)\text{cm} = 4.98\text{cm}$

$$l_d = 1.2\dfrac{\pi(D_{i1} + D_1)}{4p} = 1.2 \times \dfrac{3.14 \times (3.9 + 6.6)}{20}\text{cm}$$

$$= 1.98\text{cm}$$

40. 节距 $y = 1$

41. 绕组系数 $K_{dp} = K_d K_p = 1 \times 0.98 = 0.98$

式中，$K_p = \cos\dfrac{\beta}{2} = \cos 10° = 0.98$；

$K_d = 1$；

$\beta = 20°$。

42. 每相串联导体数　$N_{\Phi 1} = 15\alpha'_p \dfrac{U_d - 2\Delta U}{p\Phi_{\delta 0} n'_0} = 15 \times 0.917 \times \dfrac{24 - 2 \times 0.5}{5 \times 1.139 \times 10^{-4} \times 3300} = 168$

式中，空载转速预取值　$n'_0 = 3300 \text{r/min}$。

43. 电枢总导体数　$N = m_1 N_{\Phi 1} = 3 \times 168 = 504$

44. 每槽导体数　$N_{s1} = \dfrac{N}{Q_1} = \dfrac{504}{9} = 56$

45. 并联支路数　$a_1 = 1$

46. 额定工作时的支路电流　$I_1 = \dfrac{I_N}{a_1} = \dfrac{2.51}{1} \text{A} = 2.51\text{A}$

47. 预估导线截面积　$N'_1 S'_1 = \dfrac{I_1}{J'_1} = \dfrac{2.51}{6.27} \text{mm}^2 = 0.40 \text{mm}^2$

$J'_1 = 6.27 \text{A/mm}^2$，根据 $N'_1 S'_1$ 参照书末附表 A-1 选定铜线规格 $d_1/d_{1i} = 0.71/0.763$，并绕根数 $N_1 = 1$。

48. 热负荷　AJ_1

式中　A ——电负荷，$A = \dfrac{2N_{\Phi 1} I_1}{\pi D_{i1}} = \dfrac{2 \times 168 \times 2.51}{3.14 \times 3.9} \text{A/cm} = 68.87 \text{A/cm}$

J_1 ——定子电流密度，$J_1 = \dfrac{I_1}{N_1 S_1} = \dfrac{2.51}{1 \times 0.396} \text{A/cm} = 6.34 \text{A/mm}^2$

S_1 ——每根导线截面积，$S_1 = \dfrac{\pi}{4} d_1^2 = \dfrac{\pi}{4} \times 0.71^2 \text{mm}^2 = 0.396 \text{mm}^2$

49. 槽满率

（1）槽面积　$S_s = \dfrac{1}{2}(b_{s1} + b_{s2})(h_{s1} - h_i) = \dfrac{1}{2} \times (1.10 + 1.721) \times (0.89 - 0.15) \text{cm}^2 = 1.044 \text{cm}^2$

式中　$b_{s1} = \dfrac{\pi(D_{i1} + 2h_{s0})}{Q_1} - b_{t1} = \dfrac{3.14 \times (3.9 + 2 \times 0.2)}{9} \text{cm} - 0.4 \text{cm} = 1.10 \text{cm}$；

$b_{s2} = \dfrac{\pi(D_{i1} + 2h_{s0} + 2h_{s1})}{Q_1} - b_{t1} = \dfrac{3.14 \times (3.9 + 2 \times 0.2 + 2 \times 0.89)}{9} \text{cm} - 0.4 \text{cm} = 1.721 \text{cm}$。

（2）槽绝缘占面积　$S_i = C_i(2h_{s1} - 2h_i + b_{s1} + b_{s2}) = 0.025 \times (2 \times 0.89 - 2 \times 0.15 + 1.10 + 1.721) \text{cm}^2 = 0.108 \text{cm}^2$

（3）槽有效面积　$S_e = S_s - S_i = (1.044 - 0.108) \text{cm}^2 = 0.936 \text{cm}^2$

（4）槽满率　$Sf = \dfrac{N_1 N_{s1} d_{1i}^2}{S_e} = \dfrac{1 \times 56 \times 0.763^2}{0.936 \times 100} \times 100\% = 34.83\%$

50. 电枢直流电阻（95℃）　$R_1 = \dfrac{\rho l_{av} N \times 10^{-2}}{m_1 a_1 S_1 N_1} = \dfrac{0.0234 \times 10^{-2} \times 4.98 \times 504}{3 \times 1 \times 0.396 \times 1} \Omega = 0.494 \Omega$

式中，$\rho = 0.0234 \Omega \cdot \text{mm}^2/\text{m}$。

五、空载磁路计算

51. 气隙系数 $K_\delta = \dfrac{t_1(4.4\delta+0.75b_{s0})}{t_1(4.4\delta+0.75b_{s0})-b_{s0}^2} = \dfrac{1.361\times(4.4\times0.05+0.75\times0.2)}{1.361\times(4.4\times0.05+0.75\times0.2)-0.2^2} = 1.086$

52. 空载漏磁系数 $\sigma_0 = 1.20$

53. 永磁体空载工作点假设值 $b'_{m0} = 0.928$

54. 空载主磁通 $\Phi_{\delta0} = \dfrac{b'_{m0}B_r S_M}{\sigma_0}\times10^{-4} = \dfrac{0.928\times0.56\times2.629}{1.2}\text{Wb}\times10^{-4} = 1.139\times10^{-4}\text{Wb}$

55. 气隙磁通密度 $B_{\delta0} = \dfrac{\Phi_{\delta0}}{\alpha'_p \tau_p l_{eff}}\times10^4 = \dfrac{1.139\times10^{-4}}{0.917\times1.193\times3.1}\text{T}\times10^4 = 0.336\text{T}$

56. 气隙磁压降 $F_{\delta0} = \dfrac{2B_{\delta0}}{\mu_0}K_\delta\delta\times10^{-2} = \dfrac{2\times0.336}{1.256\times10^{-6}}\times1.07\times0.05\times10^{-2}\text{A} = 286.24\text{A}$

57. 电枢齿磁路计算长度 $h_{t1} = h_{s1} = 0.89\text{cm}$

58. 电枢齿磁通密度 $B_{t10} = \dfrac{B_{\delta0}t_1 l_{eff}}{b_{t1}l_{Fe}} = \dfrac{0.336\times1.361\times3.1}{0.4\times2.91}\text{T} = 1.218\text{T}$

59. 电枢齿磁压降 $F_{t10} = 2H_{t10}h_{t1} = 2\times1.92\times0.89\text{A} = 3.42\text{A}$

式中，$H_{t10} = 1.92\text{A/cm}$（根据 $B_{t10} = 1.218$ 查 50WW470 直流磁化曲线，见书末附图 C-33）。

60. 电枢、转子轭计算高度 $h_{j1} = \dfrac{D_1-D_{i1}}{2}-(h_{s0}+h_{s1}) = \left[\dfrac{6.6-3.9}{2}-(0.2+0.89)\right]\text{cm} = 0.26\text{cm}$

$$h_{j2} = \dfrac{D_{mi}-D_{i2}}{2} = \dfrac{(2.9-1.2)}{2}\text{cm} = 0.85\text{cm}$$

61. 电枢、转子轭磁路计算长度 $l_{j1} = \dfrac{\pi}{4p}(D_1-h_{j1}) = \dfrac{3.14}{20}\times(6.6-0.26)\text{cm} = 0.995\text{cm}$

$$l_{j2} = \dfrac{\pi}{4p}(D_{mi}-h_{j2}) = \dfrac{3.14}{20}\times(2.9-0.85)\text{cm} = 0.322\text{cm}$$

62. 电枢、转子轭磁通密度 $B_{j10} = \dfrac{\Phi_{\delta0}}{2h_{j1}l_{Fe}}\times10^4 = \dfrac{1.139\times10^{-4}}{2\times0.26\times2.91}\times10^4\text{T} = 0.753\text{T}$

$$B_{j20} = \dfrac{\Phi_{\delta0}}{2h_{j2}l_{Fe}}\times10^4 = \dfrac{1.139\times10^{-4}}{2\times0.85\times2.91}\times10^4\text{T} = 0.230\text{T}$$

63. 电枢、转子轭磁压降 $F_{j10} = 2C_{10}H_{j10}l_{j1} = 2\times0.7\times0.958\times0.995\text{A} = 1.33\text{A}$

$$F_{j20} = 2C_{20}H_{j20}l_{j2} = 2\times0.7\times0.53\times0.322\text{A} = 0.24\text{A}$$

式中，$H_{j10} = 0.95\text{A/cm}$（根据 $B_{j10} = 0.753\text{T}$ 查 50WW470 直流磁化曲线，见书末附图 C-33），$C_{10} = 0.7$；$H_{j20} = 0.53\text{A/cm}$，（根据 $B_{j20} = 0.230\text{T}$ 查 50WW470 直流磁化曲线，见书末附图 C-33），$C_{20} = 0.7$。

64. 磁路齿饱和系数 $K_t = \dfrac{F_{t10}+F_{\delta0}}{F_{\delta0}} = \dfrac{3.42+286.24}{286.24} = 1.01$

65. 每对极总磁压降 $F_0 = F_{t10}+F_{j10}+F_{j20}+F_{\delta0} = (3.42+1.33+0.24+286.24)\text{A} = 291.23\text{A}$

66. 气隙主磁导 $\Lambda_{\delta0} = \dfrac{\Phi_{\delta0}}{F_0} = \dfrac{1.139\times10^{-4}}{291.23} = 3.911\times10^{-7}$

67. 磁导基值 $\Lambda_b = \dfrac{\mu_r\mu_0 S_M}{2h_M}\times10^{-2} = \dfrac{0.988\times1.256\times10^{-6}\times2.629}{2\times0.45}\times10^{-2} = 3.625\times10^{-8}$

68. 主磁导标幺值 $\lambda_{\delta0} = \dfrac{\Lambda_{\delta0}}{\Lambda_b} = \dfrac{3.911\times10^{-7}}{3.625\times10^{-8}} = 10.79$

69. 外磁路总磁导 $\lambda'_0 = \sigma_0\lambda_{\delta0} = 1.2\times10.79 = 12.95$

70. 漏磁导标幺值 $\lambda_\sigma = (\sigma_0-1)\lambda_{\delta0} = (1.2-1)\times10.79 = 2.158$

71. 永磁体空载工作点 $b_{m0} = \dfrac{\lambda'_0}{1+\lambda'_0} = \dfrac{12.95}{1+12.95} = 0.928$

b_{m0} 与假设值 b'_{m0} 相符。

72. 空载转速(两相导通、丫联结三相六状态)

$$n_0 = 15\alpha'_p\dfrac{U_d-2\Delta U}{pN_{\Phi1}\Phi_{\delta0}} = \left(15\times0.917\times\dfrac{24-2\times0.5}{5\times168\times1.139\times10^{-4}}\right)\mathrm{r/min} = 3307\mathrm{r/min}$$

如 n_0 与假设值 n'_0 相符，$(3307-3300)\div3300 = 0.2\%$。

73. 空载反电动势 $E_{N0} = \dfrac{m_2pN_{\Phi1}n_0}{30\alpha'_p}\Phi_{\delta0} = \dfrac{2\times5\times168\times3307}{30\times0.917}\times1.139\times10^{-4}\mathrm{V} = 20.20\mathrm{V}$

六、负载工作点计算

74. 永磁体负载工作点假设值 $b'_{mN} = 0.894$

75. 负载主磁通 $\Phi_\delta = \dfrac{b'_{mN}B_rS_M}{\sigma_0}\times10^{-4} = \dfrac{0.894\times0.56\times2.629}{1.2}\times10^{-4}\mathrm{Wb} = 1.097\times10^{-4}\mathrm{Wb}$

76. 气隙磁通密度 $B_\delta = \dfrac{\Phi_\delta}{\alpha'_p\tau_p l_{eff}}\times10^4 = \dfrac{1.097\times10^{-4}}{0.917\times1.193\times3.1}\times10^4\mathrm{T} = 0.323\mathrm{T}$

77. 气隙磁压降 $F_\delta = \dfrac{2B_\delta}{\mu_0}K_\delta\delta\times10^{-2} = \dfrac{2\times0.323}{1.256\times10^{-6}}\times1.086\times0.05\times10^{-2}\mathrm{A} = 279.28\mathrm{A}$

78. 电枢齿磁通密度 $B_{t1} = \dfrac{B_\delta t_1 l_{eff}}{b_{t1}l_{Fe}} = \dfrac{0.323\times1.361\times3.1}{0.4\times2.91}\mathrm{T} = 1.171\mathrm{T}$

79. 电枢齿磁压降 $F_{t1} = 2H_{t1}h_{t1} = 2\times1.69\times0.89\mathrm{A} = 3.008\mathrm{A}$

式中，$H_{t1} = 1.69\mathrm{A/cm}$，由 $B_{t1} = 1.171\mathrm{T}$ 查 50WW470 直流磁化曲线（见书末附图 C-33）。

80. 电枢、转子轭磁通密度 $B_{j1} = \dfrac{\Phi_\delta}{2h_{j1}l_{Fe}}\times10^4 = \dfrac{1.097\times10^{-4}}{2\times0.26\times2.91}\times10^4\mathrm{T} = 0.73\mathrm{T}$

$$B_{j2} = \dfrac{\Phi_\delta}{2h_{j2}l_{Fe}}\times10^4 = \dfrac{1.097\times10^{-4}}{2\times0.85\times2.91}\times10^4\mathrm{T} = 0.222\mathrm{T}$$

81. 电枢、转子轭磁压降 $F_{j1} = 2C_1H_{j10}l_{j1} = 2\times0.7\times0.9\times0.995\mathrm{A} = 1.254\mathrm{A}$

$$F_{j2} = 2C_2H_{j2}l_{j2} = 2\times0.7\times0.52\times0.322\mathrm{A} = 0.234\mathrm{A}$$

式中，$H_{j10} = 0.9\mathrm{A/cm}$，由 $B_{j1} = 0.73$ 查 50WW470 直流磁化曲线（见书末附图 C-33）；

$C_1 = 0.7$；

$H_{j20} = 0.52\mathrm{A/cm}$，由 $B_{j2} = 0.222\mathrm{T}$ 查 50WW470 直流磁化曲线（见书末附图 C-33）；

$C_2 = 0.7$。

82. 每对极总磁压降　$F = F_{t1} + F_{j1} + F_{j2} + F_\delta = (3.008 + 1.254 + 0.234 + 279.28)\mathrm{A} = 283.78\mathrm{A}$

83. 气隙主磁导　$\Lambda_\delta = \dfrac{\Phi_\delta}{F} = \dfrac{1.097 \times 10^{-4}}{283.78} = 3.866 \times 10^{-7}$

84. 主磁导标幺值　$\lambda_\delta = \dfrac{\Lambda_\delta}{\Lambda_b} = \dfrac{3.866 \times 10^{-7}}{3.625 \times 10^{-8}} = 10.66$

85. 外磁路总磁导　$\lambda' = \sigma_0 \lambda_\delta = 1.2 \times 10.66 = 12.79$

86. 额定工作时最大直轴去磁磁动势　$F_{adm} = \dfrac{\sqrt{3}}{8} I_1 N_{\Phi1} K_{dp} = \dfrac{\sqrt{3}}{8} \times 2.51 \times 168 \times 0.98\mathrm{A} = 89.47\mathrm{A}$

87. 永磁体负载工作点　$b_{mN} = \dfrac{\lambda'(1 - f'_{adm})}{1 + \lambda'} = \dfrac{12.79 \times (1 - 0.037)}{1 + 12.79} = 0.893$

$$h_{mN} = 1 - b_{mN} = 1 - 0.893 = 0.107$$

式中，$f'_{adm} = \dfrac{2F_{adm} \times 10^{-1}}{\sigma_0 H_c(2h_M)} = \dfrac{2 \times 89.47 \times 10^{-1}}{1.2 \times 451.2 \times (2 \times 0.45)} = 0.037$。

b_{mN} 与假设值 b'_{mN} 相符。$(0.893 - 0.894) \div 0.894 = -0.11\%$。

88. 额定工作时转速

最大去磁时　$n_{Nmax} = 15\alpha'_p \dfrac{U_d - 2\Delta U - 2I_1 R_1}{p N_{\Phi1} \Phi_\delta} = \left(15 \times 0.917 \times \dfrac{24 - 2 \times 0.5 - 2 \times 2.51 \times 0.494}{5 \times 168 \times 1.097 \times 10^{-4}} \right)\mathrm{r/}$

$\mathrm{min} = 3063\mathrm{r/min}$

最小去磁时　$n_{Nmin} = 15\alpha'_p \dfrac{U_d - 2\Delta U - 2I_1 R_1}{p N_{\Phi1} \Phi_{\delta0}} = \left(15 \times 0.917 \times \dfrac{24 - 2 \times 0.5 - 2 \times 2.51 \times 0.494}{5 \times 168 \times 1.139 \times 10^{-4}} \right)\mathrm{r/}$

$\mathrm{min} = 2950\mathrm{r/min}$

89. 电枢感应电动势　$E_N = \dfrac{m_2 p N_{\Phi1}}{30\alpha'_p} \Phi_\delta n_{Nmax} = \dfrac{2 \times 5 \times 168}{15 \times 0.917} \times 1.097 \times 10^{-4} \times 3063\mathrm{V} = 20.51\mathrm{V}$

七、最大去磁计算

90. 电枢起动电流（两相导通、丫联结三相六状态）　$I_{1st} = \dfrac{U_d - 2\Delta U}{2R_1} = \left(\dfrac{24 - 2 \times 0.5}{2 \times 0.494} \right)\mathrm{A} = 23.28\mathrm{A}$

91. 电枢反应直轴磁动势最大值　$F_{adstm} = \dfrac{\sqrt{3}}{8} I_{1st} N_{\Phi1} K_{dp} = \dfrac{\sqrt{3}}{8} \times 23.28 \times 168 \times 0.98\mathrm{A} = 829.81\mathrm{A}$

92. 最大去磁时工作点　$b_{mst} = \dfrac{\lambda'(1 - f'_{adstm})}{1 + \lambda'} = \dfrac{12.79 \times (1 - 0.34)}{1 + 12.79} = 0.61$

$$h_{mst} = 1 - b_{mst} = 1 - 0.61 = 0.30$$

式中，$f'_{adstm} = \dfrac{2F_{adstm} \times 10^{-1}}{\sigma_0 H_c(2h_M)} = \dfrac{2 \times 829.81 \times 10^{-1}}{1.2 \times 451.2 \times (2 \times 0.45)} = 0.34$。

八、工作性能计算

93. 转速变化率

最小转速变化率：$\Delta n_{\text{Nmin}} = \dfrac{|n_{\text{Nmax}} - n_0|}{n_0} \times 100\% = \dfrac{|3063 - 3307|}{3307} \times 100\% = 7.38\%$

最大转速变化率：$\Delta n_{\text{Nmax}} = \dfrac{|n_{\text{Nmin}} - n_0|}{n_0} \times 100\% = \dfrac{|2950 - 3307|}{3307} \times 100\% = 10.80\%$

94. 额定工作时电磁转矩 $T_{\text{em}} = \dfrac{2p}{\pi \alpha_p'} N_{\Phi 1} \Phi_\delta I_1 = \dfrac{10}{3.14 \times 0.917} \times 168 \times 1.097 \times 10^{-4} \times 2.51 \text{N} \cdot \text{m} =$

$0.16\text{N} \cdot \text{m}$

95. 起动电磁转矩 $T_{\text{st}} = \dfrac{2p}{\pi \alpha_p'} N_{\Phi 1} \Phi_\delta I_{\text{1st}} = \dfrac{10}{3.14 \times 0.917} \times 168 \times 1.097 \times 10^{-4} \times 23.28 \text{N} \cdot \text{m} =$

$1.49\text{N} \cdot \text{m}$

96. 电枢铜耗 $P_{\text{Cu1}} = 2I_1^2 R_1 = 2 \times 2.51^2 \times 0.494 \text{W} = 6.22\text{W}$

97. 电枢铁耗

（1）电枢齿重量

$G_{\text{t1}} = Q_1 l_{\text{Fe}} \left(b_{\text{t1}} h_{\text{s1}} + \left(\dfrac{\pi D_{\text{i1}}}{Q_1} - b_{\text{s0}} \right) h_{\text{s0}} \right) \times 7.8 \times 10^{-3} = 9 \times 2.91 \times \left(0.4 \times 0.89 + \left(\dfrac{3.14 \times 3.9}{9} - 0.2 \right) \times 0.2 \right) \times$

$7.8 \times 10^{-3} \text{kg} = 0.12\text{kg}$

（2）电枢轭重量　$G_{\text{j1}} = \pi l_{\text{Fe}} h_{\text{j1}} (D_1 - h_{\text{j1}}) \times 7.8 \times 10^{-3} = 3.14 \times 2.91 \times 0.26 \times (6.6 - 0.26) \times$

$7.8 \times 10^{-3} \text{kg} = 0.12\text{kg}$

（3）电枢齿、轭的单位铁耗（根据 $B_{\text{t10}} = 1.218\text{T}$、$B_{\text{j10}} = 0.753\text{T}$ 查 50WW470 铁损耗曲线（50Hz），见书末附图 C-35）

$$p_{\text{t1}} = 2.70\text{W/kg}$$

$$p_{\text{j1}} = 1.0\text{W/kg}$$

（4）定子齿损耗　$P_{\text{t1}} = p_{\text{t1}} G_{\text{t1}} = 2.70 \times 0.12 \text{W} = 0.32\text{W}$

（5）定子轭损耗　$P_{\text{j1}} = p_{\text{j1}} G_{\text{j1}} = 1.0 \times 0.12 \text{W} = 0.12\text{W}$

（6）总铁耗　$P_{\text{Fe}} = 2.5 P_{\text{t1}} + 2 P_{\text{j1}} = (2.5 \times 0.32 + 2 \times 0.12) \text{W} = 1.04\text{W}$

98. 开关管损耗（两相导通、丫联结三相六状态）$P_\Delta = 2 I_1 \Delta U = 2 \times 2.51 \times 0.5 \text{W} = 2.51\text{W}$

99. 机械损耗　$P_{\text{fw}} = \left(\dfrac{3}{p} \right)^2 \left(\dfrac{D_1}{10} \right)^4 = \left(\dfrac{3}{4} \right)^2 \left(\dfrac{6.6}{10} \right)^4 \text{W} = 0.11\text{W}$

100. 杂散损耗　$P_{\text{ad}} = 0.3 P_{\text{Fe}} = 0.3 \times 1.04 \text{W} = 0.31\text{W}$

101. 总损耗　$\sum P = P_{\text{Cu1}} + P_{\text{Fe}} + P_\Delta + P_{\text{fw}} + P_{\text{ad}} = (6.22 + 1.04 + 2.51 + 0.11 + 0.31) \text{W} = 10.59\text{W}$

102. 输入功率　$P_1 = U_{\text{d}} I_1 = 24 \times 2.51 \text{W} = 60.24\text{W}$

103. 输出功率　$P_2 = P_1 - \sum P = (60.24 - 10.19) \text{W} = 50.05\text{W}$

104. 效率　$\eta = \dfrac{P_2}{P_1} \times 100\% = \dfrac{50.05}{60.24} \times 100\% = 83.08\%$

η 与 η' 基本相符 $(0.8308 - 0.83) \div 0.83 = 0.01\%$。

105. 摩擦转矩　$T_0 = 9.55 \dfrac{P_{ad} + P_{Fe} + P_{fw}}{n_{Nmin}} = 9.55 \times \dfrac{(0.31 + 1.04 + 0.11)}{2950} \text{N} \cdot \text{m} = 0.0047 \text{N} \cdot \text{m}$

106. 额定输出转矩　$T_2 = T_{em} - T_0 = (0.16 - 0.0047) \ \text{N} \cdot \text{m} = 0.155 \text{N} \cdot \text{m}$

107. 机电时间常数　$t_m = \dfrac{J}{T_{st}} \dfrac{2\pi n_0}{60} = \dfrac{5.72 \times 10^{-5}}{1.49} \times \dfrac{2 \times 3.14 \times 3307}{60} \text{ms} = 13.29 \text{ms}$

式中　$J = 8 D_2^4 l_t \times 9.8 \times 10^{-9} = 8 \times 3.8^4 \times 3.5 \times 9.8 \times 10^{-9} \text{N} \cdot \text{m} \cdot \text{s}^2 = 5.72 \times 10^{-5} \text{N} \cdot \text{m} \cdot \text{s}^2$；

　　　$l_t = l_2 + l' = (3.0 + 0.5) \ \text{cm} = 3.5 \text{cm}$。

注：本电磁计算方案非最佳设计，仅供计算时参考。

第9章　电动机的计算机辅助设计技术

9.1　概述

用计算机进行电机设计的程序可以分为"校核设计""综合设计""优化设计"及"仿真设计"四种类型。

1. 校核设计　校核设计程序是按设计人员事先估计好的各设计参量，依一定程序步骤计算产品的性能，实际上是设计的核算。计算机的使用起到了高速计算的作用，用来对设计方案进行计算分析，而对计算结果的评价及设计方案的调整仍需由设计者决定。校核设计程序是经过计算机多次重复计算，最终取得一个符合性能要求的较佳方案。校核设计程序在电机设计中占有十分重要地位，它是综合设计和优化设计的基础。

2. 综合设计　综合设计程序是根据已知的性能要求，决定电机各设计参量的程序，它可在规定的产品性能和技术条件下，自动选择适当的设计参数和结构尺寸，得出满足要求的可行方案，以供设计人员凭经验来挑选。综合设计程序实质上是自动修改并重复分析设计方案以满足给定标准的一种程序。在使用校核设计程序时，设计人员必须花一定时间去分析各个方案的计算结果，然后人为地调整某些设计数据，为下次计算作准备，经过重复分析后才能得到满意的设计方案。而在综合设计程序中，这些过程都在计算机内自动地进行，因此大大缩短了设计时间。综合设计发挥计算机的逻辑判断功能，比分析设计进了一步，综合设计可以自动选择绕组参数，自动选择槽形尺寸，自动调整设计参量。利用主要设计参量的循环还可以得到许多方案。

3. 优化设计　优化设计程序是对设计问题提出明确的数学模型，然后依据现代数学的寻优理论并采用优化方法，自动得到较优或最优方案的程序。

编制一个典型的、通用性较强的综合设计程序并不是轻而易举的事，它需要综合考虑电机设计中繁多的参量之间的复杂关系，并要把电机设计的经验包含进去。

4. 仿真设计　随着电磁场数值计算方法和有限元技术的发展，国际上出现了很多电动机仿真软件。例如 Ansys Maxwell 是一款有限元仿真软件，共由三大板块组成：RMxprt Maxwell 2D 及 Maxwell 3D，其中 RMxprt 为包含单相异步电动机、三相异步电动机、无刷直流电动机、永磁同步电动机等多种电机的设计模型。用户可以方便地在 RMxprt 中建立电机模型，完成电机的电磁设计方案。用户还可以将 RMxprt 中建立的电机模型转换到 Maxwell 2D、3D 中进行有限元仿真，得出形象化的仿真结果。

目前使用最多、实用性最强的是校核设计程序和仿真设计软件，其原因如下：

首先，对设计者而言，最繁杂和最耗时间的劳动是校核程序的数学计算，用计算机来完成这项工作，节省了设计者的大量时间，而方案的调整和优选，对设计者来说并非难事。将计算机计算准确、快速的特点和设计者调整方案的灵活性结合起来，使得校核设计程序使用起来十分得心应手。

其次，虽然综合设计和优化设计具有全自动的特点，但其设计结果往往难以适合工厂现有的工艺和制造条件，对此，设计者又无法参与程序的设计过程，而相比之下校核设计程序显示出极大的灵活性和较强的适用性。

与校核设计程序相比，仿真设计软件能更直观地得出设计结果，但是其前处理、计算求解和后处理均要求设计者必须具备电机设计基础才能处理得当，得到有效的设计结果。

9.2 电动机的计算机辅助设计程序

9.2.1 电动机计算机辅助设计程序编制过程中的有关问题

将手算程序编成计算机程序，并不是简单地用赋值语句把所有的计算公式照写一遍。手算程序中除定型的计算公式外，有许多参量和选择项的计算要由设计人员决定，因此手算程序在设计人员使用时具有极大的灵活性。只要在计算过程中做适当的处理，同一份程序便可以适应不同的计算要求。而计算机程序是按照自身严格的逻辑关系自动进行的，因此程序的一切功能和处理方法都必须在编制程序时完全考虑好，因此将手算程序变成计算机程序时必须处理好以下几个方面的问题：

1) 无论手算程序还是计算机程序都将遇到各种不同形式的参量，这些参量均用一定的变量符号（称之为标识符）来表示。在手算程序中，允许用英文字母、非英文字母及其与数字组合来表示每个参量，而且可以用同一个字符或字符串仅以大小写的区别来表示不同意义的参量，如常见的有 H_{t1} 表示定子齿部磁场强度，而 h_{t1} 则表示定子齿高度；B_{t1} 表示定子齿磁通密度，而 b_{t1} 则表示定子齿宽等。在计算机程序中，这是绝对不允许的，因为在计算机程序中 H_{t1} 与 h_{t1} 或 B_{t1} 与 b_{t1} 只能代表同一个参量。

2) 在手算程序中不必考虑查取曲线、图表的方法。而在计算机程序中要编制一个适宜的查曲线和图表的子程序。

3) 在手算程序中，存在选择计算项，即同一个计算项中含有几个不同的计算公式。如不同的槽形选择，电动机类型的选择，冷却方式的选择等。这些在人工计算时，设计人员可以根据不同的要求直接选取其中的某个公式计算，而在计算机程序中必须设置逻辑判断功能。

4) 在电磁计算过程中，有时由于某些参数设置不当，即使数学计算中未发现任何差错，也会使所得的结果毫无意义，特别在循环计算时可能出现死循环的现象。设计人员用手算程序计算时，可以及时对这类问题做出处理，但计算机却不能发现这类问题。因此，在计算机程序中应设置检查错误及防止死循环的措施。

5) 手算程序由人自己执行，因而不存在已知数据的输入和计算结果的输出的问题。设计人员可以根据具体问题的要求，在运算中适时地给出某些参量，一旦计算出来，其结果就保留在纸面上了。而计算机程序的执行是由人和机器共同完成的，因此必须增设人机交换信息环节，即数据输入接口和数据输出接口。

9.2.2　电动机计算机辅助设计程序的编制

计算机辅助设计由以下几个环节构成：选择对象、数学描述、数值处理、编制程序、数据整理、程序检验、运算及输出结果，计算机虽是一种能自动、高速计算的工具，具有很强的存储功能和逻辑判断功能，但它毕竟还只是人类的一种工具，本身不能进行创造性思维，只会按照人的意志，一步一步地按人们事先编好的程序去执行。因此，编制程序是计算机辅助设计中的一个关键。

1. 选定计算机机型和程序语言　由于计算机的迅速发展和普及，其型号不断更新，一般普通微型计算机都可以用于电动机的计算机辅助设计。Fortran、Basic、Visul Basic 等语言都是适合工程计算的语言，其中 Visul Basic 是可视化编程语言，不仅适合工程计算，还可以编制友好的用户界面，提供良好的人机对话操作环境，本章所述的程序均使用 Visul Basic 语言。

2. 正式编制程序之前需要准备好的原始资料

1）电动机的规格、型号及性能指标值；

2）手工设计计算时计算公式的整理和分块归类；

3）将手工设计计算时使用的变量名改写为计算机程序中使用的标识符；

4）将不适于计算机使用的图表、曲线改造成有关的数学公式；

5）需要插值计算的常用曲线、图表的数组处理；

6）随设计类型而异的设计控制数组，如分析数组、综合数组和优化数组；

7）设计中所准备采用的计算方法；

8）需要保存和打印的计算结果及主要的中间变量；

9）用于验证程序的计算单，即经过手工计算的有中间结果和最后结果的计算单。

3. 构思程序的总框图　在源程序正式编写以前，应根据设计流程和计算逻辑画出程序的总框图，这对初学者或对较复杂的程序是必不可少的。框图可作为编制程序时的依据，同时又便于对源程序进行阅读和修改。总框图应力求清晰、明了，能简明而形象地表达程序的逻辑思想，反映程序的基本结构和计算层次，给人以一目了然之感。除总框图外，对于程序中的一些重要细节或难点，可以另外画出详细的分框图，作为对总框图的补充。

4. 编写源程序　用 Visul Basic 语言编写源程序是一项细致的工作，主要根据设计总框图和准备好的原始资料进行，同时又要注意计算机对使用算法语言方面的一些特殊规定或限制，选用合适的变量的标识符，使其具有直观性、系统性、规律性。

5. 检查源程序　源程序编写完毕后，还须先认真检查以下各内容：

1）语法检查。检查所用的程序语句、格式，有无违反算法语言的各项规定，各变量标识符是否合理，有无重复混淆。

2）公式检查。核对计算公式及量纲的正确性。

3）结构检查。检查主程序及转向目标是否符合框图和各子程序与主程序的合理联结。

6. 调试源程序　对经过检查的源程序在计算机上经核对便可开始调试工作，这是程序投入正式使用前的一个重要步骤，也是程序经受实践检验的过程。调试过程中主要进行两种检查：语法检查和结果检查。编译时计算机对全部源程序自动进行语法检查，并显示全部的出错信息，供程序设计人员修改。

7. 分析计算结果　在经过源程序的调试、修改、编译后，根据控制变量的要求，实施计算，并将计算结果以文本文件的形式保存，同时在屏幕上显示。计算结果的检查是逐项检查各中间结果和最后结果，检查执行计算的路线是否符合设计逻辑。分析研究并比较各设计方案的输出打印结果及重要的中间参量值，以便选择合适的方案，或者提出进一步的修改措施，或者总结有关设计的规律。

9.2.3　电动机计算机辅助设计程序编制过程中有关问题的处理方法

1. 标识符的命名法　程序设计一开始就要规定统一符号作为各参量的标识符。标识符的命名方法应注意以下四个方面。

1）标识符必须为计算机所接受。按照算法语言的规定，标识符是以英文字母打头的字母和数字组成的字符串，例如 AJ、Ist、Bt1、Ht1 等都是标识符。构成一个标识符所用的字符可多可少，但应注意对不同的语言，所能识别标识符的有效位数是不同的。

2）标识符应尽可能与手算程序中的变量名称相同。手算程序中，参数的变量名称是英文字母或英文字母与数字的组合时，可直接引用它们作为计算机程序中的标识符，这样可方便其他人阅读源程序。

3）手算程序中，参数的变量名称不是英文字母与数字的组合时，最好选用在读音、字形或含义上与之接近的英文字母与数字的组合作为计算机程序中的标识符，见表 9-1。

表 9-1　非英文字母的标识符表示

α	β	δ	λ	μ	σ	ρ	θ	ε
alfa	beta	Delta	A	mu	xigma	Rou	sita	eps
η	τ_p	ξ	Φ	Σ	ε_L	λ_δ	$\cos\varphi$	π
Eda	taop	ksi	fi	sgm	EL	Adelta	cosFi	Pi

4）注意避免不同意义的变量使用了同一个标识符。因为手算程序中，有些不同意义的参数变量使用了组合排列完全相同的字符串，而用大写和小写来区别它们所表示的不同意义。必须把它们用不同的字母或数字区分开来，否则将造成计算错误，见表 9-2。若将各变量名称的下标字母均用小写字母表示，这样看上去更接近手算程序中的变量形式，非常直观，符合习惯用法。

表 9-2　重复变量名的区分

变量名所 代表的意义	原变量名	标识符	变量名所 代表的意义	原变量名	标识符
定子齿磁通密度	B_{t1}	Bt1	转子齿磁通密度	B_{t2}	Bt2
定子齿宽	b_{t1}	bt1s	转子齿宽	b_{t2}	bt2r
定子齿部磁场强度	H_{t1}	Ht1s	转子齿部磁场强度	H_{t2}	Ht2r
定子齿高度	h_{t1}	ht1	转子齿高度	h_{t2}	ht2
定子轭部磁场强度	H_{j1}	Hj1s	转子轭部磁场强度	H_{j2}	Hj2r
定子轭部计场高度	h'_{j1}	hj11	转子轭计算高度	h'_{j2}	hj21

根据以上几点，我们对电动机计算机辅助程序中的标识符做了统一规定。非英文字母对应的标识符见表 9-1，重复变量名称的区分见表 9-2，凡是原变量名称已是英文字母和数字组合的，直接取其为标识符不再变动。

在命名标识符时，带"′"的量，其"′"用 1 表示，如：I' 用 I1 表示、η' 用"Eda1"表示等；凡是下标为"（st）"的量，均用"st"代替"（st）"，如：$I_{(st)}$ 用"Ist"表示、$X_{m(st)}$ 用"Xmst"表示等。对于某些变量名称，可能是英文字母和非英文字母的组合，这时只要将其中的非英文字母用表 9-1 中对应的标识符代换，而其中的英文字母保留不变即可，如 $\cos\varphi'$ 可用 cosFI1 表示，$\Delta\lambda_{U1}$ 可用"DeltaAu1"表示等。另外在程序中有些计算公式很长，书写起来很不方便，这时可以引入几个中间变量，将公式分成几个子式分别计算，最后再按原公式组合起来。此时，应注意引入的中间变量标识符只要不与其他有意义的标识符相同即可。

字符型变量与数值型变量的区别在于字符型变量只能是字符串，数值型变量只能是数字。字符串在使用前需要说明定义，在使用时必须用双引号括起来。字符型变量的命名由每个汉字字符的汉语拼音第一个字母组成，见表 9-3。

表 9-3　字符型变量的表示

定子槽形	DZCX	转子槽形	ZZCX
绕组形式	RZXS	定子接法	DZJF
磁钢形状	CGXZ	充磁方式	CCFS
冷却方式	LQFS	导条材料	DTCL
三相相带	SXXD	硅钢片牌号	GGPPH
磁钢材料	CGCL	绝缘等级	JYDJ
电枢槽形	DSCX	电刷材料	DSCL

2. 图表、曲线的数学处理　电动机设计中用到的一些图表和曲线可分成两种类型。一种是由原来比较复杂的数学公式计算后描绘而成的，如：定子槽漏磁导中的节距漏抗系数 K_{U1}、K_{L1}，槽下部单位漏磁导 λ_L，谐波单位漏磁导 ΣS、ΣR，转子趋肤效应系数 $\dfrac{r_\sim}{r_0}$、$\dfrac{x_\sim}{x_0}$。另一种则是长期实践积累得到的试验数据、经验或半经验数据描绘的，如波幅系数 F_s、轭部磁路校正系数 C_1 和 C_2 等。这些图表和曲线对于人工计算时查找是方便的，但对于计算机运算则是不可取的。计算机是以数值计算见长的运算工具，为了充分利用计算机的这一特长，在编制电动机计算机辅助设计程序时必须对图表和曲线进行必要的处理。尽可能采用原始精确公式计算；对于经验曲线数据，通过存储少量曲线上的数据，采用插值法得到曲线上其他任一点的值。下面以三相异步电动机计算机辅助设计为例逐一介绍。

（1）采用原始数学公式直接计算

1）定子槽漏磁导中的节距漏抗系数 K_{U1}、K_{L1} 对常用的三相 60° 相带绕组，当短距比 β 的值为 $0 < \beta \leqslant \dfrac{1}{3}$ 时，

$$K_{U1} = 0.75\beta$$
$$K_{L1} = 0.5625\beta + 0.25 \tag{9-1}$$

当 $\dfrac{1}{3} \leqslant \beta \leqslant \dfrac{2}{3}$ 时，

$$K_{U1} = 1.5\beta - 0.25$$
$$K_{L1} = 1.125\beta + 0.0625 \tag{9-2}$$

$\dfrac{2}{3} \leqslant \beta \leqslant 1$ 时，

$$K_{U1} = 0.75\beta + 0.25$$
$$K_{L1} = 0.5625\beta + 0.4375 \tag{9-3}$$

2）槽下部单位漏磁导

平底槽（见图 9-1a）

$$\lambda_L = \left(\frac{4h/b_2}{(1 + b_{12})^2} \right) K_{r1} \tag{9-4}$$

圆底槽（见图 9-1b）用于定子槽 $b_1 \leqslant b_2$，用于转子槽 $b_1 \geqslant b_2$，则

$$\lambda_L = \frac{h/b_2}{\left(\dfrac{\pi}{8h/b_2} + \dfrac{1 + b_{12}}{2} \right)^2} (K_{r1} + K_{r2}) \tag{9-5}$$

梨形槽（见图 9-1c）

$$\lambda_L = \frac{(K_{r1} + K_{r2} + K_{r4}) h/b_2}{\left[\dfrac{\pi}{8h/b_2} (1 + b_{12}^2) + \dfrac{1 + b_{12}}{2} \right]^2} \tag{9-6}$$

凸形槽或刀形槽（见图 9-1d）

$$\lambda_L = \frac{(b_3 h_3^3 K_{r1}' + b_1 h_2^3 K_{r1}'' + K_{r3})}{S^2} \tag{9-7}$$

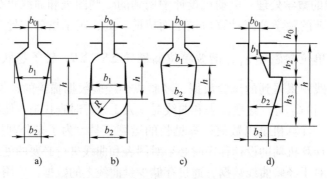

图 9-1 平底槽、圆底槽、梨形槽和刀形槽

以上各式中：S 为槽面积；

$$b_{12} = \frac{b_1}{b_2};$$

$$K_{r1} = \frac{1}{3} - \frac{1 - b_{12}}{4} \left[\frac{1}{4} + \frac{1}{3(1 - b_{12})} + \frac{1}{2(1 - b_{12})^2} + \frac{1}{(1 - b_{12})^3} + \frac{\ln b_{12}}{(1 - b_{12})^4} \right];$$

当 $b_{12}=1$ 时，$K_{r1}=\dfrac{1}{3}$，$K'_{r1}=\dfrac{1}{3}$，$K_{r3}=S_{B3}h_2^2+S_{B3}^2\dfrac{h_2}{b_1}$；

K'_{r1}、K''_{r1} 为分别以 $\dfrac{b_2}{b_3}$ 及 $\dfrac{b_0}{b_1}$ 代替 $\dfrac{b_1}{b_2}=b_{12}$ 代入 K_{r1} 公式中计算而得的值；

$$K_{r2}=\frac{2\pi^3-9\pi}{1536\left(\dfrac{h}{b_2}\right)^3}+\frac{\pi}{16\left(\dfrac{h}{b_2}\right)}-\frac{\pi}{8(1-b_{12})\left(\dfrac{h}{b_2}\right)}-\left[\frac{\pi^2}{64(1-b_{12})\left(\dfrac{h}{b_2}\right)^2}+\frac{\pi}{8(1-b_{12})^2\left(\dfrac{h}{b_2}\right)}\right]\ln b_{12}\ ;$$

当 $b_{12}=1$ 时，$K_{r2}=\dfrac{2\pi^3-9\pi}{1536\left(\dfrac{h}{b_2}\right)^3}+\dfrac{\pi}{8\left(\dfrac{h}{b_2}\right)}+\dfrac{\pi^2}{64\left(\dfrac{h}{b_2}\right)^2}$ ；

$$K_{r3}=S_{B3}h_2^2\left[\frac{1}{2}-\frac{1}{\left(1-\dfrac{b_0}{b_1}\right)^2}\left(1-\frac{b_0}{b_1}+\ln\frac{b_0}{b_1}\right)\right]-S_{B3}^2\frac{h_2}{b_1}\frac{\ln\dfrac{b_0}{b_1}}{1-\dfrac{b_0}{b_1}}$$

其中，$S_{B3}=(b_2+b_3)\dfrac{h_3}{2}$

$$K_{r4}=\frac{1}{4}\frac{\pi}{\left(\dfrac{h}{b_2}\right)}K_r^2+\frac{1}{32}\frac{(4+3\pi^2)b_{12}^2}{\left(\dfrac{h}{b_2}\right)^2}K_r+\frac{14\pi^3+39\pi}{1536\left(\dfrac{h}{b_2}\right)^3}b_{12}^4$$

其中，$K_r=\dfrac{\pi}{8}\dfrac{1}{(h/b_2)}(1-b_{12}^2)+\dfrac{1}{2}(1+b_{12})$。

3）谐波单位漏磁导 ΣS、ΣR

a）对三相 $60°$ 相带整数槽绕组，当 $\dfrac{2}{3}\leqslant\beta\leqslant1$ 时

$$\Sigma S=\frac{\pi^2}{18}\left[5q^2+1-\left(\frac{1}{4}\frac{c}{q}+\frac{3}{2}c^2-\frac{1}{4}\frac{c^3}{q}\right)\right]\Big/(3q^2)-K_{dp1}^2 \tag{9-8}$$

式中　q——每极每相槽数；

$\quad K_{dp1}$——基波绕组系数；

$\quad\ c$——短距的槽数；

$c=3q(1-\beta)$。

对三相 $60°$ 相带分数槽绕组

$$\Sigma S=\Sigma S_{齿谐波}+\Sigma S_{相带谐波}$$

其中，$\Sigma S_{齿谐波}=k_{dp1}^2\left[\dfrac{1}{(-6q+1)^2}+\dfrac{1}{(6q+1)^2}+\dfrac{1}{(-12q+1)^2}+\dfrac{1}{(12q+1)^2}+\dfrac{0.786}{(6q)^2}\right]$

$$\Sigma S_{相带谐波}=\sum_{v=1}^{\infty}\left(\frac{k_{dpv}}{v}\right)^2$$

式中　k_{dpv}——v 次谐波绕组系数。

$$k_{dpv}=k_{dv}k_{p0}$$

$$k_{dv} = \frac{\sin\dfrac{qv\alpha}{2}}{q\sin\dfrac{v\alpha}{2}}$$

$$k_{pv} = \sin\left(v\frac{y_1}{\tau}90°\right)$$

v 次谐波相对数 v'：

$$v' = vp$$

$$v = \frac{v'}{p}$$

b）对笼型转子

$$\sum R = \sum_{k=1}^{200} 1 \bigg/ \left(k\frac{2Q_2}{p}\pm 1\right)^2 \tag{9-9}$$

4）转子趋肤效应系数 $\dfrac{r_\sim}{r_0}$、$\dfrac{x_\sim}{x_0}$（见图9-2）

a）第一种公式

考虑趋肤效应后，转子导条电阻增加的比值为

$$\frac{r_\sim}{r_0} = \frac{\left(1+\dfrac{b_1}{b_2}\right)\varphi(\xi)}{2\left(\dfrac{b_1}{b_2}\right)+\dfrac{1-\left(\dfrac{b_1}{b_2}\right)}{\varphi(\xi)}} \tag{9-10}$$

式中　ξ——考虑趋肤效应后转子导条的相对高度；

$$\varphi(\xi) = \xi\left[\frac{\mathrm{sh}(2\xi)+\sin(2\xi)}{\mathrm{ch}(2\xi)-\cos(2\xi)}\right]_0$$

考虑趋肤效应后，转子槽漏抗减少的比值为

$$\frac{x_\sim}{x_0} = \frac{b_2\left(1+\left(\dfrac{b_1}{b_2}\right)\right)^2 \Psi(\xi)K'_{r1}}{b_{px}\left(1+\dfrac{b_1}{b_{px}}\right)^2 K_{r1}} \tag{9-11}$$

式中　K'_{r1}——以 b_1/b_{px} 代替 b_{12} 代入 K_{r1} 公式算出的值。

$$\Psi(\xi) = \frac{1.5}{\xi}\left[\frac{\mathrm{sh}(2\xi)-\sin(2\xi)}{\mathrm{ch}(2\xi)-\cos(2\xi)}\right];$$

$$b_{px} = b_1 + (b_2-b_1)\Psi(\xi);$$

对凸形槽应选分别计算起动电阻与电抗的等效槽高 h_{pr} 与 h_{px}：

$$h_{pr} = K_a\frac{(h-h_0)}{\varphi(\xi)}$$

$$h_{px} = K_a\frac{(h-h_0)}{\Psi(\xi)}$$

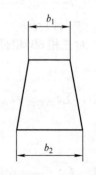

图9-2　转子趋肤效应
计算用槽形示意图

式中　K_a——槽截面宽度突变修正系数，用后面介绍的插值法查曲线。

然后按此等效槽高构成新的等效转子槽形，用原来的电阻与漏抗公式分别计算起动时的电阻与槽漏抗。

b) 第二种公式

$$\frac{x_{\sim}}{x_0} = \Psi(\zeta)\frac{\varepsilon_{\sim}}{\varepsilon_0} \tag{9-12}$$

$$\Psi(\zeta) = \frac{3}{2\zeta}\frac{\mathrm{sh}2\zeta - \sin2\zeta}{\mathrm{ch}2\zeta - \cos2\zeta}$$

$$\varepsilon_{\sim} = \frac{3\beta_{\sim}}{(1+\beta_{\sim})^2}\left[1 - \frac{1-\beta_{\sim}}{4} - \frac{1}{2(1-\beta_{\sim})} - \frac{1}{(1-\beta_{\sim})^2} + \frac{\ln\frac{1}{\beta_{\sim}}}{2(1-\beta_{\sim})^3}\right]$$

$$\beta_{\sim} = \frac{1}{1 + \frac{1-\beta_0}{\beta_0}\Psi(\zeta)}$$

$$\beta_0 = \frac{b_1}{b_2}$$

$$\varepsilon_0 = \frac{3\beta_0}{(1+\beta_0)^2}\left[1 - \frac{1-\beta_0}{4} - \frac{1}{2(1-\beta_0)} - \frac{1}{(1-\beta_0)^2} + \frac{\ln\frac{1}{\beta_0}}{(1-\beta_0)^3}\right]$$

$$\frac{r_{\sim}}{r_0} = \frac{1+\beta_0}{2\beta_0 + \frac{1-\beta_0}{\varphi(\zeta)}}\varphi(\zeta) \tag{9-13}$$

$$\varphi(\zeta) = \zeta\frac{\mathrm{sh}2\zeta + \sin2\zeta}{\mathrm{ch}2\zeta - \cos2\zeta}$$

（2）插值法　电动机设计中用到的图表和曲线，除了上述计算公式外，其余的均没有原始计算公式。这些图表和曲线都是一元或二元函数关系，可采用插值法来处理。只要编制相应的函数插值子程序，即可解决这些图表和曲线的查取问题。

1) 插值法概念 。所谓插值法即把已知的一条曲线离散化，以曲线上 n 个离散点的坐标构造一个代数多项式，用此来近似地代表原曲线。若以相邻两个离散点之间的直线代替原曲线时，就称为一元线性插值；若以相邻三个离散点所构成的抛物线代替原曲线时，就称抛物线插值或一元二次插值。

2) 一元线性插值。在已知曲线上任选 n 个离散点（称为插值节点），其对应的坐标为

$$(x_1,y_1) \,、(x_2,y_2) \,、(x_3,y_3)、\cdots 、(x_n,y_n)$$

当求插值点 x 所对应的 y 值时，首先寻找包含 x 的插值区间，若 $x_i<x<x_{i+1}$，插值区间为 (x_i, x_{i+1})，$(i=1, 2, 3, \cdots, n-1)$，由此可写出一元线性插值函数为

$$y = y_i + \frac{y_{i+1}-y_i}{x_{i+1}-x_i}(x-x_i),\ (i=1,2,3,\cdots,n-1)$$

若 $x \le x_1$，插值区间为 $(0, x_1)$，插值函数为

$$y = \frac{y_1}{x_1} x \quad \text{或} \quad y = \frac{y_2 - y_1}{x_2 - x_1}(x - x_1) + y_1$$

若 $x \geq x_n$，采用外推法，其插值函数为

$$y = y_n + \frac{y_n - y_{n-1}}{x_n - x_{n-1}}(x - x_n)$$

一元线性插值的实质就是用插值点 x 附近两个插值节点之间的直线段来代替这段区间内的原曲线，如图 9-3 所示。而 x 所对应的原曲线上的函数，就近似用这条直线段上相应的函数值来代替。显而易见，插值节点数目越多，即节点分布越密，相邻两节点间的直线逼近原曲线的程度越好，插值精度越高。为了提高插值精度，必须向计算机输入较多的节点数据，为了克服这一缺点，可以采用抛物线插值。

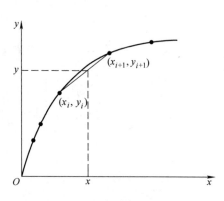

图 9-3　线性插值法示意图

一元线性插值子程序：

```
Sub QXCZ1(JN%, X!(), Y!(), U, f)
    For J = 3 To JN − 1
        If U <= X(J) Then
            GoTo 200
        End If
    Next
    J = J − 1
    GoTo 300
200 If Abs(U − X(J − 1)) <= Abs(U − X(J)) Then
        J = J − 1
    End If
300 X1 = X(J−1)
    X2 = X(J)
    X3 = X(J+1)
    a1 = (U − X2) / (X1 − X2) * (U − X3) / (X1 − X3)
    a2 = (U − X3) / (X2 − X3) * (U − X1) / (X2 − X1)
    A3 = (U − X1) / (X3 − X1) * (U − X2) / (X3 − X2)
    f = a1 * Y(J − 1) + a2 * Y(J) + A3 * Y(J + 1)
End Sub
```

3）一元抛物线插值。抛物线插值和线性插值的基本思想相同，不同的是抛物线插值是用相邻的三个插值节点构成一条抛物线来代替这三点之间的原曲线。对于插值点 x，首先应找出最靠近 x 的三个插值节点，用此来构造插值函数。

若 $x_i < x < x_{i+1}$，（$i = 2, 3, 4, \cdots, n-2$），当 x 靠近 x_i 时，插值节点取（x_{i-1}, x_i, x_{i+1}），抛物线插值函数为

$$y = \frac{(x - x_i)(x - x_{i+1})}{(x_{i-1} - x_i)(x_{i-1} - x_{i+1})} y_{i-1} + \frac{(x - x_{i+1})(x - x_{i-1})}{(x_i - x_{i+1})(x_i - x_{i-1})} y_i + \frac{(x - x_{i-1})(x - x_i)}{(x_{i+1} - x_{i-1})(x_{i+1} - x_i)} y_{i+1}$$

当 x 靠近 x_{i+1} 时，插值节点取（x_i, x_{i+1}, x_{i+2}），抛物线插值函数为

$$y=\frac{(x-x_{i+1})(x-x_{i+2})}{(x_i-x_{i+1})(x_i-x_{i+2})}y_i+\frac{(x-x_{i+2})(x-x_i)}{(x_{i+1}-x_{i+2})(x_{i+1}-x_i)}y_{i+1}+\frac{(x-x_i)(x-x_{i+1})}{(x_{i+2}-x_i)(x_{i+2}-x_{i+1})}y_{i+2}$$

若 $x\leqslant x_2$，插值节点取（x_1，x_2，x_3），抛物线插值函数为

$$y=\frac{(x-x_2)(x-x_3)}{(x_1-x_2)(x_1-x_3)}y_1+\frac{(x-x_3)(x-x_1)}{(x_2-x_3)(x_2-x_1)}y_2+\frac{(x-x_1)(x-x_2)}{(x_3-x_1)(x_3-x_2)}y_3$$

若 $x\geqslant x_{n-1}$，插值节点取（x_{n-2}，x_{n-1}，x_n），抛物线插值函数为

$$y=\frac{(x-x_{n-1})(x-x_n)}{(x_{n-2}-x_{n-1})(x_{n-2}-x_n)}y_{n-2}+\frac{(x-x_n)(x-x_{n-2})}{(x_{n-1}-x_n)(x_{n-1}-x_{n-2})}y_{n-1}+\frac{(x-x_{n-2})(x-x_{n-1})}{(x_n-x_{n-2})(x_n-x_{n-1})}y_n$$

一元抛物线插值子程序：

```
Sub QXCZ(JN%, X!(), Y!(), U, f)
        If U <= X(1) Then GoTo 200
        If U > X(JN) Then GoTo 300
        For J = 1 To JN - 1
          If U > X(J) And U <= X(J+1) Then GoTo 400
        Next
        GoTo 66
200     X1 = X(1)
        X2 = X(2)
        Y1 = Y(1)
        Y2 = Y(2)
        GoTo 6
300     X1 = X(JN-1)
        X2 = X(JN)
        Y1 = Y(JN-1)
        Y2 = Y(JN)
        GoTo 6
400     X1 = X(J)
        X2 = X(J+1)
        Y1 = Y(J)
        Y2 = Y(J+1)
6       f = (Y2-Y1)/(X2-X1)*(U-X1)+Y1
66  End Sub
```

4）采用一元函数插值的曲线、图表。

  a）硅钢片磁化曲线；

  b）硅钢片损耗曲线；

  c）波幅系数曲线（三相）；

  d）起动时漏抗饱和系数曲线（三相）；

  e）截面宽度突变修正系数曲线（三相）。

5）曲线族的插值。在电动机电磁设计中，还有一些曲线族要查找，如定、转子轭部磁通密度修正系数 C_1、C_2，转子闭口槽上部单位漏磁导 λ_{U2}，分数槽绕组谐波单位漏磁导 $\sum S$ 等。这些曲线的特点是其函数值取决于两个自变量的值，是个二元函数。它的查找办法是分别对两个自变量作一次一元插值。现以 4 极电机的定子轭部磁路修正系数 C_1 为例说明。

如图 9-4 所示，C_1 值由轭磁通密度 B_{j1} 和轭部

磁路计算高度 h'_{j1} 与 τ_p 之比 $\dfrac{h'_{j1}}{\tau_p}$ 决定。即 $C_1 =$

$f(B_{j1}, h'_{j1}/\tau_p)$。首先按 $\dfrac{h'_{j1}}{\tau_p}$ 的值分别在 B_{j1} 值不同的

4 条曲线上得到 A、B、C、D 4 个点，然后根据轭

磁通密度 B_{j1} 的范围（例如：$1.395T < B_{j1} < 1.55T$），

取 B、C 两点的值，即 $C_1^{(B)}$、$C_1^{(C)}$，再以此 2 点为

插值点进行一元一次插值，图中 E 点即为对应于

B_{j1} 及 $\dfrac{h'_{j1}}{\tau_p}$ 的 C_1 值：

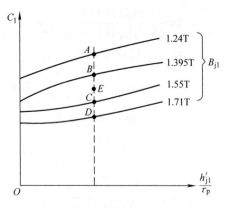

图 9-4　曲线族的插值方法示意图

$$C_1 = \frac{C_1^{(B)} - C_1^{(C)}}{1.395 - 1.55}(B_{j1} - 1.55) + C_1^{(C)} \tag{9-14}$$

在计算时，数据往往会超界，在编程时要考虑加以处理。如对于轭部磁路修正系数 C_1、C_2 的最大取值均为 0.7。

（3）拟合法。对于由经验及实验数据形成的连续性曲线，除按上述插值法处理外，还可以用数学处理对曲线进行拟合，推出拟合公式。

公式化的步骤是首先根据曲线形状确定公式类型，也就是根据给定数据的分布选好相关类型的函数，然后用待定系数法在常用范围内由曲线的已知点求公式的系数。通常取多项式作为可取函数，用最小二乘原理作为衡量准则。

最小二乘法的原理是用一个相关类型的曲线方程近似地代替一组数据，并使原数据与曲线上相应点之间的"偏差的平方和"为最小。最小二乘的名字也由此而得。这条偏差平方和最小的曲线称回归曲线。根据实际情况，它可能是直线、二次曲线等，也可能是指数函数或幂函数曲线等。

曲线拟合的基本方法可以表达如下：设 y 是关于自变量 x 的待定参数 B 的形式已知函数

$$y = f(x, B)$$

今给出 (x, y) 的 n 对观测值

$$(x_k, y_k) \quad (k = 1, 2, \cdots, n)$$

要求确定参数 B，使 $Q = \displaystyle\sum_{k=1}^{n} [y_k - f(x_k)]^2$ 为最小。其中，x 可以是单个变量或 p 个变量，即

$$x_k = (x_{1k}, x_{2k}, \cdots, x_{pk}) \quad (k = 1, 2, \cdots, n)$$

参数 B 也可以是单个参数或 m 个参数，即

$$B = (b_1, b_1, \cdots, b_m)$$

按最小二乘法，Q 应达到极小，即 b_i $(i = 1, 2, \cdots, m)$ 应满足方程组

$$\begin{cases} \dfrac{\partial Q}{\partial b_1} = 0 \\ \dfrac{\partial Q}{\partial b_2} = 0 \\ \vdots \\ \dfrac{\partial Q}{\partial b_m} = 0 \end{cases} \tag{9-15}$$

推出的拟合公式虽然有一定的误差，但使用起来方便，以下介绍几种仅供参考。

1）槽漏抗计算中径向通风道损失宽度

$$b_k'' = \frac{b_s}{\pi}\left[\frac{b_k}{b_s}\arctan\frac{b_k}{b_s} - \ln\sqrt{1+\left(\frac{b_k}{b_s}\right)^2}\right] \tag{9-16}$$

2）波幅系数

$$F_s = 2.323 - 1.0163K_t + 0.2668K_t^2 \tag{9-17}$$

式中　K_t——齿饱和系数。

3）定子和绕线型转子谐波单位漏磁导

$$\sum S = \frac{\pi^2}{54q^2}\left[(5q^2+1)+\frac{\varepsilon^3-\varepsilon}{4q}-\frac{3\varepsilon^2}{2}\right] - K_{dp1}^2 \quad (60°相带) \tag{9-18}$$

$$\sum S = \frac{\pi^2}{18q^2}\left(\frac{5}{4}-\frac{\varepsilon^2-1}{q^2}\right) - K_{dp1}^2 \quad (120°相带) \tag{9-19}$$

式中　$\varepsilon = 3q(1-\beta)$——绕组短距槽数；

$\beta = \dfrac{y}{\tau_p}$——节距比，$\dfrac{2}{3}\leqslant\beta\leqslant 1$；

$q = \dfrac{Q_1}{2mp}$——每极每相槽数。

4）笼型转子谐波单位漏磁导

$$\sum R = \frac{1}{\left(\dfrac{2Q_2}{p\pi}\sin\dfrac{p\pi}{2Q_2}\right)^2} - 1 \tag{9-20}$$

5）起动时漏磁饱和系数

$$K_z = 1 - B_L(1.143+0.9524B_L)\times 10^{-2},\ (0<B_L\leqslant 1.75)$$
$$K_z = 1.36787 - B_L(30-2.202B_L)\times 10^{-2},\ (1.75<B_L\leqslant 6)$$
$$K_z = 0.67976 - B_L(6.768-0.2251B_L)\times 10^2,\ (6<B_L\leqslant 10) \tag{9-21}$$
$$K_z = 0.5147 - B_L(3.389-1.0564B_L)\times 10^2,\ (10<B_L\leqslant 15)$$

6）凸型槽截面宽度突变修正系数

$$K_a = 1.07252 - 0.08523\frac{b_3}{b_2} + 0.012586\left(\frac{b_3}{b_2}\right)^2 \tag{9-22}$$

7）轭部磁路校正系数 C_1、C_2

2 极电机时：

$$C_1 = \left[0.085+0.038\frac{h_j}{\tau_p}-0.08\left(\frac{h_j}{\tau_p}\right)^2\right]\times\frac{1.395-B_j}{0.155}+0.37+1.51\frac{h_j}{\tau_p}-1.887\left(\frac{h_j}{\tau_p}\right)^2,$$
$$(1.24\leqslant B_j<1.395)$$

$$C_1 = \left[0.07+0.948\frac{h_j}{\tau_p}-3.031\left(\frac{h_j}{\tau_p}\right)^2\right]\times\frac{1.55-B_j}{0.155}+0.3+0.56\frac{h_j}{\tau_p}+1.144\left(\frac{h_j}{\tau_p}\right)^2,$$
$$(1.395\leqslant B_j<1.55)$$

$$C_1 = \left[0.033 + 0.24 \frac{h_j}{\tau_p} - 0.084 \left(\frac{h_j}{\tau_p} \right)^2 \right] \times \frac{1.71 - B_j}{0.16} + 0.267 + 0.316 \frac{h_j}{\tau_p} + 1.227 \left(\frac{h_j}{\tau_p} \right)^2,$$

$$(1.55 \leqslant B_j \leqslant 1.71) \qquad (9-23)$$

$$C_2 = \left[0.0812 - 0.3 \frac{h_j}{\tau_p} + 0.65 \left(\frac{h_j}{\tau_p} \right)^2 \right] \times \frac{1.395 - B_j}{0.155} + 0.364 - 0.8 \frac{h_j}{\tau_p} + 2.34 \left(\frac{h_j}{\tau_p} \right)^2,$$

$$(1.24 \leqslant B_j < 1.395)$$

$$C_2 = \left[0.0655 + 0.494 \frac{h_j}{\tau_p} - 0.92 \left(\frac{h_j}{\tau_p} \right)^2 \right] \times \frac{1.55 - B_j}{0.16} + 0.2985 - 1.294 \frac{h_j}{\tau_p} + 3.26 \left(\frac{h_j}{\tau_p} \right)^2,$$

$$(1.395 \leqslant B_j < 1.55)$$

$$C_2 = \left[0.0355 - 0.214 \frac{h_j}{\tau_p} + 0.582 \left(\frac{h_j}{\tau_p} \right)^2 \right] \times \frac{1.71 - B_j}{0.16} + 0.263 - 1.08 \frac{h_j}{\tau_p} + 2.732 \left(\frac{h_j}{\tau_p} \right)^2,$$

$$(1.55 \leqslant B_j < 1.71)$$

4 极电机时：

$$C_1 = \left[0.089 + 0.06535 \frac{h_j}{\tau_p} - 0.2174 \left(\frac{h_j}{\tau_p} \right)^2 \right] \times \frac{1.395 - B_j}{0.155} + 0.361 + 0.8633 \frac{h_j}{\tau_p} - 0.6752 \left(\frac{h_j}{\tau_p} \right)^2,$$

$$(1.24 \leqslant B_j < 1.395)$$

$$C_1 = \left[0.057 + 0.5283 \frac{h_j}{\tau_p} - 1.3152 \left(\frac{h_j}{\tau_p} \right)^2 \right] \times \frac{1.55 - B_j}{0.155} + 0.304 + 0.335 \frac{h_j}{\tau_p} + 0.64 \left(\frac{h_j}{\tau_p} \right)^2,$$

$$(1.395 \leqslant B_j < 1.55)$$

$$C_1 = \left[0.038 + 0.144 \frac{h_j}{\tau_p} - 0.015 \left(\frac{h_j}{\tau_p} \right)^2 \right] \times \frac{1.71 - B_j}{0.16} + 0.266 + 0.191 \frac{h_j}{\tau_p} + 0.625 \left(\frac{h_j}{\tau_p} \right)^2,$$

$$(1.55 \leqslant B_j \leqslant 1.71)$$

$$C_2 = \left[0.0975 - 0.514 \frac{h_j}{\tau_p} + 3.334 \left(\frac{h_j}{\tau_p} \right)^2 \right] \times \frac{1.395 - B_j}{0.15} + 0.3535 - 0.0489 \frac{h_j}{\tau_p} + 0.5 \left(\frac{h_j}{\tau_p} \right)^2,$$

$$(1.24 \leqslant B_j < 1.395) \qquad (9-24)$$

$$C_2 = \left[0.05 + 0.545 \frac{h_j}{\tau_p} - 2.06 \left(\frac{h_j}{\tau_p} \right)^2 \right] \times \frac{1.55 - B_j}{0.155} + 0.304 - 0.594 \frac{h_j}{\tau_p} + 1.56 \left(\frac{h_j}{\tau_p} \right)^2,$$

$$(1.395 \leqslant B_j < 1.55)$$

$$C_2 = \left[0.0302 - 0.204 \frac{h_j}{\tau_p} + 0.49 \left(\frac{h_j}{\tau_p} \right)^2 \right] \times \frac{1.71 - B_j}{0.16} + 0.2716 - 0.39 \frac{h_j}{\tau_p} + 1.07 \left(\frac{h_j}{\tau_p} \right)^2,$$

$$(1.55 \leqslant B_j \leqslant 1.71)$$

6 极以上电机时：

$$C_1 = \left[0.18 - 0.004 \frac{h_j}{\tau_p} + 0.94 \left(\frac{h_j}{\tau_p} \right)^2 \right] \times \frac{1.395 - B_j}{0.155} + 0.36 + 0.144 \frac{h_j}{\tau_p} + 0.645 \left(\frac{h_j}{\tau_p} \right)^2,$$

$$(1.24 \leqslant B_j < 1.395)$$

$$C_1 = \left[0.055 + 0.1656 \frac{h_j}{\tau_p} + 0.0194 \left(\frac{h_j}{\tau_p} \right)^2 \right] \times \frac{1.55 - B_j}{0.155} + 0.305 - 0.0216 \frac{h_j}{\tau_p} + 0.6265 \left(\frac{h_j}{\tau_p} \right)^2,$$

$$(1.395 \leqslant B_j < 1.55)$$

$$C_1 = \left[0.031 + 0.2\frac{h_j}{\tau_p} - 0.9844\left(\frac{h_j}{\tau_p}\right)^2\right] \times \frac{1.71 - B_j}{0.16} + 0.274 - 0.224\frac{h_j}{\tau_p} + 1.61\left(\frac{h_j}{\tau_p}\right)^2,$$
$$(1.55 \leqslant B_j \leqslant 1.71) \quad (9\text{-}25)$$

$$C_2 = \left[0.18 - 0.004\left(\frac{h_j}{\tau_p}\right) + 0.94\left(\frac{h_j}{\tau_p}\right)^2\right] \times \frac{1.395 - B_j}{0.155} + 0.36 + 0.144\frac{h_j}{\tau_p} + 0.645\left(\frac{h_j}{\tau_p}\right)^2,$$
$$(1.24 \leqslant B_j < 1.395)$$

$$C_2 = \left[0.054 + 0.244\frac{h_j}{\tau_p} - 0.733\left(\frac{h_j}{\tau_p}\right)^2\right] \times \frac{1.55 - B_j}{0.155} + 0.306 - 0.1\frac{h_j}{\tau_p} + 1.378\left(\frac{h_j}{\tau_p}\right)^2,$$
$$(1.395 \leqslant B_j < 1.55)$$

$$C_2 = \left[0.033 + 0.124\frac{h_j}{\tau_p} - 0.629\left(\frac{h_j}{\tau_p}\right)^2\right] \times \frac{1.71 - B_j}{0.16} + 0.273 - 0.224\frac{h_j}{\tau_p} + 2.07\left(\frac{h_j}{\tau_p}\right)^2,$$
$$(1.55 \leqslant B_j \leqslant 1.71)$$

3. 逻辑判断功能　电动机电磁设计程序中，有一些选择计算项，如槽形选择，包括定子有平底槽和圆底槽，转子有梯形槽、梨形槽和闭口槽；机械损耗计算因不同的冷却方式也有不同的计算公式。当设计人员用手算程序设计时，可以根据实际问题直接从中选取相应的公式进行计算。当然在决定选用哪个公式之前，是经过设计人员大脑思维判断的。为了使计算机也具有这种思维判断能力，就必须在计算机程序中设置逻辑判断功能。首先将选择计算项中的各种公式输入给计算机，当遇到这些公式时，利用逻辑判断功能自动从中选取所需要的公式。判断功能的设置非常简单，只要正确使用算法语言中的条件判断语句即可。例如不同槽形时定子轭计算高度 hj11 的计算程序如下：

```
If dzcx = "圆底槽" Then
    hs = hs0 + hs1 + hs2 + r
    hj11 = (D1 - Di1) / 2# - hs + r / 3#
End If
If dzcx = "平底槽" Then
    hs = hs0 + hs1 + hs2
    hj11 = (D1 - Di1) / 2# - hs
End If
```

4. 程序的出错处理　电机设计是一项复杂的计算工作，它有别于严密的理论计算，需要处理大量的近似结果。有些数据是经过假定、迭代、修正等过程完成的，因此若把握不住这些数据的合理范围，就可能在计算中出错。手算时，设计者凭经验、直觉就会在计算中及时发现问题，而在计算机程序中，必须设置特殊的环节来发现这些问题。另外在编制计算机程序的过程中，人们要处理许多标识符和复杂的计算公式，因此人为的错误也时有发生。

在编制计算机程序过程中，由于违反算法语言中所规定的语法而出现的错误比较容易处理，即使已经出错，在运行或编译这个程序时，计算机也会给出提示。然而对于那些不违反算法语言语法的错误，计算机是无法识别的，这时只能靠在程序中设置的纠错办法来避免或修正。下面分析常见的三类错误。

（1）编制程序时人为造成的错误　这包括变量标识符或运算符号的错写和计算次序调

整不当而使源程序的逻辑关系发生了改变等。这种错误表面上并不影响计算机运行，但计算结果是错误的。检查这种错误最有效的办法是逐个符号仔细核对，将错写的字符改正过来。另一个办法是找一份已设计好的电磁计算单，用所编计算机程序再重新计算一遍，对比两者的计算结果，可以检查所编程序是否有错以及出错的部位，进而改正所编程序。

（2）程序中出现死循环现象　例如用试凑方法求值，所包含的迭代循环过程中，若初值、终止准则和迭代修正选择不当，都能造成无限循环。此时，程序的运行时间大大超过正常时间。避免出现这种现象的办法是选择有效的初始假定值、参数修正公式及参数的终止准则。下面分别讨论。

1）初始假定值。齿饱和系数 $K'_T = 1.10 \sim 1.25$，转差率 $s' = 0.02 \sim 0.04$，起动电流 $I'_{st} = (1.1 \sim 1.2) I'_{m(st)}$。

2）参数修正公式。

$$K''_t = K_t - \frac{1}{3}(K_t - K'_t)$$

$$s'' = s' \frac{P_N}{P_2}$$

$$I''_{st} = I_{st} + \frac{1}{5}(I_{st} - I'_{st})$$

上述各式中无撇者为计算值，带"$'$"者为前一次的修正值或第一次的假定值，带"$''$"者为修正值。转差率的迭代，由输出功率 P_2 的误差大小来决定。

3）参数终止准则。电磁计算程序中，一般取 $\dfrac{|K_t - K'_t|}{K'_t} \leq 0.005$，$\dfrac{|I_{st} - I'_{st}|}{I'_{st}} \leq 0.005$，它们的精度不仅能够满足工程设计要求，而且要比手算结果精度高很多。

在正常情况下，采用上述方案，三个迭代过程都不会出现循环的情况。为进一步防止产生这种错误，还可以在程序中设置循环次数的信息作为纠错判据，即给定循环最大次数，由零开始计数，每迭代一次计数加1，并与最大次数比较，若超过给定循环最大次数，此时认为计算程序已满足要求而跳出循环，继续后面的计算。如三相异步电动机饱和系数迭代计算的一段程序为（其中 ddcsKt 为迭代次数标识符）

```
ddcsKt = 0#
Kt1 = 1.34 - 0.037 * Log(p2)
Fs = 2.323 - 1.0163 * Kt1 + 0.2668 * Kt1 ^ 2#
Bt1 = Fs * Fi / St1 * 10 ^ 4
Bt2 = Fs * Fi / St2 * 10 ^ 4
Bj1 = Fi / (2# * Sj1) * 10 ^ 4
Bj2 = Fi / (2# * Sj2) * 10 ^ 4
bdelta = Fs * Fi / Sdelta * 10 ^ 4
Call QXCZ(PointNumBH, ChqxB, ChqxH, Bt1, Ht1s)
Call QXCZ(PointNumBH, ChqxB, ChqxH, Bt2, Ht2r)
Call QXCZ(PointNumBH, ChqxB, ChqxH, Bj1, Hj1s)
Call QXCZ(PointNumBH, ChqxB, ChqxH, Bj2, Hj2r)
```

45

Call C1C2(p, Bj1, Bj2, hj11, hj21, Taop, c1, c2)

If dzcx ="平底槽" Then ht11 = hs1 + hs2

If dzcx = "圆底槽" Then ht11 = hs1 + hs2 + r / 3#

If zzcx = "梯形槽" Then ht21 = hr1 + hr2

If zzcx = "圆底槽" Then ht21 = hr1 + hr2 + r2 / 3#

If zzcx = "梨形槽" Then ht21 = hr1 + hr2 + r2 / 3#

If zzcx = "圆形槽" Then ht21 = 5# * Dr0 / 6#

If zzcx = "凸形槽" Or zzcx = "刀形槽" Then ht21 = hr1 + hr2 + hr3

Lj11 = pi * (D1 − hj11) / (4# * p)

Lj21 = pi * (Di2 + hj21) / (4# * p)

Kdelta1 = t1 * (4.4 * delta + 0.75 * bs0)

Kdelta2 = t2 * (4.4 * delta + 0.75 * br0)

If bs0 = bs1 Then Kdelta1 = t1 * (5# * delta + bs0)

If br0 = br1 Then Kdelta2 = t2 * (5# * delta + br0)

Kdelta1 = Kdelta1 / (Kdelta1 − bs0 ^ 2)

Kdelta2 = Kdelta2 / (Kdelta2 − br0 ^ 2)

deltae = delta * Kdelta1 * Kdelta2

Ft1s = Ht1s * ht11

Ft2r = Ht2r * ht21

Fj1s = c1 * Hj1s * Lj11

Fj2r = c2 * Hj2r * Lj21

Fdelta = 0.8 * bdelta * deltae * 10 ^ 4

Kt = (Fdelta + Ft1s + Ft2r) / Fdelta

dltKt = Abs(Kt − Kt1) / Kt1

If dltKt <= 0.005 Then GoTo 50

If ddcsKt > 100 Then GoTo 50

Kt1 = Kt − (Kt − Kt1) / 3#

ddcsKt = ddcsKt + 1

GoTo 45

50　　sgmF = Fdelta + Ft1s + Ft2r + Fj1s + Fj2r

（3）因输入数据设置不当而出错　此种错误造成数值超出计算机所规定的数值范围或不在函数定义域内。常见的有以零作分母、计算结果超过计算机的数值表示范围、被开方数或对数的真数小于零等。出现这种情况，计算机就能自动中断。另一种情况是出错并不影响程序的运行，只是计算结果不对。如预选线规超出线规表中的范围、选择项计算中开关变量的初始赋值不正确等，这些错误的发现及处理方法已在本节前面部分提到了，此处不再重复。

5. 数据输入与输出　数据的输入与输出是人机交换信息的主要手段，其方法较多，因算法语言和界面设置而异。

（1）数据输入　计算机程序中所用到的数据很多，但归纳起来可以分成两类：一类是不变数据，如以插值法处理的各种图表和曲线的插值节点数据；另一类则是在设计时需要经常调整改动的数据，如电机的额定值、主要尺寸、槽形尺寸、槽数及各种选择开关数据等。

我们将不变数据以字符串的形式编入程序中，并以数组的形式存放。将设计时需要改动的数据以文件的形式存放，并编制便于人机交互的输入数据界面，包含新建、修改、保存、打开文件等功能。

（2）数据的输出　计算结果的输出要采用一个专门的输出界面形成输出数据文件。输出界面应具有保存、打开、打印和形成输出数据文件的功能。输出数据文件的形成，便于程序的调试、运行和电磁方案的调整。若想看到计算结果，只要调出输出数据文件或通过打印机打印即可。

用计算机进行科学计算的最后结果由输出数据表现。合理地安排输出结果，无论对调试程序、方案调整还是直接阅读与使用都十分重要，应力求使打印结果清晰、明了。程序的输出结果应包括：

1）中间结果输出。对于迅速正确调试程序与试算十分重要。可以利用开关控制变量由条件语句决定在需要时打印输出。

2）故障和异常情况的打印输出。对于防止死循环及其他非正常情况十分重要。

3）输入原始数据的打印输出。在试算时对一些公用数组、曲线、图表等应该打印，以提供校核，否则算出方案不可靠，其中的错误难于发现。

电机电磁设计是较复杂的计算，输出结果有百余项，对它的输出结果应事先安排好，除满足一般程序所要求的结果外，每个输出数据应有符号说明、排列整齐、方便阅读，并应能安排多种型式输出。例如可以输出全部结果、主要性能、各种工作特性曲线等，既可满足各种需要又节约打印时间和纸张。

9.2.4　小型电动机电磁设计软件

基于前面介绍的 5 种小型电动机的设计方法和设计程序，我们开发了可以同时在 PC 端和手机端运行的云计算软件，软件操作和界面功能介绍如下。

小型三相异步电动
机软件操作

1. 小型三相异步电动机电磁设计软件（见图 9-5 ~ 图 9-11）

1）数据输入：输入界面包含电动机的额定数据和需要调整的数据，其中定、转子槽形，绕组相带、接法和型式，端环和导条材料，冷却方式、绝缘等级以及硅钢片牌号等数据采用下拉菜单形式选择性输入。

注意：当绕组型式为单层绕组时，绕组跨距参数 y 必须输入平均值。

2）变量名称：输入界面中的数据都有变量名称或按钮，其中定、转子槽形和转子端环数据需要分别单击相应按钮查看相关参数变量的含义。

3）机械损耗和杂散损耗：当机械损耗和杂散损耗输入数据是"0"时，软件会计算出机械损耗和杂散损耗；当机械损耗和杂散损耗输入数据不是"0"时，默认这个数据即是相应的损耗值。

4）保存数据：单击"保存数据"按钮可以将当前界面的输入数据以文件的形式保存到指定目录下。

5）调用历史数据：单击"我的数据"按钮可以在指定目录下找到已经保存的历史输入数据。

6）电磁计算：在完成数据输入后，单击"电磁计算"按钮即可进行电磁计算，计算过程瞬间即可结束并得出计算结果。如果出现弹窗提示或者长时间没有结束，表明设计方案有问题，请重新调整设计数据再进行电磁计算。

7）查看和保存计算结果：电磁计算结束后，详细的过程数据和计算清单即可出现在界面下方，同时生成输出数据文件，用户可以随时查看、打印和分享。

8）查看特性曲线：单击"磁化曲线"和"损耗曲线"按钮可以查看所选硅钢片材料的磁化性能曲线和铁损耗曲线，单击"电流特性曲线"和"转矩特性曲线"按钮可以查看所设计电动机的电流特性曲线和转矩特性曲线。

9）设计算例：软件给出了典型算例的电磁设计方案，用户单击"设计算例"按钮即可打开相应的数据文件，然后单击"电磁计算"按钮即可看到设计方案的计算清单。

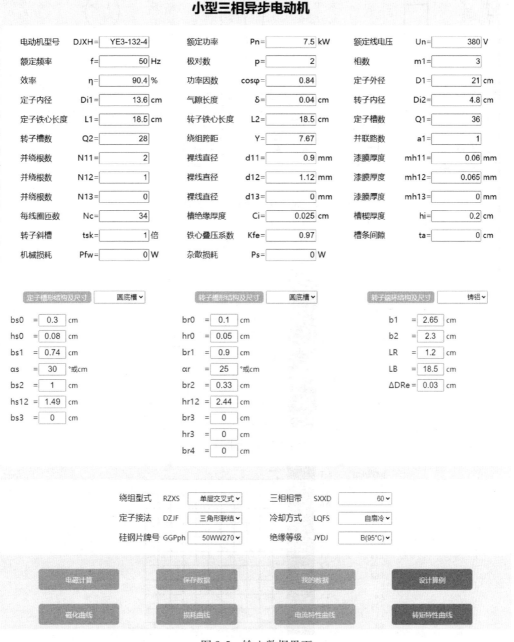

图 9-5　输入数据界面

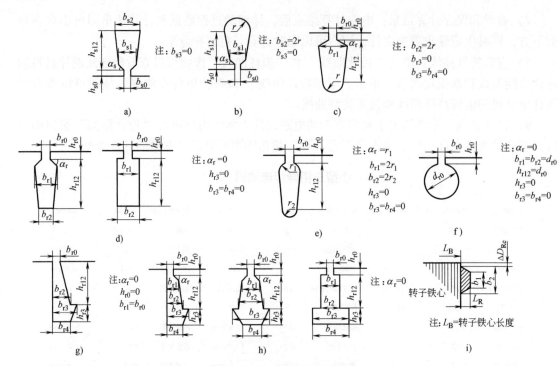

图 9-6　定、转子槽形和转子端环

a）定子平底槽　b）定子圆底槽　c）转子圆底槽　d）转子梯形槽　e）转子梨形槽

f）转子圆形槽　g）转子刀形槽　h）转子凸形槽　i）转子端环

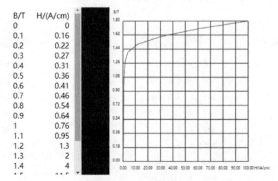

B/T	H/(A/cm)
0	0
0.1	0.16
0.2	0.22
0.3	0.27
0.4	0.31
0.5	0.36
0.6	0.41
0.7	0.46
0.8	0.54
0.9	0.64
1	0.76
1.1	0.95
1.2	1.3
1.3	2
1.4	4
1.5	11.5

图 9-7　磁化曲线

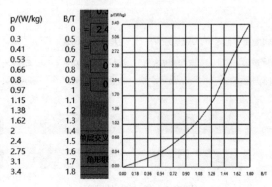

p/(W/kg)	B/T
0	0
0.3	0.5
0.41	0.6
0.53	0.7
0.66	0.8
0.8	0.9
0.97	1
1.15	1.1
1.38	1.2
1.62	1.3
2	1.4
2.4	1.5
2.75	1.6
3.1	1.7
3.4	1.8

图 9-8　铁损耗曲线

三相异步电动机电磁设计结果
电动机型号：YE3-132-4

一、初始数据

Pn = 7.5 kW	Un = 380 V	f = 50 Hz
p = 2	m1 = 3	η = 90.4 %
cosΦ = 0.84	D1 = 21 cm	Di1 = 13.6 cm
δ = 0.04 cm	Di2 = 4.8 cm	L1 = 18.5 cm
L2 = 18.5 cm	Q1 = 36	Q2 = 28
N11 = 2	d11 = 0.9 mm	mh11 = 0.06 mm
N12 = 1	d12 = 1.12 mm	mh12 = 0.065 mm
N13 = 0	d13 = 0 mm	mh13 = 0 mm
a1 = 1	Nc = 34	Y = 7.67
tsk = 1 倍	ΔDRe = 0.03 cm	ta = 0
bs2 = 0.3 cm	bs1 = 0.74 cm	bs2 = 1 cm
bs3 = 0 cm	hs0 = 0.08 cm	αs = 30 °/cm
hs12 = 1.49 cm	br0 = 0.1 cm	br1 = 0.9 cm
br2 = 0.33 cm	br3 = 0 cm	br4 = 0 cm
hr0 = 0.05 cm	αr = 25 °/cm	hr12 = 2.44 cm
hr3 = 0 cm	b1 = 2.65 cm	b2 = 2.3 cm
Lr = 1.2 cm	LB = 18.5 cm	Ci = 0.025 cm
hi = 0 cm	Kfe = 0.97	
Pfw0 = 0 W	Ps0 = 0 W	

定子槽形：圆底槽　　　　转子槽形：圆底槽　　　　定子接法：三角形联结
线组型式：单层交叉式　　导条材料：铸铝　　　　　冷却方式：自扇冷
绝缘等级：B(95°C)　　　　三相相带：60　　　　　　硅钢片牌号：50WW270

二、主要尺寸和参数

Ikw = 6.579 A	Qp1 = 9.000	Qp2 = 7.000
τp = 10.681 cm	t1 = 1.187 cm	t2 = 1.517 cm
bsk = 1.187 cm	Ns1 = 34.000	NΦ1 = 408.000
Ss = 1.515 cm2	Si = 0.114 cm2	Se = 1.401 cm2
Scu = 2.258 mm2	Sf = 78.810 %	Leff = 18.580 cm
L1fe = 17.945 cm	α = 20.000 °	β = 1.000
Kd1 = 0.9598	Kp1 = 1.000	Kdp1 = 0.9598
q = 3.00	NΦ1*Kdp1 = 391.596	
D2 = 13.5200 cm	DRe = 13.4600 cm	DR = 10.8100 cm

三、磁路计算结果

E1 = 352.895 V	Φ = 0.00812 Wb	1-εL' = 0.929
bt1 = 0.468 cm	hs = 2.070 cm	ht1' = 1.657 cm
hj1' = 1.797 cm	Lj1' = 7.541 cm	
bt2 = 0.585 cm	hr = 2.655 cm	ht2' = 2.495 cm
hj2' = 1.760 cm	Lj2' = 2.576 cm	δe = 0.051 cm
Kδ1 = 1.233	Kδ2 = 1.027	
St1 = 75.619 cm2	St2 = 73.528 cm2	Sj1 = 32.241 cm2
Sj2 = 31.592 cm2	Sδ = 198.461 cm2	
Bt1 = 1.530 T	Bt2 = 1.574 T	Bj1 = 1.259 T
Bj2 = 1.285 T	Bδ = 0.583 T	
Ht1 = 17.093 A/cm	Ht2 = 25.145 A/cm	Hj1 = 1.713 A/cm
Hj2 = 1.895 A/cm		
Kt = 1.385	Fs = 1.425	C1 = 0.569
C2 = 0.405		
Ft1 = 28.318 AW	Ft2 = 62.725 AW	Fj1 = 7.357 AW
Fj2 = 1.978 AW	Fδ = 236.298 AW	
ΣF = 336.677 AW	Im = 4.408 A	im = 0.387
Xm = 2.585		

四、参数计算结果

τy = 10.627 cm	Ks = 1.200	Lz = 34.252 cm
Ls = 15.752 cm	sinαs1 = 0.650	d1 = 1.500 cm
Cx = 0.049	λs1 = 1.285	Ku1 = 1.000
KL1 = 1.000	λu1 = 0.511	λL1 = 0.774
ΣS = 0.013	ΣR = 0.017	Xs1 = 0.023
Xd1 = 0.032	Xe1 = 0.017	X1 = 0.071
λs2 = 1.687	λu2 = 0.500	λL2 = 1.187
Xs2 = 0.035	Xd2 = 0.038	Xe2 = 0.005
Xsk = 0.012	X2 = 0.090	X = 0.161
R1 = 1.451 Ω	r1 = 0.025	SB = 1.527 cm2
SR = 2.970 cm2	Rb = 0.971 Ω	Rr = 0.312 Ω
rB = 0.017	rR = 0.005	r2 = 0.022

五、空载磁路和性能计算结果

ip = 1.106	ix = 0.210	ir = 0.597
1-εL = 0.930	1-εo = 0.972	
Bt1o = 1.601 T	Bt2o = 1.646 T	Bj1o = 1.317 T
Bj2o = 1.344 T	Bδo = 0.610 T	
Ht1o = 30.168 A/cm	Ht2o = 43.825 A/cm	Hj1o = 2.339 A/cm
Hj2o = 2.880 A/cm	C1o = 0.534	C2o = 0.366
Ft1o = 49.979 AW	Ft2o = 109.323 AW	Fj1o = 7.357 AW
Fj2o = 1.978 AW	Fδo = 236.298 AW	ΣFo = 418.598 AW
Imo = 5.480 A	i1 = 1.257	I1 = 8.269 A
i2 = 1.126	I2 = 310.789 A	Ir = 692.490 A
J1 = 3.663 A/mm2	A = 236.881 A/cm	JB = 2.036 A/mm2
JR = 2.332 A/mm2		
PCu1 = 0.040	PCu1 = 297.573 W	pCu2 = 0.028
PCu2 = 211.166 W	Ps = 150.000 W	pfw = 0.006
ps = 0.020	pfe = 0.010	Pfe = 77.998 W
Pfw = 43.758 W	Vt1 = 501.107 cm3	Pt1 = 10.756 W
Vj2o = 1.978 AW	Vj1 = 1945.063 cm3	
Pj1 = 25.554 W	Σp = 0.104	ΣP = 780.495 W
p1 = 1.104	P1 = 8.280 kW	
cosΦ = 0.878	Sn = 0.027	
Tm = 2.582 倍	I1Φ = 8.269 A	n = 1460.140 r/min
ΣG = 41.406 kg		I1L = 14.321 A
Gt1 = 3.909 kg	Gj1 = 15.171 kg	Gt2 = 5.723 kg
Gj2 = 5.079 kg	GCu1 = 8.845 kg	GCu2 = 2.680 kg

六、起动计算结果

Ist' = 45.866 A	Fst = 3107.152 AW	βc = 0.944
BL = 5.143 T	Kz = 0.407	Cs1 = 0.525
Cs2 = 0.840	Δλu1st = 0.276	λs1st = 1.009
Xs1st = 0.018	Xd1st = 0.031	X1st = 0.048
ξ = 1.690	r~/ro = 1.335	x~/xo = 0.866
Δλu2st = 0.447	λu2st = 0.053	λL2st = 1.028
λs2st = 1.081	Xs2st = 0.022	Xd2st = 0.016
Xskst = 0.005	X2st = 0.048	Xst = 0.096
r2st = 0.028	rst = 0.053	Zst = 0.109
Ist = 104.151 A	KIst = 7.272 倍	Tst = 111.070 N.m
KTst = 2.264 倍		

七、计算清单

P2 = 7.500 kW	P1 = 8.280 kW	I1L = 14.321 A
n = 1460.140 r/min	Tn = 49.054 N.m	Sn = 0.027
η = 90.400 %	cosΦ = 0.878	A = 236.881 A/cm
AJ = 867.620	Im = 4.408 A	Imo = 5.480 A
Bδ = 0.583 T	Bt1 = 1.530 T	Bt2 = 1.574 T
Bj1 = 1.259 T	Bj2 = 1.285 T	
Kt = 1.385	Sf = 78.810 %	J1 = 3.663 A/mm2
JB = 2.036 A/mm2	JR = 2.332 A/mm2	J1st = 46.135 A/mm2
Ist = 104.151 A	KIst = 7.272 倍	Tst = 111.070 N.m
KTst = 2.264 倍	KTmax = 2.582 倍	Tmax = 133.190 N.m
Smax = 0.090	GCu1 = 8.845 kg	GCu2 = 2.680 kg
GFe = 64.702 kg	ΣG = 41.406 kg	

计算清单变量说明
P2-输出功率　　　　　　　　P1-输入功率　　　　　　　I1L-输入电流
n-转速　　　　　　　　　　　Tn-输出额定转矩　　　　　Sn-额定转差率
η-效率　　　　　　　　　　　cosΦ-功率因数　　　　　　A-电负荷
AJ1-热负荷　　　　　　　　　Im-负载励磁电流　　　　　Imo-空载励磁电流
Bδ-气隙磁密　　　　　　　　Bt1-定子齿磁密　　　　　　Bt2-转子齿磁密
Bj1-定子轭磁密　　　　　　　Bj2-转子轭磁密　　　　　　Kt-齿饱和系数
Sf-槽满率　　　　　　　　　　J1-定子电流密度　　　　　JB-转子导条电密
JR-端环电密　　　　　　　　J1st-起动电流电密　　　　　
Ist-起动电流　　　　　　　　KIst-起动电流倍数　　　　　Tst-起动转矩
KTst-起动转矩倍数　　　　　KTmax-最大转矩倍数　　　　Tmax-最大转矩
Smax-最大转差率　　　　　　GCu1-定子铜重量　　　　　GCu2-转子铸铝重量
Tst-起动转矩　　　　　　　　GFe-硅钢片重量　　　　　　ΣG-电动机有效材料重量

图 9-9　输出数据（计算清单）

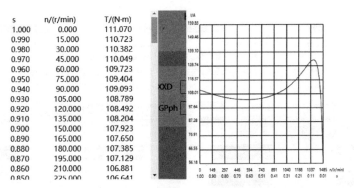

s	n/(r/min)	T/(N·m)
1.000	0.000	111.070
0.990	15.000	110.723
0.980	30.000	110.382
0.970	45.000	110.049
0.960	60.000	109.723
0.950	75.000	109.404
0.940	90.000	109.093
0.930	105.000	108.789
0.920	120.000	108.492
0.910	135.000	108.204
0.900	150.000	107.923
0.890	165.000	107.650
0.880	180.000	107.385
0.870	195.000	107.129
0.860	210.000	106.881
0.850	225.000	106.641

图 9-10　输出数据（转矩特性曲线）

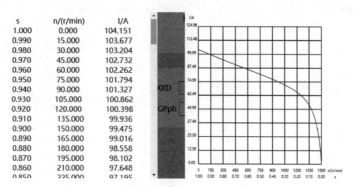

s	n/(r/min)	I/A
1.000	0.000	104.151
0.990	15.000	103.677
0.980	30.000	103.204
0.970	45.000	102.732
0.960	60.000	102.262
0.950	75.000	101.794
0.940	90.000	101.327
0.930	105.000	100.862
0.920	120.000	100.398
0.910	135.000	99.936
0.900	150.000	99.475
0.890	165.000	99.016
0.880	180.000	98.558
0.870	195.000	98.102
0.860	210.000	97.648
0.850	225.000	97.195

图 9-11　输出数据（电流特性曲线）

2. 小型单相异步电动机电磁设计软件（见图 9-12 和图 9-13）

小型单相异步电
动机软件操作

1）数据输入：输入界面包含电动机的额定数据和需要调整的数据，其中定、转子槽形，主绕组型式，端环和导条材料，电机运行方式、冷却方式、绝缘等级以及硅钢片牌号等数据采用下拉菜单形式选择性输入。

注意：主、副绕组均有整距（槽中心型）和短距（齿中心型）两种形式，其中副绕组形式根据主绕组形式和每极槽数的奇偶情况由软件自动确定。

2）变量名称：输入界面中的数据都有变量名称或按钮，其中定、转子槽形和转子端环数据需要分别单击相应按钮查看相关参数变量的含义。

图 9-12　输入数据界面

单相异步电动机电磁设计结果
电动机型号：example-book

一、初始数据

Pn = 180 W	Un = 220 V	f = 50 Hz
p = 2	m = 2	η = 62.200 %
cosφ = 0.938	D1 = 11 cm	Di1 = 6.7 cm
δ = 0.025 cm	Di2 = 1.7 cm	L1 = 5 cm
L2 = 5 cm	Q1 = 24	Q2 = 30
Wpm = 206	a = 1.6	Cst = 0 μF
C = 6 μF	Jym = 3	dm = 0.45 mm
am = 1	nm = 1	Jya = 3
da = 0.4 mm	aa = 1	Na = 1
mhm = 0.02 mm	mha = 0.02 mm	hi = 0.2 cm
Ci = 0.025 cm	Kfe = 0.91	tsk = 1 倍
Pfw0 = 0 W	Ps = 0 W	bs0 = 0.25 cm
bs1 = 0.49 cm	bs2 = 0.71 cm	hs0 = 0.07 cm
αs = 30 °	hs12 = 0.92 cm	br0 = 0 cm
br1 = 0.33 cm	hr0 = 0 cm	hr0 = 0.02 cm
αr = 0.165 °/cm	hr12 = 0.965 cm	b1 = 1.3 cm
b2 = 1.2 cm	Lr = 0.6 cm	LB = 5 cm
ΔDRe = 0.02 cm		

定子槽形：圆底槽　　　转子槽形：梨形槽　　　主绕组型式：整距
副绕组型式：整距　　　导条材料：铸铝　　　冷却方式：自扇冷
运行方式：电容运转　　硅钢片牌号：50WW800　　绝缘等级：B

二、冲片尺寸及铁心数据计算结果

τp = 5.262 cm	t1 = 0.877 cm	t2 = 0.696 cm
bt1 = 0.423 cm	bt2 = 0.328 cm	ht1 = 1.038 cm
ht2 = 0.992 cm	hj1 = 0.923 cm	hj2 = 1.862 cm
Lj1 = 3.957 cm	Lj2 = 1.399 cm	Ss = 0.630 cm2
Si = 0.074 cm2	Se = 0.556 cm2	Sb = 0.249 cm2
bsk = 0.877 cm	Sr = 0.750 cm2	DRe = 6.610 cm
DRi = 4.0100 cm	Dr = 5.310 cm	Kr = 0.9617 cm
Kδ1 = 1.31	Kδ2 = 1.000	Kδ = 1.315
D2 = 6.6500 cm	r1 = 0.1650 cm	r2 = 0.0800 cm
R = 3.3550 cm		

三、主绕组计算结果

Ym1 = 6	Ym2 = 4	Ym3 = 2
Ym4 = 0	Ym5 = 0	Ym6 = 0
Ym7 = 0	Ym8 = 0	tm1 = 26.79 %
tm2 = 46.41 %	tm3 = 26.79 %	tm4 = 0.00 %
tm5 = 0.00 %	tm6 = 0.00 %	tm7 = 0.00 %
tm8 = 0.00 %	Wm1 = 55	Wm2 = 96
Wm3 = 55	Wm4 = 0	Wm5 = 0
Wm6 = 0	Wm7 = 0	Wm8 = 0
Ym = 4.000	Wpm = 206	Nm = 1
Lm = 11.214 cm	dm = 0.450 mm	dm1 = 0.470 mm
Sm = 0.159 mm2	De = 8.184	Kdpm = 0.804
GCum = 0.262 kg		

四、副绕组计算结果

Ya1 = 0	Ya2 = 2	Ya3 = 4
Ya4 = 6	Ya5 = 0	Ya6 = 0
Ya7 = 0	Ya8 = 0	ta1 = 0.00 %
ta2 = 26.79 %	ta3 = 46.41 %	ta4 = 26.79 %
ta5 = 0.00 %	ta6 = 0.00 %	ta7 = 0.00 %
ta8 = 0.00 %	Wa1 = 0	Wa2 = 88
Wa3 = 153	Wa4 = 88	Wa5 = 0
Wa6 = 0	Wa7 = 0	Wa8 = 0
Sf1 = 43.70 %	Sf2 = 66.05 %	Sf3 = 70.38 %
Sf4 = 55.83 %	Sf5 = 0.00 %	Sf6 = 0.00 %
Sf7 = 0.00 %	Sf8 = 0.00 %	Ya = 4.000
Wpa = 329	Na = 1	da = 0.400 mm
da1 = 0.420 mm	Sa = 0.126 mm2	Sfmax = 70.38 %
La = 11.214 cm	R1a = 55.04	Kdpa = 0.804
GCua = 0.330 kg		

五、主相参数计算结果

R1m = 27.232 Ω	Rbr = 11.188 Ω	Rrr = 4.459 Ω
R2m = 15.647 Ω	λu1 = 0.467	λL1 = 0.743
λs1 = 1.211	λd1 = 1.141	λe1 = 0.586
Kx = 5.513	Xs1 = 3.490 Ω	Xd1 = 3.290 Ω
Xe1 = 1.689 Ω	X1m = 8.469 Ω	λu2 = 5.554
λL2 = 1.279	λs2 = 6.833	λd2 = 1.603
λsk = 1.271	λe2 = 0.498	Xs2 = 15.759 Ω
Xd2 = 3.697 Ω	Xsk = 2.932 Ω	Xe2 = 1.148 Ω
X2m = 23.536 Ω	Xtm = 32.005 Ω	Rtm = 42.879 Ω
Ztm = 53.506 Ω	Z1m = 28.518 Ω	

六、磁路计算结果

ε1 = 0.129	ε11 = 0.123	ΦJ1 = 17.276 °
ΦJ2 = 20.282 °	Ke = 0.872	Ke1 = 0.886
Kp = 0.984	αi = 0.6879	Kb = 1.089
Φ = 0.00132883 Wb	Bδ = 0.734 T	Kt = 1.202
Bt1 = 1.593 T	Bt2 = 1.609	Bj1 = 1.508 T
Bj2 = 0.736 T	Ht1 = 17.732 A/cm	Ht2 = 20.804 A/cm
Hj1 = 8.368 A/cm	Hj2 = 1.236	C1 = 0.3468
C2 = 0.6096	Ft2 = 193.084 A	Ft1 = 18.412 A
Ft2 = 20.631 A	Fj1 = 11.486 A	Fj2 = 1.054 A
ΣF = 244.666 A	Iμm = 0.821 A	Iμm = 233.620 A

七、损耗计算结果

Gt1 = 0.399 kg	Gt2 = 0.369 kg	Gj1 = 1.106 kg
Gj2 = 0.788 kg	Pt1 = 5.151 W/kg	Pt2 = 5.243 W/kg
Pj1 = 4.555 W/kg	Pj2 = 1.233 W/kg	Pfe1 = 12.676 W
Pfe2 = 8.230 W	Pfe = 20.906 W	Pfw = 3.294 W
ΣG = 3.422 kg		

八、性能计算结果

Xα = 257.156	Kα = 0.908	M1 = 6.457
M2 = 0.061	M3 = 116.810	M4 = 10.691
S = 0.036	Rf = 46.514	Rb = 3.285
Xf = 89.280	Xb = 10.793	Rt = 77.031
Xt = 108.542 Ω	C = 6.000 μF	Xc = 530.516 Ω
Rc = 14.000 Ω	R3 = 196.529 Ω	Xta = -252.650 Ω
R3 = 53547.834	X3 = -15502.281	R4 = 0.004
X4 = -0.001	R5 = 0.470	X5 = -0.618
R6 = 0.725	X6 = 0.372	Im = 0.776 A
θ m = -52.714 °	Jm = 4.881 A/mm2	ia = 0.815 A
θ a = 27.143 °	Ja = 6.482 A/mm2	IL = 1.220
P1 = 275.609 W	P2 = 180.000 W	η = 65.31 %
cosφ = 0.979	n2 = 1445.979 r/min	Uc = 432.280 V
P2m = 292.714 W	Sm = 0.172	Tm = 1.893 倍
X0 = 242.089 Ω	I0 = 1.883 A	Am = 60.784 A/cm
Aa = 101.854 A/cm	A = 162.637 A/cm	
AJm = 296.707 A/cm.A/mm2		AJa = 660.209 A/cm.A/mm2
AJ = 956.916 A/cm.A/mm2		

九、起动性能计算结果

Cr = 0.822	Cx = 1.026	Kmst = 40.098 Ω
Xmst1 = 32.835 Ω	Zmst1 = 51.827 Ω	Imst1 = 4.245 A
Im1lst = 4.792 A	Fst = 423.511	Qm = 20
βc = 0.955	BL = 1.109 T	Kz = 0.980
Cs1 = 0.013	Cs2 = 0.014	Δλu1 = 0.015
λs1st = 1.196	Xs1st = 3.448 Ω	Xd1st = 3.222 Ω
X1mst = 8.360 Ω	Δλu2st = 0.020	λu2st = 1.228
λs2st = 2.508	Xs2st = 5.784 Ω	Xd2st = 3.621 Ω
Xskst = 2.872 Ω	X2mst = 13.425 Ω	Xtmst = 21.785 Ω
Xmst = 22.350 Ω	Zmst = 45.906 Ω	Imst = 4.792 A
Jmst = 30.133 A/mm2	Rast = 101.982 Ω	Xast = -473.301 Ω
Zast = 484.163 Ω	Iast = 0.454 A	Jast = 3.616 A/mm2
θ ast = -29.134 °	θ ast = 77.840 °	Tst = 0.445 倍
Ist = 4.680 A	Ucst = 241.146 V	Cst = 0.000 μF
C = 6.000 μF		

十、计算清单

额定功率：Pn = 180.000 W		额定频率：f = 50.000 Hz	
额定电压：Un = 220.000 V		极对数：p = 2	
定子冲片外径：D1 = 11.000 cm		转子冲片外径：D2 = 6.650 cm	
定子冲片内径：Di1 = 6.700 cm		转子冲片内径：Di2 = 1.700 cm	
定子铁心长度：L1 = 5.000 cm		转子铁心长度：L2 = 5.000 cm	
定子冲片槽数：Q1 = 24		转子冲片槽数：Q2 = 30	
单边气隙长度：δ = 0.025 cm		电机有效材料重量：ΣG = 3.422 kg	
定子槽口宽度：bs0 = 0.250 cm		定子槽口高度：hs0 = 0.070 cm	
定子槽底宽度：bs1 = 0.490 cm		定子斜肩高度：hs1 = 0.069 cm	
定子槽底半径：R = 0.355 cm		定子槽口高度：hs = 1.345 cm	
转子槽口宽度：br0 = 0 cm		转子槽口高度：hr0 = 0.020 cm	
转子槽底半径：r1 = 0.165 cm		转子槽高：hr = 1.065 cm	
转子槽底半径：r2 = 0.080 cm			
转子端环外径：Dre = 6.610 cm		转子端环内径：Dri = 4.010 cm	
转子端环宽度：b2 = 1.200 cm		转子端环里径：b1 = 1.300 cm	
转子端环高度：LR = 0.600 cm			

主绕组导线直径：dm = 0.450 mm	主绕组并联路数：am = 1
主相每极线圈数：Jym = 3	主绕组并绕根数：Nm = 1
主绕组每极匝数：wpm = 206	主绕组绕组系数：Kdpm = 0.804

主绕组各线圈跨距：Ym	主绕组各线圈匝数：Wm
Ym1 = 6	Wm1 = 55
Ym2 = 4	Wm2 = 96
Ym3 = 2	Wm3 = 55

副绕组导线直径：da = 0.400 mm	副绕组并联路数：aa = 1
副相每极线圈数：Jya = 3	副绕组并绕根数：Na = 1
副绕组每极匝数：wpa = 329	副绕组绕组系数：Kdpa = 0.804

主绕组各线圈跨距：Ym	主绕组各线圈匝数：Wm
Ym1 = 6	Wm1 = 55
Ym2 = 4	Wm2 = 96
Ym3 = 2	Wm3 = 55

副绕组导线直径：da = 0.400 mm	副绕组并联路数：aa = 1
副相每极线圈数：Jya = 3	副绕组并绕根数：Na = 1
副绕组每极匝数：wpa = 329	副绕组绕组系数：Kdpa = 0.804

副绕组各线圈跨距：Ya	副绕组各线圈匝数：Wa
Ya2 = 2	Wa2 = 88
Ya3 = 4	Wa3 = 153
Ya4 = 6	Wa4 = 88

气隙磁密：Bδ = 0.734 T	定子齿磁密：Bt1 = 1.593 T
转子齿磁密：Bt2 = 1.609 T	定子轭磁密：Bj1 = 1.508 T
定子轭磁密：Bj1 = 1.508 T	转子轭磁密：Bj2 = 0.736 T
齿饱和系数：Kt = 1.202	
输入功率：P1 = 275.609 W	输出功率：P2 = 180.000 W
线电流：IL = 1.220 A	空载电流：I0 = 1.883 A
主绕组电流：Im = 0.776 A	副绕组电流：Ia = 0.815 A
主绕组电流密度：Jm = 4.881 A/mm2	副绕组电流密度：Ja = 6.482 A/mm2
主绕组电流相位：θm = -52.714 °	副绕组电流相位：θa = 27.143 °
线负荷：A = 162.637 A/cm	热负荷：AJ = 956.916
转速：n2 = 1445.979 r/min	效率：η = 62.200 %
功率因数：cosφ = 0.979	输出转矩：T2 = 0.121Kg.m
最大转矩倍数：Tm = 1.893	电容器电压：Uc = 432.280 V
主绕组起动电流：Imst = 4.792 A	副绕组起动电流：Iast = 0.454 A
主绕组起动电流密度：Jmst = 30.133 A/mm2	副绕组起动电流密度：Jast = 3.616 A/mm2
主绕组起动电流相位：θ mst = -29.134 °	副绕组起动电流相位：θ ast = 77.840 °
起动转矩倍数：Tst = 0.445	起动线电流：Ist = 4.680 A
最大转矩满率：Sfmax = 70.383 %	
绕组调幅重量：GCu = 0.592 kg	
转子铸铝重量：GAl = 0.168 kg	
硅钢片重量：GFe = 4.577 kg	
有效材料重量：ΣG = 3.422 kg	

图 9-13 输出数据（计算清单）

3）机械损耗和杂散损耗：当机械损耗和杂散损耗输入数据是"0"时，软件会计算出机械损耗和杂散损耗；当机械损耗和杂散损耗输入数据不是"0"时，默认这个数据即是相应的损耗值。

4）保存数据：单击"保存数据"按钮可以将当前界面的输入数据以文件的形式保存到指定目录下。

5）调用历史数据：单击"我的数据"按钮可以在指定目录下找到已经保存的历史输入数据。

6）电磁计算：在完成数据输入后，单击"电磁计算"按钮即可进行电磁计算，计算过程瞬间即可结束并得出计算结果。如果出现弹窗提示或者长时间没有结束，表明设计方案有问题，请重新调整设计数据再进行电磁计算。

7）查看和保存计算结果：电磁计算结束后，详细的过程数据和计算清单即刻出现在界面下方，同时生成输出数据文件，用户可以随时查看、打印和分享。

8）查看特性曲线：单击"磁化曲线"和"损耗曲线"按钮可以查看所选硅钢片材料的磁化性能曲线和铁损耗曲线。

9）设计算例：软件给出了典型算例的电磁设计方案，用户单击"设计算例"按钮即可打开相应的数据文件，然后单击"电磁计算"按钮即可看到设计方案的计算清单。

3. 小型永磁直流电动机电磁设计软件（见图 9-14～图 9-21）

1）数据输入：输入界面包含电动机的额定数据和需要调整的数据，其中磁钢形状、材料和充磁方式，电刷、机座材料，电枢槽形、绕组型式、冷却方式、绝缘等级以及硅钢片牌号等数据采用下拉菜单形式选择性输入。

小型永磁直流电
动机软件操作

注意：电枢槽形为矩形槽时，裸线直径 d 和槽楔厚度 hi 分别代表扁线的长边和短边的长度。换向器升高片的高度 Hke 等于圆导线直径的 2 倍或扁线长边边长的 2 倍，宽度 Bke 等于圆导线直径或扁线短边边长。只有矩形槽时才有电枢扎带，其他槽形时电枢扎带参数可以输入任意值。

2）变量名称：输入界面中的数据都有变量名称或按钮，其中电枢槽形、磁钢尺寸、电刷尺寸、换向器参数和电枢扎带沟参数需要分别单击相应按钮查看相关参数变量的含义。

3）机械损耗和附加损耗：当机械损耗和附加损耗输入数据是"0"时，软件会计算出机械损耗和附加损耗；当机械损耗和附加损耗输入数据不是"0"时，默认这个数据即是相应的损耗值。

4）保存数据：单击"保存数据"按钮可以将当前界面的输入数据以文件的形式保存到指定目录下。

5）调用历史数据：单击"我的数据"按钮可以在指定目录下找到已经保存的历史输入数据。

6）电磁计算：在完成数据输入后，单击"电磁计算"按钮即可进行电磁计算，计算过程瞬间即可结束并得出计算结果。如果出现弹窗提示或者长时间没有结束，表明设计方案有问题，请重新调整设计数据再进行电磁计算。

7）查看和保存计算结果：电磁计算结束后，详细的过程数据和计算清单即可出现在界面下方，同时生成输出数据文件，用户可以随时查看、打印和分享。

8) 查看特性曲线：单击"磁化曲线"按钮可以查看所选硅钢片材料的磁化性能曲线。单击"转速曲线""效率曲线""功率曲线"和"电流曲线"按钮可以查看所设计电动机的转速、效率、功率和电流的特性曲线。

9) 设计算例：软件给出了典型算例的电磁设计方案，用户单击"设计算例"按钮即可打开相应的数据文件，然后单击"电磁计算"按钮即可看到设计方案的计算清单。

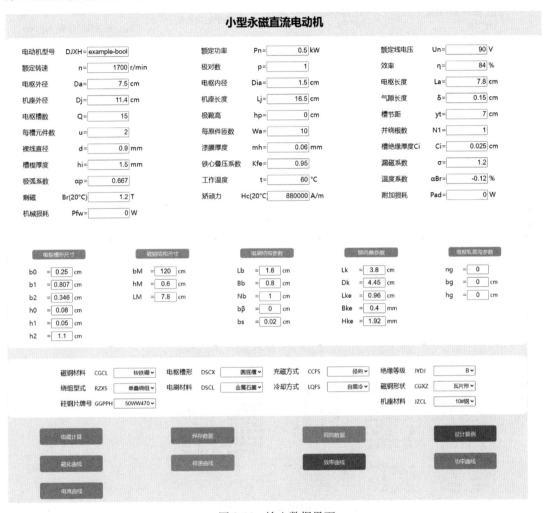

图 9-14　输入数据界面

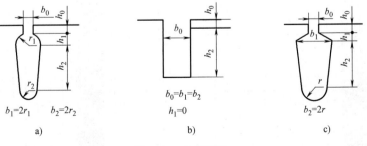

图 9-15　电枢槽形

a) 梨形槽　b) 矩形槽　c) 圆底槽

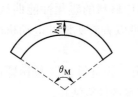 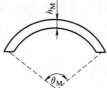 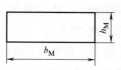 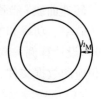

L_M：磁钢轴向长度
$b_M = \theta_M$

L_M：磁钢轴向长度
$b_M = \theta_M$

L_M：磁钢轴向长度

L_M：磁钢轴向长度 $b_M = 360$

a)   b)   c)   d)

图 9-16　磁钢形状

a）瓦片形　b）弧形　c）矩形　d）圆环形

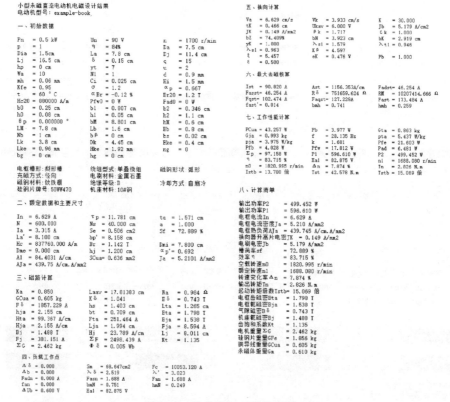

图 9-17　输出数据（计算清单）

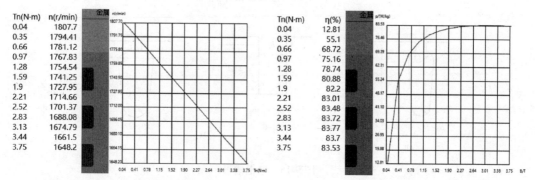

图 9-18　输出数据（转速特性曲线）　　　图 9-19　输出数据（效率特性曲线）

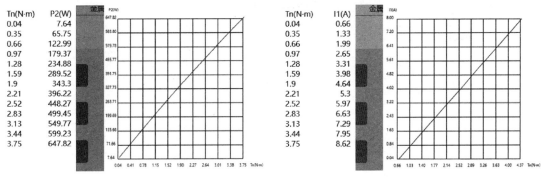

Tn(N·m)	P2(W)		Tn(N·m)	I1(A)
0.04	7.64		0.04	0.66
0.35	65.75		0.35	1.33
0.66	122.99		0.66	1.99
0.97	179.37		0.97	2.65
1.28	234.88		1.28	3.31
1.59	289.52		1.59	3.98
1.9	343.3		1.9	4.64
2.21	396.22		2.21	5.3
2.52	448.27		2.52	5.97
2.83	499.45		2.83	6.63
3.13	549.77		3.13	7.29
3.44	599.23		3.44	7.95
3.75	647.82		3.75	8.62

图 9-20　输出数据（功率特性曲线）　　　　图 9-21　输出数据（电流特性曲线）

4. 小型永磁同步电动机电磁设计软件（见图 9-22～图 9-29）

小型永磁同步电
动机软件操作

1）数据输入：输入界面包含电动机的额定数据和需要调整的数据，其中定、转子槽形，磁钢材料、形状和充磁方式，绕组相带、接法和型式，端环和导条材料，冷却方式、绝缘等级、临界转动惯量曲线以及硅钢片牌号等数据采用下拉菜单形式选择性输入。

注意：当绕组型式为单层绕组时，绕组跨距参数 y 必须输入平均值。当选择变频起动方式时，转子槽数 Q2 必须输入"0"，转子槽形和端环参数输入"0"或任意数。旋转方式选择"内旋"或"外旋"分别代表内转子或外转子永磁同步电动机。TL-JL 临界曲线即负载转矩-临界转动惯量曲线，只有在异步起动时有效。给定直轴电流倍数 Kid 一般给 0.5 左右，这个参数主要影响直轴电抗的计算。

2）变量名称：输入界面中的数据都有变量名称或按钮，其中定、转子槽形，磁钢尺寸和转子端环数据需要分别单击相应按钮查看相关参数变量的含义。

3）机械损耗和杂散损耗：当机械损耗和杂散损耗输入数据是"0"时，软件会计算出机械损耗和杂散损耗；当机械损耗和杂散损耗输入数据不是"0"时，默认这个数据即是相应的损耗值。

4）保存数据：单击"保存数据"按钮可以将当前界面的输入数据以文件的形式保存到指定目录下。

5）调用历史数据：单击"我的数据"按钮可以在指定目录下找到已经保存的历史输入数据。

6）电磁计算：在完成数据输入后，单击"电磁计算"按钮即可进行电磁计算，计算过程瞬间即可结束并得出计算结果。如果出现弹窗提示或者长时间没有结束，表明设计方案有问题，请重新调整设计数据再进行电磁计算。

7）查看和保存计算结果：电磁计算结束后，详细的过程数据和计算清单即可出现在界面下方，同时生成输出数据文件，用户可以随时查看、打印和分享。

8）查看特性曲线：单击"磁化曲线"和"损耗曲线"按钮可以查看所选硅钢片材料的磁化性能曲线和铁损耗曲线，单击"Iq-Xaq 曲线""起动电流特性曲线""起动转矩特性曲线""电流特性曲线""功角特性曲线""效率特性曲线""功率因数特性曲线"和"TL-JL 临界曲线"按钮可以查看所设计电动机的参数曲线、起动特性和运行性能。

9）设计算例：软件给出了典型算例的电磁设计方案，用户单击"设计算例"按钮即可打开相应的数据文件，然后单击"电磁计算"按钮即可看到设计方案的计算清单。

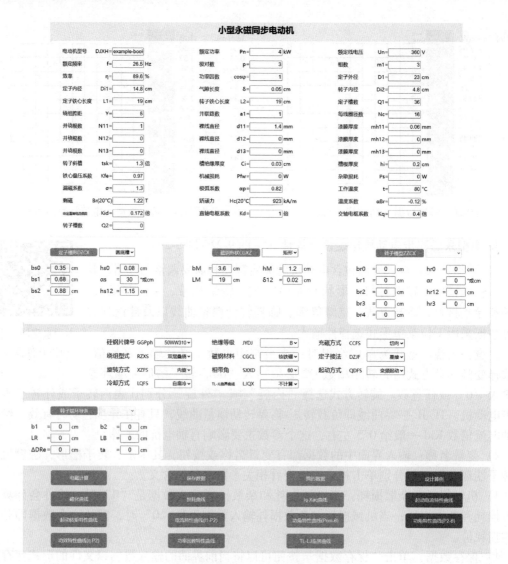

图 9-22　输入数据界面

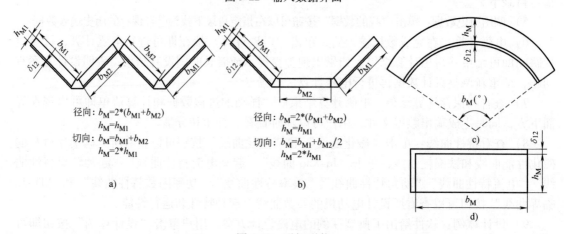

图 9-23　磁钢形状

a）W 形　b）U 形　c）瓦片形　d）矩形

电动机型号：example-book

一、初始数据

Pn = 4 kW	Un = 360 V	f = 26.5 Hz
p = 3	m = 3	η = 89.600 %
cosφ = 1	D1 = 23 cm	Di1 = 14.8 cm
δ = 0.05 cm	Di2 = 4.8 cm	L1 = 19 cm
L2 = 19 cm	Q1 = 36	Y = 5
N11 = 1	d11 = 1.4 mm	mh11 = 0.06 mm
N12 = 0	d12 = 0 mm	mh12 = 0 mm
N13 = 0	d13 = 0 mm	mh13 = 0 mm
a1 = 1	tsk = 1.3 倍	Nc = 16
Ci = 0.03 cm	hi = 0.2 cm	Kfe = 0.97
Pfw0 = 0 W	Ps0 = 0 W	σ = 1.3
Q2 = 0.82	t = 80 °C	
Br20 = 1.22 T	Hc20 = 923 kA/m	ΔBr = -0.12 %
Kd = 1 倍	Kq = 0.4 倍	KId = 0.172 倍
bs1 = 0.68 cm	bs2 = 0 cm	bs0 = 0.35 cm
αs = 30 °	hs12 = 1.15 cm	hs0 = 0.08 cm
hM = 1.2 cm	LM = 19 cm	bM = 3.6 cm
br0 = 0 cm	br1 = 0 cm	δ12 = 0.02 cm
br3 = 0 cm	br4 = 0 cm	br2 = 0 cm
αr = 0 °	hr12 = 0 cm	hr0 = 0 cm
Q2 = 0	ta = 0 cm	hr3 = 0 cm
b2 = 0 cm	Lr = 0 cm	b1 = 0 cm
ΔDRe = 0 cm		LB = 0 cm

充磁方式：切向　　　定子槽形：圆底槽　　　绕组型式：双层叠绕
磁钢材料：钕铁硼　　　磁钢形状：矩形
三相相带：60　　　　定子接法：星形联结　　　导条材料：
绝缘等级：B　　　　　硅钢片牌号：50WW310
起动方式：变频起动　　旋转方式：内旋　　　冷却方式：自扇冷

二、额定数据和主要尺寸

In = 7.160 A	Qp1 = 6.000	τp1 = 7.749 cm
t1 = 1.292 cm	bsk = 1.679 cm	Ns1 = 32.000
NΦ1 = 384.000	Ss = 1.045 cm2	Si = 0.157 cm2
Se = 0.888 cm2	Sf = 76.829 %	Leff = 19.100 cm
L1fe = 18.430 cm	α = 30.000 °	β = 0.833
Kp1 = 0.966	Ed1 = 0.966	Ksk1 = 0.981
Kdp1 = 0.9151 cm	q = 2.000 cm	D2 = 14.7000 cm
Sm = 136.800 cm2	Fc = 10278.528 A	t2 = 0.000 cm
BHmax= 281.5150 kJ/m3	hc = 856.5440 kA/m	Br = 1.1322 T
Φr = 0.015489 Wb	In = 72.075 N.m	Qp2 = 2.000

三、空载磁路计算结果

bp = 6.454 cm	αp = 0.833	μr = 1.052
KΦ = 0.940	Kf = 1.230	Kδ = 1.245
bt1 = 0.632 cm	hs = 1.670 cm	hj1 = 2.577 cm
St1 = 69.834 cm2	Sj1 = 47.488 cm2	Sδ = 148.011 cm2
bt2 = 0.000 cm	hr = 0.000 cm	hj2 = 0.000 cm
St2 = 0.000 cm2	Sj2 = 0.000 cm2	
Φδ0 = 0.010324 Wb	Bδ0 = 0.836 T	Bt10 = 1.772 T
Bj10 = 1.085 T	Ht10 = 96.017 A/cm	Hj10 = 1.070 A/cm
Bt20 = 0.000 T	Hj20 = 0.000 A/cm	Ht20 = 0.000 A/cm
Hj20 = 0.000 A/cm	C1 = 0.700	
ht1 = 1.297 cm	hj1 = 2.577 cm	Lj1 = 5.347 cm
ht2 = 0.000 cm	hj2 = 0.000 cm	Lj2 = 0.000 cm
Fδad0= 1094.80 A	Fδaq0= 828.53 A	Ft10 = 249.004 A
Fj10 = 8.013 A	Ft20 = 0.000 A	Fj20 = 0.000A
ΣFd0 = 1351.816	ΣFq0 = 1085.550	Kt = 1.227
Λδ = 0.00000762	λδ = 5.060	λ = 6.5780
λσ = 1.51801	bm0 = 0.867	hm0 = 0.133
Bδ1 = 1.030 T	E0 = 200.597 V	

四、参数计算结果

τy = 7.263 cm	Cs = 4.357	Lz = 31.714 cm
fd = 2.408 cm	sinα = 0.553	cosα = 0.833
d1 = 2.000 cm	R1 = 1.854 Ω	Cx = 0.822
KU1 = 0.875	KL1 = 0.906	λu1 = 0.414
λL1 = 0.674	λs1 = 0.973	ΣS = 0.0205
Xs1 = 0.475 Ω	Xd1 = 0.620 Ω	Xe1 = 0.165 Ω
Xsk1 = 0.524 Ω	X1 = 1.785 Ω	Kad = 0.813
Kaq = 0.325	Fad = 79.182 A	Fad = 0.0118517 Ω
bmad = 0.858	hmad = 0.142	Φad = 0.0093426 Wb
Ed = 193.138 V	Xad = 6.057 Ω	Ld = 0.04710 H
Xd = 7.842 Ω	Lad = 0.036377 H	Vj1 = 3046.913 cm3
Vt1 = 543.308	Gt1 = 4.238 kg	Gj1 = 23.766 kg
Vt1 = 543.308 cm3	Vj1 = 3046.913 cm3	Vt2 = 0.000 cm3
Vj2 = 2794.377 cm3	GCu1 = 5.256 kg	GCu2 = 0.000 kg
Gt1 = 4.238 cm3	Gj1 = 23.766 kg	Gt2 = 0.000 kg
Gj2 = 21.796 cm3	ΣGdj = 57.657 kg	Gm = 3.644 kg
GFe = 76.046 kg	ΣR = 0.000	λs2 = 0.000
λu2 = 0.000	λL2 = 0.000	Xs2 = 0.000 Ω
Xd2 = 0.000 Ω	Xe2 = 0.000 Ω	X2 = 0.000 Ω
Kb = 0.000	Kk = 0.000	Gshift= 2.601 kg
SB = 0.000 cm2	SR = 0.000 cm2	DR = 0.000
RB = 0.000 Ω	RR = 0.000 Ω	R2 = 0.000 Ω

五、起动特性计算结果

Ist = 0.000 A	Fst = 0.000 AW	βc = 0.000
BL = 0.000 T	Kz = 0.000	Cs1 = 0.000
Cs2 = 0.000	Δλu1 = 0.000	λs1st= 0.000
Xs1st= 0.000 Ω	Xd1st= 0.000 Ω	Xsk1st= 0.000
X1st = 0.000 Ω	ξ = 0.000	r~/ro = 0.000
x~/xo = 0.000	Δλu2 = 0.000	λu2st= 0.000
λL2st= 0.000	λs2st= 0.000	Xs2st= 0.000 Ω
Xd2st= 0.000 Ω	X2st = 0.000 Ω	Xst = 0.000 Ω
R2st = 0.000 Ω	Rst = 0.000 Ω	Zst = 0.000 Ω
Ist = 0 A	KIst = 0 倍	Isyn = 0 N.m
KTst= 0.000 倍	Ssyn = 0.000 Ω	Tsyn = 0.000
T2min= 0.000 N.m		

六、额定负载工作点

θn = 23.112 °	P1 = 4.439 kW	P2 = 4.000 kW
ΣP = 439.472 W	Pcu = 281.939 W	Pfe = 109.549W
Ps = 20.000 W	Pfw = 27.984 W	I1 = 7.120 A
Id = 2.755 A	Iq = 6.565 A	η = 90.100 %
Φ = 0.347	cos(Φ) = 1.000	T2 = 72.066 N.m
Xaq = 9.864 Ω	Xq = 11.649 Ω	Eδ = 194.979 V
Bδ1= 0.001035 A/cm	Bδ1 = 0.814 T	Bt1 = 1.779 T
Bj1 = 1.057 T	Bt2 = 0.000 T	Bj2 = 0.000 T
FadN = 177.142 A	FadN = 0.027	bmN = 0.045
haN = 0.155	J1 = 4.625 A/mm2	
Tem = 72.931 N.m	T2 = 72.066 N.m	P2max = 11.873 kW
T2max = 213.931 N.m	θmax = 90.000 °	I1max = 31.252 A
Tasyn = 2.968 倍	Asj = 176.399 A/cm	AJ1 = 815.842 A/cm.A/mm2

七、最大去磁工作点

Iadh = 49.375 A	Fadh = 3174.830 A	Fadh = 0.475
bmh = 0.456	hmh = 0.544	

八、计算清单

P2 = 4.000 kW	P1 = 4.439 kW	I1 = 7.120 A
n = 530.000 r/min	T2 = 72.066 N.m	Tasyn = 2.968 倍
η = 90.100 %	cosφ = 1.000	E0 = 200.597 V
J1 = 4.625 A/mm2		
AJ1 = 815.842 A/cm.A/mm2		
Bδ = 0.814 T	Bt1 = 1.779 T	Bt2 = 0.000 T
Bj1 = 1.057 T	Bj2 = 0.000 T	Kt = 1.227
J1st = 0.000 A/mm2	KIst = 倍	KTst = 倍
Tsyn = 0.000 倍	KT2min= 0.000 倍	
Sf = 76.829 %	GCu1 = 5.256 kg	GCu2 = 0.000 kg
GFe = 76.046 kg		
Gm = 3.644 kg	ΣGdj = 57.657 kg	

计算清单变量说明
P2-输出功率　　　　　P1-输入功率　　　　　I1-输入电流
n-转速　　　　　　　　T2-输出转矩　　　　　Tasyn-失步转矩倍数
η-效率　　　　　　　　cosφ-功率因数　　　　E0-空载反电势
J1- 输入电流密度　　　AJ1-热负荷
Bδ-气隙磁密　　　　　Bt1-定子齿磁密　　　　Bt2-转子齿磁密
Bj1-定子轭磁密　　　　Bj2-转子轭磁密　　　　Kt-齿饱和系数
J1st-起动电流密度　　　KIst-起动电流倍数　　　KTst-起动转矩倍数
Tsyn-牵入同步转矩　　　KT2min-最小起动转矩倍数
Sf-槽满率　　　　　　　GCu1-绕组铜线重量　　GCu2-转子铸铝重量
GFe-硅钢片毛重量　　　　Gm-永磁块重量　　　　ΣGdj-电动机重量

图 9-24　输出数据（计算清单）

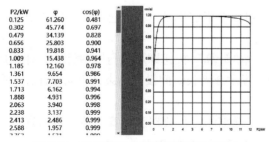

图 9-25　输出数据（功率因数特性曲线）

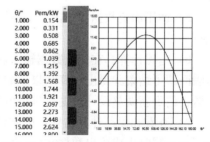

图 9-26　输出数据（功角特性曲线 Pem-θ）

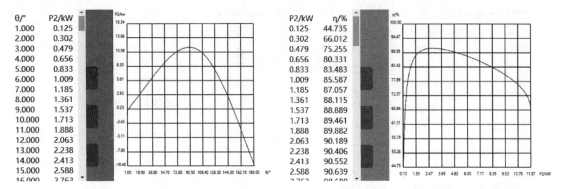

图 9-27　输出数据（功角特性曲线 P2-θ）　　　　图 9-28　输出数据（效率特性曲线）

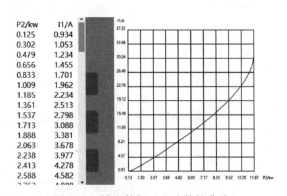

图 9-29　输出数据（电流特性曲线）

5. 小型无刷直流电动机电磁设计软件（见图 9-30～图 9-35）

小型无刷直流电
动机软件操作

1）数据输入：输入界面包含电动机的额定数据和需要调整的数据，其中磁钢形状、材料和充磁方式，电枢槽形、绕组型式、冷却方式、绝缘等级以及硅钢片牌号等数据采用下拉菜单形式选择性输入。

2）变量名称：输入界面中的数据都有变量名称或按钮，其中电枢槽形和磁钢尺寸需要分别单击相应按钮查看相关参数变量的含义。

3）机械损耗和附加损耗：当机械损耗和附加损耗输入数据是"0"时，软件会计算出机械损耗和附加损耗；当机械损耗和附加损耗输入数据不是"0"时，默认这个数据即是相应的损耗值。

4）保存数据：单击"保存数据"按钮可以将当前界面的输入数据以文件的形式保存到指定目录下。

5）调用历史数据：单击"我的数据"按钮可以在指定目录下找到已经保存的历史输入数据。

6）电磁计算：在完成数据输入后，单击"电磁计算"按钮即可进行电磁计算，计算过程瞬间即可结束并得出计算结果。如果出现弹窗提示或者长时间没有结束，表明设计方案有问题，请重新调整设计数据再进行电磁计算。

7）查看和保存计算结果：电磁计算结束后，详细的过程数据和计算清单即可出现在界面下方，同时生成输出数据文件，用户可以随时查看、打印和分享。

小型无刷直流电动机

电机型号	DJXH=	额定功率	Pn= W	额定电压	Ud= V
额定转速	n= r/min	极对数	p=	效率	η= %
相数	m1=	导通相数	m2=	并联路数	a1=
电枢外径	D1= cm	电枢内径	Di1= cm	转子内径	Di2= cm
电枢长度	L1= cm	转子长度	L2= cm	气隙长度	δ= cm
电枢槽数	Q1=	每槽导体数	Ns1=	绕组节距	Y1=
并绕根数	N1=	裸线直径	d= mm	漆膜厚度	mh=
槽绝缘厚度	Ci= cm	槽楔厚度	hi= cm	铁心叠压系数	Kfe=
漏磁系数	σ=	极弧系数	αp=	工作温度	t= ℃
温度系数	αBr= %	剩磁	Br(20℃)= T	矫顽力	Hc(20℃)= A/m
附加损耗	Pad= W	机械损耗	Pfw= W	开关管压降	ΔU= V

电枢齿槽结构尺寸

bs1 = cm	bt1 = cm		
hs1 = cm	hs1 = cm		

磁钢结构尺寸

bM = cm	hM = cm
LM = cm	

电枢槽形 DSCX	硅钢片牌号 GGPph	绕组型式 RZXS	磁钢材料 CGCL
磁钢形状 CGXZ	绝缘等级 JYDJ	充磁方式 CCFS	冷却方式 LQFS
换相方式 HXFS			

[电磁计算] [保存数据] [我的数据] [设计算例]
[磁化曲线] [损耗曲线] [转速曲线] [效率曲线]
[功率曲线] [电流曲线]

图 9-30 输入数据界面

小型无刷直流电动机电磁设计结果
电动机型号：example-book

一、初始数据

Pn = 50 W	Ud = 24 V	n = 3000 r/min
p = 5	η = 69%	m1 = 3
m2 = 2	a = 1	D1 = 6.6 cm
Di1 = 3.9 cm	Di2 = 1.2 cm	
L1 = 3 cm	L2 = 3 cm	δ = 0.05 cm
Q1 = 9	Ns1 = 56	Y1 = 1
N1 = 1	d = 0.71 mm	mh = 0.053 mm
Ci = 0.025 cm	hi = 0.15 cm	Kfe = 0.97
σ = 1	αp = 0.833	t = 80 ℃
αBr = -0.12 %	Br20 = 0.6 T	Hc20 = 480000 A/m
Pad0 = 0 W	Pfw0 = 0 W	b01 = 0.2 cm
bt1 = 0.4 cm	h01 = 0.2 cm	hs1 = 0.89 cm
θM = 30.00 °	bM = 0.877 cm	hM = 0.45 cm

电枢槽形：梯形槽　　绕组形式：集中绕组　　磁钢形状：瓦片形
充磁方式：径向　　　硅钢片牌号：50WW470
磁钢材料：软铁硼　　绝缘等级：B　　　冷却方式：自扇冷
换相方式：星形三相六状态

二、主要尺寸和参数

D2 = 3.800 cm	τp = 1.194 cm	t1 = 1.361 cm
α1 = 40.00 °	bp = 1.094 cm	αp = 0.917 rad
αe = 200.000 °	β = 20.000 °	q = 0.300
θe = 120.000 °	θM = 30.000 °	Hc = 445440.000 A/m
Br = 0.557 T	Dme = 3.800 cm	DMi = 2.900
Fc = 4008.960 A	Sm = 2.630 cm2	
Leff = 3.10 cm	LFe = 2.910 cm	kp1 = 0.9848
kd1 = 1.0000	kdp1 = 0.985	N = 504
NΦ1 = 168	bs1 = 1.101 cm	bs2 = 1.72
Ss = 1.04 cm2	Si = 0.108 cm2	Se = 0.937 cm2
d1 = 0.763 cm	sf = 34.792 %	Ld = 1.979 cm
L1av = 4.98cm	R1 = 0.495 Ω	GCu1 = 0.088 kg

三、空载磁路计算

Kδ = 1.086	Φδ0 = 0.00011304 Wb	Bδ0 = 0.333 T
Fδ0 = 288.147 A	Bt10 = 1.208 T	Ht10 = 1.910 A/cm
Ft10 = 3.399 A	Bj10 = 0.747 T	Hj10 = 0.947 A/cm
hj1 = 0.260 cm	Lj1 = 0.996 cm	C10 = 0.000
Fj1 = 0.000 A/cm	Bj20 = 0.228 T	Hj20 = 0.528 A/cm
hj2 = 0.850 cm	Lj2 = 0.322 cm	C20 = 0.000
Fj2 = 0.000 A/cm	ΣF0 = 291.547 A	Δδ0 = 0.00000388
Δb = 0.000000037	λδ0 = 10.614	λn0 = 12.727
λσ0 = 2.123	bm0 = 0.927	hm0 = 0.073
En0 = 23.000 V	Kt = 1.012	n0 = 3331.003 r/min

四、负载工作点

Φδ = 0.00010883	Bδ = 0.321 T	Fδ = 277.418 A
Bt1 = 1.163 T	Ht1 = 1.720 A/cm	Ft1 = 3.062 A
Bj1 = 0.719 T	Hj1 = 0.913 A/cm	C1 = 0.000
Fj1 = 0.000 A	Bj2 = 0.220 T	Hj2 = 0.520 A/cm
C2 = 0.000	fj2 = 0.000	ΣF = 280.481 A
Λδ = 0.000000388	λδ = 10.622	λn = 12.747
Fadm = 89.950 A	fadm = 0.037 A	In = 2.511 A
bmN = 0.893 T	hmN = 0.107	En = 20.513 V
nMax = 3095.744 r/min	nMin = 2970.846 r/min	

五、最大去磁核算

I1st = 23.225 A	Fadmst = 831.923 A	fadmst' = 0.346
bmst = 0.607	hmst = 0.393	

六、工作性能计算

Tem = 0.159 N.m	Tst = 1.474 N.m	J1 = 6.343 A/mm2
A1 = 68.864 A/cm	AJ1 = 436.772 A/cm.A/mm2	
Gt1 = 0.102 kg	Gj1 = 0.118 kg	pt1 = 2.232 W/kg
pj1 = 0.003 W/kg	Pfe = 1.012 W	Pkgg = 2.511 W
Pfw = 0.114 W	Pad = 0.304 kg	PCu1 = 6.245 W
ΣP = 10.186 W	P1 = 60.267 W	P2 = 50.081 W
T0 = 0.004N.m	T2 = 0.155 N.m	Lt = 3.500 cm
tm = 13.537 ms	Gj2 = 0.215 kg	ΣG = 0.541 kg
ΔnMax= 10.812 %	ΔnMin= 7.363 %	η = 83.099 %
Jm = 0.00005722 N.m.s2		Gm = 0.088 kg

七、计算清单

输出功率P2 = 50.081 W	输入功率 P1 = 60.267 %
电枢电流In = 2.511 A	电枢电流密度J1 = 6.343 A/mm2
电枢齿负荷AJ1 = 436.772 A/cm.A/mm2	
槽满率sf = 34.792 %	效率 η = 83.099 %
输出转矩T2 = 0.155 N.m	起动转矩 Tst = 1.474 N.m
机电时间常数tm = 13.537 ms	起动电流 I1st=23.22 A
空载转速n0 = 3331.003 r/min	最大转速变化率 ΔnMax= 10.812 %
最小转速变化率ΔnMin= 7.363 %	最大转速nMAX= 3095.744 r/min
最小转速nMIN= 2970.846 r/min	
电枢齿磁密Bt1= 1.163 T	电枢轭磁密Bj1= 0.719 T
气隙磁密Bδ = 0.321 T	转子轭磁密Bj2= 0.220 T
齿饱和系数Kt = 1.012	
电动机重量ΣG = 0.541 kg	硅钢片重量GFe= 0.452 kg
铜导线重量GCu1= 0.088 kg	永磁体重量Gm = 0.088 kg

图 9-31 输出数据（计算清单）

8）查看特性曲线：单击"磁化曲线"按钮可以查看所选硅钢片材料的磁化性能曲线。单击"转速曲线""效率曲线""功率曲线"和"电流曲线"按钮可以查看所设计电动机的转速、效率、功率和电流的特性曲线。

9）设计算例：软件给出了典型算例的电磁设计方案，用户单击"设计算例"按钮即可打开相应的数据文件，然后单击"电磁计算"按钮即可看到设计方案的计算清单。

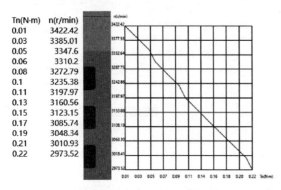

图 9-32　输出数据（转速特性曲线）

图 9-33　输出数据（效率特性曲线）

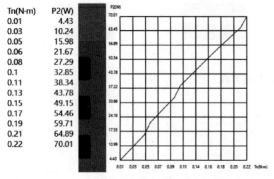

图 9-34　输出数据（功率特性曲线）

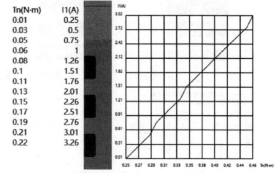

图 9-35　输出数据（电流特性曲线）

9.3　电动机的计算机仿真

9.3.1　三相异步电动机仿真教程

三相异步电动机
RM 建模与求解

1. RMxprt 仿真

三相异步电动机参数见表 9-4。

表 9-4　三相异步电动机参数

参数名称	参数值	参数名称	参数值
额定功率（P_2）	7.5kW	额定电压（U_N）	380V
极对数（p）	2	额定转速（n）	1452r/min
定/转子槽数	36/32	绕组形式	单层同心式
额定频率（f）	50Hz	定子接法	三角形联结

定、转子铁心冲片尺寸如图 9-36 和图 9-37 所示。

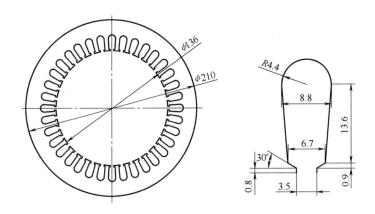

图 9-36　定子铁心冲片尺寸图

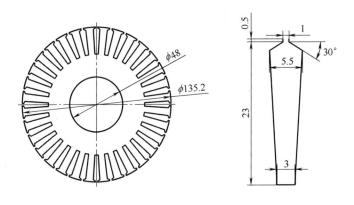

图 9-37　转子铁心冲片尺寸图

（1）建立 RMxprt 仿真工程　单击工具栏中的 按钮创建新的工程文件，再单击 按钮选择插入 RMxprt 工程后，系统自动弹出如图 9-38 所示的选择仿真电机类型的对话框。对于三相异步电动机的仿真，需选择 Three-Phase Induction Motor 选项。单击"OK"按钮后进入设计界面。

（2）设置参数　RMxprt 工程文件创建后，可在界面左侧如图 9-39 所示的 Project Manager 工程管理栏中看到仿真的电机类型。单击 Machine、Stator、Rotor 等选项前的"+"可打开选项下所含的子项，双击选项后可对各个选项中的参数进行设定。

图 9-38　RMxprt 选择仿真电机类型

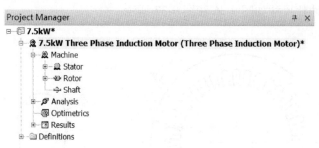

图 9-39　工程管理栏中的选项

1）Machine 项设置。用鼠标双击工程管理栏中的 Machine 项后，弹出如图 9-40 所示的对话框。可对对话框中的参数进行设置。第一列为参数名称，第二列为参数值，第三列为参数值的单位，第四列为参数的估计值，第五列为参数的描述说明。图 9-40 中各参数介绍如下：

- Machine Type：当前仿真的电机类型；
- Number of Poles：电机极数；
- Stray Loss Factor：杂散损耗系数；
- Frictional Loss：电机的机械损耗；
- Windage Loss：电机的风摩损耗；
- Reference Speed：电机的参考速度。

根据设计将上述参数设置完成后，单击"确定"按钮即可保存设置。

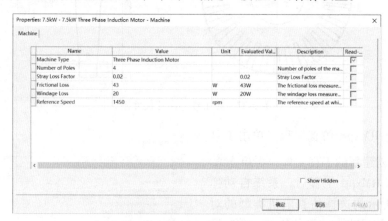

图 9-40　Machine 项设置内容

2）Stator 项设置。Machine 项设置完成后，需对 Stator 及其子项进行设置，从而完成定子部分主要参数的设置。双击 Stator 项后，系统自动弹出如图 9-41 所示的对话框，其中各参数介绍如下：

- Outer Diameter：电机定子铁心外径；
- Inner Diameter：电机定子铁心内径；
- Length：电机定子铁心轴向长度；
- Stacking Factor：电机定子铁心叠压系数；
- Steel Type：电机定子铁心冲片材料，可选择系统自带材料或自行添加所需材料；

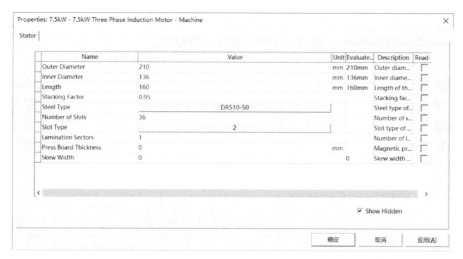

图 9-41　Stator 项设置内容

- Number of Slots：电机定子铁心槽数；
- Slot Type：电机定子槽形代号，对于三相异步电动机，RMxprt 中预置了如图 9-42 所示的 6 种槽形，用户也可以通过勾选 User Defined Slot 项对槽形进行自定义；

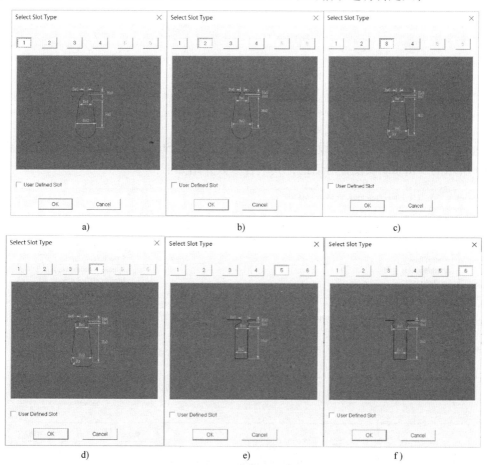

图 9-42　RMxprt 中预置的定子槽形

- Lamination Sectors：电机定子铁心冲片分瓣数；
- Press Board Thickness：电机定子铁心磁性压板厚度；
- Skew Width：定子斜槽数，RMxprt 中的斜槽以斜过槽的个数为单位。

3）Slot 项设置。双击 Slot 项后会弹出对话框，在 RMxprt 中默认勾选 Auto Design 项，因此对话框中仅存三项。用户手动取消 Auto Design 项后的 Slot 对话框显示详细的槽形参数如图 9-43 所示，其中第二项 Parallel Tooth 为平行齿选项，RMxprt 中默认为非平行齿。其他参数意义可对照图 9-42 中的标识。参数输入完成后单击“确定”按钮退出对话框。

Properties: 7.5kW - 7.5kW Three Phase Induction Motor - Machine

Slot

Name	Value	Unit	Evaluate...	Description	Read-...
Auto Design	☐			Auto design Hs2, Bs1 and Bs2	☐
Parallel Tooth	☐			Design Bs1 and Bs2 based on Too...	☐
Hs0	0.8	mm	0.8mm	Slot dimension: Hs0	☐
Hs1	0.9	mm	0.9mm	Slot dimension: Hs1	☐
Hs2	13.6	mm	13.6mm	Slot dimension: Hs2	☐
Bs0	3.4	mm	3.4mm	Slot dimension: Bs0	☐
Bs1	6.7	mm	6.7mm	Slot dimension: Bs1	☐
Bs2	8.8	mm	8.8mm	Slot dimension: Bs2	☐

☐ Show Hidden

确定 取消 应用(A)

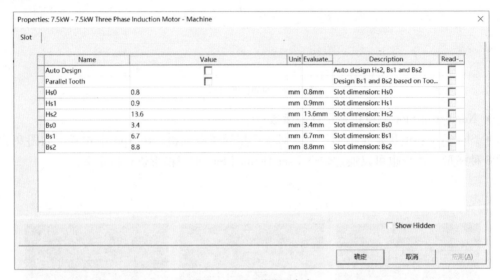

图 9-43　Slot 项设置内容

4）Stator-Winding 项设置。设置完槽形参数后，双击 Stator 项下的 Winding 项会弹出如图 9-44 所示的 Winding 项设置对话框，其中各参数介绍如下：

Properties: 7.5kW - 7.5kW Three Phase Induction Motor - Machine

Winding | End/Insulation

Name	Value	Unit	Evaluate...	Description	Read-...
Winding Layers	1			Number of winding la...	☐
Winding Type	Editor			Stator winding type	☐
Parallel Branches	1			Number of parallel br...	☐
Conductors per Slot	35		35	Number of conductor...	☐
Number of Strands	2		2	Number of strands (n...	☑
Wire Wrap	0.08	mm		Double-side wire wra...	☐
Wire Size	Diameter: 1.06mm			Wire size, 0 for auto-d...	☐

☐ Show Hidden

确定 取消 应用(A)

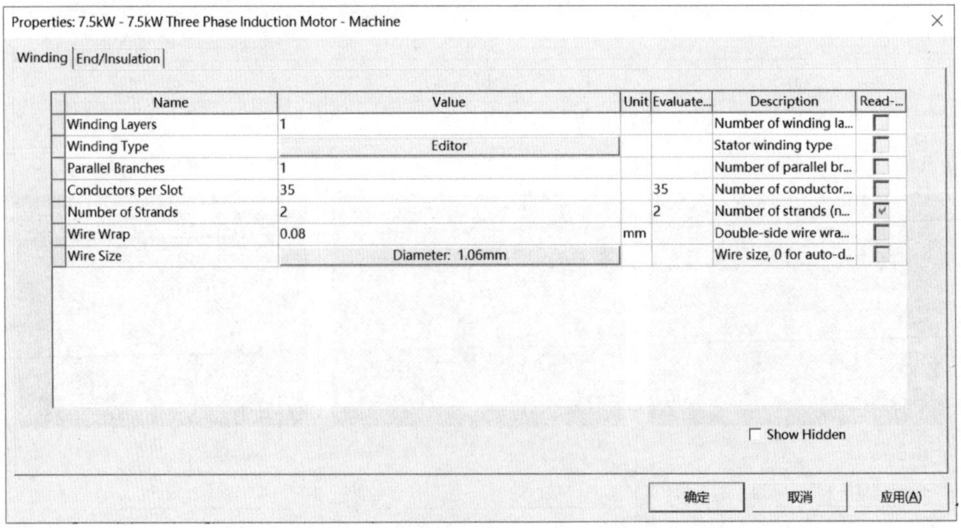

图 9-44　Winding 项设置内容

- Winding Layers：定子槽中绕组的层数；
- Winding Type：绕组匝间连接方式，RMxprt 中预置了三种连接方式，分别为用户自定义、全极式 、半极式，可使用用户自定义设计较复杂的绕组连接方式；
- Parallel Branches：绕组并联支路数；
- Conductors per Slot：每槽导体数，数值等于每个线圈的匝数与绕组层数的乘积；
- Number of Strands：每匝线圈的并绕根数；
- Wire Wrap：漆包线双边漆绝缘厚度；
- Wire Size：导线线规。单击后面的按钮后会弹出如图 9-45 所示的对话框。导线默认单位为 mm，有圆形导线和矩形导线可供选择。在 Guage 项的下拉菜单中选择 MIXED，可根据用户需求进行混合线规设置，分别在下方线径栏和数量栏中设置相应数据，单击底部"Add"按钮可添加其他线规。

本例中绕组匝间连接方式选择用户自定义，下面以三相 4 极 36 槽为例对自定义绕组分相进行演示。在 Winding Editor 选项卡中单击鼠标右键选择 Editor Layouts 选项，如图 9-46 所示，弹出如图 9-47 所示的绕组分相编辑界面。其中第一列为线圈编号，第二列为线圈所属相，第三列为线圈匝数，第四列为线圈电流流入端槽号，第五列为线圈电流流出端槽号。Periodic Multiplier 选项为线圈分布的周期数。Constant Turns 选项为绕组匝数设置，勾选此项所有线圈匝数相同。Constant Pitch 选项为绕组节距设置，勾选此项所有线圈节距相同。可根据电机设计中的情况对上述内容进行设定，当全部设定完成后单击"OK"按钮即可在工程绘图区出现如图 9-48 所示的绕组连接图。

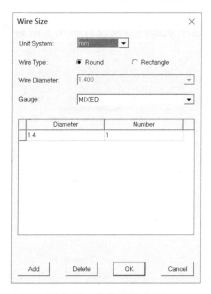

图 9-45　线规设置内容　　　　图 9-46　绕组自定义编辑选项

单击图 9-44 左上方的 End/Insulation 选项卡，会出现如图 9-49 所示的设置绕组端部和槽绝缘参数的对话框，其中各参数介绍如下：

- Input Half-turn Length：设定半匝长度，该选项被勾选后会出现半匝长度输入框，用户可手动输入半匝长度；
- End Extension：单边端部伸出长度；

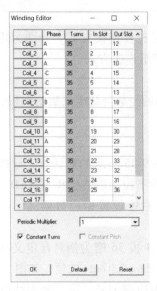

图 9-47 绕组自定义编辑

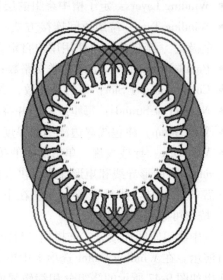

图 9-48 定子绕组连接图

- Base Inner Radius、Tip Inner Diameter、End Clearance：分别为端部底角内半径、线圈端部内径、两个相邻线圈之间的端部间隙，均为绕组端部限定尺寸，用户可不必进行设置，RMxprt 会自动进行计算；
- Slot Liner：槽绝缘厚度；
- Wedge Thickness：槽楔厚度；
- Limited Fill Factor：定子最高槽满率，当绕组线规选择自动设计时用于限制槽满率。

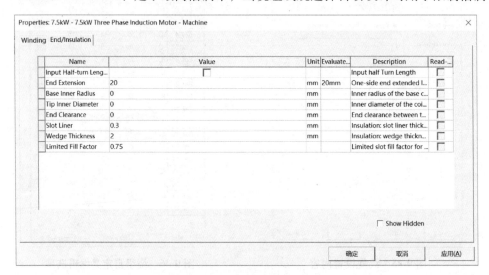

图 9-49 绕组端部及槽绝缘设置内容

5）Rotor 项设置。双击 Rotor 项会弹出如图 9-50 所示的对话框，其中各参数介绍如下：

- Stacking Factor：转子冲片铁心叠压系数；
- Number of Slots：转子槽数；
- Slot Type：转子槽形，RMxprt 中预置了如图 9-51 中 5 种转子槽形结构，用户可根据需求进行选择，也可选择 User Defined Slot 项对槽形进行自定义；

- Outer Diameter：转子外径；
- Inner Diameter：转子内径；
- Length：转子轴向长度；
- Steel Type：转子冲片材料；
- Skew Width：转子斜槽宽度，RMxprt 中的斜槽以斜过槽的个数为单位；
- Cast Rotor：转子笼型绕组为铸造型；
- Half Slot：转子槽形为非对称的半槽形；
- Double Cage：双笼型转子槽。

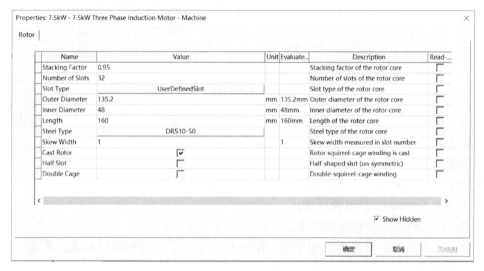

图 9-50　Rotor 项设置内容

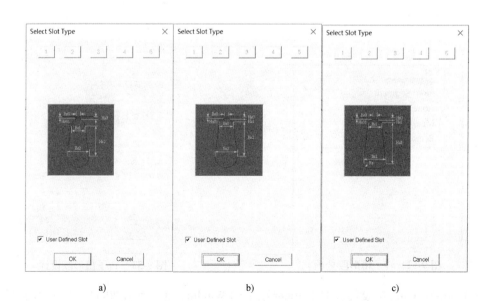

图 9-51　RMxprt 中 5 种转子槽形

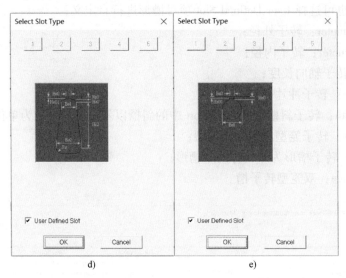

图 9-51　RMxprt 中 5 种转子槽形（续）

6）UserDefSymmetricSlot 项设置。在此选项中对转子槽形进行用户自定义。单击鼠标右键出现如图 9-52 所示的对话框，其中各功能介绍如下：

- Insert Segment：插入槽形段；
- Append Segment：附加槽形段，即在本段槽形段上添加新槽形段；
- Modify Segment：修改槽形段；
- Remove Segment：移除槽形段。

选择后进入如图 9-53 所示的对话框。RMxprt 中预置了 8 种槽形段形式，各部分尺寸如示意图中所示。

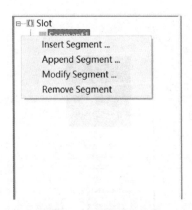

图 9-52　转子槽形段选项

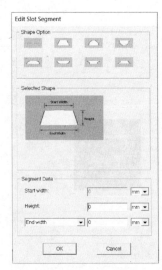

图 9-53　转子槽形段设计

7）Rotor-Winding 项设置。双击 Rotor 项下的 Winding 项会弹出如图 9-54 所示的对话框，其中各参数介绍如下：

- Bar Conductor Type：转子笼条导体材料；
- End Length：转子笼条单边端部长度；
- End Ring Width：转子端环厚度；
- End Ring Height：转子端环高度；
- End Ring Conductor Type：转子端环导体材料。

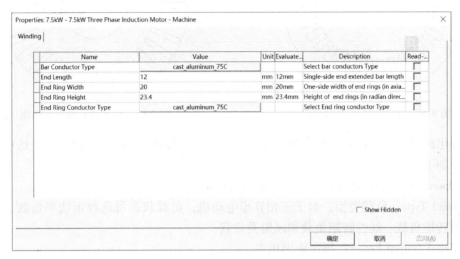

图 9-54　Rotor-Winding 项设置内容

8）Shaft 项设置。双击 Shaft 项会弹出如图 9-55 所示的对话框，其中只有一个参数，介绍如下：

- Magnetic Shaft：设置转轴是否导磁。

图 9-55　Shaft 项设置内容

到此，样机模型所有 RMxprt 参数全部设置完成。用户可通过单击工程绘图区左下角

| Main | Diagram | Winding Editor | 中的 Main 按钮对电机模型进行检查，此时可

单击工程树中的 Stator 或 Rotor 项来显示冲片截图，如图 9-56 和图 9-57 所示。

（3）添加求解设置　在工程管理栏中用鼠标右键单击 Analysis 项后选择 Add solution Set-

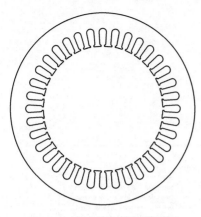

图 9-56　定子铁心冲片截面图

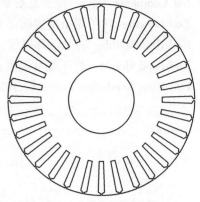

图 9-57　转子铁心冲片截面图

up。在弹出的对话框中设置电机参数后即可开始仿真。如图 9-58 所示的 General 选项卡中各参数介绍如下：

- ● Operation Type：运行状态，系统默认为电动机状态；
- ● Load Type：负载类型，对于三相异步电动机，负载状态可选择恒功率负载、恒转速负载、恒转矩负载、线性转矩负载和风扇类负载；
- ● Rated Output Power：额定输出功率；
- ● Rated Voltage：额定电压，即电机的线电压；
- ● Rated Speed：电机额定转速；
- ● Operating Temperature：工作温度。

如图 9-59 所示的 Three-Phase Induction Motor 选项卡中各参数介绍如下：

- ● Frequency：电机供电频率；
- ● Winding Connection：绕组联结形式，可选星形和三角形联结形式。

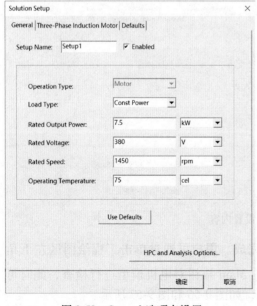

图 9-58　General 选项卡设置

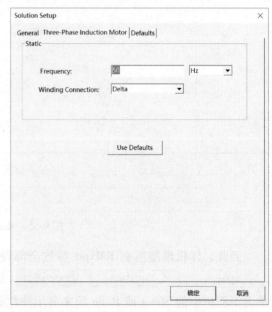

图 9-59　Three-Phase Induction Motor 选项卡设置

（4）求解及结果查看 上述过程全部完成后即可对模型进行求解。单击工具栏中的 Simulation 选项卡，再单击 Simulation 选项卡中的 Validate 按钮对模型进行检测。当图 9-60 所示的对话框中各项均显示正确后说明模型建立正确。

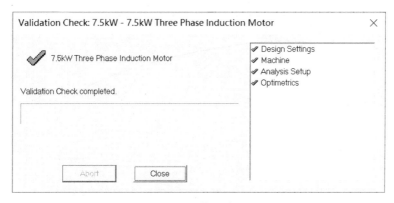

图 9-60 模型检测

模型检测正确后，单击 Simulation 选项卡中的 Analysis All 按钮对模型进行求解。求解完成后用鼠标右键单击工程管理栏中的 Results，选择 Solution Data 后弹出如图 9-61 所示的求解结果对话框。对话框中包含以下三部分：

1）Performance 选项卡中包含：

• Break-Down Operation：故障运行；

• FEA Input Data：输入到有限元仿真的数据；

• Locked-Rotor Operation：堵转运行；

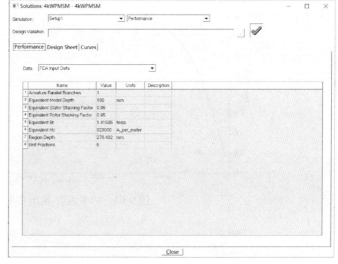

图 9-61 求解结果对话框

• Material Consumption：材料属性数据；

• No-Load Operation：空载数据；

• Rated Electric Data：额定电数据；

• Rated Magnetic Data：额定磁数据；

• Rated Parameters：额定参数；

• Rated Performance：额定性能数据；

• State Slot：定子槽参数；

• State Winding：定子绕组参数。

2）Design Sheet 选项卡中包含项目中的所有输入数据和计算结果。

3）Curves 选项卡中包含电机主要的性能曲线，其中包括电机效率、功率因数、机械特性、输出特性等曲线。值得注意的是 Maxwell 2D 中不能直接生成效率、功率因数和机械特性等曲线，因此主要通过 RMxprt 计算结果来观察这些曲线。其中电机效率-输出功率曲线如图 9-62 所示，功率因数-输出功率曲线如图 9-63 所示，转速-转矩曲线如图 9-64 所示。

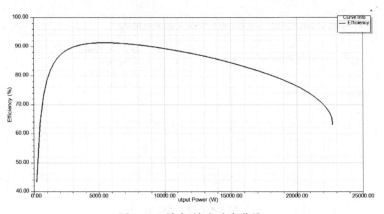

图 9-62　效率-输出功率曲线

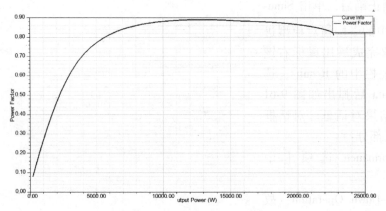

图 9-63　功率因数-输出功率曲线

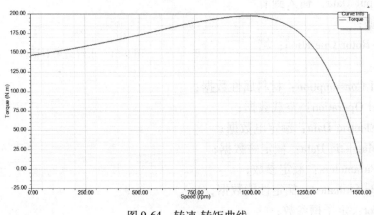

图 9-64　转速-转矩曲线

2. Maxwell 2D 仿真

Maxwell 的 2D 有限元仿真能够精确地计算电机的静态或动态性能，也能

三相异步电动
机二维空载
与负载仿真

够更精确地考虑电机的饱和效应，同时也支持模型的导入与导出。RMxprt 支持一键生成 Maxwell 的 2D 和 3D 模型。

为节省计算时间，RMxprt 默认导出的 Maxwell 2D/3D 模型为非全模。用户可以自定义导出模型的尺寸。用鼠标右键单击要导出 Maxwell 模型的 Rmxprt 工程，选择 Design Setting 后在弹出的对话框里选择 User Defined Data 选项卡，勾选 Enable 项，输入 Fractions 1 即可导出全模，如图 9-65 所示。输入 Fractions 2 即可导出 1/2 模型，其他模型尺寸与之类似。

在 RMxprt 工程中，用鼠标右键单击工程管理栏中 Analysis 下的 Setup，选择 Create Maxwell Design 后会弹出如图 9-66 所示的对话框。

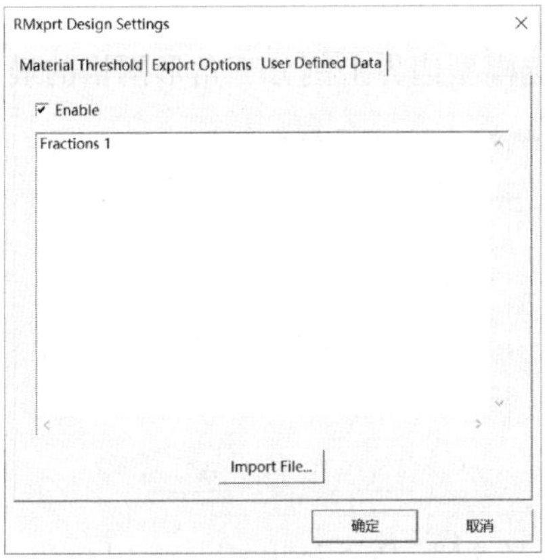

图 9-65　导出 Maxwell 全模设置

图 9-66　RMxprt 一键生成 Maxwell 模型对话框

在图 9-66 中的 Type 项中，用户可选择生成 2D 或 3D 模型，若此 RMxprt 工程中包含多个 Setup 设置，在 Solution Setup 项中用户可生成 Maxwell 模型的 Setup。单击"OK"按钮后即可自动生成 Maxwell 模型。生成的 Maxwell 2D 模型如图 9-67 所示。

对于有限元仿真方法，模型的网格剖分对仿真计算结果的精度有很大的影响。通常来讲，只要网格处于收敛趋势的状态下，网格剖分越密，则计算结果越精确。

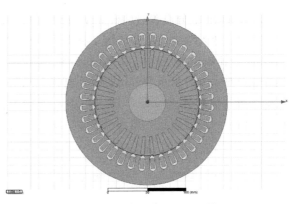

图 9-67　生成的 Maxwell 2D 模型

RMxprt 生成的 Maxwell 2D/3D 有限元模型中已经自动生成网格剖分设置，但在某些情况下自动生成的网格剖分不能满足用户需求，因此常常需要手动设置网格剖分。在进行网格剖分时，要注意把握以下技巧：

1）同一模型中，不同材料实体的网格剖分的疏密程度不同。这是因为不同材料的实体磁导率不同，导致其在磁路中的磁压降不同。而 Maxwell 2D 中的场分布结果是由磁位来求得的，因此磁位变化较大的部位网格剖分需要比磁位变化小的部位更密集，比如气隙和定转子铁心表面处的网格剖分要比定转子铁心内部网格剖分更密集。

2）相同材料实体的网格剖分有些情况下也不同。比如气隙和定子槽的材料都是空气，但是由于气隙中的磁密远高于定子槽空气中的磁密，因此气隙中空气的网格剖分要更密集。

3）Maxwell 网格剖分中高密度网格和低密度网格衔接处的网格密度是渐变的、可衔接的。

4）对于层次上重叠的剖分部分，系统默认小面积部分居于上层，有更高的网格剖分优先级，只有没有被小面积模型覆盖的地方，才使用底层的较大面积部分的网格设置。

在 Maxwell 2D 中剖分类型分为三类：

1）On Selection 模型边缘剖分。On Selection 剖分设置主要作用在所剖分模型的边界线上，其中又分为 Element Length Based Refinement（基于单元长度剖分）和 Skin Depth Based Refinement（基于趋肤效应透入深度剖分）。

Element Length Based Refinement 剖分方法是基于所选模型边界上剖分三角形网格的最大边长。Element Length Based Refinement 剖分设置对话框如图 9-68 所示。其中 Name 项可设置操作名称。Restrict the length of elements 项可设置剖分网格单元的最大边长。Restrict the number of additional elements 项可设置网格单元的最大追加数量。通过勾选两个选项的选择框来设定仅用一种设置或两种设置同时应用。

Skin Depth Based Refinement 剖分方法主要用于需要考虑趋肤效应的模型上，可使趋肤效应层网格较密集，使趋肤效应层之下的网格较稀疏。Skin Depth

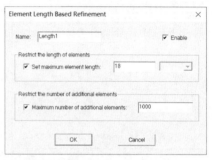

图 9-68　On Selection/Element Length Based Refinement 设置

Based Refinement 剖分设置对话框如图 9-69 所示。其中单击 Calculate Skin Depth 按钮会弹出图 9-69b 中的透入深度计算对话框，在对话框中输入材料的 Relative Permeability（相对磁导率）、Conductivity（电导率）和 Frequency（物体所处的场频率）后单击"OK"按钮，即可自动在图 9-69a 中的 Skin Depth 项中算出透入深度。Number of Layers of Elements 项为透入深度层的剖分层数设置。Surface Triangle Length 项为表层三角形网格最大边长设置。Number of Elements 项中可设置表层三角形网格单元的最大数量。

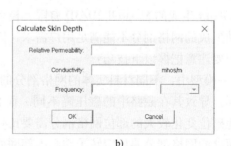

a)　　　　　　　　　　　　　　　　b)

图 9-69　On Selection/Skin Depth Based Refinement 设置

2）In Selection 模型内部剖分。In Selection 剖分设置是作用在所剖分模型的内部，是一种基于单元长度的剖分，可使所剖分的模型内部形成大小均匀的网格。In Selection 剖分设置对话框如图 9-70 所示，对话框内各项设置意义与 On Selection/Element Length Based Refinement 设置中的意义相同。

3）Surface Approximation 曲面逼近剖分。Surface Approximation 剖分可对模型中复杂的曲线边缘的网格进行优化。Surface Approximation 剖分设置对话框如图 9-71 所示。在图 9-71a 中的 Use Slider 选项中可直接通过拖动滑块来选择剖分网格的疏密

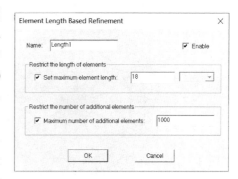

图 9-70　In Selection/Element Length
Based Refinement 设置

程度。在图 9-71b 中的 Manual Settings 选项中，Surface Deviation 项可设置圆内剖分三角形网格的最大弦长，Normal Deviation 项可设置弦所对应的三角形内角的角度，Aspect ratio 项可设置剖分三角形网格的外接圆半径与两倍内接圆半径的比值，从而设定三角形网格的基本形状。Convert to Slider Value 按钮可将 Manual Settings 选项设置的参数转化为相应的 Use Slider 设置。

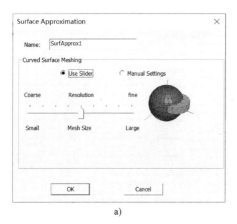
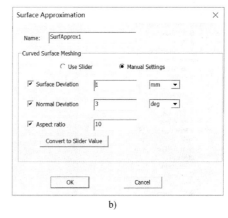

a)　　　　　　　　　　　　　　b)

图 9-71　Surface Approximation 剖分设置

本例中电机模型的网格剖分如图 9-72 所示。其中图 9-72a 为模型整体剖分图，图 9-72b 为气隙剖分局部放大图。

值得说明的是，RMxprt 生成的有限元模型是运行在额定转速的时域有限元分析模型，这个模型可以被修改成其他任意运行工况。有限元模型中的几何模型已经定义了适当的材料属性，为了考虑 RMxprt 中定义的叠压系数，有限元模型中的硅钢片属性已经做了相应的修改。有限元模型中已经通过 Motion Setup 项定义了旋转运动，同时也定义了转子的初始位置角，转子初始位置与 A 相绕组的轴线对齐。还定义了转子转速，如果用户激活机械瞬态项，则可以看到定义的转动惯量、阻尼以及负载转矩。生成的有限元模型也默认定义了边界条件。

（1）空载仿真　Maxwell 2D 模型生成后可以在工程管理栏中看见如图 9-73 所示的 Maxwell 2D 工程，其中包含了自动生成的几何模型（Model）、边界条件（Boundaries）、激励源

443

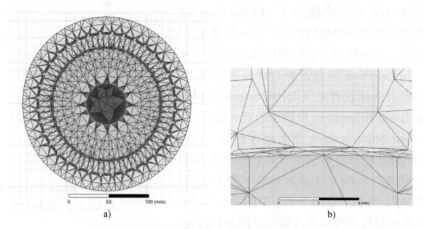

图 9-72　电机模型的网格剖分

（Excitations）、参数（Parameters）、网格剖分（Mesh Operations）、求解参数设置（Analysis/Setup1）等前处理项。其中边界条件和网格剖分设置已自动生成，可以不做处理。自动生成的激励源为电压激励源，其中，绕组电阻、电感、电压幅值、电源频率等参数已经根据RMxprt 计算结果给定，如图 9-74 所示。

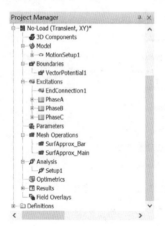

图 9-73　Maxwell 2D 的工程管理栏

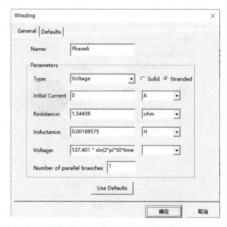

图 9-74　自动生成的激励源

对三相异步电动机进行瞬态场下的空载仿真时，需要设置 Model 项下 MotionSetup1 中的参数。双击 MotionSetup1 后在出现的对话框中选择 Mechanical 选项卡，勾选 Consider Mechanical Transient 会出现以下参数：

- Initial Angular Velocity：初始角速度；
- Moment of Inertia：转动惯量；
- Damping：阻尼系数；
- Load Torque：负载转矩。

对三相异步电动机进行空载起动仿真需要将初始角速度和负载转矩设置为 0，并对转动惯量和阻尼系数进行设置，本例设置后的结果如图 9-75 所示。若想对稳态空载情况进行仿真，只需要将初始角速度设置为额定转速即可。

空载设置完成后可添加电机空载时磁力线仿真设置。在电机模型界面用 Ctrl+A 快捷键选择电机全部模型后用鼠标右键单击空白区域，选择 Fields/A/Flux_Lines 添加磁力线云图，如图 9-76 所示。同理选择 Fields/B/Mag_B 添加磁感应强度云图。

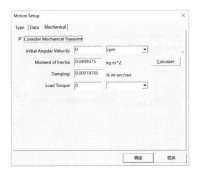

图 9-75　空载设置

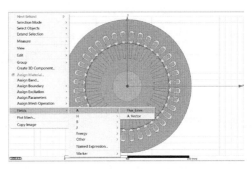

图 9-76　空载磁力线结果添加

在弹出的如图 9-77 所示的对话框的 In Volume 中选择要显示指定部位的磁力线，若想显示电机整个截面的磁力线云图，则选择 AllObjects。

全部结果添加完成后可双击项目管理栏中的 Setup1 对求解过程进行设置，弹出如图 9-78 所示的对话框，其中 Stop time 为仿真时间，Time step 为仿真步长。

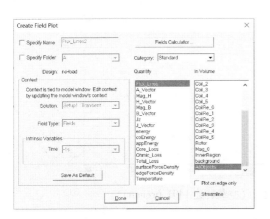

图 9-77　选择显示指定部位的磁力线

图 9-78　求解过程设置

单击对话框上方的 Save Fields 选项卡可对场计算的保存结果进行设置，如图 9-79 所示，其中 Start 为场计算的开始时间，Stop 为场计算的停止时间，Step Size 为场计算的步长，设置完成后单击 "Add to List" 按钮即可添加到时间列表中，设置完成后单击 "确定" 按钮。

设置完成后单击工具栏中 Simulation 选项卡的 Validate 按钮对模型进行检查，检查正确后用鼠标右键单击工程管理栏中的 Setup1，选择 Analyze 对模型进行仿真。

仿真完成后可双击工程管理栏中 Results 项下的各种结果进行查看。用鼠标右键单击工程管理栏中的 Results 项，选择 Create Transient Report/Rectangular Plot 后弹出对话框，如图 9-80 所示，选择想生成的曲线后单击 "New Report" 按钮完成设置。

三相异步电动机空载起动的转速曲线如图 9-81 所示，空载起动转矩曲线如图 9-82 所示，空载起动电流曲线如图 9-83 所示。

单击工程管理栏中 Field Overlays 下的 A 项后双击模型左下角的 Time =-1 时间按钮会弹

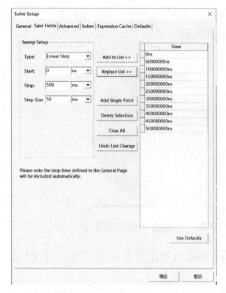

图 9-79　场计算设置

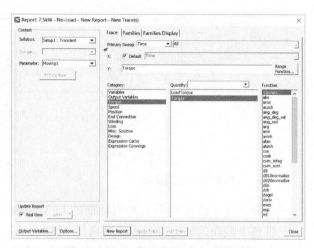

图 9-80　生成仿真曲线

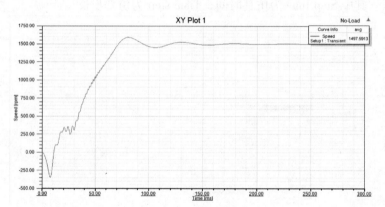

图 9-81　空载起动转速曲线（空载转速 1497.6r/min）

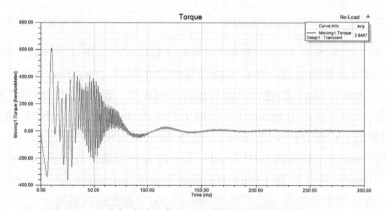

图 9-82　空载起动转矩曲线（空载转矩平均值 2.6N·m）

出如图 9-84 所示的对话框，在 Time 项中可选择要显示的某时间点的场图。显示后的电机空载磁力线云图如图 9-85 所示。

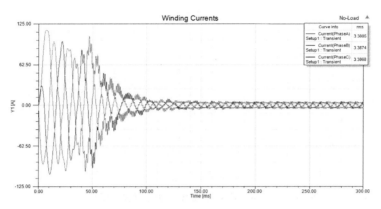

图9-83　空载起动电流曲线（空载电流有效值3.38A）

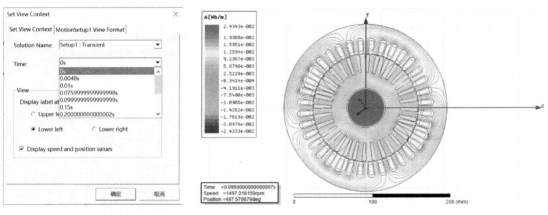

图9-84　场图时间点选择对话框

图9-85　空载磁力线

（2）负载仿真　对三相异步电动机进行瞬态
场下的额定负载仿真只需要将 Model 项下 Motion-
Setup1 打开的对话框中的 Mechanical 选项卡中的
参数设置为额定参数即可，即将转速设定为额定
转速，转矩设定为额定转矩，转动惯量和阻尼系
数与空载时保持不变，如图9-86所示。

额定负载设置完成后对模型进行仿真，仿真
完成后可在 Results 项下查看不同曲线的仿真结
果。图9-87为额定负载转速曲线。图9-88为额
定负载转矩曲线。图9-89为额定负载电流曲线。
需要注意的是，由于本例为瞬态场仿真，因此仿
真结果曲线前段时间为电机到达稳态之前的过程
可以忽视不计。本例中200ms后的曲线即为额定

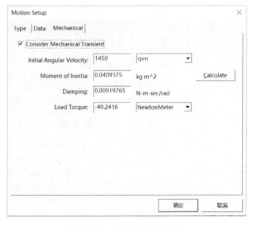

图9-86　额定负载设置

工况下的曲线。同时也可按空载仿真过程中的操作查看负载仿真中的场图结果。

（3）堵转仿真　对三相异步电动机进行堵转仿真需要将 Model 项下 MotionSetup1 打开的
对话框中的 Angular Velocity 角速度设置为0，如图9-90所示。激励源设置为电压激励。

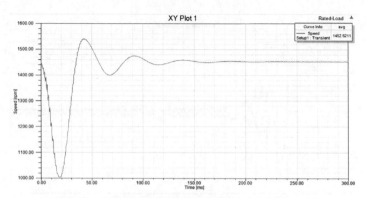

图 9-87　额定负载转速曲线（额定转速 1452r/min）

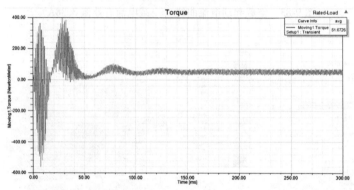

图 9-88　额定负载转矩曲线（额定转矩 51.7N·m）

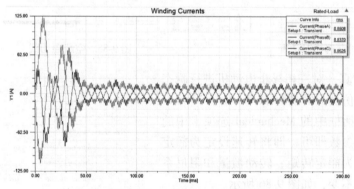

图 9-89　额定负载电流曲线（额定电流 8.8A）

图 9-90　额定负载设置

仿真完成后可在 Results 项下查看不同曲线的仿真结果。图 9-91 为堵转转矩曲线。图 9-92 为堵转电流曲线。

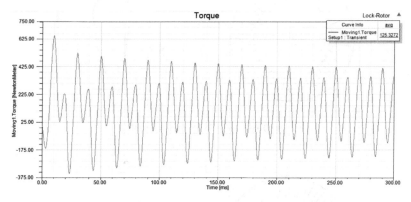

图 9-91　堵转转矩曲线（堵转转矩 125.3N·m）

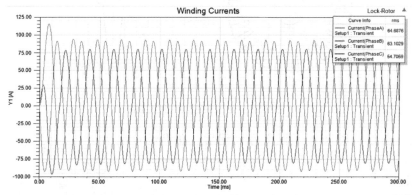

图 9-92　堵转电流曲线（堵转电流 60.8A）

9.3.2　单相异步电动机仿真教程

1. RMxprt 仿真

单相异步电动机参数见表 9-5。

单相异步电动机
RM 建模与求解

表 9-5　电动机参数

参数名称	参数值	参数名称	参数值
额定功率（P_N）	180W	额定电压（U_N）	220V
极对数（p）	2	额定转速（n）	1446r/min
额定频率（f）	50Hz	定/转子槽数	24/30

定、转子冲片尺寸如图 9-93 和图 9-94 所示。

（1）建立 RMxprt 仿真工程　单击工具栏中的 ⬜ 按钮创建新的工程文件，再单击 ⬛ 按钮选择插入 RMxprt 工程后，系统自动弹出如图 9-95 所示的选择仿真电机的类型的对话框。对于单相异步电动机的仿真，需选择 Single-Phase Induction Motor 选项。单击"OK"按钮后进入设计界面。

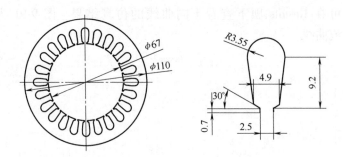

图 9-93　定子铁心冲片尺寸图

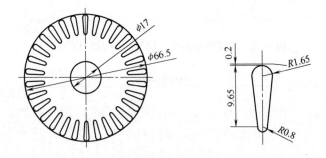

图 9-94　转子铁心冲片尺寸图

(2) 设置参数　RMxprt 工程文件创建后，在 Project Manager 工程管理栏中对 Machine、Stator、Rotor、Shaft 等项进行参数设定。

1) Machine 项设置。用鼠标双击工程管理栏中的 Machine 项后，弹出图 9-96 所示的对话框。图 9-96 中各参数介绍如下：

- Machine Type：当前仿真的电机类型；
- Number of Poles：电机极数；
- Rotor Position：转子位置，可选择内转子或外转子；

图 9-95　RMxprt 选择仿真电机类型

Properties: Project9 - RMxprtDesign1 - Machine

Machine

Name	Value	Unit	Evaluate...	Description	Read-...
Machine Type	Single Phase Induction Motor				☑
Number of Poles	4			Number of poles of the ...	☐
Rotor Position	Inner Rotor			Inner rotor or outer rotor	☐
Frictional Loss	3.294	W	3.294W	The frictional loss measu...	☐
Windage Loss	0	W	0W	The windage loss measu...	☐
Reference Speed	1446	rpm		The reference speed at ...	☐
Operation Mode	C-Run			Operation mode	☐
Run Capacitance	6	uF	6uF	Capacitance of run capa...	☐
Run Resistance	0	ohm	0ohm	Resistance of run capaci...	☐

Show Hidden

确定　取消　应用(A)

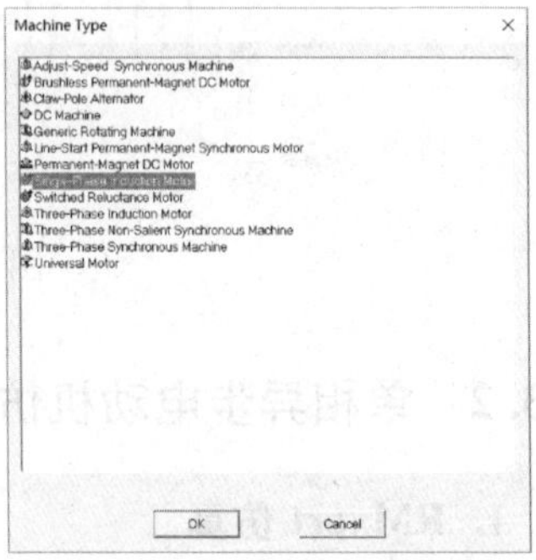

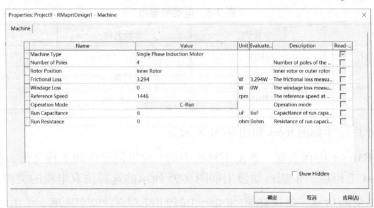

图 9-96　Machine 项设置内容

- Frictional Loss：电机的机械损耗；
- Windage Loss：电机的风摩损耗；
- Reference Speed：电机的参考速度；
- Operation Mode：运行模式，可选择图 9-97 中的 4 种运行模式，其中 C-Run 为电容运行模式，C-Start 为电容起动模式，C-R&S 为电容起动和运行模式，R-Start 为电阻起动模式；
- Run Capacitance：运行电容的电容值；
- Run Resistance：运行电容的电阻值，将此项设置为 0 则软件自动计算阻值。若想忽略此项，将其设置为非零的小数值即可。

根据设计将上述参数设置完成后，单击"确定"按钮即可保存设置。

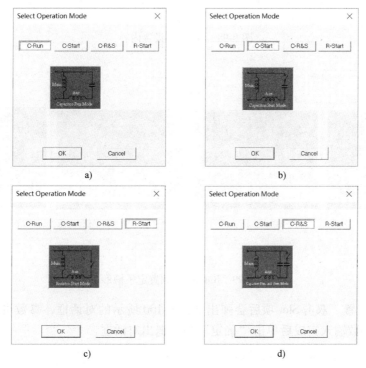

图 9-97　运行模式选择

2）Stator 项设置。双击 Stator 项后，系统自动弹出如图 9-98 所示的对话框，其中各参数介绍如下：

- Outer Diameter：电机定子铁心外径；
- Inner Diameter：电机定子铁心内径；
- Length：电机定子铁心轴向长度；
- Stacking Factor：电机定子铁心叠压系数；
- Steel Type：电机定子铁心冲片材料；
- Number of Slots：电机定子铁心槽数；
- Slot Type：电机定子槽形代号，对于单相异步电动机，RMxprt 中预置了如图 9-99 中的 4 种槽形，用户也可以通过勾选 User Defined Slot 项对槽形进行自定义；
- Overall Width：定子外轮廓总宽度。

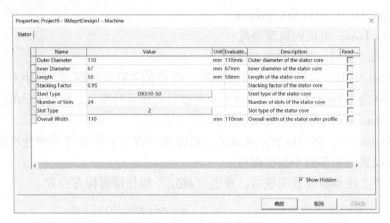

图 9-98　Stator 项设置内容

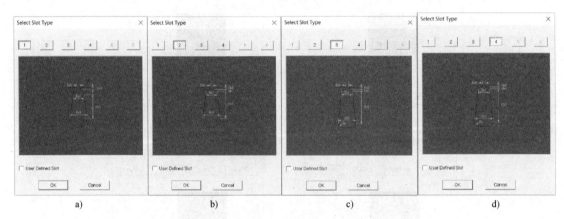

图 9-99　RMxprt 中预置定子槽形

3）Slot 项设置。双击 Slot 项后会弹出如图 9-100 所示的对话框，参数可对照图 9-99 中的标识输入。参数输入完成后单击"确定"按钮退出对话框。

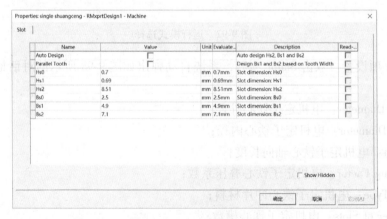

图 9-100　Slot 项设置内容

4）Stator-Winding 项设置。双击 Stator 项下的 Winding 项会弹出如图 9-101 所示的绕组设置对话框，其中各参数介绍如下：

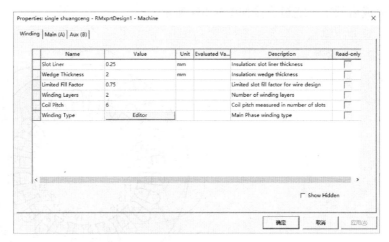

图 9-101　Winding 选项卡设置内容

- Slot Liner：槽绝缘厚度；
- Wedge Thickness：槽楔厚度；
- Limited Fill Factor：槽满率限制；
- Winding Layers：绕组层数；
- Coil Pitch：绕组节距；
- Winding Type：绕组匝间连接方式。

Main（A）主绕组、Aux（B）副绕组设置选项卡如图 9-102 所示，其中的参数介绍如下：

- End Extension：绕组端部伸出长度；
- Conduction per Layer：每层导体数，当采用自定义绕组时，此项可设置为 0；
- Parallel Branches：并联支路数；
- Number of Strands：每匝线圈的并绕根数；
- Wire Wrap：漆包线双边绝缘漆厚度；
- Wire Size：导线线规。

本例中采用双层同心式正弦绕组。单相 4 极 24 槽的绕组自定义编辑结果如图 9-103 所示。

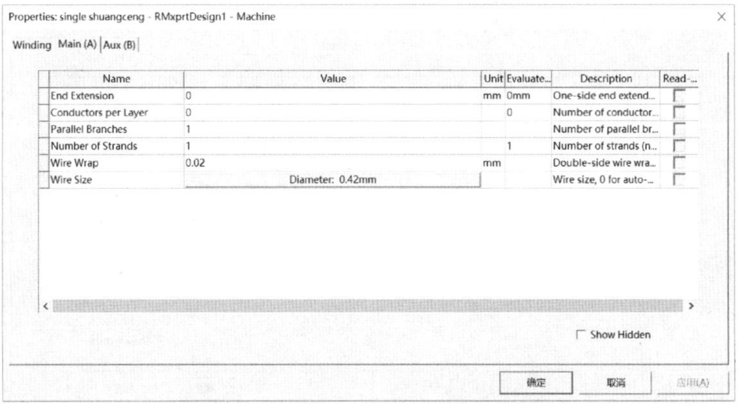

图 9-102　Main（A）选项卡设置内容

绕组编辑完成后的定子绕组连接如图 9-104 所示。

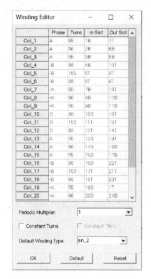

图 9-103　绕组自定义编辑

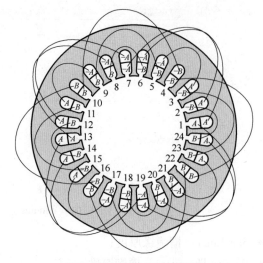

图 9-104　定子绕组连接图

5）Rotor 项设置。双击 Rotor 项，弹出如图 9-105 所示的对话框，其中各参数介绍如下：

● Stacking Factor：转子冲片铁心叠压系数；

● Number of Slots：转子槽数；

● Slot Type：转子槽形，用户可根据需求选择 RMxprt 中预置的槽形，也可勾选 User Defined Slot 项对槽形进行自定义；

● Outer Diameter：转子外径；

● Inner Diameter：转子内径；

● Length：转子轴向长度；

● Steel Type：转子冲片材料；

● Skew Width：转子斜槽宽度；

● Cast Rotor：转子笼型绕组为铸造型。

6）Rotor Slot 项设置。根据电机转子槽形在图 9-106 所示的对话框中输入相应参数。

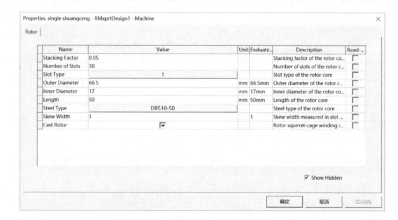

图 9-105　Rotor 项设置内容

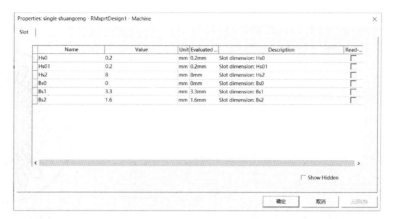

图 9-106　Rotor Slot 项设置内容

7）Rotor Winding 项设置。双击 Rotor 项下的 Winding 会弹出如图 9-107 所示的对话框，其中各参数介绍如下：

- Bar Conductor Type：转子笼条导体材料；
- End Length：转子笼条端部单边长度；
- End Ring Width：转子端环轴向宽度；
- End Ring Height：转子端环高度；
- End Ring Conductor Type：转子端环导体材料。

图 9-107　Rotor Winding 项设置内容

8）Shaft 项设置。双击 Shaft 项会弹出如图 9-108 所示的对话框，其中只有一个参数，介绍如下：

- Magnetic Shaft：设置转轴是否导磁。

至此，样机模型的所有 RMxprt 参数全部设置完成。电机模型截面图如图 9-109 所示。

（3）添加求解设置　在工程管理栏中用鼠标右键单击 Analysis 项后选择 Add solution Setup，在弹出的对话框中设置电机参数。图 9-110a 中的 General 选项卡中各参数介绍如下：

- Operation Type：运行状态，系统默认为电动机状态；
- Load Type：负载类型，可选择恒功率负载、恒转速负载、恒转矩负载、线性转矩负载和风扇类负载；

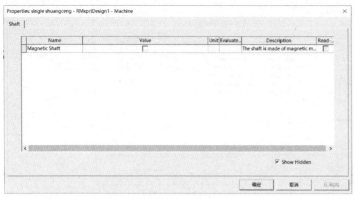

图 9-108　Shaft 项设置内容

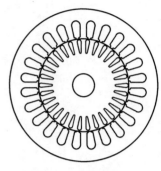

图 9-109　电机模型截面图

- Rated Output Power：额定输出功率；
- Rated Voltage：额定电压；
- Rated Speed：额定转速；
- Operating Temperature：工作温度。

图 9-110b 中的 Single-Phase Induction Motor 选项卡中的参数介绍如下：

- Frequency：电机供电频率；

a)

b)

图 9-110　求解设置

（4）求解及结果查看　上述过程全部完成后即可对模型进行求解。单击工具栏中的 Simulation，再单击 Simulation 中的 Validate 按钮对模型进行检测。模型检测正确后，单击 Simulation 中的 Analyze All 按钮对模型进行求解。求解完成后用鼠标右键单击工程管理栏中的 Results，选择 Solution Data 查看求解结果，如图 9-111 所示。其中 Performance 选项卡中包括电机各种性能参数。Design Sheet 选项卡中包含所有输入数据和计算结果。Curves 选项卡中包含电机主要的性能曲线。电机的输入电流-转速曲线如图 9-112 所示，效率-转速曲线如图 9-113 所示，输出功率-转速曲线如图 9-114 所示，功率因数-转速曲线如图 9-115 所示，输出转矩-转速曲线如图 9-116 所示。

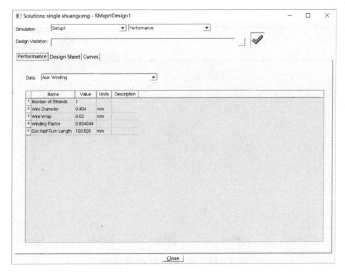

图 9-111　求解结果对话框

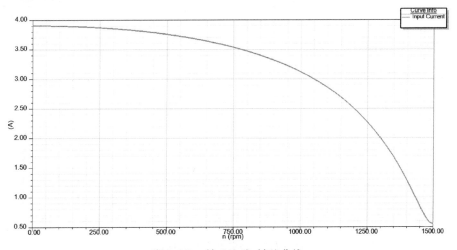

图 9-112　输入电流-转速曲线

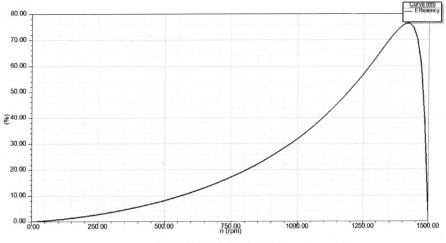

图 9-113　效率-转速曲线

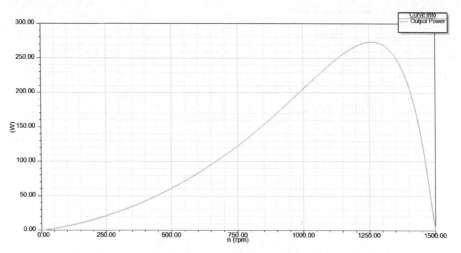

图 9-114 输出功率-转速曲线

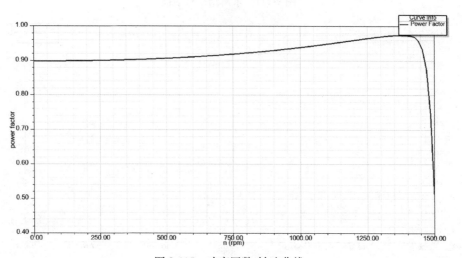

图 9-115 功率因数-转速曲线

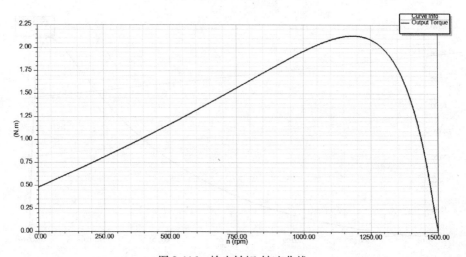

图 9-116 输出转矩-转速曲线

2. Maxwell 2D 仿真

在 RMxprt 工程中，用鼠标右键单击工程管理栏中 Analysis 下的 Setup1，选择 Create Maxwell Design 后会弹出如图 9-117 所示的对话框，选择生成 Maxwell 2D De-sign 模型。

生成的 Maxwell 2D 模型如图 9-118 所示。

图 9-117 RMxprt 一键生成 Maxwell 模型对话框

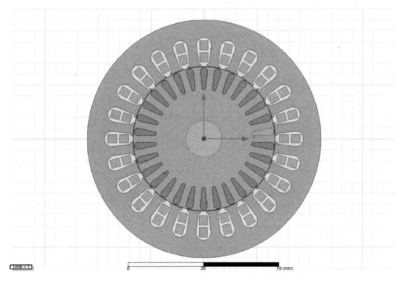

图 9-118 生成的 Maxwell 2D 模型

由 RMxprt 直接生成的 Maxwell 2D 模型中包含外电路模型，双击工程管理栏中的 **MaxCir1**，即可弹出如图 9-119 所示的外电路模型。双击外电路模型中的各元件，在弹出的对话框中可修改各元件的参数。

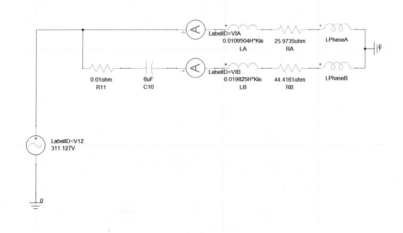

图 9-119 外电路模型

（1）空载仿真　对单相异步电动机进行瞬态场下的空载仿真时，需要设置 Model 项下 Motion Setup1 中的参数。双击 Motion Setup1 后，在出现的对话框中选择 Mechanical 选项卡，勾选 Consider Mechanical Transient 会出现以下参数：

- Initial Angular Velocity：初始角速度；
- Moment of Inertia：转动惯量；
- Damping：阻尼系数；
- Load Torque：负载转矩。

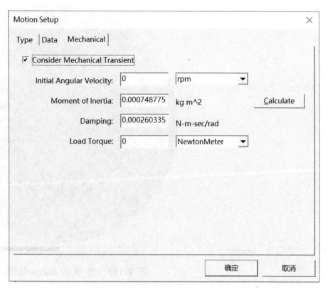

单相异步电动机
二维空载仿真

对单相异步电动机进行空载起动仿真需要将初始角速度和负载转矩设置为 0，并对转动惯量和阻尼系数进行设置，本例设置后的结果如图 9-120 所示。

双击项目管理栏中的 Setup1 对求解过程的 Stop time（仿真时间）、Time step（仿真步长）进行设置。设置完成后单击工具栏中 Simulation 的 Validate 按钮对模型进行检查，检查正确后用鼠标右键单击工程管理栏中的 Setup1，选择 Analyze 对模型进行仿真。仿真完成后可双击工程管理栏中 Results 项下的各种结果进行查看。

单相异步电动机空载起动转速曲线如图 9-121 所示，空载起动转矩曲线如图 9-122 所示，空载起动电流曲线如图 9-123 所示，空载反电动势曲线如图 9-124 所示，空载磁力线如图 9-125 所示。

图 9-120　空载设置

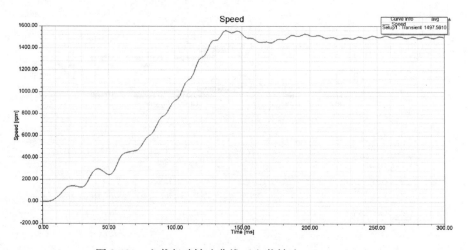

图 9-121　空载起动转速曲线（空载转速 1497.6r/min）

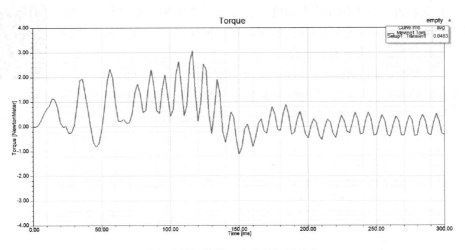

图 9-122　空载起动转矩曲线（空载转矩平均值 0.048N·m）

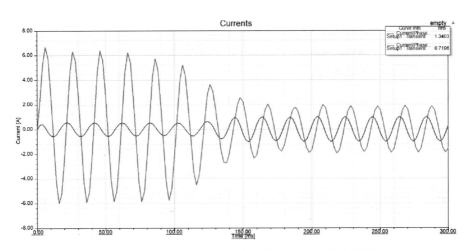

图 9-123　空载起动电流曲线（A 相有效值 1.34A，B 相有效值 0.72A）

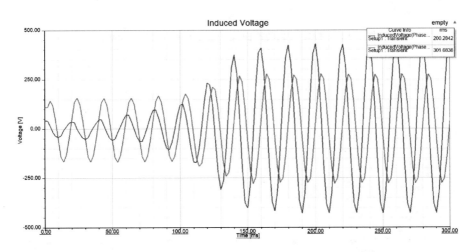

图 9-124　空载反电动势曲线（A 相有效值 200.28V，B 相有效值 301.68V）

（2）负载仿真　对单相异步电动机进行瞬态场下的额定负载仿真只需要将 Model 项下 MotionSetup1 打开的对话框中的 Mechanical 选项卡的参数设置为额定参数即可，如图 9-126 所示。

单相异步电动机
二维负载仿真

额定负载设置完成后对模型进行仿真，仿真完成后可在 Results 项下查看不同曲线的仿真结果。图 9-127 为额定负载转速曲线。图 9-128 为额定负载转矩曲线。图 9-129 为额定负载电流曲线。图 9-130 为额定负载反电动势曲线。

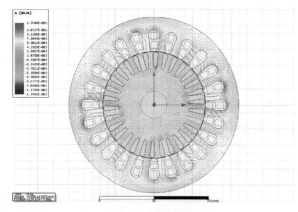

图 9-125　空载磁力线

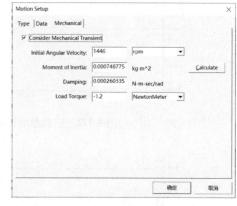

图 9-126　额定负载设置

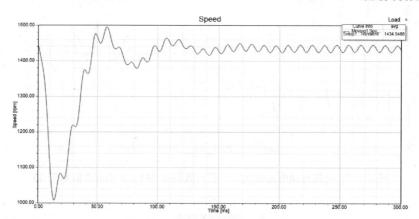

图 9-127　额定负载转速曲线（额定转速 1434.9r/min）

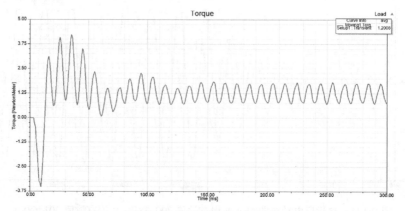

图 9-128　额定负载转矩曲线（额定转矩 1.20N·m）

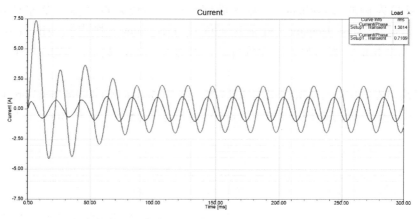

图 9-129　额定负载电流曲线（A 相额定电流 1.38A，B 相额定电流 0.72A）

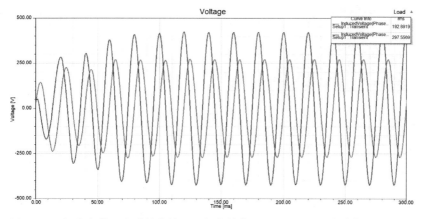

图 9-130　额定负载反电动势曲线（A 相有效值 192.89V，B 相有效值 297.56V）

（3）铁耗仿真　在 Maxwell 2D 中打开硅钢片材料属性设置对话框，如图 9-131 所示，在对话框底部下拉菜单中选择 Core Loss at One Frequency 后弹出如图 9-132 所示的损耗曲线设置对话框。

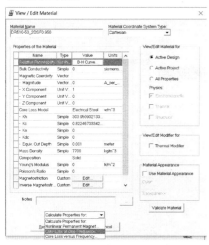

图 9-131　硅钢片属性设置

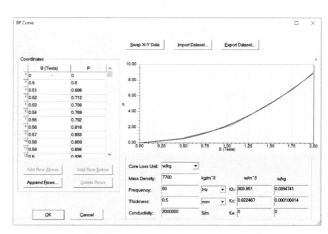

图 9-132　损耗曲线对话框

在图 9-132 左侧的 Coordinates 下输入硅钢片损耗曲线各点坐标。设置 Core Loss Unit（铁心损耗单位）、Mass Density（硅钢片密度）、Frequency（频率）、Thickness（厚度）、Conductivity（电导率）等参数后软件将自动计算出 Kh 和 Kc 数值。单击"OK"按钮完成设置。

在电机模型界面用鼠标右键单击空白区域，选择 Assign Excitation/Set Core Loss 项，如图 9-133 所示。在弹出的如图 9-134 所示的对话框中勾选 Stator 和 Rotor 后单击"确定"按钮。

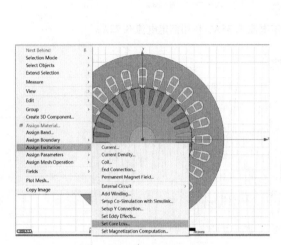

图 9-133　铁心损耗设置

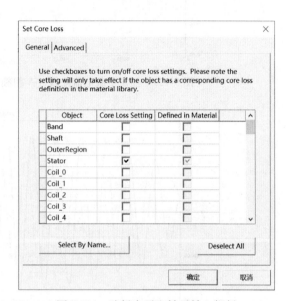

图 9-134　选择定子和转子铁心损耗

仿真完成后，在曲线生成对话框中选择 Loss/Core Loss 项，如图 9-135 所示，单击"New Report"按钮后可生成如图 9-136 所示的定、转子铁心损耗曲线。

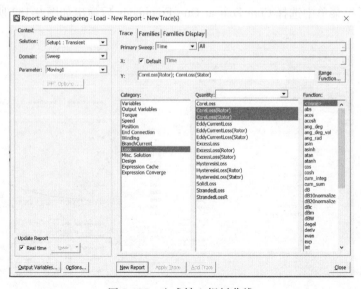

图 9-135　生成铁心损耗曲线

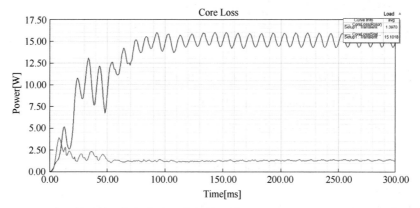

图 9-136 定、转子铁心损耗曲线（转子铁心损耗 1.397W，定子铁心损耗 15.10W）

9.3.3 永磁直流电动机仿真教程

1. RMxprt 仿真

永磁直流电动机参数见表 9-6。

永磁直流电动机
RM 建模与求解

表 9-6 电动机参数

参数名称	参数值	参数名称	参数值
额定功率(P_2)	0.5kW	额定电压(U_N)	90V
极对数(p)	1	额定转速(n)	1700r/min
电枢槽数	15	绕组形式	单叠绕组

电枢冲片尺寸及定子尺寸如图 9-137 和图 9-138 所示。

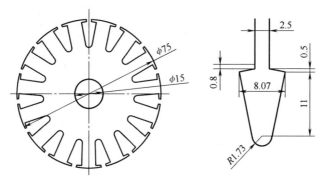

图 9-137 电枢（转子）冲片尺寸图

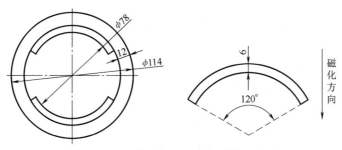

图 9-138 机座（定子）和永磁体尺寸图

（1）建立 RMxprt 仿真工程　单击工具栏中的  按钮创建新的工程文件，再单击按钮选择插入 RMxprt 工程后，系统自动弹出如图 9-139 所示的选择仿真电机类型的对话框。对于永磁直流电动机的仿真，需选择 Permanent-Maqnet DC Motor 选项。单击"OK"按钮后进入设计界面。

（2）设置参数　RMxprt 工程文件创建后，在 Project Manager 工程管理栏中对 Machine、Stator、Rotor 等项进行参数设定。

1）Machine 项设置。用鼠标双击工程管理栏中的 Machine 选项后，弹出图 9-140 所示的对话框。图 9-140 中各参数介绍如下：

- Machine Type：当前仿真的电机类型；
- Number of Poles：电机极数；
- Frictional Loss：电机的机械损耗；
- Windage Loss：电机的风摩损耗；
- Reference Speed：电机的参考速度。

根据设计将上述参数设置完成后，单击"确定"按钮即可保存设置。

图 9-139　RMxprt 选择仿真电机类型

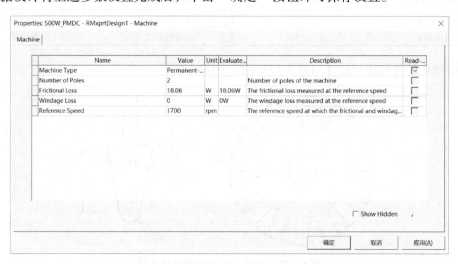

图 9-140　Machine 项设置内容

2）Stator 项设置。双击 Stator 项后系统自动弹出如图 9-141 所示的对话框，其中各参数介绍如下：

- Outer Diameter：电机定子外径；
- Inner Diameter：电机定子内径；
- Length：电机定子轴向长度；
- Stacking Factor：电机定子铁心叠压系数；
- Steel Type：电机定子铁心冲片材料，可选择系统自带材料或自行添加所需材料。

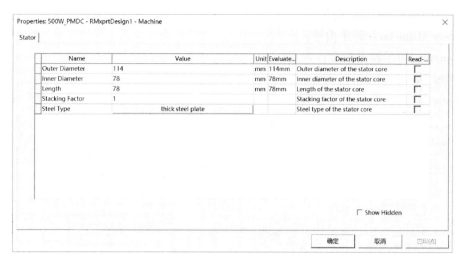

图 9-141　Stator 项设置内容

3）Stator Pole 项设置。双击 Pole 项后弹出如图 9-142 所示的对话框，其中各参数介绍如下：

- Embrace：永磁体极弧系数；
- Offset：极弧中心与定子中心偏移距离，设置 0 为均匀气隙；
- Magnet Type：永磁体材料；
- Magnet Length：永磁体轴向长度；
- Magnet Thickness：永磁体厚度。

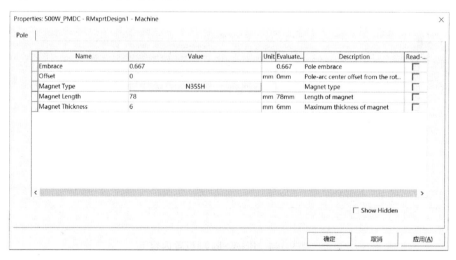

图 9-142　Stator Pole 项设置内容

4）Rotor 项设置。双击 Rotor 项会弹出如图 9-143 所示的对话框，其中各参数介绍如下：

- Stacking Factor：转子铁心冲片叠压系数；
- Number of Slots：转子槽数；
- Slot Type：转子槽形，用户可根据需求选择 RMxprt 中预置的槽形，也可勾选 User Defined Slot 项对槽形进行自定义；

- Outer Diameter：转子外径；
- Inner Diameter：转子内径；
- Length：转子轴向长度；
- Steel Type：转子冲片材料；
- Skew Width：转子斜槽宽度。

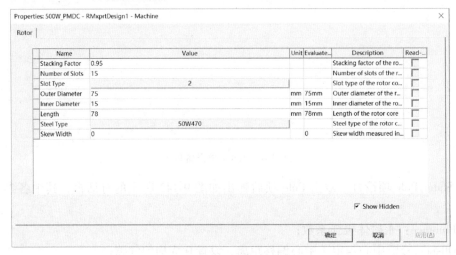

图 9-143　Rotor 项设置内容

5）Rotor Slot 项设置。根据电机转子槽形在图 9-144 所示的对话框中输入相应参数。

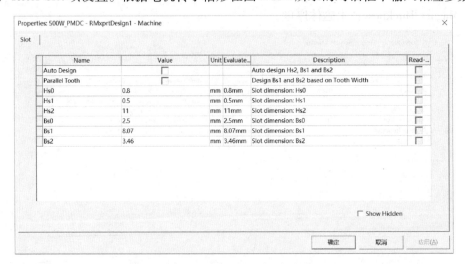

图 9-144　Rotor Slot 项设置内容

6）Rotor Winding 项设置。双击 Winding 项会弹出如图 9-145 所示的绕组设置对话框，其中各参数介绍如下：

- Winding Type：绕组匝间连接方式，RMxprt 中预置了两种种连接方式，其中 Lap 为叠绕组，Wave 为波绕组；
- Multiplex Number：支路数量；
- Virtual Slots：虚槽数；

- Conductors per Slot：每槽导体数；
- Coil Pitch：节距，以虚槽数为单位；
- Number of Strands：每匝线圈的并绕根数；
- Wire Wrap：漆包线双边漆绝缘厚度；
- Wire Size：导线线规。

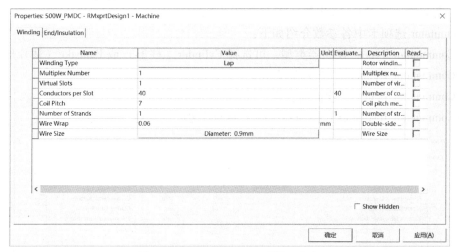

图 9-145　Rotor Winding 项设置内容

单击图 9-145 左上方的 End/Insulation 选项卡，会出现如图 9-146 所示的设置绕组端部和槽绝缘参数的对话框，其中各参数介绍如下：

- Input Half-turn Length：设定半匝长度，该选项被勾选后会出现半匝长度输入框，用户可手动输入半匝长度；
- End Adjustment：端部长度调整；
- Base Inner Radius、Tip Inner Diameter、End Clearance：分别为端部底角内半径、线圈端部内径、两个相邻线圈之间的端部间隙，均为绕组端部限定尺寸，用户可不必进行设置，RMxprt 会自动进行计算；

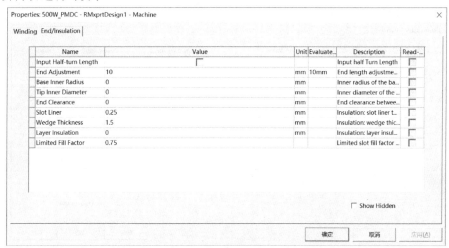

图 9-146　绕组端部及槽绝缘设置内容

- Slot Liner：槽绝缘厚度；
- Wedge Thickness：槽楔厚度；
- Layer Insulation：层间绝缘厚度；
- Limited Fill Factor：定子最高槽满率，当绕组线规选择自动设计时用于限制槽满率。

7）Commutator 项设置。双击 Commutator 项会弹出如图 9-147 所示的对话框，可对 Commutator（换向器）和 Brush（电刷）参数进行设置。

Commutator 选项卡中各参数介绍如下：

- Commutator Type：换向器类型，可选择 Cylinder（柱形）或 Pancake（薄片形）；
- Commutator Diameter：换向器直径；
- Commutator Length：换向器长度；
- Commutator Insulation：换向器中两个换向片之间的绝缘厚度。

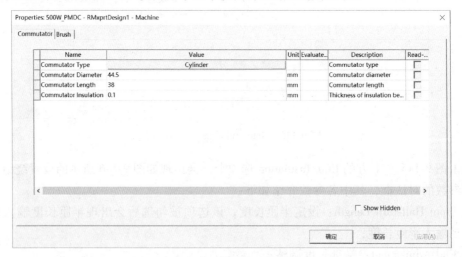

图 9-147　换向器设置内容

Brush 选项卡如图 9-148 所示，其中各参数介绍如下：

- Brush Width：电刷宽度；

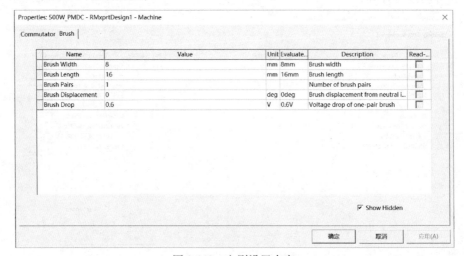

图 9-148　电刷设置内容

- Brush Length：电刷长度；
- Brush Pairs：电刷对数；
- Brush Displacement：电刷相对中性线偏移的机械角度，正数为与转子转向相反的偏移方向；
- Brush Drop：每对电刷的电压降。

8）Shaft 项设置。双击 Shaft 项会弹出如图 9-149 所示的对话框，其中参数介绍如下：

- Magnetic Shaft：设置转轴是否导磁。

图 9-149　Shaft 项设置内容

至此，样机模型的所有 RMxprt 参数全部设置完成。电机模型截面图如图 9-150 所示。

（3）添加求解设置　在工程管理栏中用鼠标右键单击 Analysis 项后选择 Add solution Set-up。在弹出的对话框中设置电机参数。图 9-151 中的 General 选项卡中各参数介绍如下：

- Operation Type：运行状态，系统默认为电动机状态；
- Load Type：负载类型，可选择恒功率负载、恒转速负载、恒转矩负载、线性转矩负载和风扇类负载；

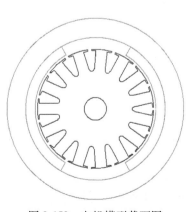

图 9-150　电机模型截面图

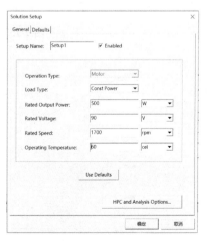

图 9-151　求解设置

- Rated Output Power：额定输出功率；
- Rated Voltage：额定电压；
- Rated Speed：额定转速；
- Operating Temperature：工作温度。

（4）求解及结果查看　上述过程全部完成后即可对模型进行求解。单击工具栏中的

Simulation，再单击 Simulation 中的 Validate 按钮对模型进行检测。模型检测正确后，单击 Simulation 中的 Analyze All 按钮对模型进行求解。求解完成后用鼠标右键单击工程管理栏中的 Results，选择 Solution Data 查看求解结果如图 9-152 所示。其中 Performance 选项卡中包含电机的各种性能参数，Design Sheet 选项卡中包含所有输入数据和计算结果，Curves 选项卡中包含电机主要的性能曲线。电机的机械特性曲线如图 9-153 所示，转速-输入电流曲线如图 9-154 所示，齿槽转矩曲线如图 9-155 所示，气隙磁通密度曲线如图 9-156 所示。

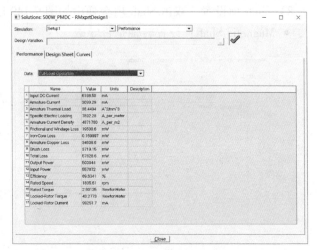

图 9-152　求解结果对话框

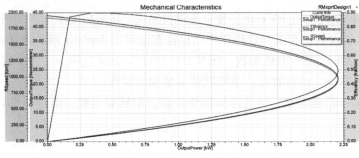

图 9-153　机械特性曲线

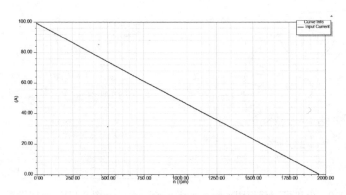

图 9-154　转速-输入电流曲线

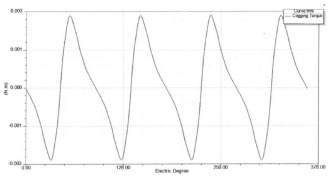

图 9-155　齿槽转矩曲线

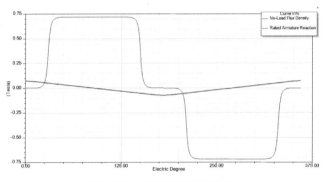

图 9-156　气隙磁通密度曲线

2. Maxwell 2D 仿真

在 RMxprt 工程中，用鼠标右键单击工程管理栏中 Analysis 下的 Setup，选择 Create Max-well Design 后，会弹出如图 9-157 所示的对话框，选择生成 Maxwell 2D 模型。

生成的 Maxwell 2D 模型如图 9-158 所示。

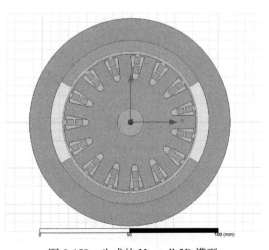

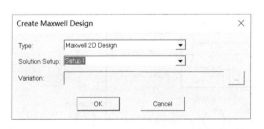

图 9-157　RMxprt 一键生成 Maxwell 模型对话框　　　　图 9-158　生成的 Maxwell 2D 模型

由 RMxprt 直接生成的 Maxwell 2D 模型中包含外电路模型，双击工程管理栏中的 **MaxCir1**，即可弹出如图 9-159 所示的外电路模型。双击外电路模型中的各元件，在弹出的对话框中可修改各元件的参数。

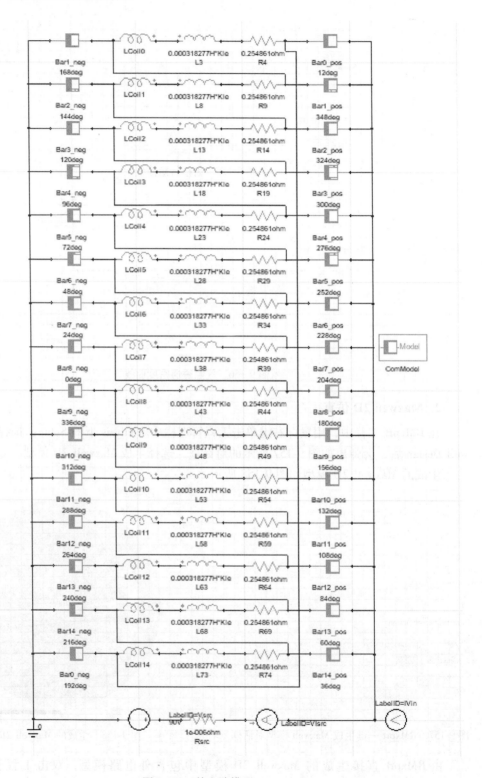

图 9-159　外电路模型

（1）空载仿真　对永磁直流电动机进行瞬态场下的空载仿真时，需要设置 Model 项中 MotionSetup1 的参数。双击 MotionSetup1 后，在出现的对话框中选择 Mechanical 选项卡，勾选 Consider Mechanical Transient 会出现以下参数：

永磁直流电动机
二维空载仿真

- Initial Angular Velocity：初始角速度；
- Moment of Inertia：转动惯量；
- Damping：阻尼系数；
- Load Torque：负载转矩。

对永磁直流电动机进行空载起动仿真需要将初始角速度和负载转矩设置为 0，并对转动惯量和阻尼系数进行设置，本例设置后的结果如图 9-160 所示。

双击项目管理栏中的 Setup1 对求解过程的 Stop time（仿真时间）、Time step（仿真步长）进行设置。设置完成后单击工具栏中的 Simulation 项中的 Validate 按钮对模型进行检查，检查正确后用鼠标右键单击工程管理栏中的 Setup1，选择 Analyze 对模型进行仿真。仿真完成后可双击工程管理栏中 Results 项下的各种结果进行查看。

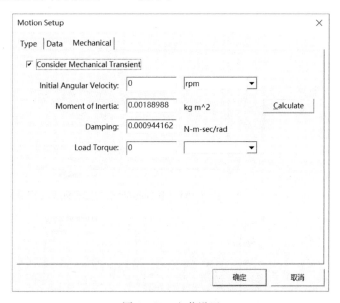

图 9-160　空载设置

永磁直流电动机空载起动转速曲线如图 9-161 所示，空载起动转矩曲线如图 9-162 所示，空载起动输入电流曲线如图 9-163 所示，单线圈空载反电动势曲线如图 9-164 所示，单线圈空载电流曲线如图 9-165 所示，空载磁力线如图 9-166 所示。

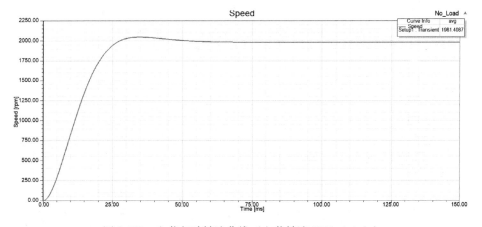

图 9-161　空载起动转速曲线（空载转速 1981.4r/min）

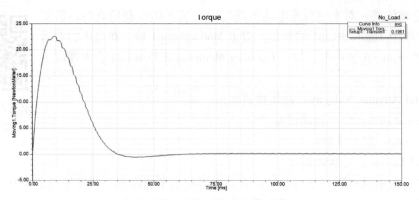

图 9-162　空载起动转矩曲线（空载转矩平均值 0.196N·m）

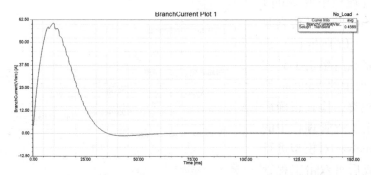

图 9-163　空载起动输入电流曲线（空载电流平均 0.46A）

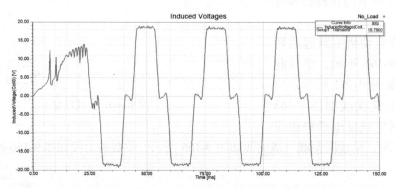

图 9-164　单线圈空载反电动势曲线（平均值 18.79V）

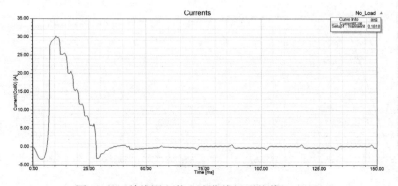

图 9-165　单线圈空载电流曲线（平均值 0.18A）

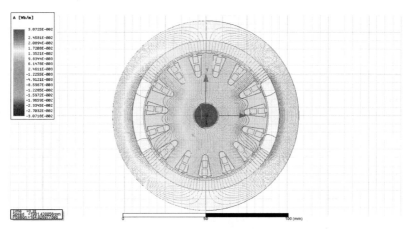

图 9-166　空载磁力线

（2）负载仿真　对永磁直流电动机进行瞬态场下的额定负载仿真只需要将 Model 项中 MotionSetup1 对应打开的对话框中 Mechanical 选项卡的参数设置为额定参数即可，转矩设定为额定转矩，转速、转动惯量和阻尼系数与空载时一样，如图 9-167 所示。

额定负载设置完成后对模型进行仿真，仿真完成后可在 Results 项下查看不同曲线的仿真结果。图 9-168 为额定负载转速曲线。图 9-169

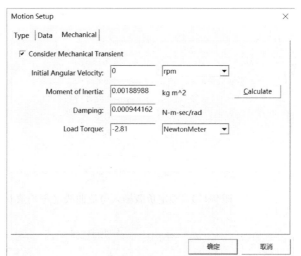

永磁直流电动机二维负载仿真

图 9-167　额定负载设置

为额定负载转矩曲线。图 9-170 为额定负载输入电流曲线。图 9-171 为额定负载单线圈电流曲线。

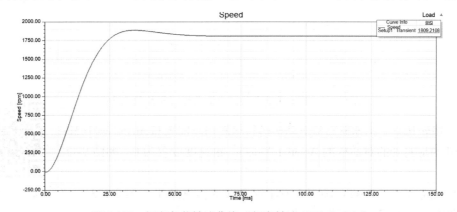

图 9-168　额定负载转速曲线（额定转速 1809.2r/min）

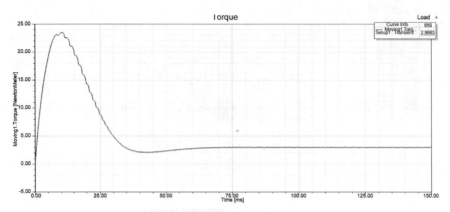

图 9-169　额定负载转矩曲线（额定转矩 2.99N·m）

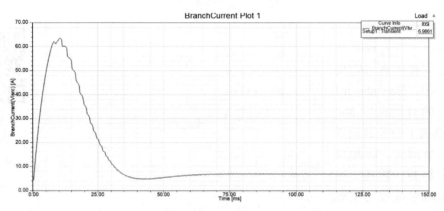

图 9-170　额定负载输入电流曲线（平均值 6.99A）

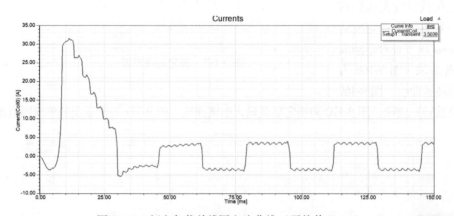

图 9-171　额定负载单线圈电流曲线（平均值 3.5A）

（3）堵转仿真　对永磁直流电动机进行堵转仿真需要将 Model 项中 Mo-tionSetup1 对应打开的对话框的 Angular Velocity 角速度设置为 0，如图 9-172 所示。

仿真完成后可在 Results 项下查看不同曲线的仿真结果。图 9-173 为堵转转矩曲线。图 9-174 为堵转电流曲线。

永磁直流电动机
二维堵转仿真

图 9-172 堵转仿真设置

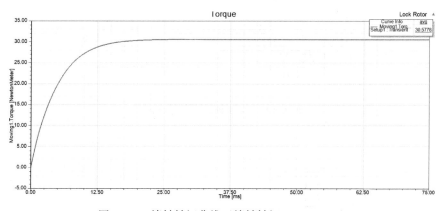

图 9-173 堵转转矩曲线（堵转转矩 30.58N·m）

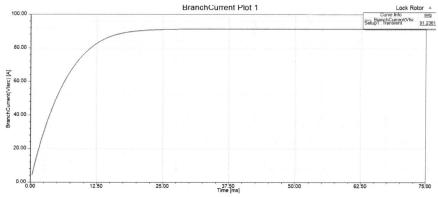

图 9-174 堵转电流曲线（堵转电流 91.2A）

9.3.4 永磁同步电动机仿真教程

1. Maxwell 2D 建模

永磁同步电动机参数见表 9-7。

永磁同步电动机
二维建模

表 9-7　电动机参数

参数名称	参数值	参数名称	参数值
额定功率(P_2)	4kW	额定电压(U_N)	360V
极对数(p)	3	额定转速(n)	530r/min
定子槽数	36	绕组形式	双层叠绕
额定频率(f)	26.5Hz	定子接法	星形联结

定子铁心冲片尺寸如图 9-175 所示，转子铁心冲片、永磁体尺寸如图 9-176 所示。

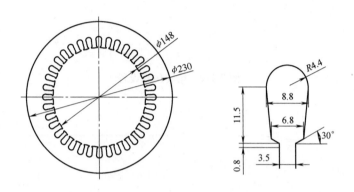

图 9-175　定子铁心冲片尺寸图

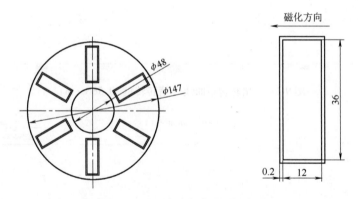

图 9-176　转子铁心冲片和永磁体尺寸图

Maxwell 的 2D 有限元仿真能够精确地计算电机的静态或动态性能，也能够更精确地考虑电机的饱和效应，同时也支持模型的导入与导出。虽然 RMxprt 支持一键生成 Maxwell 的 2D/3D 模型，但 RMxprt 生成的模型往往与用户需求的模型有差异，因此常常需要在 Maxwell 2D 中直接建立电机模型。

（1）几何模型的绘制　首先设置几何模型的绘制单位，单击菜单栏中的 Modeler/Units 项，选择绘制单位，如图 9-177 所示。

1）定子模型绘制。

• 定子槽截面绘制。在工具栏中单击 ＼ 按钮，在窗口最下方的坐标栏中依次输入定子槽各点坐标，如图 9-178 所示。其中坐标输入框右侧的下拉菜单可选择设置的坐标点是 Absolute（绝

图 9-177　绘制单位设置

对值）或者 Relative（相对值），也可以设置坐标系是 Cartesian（笛卡儿坐标系）、Cylindrical（圆柱坐标系）或 Spherical（球坐标系）。

图 9-178　坐标输入示意图

输入第一点坐标（1.75，73.979，0）回车，输入第二点坐标（1.75，74.779，0）回车，输入第三点坐标（3.4，75.732，0）回车，输入第四点坐标（4.4，86.279，0）两次回车后即可完成如图 9-179 所示的半边槽线段绘制。

在绘图区域单击选中 Polyline1 线段，单击工具栏中的 按钮，在坐标栏中输入坐标（0，0，0）回车，再输入坐标（1，0，0）回车后可将 Polyline1 线段关于 Y 轴进行对称，得到如图 9-180 所示的槽线段。

单击工具栏中的 按钮，在坐标栏中输入坐标（0，86.279，0）回车，再输入坐标（-4.4，86.279，0）回车，最后输入坐标（4.4，86.279，0）两次回车后可画出槽底圆弧部分。类似操作画出槽口圆弧部分后即完成完整的槽型绘制，如图 9-181 所示。

图 9-179　半边槽线段

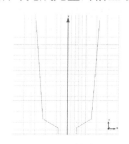

图 9-180　槽线段

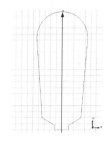

图 9-181　完整槽型

在绘图区选中上述所有线段后，单击工具栏中的 按钮，将所选择的线段连接成一条线段 Ployline1。再选择 Ployline1，单击鼠标右键后选择 Edit/Surface/Cover Lines，生成定子槽截面。将 Ployline1 重命名为 Stator Slot。

选择 Stator Slot 面单击工具栏中的 按钮对 Stator Slot 面进行圆周阵列设置，在弹出的如图 9-182 所示的对话框中选择阵列中心轴线、阵列角度和阵列份数。阵列设置完成后的模型如图 9-183 所示。

图 9-182　圆周阵列设置

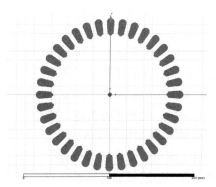

图 9-183　阵列设置完成后的模型

● 定子铁心绘制。单击工具栏中的 ○ 按钮，在坐标栏中输入坐标（0，0，0）回车，再输入坐标（0，74，0）两次回车绘制出定子内径圆 Circle1。双击属性栏中 Model/Lines/Circle1 中的 CreateCircle，在弹出的如图 9-184 所示的对话框中设置 Number of Segments（圆周分段数）为 360，这是因为定子内圆与气隙接触，为了气隙剖分密集，因此定子内圆分段数需要设置得较大。

图 9-184　设置圆周分段数

同理，单击工具栏中的 ○ 按钮，在坐标栏中输入坐标（0，0，0）回车，再输入坐标（0，115，0）两次回车绘制出定子外径圆 Circle2。

在绘图区同时选择 Circle1 和 Circle2 圆线，单击鼠标右键后选择 Edit/Surface/Cover Lines，生成两个圆面 Circle1 和 Circle2。选择两个圆面 Circle1 和 Circle2 后单击工具栏中的 □ 按钮，在弹出的如图 9-185 所示的对话框中对两个圆面进行布尔减法操作后可得到如图 9-186 所示的定子圆环。

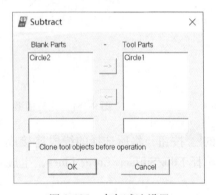

图 9-185　布尔减法设置

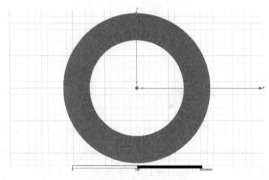

图 9-186　定子圆环模型

同理，同时选择定子圆环和 36 个槽截面后进行布尔减法操作后即可得到如图 9-187 所示的定子铁心模型，并将其重命名为 Stator。

2）电机其他部分的绘制　转子铁心、转轴、永磁体和定子槽内绕组的绘制方法与定子冲片的绘制方法大同小异，此处不再赘述，绘制好的电机模型如图 9-188 所示。模型绘制完成后需要将各部分进行重命名，方便后续添加材料属性和激励。

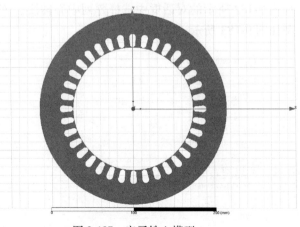

图 9-187　定子铁心模型

3）运动边界及内、外求解区域绘制。

● 运动边界绘制。单击工具栏中的○按钮，在坐标栏中输入坐标（0，0，0）回车，再输入坐标（0，73.75，0）两次回车在定子内径和转子外径中心位置画圆线，选择所画的圆线，将 Number of Segments 设置为360。单击鼠标右键后选择 Edit/Surface/Cover Lines，生成圆面，将其命名为 Band。

● 内求解区域绘制。内求解区

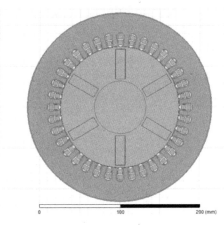

图 9-188　绘制完成后的电机模型

域将气隙内径以内的区域包围起来，对提高网格剖分质量和加快计算速度有所帮助，但也可以不设置此区域。单击工具栏中的○按钮，在坐标栏中输入坐标（0，0，0）回车，再输入坐标（0，73.5，0）两次回车在转子外径处画圆线，选择所画的圆线，将 Number of Segments 设置为360。单击鼠标右键后选择 Edit/Surface/Cover Lines，生成圆面，将其命名为 InnerRegion。

● 外求解区域绘制。外求解区域将电机定子外径之内的全部区域包围起来，可以对未设置剖分区域的部分进行剖分，如槽内空气部分。单击工具栏中的○按钮，在坐标栏中输入坐标（0，0，0）回车，再输入坐标（0，115，0）两次回车在定子外径处画圆线，选择所画的圆线，将 Number of Segments 设置为36，与槽数一致即可。单击鼠标右键后选择 Edit/Surface/Cover Lines，生成圆面，将其命名为 OuterRegion。

至此，永磁同步电机的几何模型全部绘制完毕。

（2）电动机材料属性设置　算例中的永磁同步电动机各部位材料见表9-8。

表9-8　电动机各部位材料

电动机部位	材料	电动机部位	材料
定子铁心	50W470 硅钢片	转轴	空气
转子铁心	50W470 硅钢片	运动区域	空气
定子绕组	铜	内求解区域	空气
永磁体	NdFeB	外求解区域	空气

1）设置定、转子铁心材料。在属性栏中选择定、转子铁心后单击鼠标右键，选择 Edit/Properties 后弹出如图 9-189 所示的对话框。在 Material 项中选择 Edit 后弹出如图 9-190 所示的材料设置对话框，单击对话框底部的 "Add Material" 按钮后弹出如图 9-191 所示的对话框，其中可设置电机定、转子铁心材料属性。将 Relative Permeability 后的下拉菜单选择为 Nonlinear，单击 B-H Curve 按钮，将出现如图 9-192 所示的 B-H 曲线设置对话框，在对话框左侧的数据栏中输入相应的 B-H 值后单击 "OK" 按钮即可完成定、转子铁心硅钢片材料的设置。

图 9-189　属性设置

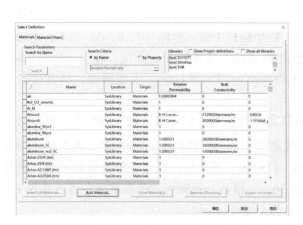

图 9-190　材料设置

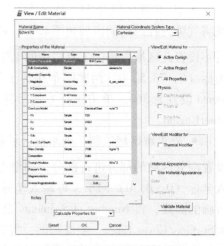

图 9-191　50W470 材料设置

2）设置定子导体材料。在属性栏中选择全部定子导体后单击鼠标右键，选择 Edit/Properties 后弹出属性设置对话框。在 Material 项中选择 Edit 后弹出材料设置对话框，选择［sys］RMxprt 材料库中的 cooper_75C 材料后单击"确定"按钮即可完成定子导体的材料设置。

3）设置永磁体材料及相对坐标系。在属性栏中选择全部永磁体后单击鼠标右键，选择 Edit/Properties 后弹出属性设置对话框。在 Material 项中选择 Edit 后弹出材料设置对

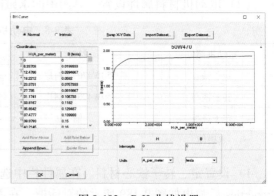

图 9-192　B-H 曲线设置

话框，单击对话框底部的"Add Material"按钮后再单击弹出的对话框底部下拉菜单中的 Permanent Magnet 项，如图 9-193 所示。并在弹出的对话框中输入永磁体工作温度下的剩磁和矫顽力参数，如图 9-194 所示。

由于算例中的永磁同步电动机为内置切向式转子结构，因此在 Maxwell 2D 中需要对每

图 9-193　永磁体材料设置

图 9-194　永磁体剩磁及矫顽力参数设置

块永磁体设置相对坐标系来保证永磁体的充磁方向。单击工具栏中的 按钮右侧的下拉菜单，选择 Both 选项，以永磁体充磁方向边上的一角作为参考坐标系的原点，再单击永磁体充磁方向边上的另一角作为参考坐标系 X 轴的正方向，如图 9-195 所示。同理，在其他永磁体分别建立相应的参考坐标系。建立完参考坐标系后分别打开每块永磁体的属性设置对话框，在 Orientation 项后的下拉菜单中分别设置对应的参考坐标系，如图 9-196 所示。

图 9-195　建立参考坐标系

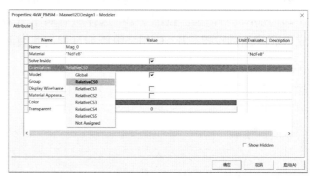

图 9-196　设置永磁体的参考坐标系

4）设置转轴、运动区域、内外求解区域材料。转轴、运动区域和内外求解区域材料均为空气，只需要分别打开每个部分的属性设置对话框，将 Material 项设置为 "vacuum" 即可。

（3）定子绕组设置　本算例中电机的极对数 $p=3$，定子槽数 $Z=36$，绕组跨距 $y=5$，则电机的绕组接线如图 9-197 所示。其中 A、B、C 表示线圈的首端，−A、−B、−C 为线圈的尾端。

根据图 9-197 选中所有线圈首端，如图 9-198 所示，单击鼠标右键后选择 Assign Excitation/Coil，将 Number of Conductors（线圈匝数）设置为 16，并将 Polarity（参考极性）设置为 Positive，如图 9-199 所示。同理将所有线圈尾端选中后，单击

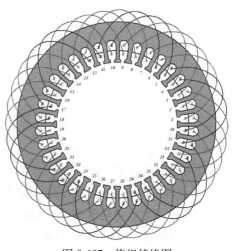

图 9-197　绕组接线图

鼠标右键后选择 Assign Excitation/Coil，将 Number of Conductors 设置为 16，并将 Polarity 设置为 Negative。此时，工程管理栏中 Excitations 项下出现所有定子导体。

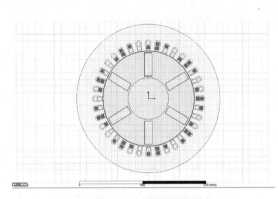

图 9-198　选择线圈首端

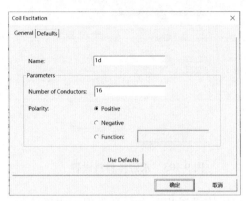

图 9-199　设置导体匝数和极性

在工程管理栏中用鼠标右键单击 Excitation 项，选择 Add Winding，弹出如图 9-200 所示的对话框，在对话框中可以对绕组进行设置。其中 Type 项中可以添加激励类型，Solid 为实体线圈，Stranded 为多匝线圈。最后 Number of parallel branches 为线圈的并联支路数。

在工程管理栏中用鼠标右键单击上述添加的绕组 Phase A，选择 Add Coils 后弹出图 9-201 所示的对话框。按图 9-197 选择所有属于 A 相绕组的导体后单击 "OK" 按钮即可完成 A 相绕组的设置。B、C 相绕组添加过程与此类似，此处不再赘述。

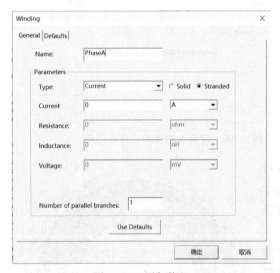

图 9-200　添加绕组

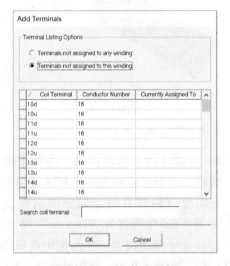

图 9-201　A 相绕组添加

（4）运动部分及边界条件设置

1）运动部分设置。在属性栏中选择 Band，单击鼠标右键选择 Assign Band，在弹出的对话框中的 Type 选项卡中将 Motion Type 中的选项选为 Rotation，将 Mechanical 选项卡中的 Angular Velocity 设置为电机转速为 530rpm，如图 9-202 所示。

在工程管理栏中，用鼠标右键单击 Model 项，选择 Set Model Depth，在弹出的对话框中设置电机轴向长度，如图 9-203 所示。

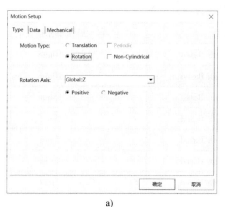

图 9-202　运动选项设置

2）边界条件设置。由于本例中的电机模型为全模，因此只需要设置一个定子外径上的 0 矢量边界。在绘图区单击鼠标右键选择 Select Objects/Edges 后，单击鼠标左键选择定子外径圆，再单击鼠标右键选择 Assign Boundary/Vector Potential 后弹出如图 9-204 所示的对话框，将 Value 值设置为 0 后单击 "OK" 按钮即可生成定子外圆上的 0 矢量边界。

图 9-203　设置电机轴向长度

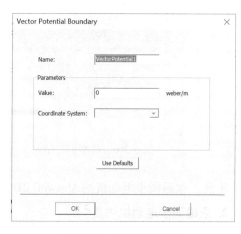

图 9-204　边界条件设置

（5）剖分设置　本例中选择最常用的 In Selection/Length Based 剖分方式。首先选择模型的某一部分，单击鼠标右键后选择 Assign Mesh Operation/In Selection/Length Based 后弹出如图 9-205 所示的对话框，在对话框中可以修改 Name（剖分名称）和 Set maximum element length（最大单元边长）。本例中电动机各部分剖分设置见表 9-9。

模型剖分结果如图 9-206 所示。

（6）求解设置　在工程管理栏中用鼠标右键单击 Analysis 项，选择 Add Solution Setup 后弹出如图 9-207 所示的对话框，在对话框中输入求解名称、计算时长和计算步长后即可完成求解设置。

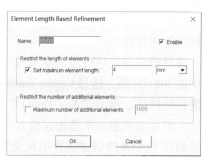

图 9-205　剖分设置

表 9-9   电动机各部分剖分设置

电动机部位	剖分模式	最大单元格长度
定子铁心 Stator	In Selection/Length Based	10mm
转子铁心 Rotor	In Selection/Length Based	10mm
转轴 Shaft	In Selection/Length Based	15mm
绕组 Coil	In Selection/Length Based	5mm
永磁体 Mag	In Selection/Length Based	5mm
运动区域 Band	In Selection/Length Based	1mm
外求解区域 OuterRegion	In Selection/Length Based	1mm
内求解区域 InnerRegion	In Selection/Length Based	10mm

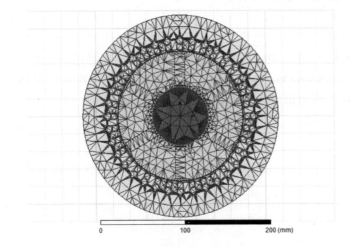

图 9-206   模型剖分结果   图 9-207   添加求解设置

至此，永磁同步电动机的 Maxwell 2D 模型全部建立完成。

2. 永磁同步电动机仿真

（1）空载仿真

1）空载反电动势和空载磁力线。对永磁同步电动机进行空载仿真时，
需要将 Excitations 项下的三相激励设置为 0，双击 PhaseA 后弹出激励设置
对话框。将 Type 项修改为 Current，Current 项数值设置为 0。修改后的激励
对话框如图 9-208 所示。对 PhaseB 和 PhaseC 选项进行相同的操作后即完成
空载激励的设置。

永磁同步电
动机二维
空载仿真

激励设置完成后可添加空载反电动势结果，用鼠标右键单击工程管理
栏中的 Results 项，选择 Create Transient Report/Rectangular Plot 后弹出对话框，如图 9-209 所
示进行选择后，单击"New Report"按钮完成设置。

空载反电动势结果添加完成后可添加电机空载时磁力线和磁感应强度的云图。在电机模
型界面按 Ctrl+A 快捷键选择电机全部模型后用鼠标右键单击空白区域，选择 Fields/A/Flux_
Lines 添加磁力线云图，如图 9-210 所示。同理选择 Fields/B/Mag_B 添加磁感应强度云图。

图 9-208　空载激励设置

图 9-209　空载反电动势结果添加

在弹出的如图 9-211 所示的对话框中的 In Volume 栏中选择要显示磁力线的部位，若想显示电机全部部分的磁力线云图，则选择 AllObjects。

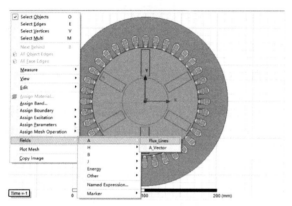

图 9-210　空载磁力线结果添加

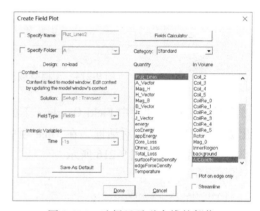

图 9-211　选择显示磁力线的部位

全部结果添加完成后可双击项目管理栏中的 Setup1 对求解过程进行设置，弹出如图 9-212 所示的对话框，其中 Stop time 为仿真时间，Time step 为仿真步长。

单击上方 Save Fields 选项卡可对场计算的保存结果进行设置，如图 9-213 所示，其中

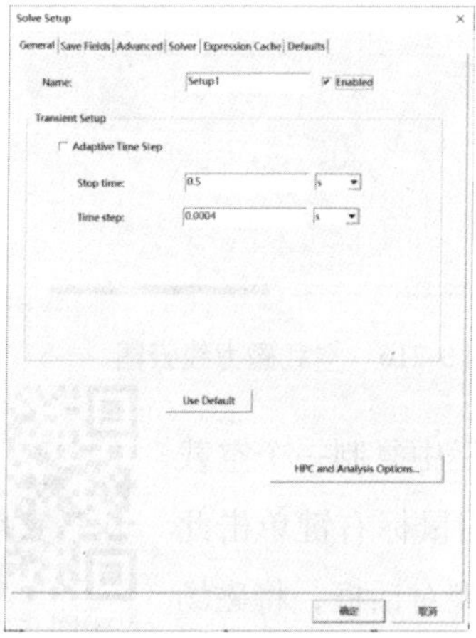

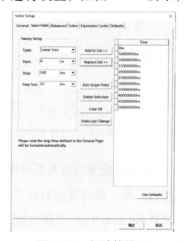

图 9-212　求解过程设置

图 9-213　场计算设置

Start 为场计算的开始时间，Stop 为场计算的停止时间，Step Size 为场计算的步长，设置完成后单击"Add to List"按钮即可添加到时间列表中，设置完成后单击"确定"按钮。

设置完成后单击工具栏中的 Simulation 选项卡中的"Validate"按钮对模型进行检查，检查正确后用鼠标右键单击工程管理栏中的 Setup1，选择 Analyze 对模型进行仿真。

仿真完成后可双击工程管理栏中 Results 项下的各种结果进行查看，图 9-214 为 A 相空载反电动势曲线。

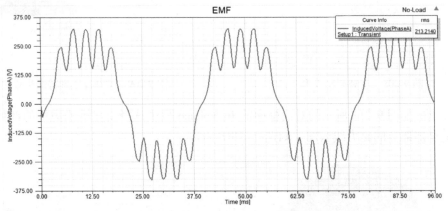

图 9-214　A 相空载反电动势曲线（有效值 213.2V）

单击工程管理栏中 Field Overlays 下的 A 项后双击模型左下角的 $\boxed{\text{Time} =\text{-}1}$ 时间按钮会弹出如图 9-215 所示的对话框，在 Time 项中可选择要显示的某时间点的场图。显示后的电机空载磁力线云图如图 9-216 所示。

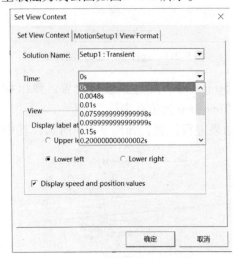

图 9-215　场图时间点选择对话框

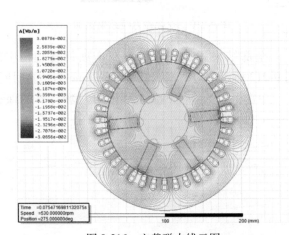

图 9-216　空载磁力线云图

2）空载气隙磁密仿真及其傅里叶分析。在工程管理栏中复制一个空载瞬态场仿真工程，并将复制后的工程重命名为 Bg_air。用鼠标右键单击此工程，选择 Solution Type 后弹出如图 9-217 所示的仿真类型对话框，将磁场仿真类型修改为 Magnetostatic（静磁场）。

永磁同步电动机
气隙磁密仿真

在工程管理栏中用鼠标右键单击 Analysis 项后选择 Add Solution Setup 后弹出如图 9-218 所示的对话框，在 General 选项卡中可设置 Maximum Number of Passes（最大迭代次数）和 Percent Error（误差要求）。在 Convergence 选项卡中可设置 Refinement per Pass（每次迭代加密比例）、Minimum Number of Passes（最小迭代次数）以及 Minimum Converged Passes（最小收敛迭代次数）。

求解设置完成后，在菜单栏中选择 Maxwell 2D/Fields/Calculator 后弹出如图 9-219 所示的场计算器对话框。

图 9-217　设置仿真类型　　　　图 9-218　静态场求解设置　　　　图 9-219　场计算器

在场计算器中输入公式 $B = B_x\cos(\phi) + B_y\sin(\phi)$。输入后的公式结果如图 9-220 所示。单击"Add"按钮后弹出公式命名对话框，将公式命名为 Bg_air，单击"OK"按钮即可完成气隙磁密公式的添加。

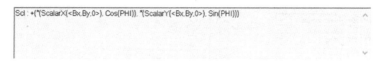

图 9-220　气隙磁密公式

单击工具栏中的 ⬭ 按钮，在气隙中心处画一个圆线，并将其重命名为 Bg，随后将对此圆线上各点处的磁密进行仿真。

右键单击 Analysis 选项下的 Setup1 项，单击 Analyze 对模型进行仿真计算。

计算完成后，在工程管理栏中用鼠标右键单击 Results 后选择 Create Fields Reports/Rectangular Plot，弹出如图 9-221 所示的对话框。在 Geometry 后的下拉菜单中选择上述所画圆线 Bg，取消 Default 项前的勾选，在后方输入框中输入 Distance * 360/2/pi/73.75（注意：73.75

图 9-221　生成气隙磁密曲线设置

为 Bg 圆线的半径)。在 Quantity 项下方选择上述输入的公式 Bg_air。单击对话框下方的"New Report"按钮后即可生成如图 9-222 所示的横坐标为电机机械角度的气隙磁密曲线。

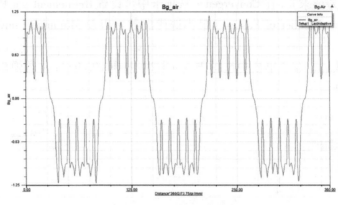

图 9-222　气隙磁密曲线

随后再生成一个完整周期的气隙磁密曲线，将其命名为 Bg_airFFT。在工程管理栏中用鼠标右键单击 Results 后选择 Perform FFT on Report，弹出如图 9-223 所示的对话框。在对话框中选择对 Bg_airFFT 曲线进行傅里叶分析，在 Apply Function To Complex Data 项后的下拉菜单中选择 mag。单击"OK"按钮后即可得到如图 9-224 所示的气隙磁密曲线的傅里叶分析结果图。

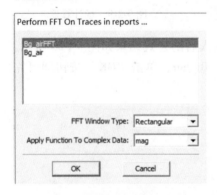

图 9-223　气隙磁密傅里叶分析设置

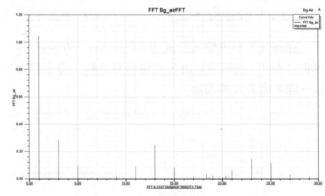

图 9-224　气隙磁密曲线傅里叶分析结果

3) 空载漏磁系数仿真。在静态场中，在永磁体与磁化方向垂直的表面画一条直线，如图 9-225 所示，在永磁体画线侧对应的气隙内画一个半个极距长的圆弧，如图 9-226 所示。

直线和圆弧画完后即可对静态场进行求解。

求解完成后，在如图 9-227 所示的场结果生成对话框中 Geometry 项后的下拉菜单中选择上述在永磁体表面所画直线 Polyline4，在 Quantity 项下选择 Mag_B，单击下方 New Report 按钮。完成后将 Geometry 选项后的下拉菜单中选择上述在气隙内所画的半个极距的圆弧 Polyline5，Quantity 选项下仍然选择 Mag_B，之后单击对话框下方的"Add Trace"按钮。之后即可生成如图 9-228 所示的两条曲线的磁感应强度曲线。

永磁同步电动机
漏磁系数仿真

图 9-225　永磁体表面画线

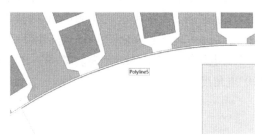

图 9-226　气隙内画半极距圆弧线

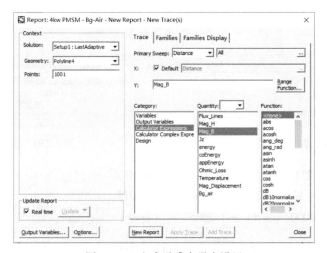

图 9-227　生成磁感应强度设置

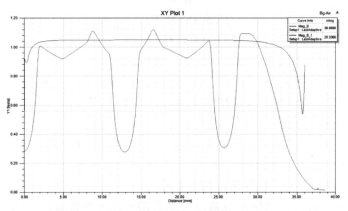

图 9-228　磁感应强度曲线（积分值 36.8/28.3）

　　在生成的曲线图中单击鼠标右键，选择 Trace Characteristics/All 后弹出如图 9-229 所示的添加曲线特性对话框。勾选 integ 项后单击对话框下方的"Add Trace Characteristics"按钮即可完成对两条曲线的积分。在图 9-228 的右上角上出现两条曲线的积分结果，分别为 36.8Wb 和 28.3Wb。用曲线 1 的积分结果除曲线 2 的积分结果即可求得算例电机的漏磁系数

$$\sigma_0 = \frac{36.8}{28.3} = 1.30。$$

永磁同步电动机
二维负载仿真

（2）负载仿真　对永磁同步电机进行负载仿真需要添加电压源激励，激励添加如图 9-230 所示。本例中 A 相激励 Voltage 中的值为 293.939 ∗ sin（2 ∗ pi ∗ 26.5 ∗ time＋26.65 ∗ pi/180），其中 293.939 为相电压幅值，26.5 为电压源频率，26.65 为转矩角。B 相和 C 相激励依次与 A 相相差 120°电角度。

图 9-229　添加曲线特性

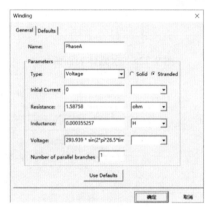

图 9-230　激励设置

负载设置如图 9-231 所示。其中，Load Torque 中需添加恒功率负载的转矩函数 if（speed < 55.5015, -1.29853 ∗ speed, -4000/speed）- 1.29853 ∗ （speed - 55.5015）∗ 10，式中，$55.5015 = \frac{2 \times \pi \times 530}{60}$ 为转子角速度，4000 为电机输出功率，$1.29853 = \frac{4000}{55.5015 \times 55.5015}$。

激励和负载添加完成后对模型进行仿真，仿真完成后可在 Results 项下查看不同参数的仿真结果。图 9-232 为负载电流仿真结果，图 9-233 为负载转矩仿真结果，图 9-234 为负载转速仿真结果。也可按空载仿真过程中的操作查看负载仿真中的场图结果。

图 9-231　负载设置

（3）齿槽转矩仿真　Maxwell 瞬态求解器也能高效准确地计算齿槽转矩，由于瞬态求解器使用了滑动网格剖分，因此在运动过程中不会产生过多的剖分误差，分析出来的齿槽转矩也较为平滑。

永磁同步电动机
齿槽转矩仿真

对永磁同步电机进行齿槽转矩分析时首先将运动角速度设置为 1°/s，双击工程管理栏中 Model 项下的 MotionSetup1，单击 Mechanical 选项卡，将 Angular Velocity 设置为 1，单位选择为 deg_per_sec，如图 9-235 所示。

角速度设置完成后将三相激励源设置为电流激励，电流值为 0，如图 9-236 所示。

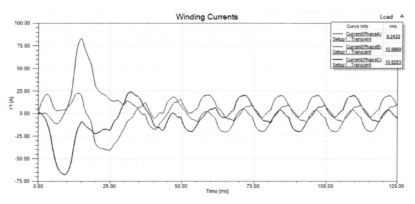

图 9-232 负载电流曲线（有效值 10.2A）

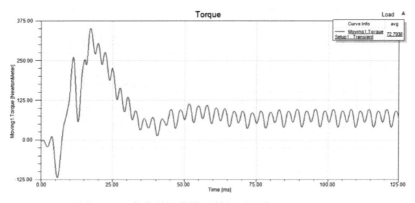

图 9-233 负载转矩曲线（转矩平均值 72.8N·m）

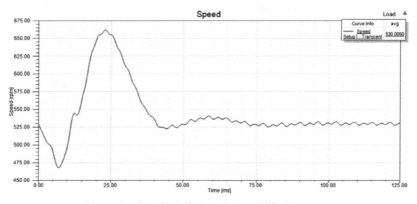

图 9-234 负载转速曲线（转速平均值 530r/min）

　　计算齿槽转矩时，需要对剖分进行细化，从而达到更高的计算精度。双击 Mesh Operationgs 项下的系统自动生成的剖分进行适当的加密。并在画图区域用鼠标右键选择 Select Edges，按住 Crtl 键将所有定子齿尖上的线选中，如图 9-237 所示。

　　用鼠标右键单击 Mesh Operations，选择 Assign/On Selection/Length Based 对齿尖上的线进行剖分，在图 9-238 所示的对话框的 Set maximum element length 中输入 0.5mm。

　　对 Setup1 中的仿真时间进行设置，将 Stop Time 设置为 30s，Time step 设置为 0.25s。设

置完成后对模型进行仿真分析。分析完成后鼠标右键单击 Results 项，选择 Create Transient Report/Rectangular Plot，完成如图 9-239 所示的生成齿槽转矩曲线的设置，单击 "New Report" 按钮生成齿槽转矩曲线，如图 9-240 所示。

图 9-235　转速设置

图 9-236　激励设置

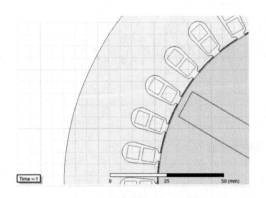

图 9-237　选择定子齿尖上的线

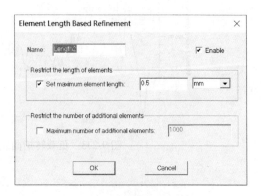

图 9-238　对定子齿尖进行剖分

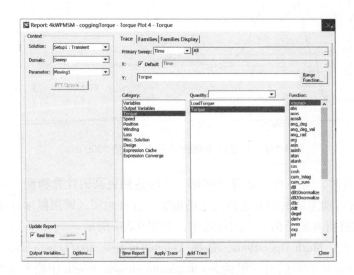

图 9-239　生成齿槽转矩曲线

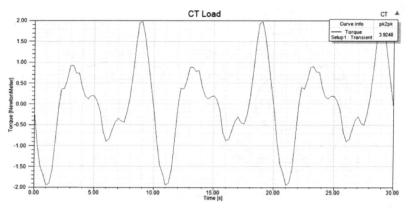

图 9-240　齿槽转矩曲线（峰峰值 3.9N·m）

9.3.5　无刷直流电动机仿真教程

1. RMxprt 仿真

无刷直流电动机参数见表 9-10。

无刷直流电动机
RM 建模与求解

表 9-10　电动机参数

参数名称	参数值	参数名称	参数值
额定功率（P_2）	11kW	额定转速（n）	3000r/min
极对数（p）	4	绕组形式	星形联结
电枢槽数	24	换向方式	两相导通
额定电压（U_N）	312V		三相六状态

定子铁心冲片尺寸及转子铁心和永磁体尺寸如图 9-241 和图 9-242 所示。

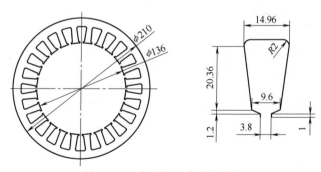

图 9-241　定子铁心冲片尺寸图

（1）建立 RMxprt 仿真工程　单击工具栏中的 按钮创建新的工程文件，再单击 按钮选择插入 RMxprt 工程后，系统自动弹出如图 9-243 所示的选择仿真电机类型的对话框。对于无刷直流电动机的仿真，需选择 Brushless Permanent-Magnet DC Motor 项。单击 "OK" 按钮后进入设计界面。

（2）设置参数　RMxprt 工程文件创建后，在 Project Manager 工程管理栏中对 Machine、Stator、Rotor 等项进行参数设定。

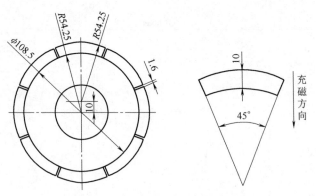

图 9-242 转子铁心和永磁体尺寸图

1）Machine 项设置用鼠标双击工程管理栏中的 Machine 项后，弹出如图 9-244 所示的对话框。图 9-244 中各参数介绍如下：

- Machine Type：当前仿真的电机类型；
- Number of Poles：电机极数；
- Frictional Loss：电机的机械损耗；
- Windage Loss：电机的风摩损耗；
- Reference Speed：电机的参考速度；
- Control Type：控制类型。可选 DC（直流控制）或 CCC（电流斩波控制）；
- Circuit Type：驱动电路类型。对于无刷直流电动机，RMxprt 中预置 6 种驱动电路，如图 9-245 所示。

图 9-243　RMxprt 选择仿真电机类型

根据设计将上述参数设置完成后，单击"确定"按钮即可保存设置。

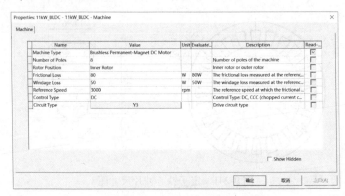

图 9-244　Machine 项设置内容

2）Circuit 项设置。双击 Circuit 项后系统自动弹出如图 9-246 所示的对话框，对驱动电路进行设置，其中各参数介绍如下：

- Lead Angle of Trigger：触发器在电角度上的超前角；
- Trigger Pulse Width：触发脉冲宽度；
- Transistor Drop：每个晶体管的压降；

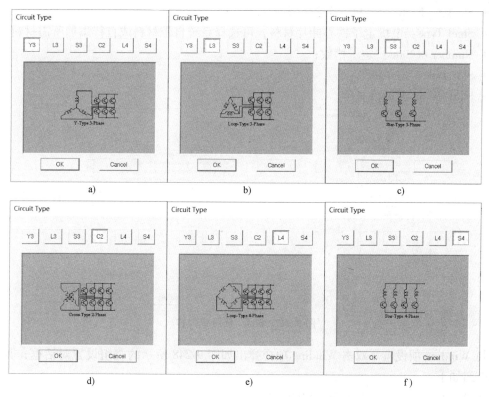

图 9-245　预置驱动电路

- Diode Drop：每个二极管的压降或星形外电路放电回路中的全部压降。

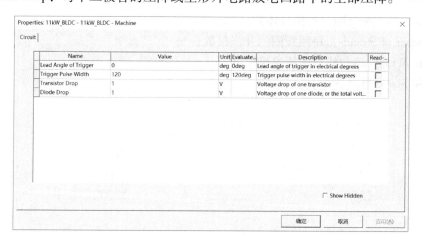

图 9-246　Circuit 项设置内容

3）Stator 项设置。双击 Stator 项后系统自动弹出如图 9-247 所示的对话框，其中各参数介绍如下：

- Outer Diameter：电机定子外径；
- Inner Diameter：电机定子内径；
- Length：电机定子轴向长度；

- Stacking Factor：电机定子铁心叠压系数；
- Steel Type：电机定子铁心冲片材料，可选择系统自带材料或自行添加所需材料；
- Number of Slots：定子槽数；
- Slot Type：定子槽形；
- Skew Width：斜槽宽度。

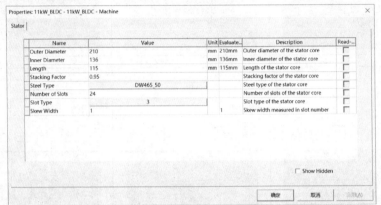

图 9-247　Stator 项设置内容

4) Winding 项设置。双击 Winding 项会弹出如图 9-248 所示的绕组设置对话框，其中各参数介绍如下：

- Winding Layers：定子槽中绕组层数；
- Winding Type：绕组匝间连接方式；
- Parallel Branches：并联支路数；
- Conductors per Slot：每槽导体数；
- Number of Strands：每匝线圈的并绕根数；
- Wire Wrap：漆包线双边漆绝缘厚度；
- Wire Size：导线线规。

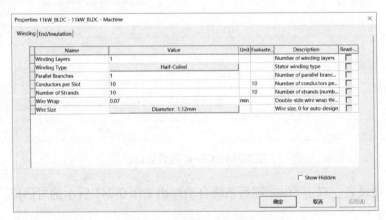

图 9-248　Winding 项设置内容

单击图 9-248 左上方的 End/Insulation 选项卡，会出现如图 9-249 所示的设置绕组端部和槽绝缘参数的对话框，其中各参数介绍如下：

- Input Half-turn Length：设定半匝长度，该选项被勾选后会出现半匝长度输入框，用户可手动输入半匝长度；
- End Extension：单边端部伸出长度；
- Base Inner Radius、Tip Inner Diameter、End Clearance：分别为端部底角内半径、线圈端部内径、两个相邻线圈之间的端部间隙，均为绕组端部限定尺寸，用户可不必进行设置，RMxprt 会自动进行计算；
- Slot Liner：槽绝缘厚度；
- Wedge Thickness：槽楔厚度；
- Limited Fill Factor：定子最高槽满率，当绕组线规选择自动设计时用于限制槽满率。

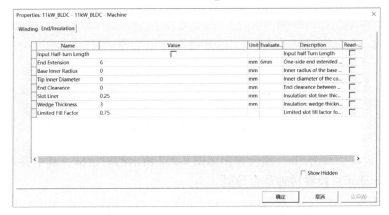

图 9-249　End/Insulation 项设置内容

5）Rotor 项设置。双击 Rotor 项会弹出如图 9-250 所示的对话框，其中各参数介绍如下：

- Outer Diameter：转子外径；
- Inner Diameter：转子内径；
- Length：转子轴向长度；
- Steel Type：转子冲片材料；
- Stacking Factor：转子冲片叠压系数；
- Pole Type：磁极结构。

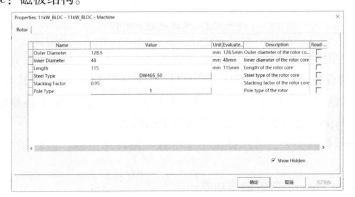

图 9-250　Rotor 项设置内容

6）Pole 项设置。双击 Pole 项后弹出如图 9-251 所示的对话框，其中各参数介绍如下：

- Embrace：永磁体极弧系数；
- Offset：极弧中心与定子中心偏移距离，设置 0 为均匀气隙；
- Magnet Type：永磁体材料；
- Magnet Thickness：永磁体厚度。

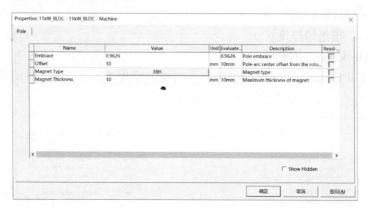

图 9-251　Pole 项设置内容

7）Shaft 项设置。双击 Shaft 项会弹出如图 9-252 所示的对话框，其中参数介绍如下：

- Magnetic Shaft：设置转轴是否导磁。

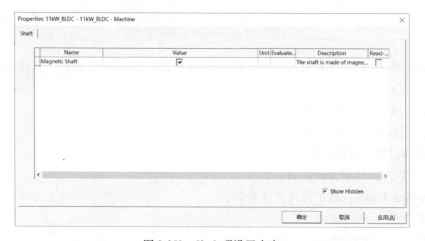

图 9-252　Shaft 项设置内容

至此，样机模型的所有 RMxprt 参数全部设置完成。电机模型截面图如图 9-253 所示。

（3）添加求解设置　在工程管理栏中用鼠标右键单击 Analysis 项后选择 Add solution Setup。在弹出的对话框中设置电机参数。图 9-254 中的 General 选项卡中各参数介绍如下：

- Operation Type：运行状态，系统默认为电动机状态；
- Load Type：负载类型，可选择恒功率负载、恒转速负载、恒转矩负载、线性转矩负载和风扇类负载；
- Rated Output Power：额定输出功率；
- Rated Voltage：额定电压；

- Rated Speed：电机额定转速；
- Operating Temperature：运行温度。

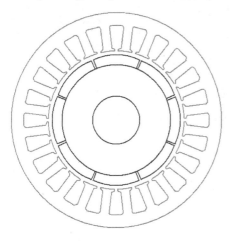

图 9-253　电机模型截面图

图 9-254　求解设置

（4）求解及结果查看　上述过程全部完成后即可对模型进行求解。单击工具栏中的

Simulation，再单击 Simulation 中的 Validate 按钮对模型进行检测。模型检测正确后，单击 Simulation 中的 Analyze All 按钮对模型进行求解。求解完成后用鼠标右键单击工程管理栏中的 Results，选择 Solution Data 查看求解结果如图 9-255 所示。其中 Performance 选项卡中包含电机各种性能参数。Design Sheet 选项卡中包含所有输入数据和计算结果。Curves 选项卡中包含电机主要的性能曲线。电机的机械特性曲线如图 9-256 所示，负载下电流曲线如图 9-257 所示，负载下电压曲线如图 9-258 所示，气隙磁通密度曲线如图 9-259 所示。

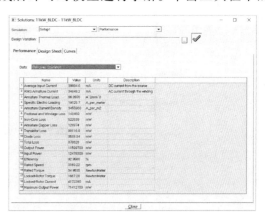

图 9-255　求解结果对话框

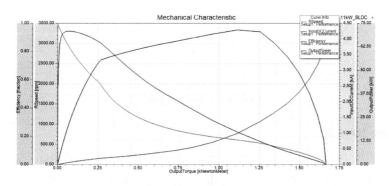

图 9-256　机械特性曲线

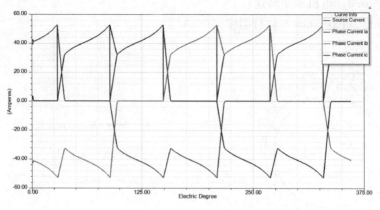

图 9-257　负载下电流曲线

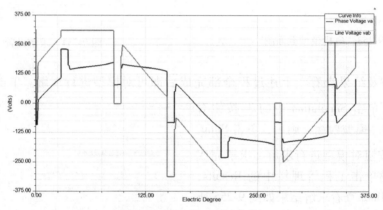

图 9-258　负载下电压曲线

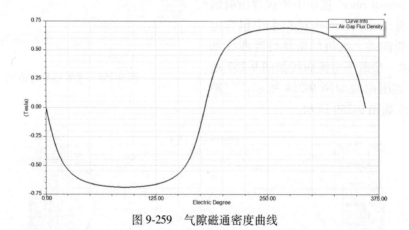

图 9-259　气隙磁通密度曲线

2. Maxwell 2D 仿真

在 RMxprt 工程中，用鼠标右键单击工程管理栏中 Analysis 下的 Setup，选择 Create Max-well Design 后会弹出如图 9-260 所示的对话框，选择生成 Maxwell 2D 模型。

生成的 Maxwell 2D 模型如图 9-261 所示。

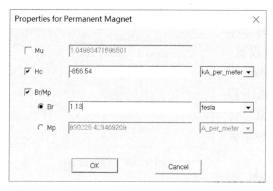

图 9-260　RMxprt 一键生成 Maxwell 2D 模型对话框

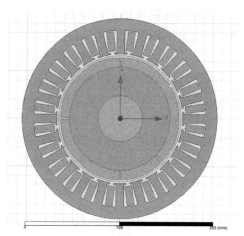

图 9-261　生成的 Maxwell 2D 模型

　　由 RMxprt 直接生成的 Maxwell 2D 模型中包含外电路模型，双击工程管理栏中的 **MaxCir1**，即可弹出如图 9-262 所示的外电路模型。双击外电路模型中的各元件，在弹出的对话框中可修改各元件的参数。

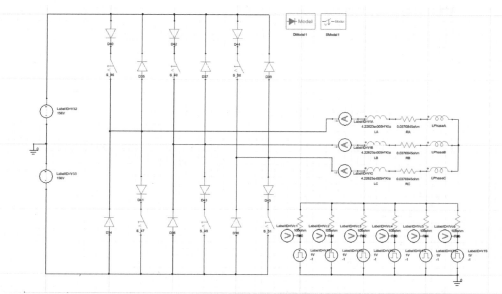

图 9-262　外电路模型

　　（1）空载仿真　对无刷直流电动机进行瞬态场下的空载仿真时，需要设置 Model 项中 MotionSetup1 中的参数。双击 MotionSetup1 后，在出现的对话框中选择 Mechanical 选项卡，勾选 Consider Mechanical Transient 会出现以下参数：

- Initial Angular Velocity：初始角速度；
- Moment of Inertia：转动惯量；
- Damping：阻尼系数；
- Load Torque：负载转矩。

无刷直流电动机
二维空载仿真

对无刷直流电动机进行空载起动仿真需要将初始角速度和负载转矩设置为0，并对转动惯量和阻尼系数进行设置，本例设置后的结果如图9-263所示。

双击项目管理栏中的Setup1对求解过程的Stop time（仿真时间）、Time step（仿真步长）进行设置。设置完成后单击工具栏中的Simulation中的Validate按钮对模型进行检查，检查正确后用鼠标右键单击工程管理栏中的Setup1，选择Analyze对模型进行仿真。仿真完成后可双击工程管理栏中Results项下的各种结果进行查看。

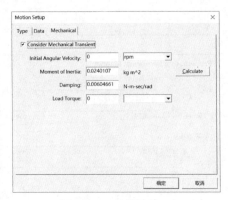

图9-263　空载设置

无刷直流电动机空载转速曲线如图9-264所示，空载转矩曲线如图9-265所示，空载相电流曲线如图9-266所示，空载磁力线如图9-267所示。

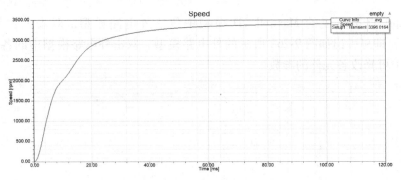

图9-264　空载转速曲线（空载转速3396.0r/min）

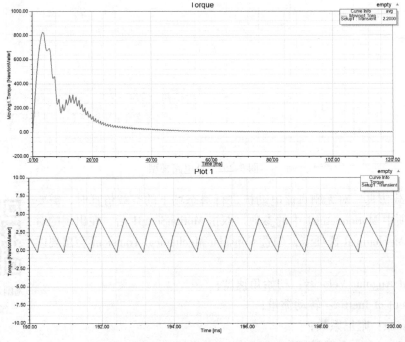

图9-265　空载转矩曲线及局部放大图（空载转矩平均值2.2N·m）

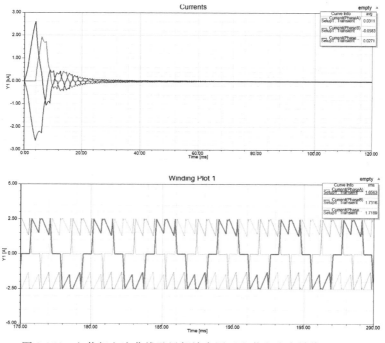

图 9-266　空载相电流曲线及局部放大图（空载电流有效值 1.7A）

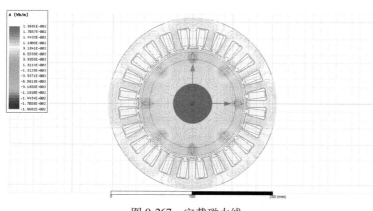

图 9-267　空载磁力线

无刷直流电动机
二维负载仿真

（2）负载仿真　对无刷直流电动机进行瞬态场下的额定负载仿真只需要将图 9-263 中 Mechanical 选项卡中的参数设置为额定参数即可，转矩中添加恒功率转矩，转速、转动惯量和阻尼系数与空载时保持一样，如图 9-268 所示。

额定负载设置完成后对模型进行仿真，仿真完成后可在 Results 项下查看不同曲线的仿真结果。图 9-269 为额定负载转速曲线。图 9-270 为额定负载转矩曲线。图 9-271 为额定负载相电流曲线。

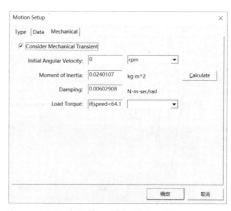

图 9-268　额定负载设置

507

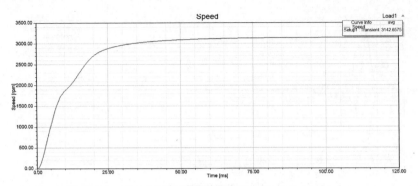

图 9-269　额定负载转速曲线（额定转速 3142.7r/min）

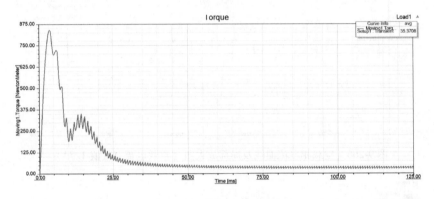

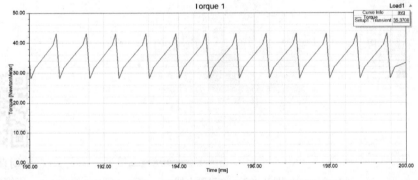

图 9-270　额定负载转矩曲线及局部放大图（额定转矩 35.8N·m）

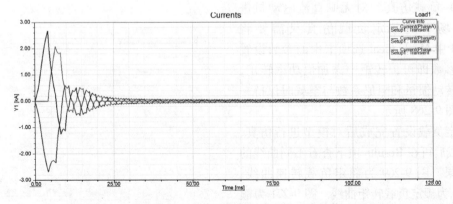

图 9-271　额定负载相电流曲线及局部放大图（有效值 33.5A）

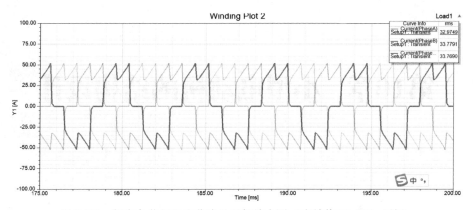

图 9-271　额定负载相电流曲线及局部放大图（有效值 33.5A）（续）

第10章 小型电动机的结构设计

电动机结构设计的主要内容包括：①确定电动机的总体结构型式，如电动机的防护型式、轴承型式和数目、轴伸型式、安装型式、通风系统等；②确定某一零部件的结构型式、材料、形状和尺寸；③确定某些机械连接的零部件（例如转子铁心与轴、机座与端盖等）之间的连接方式；④核算零部件的机械强度等。

电动机的结构设计需要解决许多问题。例如从节约原材料方面考虑，要求结构紧凑、质量轻和体积小；从生产制造方面，要求结构简单、容易加工、产品系列化、零部件标准化和通用化；从保证可靠运行方面，结构应有足够的强度、刚度以及足够的散热能力等。在结构设计时必须综合分析各种因素，正确处理这些问题。本章以异步电动机为典型结构来讨论小型电动机的结构设计。

10.1 小型异步电动机的典型结构

小型异步电动机的铁心一般为整圆冲片，铁心外直径在 52cm 以下，叠装在整体机座内。机座多为铸铁或铸铝。轴承安装在端盖的轴承室内，采用球轴承或圆柱轴承，其结构如图 10-1~图 10-3 所示。

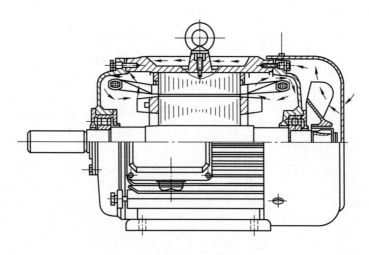

图 10-1 低压笼型电动机（封闭式）

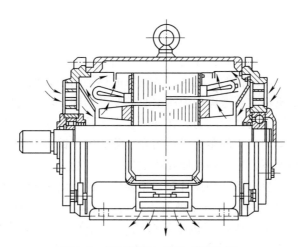

图 10-2 低压笼型电动机（防护式）

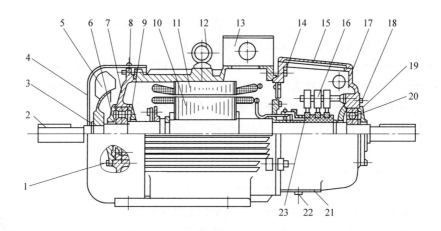

图 10-3 低压绕线转子电动机（封闭式）

1—螺栓　2—键　3—挡圈　4—风罩　5—风扇　6—前轴承外盖　7—前端盖　8—螺钉　9—轴承内盖　10—转子
11—定子　12—吊环螺钉　13—接线盒　14—螺栓　15—视察窗盖　16—电刷装置　17—后端盖　18—螺栓
19—后轴承外盖　20—轴承　21—防尘孔盖　22—螺栓　23—集电环

10.2　异步电动机的机械结构设计

各种类型的异步电动机由于其功率、转速、任务要求和使用场所的不同，其结构型式和结构的复杂程度差别都很大。但无论是哪一类电动机，在结构上都可以分为三个部分，即

1）固定部分：包括机座、定子铁心、绕组及其他零部件。

2）转动部分：包括转子铁心、转轴、绕组、转子支架、风扇及其他零部件。

3）连接部分：包括电气连接部分（如集电环）与机械连接部分（如端盖和轴承）。

这些部分的作用有的是导电和导磁，有的是导热和散热，还有的是作为机械支撑或固紧，或者兼有几种作用。

下面介绍异步电动机结构的主要零部件。

10.2.1　机座

异步电动机机座的主要作用是支撑定子铁心和固定端盖，又是主要的通风散热元件。下面我们对机座的受力变形、结构的工艺性以及通风散热等问题分别加以叙述。

设计中小型电动机机座主要考虑受力所引起的变形问题。那么机座都受哪些力呢？①机座在机械加工时要受到装卡力和切削力，在外压装定子铁心时还要受到内压力；②电动机在运行时受到由于气隙不均匀产生的单边磁拉力和压装后定子铁心的重力。从机座受力引起变形的影响来看，一般情况下，主要是机座在机械加工时的受力，其次是机座在外压装铁心时所受的内压力。因此进行机座的结构设计时，主要应考虑能满足加工时的刚度要求。所谓刚度要求就是保证结构在外力的作用下不致有不许可的变形。实践证明，在小型异步电动机中，由于对刚度的要求较高，因此若机座具有足够的刚度，一般也就必然会满足强度的要求。为了保证足够的机座刚度，通常采用增加机座壁厚、增设纵向内筋和横向散热筋（如辊道电动机）等措施。

小型异步电动机的机座所用材料通常采用铸铁。为了减轻质量，提高散热能力，机座也采用高强度铸铝合金和具有纵向条纹的成形钢板材料。

机座对电动机通风散热的影响很大，因为它起着直接导热、散热和形成风路的作用。为此在封闭式电动机机座上增设散热片，以增大散热面积，而在防护式电动机机座内采用纵向筋条，以增大通风空间，形成风路。合理地增加散热片数量和高度对降低温升有显著效果。但是，在确定散热片的厚度和高度时都必须考虑到铸造造型的困难，而且不适当地增加散热片的高度，会使电动机的外形尺寸加大。

接线盒、铭牌和吊攀与散热片之间的相互位置应布置合理，以减小风阻和使机座外表面各部分得到充分冷却为原则。

机座底脚结构和尺寸的确定应考虑它的强度要求，即应保证构件在外力的作用下不致破坏。机座底脚除承担电动机的全部重量外，还同时承受与电动机转矩 T 相反的支反力偶（F_2），如图10-4所示。因此，在底脚设计时，为了增加机座

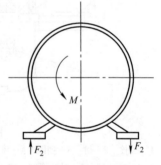

图 10-4　机座底脚的受力

的底脚强度，适当加厚"八字脚"或在"八字脚"上增设一道或二道加强筋。

10.2.2　定子铁心

由于定子铁心是由硅钢片叠压而成的，因此如何将铁心固紧成为一个整体是定子铁心结构设计应考虑的主要问题。定子铁心结构需要从三个方面固紧，即轴向固紧、周向固紧和径向固紧。

1. 轴向固紧　定子铁心需经一定的压力压紧后才能成型，因此就必须有轴向固紧零件来承受铁心冲片的轴向回弹力。

在小型异步电动机中普遍采用鸠尾槽弓形扣片固紧，成型后压入机座，称为外压装。图10-5所示为扣片形状，图10-5a用于碗形端压板，图10-5b用于环形端压板。图10-6为固紧后的定子铁心，这种结构的特点是简单可靠。

定子铁心内压装时常用的轴向固紧方式有三种类型。①台肩式，如图10-7所示。铁心

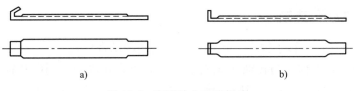

图 10-5　定子铁心弓形扣片

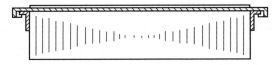

图 10-6　弓形扣片碗形端压板定子铁心固紧结构

一端端压板靠住机座内筋上的台肩，另一端用弧形键点焊固定。这种方式的特点是紧固件少，简单可靠，但为了形成台肩，增加了切削量和加工工时。②全键式，如图 10-8 所示。铁心两端都采用弧形键固紧。③拉杆式或螺栓式，如图 10-9 所示。采用轴向拉紧螺杆或两端带螺纹的轴向鸠尾纵筋，直接拉紧铁心。

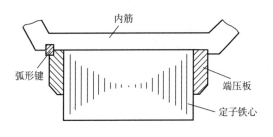

图 10-7　台肩式定子铁心固紧结构

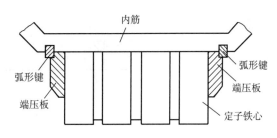

图 10-8　全键式定子铁心固紧结构

近年来由于焊接技术的发展，定子铁心的轴向固紧，常采用氩弧焊接工艺，特别是在微型电动机的铁心应用甚广。

2. 周向固紧　周向固紧是用来承受定子铁心和机座之间沿圆周方向的切向力。在外压装的小型异步电动机中，从机座外（或利用吊攀孔）拧入一小定位螺钉到铁心。在内压装的中型异步电动机中，机座纵筋上插一定位圆销或方销，利用冲片外圆的半圆或长方形记号孔，兼做叠片时定位和周向固定。

3. 径向固紧　铁心的径向固紧仅限于用在扇形冲片中。这种结构是利用扇形冲片上的鸠尾或斜圆式定位槽挂在纵筋或拉杆上，图 10-10 为这种固紧的定子扇形冲片结构。

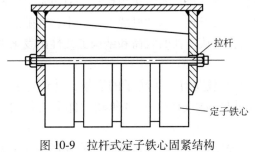
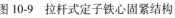

图 10-9　拉杆式定子铁心固紧结构

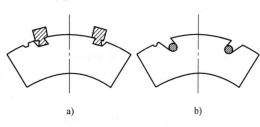

图 10-10　定子扇形冲片结构

10.2.3 转子铁心和转轴

转子的结构设计包括转子铁心、转轴和两者之间的结合形式。

1. 转子铁心 转子铁心与转轴（或支架）之间也存在轴向、周向和径向固紧问题，从结构上看和定子铁心固紧没有原则性差异，例如转子铁心的轴向固紧也有台肩式、全键式以及拉杆式，所以不再详述。对于笼型异步电动机，其转子铁心轴向固紧是靠转子笼型导条和端环铸成一体，克服铁心冲片回弹力。

转子铁心与转轴之间由于传递电磁转矩所承受的切向力较大，因此两者之间必须有足够的周向固紧。对于一般电动机常采用滚花配合、热套配合或键槽配合。

2. 转子铁心与转轴的结合形式 转子铁心与转轴的组合形式常用的有套轴式和支架式两种，这两种形式的选择主要取决于转子冲片内圆尺寸和转轴尺寸的关系、生产批量和制造的经济性问题。

（1）套轴式 如图 10-11 所示，转子铁心直接套在轴上，一般用于转子为整圆冲片，其外径在 390mm 以下的电动机，如 Y、Y2 系列异步电动机都采用这种结构，它的特点是结构简单。

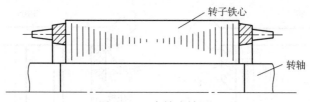

图 10-11 套轴式转子

（2）支架式 如图 10-12 所示，转子铁心先套在支架上，支架再固定在轴上。

3. 转轴 转轴是电动机中最重要的零件之一。异步电动机转轴的主要作用是支持整个转子旋转，并通过轴伸将电动机的机械转矩传出去。因此，在转轴设计时，应满足如下基本要求：①要有足够的刚度，即轴的

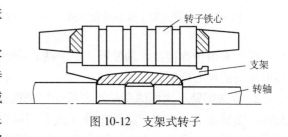

图 10-12 支架式转子

挠度不能太大，以免在电动机运行时，轴的弯曲变形太大；②要有足够的强度，使在担负电动机运行中所可能有的一切载荷情况下，轴的各个断面必须足够坚固，不致断裂或产生残余变形；③固有临界转速应远离工作转速，以免发生强烈振动（共振）；④转轴的工艺性好。

在确定转轴各部分尺寸时，应进行刚度和强度计算以及临界转速的校核。但通常工厂设计时，是凭经验来确定有关尺寸而不进行校核计算。由于异步电动机的气隙较小，气隙的不均匀度影响大，因此对转轴的刚度要求很高。下面我们从转轴的载荷和结构工艺性出发来叙述转轴的结构设计时应考虑的问题。

转轴上受的力通常称为载荷。异步电动机转轴的载荷有：①转子的质量；②单边磁拉力，产生单边磁拉力的主要原因是由于各种因素引起的初始偏心；③传动轴伸上的作用力（例如传动带拉力）；④电动机的转矩。

载荷将使转轴产生横向弯曲变形，称为挠度，挠度将直接反映转轴刚度的好坏也就是说

转轴在载荷的作用下，挠度大，则说明该轴的刚度小。为了满足转轴有足够刚度，就应该使其挠度不超过允许值。对于异步电动机，这个允许值为气隙值的 10%。如果挠度超过上述允许值，可采取增加转轴直径（主要是转轴中部直径）和减小转轴跨度的办法来解决。

此外，转轴在机械加工和压装转子铁心时产生的纵向弯曲力也对转轴的刚度有一定要求，在转轴设计时应予以考虑。

在确定转轴中部直径时不仅要考虑上述静载荷，而且还应考虑动载荷，即当转子转动时，由于转子质量偏心，在转轴上所引起的离心力。如果当弹性轴的固有频率和这个作用力的变化频率一致时，将引起共振现象，这时转轴的挠度可能达到很大的数值。产生这种现象时的转速，称为临界转速。在动载荷作用下，要使临界转速比工作转速或试验的最高转速至少高出 30%。显然，只要增加转轴的直径和缩小跨度，就可以提高转轴的临界转速。

除上述载荷外，转轴还受传动轴伸上径向作用力的弯曲应力和传递转矩的扭转应力，因此转轴尚应有足够的强度。提高转轴的强度除增加危险断面的尺寸外，还可以选用机械性能好的材料。一般中小型异步电动机都是采用 45 号或 40Cr 优质碳素钢。

转轴的结构设计应符合机械要素和考虑制造工艺性的要求。

10.2.4 端盖

端盖的主要作用是支承转子，保护电动机和配合通风散热。在有凸缘和立式电动机中，端盖又可作为整台电动机的安装固定之用。

端盖可分带轴承室的和不带轴承室的两种类型。一般小型异步电动机都是采用带轴承室的端盖，而且都是铸铁件。

带轴承室的端盖在结构上有三个主要部分，即止口、支圈和轴承室。

端盖的止口与机座止口相配合，相对于机座而言有内止口和外止口两种，如图 10-13 所示。内止口一般在小型异步电动机中采用，其优点是便于加工，而且止口的同心度加工质量较高。外止口可稍微增大端盖内的空间，大多在微型电动机中采用。

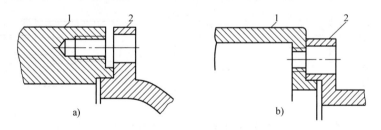

图 10-13 电动机的止口形式
a）内止口 b）外止口
1—机座 2—端盖

端盖的形状和尺寸主要由加工工艺来决定。端盖的壁厚在小型异步电动机中一般不小于 3~5mm。如果刚度不够时可增加几条内筋。端盖形状的确定应考虑铸造造型方便；要有专供装卡用的搭子，搭子一般沿圆周 120° 均布三个；在小型异步电动机的端盖上设有装螺钉的凸耳，为便于拆卸，凸耳与机座端面间留有间隙。也可在端盖外缘沿直径方向备有两个顶丝孔，供顶出端盖之用。

端盖通过轴承将定、转子联系在一起，是对电动机质量起着至关重要作用的零部件之一。异步电动机的端盖结构共有五种，如图 10-14 所示。

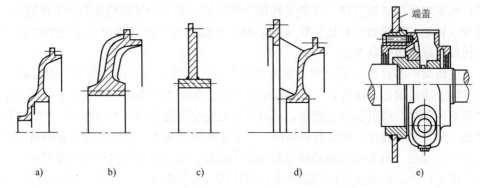

图 10-14　五种端盖结构示意图

a）联外盖端盖　b）应用最普遍的铸铁端盖　c）钢板焊接端盖　d）立式电机法兰端盖

e）带滑动轴承瓦座的端盖（若下瓦座与端盖铸成一体、端盖则为分瓣式）

因端盖的形状、壁厚都有比较定型的设计，所以一般不进行机械计算。但在设计及加工时要注意以下几点：

1）尽量采用铸铁端盖，形状可以设计得较为合理。

2）厚度尽量均匀，免得浇注后局部收缩较大。

3）内外尽量带加强筋，也兼起散热作用。加强筋要按辐射状排列。

4）止口、轴承室的同轴度要好，因此力求按一次车成的结构设计。

5）较大的端盖，止口处应加一"引装台"，如图 10-15 所示，其直径比装配止口小 0.2~0.5mm，轴向长度约 5mm。

H180~H315 电动机中，传动端端盖外表面设有散热片，散热片的数量和机座的一样。H280~H315 电动机的前后端盖内侧增加了吸热筋，以加强端盖的散热作用及端部冷却。

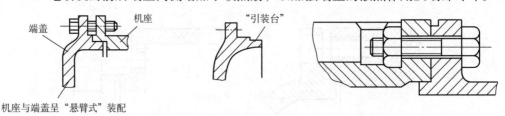

机座与端盖呈"悬臂式"装配

图 10-15　"引装台""悬臂式"和"非悬臂式"结构示意图

10.2.5　轴承

轴承的作用是支承转子旋转的。电动机中常用的轴承有滚动轴承和滑动轴承两种。轴承型式的选择主要应考虑电动机的型式、功率、转速以及载荷的大小和性质等。一般在小型异步电动机中都采用滚动轴承。但在特殊要求的微型、小型电动机中，为了改善电动机的噪声、振动等性能也可采用滑动轴承。

在功率较小的异步电动机中两端轴承都采用单列向心球轴承。由于圆柱滚子轴承的容许负荷较高，因此在功率较大的异步电动机中一般在传动端用圆柱滚子轴承，而在非传动端则用球轴承。

　　电动机轴上装置的两个滚动轴承，一个为固定的定位轴承，它的内外圈都应防止轴向移动，使之能承受轴向力的作用。一般小型异步电动机常在非传动端装置定位轴承。另一个为定向轴承，它的外圈在两边留有 0.5～1mm 的游隙，用来补偿制造上和零件装配上的偏差以及适应转轴热胀冷缩的需要。如果在传动端采用圆柱滚子轴承时，由于它本身能做轴向游动，因此不再另留游动间隙。

　　小型异步电动机的滚动轴承多采用半固体润滑脂（油）润滑，为了防止润滑油外泄和脏物进入轴承，必须采用轴承盖保护和油封。在轴承盖上加工成波纹油沟，而轴孔和轴之间留有一定的间隙。这种型式结构简单，挡油作用可靠，应用很广。

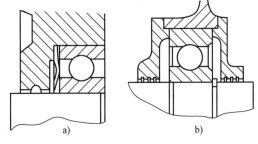

　　H132 以下的电动机一端为固定的定位轴承，另一端为非固定轴承，轴承外圈与轴承室间加装波形弹簧垫圈，其游隙为波形弹簧垫圈的工作高度。波形簧能增加轴向预压力，以调节轴承的轴向游隙，利于消除转子的轴向振动，并具有缓冲作用，如图 10-16a 所示。对 H160～H315 机座的非传动端轴承，采用轴用挡圈将轴承轴向固定，以保证其可靠承受轴向负荷的能力，如图 10-16b 所示。

图 10-16　轴承结构

　　轴承的密封如图 10-17 所示。图 10-17d 可用于 IP54，图 10-17e 可用于 IP55、IP56。

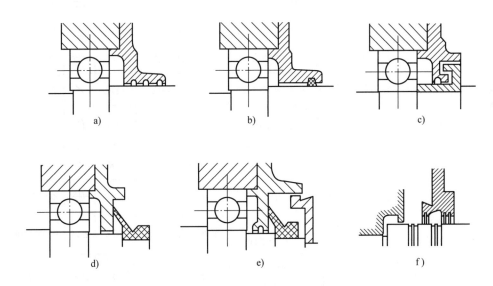

图 10-17　活动结合面的几种密封结构

a)、b)、c) 适用于内外盖　d)、e) 适用于外盖　f) 适用于滑动轴承

10.3　小型电动机的公差配合及表面粗糙度

　　零部件的加工精度对于产品质量来说起着非常重要的作用。一般体现在公差配合、表面

粗糙度及几何公差上。

　　根据国家标准公差配合由表示基本偏差的拉丁字母及其后代表精度等级的数字表示；几何公差由代号、公差等级及基准要素构成。表 10-1～表 10-9 及图 10-18～图 10-23 中的公差配合是异步电动机的推荐参考值，各制造商对公差配合、表面粗糙度及几何公差都有自己的标准。

表 10-1　电动机主要零部件的公差配合、表面粗糙度及几何公差　　（单位：mm）

零部件名称	公差配合			表面粗糙度	几何公差				
	部　位		公差		被测部位	基准要素	几何公差		公差
							名称	代号	
机座	止口内径		H8	3.2	止口内径	—	圆度	○	尺寸公差的75%且平均直径应在公差带内
	铁心挡内径		H8	3.2	铁心挡内径				
	总长		h11	6.3	公共基准轴线	底脚支承面	平行度	//	见表 10-6
	底脚孔至机座端面		JS14	—	铁心挡内圆	止口公差基准轴线	同轴度	◎	8 级
	中心高	H80～250	−0.1 −0.4	12.5（底脚支承面）	底脚支承面	—	平面度	▱	见表 10-7
		H280～630	−0.2 −0.8		止口端面	止口公共基准轴线	端跳	∕	$\frac{8+9}{2}$ 级
					接线盒座平面	—	平行度	▱	0.05
		H710～1000	−0.3 −1.2		机座—端盖螺孔	搭子两侧	对称度	⟚	1.0
	底　脚　孔		H14	12.5	底脚孔	止口公共基准轴线	位置度	⊕	$\phi 0.4Z$
端盖	止口直径		js7	1.6	轴承室内圆	止口基准轴线	径跳	∕	7 级
	轴承室内径		见表13-3	1.6	轴承室内圆	—	圆柱度	⌭	7 级
	止口至轴承室距离		h11	—	止口端面	轴承室内圆基准轴线	端跳	∕	8 级
	轴承室宽度		h11	6.3	与内外盖连接孔	轴承室内圆	位置度	⊕	$\phi 0.4Z$
	轴孔直径（端盖连外盖时）		H11	6.3	与内外盖配合平面	轴承室内圆轴线	全跳	⌰	0.05,0.08,0.10
	凸缘端盖的凸缘	止口直径	<φ450 j6	1.6	轴孔直径（连外盖时）	轴承室内圆轴线	全跳	⌰	8～9 级
			≥φ450 js6		止口配合面	轴承室内圆轴线	径跳	∕	8 级
		止口高	h12	6.3	凸缘止口配合面	止口轴线	径跳	∕	8 级
		安装孔	H14	12.5	凸缘螺栓通孔	止口轴线凸缘配合面	位置度	⊕	$\phi 0.4Z$
		两止口配合平面间距离	H11	—	凸缘止口端面	止口轴线	端跳	∕	8 级

（续）

公差配合

零部件名称	部位			公差	表面粗糙度
轴	轴伸直径 D		$D \leq 28$	j6	0.8
			$D = 32 \sim 48$	K6	
			$D > 48$	m6	
	轴伸长 E			JS14	—
	键槽宽 F			N9	3.2
	轴伸键槽底至对面外圆表面的距离		$D \leq 22$	$\begin{array}{c}0\\-0.1\end{array}$	6.3
			$D > 22 \sim 130$	$\begin{array}{c}0\\-0.2\end{array}$	
			$D > 130$	$\begin{array}{c}0\\-0.3\end{array}$	
	铁心挡直径	滚花轴 · 滚花前	$24 \sim 30$	$\begin{array}{c}0\\-0.052\end{array}$	3.2
			$30 \sim 50$	$\begin{array}{c}0\\-0.062\end{array}$	
			$50 \sim 65$	$\begin{array}{c}0\\-0.062\end{array}$	
		滚花轴 · 滚花后	$24 \sim 30$	$\begin{array}{c}+0.25\\+0.15\end{array}$	—
			$30 \sim 50$	$\begin{array}{c}+0.27\\+0.17\end{array}$	
			$50 \sim 65$	$\begin{array}{c}+0.27\\+0.17\end{array}$	
		滚花轴 · 磨削后	$24 \sim 30$	$\begin{array}{c}+0.10\\+0.048\end{array}$	1.6
			$30 \sim 50$	$\begin{array}{c}+0.122\\+0.060\end{array}$	
			$50 \sim 65$	$\begin{array}{c}+0.132\\+0.070\end{array}$	
		热套轴	$24 \sim 50$	t7	1.6
			$50 \sim 120$	t8	
		键连接	中小型	K7	3.2
			小型正反转	f7	
	轴承挡直径		滚动轴承	K6	0.8
			滑动轴承	g6	
	轴承盖挡直径			C10	6.3
	风扇挡直径		螺栓夹紧	K7	3.2
			正反转	j7	
			其他	h6~h8	
	集电环挡直径		金属套筒	f7	6.3
			绝缘套筒	n7	
			模压	s7	
	轴承台肩距离		中小型	h11	1.6
	轴承台肩至铁心台肩距离			h11	—
	轴承挡圈槽位置			H12	—

几何公差

被测部位	基准要素	几何公差 名称	几何公差 代号	公差
轴伸键槽	轴伸轴线	对称度	=	$\dfrac{8+9}{2}$ 级
轴伸外圆	轴承挡公共轴线	径跳	↗	6 级
轴承挡外圆		圆柱度	⌭	6 级

（续）

零部件名称	公差配合 部位			公差	表面粗糙度	几何公差 被测部位	基准要素	几何公差 名称	代号	公差
轴承盖	止口直径			f9		止口配合平面	止口轴线	端跳	⟋	7~8 级
	内孔内径			H9~H11	6.3	内孔	止口轴线	径跳	⟋	7~8 级
	止口深度			h11~h13						
风扇	内径			H7	3.2	—				
	轴孔深度			h11	12.5					
	键槽宽			JS9	3.2					
	键槽深度 $G=D+t_1$			$+0.2\atop 0$	12.5					
定子冲片	外径	内装压		h7	—	外圆	内圆轴线	同轴度	◎	7~8 级
		外装压		见表 10-3						
	内径			H8						
	槽形尺寸			H10						
	槽口宽			H12						
	槽底直径			H10						
定子端板	外径			h11	—	—				
	内径、槽底直径			H11						
	键槽宽			D11						
定子铁心	外径			见表 10-3	—	铁心内圆	止口公共轴线	径跳	⟋	见表 10-8
	内径			见表 10-4						
	铁心长 L （外缘处）	$L\leqslant 200$		±1.0						
		$L>200$		$+2.0\atop -1.0$						
	齿部弹开长度	$L\leqslant 100$		3.0						
		$L>100\sim 200$		4.0						
		$L>200\sim 300$		5.0						
		$L>300$		6.0						
	铁心轴向位置	机座号 80~160		±1.0						
		180~280		±1.5						
		≥315		±2.0						
转子冲片	内径			H8	—	—				
	槽形尺寸			H10						
	槽口宽			H12						
	键槽宽			F9						
	槽底直径			h10						

（续）

零部件名称	公差配合			表面粗糙度	几何公差				
	部 位		公差		被测部位	基准要素	几何公差		公差
							名称	代号	
转子端板	外径、槽底直径		h11	—	—				
	内径		H11						
	键槽宽		JS9						
转子压圈	内径		H9	3.2	—				
	外径		h8						
铸铝转子	内径		见表10-5	—	转子铁心外圆（转子外圆加工时测）	轴承挡公共轴线	径跳	∕	8级
	铁心长 L	$L<150$	$+2.0$ 0						
		$L=150\sim300$	$+3.0$ 0						
		$L>300$	$+4.0$ 0						
	槽斜度		JS16						
	铁心外径		h7						
螺纹	外螺纹		6g	—	—				
	内螺纹		6H						
其他	机加件自由尺寸		JS14	—	—				
	加工面至毛坯面距离		JS15	—					
	冷弯、冷压、塑压及焊接件		JS15	—					

表 10-2 轴承室内径公差 （单位：mm）

轴承室内径	30~50	>50~80	>80~120	>120~180	>180~260	>260~360
部分厂家 企业标准	+0.020 −0.005	+0.022 −0.008	+0.025 −0.010	+0.029 −0.011	+0.032 −0.014	+0.037 −0.015
Y系列（低压） 行业标准	+0.020 −0	+0.022 −0	+0.025 −0	+0.029 −0	—	—

表 10-3 外装压定子铁心、冲片外径公差 （单位：mm）

外 径	公差		外 径	公差	
	冲 片	铁 心		冲 片	铁 心
120	+0.054 +0.019	+0.089 +0.019	260 280	+0.094 +0.042	+0.146 +0.042
130	+0.063 +0.023	+0.103 +0.023	290	+0.110 +0.058	+0.162 +0.058
145 155	+0.065 +0.025	+0.105 +0.025	300~400	+0.125 +0.068	+0.182 +0.068
167 175	+0.068 +0.028	+0.108 +0.028	445 493	+0.135 +0.072	+0.198 +0.072
182	+0.077 +0.031	+0.123 +0.031	520~590	+0.148 +0.078	+0.215 +0.12
210	+0.080 +0.034	+0.126 +0.034	650 670	+0.148 +0.078	+0.215 +0.12
245	+0.084 +0.038	+0.130 +0.038			

表 10-4　内装压定子铁心内径公差　　　　　　　　　　　　（单位：mm）

内　径	180~250	>250~315	>315~400	>400~500	>500~630	>630~800
公差	+0.072	+0.081	+0.089	+0.097	+0.110	+0.125
	-0.020	-0.024	-0.026	-0.028	-0.030	-0.035

表 10-5　铸铝芯轴磨损极限值（以此控制铸铝转子铁心内径公差）（单位：mm）

芯轴直径	18~30	>30~50	>50~80	>80~120	>120~180	>180~260
磨损极限	-0.10	-0.13	-0.15	-0.17	-0.195	-0.225

表 10-6　机座止口公共轴线对底脚支承面的平行度公差　　　（单位：mm）

轴中心高 H	平行度公差	轴中心高 H	平行度公差
50~250	0.16	450~630	0.50
280~400	0.30	710~1000	0.70

表 10-7　底脚支承面的平面度公差　　　　　　　　　　　　（单位：mm）

底脚外边缘间距离	平面度公差	底脚外边缘间距离	平面度公差
100~160	0.12	>630~1000	0.30
>160~250	0.15		
>250~400	0.20	>1000~1500	0.35
>400~630	0.25	>1500	0.40

表 10-8　定子铁心内圆对止口公共基准轴线的径向圆跳动公差　（单位：mm）

定子铁心内圆直径	60~100	>100~150	>150~210	>210~260	>260~340	>340
公差	0.08	0.10	0.12	0.14	0.16	0.18

表 10-9　集电环和换向器套筒外径公差　　　　　　　　　　（单位：mm）

套筒外径	120~165	>165~190	>190~215	>215
公差	+0.480	+0.554	+0.594	+0.640
	+0.321	+0.369	+0.409	+0.455

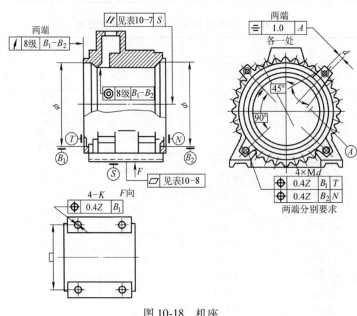

图 10-18　机座

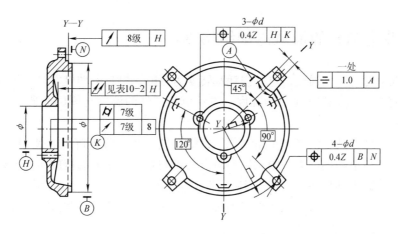

图 10-19　端盖

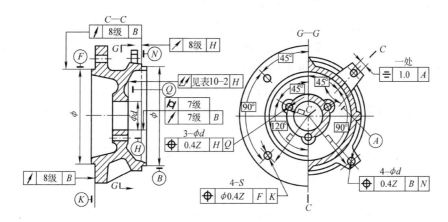

图 10-20　凸缘端盖

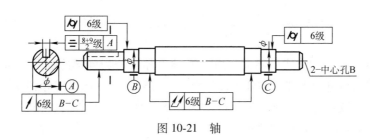

图 10-21　轴

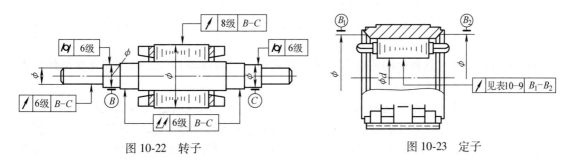

图 10-22　转子　　　　　　　　　图 10-23　定子

10.4 异步电动机的通风冷却结构设计

电动机在运行时产生损耗，这些损耗都转变为热能，引起电动机发热，使电动机各部件的温度高于周围介质（如空气）的温度。电动机某部件的温度与周围介质温度之差就叫作该部件的温升。

电动机的温度过高会使绝缘迅速老化、绝缘性能和机械强度降低，使用寿命大大缩短，严重时甚至可烧坏电动机。为了限制发热对电动机的影响，使电动机的温升不超过一定的数值，一方面要控制电动机各部分的损耗，使发热量减少；另一方面要改善电动机的冷却系统，提高其传热和散热能力，从而把电动机内部的热量很快地传导和散发出去。

10.4.1 电动机的冷却方式和防护型式

电动机的冷却决定了电动机的散热能力，而散热能力决定了电动机的温升，温升又直接影响电动机的寿命和出力，由此可见冷却问题对电动机具有重要意义。目前，电动机中有效材料的利用率不断提高，因此提高其散热能力、改善冷却系统成为电动机设计制造中控制温升、增大出力和减轻重量、降低成本的重要手段。

解决电动机的冷却问题首先应确定冷却介质、冷却方式以及风路系统，也就是要确定用什么介质来带走电动机中所产生的热量，以及这些介质在电动机内的流动方式。

1. 冷却介质　电动机的冷却系统和所采用的冷却介质有着密切的关系。所谓冷却介质是指能够直接或间接地把定子和转子绕组、铁心以及轴承的热量带走的物质：如空气、氢气、水和油等。按冷却介质的不同，一般电动机的冷却可分为两类：

1）气体冷却。即利用空气、氢气等气体作为冷却介质。

2）液体冷却。即利用水、油等液体作为冷却介质。由于水的热容量和导热能力比空气大得多，因此比空气的冷却效果要好。将空气冷却的发电机改为双水内冷，其出力可提高2~4倍或更多。

异步电动机的冷却介质绝大多数采用空气，但在特殊用途异步电动机中也有用水、油等作为冷却介质的。

2. 冷却方式　按冷却方式的不同，电动机的冷却可分为外部冷却和内部冷却。外部冷却时，冷却介质只与电动机部件的外表面接触，热量先从发热部件传导到铁心、绕组和机壳的外表面，然后再散给冷却介质。内部冷却时，把导体做成空心的，使冷却介质（多用氢气或水）通过导体内部，直接把热量带走。小型异步电动机大多采用外部冷却。

空气冷却的小型电动机，按冷却方式又可分为下列四种：

（1）自冷式　这种电动机仅依靠表面的辐射和空气的自然流动获得冷却，不装任何专门的冷却装置。仅用于功率在几十或几百瓦以下的小型电动机中。

（2）自扇冷式　这种电动机由本身所驱动的风扇供给冷却空气，以冷却发热部件的表面或内部。

（3）他扇冷式　这种电动机的冷却空气是由独立驱动的风扇或鼓风机供给，因此又称为强迫通风式。其特点是可根据负载大小来调节风扇或鼓风机的转速，以控制供给电动机的风量，从而减少低负载时的通风损耗。特别对调速范围较宽的电动机，当低速运行时，电动机本身的通风能力显著降低，必须外加冷却设备。

（4）管道通风式 这种电动机的冷却空气不是直接由电动机外部进入或直接由电动机内部排出。而是经过管道引入或排出电动机。管道通风式的电动机可以是自扇冷式或他扇冷式。

3. 风路系统 异步电动机的风路系统分为径向、轴向和径向-轴向混合通风三种。图10-24a 表示轴向通风系统，图 10-24b 表示径向通风系统。

在轴向通风系统中，冷却空气由电动机的一端进入，而由另一端流出。轴向通风的主要优点是便于安装直径较大的风扇，以加大风量，因此冷却效果较高，缺点是沿电动机轴向的温度分布不均匀。

在径向通风系统中，冷却空气由两端进入电动机，穿过转子和定子铁心中的径向通风道而由机座流出。径向通风的主要优点是沿电动机的轴向温度分布比较均匀和便于利用转子能够产生风压部件（如风道片）的鼓风作用。缺点是由于结构上合理安排的限制，径向通风系统中的风扇外径一般不宜大于定子内径的尺寸，因此限制了风扇的鼓风能力，亦即限制了通过电动机的风量。同时因有径向风道而使整个电动机长度加长。实际上纯粹的径向或轴

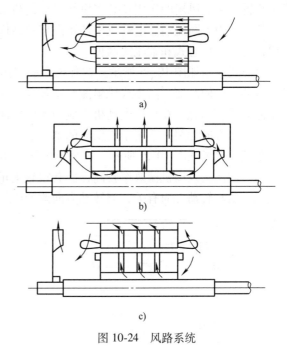

图 10-24 风路系统

向通风系统都是少见的，通常所谓的径向或轴向通风系统实际上都是径向-轴向混合通风系统以径向或轴向为主。图 10-24c 所示为以径向为主的混合通风系统。图 10-1 和图 10-2 所示为典型电动机的表面通风系统和径向通风系统，图中箭头表示气流方向。

10.4.2 电动机的通风冷却元件

1. 风扇的作用 电动机的通风冷却一般是依靠气流（如空气、氢气等）将电动机运行时所产生的热量带走。一个合理的冷却系统不但需要有足够的冷却气流通过电动机，而且应当使这些冷却介质适当地分布在需要冷却的部分，以保证电动机各部分的温升不致相差太多而导致局部发热。所需要的冷却介质的总流量 Q（m^3/s）可由式（10-1）计算：

$$Q = \frac{\sum P}{\rho c \Delta \theta} \tag{10-1}$$

式中 $\sum P$——单位时间须由冷却介质带走的热量（kW）；

c——冷却介质的比热容 [$J/(kg \cdot K)$]；

ρ——冷却介质的体积质量（kg/m^3）；

$\Delta\theta$——冷却介质通过电动机后的允许温升（K）。

在以空气作为冷却介质时，比热容 $c = 1.013 J/(kg \cdot K)$，若平均取相当于 40℃ 时的值

$\rho = 1.092 \mathrm{kg/m^3}$，则总流量 Q（$\mathrm{m^3/s}$）为

$$Q = \frac{\sum P}{1.092 \times 1.013 \times \Delta\theta} \approx \frac{\sum P}{1.1\Delta\theta} \tag{10-2}$$

正常情况下 $\Delta\theta$ 取 $15 \sim 20\mathrm{K}$。

为了维持电动机中有足够的气体流量 Q 通过，就需要有一定的风压，因此必须在电动机中装置风扇。风扇的作用就是将供给风扇的机械能传递给气体，使气体获得足够的压力，在冷却系统中不断流动。电动机中使用风扇的结构型式虽然是多种多样的，但就其工作原理来说，可分为离心式和轴流式两种。

离心式风扇如图 10-25 所示。这种风扇使气体作离心方向的运动，气流在通过风扇时要发生运动方向的改变。离心式风扇能获得较高的风压，但风量较小，机械效率较低。由于结构工艺简单，因此，在小型电动机中应用比较广泛，而且大多采用径向离心式。径向离心式风扇与转动方向无关，适用于正反转的电动机。

轴流式风扇如图 10-26 所示，这种风扇使气体沿轴向运动，因而气流在通过风扇时不改变方向。轴流式风扇机械效率较高，能获得较大的风量，但风压较小。适用于高速电动机。轴流式风扇与转动方向有关，当转动方向改变时，轴向吹风的方向也改变。

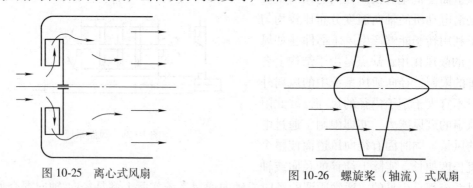

图 10-25　离心式风扇　　　　　　　图 10-26　螺旋桨（轴流）式风扇

2. 外风扇　封闭式电动机的外风扇是决定电动机温升的重要因素之一。外风扇的风叶数目及几何形状对电动机的通风效果有着很大的影响。为了得到一个较好的风扇，就必须设法提高风扇的机械效率和增加其产生的风量。

封闭式电动机的外风扇常用的有大刀式和圆盘式两种，大刀式和圆盘式都是径向离心式风扇。圆盘式风扇的优点是气流引导作用比大刀式风扇好、风量较大、塑料压制的圆盘式风扇强度高等。大刀式风扇的优点是加工简单、节省材料。

风扇叶片数的影响：离心式风扇中叶片数目的选择有相当大的自由度。在选择时一般考虑使叶片所构成的管道长度和宽度有恰当的比例，以减少损失。试验结果表明，风扇叶片数太少则风量不够，电动机的温升较高，随着叶片数增加可使风量增加，但叶片增加到一定数量后，风量将不再增加而趋于稳定。若叶片数太多，反而不起通风作用。风扇叶片数的增加对电动机噪声的影响较小，而且叶片数的奇偶数对噪声没有影响。

风扇直径的影响：风扇的直径主要影响着风扇产生的压头，在风路确定之后，增大风扇直径可使风量明显增加，但同时也使风扇的机械损耗和噪声显著增大。因此，为了增加高速电动机的风量，单从增大风扇直径来考虑是不合适的。由于风扇直径受到中心高的限制，因此变化的幅度不大。在选择时还要考虑风扇与风罩的合理配合。

风扇叶片形状的影响：决定叶片形状的因素主要是叶片宽度 B、风扇外径倾角 γ 和外径处的叶片面积，如图 10-27 所示。叶片宽度主要影响到允许通过风扇的风量。风扇直径 D、叶片宽度 B 与风扇机械损耗 $P_{风扇}$ 的关系为

$$P_{风扇} \propto D^4 B \text{ 或 } P_{风扇} \propto D^3 B$$

风扇直径 D、叶片宽度 B 与风量 Q 的关系为

$$Q \propto D^2 B \text{ 或 } Q \propto DB$$

图 10-27　风扇叶片

由此可见，当风扇直径 D 增大时，机械损耗 $P_{风扇}$ 的增长速度明显超过风量 Q 的增长速度，而叶片宽度 B 增大时，对于机械损耗和风量的增长速度相同，因此，增大叶片宽度对于风量增加比较有利。

试验表明，若叶片面积一定时，尽可能增大风扇外径处的叶片面积，会使风量增加。但是，在增加风扇外径处叶片面积时，还必须保证风扇具有一定的叶片外径倾角，因为适当的叶片外径倾角会使风扇外径处与风罩出口形成较大的喇叭口，减少了气流的撞击损失，从而使气流畅通。

目前绝大部分风扇都采用径向离心圆盘式风扇，对于允许单方向运转的电动机，为降低损耗及噪声，常采用后倾式离心式风扇或轴流式风扇。

风扇通常采用铝合金或工程塑料，风罩采用具有足够刚度的钢板。

有关风扇的结构参数如下：

1）圆盘式风扇的叶片数见表 10-10。

表 10-10　圆盘式风扇的叶片数

中心高/mm	80~160	180~280	≥315
2 极时片数	5~6	6~7	后倾式或轴流式
≥4 极时片数	6~7	7~10	10~13

图 10-28 所示的圆盘式风扇的 α 角可在 $10° \sim 30°$ 的范围内选取；β 角可在 $30° \sim 50°$ 范围内选取。

叶片轴向的最大宽度，对于 80~355mm 中心高的 4~10 极电动机可在 30~120mm 的范围内按均匀递增的规律选取。在同一中心高中，2 极电动机的叶片宽度取 4~10 极电动机的 85%~90%即可。

2）80~355mm 中心高电动机的机座外径 D_0 与风扇、风罩在径向尺寸间的匹配关系（见图 10-28）可参考表 10-11。

表 10-11　尺寸匹配关系

极数 ＼ 尺寸比	D_0/D_1	D_0/D_2	D_0/D_3	D_0/D_5	D_1/D_4
2	1.5~1.9	1.35~1.65	1.1~1.3	0.88~0.89	0.85~0.9
4~10	1.3~1.45	1.2~1.3	0.95~1.1	0.88~0.89	0.9~1.0

2 极电动机的 D_0/D_1、D_0/D_2 及 D_0/D_3 应随功率的增加而逐渐取表中较大的值。

图 10-28 和图 10-29 为典型 IC411 风路结构，该风路主要由风扇、风罩、散热片三部分构成。有时对较长机座，其上还要加一个"盖板"；在采用轴流式风扇时，若风扇外径较小，还要加一个挡风板。

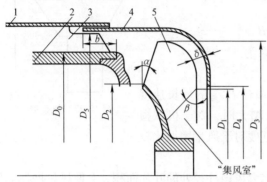

图 10-28　构成 IC411 风路的零部件

1—盖板　2—机座　3—散热片　4—风罩　5—"圆盘式"风扇

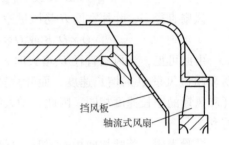

图 10-29　轴流式风扇及挡风板的布置

3）风扇与风罩的间隙 δ 可在 $10 \sim 20mm$ 的范围内选取。进风口处应有较大的"集风室"。

4）风罩搭接机座的长度 b（见图 10-28）以冷却空气能在轴伸端被扩散的程度而设计，一般可在 $30 \sim 150mm$ 的范围内选取。

小型三相异步电动机采用的风扇尺寸见表 10-12。

表 10-12　风扇尺寸（圆盘式离心式）　（单位：mm）

示意图	中心高	极数	B	B_1	B_2	D	D_1	F	GA
	80	2、4	30	22	6	19.2	100	6	22
	90	2、4、6	30	22	6	24.2	135	8	27.5
	100	2、4、6	35	22	6	24.2	155	8	27.5
	112	2	35	30	6	28.2	125	8	31.5
	112	4、6、8	35	30	6	28.2	155	8	31.5
	132	2	45	35	9	38.2	185	10	41.5
	132	4、6、8	50	35	9	38.2	195	10	41.5
	160	2	48	40	10	43	160	12	46.3
	160	4、6、8	60	40	15	43	250	12	46.3
	180	2、4	65	35	16	52	250	14	55.8
	180	6、8	65	35	16	52	275	14	55.8
	200	2、4	75	40	11	58	260	16	62.3
	200	6、8	75	40	16	58	295	16	62.3
	225	2	78	45	11	62	260	16	66.3
	225	4、6、8	90	45	20	62	350	18	66.4
	250	2	80	45	11	68	260	18	72.4
	250	4、6、8	90	45	22	68	350	18	72.4
	280	2	80	45	11	68	260	18	72.4
	280	4、6、8	100	50	18	80	390	20	84.9
	315	2	110	60	10	75	350	18	79.4
	315	4、6、8	100	60	11	90	550	22	95.4

3. 内风扇 内风扇又称为转子风叶。封闭式电动机的内风扇和防护式电动机一样，都是和转子端环铸成一体，主要是扇风冷却定子绕组端部和转子自身的散热。如果叶片太长，虽然散热面积增大，但是气流远离绕组端部反而不易扇冷定子绕组端部。叶片太短，使散热面积和风量都减小，影响温升。根据经验，内风扇叶片长度可取为定子绕组端部长度的70%到接近定子绕组端部长度；片数的选择可参考如下数值：H8～H112 电动机可选用 6 片，H132～H160 电动机可选用 8 片，H180～H200 电动机可选用 10～14 片。此外，其内外圆表面沿轴向要有 3°～12°的斜度，以利铸造脱膜。

4. 机座散热片（筋） 封闭式小型异步电动机一般都采用表面冷却自扇冷式轴向通风的典型结构，这种通风系统的风路是由机座和外风扇、风罩组成，因此机座也是封闭式电动机的主要通风元件之一。为此常在机座的表面加设散热片。散热片的主要作用是增大散热面积以及对气流起引导作用，使气流离开风罩出口后，沿着机座表面轴向流动，以提高表面冷却效果。

实践表明，机座散热片的数量直接影响电动机的散热面积和风阻的大小，从而影响电动机的冷却效果和温升。机座散热片数量越少，则风阻越小，散热系数就越大，但散热面积变小。因此当散热片数量过少时，由于散热面积显著减少，电动机内部的热量不能及时由机座表面散发到周围空间，影响电动机的冷却效果。机座散热片数量越多，则电动机的散热面积越大，但风阻增大，散热系数减小。因此当散热片数量过多时，电动机内部的热量同样不能及时散发到周围空间，也将影响电动机的冷却效果。所以过多或过少的散热片数量对电动机的温升都是不利的。机座散热片的数量很难通过理论计算确定，一般都是参考相似类型的电动机或通过大量的试验研究取得的。

当散热片数量一定时，适当地增加片高对机座散热能力的提高是有利的。但在增加散热片高度时，还应考虑到结构和工艺上的原因。

散热片的形状以凹形双曲线的散热效果为最好。考虑到工艺和结构上的原因，散热片的形状目前一般都采用梯形，顶部呈半圆，如图 10-30 所示。

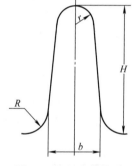

图 10-30 机座散热片

Y 系列电动机的机座为径向散热片，片间夹角为 6.5°～11°。

Y2 系列电动机的机座散热片为水平、垂直平行分布，如图 10-31 所示。散热片为不等高式，散热片上下左右 4 组对称分布，每组散热片的片顶以偏心圆弧为包络线，外形看起来似方形。

考虑铸造工艺和散热效果、造型美观等综合因素，这里以 Y2 系列电动机机座设计为例，介绍散热片的高度、间距确定的原则和方法。

1）散热片的基准片高度为机座内径的 0.065～0.09 倍（表 10-13 中的 K_1），实际高度与 Y 系列的散热片接近，最高片与基准片之比为 1.3～1.7，个别达 1.9（表 10-13 中的 K_2）。

2）片间距为基准片高度的 0.65～0.80 倍（表 10-13 中的 K_3），边缘片的间距适当增加 1.0～5.0mm。

因此，Y2 系列机座散热片圆周方向的平均高度为 Y 系列的

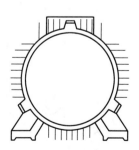

图 10-31 Y2 系列电动机
机座散热片分布示意图

1.0~1.3 倍（表 10-13 中的 K_4），全系列平均为 1.173，即在与 Y 系列机座长度相等时，Y2 系列机座的散热面积平均提高 17.3%，最高提高 30%。

表 10-13　Y2 系列与 Y 系列异步电动机机座散热筋比较　（单位：mm）

机座号	63	71	80	90	100	112	132	160	180	200	225	250	280	315	355
Y 系列片高	10.5	10	13	14	15.5	17	19	21	22.5	23	25	29	35.5	40	44
Y2 系列基准片高	10	10	12	13	14	15	18	20	22	24	26	28	32	36	43
Y2 系列最高片高	12	13	21	22	23	26	30	38	39	42	45	47	50	50	63
K_1	0.09D[①]				0.08D			0.07D			0.065D		0.068D		
K_2	1.2	1.3	1.75	1.69	1.64	1.73	1.67	1.9	1.77	1.75	1.73	1.68	1.56	1.39	1.47
Y 系列散热片间距	11	12.6	10.8	11.6	11.1	12.4	13.8	15.8	17.4	18.3	20.5	21.0	23.2	26.4	27.5
Y2 系列散热片间距	9	9	10	10	10	12	14	15	16	17	19	20	22	24	24
K_3	0.9	0.9	0.8	0.8	0.7	0.8	0.8	0.75	0.75	0.70	0.75	0.70	0.70	0.70	0.60
Y2 系列平均片高	10.2	11	14	15.7	15.5	18.4	22.6	24.4	27.6	30.5	33.2	35.6	39.2	40.6	47.8
K_4	0.98	1.1	1.1	1.1	1.0	1.1	1.2	1.2	1.2	1.3	1.3	1.2	1.1	1.0	1.7
Y 系列片数	18	18	28	28	33	33	37	43	46	50	51	55	53	50	58
Y2 系列片数	25	29	29	30	34	34	36	45	48	51	51	51	55	55	57

① D 为机座内径（mm）。

5. 风罩　风罩的形状必须和风扇配合适宜。一般来说，风扇外径与风罩间的间隙不应小于 10~15mm。同时要有适当的进风面积，进风口开得过大会产生回风，过小则进风阻力增加，影响进风量。而且，进风口离风扇太近，不仅会使噪声增加，同时也不利于利用集风效应，改善气流的引导作用，因此必须在风罩与风扇间设有足够大的集风室。

小型三相异步电动机的风罩尺寸见表 10-14。

表 10-14　风罩尺寸　（单位：mm）

示意图	中心高	B	B_1	D	R	r	b	δ	装配孔数
	80	76	15	φ153	38	3	10	1.2	3
	90	90	20	φ173	40	3	10	1.2	
	100	90	20	φ193	44	3	10	1.2	
	112	100	22	φ217	48	3	10	1.2	
	132	120	22	φ256	50	3	10	1.2	
	160	150	24	φ311	58	3.5	12	1.5	4
	180	183	40	φ352	60	4	14	1.5	
	200	204	40	φ394	65	4	14	1.5	
	225	224	45	φ442	75	5	18	1.5	
	250	244	55	φ481	85	5	18	1.5	
	280	265	65	φ543	90	5	18	2.0	
	315	305	75	φ613	85	6	25	2.0	

10.5　电动机的绝缘结构设计

电动机的绝缘结构是关系着电动机能否安全可靠运行的重要技术，这是因为绝缘在电动机中的主要作用是把导电部分（如绕组线）与不导电部分（如铁心）隔开，或把不同电位的导电体隔开（如相间绝缘、匝间绝缘）。

电动机绝缘结构及其加工工艺在电动机中占有极为重要的地位。一方面由于它是电动机材料中最主要、最贵的材料之一，另一方面，由于目前所使用的绝缘材料，大部分为有机材料，它的耐热性和使用寿命远比导线、铁心等要低，形成电动机的薄弱环节，这就使它直接影响和决定了电动机的允许温升和使用寿命。因此可以认为电动机的绝缘结构及其加工工艺直接影响了电动机的成本、质量、寿命和可靠性。

10.5.1　交流电动机的绝缘结构

各种电动机的绝缘结构，决定于其运行温度，也就是设计的耐热等级；绝缘结构也因电压等级的不同而不同，此外还要受线圈制造过程及运行中受力情况的影响。因此可以说绝缘结构决定其耐热等级、电压及功率。

电动机内部各种绝缘材料的选用原则除满足耐电压、耐机械应力之外，还要注意的是耐热等级必须是同级。

电动机中的绝缘按其担负的任务分为导线绝缘、匝间绝缘、相间绝缘和对地绝缘。由于电动机种类、电压等级、功率等级等各种要求不同，绝缘结构也不一样。表10-15列出了电动机生产中可以使用的几种绝缘结构的组成，实际应用远不止这几种。

表10-15　几种绝缘结构组成

部位 绝缘结构 耐热等级	槽绝缘	电磁线	浸渍漆或浇注绝缘	槽楔	引线套管	换向器、集电器和电刷装置用绝缘
B级130℃	聚酯薄膜玻璃漆布复合箔，聚酯无纺布-聚酯薄膜-聚酯无纺布复合箔6630（DMD）；环氧粉末熔槽绝缘	QZ聚酯漆包线或QZ（G）、QZY漆包线	A30-1（1032）氨基绝缘漆；环氧树脂浇注胶	环氧酚醛层压玻璃布板（3240）	醇酸玻璃漆管（2730）；聚氯乙烯尼龙护套绝缘	酚醛玻璃纤维压塑料4330，电压塑料，PBT玻璃纤维增强塑料（热塑性）
F级150℃	合成聚芳纤维纸薄膜复合箔6640（NMN）；聚酯粉末熔槽绝缘	QZY或QZY/XY聚酯亚胺漆包线	聚酯浸渍漆；环氧树脂无溶剂漆；155；D005	环氧玻璃布板3240	硅橡胶玻璃丝套管（2740）	电酯压塑料，PBT玻璃纤维增强塑料（热塑性）
H级180℃	合成聚芳纤维纸薄膜复合箔6650（NHN）；聚酰亚胺薄膜，或与聚四氟乙烯薄膜复合	QY或QZY/XY聚酰亚胺漆包线	有机硅浸渍漆（931）；1053；D006	有机硅环氧层压玻璃布板3250	聚四氟乙烯套管（2750）；硅有机玻璃丝漆管	聚胺-酰亚胺玻璃纤维压塑料

10.5.2 低压交流电动机的槽绝缘

低压电动机通常是指额定电压为1140V及以下的三相、单相电动机,包括异步电动机、同步电动机和直流电动机等。

绕组是电动机的核心,电动机能否长期可靠地运行,在很大程度上取决于绕组绝缘。

对绕组绝缘的要求是:有足够的电气强度和机械强度;良好的耐热性和散热能力。

绕组绝缘由匝间、相间及对地三个方面绝缘及绝缘浸渍漆构成。绝缘结构的设计与绕组型式、工作电压、选用的材料及绕制、嵌线和绝缘处理有关。交流电动机的绕组有散嵌及成形绕组两大类。

在交流电动机的绝缘结构中槽绝缘是最主要的,绝缘结构设计时首先要根据绕组的耐热等级、电压等级来确定槽绝缘的结构,见表10-16。

表10-17列出了槽绝缘伸出的型式和长度,因为破压常在槽口处发生。

表10-16 槽绝缘的常用典型结构型式

耐热等级	结构型式方案编号		绝缘材料名称	型号	层数	每层厚度/mm	总厚度/mm	适用电压等级/V
E	a	1	青壳纸		1	0.20	0.40	380
		2	聚酯薄膜		1	0.05		
		3	油性玻璃漆布	2412	1	0.15		
	b	1	聚酯薄膜绝缘纸复合箔	6520	1	0.25	0.40	380
		2	油性玻璃漆布	2412	1	0.15		
	c	1	聚酯薄膜绝缘纸复合箔	6520	1	0.25~0.35	0.25~0.35	380
B	a	1	醇酸玻璃漆布	2432	1	0.15	0.45	660
		2	醇酸柔软云母板	5133	1	0.15		
		3	醇酸玻璃漆布	2432	1	0.15		
	b	1	聚酯薄膜玻璃漆布复合箔	6530	1	0.20	0.35	660
		2	醇酸玻璃漆布	2432	1	0.15		
	c	1	聚酯薄膜聚酯纤维纸复合箔	DMD	1	0.25	0.40	660 380
		2	醇酸玻璃漆布	2432	1	0.15		
	d	1	聚酯薄膜聚酯纤维纸复合箔	DMDM	1	0.25~0.35	0.25~0.35	
F	a	1	聚酯薄膜芳香族聚酰纤维纸复合箔	NMN	2	0.25	0.5	660
	b	1	聚酯薄膜聚酯纤维纸复合箔	F级DMD	1	0.35	0.35	380

（续）

耐热等级	结构型式方案编号		绝缘材料名称	型号	层数	每层厚度/mm	总厚度/mm	适用电压等级/V
H	a	1	硅有机玻璃漆布	2450	1	0.15	0.50	1140
		2	硅有机柔软云母板	5150	1	0.15		
		3	聚酰亚胺薄膜		1	0.05		
	b	1	硅有机玻璃漆布	2450	1	0.15	0.45	1140
		2	聚酰亚胺薄膜		3	0.05		
		3	硅有机玻璃漆布	2450	1	0.15		
	c	1	聚酰亚胺薄膜芳香族聚酰胺纤维纸复合箔	NMN	2	0.25	0.5	1140
N	a	1	聚酰亚胺玻璃漆布		1	0.15	0.25	380
		2	聚酰亚胺薄膜		2	0.05		
	b	1	聚酰亚胺玻璃漆布		1	0.15	0.25	380
		2	聚四氟乙烯薄膜		2	0.05		

表 10-17 槽绝缘伸出槽口型式

示 意 图	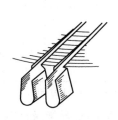a) 伸出槽口处不加强	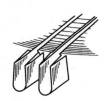b) 伸出槽口处折转加强	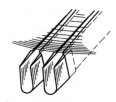c) 伸出槽口处折转并进入槽内	
电机中心高 H/mm	80～112	132～180	200～280	315～355
槽绝缘厚度 d_i/mm	0.22～0.25	0.30～0.35	0.35～0.40	0.45～0.50
每端伸出槽口长度/mm	7.5～10	7.5～10	10～15	15～20

10.5.3 交流电动机定子绕组绝缘规范

1. B 级绝缘定子绕组绝缘结构及绝缘规范

（1）绝缘结构 H80～H160 机座为单层绕组，绝缘结构如图 10-32 所示。H180～H315 机座为双层绕组，绝缘结构如图 10-33 所示。

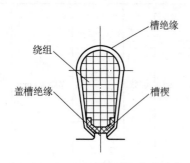

图 10-32 定子单层绕组绝缘结构图

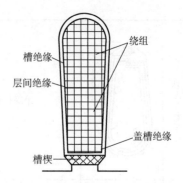

图 10-33 定子双层绕组绝缘结构图

（2）绝缘规范

1）槽绝缘。采用复合绝缘材料 DMDM 或 DMD，具体规范见表 10-18。

表 10-18 定子绕组槽绝缘规范   （单位：mm）

外壳防护等级	中心高	槽绝缘形式及总厚度				槽绝缘均匀伸出铁心二端长度
		DMDM	DMD+M	DMD[①]	DMD+DMD	
IP55	80~112	0.25	0.25 (0.20+0.05)	0.25		6~7
	132~160	0.30	0.30 (0.25+0.05)			7~10
	180~280	0.35	0.35 (0.30+0.05)			12~15
	315	0.50			0.50 (0.20+0.30)	20
IP23	160~225	0.35	0.35 (0.30+0.05)			11~12
	250~280		0.40 (0.35+0.05)		0.40 (0.20+0.20)	12~15

① 0.25mmDMD 其中间层薄膜厚度为 0.07mm，D 为聚酯纤维无纺布，M 为 6020 聚酯薄膜。

2）相间绝缘。绕组端部相间垫入与槽绝缘相同的复合绝缘材料（DMDM 或 DMD）。

3）层间绝缘。当采用双层绕组时，同槽上、下两层线圈之间垫入与槽绝缘相同的复合绝缘材料（DMDM 或 DMD）作为层间绝缘。

4）槽楔。采用新型（3820）的引拔槽楔或 3240 环氧酚醛层压玻璃布板槽楔。中心高 H80~H280 机座电动机用厚度为 0.5~1.0mm 成型槽楔或引拔槽楔，或厚度为 2mm 的 3240 板；H315 机座电动机用厚度为 3mm 的 3240 板成型或引拔槽楔，其长度和相应槽绝缘相同，3240 板槽楔的长度比相应槽绝缘短 4~6mm，槽楔下垫入长度与槽绝缘相同的盖槽绝缘。

5）引接线。采用 JXH（JBQ）型丁腈橡胶电缆，引接线接头处用厚 0.15mm 的醇酸玻璃漆布带或聚酯薄膜带，将电缆和线圈连接处半叠包一层，外部再套醇酸玻璃漆管一层。

6）端部绑扎。

① 中心高为 H80~H132 机座的电动机，定子端部每两槽绑扎一道；中心高为 H160~H315mm 的电动机，定子端部每一槽绑扎一道。

② 中心高为 H180mm 的 2 极及 H200~H315mm 的 2、4 极的电动机，定子绕组鼻端用无碱玻璃纤维带半叠包一层。

③ 中心高为 H315mm 的 2 极电动机，定子绕组端部外端用无纬玻璃带绑扎一层。

④ 在有引接线的一端应把电缆和接头处同时绑扎牢，必要时应在此端增加绑扎层数。

⑤ 绑扎用材料为电绝缘用的聚酯纤维编织套管（或编织带），或者用无碱玻璃纤维带（或套管）。

7）半成品检验。定子白胚完工后（在浸漆前）需经过 2260V/min 的绝缘介电强度试验。

8）绝缘漆浸烘处理。浸渍漆为 1032 时，采用二次沉浸处理工艺，采用 EIU、319-2 等环氧聚酯类无溶剂漆时，沉浸一次。

2. F 级绝缘定子绕组绝缘结构及绝缘规范 目前国内外的交流电动机基本上都采用 F 级绝缘，其绝缘规范见表 10-19。

表 10-19 F 级绝缘半闭口槽散嵌线绕组定、转子槽部绝缘规范

附 图	序号	材 料	厚度×层数 /mm×mm	用于产品	备 注
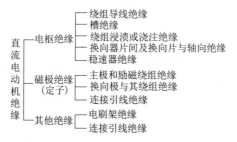	1	6640NMN 聚芳酰胺纤维纸聚酯薄膜复合箔	0.2×1	H112 以下	宽度以搭接后不露导线为宜
			0.25~0.3×1	H132~H280	长度随机座号由小到大每端伸出铁心 5~20mm
			0.2~0.25×2	H315 以上	
	2	6050 聚酰亚胺薄膜	0.05×1	全 部	槽口处"挽袖"补强该处绝缘
	3	同序号 1	0.2~0.3×1	全 部	厚度分别与各自的序号 1 相同（单层无此项）
	4	3240 环氧酚醛玻璃层压板	2.0~3.0×1	全 部	

注：序号 3 的宽度取平均槽宽的 2 倍，长度以伸出槽口 10~25mm 与相间绝缘搭接不小于 5mm；H 表示中心高。

10.5.4 直流电动机的绝缘结构

直流电动机的绝缘结构由以下几部分组成。

直流电动机绝缘 ┬ 电枢绝缘 ┬ 绕组导线绝缘
│   ├ 槽绝缘
│   ├ 绕组浸渍或浇注绝缘
│   ├ 换向器间及换向片与轴向绝缘
│   └ 稳速器绝缘
├ 磁极绝缘（定子）┬ 主极和励磁绕组绝缘
│   ├ 换向极与其绕组绝缘
│   └ 连接引线绝缘
└ 其他绝缘 ┬ 电刷架绝缘
          └ 连接引线绝缘

（1）直流电动机主极绕组的绝缘结构 见表 10-20。

（2）直流电动机电枢绕组的绝缘结构 见表 10-21。

（3）直流电动机电枢绕组端部绝缘结构 见表 10-22。

表 10-20　主极绕组绝缘结构举例　　　　　　　　　　（单位：mm）

类别		图　例	序号	B 级绝缘	F 级绝缘	H 级绝缘	备　注
传统型	框架式	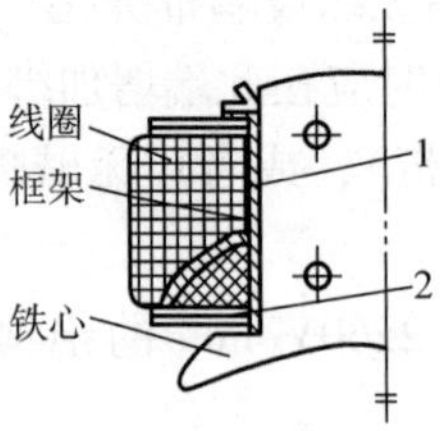 线圈 框架 铁心	1	0.25DMD 围包 2¼层	0.25NMN 或 ADMAD 围包 2¼层	0.25NHN 围包 2¼层	塑料框架不需另加绝缘 电压≤500V
			2	环氧酚醛层压板	环氧酚醛层压板	二苯醚层压板	
传统型	装入式	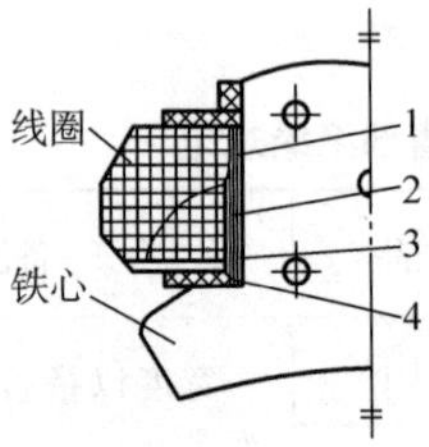 线圈 铁心	1	0.16 环氧酚醛胚布烫包 1¼层	0.20 环氧酚醛胚布烫包 1¼层	0.20 二苯醚胚布烫包 1¼层	额定电压： B 级≤500V F 级≤1000V H 级≤1000V 序号 1、2、3 可分别改用 DMD、NMN、AD-MAD、NHN 围包，其厚度及烫包层数按同等强度折算
			2	0.20 环氧粉云母箔烫包 2¼层	0.25F 级柔软云母板加 0.05 亚胺薄膜各烫包 2¼层		
			3	0.16 环氧酚醛胚布烫包 1¼层	0.20 环氧酚醛胚布烫包 1¼层	0.20 二苯醚胚布烫包 1¼层	
			4	环氧酚醛层压板	环氧酚醛层压板	二苯醚层压板	
整体型	整浸式	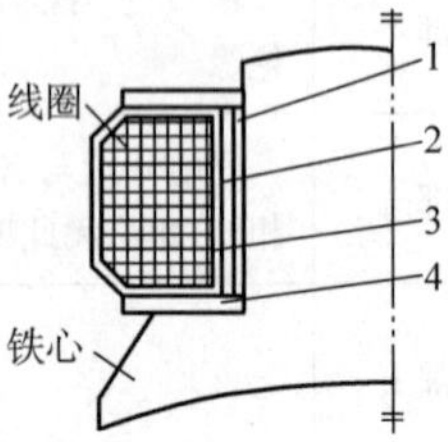 线圈 铁心	1	0.20DMD 围包 1¼层	0.20NMN 围包 1¼层	0.20NHN 围包 1¼层	真空压力浸渍两次，额定电压≤500V
			2	2.6 聚酯毡围包一层			
			3	0.1×25 玻璃丝带半叠绕一层			
			4	环氧酚醛层压板	二苯醚酚醛层压板		

表 10-21　电枢绕组绝缘结构举例　　　　　　　　　　（单位：mm）

类别	示意图	序号	名称	B 级绝缘	F 级绝缘	H 级绝缘	备注
梨形槽、散嵌绕组	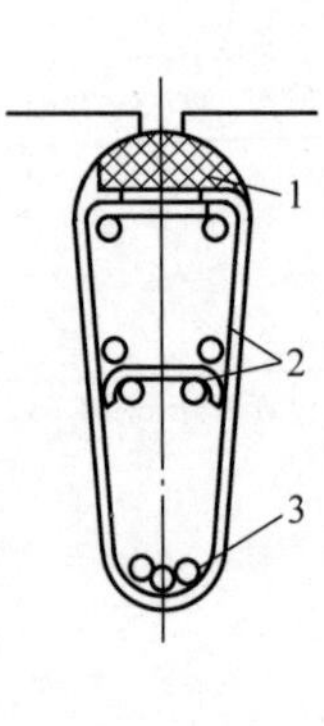 1 2 3	1	槽楔	环氧酚醛层压板	环氧酚醛层压板或二苯醚酚醛层压板	二苯醚酚醛层压板	适用于额定电压 500V 及以下小型直流电动机
		2	槽绝缘及层间绝缘	0.35DMD 或 DM-DM	0.35NMN 或 AD-MAD	0.35NHN	
		3	电磁线	QZ-2 漆包线	QZY-2 漆包线或 QZY/QXY 复合线	QY-2 或 QXY-2 漆包线	

（续）

类别	示意图	序号	名称	B级绝缘	F级绝缘	H级绝缘	备注
矩形槽、散嵌绕组		1	槽部固定	聚酯无纬玻璃丝带	环氧无纬玻璃丝带或二苯醚无纬玻璃丝带	二苯醚无纬玻璃丝带或聚胺酰亚胺无纬玻璃丝带	额定电压500V及以下
		2	楔下垫条	0.50环氧酚醛层压板		0.50二苯醚层压板	厚度及片数以填充紧密为准
		3	槽绝缘及层间绝缘	0.40DMD或DM-DM	0.40NMN	0.40NHN	
		4	电磁线	QZB漆包扁线	QZYB漆包扁线	QYB漆包扁线或QXYB漆包扁线	可由两层拼合
		5	槽底垫条	0.20环氧酚醛层压板		0.20二苯醚酚醛层压板	

表 10-22　电枢绕组端部绝缘结构举例　　　　　　　（单位：mm）

类别	示意图	序号	名称	B级绝缘	F级绝缘	H级绝缘	备注
沿圆周平包支架绝缘		1	端部绑扎	聚酯无纬玻璃丝带	环氧无纬玻璃丝带	二苯醚无纬玻璃丝带或聚胺—酰亚胺无纬玻璃丝带	必要时可在端部线圈边之间空隙内，上下层分别用聚酯毡（B级）或硅酸铝毡（F、H级）充填，但不要阻塞风道
		2	层间绝缘	0.25DMD两层中间夹聚酯毡调整厚度	0.20NMN两层中间夹硅酸铝毡调整厚度	0.20NHN两层中间夹硅酸铝毡调整厚度	
		3	对地绝缘保护	0.10×25玻璃丝带绕扎			
		4	端部绝缘机械加强	0.50环氧酚醛层压板		0.50二苯醚酚醛层压板	
		5	端部对地绝缘	0.25DMD两层中间夹聚酯毡调整厚度	0.20NMD两层中间夹硅酸铝毡调整厚度	0.20NHN两层中间夹硅酸铝毡调整厚度	
		6	支架端箍绑扎	聚酯纤维绳	玻璃丝套管		
				0.10~0.20玻璃丝布			

10.6　电动机装配尺寸链计算

尺寸链是指在零件或部件上有关联的尺寸按一定顺序连接起来形成的封闭尺寸环，即每一个尺寸链都是一些相互关联的尺寸的总称，尺寸链中每段尺寸称为尺寸链中的环。对零件来说，即为零件的加工尺寸链；对部件或总体来说，即为装配尺寸链。

在结构设计中，一方面要保证电磁性能的基本要求，另一方面要对电动机总体结构的几何尺寸和公差进行分析计算，正确决定各零件的形状尺寸和各零件的相互位置、允许公差等，以保证加工和装配顺利进行。

尺寸链的计算是电动机结构尺寸确定中的重要一环。正确地运用尺寸链的理论，可以合理地规定各零部件尺寸、公差，提高零部件和电动机装配的工艺性。

本节以轴向装配尺寸链计算为例阐明电动机的装配精度。以小型异步电动机为例，各零部件的装配关系如图 10-34 所示。设计的意图是装配时，要求保证三个尺寸在允差范围内。一是轴伸端轴承室弹簧片预压尺寸 e 必须在允差范围内；二是非轴伸端的轴承盖把轴承外圈压死，要求 δ_2 的最小值不能为负；三是在轴伸端轴承盖的止口与轴承外圈之间留下间隙 δ_1，以容纳各零件加工的公差，以及电动机运行中的热膨胀。因此，按

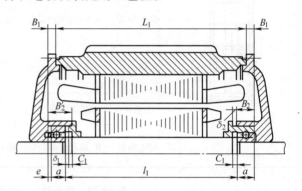

图 10-34　小型异步电动机装配示意图

照尺寸链理论，可以建立起三个尺寸链，如图 10-35 所示。图中，e、δ_2、δ_1 分别代表三个不同的封闭环。

（1）轴伸端轴承室弹簧片预压尺寸的计算　从图 10-35a 可见，B_1、L_1 尺寸增加将使 e 加大，故为增环；而 l_1、a 尺寸增加，将使 e 减小，故应为减环。

已知某一种小型异步电动机的尺寸为

$$B_1 = 20^{+0.140}_{0}\ \text{mm} \qquad L_1 = 282^{0}_{-0.34}\ \text{mm}$$

$$a = 23^{0}_{-0.12}\ \text{mm} \qquad l_1 = 273^{0}_{-0.34}\ \text{mm}$$

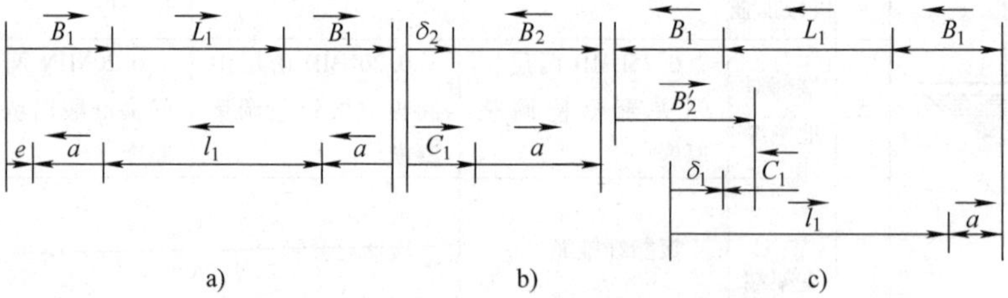

图 10-35　小型异步电动机的装配尺寸链简图

a) 计算弹簧片预压尺寸 e 的尺寸链简图　b) 计算非轴伸端间隙 δ_2 的尺寸链简图　c) 计算轴伸端间隙 δ_1 的尺寸链简图

L_1—定子机座止口两端面距离　B_1—端盖止口端面到轴承室底面距离　B_2—端盖轴承室深度（非轴伸端）

B_2'—端盖轴承室深度（轴伸端）　l_1—转轴两轴承挡间距离　a—轴承宽度　e—波形弹簧厚度　C_1—轴承盖止口深度

求安放弹簧片位置的尺寸：

e（基本尺寸）=（增环基本尺寸之和）-（减环基本尺寸之和）

$$= (\overrightarrow{L_1} + \overrightarrow{B_1} + \overrightarrow{B_1}) - (\overleftarrow{l_1} + \overleftarrow{a} + \overleftarrow{a})$$

$$= \sum_{i=1}^{m} \overrightarrow{A_i} - \sum_{i=1}^{n} \overleftarrow{A_i} = (282 + 2 \times 20) - (273 + 2 \times 23) \quad mm = 3mm$$

e_{max}（最大极限尺寸）=（增环最大极限尺寸之和）-（减环最小极限尺寸之和）

$$= \sum_{i=1}^{m} \overrightarrow{A_{imax}} - \sum_{i=1}^{n} \overleftarrow{A_{imin}}$$

$$= [(282+0) + 2 \times (20+0.14)] - [(273-0.34) + 2 \times (23-0.12)]mm$$

$$= 3.86mm$$

e_{min}（最小极限尺寸）=（增环最小极限尺寸之和）-（减环最大极限尺寸之和）

$$= \sum_{i=1}^{m} \overrightarrow{A_{imin}} - \sum_{i=1}^{n} \overleftarrow{A_{imax}}$$

$$= [(282-0.34) + 2 \times 20] - [273 + 2 \times 23]mm = 2.66mm$$

由以上计算可知，e 的尺寸在 2.66~3.86mm 之间变化，而工厂生产图样中弹簧片的厚度为 4.6mm±0.25mm，所以装配后弹簧片是预先受到压缩的，因此就能压住前轴承外圈，可以减少承受较大负荷的前轴承的轴向工作间隙，减少电动机运转时产生的窜动，补偿定、转子零件尺寸链的公差和热膨胀所造成的伸缩。

（2）非轴伸端间隙 δ_2 的计算　已知 $C_1 = 4_{-0.03}^{0}$mm，$B_2 = 26.5_{-0.14}^{0}$mm，从图 10-35b 可知，尺寸 C_1、a 是增环，B_2 是减环。故

$$\delta_2 = [(4+23) - 26.5]mm = 0.5mm$$

$$\delta_{2max} = [(4+0) + (23+0)]mm - (26.5-0.140)mm = 0.64mm$$

$$\delta_{2min} = [(4-0.08) + (23-0.12)]mm - (26.5-0)mm = 0.30mm$$

从计算得知 δ_2 在 0.3~0.64mm 之间变化，能满足"卡紧"非轴伸端轴承外圈的要求。

（3）轴伸端间隙 δ_1 的计算　已知 $B_2 = 31_{-0.170}^{0}$ 且从图 10-35c 可知，B_1、L_1、C_1 是减环，而 B_2、l_1、a 是增环。故

$$\delta_1 = (31+273+23)mm - (282+2 \times 20+4)mm = 1mm$$

$$\delta_{1max} = (31+273+23)mm - [(282-0.34) + 2 \times (20-0) + (4-0.08)]mm = 1.42mm$$

$$\delta_{1min} = [(31-0.17) + (273-0.34) + (23-0.12)]mm - [282+2 \times (20+0.14) + (4+0)]mm$$

$$= 0.09mm$$

从以上计算可知，δ_1 在极限情况下仍有很小的间隙，即能够容纳各零件公差及热膨胀的要求。

10.7　电动机转动部件的平衡

1. 平衡的基本原理　电动机的转动部件（如转子、风扇等）由于结构不对称（如键槽、标记孔等），材料质量不均匀（如厚薄不均或有砂眼）或制造加工时的误差（如孔钻偏或其他）等原因，而造成转动体机械上的不平衡，就会使该转动体的重心对轴线产生偏移，转动时由于偏心的惯性作用，将产生不平衡的离心力或离心力偶，电动机在离心力的作用下将发生振动。

振动对电动机的危害很大，消耗能量，使电动机效率降低；伤害电动机轴承，加速磨

损，缩短使用寿命；振动还会影响到基础或与电动机配套的其他设备的运转，使某些零件松动，甚至使一些零件因疲劳而损伤。直流电动机电枢不平衡引起的振动，常使电刷产生火花。此外，由于机械上的不平衡还会产生电动机机械噪声。

离心力的大小可按下式计算：

$$F = mr\omega^2$$

式中　m ——不平衡质量（kg）；

　　　r ——不平衡质量偏移的半径（m）；

　　　ω ——转子转动的角速度（rad/s）。

例如，在直径为 200mm 的转子外圆处不平衡质量 0.01kg，当电动机转速为 3000r/min 时，产生的不平衡离心力将高达 98.6N。可见较小的不平衡质量，在高速转动时将产生较大的离心力。因此，在电动机进行总装前，转子必须校平衡，以消除零件或部件的不平衡现象。

2. 不平衡的种类　电动机转动部件的不平衡可分为静不平衡、动不平衡及混合不平衡三种。

（1）静不平衡　如图 10-36a 所示，一个直径大而短的转子放在一对水平刀架导轨上，不平衡质量 M 将促使转子在导轨上滚动，直到不平衡质量 M 处于最低的位置为止，这种现象表示转子有"静不平衡"存在。由于转子静止时重心永远是处在最低位置，因此，这种不平衡的转子即使不旋转，也会显示出不平衡的性质，故称为静不平衡。假如在与 M 对称的另一边加质量 N 后，M 对转轴中心线产生的力矩与 N 对转轴中心线产生的力矩相等，即 $Mx = Nr$，则转子转到任一位置都不可能有滚动现象发生，转子达到了静平衡状态。这种方法称为静平衡法。

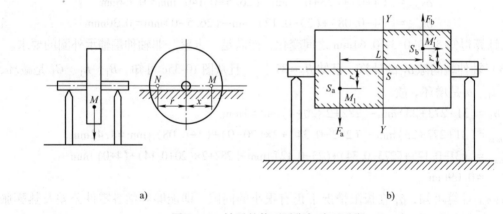

图 10-36　转子的静不平衡与动不平衡
a）静不平衡　b）动不平衡

（2）动不平衡　如图 10-36b 所示，假如电动机转子的质量分布不均匀，阴影部分代表过重的部分，从整体来看，重心 S 是重叠在转动轴线上的，即是静平衡的，也就是说不平衡质量 M_1（重心为 S_a）与 M_1'（重心为 S_b）是相平衡的，即 $M_1 = M_1'$，$r = r'$，$M_1 r = M_1' r'$，静止转子可停止在任意位置上。但当这种转子旋转后，M_1 与 M_1' 会产生一对大小相等、方向相反的离心力 F_a 和 F_b，形成一对力偶，其力偶矩 $F_a L$ 周期性地作用在电动机轴承上，引起振动。这种在转动时出现的不平衡称为动不平衡。动不平衡可用一个与 $F_a L$ 大小相等、方向相反的力矩来平衡它，这种方法称为动平衡法。

（3）混合不平衡　一般工件都不是单纯地存在静不平衡或动不平衡，而是同时存在这两种不平衡。也就是说，既有由不平衡质量 M 产生的静不平衡离心力 F，又有由 M_1 和 M_1' 产生的不平衡力偶矩 $F_a L$，如图 10-37 所示。这种不平衡称为混合不平衡。严格地讲，任何转子都存在混合不平衡。但在实用上，由于转子的情况及运行条件的不同，可以有不同的处理方法。当转子长度 L 与其直径之比 L/D 较小，且转速较低时，可只做静平衡校验；反之，则需进行动平衡校验。通常，转子圆周速度 $v<6m/s$ 或 $6m/s<v<15m/s$ 且 $L/D<1/3$ 时，只做静平衡校验，当 $v=15\sim20m/s$、$L/D\geqslant1/3$ 或者 $v>20m/s$、$L/D>1/6$ 时，都需进行动平衡校验。在

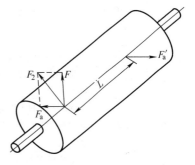

图 10-37　混合不平衡

实际生产时，对转速为 1500r/min 及以上的转子应校动平衡，对转速为 1000r/min 及以下的转子只做静平衡校验。

3. 电动机旋转件的平衡精度　电动机转动部件的动不平衡，普遍采用动平衡机进行校正。

校动平衡的基本原理，就是利用转子转动时不平衡质量所引起的振动现象，找出不平衡质量的位置（相位）和大小，再用加量法或去量法加以消除，使转子达到平衡。

动平衡的校正，就是通过调整转子的质量分布，使重心与旋转轴线重合，或使重心与旋转轴线之间的偏心距足够小，以保证电动机运行时的振动振幅不超过规定值。

使用动平衡机法校正动不平衡，一般是利用上述共振原理，突出不平衡效应，以确定旋转体不平衡重的大小和方向，并在合适的断面上增加或减少相应的质量，校正旋转件的动不平衡。

小型旋转件用的动平衡机有多种型式，包括闪光式动平衡机、光电传感式动平衡机、压电式动平衡机和激光动平衡机等。

旋转件经过不平衡的校正，可以把不平衡离心力及其引起的动力效果减小到相当低的程度。旋转件平衡的优良程度称为旋转件的平衡精度。

不平衡力或力偶对整台电动机的动力效果，以对轴承产生的动压力和使轴承产生振动的振幅大小来衡量。其中动压力与不平衡重径积和转速的二次方成正比，而振动的振幅由轴承的刚性、旋转件的质量等因素决定。实践表明，动压力作用的效果，可由下式决定，即应有

$$\frac{W_1 r}{W}\omega = e\omega$$

式中　$W_1 r$——不平衡重径积；

$\qquad$ W——旋转件质量；

$\qquad$ ω——旋转件角速度。

其中比值 $W_1 r/W = e$。对进行静平衡的旋转件，即为总重心的偏心距；对进行动平衡的旋转件，e 为校正面内等效质量的偏心距。由于两种偏心距都在校正平面之内，可以把 e 统称为校正面偏心距，所以，工程上采用乘积 $e\omega$（振动速度）表示旋转件的平衡精度是合适的。

关于平衡精度的标准，国际上较多的是采用 $e\omega$ 来划分平衡等级。

根据电动机不同工作要求和转速值，以 ISO 标准作为选择平衡精度的参考，见表 10-23。

表 10-23　平衡精度等级和允许动不平衡量的变化范围

精度等级 G	$e\omega/1000$ /(mm/s)	旋转件类型举例	允许剩余径向不平衡量/μm 对不同最大转速/(r/min)				
			300	950	3000	9500	30000
G6.3	6.3	风扇,普通电机转子	200~80	63~25	20~8	6.3~2.5	2~0.8
G2.5	2.5	部分微电机转子,中小型电机转子		25~10	8~3.15	2.5~1.0	0.8~0.315
G1.0	1.0	特殊要求的小型电枢,如控制用微电机转子等,声像设备用微电机转子			3.15~1.25	1.0~0.4	0.315~0.125
G0.4	0.4	陀螺电机转子,高速电机转子等			1.25~0.5	0.4~0.16	0.125~0.05

对用两个平面平衡的刚性转子,两个校正平面上采用表中规定的不平衡值的一半;对盘形转子,在校正平面上采用表中规定值。表中精度标号 G(mm/s) 为

$$G = \frac{e\omega}{1000}$$

式中　e——校正平面偏心量（μm）;

　　　ω——最高使用角速度（rad/s）。

精度等级之间的公比为 2.5,共分 11 级:G4000、G1600、G630、G250、G100、G40、G16、G6.3、G2.5、G1.0、G0.4。数字越小平衡精度越高,G1.0 为精密平衡,G0.4 为高精密度平衡。普通小型电动机的动平衡精度多采用 G6.3。

第11章　小型电动机常用材料

各种电动机包括交流异步电动机、同步电动机以及直流电动机，虽然有各种不同的结构，但不外乎由导电回路（包括定子回路和转子回路）和导磁回路组成，它们之间用绝缘材料分隔开，并利用各种结构零件把它们组合在一起。因此可以把电动机用的材料分为导磁材料、导电材料、绝缘材料以及结构材料四大类。结构材料主要是钢、铁等黑色金属，本章不做介绍。

11.1　导磁材料

为了获得良好的特性，电动机用的导磁材料应该具有较高的导磁性能，并要求有较低的铁耗（涡流损耗和磁滞损耗），硅钢片恰好满足这两方面的要求，因此多年来，一直用它来作为电动机磁路主要的导磁材料。在高速电动机中，除了导磁还有较高的机械强度的要求，因此必须采用高导磁的合金钢整体锻件代替硅钢片制造成高速转子，所以这种转子既是导磁材料，又是结构材料。直流电动机的机壳采用钢板焊接或采用铸钢件，而直流电动机以及多极同步电动机的极身和极靴多采用薄钢板叠成，转子磁轭可采用叠片钢板或整块的铸钢。

由于永磁材料的发展，近年来一些小型电动机采用永久磁铁做成磁极，使结构大为简化。随着稀土永磁材料的进一步开发，永磁电动机得到了很快的发展。

1. 硅钢片　含有硅的合金钢经轧制而成的薄钢板称为硅钢片。

硅的含量对硅钢片的性能起决定性影响，铁中加入硅，可使其电阻率增高，限制了涡流，使损耗降低；但加入硅后，磁感应强度有所下降，随着含硅量的增加，硬度和脆性增加，给轧制、冲裁、剪切等加工带来困难，含硅量一般不超过 4.5%。

在磁场交变的铁心中，当磁通密度和交变频率都不变时，单位体积铁心的涡流损耗与钢片的厚度平方成正比，同一品种的硅钢片，厚度越小，铁心损耗越小，但铁心制造工时增加，叠压系数降低。因此大部分小型电动机均采用 0.5mm 或 0.35mm 厚的硅钢片。

按照轧制工艺的不同，分为热轧硅钢片和冷轧硅钢片两种。

热轧硅钢片已被淘汰。

与热轧硅钢片相比，冷轧硅钢片有一系列的优点，如单位损耗小，磁感应强度高，表面质量好，平整度和叠压系数高，能成卷生产等。

冷轧硅钢片因其硅钢晶粒排列不同分为有取向和无取向两种。有取向冷轧硅钢片沿其压延方向磁导率高，比损耗也较小，但垂直于此压延方向的性能则相差甚多，这种有取向冷轧硅钢片适用于大型变压器铁心，而在电动机制造中多采用无取向冷轧硅钢片。

常用冷轧无取向电工钢片牌号及主要性能见表11-1。

表 11-1 常用冷轧无取向钢片牌号及主要性能

牌号	公称厚度 /mm	约定密度 /(kg/dm³)	最大比总损耗 P /(W/kg)		最小磁极化强度 J/T		
					50Hz 或 60Hz		
			$P_{1.5/50}$	$P_{1.5/60}$	J_{2500}	J_{5000}	J_{10000}
35W210		7.60	2.10	2.65	1.49	1.62	1.70
35W230		7.60	2.30	2.90	1.49	1.62	1.70
35W250		7.60	2.50	3.14	1.49	1.62	1.70
35W270	0.35	7.65	2.70	3.36	1.49	1.62	1.70
35W300		7.65	3.00	3.74	1.49	1.62	1.70
35W360		7.65	3.60	4.55	1.51	1.63	1.72
35W440		7.70	4.40	5.60	1.53	1.65	1.74
50W230		7.60	2.30	3.00	1.49	1.62	1.70
50W250		7.60	2.50	3.21	1.49	1.62	1.70
50W270		7.60	2.70	3.47	1.49	1.62	1.70
50W290		7.60	2.90	3.71	1.49	1.62	1.70
50W310		7.65	3.10	3.95	1.49	1.62	1.70
50W350	0.50	7.65	3.50	4.45	1.50	1.62	1.70
50W400		7.70	4.00	5.10	1.53	1.64	1.73
50W470		7.70	4.70	5.90	1.54	1.65	1.74
50W600		7.75	6.00	7.55	1.57	1.67	1.76
50W800		7.80	8.00	10.10	1.60	1.70	1.78
50W1000		7.85	10.00	12.60	1.62	1.73	1.81

注：1. W 为冷轧无取向，W 前面的数字为电工钢带公称厚度（mm）的 100 倍，W 后面的数字为 50Hz、1.5T 下最大总比损耗 $P_{1.5/50}$（W/kg）的 100 倍。

2. J 为磁极化强度峰值，$J = B - \mu_0 H$，J 下角标的数字为磁化强度（A/m）。

2. 电磁纯铁 电磁纯铁有较低的矫顽力（H_c）和较高的磁导率（μ_m），适用于在各类电机恒定磁场磁极中用作铁心，其磁性能分 4 个等级，见表11-2。

表 11-2 电磁纯铁的磁性能

磁性等级	代号	$H_c/(A/m)$ ≤	$\mu_m/(mH/m)$ ≥	在不同磁场强度(A/m)下的磁感应强度 B/T ≥				
				B_{500}	B_{1000}	B_{2500}	B_{5000}	B_{10000}
普通级	DT4	96.0	7.5	1.4	1.5	1.62	1.71	1.80
高级	DT4A	72.0	8.8					
特级	DT4E	48.0	11.3					
超级	DT4C	32.0	15.1					

3. 软磁合金 软磁合金根据组成合金的元素不同可分为 4 种。

（1）铁镍合金 含镍量在 45% ~ 80% 的铁镍合金，经高温热处理后有极好的磁性能。在较低磁通密度下，磁导率比硅钢片高 10 ~ 20 倍。旋转变压器、自整角机和测速发电机等控制用电机铁心常用铁镍合金制成。

铁镍合金有冷轧带材、棒材等。以 0.05 ~ 1.0mm 厚的带（片）材应用最多。其主要特点是在较低磁通密度下有极高的磁导率和很低的矫顽力，加工性能好。其主要缺点是含贵重金属镍比例大，成本高，工艺因素（如机加应力和热处理规范等）对磁性能影响较大，使产品之间磁性能差别较大。此外该材料电阻率不高（$0.45 \sim 0.90\mu\Omega \cdot m$），适于 $1 \sim 2kHz$ 以下频率使用。

常用铁镍合金冷轧带材牌号及主要性能见表11-3

表11-3　常用铁镍合金冷轧带材牌号及主要性能

牌号	含镍量（%）	厚度/mm	直流磁性		
			$\mu_m/(H/m) \geqslant$	$H_c/(A/m) \leqslant$	$B_r/T \geqslant$
1J50	49~51	0.1	0.04	14.4	1.5
		0.2	0.05	11.2	1.5
		0.35	0.0625	9.6	1.5
1J79	78~80	0.1	0.162	2.0	0.75
		0.2	0.225	1.6	0.75
		0.35	0.250	1.2	0.75
1J85	79~81	0.1	0.188	1.6	0.70
		0.2	0.225	1.2	0.70
		0.35	0.312	0.8	0.70

（2）铁钴合金　铁钴合金钴含量为 27%~51%，具有最高的饱和磁化强度，电阻率低（$0.2 \sim 0.3\mu\Omega \cdot m$），适合作高饱和磁感材料和高性能软磁材料，主要用于电机极靴、转子和定子、变压器铁心等。常用牌号有 1J22、1J22、1J27。

（3）铁铬合金　铁铬合金铬含量为 10%~19%，对自来水、含盐水、碱水具有较高耐腐蚀能力，具有较高机械强度和延伸性能，具有适当的硬度，切削性、磨削性能良好，适合用于制作洗衣机波轮轴。

（4）铁铝合金　铁铝合金铝含量为 6%~16%，具有较好的软磁性能，不但磁导率和电阻率高，而且硬度高、耐磨性好。其缺点是较脆，难于轧制和冲压。该合金主要用于磁头铁心及小型变压器、磁放大器、继电器的铁心等。

4. 永磁材料　直流电动机、同步电动机等的励磁有时采用磁钢，这样就没有励磁损耗。与在同一磁路中建立起同样磁场的电励磁相比，磁钢的体积小、质量轻，因此这种电动机具有体积小、质量轻、损耗小、效率高和结构简单等优点。

磁钢的种类很多，使用在电动机中的大体上分三类，即铝镍钴磁钢、铁氧体磁钢和稀土磁钢。铝镍钴磁钢性能较好、比较稳定、磁能积较高，但价格较贵。铁氧体磁钢有钡铁氧体及锶铁氧体等，矫顽力比较大，剩余磁感应强度及磁能积较小，因此若与性能指标相同的铝镍钴电动机相比，体积较大，效率略低，但由于价格低，在一般产品中应用较广。20 世纪 70 年代以来稀土磁钢发展很快，磁性能有明显突破，磁能积高，矫顽力高，耐高温性能好。其中钐钴永磁材料的磁能积为 $110 \sim 240kJ/m^3$（$14 \sim 30MG \cdot Oe$），最高工作温度 250~350℃，钕铁硼永磁材料的磁能积为 $207 \sim 406kJ/m^3$（$26 \sim 51MG \cdot Oe$），最高工作温度 80~230℃。

这里 kJ/m^3 是每立方米的千焦耳数，是 SI 单位制中最大磁能积的单位，它和 CGS 制中 $MG \cdot Oe$ 的换算是 $1kJ/m^3 = 4\pi \times 10^{-2}MG \cdot Oe$。

钕铁硼磁钢是 20 世纪 80 年代新发展起来的产品，性能优异，1983 年发布的钕铁合金的主要性能见表11-4。1984 年 5 月我国研制成的钕铁合金，磁能积超过了 $320kJ/m^3$（$40MG \cdot Oe$）。

各种永磁材料的牌号及其主要磁性能，见表11-5~表11-9。

表 11-4　钕铁合金主要性能

参　数	数　值
剩余磁感应强度 B_r/T	1.25
矫顽力 H_c/(kA/m)	980
回复磁导率 μ_{rec}	1.05
温度变化率(温度每上升1℃的 $\Delta B_r/B_r$)	−0.0012
密度 ρ/(g/cm^3)	7.4
最大磁能积 $(BH)_{max}$/(kJ/m^3)	304

表 11-5

表 11-5　铝镍钴永磁材料牌号及其主要磁性能

牌　号	剩余磁感应强度 B_r		矫顽力 H_c		最大磁能积 $(BH)_{max}$	
	T	(kG)	kA/m	(kOe)	kJ/m^3	(MG·Oe)
LN10	0.65	6.5	42	0.53	10	1.20
LNG13	0.70	7.0	50	0.62	13	1.6
LNG34	1.18	11.8	44	0.55	35	4.3
LNG40	1.22	12.2	48	0.60	40	5.0
LNGT32	0.80	8.0	104	1.30	34	4.25
LNGT44	0.88	8.8	120	1.50	44	5.5
LNG52	1.25	12.5	55	0.69	52	6.5
LNG60	1.30	13.0	56	0.70	60	7.5
LNGT60	0.90	9.0	110	1.38	60	7.5
LNGT72	1.05	10.5	112	1.41	72	9.0

注：L 代表铝，N 代表镍，G 代表钴，T 代表钛。

表 11-6a

表 11-6a　烧结永磁铁氧体材料的主要磁性能

牌　号	剩余磁感应强度 B_r/mT	矫顽力 H_c/(kA/m)	内禀矫顽力 H_J/(kA/m)	最大磁能积 $(BH)_{max}$/(kJ/m^3)
Y8T	200~235	125~160	210~280	6.5~9.5
Y25	360~400	135~170	140~200	22.5~28.0
Y26H-1	360~390	200~250	225~255	23.0~28.0
Y28	370~400	175~210	180~220	26.0~30.0
Y28H-1	380~400	240~260	250~280	27.0~30.0
Y28H-2	360~380	271~295	382~405	26.0~28.5
Y30H-1	380~400	230~275	235~290	27.0~31.5
Y30H-2	395~415	275~300	310~335	27.0~32.0
Y32	400~420	160~190	165~195	30.0~33.5
Y32H-1	400~420	190~230	230~250	31.5~35.0
Y32H-2	400~440	224~240	230~250	31.0~34.0
Y33	410~430	220~250	225~255	31.5~35.0
Y33H	410~430	250~270	250~275	31.5~35.0
Y33H-2	410~430	285~315	305~335	31.8~35.0

（续）

牌 号	剩余磁感应强度 B_r/mT	矫顽力 $H_c/(kA/m)$	内禀矫顽力 $H_J/(kA/m)$	最大磁能积 $(BH)_{max}/(kJ/m^3)$
Y34	420~440	250~280	260~290	32.5~36.0
Y35	430~450	230~260	240~270	33.1~38.2
Y36	430~450	260~290	265~295	35.1~38.3
Y38	440~460	285~315	295~325	36.6~40.6
Y40	440~460	315~345	320~350	37.6~41.6
Y41	450~470	245~275	255~285	38.0~42.0
Y41H	450~470	315~345	385~415	38.5~42.5
Y42	460~480	315~335	355~385	40.0~44.0
Y42H	460~480	325~345	400~440	40.0~44.0
Y43	465~485	330~350	350~390	40.5~45.5

表 11-6b 黏结永磁铁氧体材料的主要磁性能　　表 11-6b

牌 号	剩余磁感应强度 B_r/mT	矫顽力 $H_c/(kA/m)$	内禀矫顽力 $H_J/(kA/m)$	最大磁能积 $(BH)_{max}/(kJ/m^3)$
YN6T	180~220	110~140	175~200	5.0~7.0
YN10	220~240	145~165	190~225	9.2~10.6
YN10H	220~250	150~200	190~220	9.2~11.0
YN11	230~250	160~185	225~260	10.0~12.0
YN12	240~250	140~160	200~230	11.4~13.6
YN13	250~270	175~195	200~230	11.5~14.5
YN13H	250~270	180~200	250~280	11.5~14.5
YN15	270~290	175~190	200~230	14.5~16.5
YN18	290~320	155~200	160~210	16.0~20.0

注：Y 代表烧结永磁铁氧体，YN 代表粘结永磁铁氧体。

表 11-7 钐钴永磁材料牌号及主要磁性能　　表 11-7

牌号	剩余磁感应强度 B_r		矫顽力 H_c		内禀矫顽力 H_J		最大磁能积 $(BH)_{max}$		密度	最高工作温度
	T	kGs	kA/m	kOe	kA/m	kOe	kJ/m³	MGOe	g/cm³	℃
SmCo-16	0.81~0.85	8.1~8.5	620~660	7.8~8.3	1194~1830	15~23	110~127	14~16	8.3	250
SmCo-18	0.85~0.90	8.5~9.0	660~700	8.3~8.8	1194~1830	15~23	127~143	16~18	8.3	250

（续）

牌号	剩余磁感应强度 B_r		矫顽力 H_c		内禀矫顽力 H_J		最大磁能积 $(BH)_{max}$		密度	最高工作温度
	T	kGs	kA/m	kOe	kA/m	kOe	kJ/m³	MGOe	g/cm³	℃
SmCo-20	0.9~0.94	9.0~9.4	680~725	8.5~9.1	1191~1830	15~23	150~167	19~21	8.3	250
SmCo-22	0.92~0.96	9.2~9.6	710~750	8.9~9.4	1194~1830	15~23	160~175	20~22	8.3	250
SmCo-24	0.96~1.0	9.6~10.0	730~770	9.2~9.7	1194~1830	15~23	175~190	22~24	8.3	250
SmCo-20s	0.9~0.94	9.0~9.4	680~725	8.5~9.1	1433~1830	18~23	143~160	18~20	8.3	250
SmCo-22s	0.92~0.96	9.2~9.6	710~750	8.9~9.4	1433~1830	18~23	160~175	20~22	8.3	250
SmCo-24H	0.95~1.02	9.5~10.2	700~750	8.7~9.4	≥1990	≥25	175~191	22~24	8.4	350
SmCo-26H	1.02~1.05	10.2~10.5	750~780	9.4~9.8	≥1990	≥25	191~207	24~26	8.4	350
SmCo-28H	1.03~1.08	10.3~10.8	756~796	9.5~10	≥1990	≥25	207~220	26~28	8.4	350
SmCo-30H	1.08~1.10	10.8~11.0	788~835	9.9~10.5	≥1990	≥25	220~240	28~30	8.4	350
SmCo-24	0.95~1.02	9.5~10.2	700~750	8.7~9.4	≥1433	≥18	175~191	22~24	8.4	300
SmCo-26	1.02~1.05	10.2~10.5	750~780	9.4~9.8	≥1433	≥18	191~207	24~26	8.4	300
SmCo-28	1.03~1.08	10.3~10.8	756~796	9.5~10	≥1433	≥18	207~220	26~28	8.4	300
SmCo-30	1.08~1.10	10.8~11.0	788~835	9.9~10.2	≥1433	≥18	220~240	28~30	8.4	300
SmCo-26M	1.02~1.05	10.2~10.5	750~780	9.4~9.8	955~1273	12~16	191~207	24~26	8.4	300
SmCo-3028M	1.03~1.08	10.3~10.8	756~796	9.5~10.0	955~1273	12~16	207~220	26~28	8.4	300
SmCo-30M	1.08~1.10	10.8~11.0	788~835	9.9~10.5	955~1273	12~16	220~240	28~30	8.4	300
SmCo-28L	1.02~1.08	10.2~10.8	413~716	5.2~9.0	438~796	5.5~10	207~220	26~28	8.4	250
SmCo-30L	1.08~1.15	10.8~11.5	413~716	5.2~9.0	438~796	5.5~10	220~240	28~30	8.3	250

注：SmCo 代表钐钴。

表 11-8　烧结钕铁硼永磁材料牌号及其主要磁性能　　　　表 11-8

品种	牌号	剩余磁感应强度 B_r		内禀矫顽力 H_J		矫顽力 H_c		最大磁能积 $(BH)_{max}$		最高工作温度
		T	kG	kA/m	kOe	kA/m	kOe	kJ/m³	MGOe	℃
		最小值		最小值		最小值		范围值		
N	N54	1.45	14.5	875	11	836	10.5	406~438	51~55	80
	N52	1.42	14.2	960	12	836	10.5	390~422	49~53	

（续）

品种	牌号	剩余磁感应强度 B_r		内禀矫顽力 H_J		矫顽力 H_c		最大磁能积 $(BH)_{max}$		最高工作温度
		T	kG	kA/m	kOe	kA/m	kOe	kJ/m³	MGOe	℃
		最小值		最小值		最小值		范围值		
N	N50	1.39	13.9	960	12	836	10.5	374~406	47~51	80
	N48	1.37	13.7	960	12	836	10.5	358~390	45~49	
	N45	1.33	13.3	960	12	860	10.8	342~366	43~46	
	N42	1.29	12.9	960	12	860	10.8	38~342	40~43	
	N40	1.26	12.6	960	12	860	10.8	302~326	38~41	
	N38	1.23	12.3	960	12	860	10.8	287~310	36~39	
	N35	1.18	11.8	960	12	860	10.8	263~287	33~36	
M	N52M	1.42	14.2	1035	13	995	12.5	390~422	49~53	100
	N50M	1.39	13.9	1114	14	1035	13.0	374~406	47~51	
	N48M	1.37	13.7	1114	14	1012	12.7	358~390	45~49	
	N45M	1.33	13.3	1114	14	971	12.2	342~366	43~46	
	N42M	1.29	12.9	1114	14	938	11.8	38~342	40~43	
	N40M	1.26	12.6	1114	14	910	114	302~326	38~41	
	N38M	1.23	12.3	1114	14	876	11.0	287~310	36~39	
	N35M	1.18	11.8	1114	14	860	10.8	263~287	33~36	
H	N50H	1.39	13.9	1274	16	1035	13.0	374~406	47~51	120
	N48H	1.37	13.7	1274	16	1000	12.8	358~390	45~49	
	N45H	1.33	13.3	1353	17	995	12.5	342~366	43~45	
	N42H	1.29	12.9	1353	17	957	12.0	38~342	40~43	
	N40H	1.26	12.6	1353	17	930	11.7	302~326	38~41	
	N38H	1.23	12.3	1353	17	910	11.4	287~310	36~39	
	N35H	1.18	11.8	1353	17	876	11.0	263~287	33~36	
	N33H	1.14	11.4	1353	17	844	10.6	247~271	31~34	
SH	N48SH	1.37	13.7	1512	19	1035	12.8	358~390	45~49	150
	N45SH	1.33	13.3	1592	20	938	11.8	342~366	43~46	
	N42SH	1.29	12.9	1592	20	938	11.8	38~342	40~43	
	N40SH	1.26	12.6	1592	20	912	11.5	302~326	38~41	
	N38SH	1.23	12.3	1592	20	886	11.1	287~310	36~39	
	N35SH	1.18	11.8	1592	20	876	11.0	263~287	33~36	
	N33SH	1.14	11.4	1592	20	836	10.5	247~271	31~34	
UH	N45UH	1.33	13.3	1911	24	976	12.2	342~366	43~46	180
	N42UH	1.29	12.9	1990	25	938	11.8	38~342	40~43	
	N40UH	1.26	12.6	1990	25	912	11.5	302~326	38~41	
	N38UH	1.23	12.3	1990	25	886	11.1	287~310	36~39	

（续）

品种	牌号	剩余磁感应强度 B_r		内禀矫顽力 H_J		矫顽力 H_c		最大磁能积 $(BH)_{max}$		最高工作温度
		T	kG	kA/m	kOe	kA/m	kOe	kJ/m³	MGOe	℃
		最小值		最小值		最小值		范围值		
UH	N35UH	1.18	11.8	1990	25	845	10.6	263~287	33~36	180
	N33UH	1.14	11.4	1990	25	816	10.3	247~271	31~34	
	N30UH	1.08	10.8	1990	25	756	9.5	223~247	28~31	
EH	N42EH	1.28	12.8	2308	29	971	12.2	310~342	39~43	200
	N40EH	1.25	12.5	2388	30	947	11.9	295~326	37~41	
	N38EH	1.22	12.2	2388	30	923	11.6	279~310	35~39	
	N35EH	1.18	11.8	2388	30	883	11.1	263~287	33~36	
	N33EH	1.14	11.4	2388	30	816	10.3	247~271	31~34	
	N30EH	1.08	10.8	2388	30	756	9.5	223~247	28~31	
	N28EH	1.05	10.5	2388	30	756	9.5	207~231	26~29	
TH	N38TH	1.22	12.2	2627	33	923	11.6	279~310	35~39	230
	N35TH	1.18	11.8	2786	35	845	10.6	263~287	33~36	
	N33TH	1.14	11	2786	35	816	10.2	247~271	31~34	
	N30TH	1.08	10.8	2786	35	804	10.1	223~247	28~31	
	N28TH	1.05	10.5	2786	35	756	9.5	207~231	26~29	

注：N 代表烧结钕铁硼。

表 11-9　黏结钕铁硼永磁材料牌号及其主要磁性能

表 11-9

注射成型								
牌号	B_r 剩余磁感应强度 /T	H_c 矫顽力 /[kA/m(kOe)]	H_J 内禀矫顽力 /[kA/m(kOe)]	$(BH)_{max}$ 最大磁能积 /[kJ/m³(MGOe)]	密度 /(g/cm³)	可逆磁导率 μ_r	可逆温度系数 α (Br)%/℃	最高工作温度 /℃
BNI-3	0.2~0.4	120~240 (1.5~3.0)	480~640 (6.0~8.0)	8~24 (1.0~3.0)	3.9~4.4	1.2	-0.15	100
BNI-4	0.40~0.46	250~335 (3.1~4.2)	575~735 (7.2~9.2)	28~36 (3.5~4.5)	4.2~4.9	1.2	-0.13	110
BNI-5	0.45~0.51	280~360 (3.5~4.5)	640~800 (8~10)	37~44 (4.6~5.5)	4.5~5.0	1.2	-0.13	120
BNI-6	0.51~0.56	295~375 (3.7~4.7)	640~800 (8~10)	44~52 (5.5~6.5)	4.7~5.1	1.13	-0.11	120
BNI-6H	0.48~0.56	335~400 (4.2~5.0)	1035~1355 (13~17)	40~52 (5.0~6.5)	4.8~5.2	1.13	-0.15	130
BNI-7	0.54~0.64	320~400 (4.0~5.0)	640~800 (8~10)	51~59 (6.5~7.5)	5.0~5.5	1.13	-0.11	120
BNI-5SR (PPS)	0.45~0.50	300~360 (3.8~4.5)	875~1115 (11~14)	36~44 (4.5~5.5)	4.9~5.4	1.13	-0.13	150

（续）

牌号	B_r 剩余磁感应强度 /T	H_c 矫顽力 /[kA/m(kOe)]	H_J 内禀矫顽力 /[kA/m(kOe)]	$(BH)_{max}$ 最大磁能积 /[kJ/m³(MGOe)]	密度 /(g/cm³)	可逆磁导率 μ_r	可逆温度系数 α (Br)%/℃	最高工作温度 /℃
压制成型								
BNP-6	0.55~0.62	285~370 (3.6~4.6)	600~755 (7.5~9.5)	44~56 (5.5~7)	5.5~6.1	1.15	-0.13	100
BNP-8L	0.60~0.64	360~400 (4.5~5.0)	715~800 (9~10)	56~64 (7.0~8.0)	5.6~6.1	1.15	-0.13	110
BNP-8	0.62~0.69	385~445 (4.8~5.6)	640~800 (8~10)	64~72 (8.0~9.0)	5.8~6.1	1.15	-0.13	120
BNP-8SR	0.62~0.66	410~465 (5.2~5.8)	880~1120 (11~14)	64~72 (8.0~9.0)	5.8~6.1	1.13	-0.13	150
BNP-8H	0.61~0.65	410~455 (5.2~5.7)	1190~1440 (15~18)	64~72 (8.0~9.0)	5.9~6.2	1.15	-0.07	125
BNP-9	0.65~0.70	400~440 (5.0~5.5)	640~800 (8~10)	70~76 (8.8~9.5)	5.8~6.1	1.22	-0.12	120
BNP-10	0.68~0.72	420~470 (5.3~5.9)	640~800 (8~10)	76~84 (9.5~10.5)	5.8~6.1	1.22	-0.11	120
BNP-11	0.70~0.74	445~480 (5.6~6.0)	680~800 (8.5~10)	80~88 (10.0~11.0)	5.8~6.1	1.22	-0.11	120
BNP-11L	0.70~0.74	400~440 (5.0~5.5)	520~640 (6.5~8)	78~84 (9.8~10.5)	5.8~6.1	1.26	-0.11	110
BNP-12L	0.74~0.80	420~455 (5.3~5.7)	520~600 (6.5~7.5)	84~92 (10.5~11.5)	5.8~6.1	1.26	-0.08	110

注：BN 代表黏结钕铁硼，I 和 P 分别代表注射成型和压制成型。

11.2 导电材料

对导电材料的主要要求是有电流通过时，损耗要小，因此应有较小的电阻率。还应具有一定的机械强度，不易氧化、不易腐蚀和一定的成型、焊接等加工性能。目前广泛使用的导电材料是铜和铝。

当有电流从旋转部件导出或导入转子时，需要有电刷和旋转部分接触，如直流电动机的换向器接触电刷，以及同步电动机、线绕转子异步电动机的集电环接触电刷等。没有换向要求的导电电刷可以用电阻较小的铜带等材料做成。而对于与换向器接触的电刷，因为有电流换向的要求，需要有一定电阻，这就要用电刷，因此电刷也是一种导电材料。

导电材料的电阻率是随温度变化的。在绝对零度（-273℃）时铜的电阻率为零，这时称为超导体。超导体可以在没有损耗的情况下通过很大的电流，可以从根本上改变电动机的结构。

1. 电动机绕组用的导电金属 电动机绕组用的导电金属主要是铜和铝。铜的纯度要求在 99.95% 以上，铝的杂质含量应不超过 0.5%。

铜和铝的物理性能见表 11-10。由表中可见铜的导电性能和机械性能都比铝好，而且不易氧化，容易焊接，是最合适的导电金属，在电动机中广泛采用。

由表 11-10 可见铝的电阻率为铜的 1.62 倍，在电阻相同的情况下，铝线的截面积比铜线要大 1.62 倍。但铝的比重仅为铜的 30.3%，因此电阻相同时，虽然线径加大，其质量却只有铜的 49%。

表 11-10　导电用铜和铝的物理性能

物理量/单位	铜（Cu）	铝（Al）
熔点/℃	1084.5	658
密度/(g/cm^3)(20℃)	8.9	2.7
电阻率/($10^{-8}\Omega\cdot$m)(20℃)	1.79	2.90
电阻温度系数/(10^{-3}/K)(20℃)	3.85	4.03
比热/[J/(kg·K)](20℃)	385.2	921.1
导热系数/[W/(m·K)](20℃)	386	217
线胀系数/(10^{-6}/K)(20~100℃)	16.6	23
抗拉强度/(MN/m^2)	350~450	150~180

2. 电动机的绕组线　绕组线是一种具有绝缘层的导电金属，用以绕制电动机的线圈或绕组，其作用是通过电流产生磁场，或切割磁力线产生电动势，实现电能和磁能的相互转换，所以又称为电磁线。

绕组线的导电线芯有圆线、扁线等。

绕组线的绝缘层目前主要采用有机合成高分子化合物（如缩醛、聚酯、聚氨酯、聚酯亚胺和聚酰亚胺树脂等）和无机材料（如玻璃丝）。由于单一材料构成的绝缘层在性能上有一定的局限性，因此有的绕组线采用复合绝缘或组合绝缘。

绕组线按照绝缘层特性和用途可分为漆包线、绕包线、无机绝缘绕组线和特种绕组线等四大类。

（1）漆包线　漆包线的绝缘层是漆膜，在导电线芯上涂覆绝缘漆后烘干而成。其特点是漆膜较薄、均匀、光滑，有利于线圈绕制，广泛应用于小型电动机、电器及微型电动机等电工电子产品中。

漆包线按其长期使用温度及使用特点不同可分为如下几种：

1）普通漆包线。包括长期使用温度在 155℃ 及以下的漆包线，如：聚酯、缩醛、聚氨酯、环氧漆包圆线。

2）耐高温漆包线。包括长期使用温度在 180℃ 及以上的聚酰亚胺、聚酯亚胺、聚酯亚胺/聚酰胺、聚酯亚胺/聚酰胺酰亚胺漆包圆线。

3）特种漆包线 。包括自黏直焊性聚氨酯漆包线、热黏合或溶剂黏合聚酯漆包线，以及无磁性聚氨酯漆包线和耐冷冻剂漆包线等。

（2）绕包线　用玻璃丝、绝缘纸和合成树脂（聚四氟乙烯）薄膜等紧密绕包在导电线芯上，形成绝缘层；也有在漆包线上再绕包绝缘层的组合绝缘。若用玻璃丝绕包时，须经黏结绝缘漆浸渍处理，并形成组合绝缘。一般绕包线的特点是：绝缘层比漆包线厚，并是组合绝缘，因此能较好地承受过电压及过载负荷，一般应用于大功率电动机中。薄膜绕包线具有更高的绝缘性能及机械强度，用于高压电动机中。

（3）无机绝缘绕组线　无机绝缘绕组线的绝缘层采用无机材料（如陶瓷、氧化铝膜等）组成。其特点是耐高温、耐辐射，主要用于高温和辐射场合。

（4）特种绕组线　特种绕组线适用特殊场合，具有特殊绝缘结构与性能，如耐水的多层绝缘结构潜水电动机绕组线，换位导线和高频（中频）绕组线等。

绕组线型号中汉语拼音代号的含义见表11-11。

常用绕组线的用途见表11-12。

常用漆包线主要性能比较见表11-13。

常用漆包线的品种、规格、特点和主要用途见表11-14。耐高温漆包线的品种、型号和规格范围见表11-15。特种漆包线的品种、规格和主要用途见表11-16。

3. 电动机绕组的引接线　电动机绕组引接软电缆和软线（JB/T 6213.1～5—2006）主要指直接永久与电动机绕组连接，并引出机壳（或绕组）与电动机壳体接线柱相连接的电线。

电动机引接线目前有很多个系列产品：连续运行导体最高温度为70℃、90℃、105℃、125℃和180℃的软电缆（线），以及耐氟利昂软线和阻燃聚烯烃绝缘引接软线。

电动机绕组引接线的名称、型号、牌号、规格主要性能和用途见表11-17～表11-19。

表 11-11　绕组线型号中汉语拼音代号的含义

绝　缘　层				导　体		派生
绝缘漆	绝缘纤维	其他绝缘层	绝缘特征	导体材料	导体特征	
Q(Y)[①]-油性漆	M-棉纱	V-聚氯乙烯	B-编织	T-铜线[②]	B-扁线	1-薄漆层
QZ-聚酯类漆	SB-玻璃丝	YM-氧化膜	C-醇酸浸渍	L-铝线	D-带（箔）	2-厚漆层
QZ(G)-改性聚酯	SR-人造丝	BM-玻璃膜	E-双层	TWC-无磁性铜线	J-绞制	3-特厚漆层
QQ-缩醛类漆	ST-天然丝		G-硅有机浸渍		R-柔软	
QA-聚氨酯漆	Z-纸		J-加厚			
QX-聚酰胺漆			N-自黏性			
QY-聚酰亚胺漆			F-耐冷冻剂性			
QH-环氧漆			S-彩色			
			S-三层			

注：Q 为漆包圆绕组线代号。

① Y 为油性漆代号，一般省略不写。

② T 为铜导体代号，一般省略不写。

表 11-12　常用绕组线的用途

种类	绕组线名称	耐热等级	交流发电机			交流电动机						直流电动机		变压器[①]				仪表电信设备用线圈	电力系统用线圈
			大型	中小型	一般用途	通用大型	通用中小型	通用微型	起重、辊道型	防爆型	耐制冷剂型	电动工具	轧钢牵引型	高温干式	一般干式	油浸大型	油浸中小型	高频		
漆包线	油性漆包线	A（105℃）																●	●
	缩醛漆包线	E（120℃）			●[②]	●	●					●			●		●	●		●
	聚氨酯漆包线	E（120℃），B（130℃），F（155℃）						●										●		
	聚酯漆包线	B（130℃），F（155℃）				●	●	●	●	●					●		●	●		
	聚酯亚胺漆包线	H（180℃）				●	●	●	●	●					●					●
	聚酰胺酰亚胺漆包线	N（200℃）		●		●	●	●	●	●		●			●		●			
	聚酰亚胺漆包线	R（220℃）									●		●		●					
	自黏直焊漆包线	E（120℃）					●												●	

553

（续）

种类	绕组线名称	耐热等级	交流发电机 大型	交流发电机 中小型	交流发电机 一般用途	交流电动机 通用大型	交流电动机 通用中小型	交流电动机 通用微型	交流电动机 起重、辊道型	交流电动机 防爆型	交流电动机 耐制冷剂型	电动工具	直流电动机 轧钢、牵引型	变压器 高温干式	变压器 一般干式	变压器 油浸大型	变压器 油浸中小型	变压器 高频	仪表电信设备用线圈	电力系统用线圈
漆包线	自黏性漆包线	E(120℃),B(130℃),F(155℃)						●											●	
	耐制冷剂漆包线	A(105℃)									●						●			●
	聚酯亚胺—聚酰胺酰亚胺漆包线	N(200℃)		●			●	●	●	●		●	●	●						
绕包线	纸包线	A(105℃)														●	●			
	玻璃丝包线	B(130℃),F(155℃),H(180℃)	●	●	●	●			●	●			●	●	●					●
	玻璃丝包漆包线	B(130℃),F(155℃),H(180℃)	●	●	●								●	●	●					
	丝包线	Y(90℃)																	●	
	丝包漆包线	A(105℃)																	●	
	聚酰亚胺薄膜绕包线	R(220℃)	●			●							●	●						
	玻璃丝包聚酯薄膜绕包线	E(120℃)	●	●			●	●												
其他电磁线	氧化膜铝带（箔）	—												●	●					
	高频绕组线	Y(90℃),A(105℃)																	●	
	换位导线	A(105℃)														●				

① 包括互感器、调压器、电抗器等。

② 表中注有"●"者，表示可供选用的绕组线。

表 11-13　常用漆包线主要性能比较

漆包线种类	耐温等级	机械性能 耐刮性	机械性能 弹性	电性能 击穿电压	电性能 介质损耗角正切	热性能 软化击穿温度	热性能 热态电压	热性能 热冲击	耐有机溶剂性能 溶剂油、二甲苯、正丁醇混合溶剂①	耐有机溶剂性能 二甲苯、正丁醇混合液②	耐有机溶剂性能 二甲苯	耐有机溶剂性能 苯乙烯	耐化学药品性能 5%④硫酸	耐化学药品性能 5%盐酸	耐化学药品性能 5%氢氧化钠	耐制冷剂（氟利昂22）性能
油性漆包线	105℃	差	好	良	优	差	—	可	差	差	差	差	良	良	好	
缩醛漆包线	120℃	优	优	良	好	可	—	优	良	差	良	可	良	差	差	差
聚氨酯漆包线③	120℃	可	良	良	优	良	良	可	优	优	优	优	优	优	良	—
聚酯漆包线	130℃	良	良	优	好	优	良	可	良	好	良	良	良	良	差	差
聚酯亚胺漆包线	180℃	良	优	优	—	良	良	良	优	优	优	优	优	优	差	优
聚酰胺酰亚胺漆包线	200℃	优	优	优	—	优	优	优	优	优	优	优	优	优	优	优
聚酰亚胺漆包线	220℃	可	优	优	—	优	优	优	优	优	优	优	优	优	差	优
耐制冷剂漆包线	105℃	优	优	优	—	好	良	良	可	良	可	良	—	—	良	良

① 溶剂油：二甲苯：正丁醇=6：3：1。

② 二甲苯：正丁醇=1：1。

③ 聚氨酯漆包线耐温等级还有130℃、155℃。

④ 5%均指质量分数。

表 11-14　常用漆包线的品种、规格、特点和主要用途

产品名称	型　号	规格/mm	耐热等级	特　点		主要用途
				优点	局限性	
油性漆包线	Q	0.020~2.500	105℃（A）	1. 漆膜均匀； 2. 介质损耗角正切 tanδ 小； 3. 价格低廉	1. 耐抗性差； 2. 耐溶剂性差(应注意使用的浸渍漆)	中、高频线圈及仪表、电器的线圈
缩醛漆包铜圆线	QQ—1 QQ—2 QQ—3	0.018~2.500	120℃（E）	1. 热冲击性优； 2. 耐刮性优； 3. 耐水解性好	漆膜卷绕后,易产生湿裂(浸渍前须在120℃左右加热1h以上,以消除应力)	普通中、小电机、微电机绕组、油浸变压器线圈、电器仪表用线圈
缩醛漆包铜扁线	QQB—1 QQB—2	a 边 0.80~5.60 b 边 2.00~16.00				
聚氨酯漆包铜圆线	QA—1 QA—2 QA—3	0.018~2.500	120℃（E）	1. 高频时 tanδ 小； 2. 可直接焊接,无须剥去漆膜； 3. 着色性好	1. 过负载性能差； 2. 热冲击和耐刮性尚可	要求 Q 值稳定的高频线圈,电视机线圈和仪表用的微型线圈
F 级聚氨酯漆包铜圆线	QA(G)—1/155 QA(G)—2/155	0.018~0.800	155℃（F）			
聚酯漆包铜圆线	QZ—1/130 QZ—2/130	0.018~3.150 0.018~5.00	130℃（B）	1. 耐电压性能优； 2. 软化击穿性能好； 3. 改性聚酯热冲击性能较好	1. 耐水解性差； 2. 与含氯高分子化合物(聚氯乙烯、氯丁胶等)不相容	通用中、小电机绕组,干式变压器和电器仪表用线圈
改性聚酯漆包铜圆线	QZ(G)—1/155 QZ(G)—2/155	0.020~3.150 0.020~5.00	155℃（F）			

表 11-15　耐高温漆包线的品种、型号和规格范围

产品名称	型　号	规格/mm	耐热等级	特　点		主要用途
				优点	局限性	
聚酯亚胺漆包铜圆线	QZY—1/180 QZY—2/180	0.018~2.500	180℃（H）	1. 耐热性、热冲击性、软化击穿性优； 2. 耐抗性优； 3. 耐化学药品性优,耐制冷剂性优	与含氯高分子化合物不相容	高温、高负荷电动机,牵引电动机,制冷装置的绕组,干式变压器和仪器仪表的绕组
聚酯亚胺/聚酰胺复合漆包铜圆线	Q(ZY/X)—1/180 Q(ZY/X)—2/180 Q(ZY/X)—3/180	0.050~3.15 0.050~5.00 0.250~1.60				
聚酯亚胺漆包铜扁线	QZYB—1/180 QZYB—2/180	a 边 0.80~5.60 b 边 2.00~16.00				

（续）

产品名称	型 号	规格/mm	耐热等级	特 点		主要用途
				优点	局限性	
聚酯亚胺/聚酰胺酰亚胺漆包铜扁线	Q(ZY/XY)B—1/200 Q(ZY/XY)B—2/200	a 边 0.80~5.60 b 边 2.00~16.00	200℃ （N）	1. 有较高耐热性和机械性能； 2. 在密闭装置中，有优良耐制冷剂性能	与含氯高分子化合物不相容	高温、高负荷电动机、高级制冷密封电机中的绕组
聚酯亚胺/聚酰胺酰亚胺漆包铜圆线	Q(ZY/XY)—1/200 Q(ZY/XY)—2/200	0.050~2.000 0.050~5.00				
聚酰亚胺漆包铜圆线	QY—1/220 QY—2/220	0.018~2.500	220℃ （R）	1. 耐热性最优； 2. 软化击穿、热冲击性优，能承受短期过载； 3. 耐低温性优； 4. 耐辐照性优； 5. 耐溶剂、耐化学药品性优	1. 耐刮性尚可； 2. 耐碱性差； 3. 耐水解性差； 4. 漆膜卷绕后产生湿裂（浸渍前应在150℃左右加热 1h 以上，可用于消除裂痕）	耐高温电机、干式变压器线圈，密封继电器及电子元件，密封式电机的绕组

表 11-16 特种漆包线的品种、规格和主要用途

产品名称	型 号	规格/mm	耐热等级	特 点		主要用途
				优点	局限性	
无磁性聚氨酯漆包铜圆线	QATWC	0.02~0.20	120℃ （E）	1. 漆包线中含铁量低，对感应磁场所起的干扰作用极微； 2. 在高频时的 tanδ 小； 3. 有直焊性能	不推荐在过负载条件下使用	用于精密仪器和仪表的线圈，如直流镜式析流仪，磁通表和测震仪等线圈
热黏合或溶剂黏合直焊性聚氨酯漆包铜圆线	QAN—1B QAN—2B	0.02~1.00	120℃ （E）	不需要浸渍处理，在一定温度烘焙后自行黏合成形。另外，还具有 170℃线匝黏结、110℃线匝不黏结性能	不推荐在过负载条件下使用	电子元件和无骨架线圈，可用于彩色电视机的偏转线圈
热黏合或溶剂黏合聚酯漆包铜圆线	QZN—1B QZN—2B	0.02~1.00				

（续）

产品名称	型 号	规格/mm	耐热等级	特 点		主要用途
				优点	局限性	
F级自黏性聚酯漆包铜圆线	QZ（G）N—1B/155 QZ（G）N—2B/155	0.02~1.00	155℃（F）	不需要浸渍处理，在一定温度烘焙后自行黏合成形。另外，还具有170℃线匝黏结、110℃线匝不黏结性能	不推荐在过负载条件下使用	电子元件和无骨架线圈，可用于彩色电视机的偏转线圈
耐制冷剂漆包铜圆线	QNF	0.60~2.50	105℃（A）155℃（F）180℃（H）	在密封装置中能耐潮、耐冷冻	漆膜卷绕后产生湿裂（浸渍前须在120℃左右加热1h以上）	空调设备和制冷设备电机的绕组
耐水聚乙烯绝缘尼龙护套绕组线	QYN	0.6~2.5	70℃	在充水潜水电机内起防水作用	必须充水后通电	充水湿式潜水电机
	SYN	7×0.8~19×1.25				

表11-17 电动机绕组引接线电缆名称和型号

型号	名 称	规格/mm²	额定电压/V	运行温度/℃
JV	铜芯聚氯乙烯绝缘电动机绕组引接电缆（电线）		500	
JF（JBF）	铜芯丁腈聚氯乙烯复合物绝缘电动机绕组引接电缆（电线）	0.12~2.40	1000	70
JXN（JBQ）	铜芯橡皮绝缘丁腈护套电动机绕组引接电缆（电线）		3000	
JXF（JBHF）	铜芯橡皮绝缘氯丁护套电动机绕组引接电缆（电线）		6000	
JE（JFE）	铜芯乙丙橡皮绝缘电动机绕组引接电缆（电线）		500	
JEH（JFEH）	铜芯乙丙橡皮绝缘氯磺化聚乙烯护套电动机绕组引接电缆（电线）	0.2~240	1000	90
JEM（JFEM）	铜芯乙丙橡皮绝缘氯醚护套电动机绕组引接电缆（电线）		3000	
JH（JBYH）	铜芯氯磺化聚乙烯绝缘电动机绕组引接电缆（电线）		6000	
JG	铜芯硅橡皮绝缘电动机绕组引接线	0.75~95	500 1000	180
JZ	铜芯聚酯纤维绝缘耐氟电动机绕组引接线	0.5~2.5	500及以下	105
JF46	镀锡铜芯全氟乙丙烯绝缘耐氟电动机绕组引接线			155

表11-18 电动机引接软线的牌号、规格及用途

表11-18

名 称	牌 号	标称截面积/mm²	导电线芯 根数/单线标称直径/mm	绝缘标称厚度/mm	平均外径上限/mm	20℃时导体电阻/（Ω/km）≤		用途及使用条件
						铜芯	镀锡铜芯	
RV型300/500V铜芯聚氯乙烯绝缘连接软电线	RV型300/500V	0.3	16/0.15	0.6	2.3	69.2	71.2	（同下）
		0.4	23/0.15	0.6	2.5	48.2	49.6	
		0.5	16/0.20	0.6	2.6	39.0	40.1	
		0.75	24/0.20	0.6	2.8	26.0	26.7	
		1	32/0.20	0.6	3.0	19.5	20.0	

（续）

名　称	牌　号	标称截面积/mm²	导电线芯 根数/单线标称直径/mm	绝缘标称厚度/mm	平均外径上限/mm	20℃时导体电阻/(Ω/km)≤		用途及使用条件
						铜芯	镀锡铜芯	
RV 型 450/750V 铜芯聚氯乙烯绝缘连接软电线	RV 型 450/750V	1.5	30/0.25	0.7	3.5	13.3	13.7	适用于交流额定电压 450/750V 及以下的电动机、家用电器、小型电动工具、仪器仪表及动力照明设备，电线的长期允许工作温度：RV 型应不超过 70℃；RV-105 型应不超过 105℃
		2.5	49/0.25	0.8	4.2	7.98	8.21	
		4	56/0.30	0.8	4.8	4.95	5.09	
		6	84/0.30	0.8	6.4	3.30	3.39	
RV-105 型 450/750V 铜芯耐热 105℃ 聚氯乙烯绝缘连接软电线	RV-105 型 450/750V	0.5	16/0.20	0.7	2.8	39.0	40.1	
		0.75	24/0.20	0.7	3.0	26.0	26.7	
		1	32/0.20	0.7	3.2	19.5	20.0	
		1.5	30/0.25	0.7	3.5	13.3	13.7	
		2.5	49/0.25	0.8	4.2	7.98	8.21	
		4	56/0.30	0.8	4.8	4.95	5.09	
		6	84/0.30	0.8	6.4	3.30	3.39	
AV，AV-105 型 300/300V 铜芯聚氯乙烯绝缘软电线	AV 型，AV-105 型 300/300V	0.03	1/0.20	0.25	0.8	587.8	604.6	用于交流额定电压 U_0/U 为 300/300V 及以下电器、仪表和电子设备及自动化装置 电线的长期允许工作温度：AV-105 型应不超过 105℃；AV 型应不超过 70℃
		0.06	1/0.30	0.3	1.0	261.2	268.7	
		0.08	1/0.32	0.3	1.1	225.2	229.6	
		0.12	1/0.40	0.3	1.1	144.1	146.9	
		0.2	1/0.50	0.4	1.5	92.3	94.0	
		0.3	1/0.60	0.4	1.6	64.1	65.3	
		0.4	1/0.70	0.4	1.7	47.1	48.0	
镀银铜芯聚四氟乙烯绝缘软电线	FF4-2 型	0.2	19/0.12	0.25	0.23	1.10±0.10	83.5	适用于高温条件下，交流额定电压 600V 的电动机绕组、仪表、线路中作安装及引接线，电线可长期在额定电压为交流 600V，额定温度为 200℃，最低使用环境温度为 -65℃ 的条件下工作
		0.3	19/0.16	0.27	0.24	1.34±0.10	46.9	
		0.5	19/0.20	0.27	0.24	1.54±0.10	30.1	
		0.75	19/0.23	0.35	0.32	1.85±0.10	22.7	
		1	19/0.26	0.35	0.32	2.00±0.10	17.8	
		1.2	19/0.28	0.35	0.32	2.10±0.10	15.3	
		1.5	19/0.32	0.35	0.32	2.30±0.10	11.7	
		2	19/0.37	0.40	0.36	2.65±0.10	8.78	

表 **11-19**　电动机引接电缆线的性能及用途　　　　　　　　　　表 11-19

项号	名　称	主要性能	用　途
1	JXN(JBQ)橡皮绝缘丁腈护套引接线	1. 标称截面积：0.20~120mm² 2．能经受 B 级电动机浸漆工艺 3. 本产品于130℃经5h 后，在(50±5)℃浸漆30min，在(130+5)℃经过48h 后，电线绕于3~8 倍径棒上，电线护套不裂开不发黏	用于电压 1140V 及以下 B 级电动机引接线，并适用于湿热带电动机引接线
2	JH(JBYH)氯磺化聚乙烯橡皮绝缘引接线	1. 标称截面积：0.2~120mm² 2. 耐溶剂性优良 3. 本产品于130℃经5h 后，在(50±5)℃浸漆30min，于130±5℃经48h 后，电线绕于3~8 倍径棒上，电线护套不裂开不发黏	用于电压 6kV 以下 B 级电动机引接线，并适用于湿热带电动机引接线
3	JXF(JBHF)橡皮绝缘氯丁护套引接线	1. 标称截面积：6~120mm² 2. 耐油性良好 3. 不延燃氯丁橡胶护层	用于电压 6kV 的 B 级电动机引接线，并适于湿热带应用
4	JE(JFE)乙丙橡皮绝缘 F 级引接线	1. 标称截面积：0.75~120mm² 2. 耐热性能良好 3. 本产品于(130±5)℃经 5h 后浸入绝缘漆中30min，于(165±5)℃经24h 后，绕于3~8 倍径棒上，电线橡皮绝缘层不开裂	用于6kV 及以下 F 级电动机引接线、并适于湿热带应用
5	JEH(JFEL)乙丙橡皮绝缘氯化聚乙烯护套 F 级引接线	1. 标称截面积：0.75~120mm² 2. 耐热性能良好 3. 本产品于(130±5)℃经 5h 后浸入绝缘漆中30min，于(165±5)℃经24h 后，绕于3~8 倍径棒上，电线橡皮绝缘不应脆裂	用于6kV 及以下 F 级电动机引接线，亦适于湿热带应用
6	JEM(JFEM)乙丙橡皮绝缘氯醚护套 F 级引接线	1. 标称截面积：0.75~120mm² 2. 耐热性能良好 3. 本产品于(130±5)℃经 5h 后浸入绝缘漆中30min，于(165±5)℃经24h 后，绕于3~8 倍径棒上，电线橡皮绝缘层不应脆裂	适用于6kV 及以下 F 级电动机引接线，并适于湿热带应用
7	JG(JHG)硅橡胶绝缘硅氟护套 H 级引接线	1. 电线长期工作温度不超过180℃ 2. 电线绝缘层应经受下列规定火花电压试验 　绝缘厚度/mm　　　　试验电压/V 　　0.8　　　　　　　　5000 　　1.0　　　　　　　　6000 　　1.2　　　　　　　　7000 　　1.4　　　　　　　　8000 　　1.6 及以上　　　　　9000 3. 电线成品室温浸水 6h，后按下列电压经受 50Hz 电压 5min 试验 　额定电压/V　　　　试验电压/V 　　500　　　　　　　2000	适用于电压 6kV 及以下 F、H 级电动机引接线，并适于湿热带应用

（续）

项号	名　称	主要性能	用　途
7	JG（JHG）硅橡胶绝缘硅氟护套 H 级引接线	1140　　　　3 500 6000　　　　15000 4. 耐溶性试验,电压按下列缠绕后,浸入二甲苯溶剂中两端露出液面不少于 2cm,在室温下浸渍 30min 取出,电线表面不应有明显变化 电线截面积　　试样直径　　卷绕形式 /mm^2　　　　/mm 6 及以下　　　　3　　　密绕 3 圈以上 10~35　　　　　5　　　密绕 3 圈以上 50~120　　　　8　　　绕 1 圈以上	适用于电压 6kV 及以下 F、H 级电动机引接线,并适于湿热带应用

4. 换向器及集电环

（1）换向片　换向片在电动机运行中既要导电、又要与电刷相摩擦而产生热量,同时还要承受因旋转而产生的离心力的作用,因此,换向片的材料应该具有良好的导电性、耐热性、耐磨性、耐电弧性和较高的机械强度（包括抗拉强度和硬度）。目前应用的换向片材料,一般是纯度为 99.9% 的紫铜经冷拉而成的梯形铜片。经过冷拉后的铜片,其硬度、弹性、抗拉强度等均有所增加。

随着电动机耐热等级的提高,要求换向器能耐受更高的温度,能适应更恶劣的工作条件,而且能具有较长的耐磨寿命。近年来又有含少量合金元素的银铜、镉铜、铬铜、锆铜或稀土铜做换向片。这些合金具有较高的机械强度和较好的耐磨性能,其性能见表 11-20。稀土铜具有很高的导电率（仅次于硬铜和银铜）,加工性能及耐热性能均好。换向器外径尺寸见表 11-21。

表 11-20　换向片材料的性能

材料类别		硬铜	银铜	镉铜	铬铜	锆铜	稀土铜
化学成分		含铜	含银	含镉	含铬	含锆	含镧
含量（100%）		99.9	0.07~0.2	1	0.4~0.6	0.2	0.1
抗拉强度/（MN/m^2）		350~450	350~450	500	450~500	400~450	350~450
硬度/HB		80~110	95~110	100~115	110~130	120~130	95~110
导电率/%IACS		0.98	0.96	0.85	0.80~0.85	0.90	0.96
高温性能	软化温度/℃	200	290	280	410	400	280
	高温强度/（MN/m^2）	200~240	250~270		310	350	

表 11-21　换向器外径尺寸　　　　　　　　　　　（单位：mm）

5	10	20	40	80	160	315	630	1250	2500
5.6	11.2	22.4	45	90	180	355	710	1400	2800
6.3	12.5	25	50	100	200	400	800	1600	3150
7.1	14	28	56	112	224	450	900	1800	—
8	16	31.5	63	125	250	500	1000	2000	—
9	18	35.5	71	140	280	560	1120	2240	—

（2）集电环 集电环同样也应具有良好的导电性、耐磨性和硬度，要求其材质均匀、不锈蚀、接触电阻稳定，不容许有气孔、缩孔等缺陷以免引起电刷及集电环的工作表面很快磨损。

根据导电性能和机械强度的要求，集电环一般采用黄铜、青铜、低碳钢或铸铁制造。例如无举刷装置的异步电动机的集电环采用黄铜制造；在有举刷装置的异步电动机中，集电环仅在起动时接触电刷，可采用低碳钢制造；而在大电流、高速的大型异步电动机特别是调速电动机中，集电环采用青铜或高强度合金钢（如硅锰钢 35SiMn）制造。集电环外径尺寸见表 11-22。

表 11-22 集电环外径尺寸 （单位：mm）

5	10	20	40	80	160	315	630	1250	2500
5.6	11.2	22.4	45	90	180	355	710	1400	—
6.3	12.5	25	50	100	200	400	800	1600	—
7.1	14	28	56	112	224	450	900	1800	—
8	16	31.5	63	125	250	500	1000	2000	—
9	18	35.5	71	140	280	560	1120	2240	—

5. 电刷 把旋转部件的电流引出（或引入），要靠旋转部件上的换向器或集电环与固定在支架上的电刷相接触而实现，因此电刷也是导电材料。

电刷在工作时应满足以下要求：

1）在换向器或集电环表面能形成适宜的由氧化亚铜、石墨屑和水分等组成的表面薄膜。

2）电刷的使用寿命长，同时对换向器或集电环的磨损小。

3）电刷的电功率损耗和机械损耗小，这就要求其具有较好的导电性，并具有较小的摩擦系数。

4）在电刷下不出现对电动机有危害的火花，具有适宜的电阻系数。

5）噪声小。

这些要求不完全取决于电刷本身，还要从电动机的结构、电刷的安装调整以及运行条件等方面来综合考虑。

根据电刷成分的不同，常用电刷有四大类。

（1）石墨电刷 用石墨粉制成，以 S 为代号，如 S-3、S-4、S-6 等，目前用于小型直流电动机。

（2）电化石墨电刷 用石墨和非晶体的碳素混合的粉末，经压型和焙烧后，再在电炉中加温到 2300~2500℃进行电化石墨处理而成。由于石墨所占的比例不同，电化石墨电刷的硬度差别较大，石墨含量越多，电刷的硬度越低。这类电刷品种较多，以 D 为其代号，在电动机中应用得最为普遍。由于其混入的非晶体碳素种类不同，又分为四种：

1）以石墨为基的，代号为 D1，如 D104、D106、D172 等。

2）以焦炭为基的，代号为 D2，如 D202、D213、D214、D252、D280 等。

3）以炭黑为基的，代号为 D3，如 D308、D309、D312、D373、D374、D374L，D374B 等。

4）以木炭为基的，代号为 D4，如 D464F、D479 等。

字尾 L、B、F 等为浸渍物代号。

（3）金属石墨电刷　用铜粉和石墨粉混合物制成。电化石墨的最低电阻率为 $7\mu\Omega\cdot m$，而铜的电阻率只有 $0.01724\mu\Omega\cdot m$（20℃），两者相差达 400 倍，所以金属石墨电刷的电阻系数大大下降，允许通过的电流密度较大。在金属石墨电刷中，导电部分实际上只是铜，而石墨主要是使电刷有较好的润滑性并使电刷的硬度降低，以减少其对换向器和集电环的磨损。

这类电刷以 J 为其代号，J1 为不带黏结剂的铜石墨电刷，如 J100、J102、J104、J164 等；J2 为带黏结剂的铜石墨电刷，又分含铜较多的高铜石墨电刷，如 J201、J204、J205、J213，以及含铜较少的低铜石墨电刷，如 J203、J206、J220 等。

（4）人造树脂黏结剂石墨电刷　以人造树脂为黏结剂，以 R 为代号，如 R051、R401、R201、R453、R1270 等，具有较高的电阻系数，可用在换向困难的电动机上。

除上述 4 种类型电刷外，目前在电刷新品种方面，已生产并正在发展的还有下述两种。

（1）分层电刷　这种电刷型式较多，常用的为两层合并，称为双子电刷，适用于高速、振动大和换向困难的电动机，如机车用牵引电动机等。另外还有中间黏结并互相绝缘（或具有高电阻）的多层黏合电刷，有的还用不同特性的电刷块黏合，其横向电阻大，对改善换向可起到良好的作用。

（2）纤维状碳精电刷　它是由耐热性能良好、高温下机械强度大和柔软性好的碳和石墨纤维制成的。其特点是纵向的电阻系数比横向的小得多，有利于增加电流密度和改善换向性能。

常用石墨电刷的牌号、主要性能和应用见表 11-23。

表 11-23

表 11-23　常用石墨电刷牌号、主要性能和应用

| 类别 | 型号 | 电阻率/$(\Omega mm^2/m)$ | 一对电刷压降/V | 摩擦系数≤ | 50 小时磨损值≤/mm | 工作条件 | | | 应用举例 |
						电流密度/(A/cm^2)	允许线速度/(m/s)	使用单位压力/(N/cm^2)	
石墨电刷	S3	8~20	1.5~2.3	0.25	0.20	11	25	2.0~2.5	80~120V 直流电机，小容量交流电机集电环
	S4	80~120	4~5	0.15		12	40	2.0~2.5	
	S5	90~150	3.5~4.5	0.18		10	35	2.2~3.0	
	S6	15~23	2~3.2	0.28	0.15	12	70	2.2~4.0	交流换向器电动机，高速直流发电机
	S7N	20~30	2~3	0.20	0.15	12	70	1.5~2.5	
	S8N	8~20	1.8~2.8	0.20	0.15	12	30	1.8~2.5	
	S319	50~95	<3.5	0.25		12			
电化石墨电刷	D104	6~16	2.0~3.0	0.20	0.15	12	40	1.5~2.0	80~120V 直流电机，电焊发电机
	D172	10~16	2.4~3.4	0.25	0.25	12	70	1.5~2.0	
	D252	8~18	2.0~3.2	0.23		15	45	2.0~2.5	80~230V 直流电机
	D308	31~50	1.9~2.9	0.25	0.15	12	40	2.0~4.0	
	D309	30~45	2.4~3.4	0.25		10	40	2.0~4.0	120~440V 直流电机，汽车发电机
	D323	31~52	2.2~3.1	0.2		12			
	D312	25~45	2.0~3.0	0.25	0.20	12	50	2.0~4.0	直流永磁测速发电机，高速小型交流直流电机，功率放大机
	D318	30~60	<3	0.2		12			
	D374s	45~75	2.5~3.5	0.20	0.10	12	60	2.0~4.0	
	D374L	35~65	1.9~3.9	0.2		12			

（续）

类别	型号	电阻率/ ($\Omega mm^2/m$)	一对电刷压降/V	摩擦系数≤	50小时磨损值≤/mm	工作条件			应用举例
						电流密度/ (A/cm^2)	允许线速度/ (m/s)	使用单位压力/ (N/cm^2)	
电化石墨电刷	D376	45~70	2.3~3.5	0.20	0.10	12	50	2.0~4.0	
	D376N	50~75	2.5~3.5	0.2	0.10	12	60	2.0~4.0	
金属石墨电刷	J103	0.1~0.35	0.3~0.7	0.20		20	20	1.8~2.3	直流永磁伺服电动机,6V以下起动机
	J105	≤0.25	≤0.4	0.25	0.8	20	20	1.8~2.3	
	J164	0.05~0.12	01~0.3	0.2		20	20	1.8~2.3	永磁力矩电动机,汽车、拖拉机起动机,40~60V以下直流电机
	J204	0.2~1.3	0.6~1.6	0.2	0.3	15	20	2.0~2.5	
	J205	1.0~1.2	≤2	0.25	0.50	15	35	1.5~2.0	
	J325	0.61	1.23	0.20		12	15	1.75	
	J350	1.56	0.87	0.22		15	15	1.75	低电压力矩电机,测速发电机,信号电机
	J360	0.527	0.62	0.22		15	15	1.75	
	J370	0.215	0.38	0.25		15	15	1.75	永磁力矩电动机
	J385	0.075	0.09	0.12		20	15	1.75	
	J390	0.049	0.02	0.20		20	15	1.75	

11.3 绝缘材料

1. 绝缘材料的分类及其代号 电动机中所使用的绝缘材料是多种多样的，分类的方法是按材料的耐热程度来划分等级。目前绝缘材料分为七级：

1）Y级——允许工作温度为90℃。主要包括一些未经浸渍的天然有机材料，如棉纱、丝绸、纸、木材等。

2）A级——允许工作温度为105℃。常用的有软化点为110℃的沥青、虫胶漆、漆布、漆绸、油溶性漆包线、沥青漆等以及Y级绝缘经过浸渍处理以后的材料。

3）E级——允许工作温度为120℃。常用的有缩醛漆包线漆、聚酯薄膜青壳纸复合绝缘（6520）、酚醛清漆等。

4）B级——允许工作温度为130℃。常用的有聚酯漆包线漆、聚酯薄膜、聚酯无纺布、DMD（聚酯薄膜聚酯纤维无纺布复合箔）、云母带、B级胶粉云母带、B级绝缘漆处理的玻璃纤维及其制品、三聚氰胺醇酸漆、环氧无溶剂漆等。

5）F级——允许工作温度为155℃。如聚酯亚胺漆包线漆、聚酰亚胺漆包线漆、NMN

聚酯薄膜聚芳酰胺纤维纸复合箔、环氧酚醛玻璃布板、聚酯浸渍漆等。

6) H 级——允许工作温度为 180℃。主要为硅有机类及聚酰亚胺等材料，如硅有机漆、硅橡胶、聚酰亚胺漆包线漆、聚酰亚胺薄膜、NHN 聚酰亚胺薄膜聚芳酰胺纤维纸复合箔以及硅有机漆处理的玻璃制品等。

7) N 级——允许工作温度为 200℃。主要是一些无机材料，如云母、陶瓷、玻璃等。

8) R 级——允许工作温度为 220℃。

根据国家标准，绝缘材料使用四位数字编号，如 1032、3240 等，四位数字的意义如下：

左起第一位数字表示绝缘材料种类。如 1 代表绝缘漆、树脂和胶类；2 代表绝缘浸渍纤维类；3 代表绝缘层压制品类；4 代表绝缘压塑料类；5 代表云母制品类；6 代表薄膜类。

左起第二位数字表示同类材料的不同品种，如同样绝缘漆中就有浸渍漆、覆盖漆、半导体漆、硅钢片漆等，它们靠第二位数字来加以区别。

左起第三位数字表示材料的耐热等级。如 1 代表 A 级；2 代表 E 级；3 代表 B 级；4 代表 F 级；5 代表 H 级；6 代表 N 级，7 代表 R 级。

左起第四位数字表示序号，即同类同等级绝缘材料在配方、成分及性能上的差别。

例如 1031、1032，其中第一位"1"表示绝缘漆，第二位"0"表示浸渍漆，第三位"3"表示 B 级，最后一位数字"1"表示 B 级第一种浸渍漆（序号），1031 的成分为丁基酚醛醇酸漆；1032 最后一位"2"代表 B 级第二种浸渍漆，1032 成分为三聚氰胺醇酸漆。又如 3240，其中"3"表示层压制品，"2"表示层压板材，"4"表示 F 级，"0"为序号，3240 是环氧酚醛层压玻璃布板。

2. 绝缘材料的性能要求 电动机总离不了绝缘材料，而绝缘材料种类繁多、性能各异。对于绝缘材料性能的基本要求，概括起来有以下几方面。

(1) 具有良好的电性能 绝缘材料的电性能包括击穿强度、绝缘电阻率、介电系数和介质损耗等。有些绝缘材料还要考虑其耐电晕、耐电弧等性能。

1) 击穿强度。即每毫米厚所能承受的电压。绝缘材料的击穿大致可分为电击穿、热击穿和放电击穿三种形式。绝缘结构的击穿强度与电场强度的高低、材料所受的温度与结构内部组织的均匀致密程度有密切关系。电动机制造过程中常用液体绝缘材料（如漆）、浸渍固体绝缘材料，这样可以填充绝缘空隙、改善电场分布与改善散热条件，从而可以提高其击穿强度。

2) 绝缘电阻率。分为体积电阻率和表面电阻率，分别代表材料内部的导电特性及其表面的导电特性。任何绝缘材料在电场作用下，总会有微小的漏电流通过。这个漏电流一部分流经材料内部，其大小决定于电场强度高低及材料内部的电阻率，这个电阻率称为体积电阻率，单位为 $\Omega \cdot m$；还有一部分漏电流由材料表面通过，其大小决定于电场强度高低及材料表面的电阻率，这个电阻率称为表面电阻率，其单位为 Ω。绝缘材料的电阻率与以下因素有关，即温度升高电阻率按指数规律下降；电阻率随湿度增大而下降；材料中的杂质含量增加时电阻率迅速下降；高电场强度作用下，电阻率也下降。

3) 介电系数。绝缘材料的相对介电系数 ε_r 表示电场作用下，绝缘材料内部电荷移动的情况，即极化程度。一般说 ε_r 随电场频率增高而逐级下降；随材料吸湿而增大；由于温度影响极化，ε_r 在某一温度会出现峰值。

4) 介质损耗。绝缘材料在电场作用下，由于漏电流和极化等原因而产生能量损耗。一般用损耗功率或损耗角正切（tanδ）表示介质损耗的大小。影响绝缘材料介质损耗的因素主要有频率、温度及电场强度等。

（2）具有良好的热性能 由于电动机运行时不可避免地因损耗而发热，因此所使用的绝缘材料必须具有良好的耐热性能，绝缘材料的耐热性能决定了电动机的允许温升。

如前所述，绝缘材料按其耐热能力分为七级，每个耐热等级对应一定的允许工作温度，即在这个温度下能保证绝缘材料长期使用而不影响其性能。近年来为了提高电动机的可靠性，绝缘材料常被降级使用，如 F 级的绝缘材料被用来制造 B 级绝缘的电动机。

（3）具有良好的机械性能 线圈和绕组在包扎、成形和嵌装等过程中，以及电动机运行时，其绝缘会受到各种机械应力的作用，因而对绝缘材料提出了相应的机械性能要求，如抗张、抗压、抗弯、抗振动力等。如果绝缘材料的机械性能很差，很容易因机械力影响，而使电性能显著下降。

（4）其他 绝缘材料还应该是吸湿性小、抗酸、抗碱、耐油性能均较好，以及加工方便等。

3. 绝缘结构常用的绝缘材料 见表 11-24。

4. 绝缘薄膜 绝缘薄膜的品种规格、特性及用途见表 11-25。

5. 绝缘薄膜复合材料 绝缘薄膜复合制品的品种规格、特性及用途见表 11-26。

6. 绝缘漆布制品 绝缘漆布（绸）制品的品种规格、特性及用途见表 11-27。

7. 绝缘漆管制品 绝缘漆管制品的性能指标见表 11-28。

8. 绝缘层压板 绝缘层压板的品种、用途见表 11-29。

9. 槽楔 槽楔的品种、性能见表 11-30。

10. 绑扎带 绑扎带的品种、性能见表 11-31。

11. 浸渍绝缘漆

（1）常用有溶剂浸渍漆的品种型号、特点及用途见表 11-32。

（2）无溶剂浸渍漆的品种型号、特点及用途见表 11-33。

12. 表面覆盖漆 表面覆盖漆的品种和用途见表 11-34。

13. 环氧树脂 环氧树脂的品种和用途见表 11-35。

特别需要指出，由于近年来化工科学技术的迅猛发展，各种绝缘材料层出不穷，绝缘材料生产企业开发了许多新产品，品种很多，型号各异，以上各表仅供选用时参考，并请重视各企业的产品样本。

表 11-24 绝缘结构常用的绝缘材料

耐热等级及其允许温度	槽绝缘材料	槽楔、垫条、接线板等绝缘件	漆管套管	绑扎带	引接线	浸渍漆		电磁线
						有溶剂	无溶剂	
E（120℃）	6520 聚酯薄膜绝缘纸复合箔　6530 聚酯薄膜玻璃漆布复合箔	3020～3023 酚醛层压纸板竹（经处理）　4010、4013 酚醛塑料	2714 油性玻璃漆管	聚酯绑扎带	JXN 橡皮绝缘丁腈护套引接线(500V, 1140V)	1032 三聚氰胺醇酸浸渍漆	5152-2 环氧聚酯酚醛无溶剂漆　1034 环氧聚酯快干无溶剂漆　954 型环氧无溶剂漆	QQ-$\frac{1}{2}$ 缩醛漆包线(铜)

（续）

耐热等级及其允许温度	槽绝缘材料	槽楔、垫条、接线板等绝缘件	漆管、套管	绑扎带	引接线	浸渍漆		电磁线
						有溶剂	无溶剂	
B（130℃）	6530 聚酯薄膜玻璃漆布复合箔 DMD、DMDM（6630）聚酯薄膜聚酯纤维纸复合箔 6020 聚酯薄膜	3230 酚醛层压玻璃布板 3231 苯胺酚醛层压玻璃布板 4330 酚醛玻璃纤维塑料	2730 醇酸玻璃漆管	聚酯绑扎带	JH 氯磺化聚乙烯橡皮绝缘引接线（500V、1140V、6000V）； JXF6kV 橡皮绝缘氯丁护套引接线	1032 三聚氰胺醇酸浸渍漆 1033 环氧树脂浸渍漆	5152-2 环氧聚酯酚醛无溶剂漆 1034 环氧聚酯快干无溶剂漆 954 型环氧无溶剂漆 9102 环氧无溶剂漆	QZ-$\frac{1}{2}$ 聚酯漆包线（铜）
F（155℃）	NMN（6640）聚酯薄膜芳香族聚酰胺纤维纸复合箔 SMS 聚酯薄膜芳香族聚砜酰胺纤维纸复合箔 OMO 聚酯薄膜噁二唑纤维纸复合箔	3240 环氧酚醛层压玻璃布板	2740 丙烯酸酯玻璃漆管 1741 聚氨酯玻璃漆管	环氧绑扎带	JG 硅橡胶电缆（500V） JF 乙丙橡胶绝缘引接线（6000V）	155-1 聚酯浸渍漆	FIU 环氧聚酯无溶剂漆 319-2 不饱和聚酯无溶剂漆 9105F 级无溶剂浸渍漆	QZ（G）改性聚酯漆包线 QZY-$\frac{1}{2}$聚酯亚胺漆包线
H（180℃）	NHN（6650）聚酰亚胺薄膜芳香族聚酰胺纤维纸复合箔 OHO 聚酰亚胺薄膜噁二唑纤维复合箔 SHS 聚酰亚胺薄膜芳香族砜酰胺纤维复合箔 6050 聚酰亚胺薄膜	3250 硅有机环氧玻璃布板 3251 硅有机层压玻璃布板 聚二苯醚层压玻璃布板 聚酰胺亚胺层压玻璃布板	2750 硅有机玻璃漆管 2751、2760 硅橡胶玻璃漆管	聚酰亚胺绑扎带	JG 硅橡胶电缆（500V） JHS 硅橡胶绝缘引接线（500V） 聚四氟乙烯引接线	1053 硅有机浸渍漆 9111 硅有机低温干燥浸渍漆 931 聚酯改性硅有机浸渍漆 PAI-2 聚酰胺酰亚胺浸渍漆	—	QY-$\frac{1}{2}$聚酰亚胺漆包线 QXY-$\frac{1}{2}$聚酰胺酰亚胺漆包线 QZ/QXY、QZY/QXY复合层漆包线

表 11-25　绝缘薄膜的品种规格、特性及用途

名称	牌号	规格及偏差/mm		主要特性	用途举例
		厚度	偏差		
聚酯薄膜	6020 6021	0.04 0.05 0.07 0.10	±0.007 ±0.010	耐热性好、击穿强度高、机械强度很高。工作温度为-60~+130℃。作 E 级绝缘材料用；耐化学性较好，在湿热条件下电绝缘性能和耐霉性良好	适用于中小型、微电机作槽绝缘、匝间绝缘和线圈绝缘

（续）

名称	牌号	规格及偏差/mm 厚度	规格及偏差/mm 偏差	主要特性	用途举例
聚酰亚胺薄膜	6050	0.03 0.05	±0.005 ±0.007	具有优异的耐高温、耐低温、耐辐射、电气及机械性能，并有优良的耐化学性能和抗燃性 作为 C 级绝缘材料，能在220℃以上环境中长期使用	适用于高温、高真空、强辐照、超低温等特殊环境下作为电机、电器线圈的包扎和槽绝缘
聚四氟乙烯薄膜	PTEE	0.02 0.025	±0.005	具有优良综合性能的工程塑料，它的优异性能是其他塑料不可比拟的，有"塑料王"之称 它可在-60～+260℃范围内长期使用，对强酸、强碱、强氧化剂等腐蚀性介质不起作用。有高度的电绝缘性，可作 C 级绝缘材料用	适用于中、小型及微电机作 C 级绝缘材料用 可作槽绝缘、匝间绝缘
聚四氟乙烯薄膜	PTEE	0.03、0.035、0.04、0.05	±0.008		
聚四氟乙烯薄膜	PTEE	0.06、0.07、0.08、0.09	±0.010		
聚四氟乙烯薄膜	PTEE	0.10	±0.010		
聚四氟乙烯薄膜	PTEE	0.12、0.14、0.16、0.18	±0.020		
聚四氟乙烯薄膜	PTEE	0.20	±0.020		

表 11-26　绝缘薄膜复合制品的品种规格、特性及用途

名称	牌号	规格及偏差/mm 厚度	规格及偏差/mm 偏差	主要特性	用途举例
聚酯薄膜绝缘纸复合箔	6520	0.10	±0.10	是由 6020 聚酯薄膜涂以黏合剂与电绝缘纸板复合而成 属于 E 级绝缘，具有良好的介电性能和较高的机械强度	适于工作温度为 E 级的电机作槽绝缘、衬垫绝缘和匝间绝缘
聚酯薄膜绝缘纸复合箔	6520	0.15	±0.02		
聚酯薄膜绝缘纸复合箔	6520	0.20	±0.025		
聚酯薄膜绝缘纸复合箔	6520	0.30	±0.03		
聚酯薄膜绝缘纸复合箔	6520	0.40	±0.04		
聚酯薄膜绝缘纸复合箔	6520	0.50	±0.05		
聚酯薄膜绝缘纸复合箔	6520	0.60	±0.06		
聚酯薄膜玻璃漆布复合箔	6530	0.17	±0.02	是由 6020 聚酯薄膜与 2432 醇酸玻璃漆布复合而成 属于 B 级绝缘，具有良好的介电性能和一定的机械强度	适用于湿热带地区的 B 级电机、电器中作槽绝缘、衬垫绝缘和匝间绝缘用
聚酯薄膜玻璃漆布复合箔	6530	0.20	±0.03		
聚酯薄膜玻璃漆布复合箔	6530	0.24	±0.05		
聚酯薄膜聚酯纤维纸柔软复合材料	6630（DMD）	0.16	±0.02	复合材料是由一层聚酯薄膜的两侧黏贴压光的聚酯纤维纸制成的三层复合材料 属于 B 级绝缘，具有良好的介电性能和一定的机械性能	适用于湿热带地区使用的 B 级电机、电器中作槽绝缘、匝间绝缘和衬垫绝缘用
聚酯薄膜聚酯纤维纸柔软复合材料	6630（DMD）	0.21	±0.025		
聚酯薄膜聚酯纤维纸柔软复合材料	6630（DMD）	0.24	±0.03		
聚酯薄膜聚酯纤维纸柔软复合材料	6630（DMD）	0.30	±0.04		

（续）

名称	牌号	规格及偏差/mm		主要特性	用途举例
		厚度	偏差		
聚芳砜纤维纸复合箔	6640（NMN）6541（AdMAd）	0.2	±0.02	由聚酯薄膜和合成聚芳纤维纸复合而成 由聚酯薄膜和 Ad 纸复合而成 AdMAd 属 F 级绝缘 具有较高的介电性能和一定的机械强度	适用于电机、电器中作 F 级槽绝缘、衬垫绝缘和匝间绝缘用
		0.25	±0.03		
		0.30	±0.04		
		0.35			
	6650（NHN）	0.20	±0.02	由聚酰亚胺薄膜和合成聚芳纤维纸复合而成，属 H 级绝缘 具有较高的介电性能和一定的机械强度	适用于电机、电器中作 H 级槽绝缘、衬垫绝缘和匝间绝缘用
		0.25	±0.03		
		0.30	±0.04		
		0.35			

表 11-27　绝缘漆布（绸）制品的品种规格、特性及用途

名称	牌号	规格及允差/mm		主要特性	用途举例
		厚度	允差		
油性漆绸	2210 2212	0.04 0.05 0.06 0.08 0.10	±0.01	用精炼整理的优质桑蚕丝绸均匀地浸以油性绝缘清漆，经烘干而成，具有一定的介电性能和机械性能 属于 A～E 级绝缘等级。2210是通用型，2212是高介电型，允许工作在变压器油中	适用于电机、电器中要求高介电性能的薄层衬垫或线圈绝缘
		0.12 0.15	±0.015		
醇酸玻璃漆布	2432	0.10	±0.010	耐热、耐潮及介电性能均优于黄漆布、绸，耐油性也好 属于 B 级绝缘	广泛代替一般绝缘漆布，用于较高温度下使用的电机、电器的衬垫或线圈绝缘及油中工作的变压器、电器的线圈绝缘
		0.12	±0.012		
		0.15	±0.015		
		0.18	±0.018		
		0.20	±0.020		
		0.25	±0.025		
有机硅玻璃漆布	2450 2451	0.10	±0.010	是由电工用无碱玻璃纤维布浸以有机硅漆烘干而成 具有较高的耐热性、弹性和耐霉菌的作用。属于 H 级绝缘 2450 为软型 2451 为硬型	适用于电机、电器的包扎绝缘、衬垫绝缘
		0.12	±0.012		
		0.15	±0.015		
		0.18	±0.018		
		0.20	±0.020		
		0.25	±0.025		
聚酰亚胺玻璃漆布	2560	0.1～0.25	±0.01～±0.025	电工无碱玻璃布浸以聚酰亚胺树脂加热成型	用于高温（220℃）电机槽绝缘

表 11-28　绝缘漆管制品的性能指标

项　目	醇酸玻璃漆管	聚氯乙烯玻璃漆管	有机硅玻璃漆管	硅橡胶玻璃丝管
	2730	2731	2750	2751、2760
弹性： 漆膜不应与管基脱开或产生开裂	温度（20±5）℃，相对湿度 60%~70%，在棒径上缠绕 1h 后； 温度 8~10℃，经 2h 后即在棒径上缠绕	温度（20±5）℃，相对湿度 60%~70%，在棒径上缠绕 1h 后； 缠绕在棒径上，在温度 -20~-40℃ 处理 2h 后	温度（20±5）℃，相对湿度 60%~70%，在棒径上缠绕 1h 后； 温度 8~10℃，经 2h 后即在棒径上缠绕	在棒径上缠绕，然后于温度 200℃ 下处理 3h 后； 在棒径上缠绕，然后于温度 -60~-40℃ 处理 2h 后
耐油性： 在温度（105±2）℃，浸变压器油中 24h	漆膜不应与玻璃丝管脱开或产生开裂。允许漆管颜色变深	漆膜不应与玻璃丝管脱开或产生开裂。允许漆管颜色变深	—	—
耐热性： 经 24h 后，漆膜不应脱裂的温度	（130±2）℃	（130±2）℃	（180±2）℃	经 72h 后，漆膜不应脱裂的温度为（200±5）℃
击穿电压/ kV≥　　常态时	5.0	5.0	4.0	4.0
缠绕后	2.0	4.0	1.5	—
受潮后	2.5	2.5	2.0	2.0

表 11-29　绝缘层压板的品种、用途

项号	名　称	型　号	主要组成	耐热等级	用　途
1	环氧酚醛玻璃布层压板	3240	无碱玻璃布浸渍环氧酚醛树脂漆热压成型	F	用于电机绝缘构件
2	酚改性二甲苯层压玻璃布板	D323	电工无碱玻璃布浸酚改性二甲苯树脂经热加工而成	F	用于电机绝缘构件
3	聚胺—酰亚胺玻璃布层板	D321	电工无碱玻璃布浸顺丁烯二酸酐与二元胺合成的聚胺—酰亚胺树脂热压成型	H	用于耐高温电机绝缘构件
4	有机硅玻璃布层压板	3251 3250	沃兰处理玻璃布浸有机硅树脂经热压成型	H	用于 H 级电机绝缘构件
5	聚二苯醚玻璃布层压板	3255 350 B325 9330	沃兰处理玻璃布浸聚二苯醚树脂经热压成型	H	用于 H 级电机绝缘构件
6	聚胺双马来酰亚胺玻璃布层压板	9336	无碱玻璃布浸聚酰胺酰亚胺树脂热加工成型	H	用于 H 级电机绝缘构件
7	聚酰亚胺玻璃布层压板	9335	无碱玻璃布浸聚酰亚胺树脂热加工成型	N	用于耐高温耐辐射电机绝缘构件

表 11-30　槽楔的品种、性能

序号	槽楔材料名称	密度(20±2)℃/(g/mm³)	吸水率(%)	抗张强度纵向/(kN/cm²)	抗弯强度纵向/(kN/cm²)	抗冲击强度纵向/(kN/cm²)	黏合力/kN	体积电阻系数(ρᵥ)常态/(Ω·cm)	表面电阻系数(ρₛ)常态/Ω	垂直层向击穿强度/(kV/mm)厚度0.5~3mm	平行层向击穿电压/kV	马丁耐热性/℃
1	3240 环氧酚醛层压玻璃布板	1.70~1.90	—	≥30.00	≥35.00	≥1.50	≥5.80	≥1.0×10¹³	≥1.0×10¹³	≥18	≥30	≥200
2	3830 环氧玻璃纤维引拔槽楔	≥1.8	≤0.5	≥60.00	≥40.00	—	≥5.80					
3	349 环氧酚醛玻璃布导磁槽楔板(3950)	≥1.8	≤1.0	≥10.00	≥11.00	≥0.40	—					≥180(热稳定24h)
4	树脂化竹槽楔	SE-1	≤1.8	≥0.45kN(推出力)	—	≥5次(锤击数)	—					125(热太平法)

表 11-31　绑扎带的品种、性能

序号	绑扎无纬带名称	耐热等级	主要成分(%)			环抗张力/(kN/cm²)		贮存期/月		工件加工工艺	
			胶含量	树脂量	挥发物	常态	热态	常态	5℃	预热温度/℃	烘焙温度/时间/(℃/h)
1	聚酯纤维绑扎带(线、管)	B	27±3	97	3±0.5	80~110	保留60%~65%(130℃)	3		80~100	80~90/2 110~120/2 130~140/ 17~20
2	环氧纤维绑扎带(线、管)	F	25±3	93	3±0.5	90~124	保留60%~65%(130℃)	—	1	80~100	80~90/2 110~120/2 130~155/ 17~20
3	聚芳烷基醚酚纤维绑扎带(线、管)	H	27±3	—	—	—	≥60(180℃)	3	—	80~100	80~90/2 140/2 160/2 180/15~16
4	聚胺—酰亚胺纤维绑扎带(线、管)	H	30±3	—	—	≥60	≥50(180℃)	1	—	80~100	80/2 100~120/4 160/2 180/2 200/2

（续）

序号	绑扎无纬带名称	耐热等级	主要成分(%)			环抗张力/(kN/cm²)		贮存期/月		工件加工工艺	
			胶含量	树脂量	挥发物	常态	热态	常态	5℃	预热温度/℃	烘焙温度/时间/(℃/h)
5	玻璃纤维绑扎带(线、管)	F	由玻璃纤维与聚酯环氧树脂等组成			≥80	—	≥6	—	用于牵引电机、直流电机、绕线转子异步电机和特种电机等端部绑扎,可代替原来钢丝绳	

表 11-32 常用有溶剂浸渍漆的品种型号、特点及用途

产品名称	型号	耐热等级	特点与用途
醇酸浸渍漆	1030	B	较好的耐油性,用于电机、电器线圈浸渍
三聚氰胺醇酸浸渍漆	1032	B	具有较好的干燥性、热弹性和耐热性,较高的介电性能,广泛用于低压电机、电器线圈浸渍
氨基醇酸浸渍漆	137	B	具有良好的干透性、耐热性、耐油性和较高的介电性能,特别是在湿热条件下绝缘电阻较高,适于小型变压器绕组浸渍
三聚氰胺醇酸快固化浸渍漆	CZ1038 J-1038-1 1039	B	固化快,浸烘时间短,其他性能同1032,适于替代1032漆浸渍电机、电器绕组
快干氨基醇酸浸渍漆	1032-1	B	固化快,内干性好,其他性能同氨基醇酸浸渍漆,适于浸渍亚热带地区用电机、电器和变压器绕组
环氧酯浸渍漆	1033	B	具有较好的耐油性、弹性和防潮性,适用于防潮电机和电器绕组浸渍绝缘处理
改性聚酯浸渍漆	155	F	具有良好的介电性能和黏结力,贮存稳定,使用方便,适于电机、电器线圈浸渍
酚醛改性聚酯浸渍漆	155-1 9114	F	介电性能良好,价格低廉,使用方便,适用于高速旋转电机转子浸渍,也可用作电机定子及电器线圈浸渍处理
少溶剂环氧浸渍漆	138 J-880 H30-9	B	固体含量高,固化快,弹性和介电性能优良,适用于中小型 电机绕组浸渍绝缘处理
耐氟利昂环氧酚醛浸渍漆	103-F	F	具有良好的机电性能和耐冷媒特性,主要用作制冷电机、电器的绕组绝缘浸渍
环氧桐马浸渍漆	J-1040	F	具有优良的介电性能、耐热性、热弹性和黏结性,适于浸渍 F 级中型高压电机及电器绕组
少溶剂环氧桐马浸渍漆	J-1040-1	F	黏度低,固体含量高,固化快,其他性能同环氧桐马浸渍漆,适于 F 级电机线圈浸渍
亚胺环氧浸渍漆	9115 D005	F	固化温度低,相容性好,介电性能、防潮性能好,黏结强度高,适用于电机、电器绕组浸渍处理,特别是冶金、起重和矿山用电机

（续）

产品名称	型号	耐热等级	特点与用途
改性二苯醚浸渍漆	上1041	F	具有较好的电气性能,贮存期长,用于B、F级电机及电器绕组浸渍绝缘
改性聚酯亚胺浸渍漆	CJ1045 982	F	具有良好的低温干燥性、化学稳定性和黏结力,可采用沉浸、滚浸和真空压力浸渍等浸渍方法,浸渍防爆电机、电器绕组
聚酯亚胺浸渍漆	9116 CJ1057	H	低温快速固化,厚层不起泡,具有良好的机械、电气和耐化学性能,适于浸渍H级电机和耐高温电器绕组
有机硅浸渍漆	1053	H	具有良好的耐热性、耐寒性,但烘干温度较高,用于浸渍H级电机、电器
聚酯改性有机硅浸渍漆	1054	H	防潮性好,黏结强度和机械强度高,固化温度比1053漆低,用途同1053漆
聚酰亚胺浸渍漆	TJ1050 190	H	均苯型亚胺浸渍漆,具有优异的耐热、耐辐射和耐化学性能,适于H级电机及要求耐高温、耐辐射的电气线圈浸渍绝缘处理
改性聚酰亚胺浸渍漆	D006	H	加聚型亚胺浸渍漆,固化温度低,干燥快,热态绝缘电阻、电气强度和黏结强度高,主要用于冶金、矿山、铁道、起重等电机、电器绕组浸渍绝缘处理

表11-33　无溶剂浸渍漆的品种型号、特点及用途

产品名称	型号	耐热等级	浸渍方式	特点及用途
丙烯酸酯光敏浸渍树脂	J-1134	B	沉浸	丙烯酸环氧酯型,配制成光热固化漆和热固化漆,电性能好,固化物外观透明,适于小型电机、变压器绕组浸渍用
不饱和聚酯浸渍树脂	J-801	B	VPI	以DAP作活性稀释剂,无刺激性气味,黏结力强,耐湿热性好,防霉等级为0级,适于低压电器,微型电机绕组及C型铁心等浸渍用
阻燃型不饱和聚酯浸渍树脂	J-801-1	B	沉浸、VPI	阻燃,其他性能同J-801,适于电机、电器和家用电器浸渍用
不饱和聚酯浸渍树脂	J-814	B	沉浸	黏结力强,电气性能和防潮性能好,适于电机、电器和变压器绕组浸渍用
不饱和聚酯滴浸树脂	J-814-D	B	滴浸	电气性能好,防霉等级为1级,适于低压小型电机、分马力电机、微电机及有关电器绕组滴浸用
不饱和聚酯浸渍树脂	J-1144 (319-2)	F	沉浸	黏结力强,电性能好,适于低压电机绕组浸渍用
聚酯无溶剂沉浸树脂	J-802 衡1142	F	沉浸	黏结力强,防潮性能好,防霉等级为0级,适于低压电机、电器绕组浸渍用
聚酯无溶剂沉浸树脂	114	F	连续沉浸	热态黏结强度和稳定性好,用于连续浸渍小型电机和变压器
环氧聚酯无溶剂浸渍漆	9103 113-2	B	沉浸	内层干燥性好,防潮性、耐油性和介电性能良好,适于电机、电器绕组用
环氧聚酯滴浸树脂	113	B	滴浸	黏结强度高,介电性能良好,适于分马力电机和低压小型电机、电器绕组滴浸用

（续）

产品名称	型号	耐热等级	浸渍方式	特点及用途
聚酯环氧无溶剂浸渍漆	112	F	沉浸	具有较好的力学、电气、耐热和防潮性能,适于中小型电机绕组浸渍用
聚酯环氧滴浸树脂	115	F	滴浸	黏结力强,电气性能好,相容性好,适于小型电机、电动工具及微电机滴浸用
环氧无溶剂浸渍漆	9101	B-F	沉浸	热态力学性能好,贮存期长,适于大型电机、电器绕组浸渍用
环氧无溶剂浸渍漆	110	B	沉浸	防潮性、防霉性和电气性能好,适于中小型电机、电器绕组浸渍用
环氧浸渍树脂	116 J-831	B	连续沉浸	固化快,电气、力学和防潮性能好,适于小型电机、电器绕组连续浸渍用
环氧整浸无溶剂漆	9101-1	B	整浸	贮存稳定性好,力学、电气、耐潮和防霉性能优异,适于中型高压电机整浸用
环氧滴浸树脂	J-1132-D3	B	滴浸	黏结力强,防霉、防潮和介电性能优异,适于微型电机、分马力电机和中小型低压电机散嵌绕组滴浸用
耐氟利昂环氧—酚醛无溶剂漆	113-F	F	沉浸	耐冷媒性好,主要供制冷电机、电器绕组浸渍用
环氧无溶剂浸渍树脂	D027 9105	F	VPI	贮存稳定性好,力学、电气性能优异,适于大型高压电机 VPI 或整体浸渍用
环氧滴浸树脂	J-1146 D025	F	滴浸	热态机械强度、电气性能和防霉性能优异,适于高转速、高振动电机转子绕组滴浸用
聚酯亚胺无溶剂浸渍漆	CJ1145 9110	F	沉浸、滚浸、VPI	浸渍能力强,固化速度快,具有良好的力学、电气和耐化学性能,适于低压通用电机、大型特殊电机和配电变压器绕组浸渍用
聚酯亚胺无溶剂滴浸漆	CJ1144 9112	F	滴浸	具有良好的力学和电气性能,用于小型电机、微电机、电动工具和家用电器绕组滴浸处理
二苯醚无溶剂浸渍漆	上 11511	H	沉浸	具有较高的热态力学、电气性能,贮存期长,价格适中,适于F、H级低压电机、电器绕组浸渍用

表 11-34　表面覆盖漆的品种和用途

项号	名　称	型号	主要组成	耐热等级	用　途
1	晾干醇酸漆	1231 C31-1	干性植物改性苯二甲酸季戊四醇醇酸树脂、干燥剂	B	覆盖电器、绝缘零件
2	晾干醇酸漆	1321 C32-9 C32-39	油改性醇酸树脂干燥剂、颜料	B	覆盖电机、电器线圈等
3	醇酸灰瓷漆	1320 C32-8 C32-58	油改性醇酸树脂颜料	B	覆盖电机、电器线圈

（续）

项号	名　称	型号	主要组成	耐热等级	用　途
4	环氧酯灰瓷漆	163 H31-4 H31-54	环氧酯化物、氨基树脂、防霉剂	B	覆盖湿热带电机线圈
5	晾干环氧酯灰瓷漆	164 H31-2	环氧树脂酯化物颜料、干燥剂、防霉剂	B	覆盖湿热带电机线圈
6	环氧聚酯铁红瓷漆	6341 H31-7	环氧树脂、酚醛树脂、己二酸聚酯树脂	B	覆盖电机线圈，也可用于湿热带电机
7	聚酯晾干瓷漆	165	改性聚酯漆基加入颜料、干燥剂等		用于 F 级定子线圈覆盖
8	聚酯晾干镉红瓷漆	180	改性聚酯漆基加入颜料、干燥剂等	F	用于 F 级转子线圈表面覆盖
9	晾干有机硅红瓷漆	167	有机硅树脂、醇酸树脂、颜料等	H	晾干或低温干燥高温电机线圈覆盖
10	有机硅瓷漆	W32-51 W32-53 169 9131 W31-1	有机硅树脂、颜料等	H	烘焙干燥，覆盖耐高温电机线圈
11	晾干环氧酯漆气干清漆	9120 H31-3	干性油酸与环氧酯化物、干燥剂等	B	晾干或低温干燥覆盖绝缘零部件，适用于湿热带

表 11-35　环氧树脂的品种和用途

名称	牌号	颜　色	主要特性	用途举例
环氧树脂	E-42	淡黄至棕黄色高黏度透明液体	分子量较小，色泽浅，质量较高，力学性能和电性能好，收缩性小，黏度高，防腐蚀性强	适用于各种材料的胶接、密封层压及浇铸等
	E-44			
	E-51	浅黄至黄色高黏度透明液体	分子量最小，黏度最低、色泽浅、质量高。适于作为高强度的电绝缘材料以及光弹性材料和光学仪器的黏合剂	适用于各种材料的黏合、密封、层压及浇铸等
	E-39-D		凝胶时间长，电导率低，色泽浅，透明度佳，收缩率低	专用于电工材料的浇铸
	607 609	黄色至琥珀色固体	由低分子量环氧树脂与二酚基丙烷在催化剂存在情况下缩聚而成	主要用于耐腐蚀涂料及绝缘漆等
	E-35	高黏稠体	由二酚基丙烷与环氧氯丙烷在碱性条件下缩聚而成	主要用于防腐蚀涂料及浇铸等
环氧漆固化剂	H-4	棕色黏稠状	该剂与环氧树脂配用，可在室温下固化，黏结力强，坚固耐磨，具有绝缘、耐化学气体腐蚀等性能	用于胶接金属及非金属，浇铸各种机械零件

附　　录

附录 A　漆包导线规格

附表 A-1　漆包圆导线规格

导体标称直径 /mm	最小漆膜厚度/mm			最大外径/mm		
	1 级	2 级	3 级	1 级	2 级	3 级
0.018	0.002	0.004		0.022	0.024	
0.020	0.002	0.004		0.024	0.027	
0.022	0.002	0.005		0.027	0.030	
0.025	0.003	0.005		0.031	0.034	
0.028	0.003	0.006		0.034	0.038	
0.032	0.003	0.007		0.039	0.043	
0.036	0.004	0.008		0.044	0.049	
0.040	0.004	0.008		0.049	0.054	
0.045	0.005	0.010		0.055	0.061	
0.050	0.005	0.010		0.060	0.066	
0.056	0.006	0.011		0.067	0.074	
0.063	0.006	0.012		0.076	0.083	
0.071	0.007	0.012	0.018	0.084	0.091	0.097
0.080	0.007	0.014	0.020	0.094	0.101	0.108
0.090	0.008	0.015	0.022	0.105	0.113	0.120
0.100	0.008	0.016	0.023	0.117	0.125	0.132
0.112	0.009	0.017	0.026	0.130	0.139	0.147
0.125	0.010	0.019	0.028	0.144	0.154	0.163
0.140	0.011	0.021	0.030	0.160	0.171	0.181
0.160	0.012	0.023	0.033	0.182	0.194	0.205
0.180	0.013	0.025	0.036	0.204	0.217	0.229
0.200	0.014	0.027	0.039	0.226	0.239	0.252
0.224	0.015	0.029	0.043	0.252	0.266	0.280
0.250	0.017	0.032	0.048	0.281	0.297	0.312
0.280	0.018	0.033	0.050	0.312	0.329	0.345
0.315	0.019	0.035	0.053	0.349	0.367	0.384
0.355	0.020	0.038	0.057	0.392	0.411	0.428
0.400	0.021	0.040	0.060	0.439	0.459	0.478
0.450	0.022	0.042	0.064	0.491	0.513	0.533
0.500	0.024	0.045	0.067	0.544	0.566	0.587

（续）

导体标称直径 /mm	最小漆膜厚度/mm			最大外径/mm		
	1 级	2 级	3 级	1 级	2 级	3 级
0.560	0.025	0.047	0.071	0.606	0.630	0.653
0.630	0.027	0.050	0.075	0.679	0.704	0.728
0.710	0.028	0.053	0.080	0.762	0.789	0.814
0.800	0.030	0.056	0.085	0.855	0.884	0.911
0.900	0.032	0.060	0.090	0.959	0.989	1.018
1.000	0.034	0.063	0.095	1.062	1.094	1.124
1.120	0.034	0.065	0.098	1.184	1.217	1.248
1.250	0.035	0.067	0.100	1.316	1.349	1.381
1.400	0.036	0.069	0.103	1.468	1.502	1.535
1.600	0.038	0.071	0.107	1.670	1.706	1.740
1.800	0.039	0.073	0.110	1.872	1.909	1.944
2.000	0.040	0.075	0.113	2.074	2.112	2.148
2.240	0.041	0.077	0.116	2.316	2.355	2.392
2.500	0.042	0.079	0.119	2.578	2.618	2.656
2.800	0.043	0.081	0.123	2.880	2.922	2.961
3.150	0.045	0.084	0.127	3.233	3.276	3.316
3.550	0.046	0.086	0.130	3.635	3.679	3.721
4.000	0.047	0.089	0.134	4.088	4.133	4.176
4.500	0.049	0.092	0.138	4.591	4.637	4.681
5.000	0.050	0.094	0.142	5.093	5.141	5.186

注：1 级表示薄漆膜，2 级表示厚漆膜，3 级表示特厚漆膜。

附表 A-2　漆包扁线的导体规格（mm）和截面积（mm^2）（见书末插页）

附录 B　电工钢磁化性能曲线

附表 B-1　DT1 电工钢板磁化曲线

附表 B-1

$H/(\text{A/cm})$ B/T B/T	0	0.01	0.02	0.03	0.04	0.05	0.06	0.07	0.08	0.09
0	0	0.08	0.17	0.23	0.30	0.34	0.38	0.43	0.48	0.51
0.1	0.55	0.59	0.63	0.67	0.72	0.76	0.80	0.84	0.89	0.93
0.2	0.97	1.01	1.05	1.08	1.12	1.14	1.17	1.20	1.23	1.26
0.3	1.29	1.32	1.36	1.39	1.43	1.46	1.49	1.51	1.54	1.57
0.4	1.60	1.63	1.66	1.68	1.71	1.73	1.76	1.78	1.81	1.84
0.5	1.87	1.89	1.92	1.95	1.98	2.00	2.03	2.06	2.09	2.12
0.6	2.15	2.18	2.22	2.26	2.30	2.34	2.39	2.44	2.49	2.55
0.7	2.61	2.68	2.75	2.82	2.89	2.95	3.02	3.09	3.16	3.24
0.8	3.32	3.40	3.48	3.55	3.63	3.71	3.79	3.87	3.95	4.03
0.9	4.12	4.21	4.30	4.39	4.48	4.57	4.67	4.76	4.85	4.94
1.0	5.03	5.11	5.20	5.29	5.38	5.46	5.55	5.64	5.73	5.82
1.1	5.92	6.02	6.12	6.22	6.32	6.42	6.52	6.62	6.72	6.82

（续）

H/(A/cm) \ B/T	0	0.01	0.02	0.03	0.04	0.05	0.06	0.07	0.08	0.09
1.2	6.92	7.02	7.12	7.22	7.32	7.42	7.50	7.61	7.70	7.80
1.3	7.90	8.01	8.12	8.22	8.32	8.41	8.50	8.60	8.70	8.80
1.4	8.90	9.00	9.10	9.21	9.32	9.42	9.52	9.62	9.73	9.84
1.5	10.5	11.0	11.6	12.4	13.2	14.2	15.2	16.6	17.8	19.3
1.6	20.9	22.5	24.2	26.4	28.8	31.0	34.0	37.0	39.8	42.6
1.7	46.0	49.0	52.0	57.0	62.0	67.0	72.0	77.0	80.0	87.0
1.8	92.0	98.0	105	111	118	125	132	138	145	152
1.9	160	168	177	186	195	203	212	220	229	239
2.0	250	260	270	281	292	303	314	326	338	351

附表 B-2　1～1.75mm 厚的钢板磁化曲线　　　　附表 B-2

H/(A/cm) \ B/T	0	0.01	0.02	0.03	0.04	0.05	0.06	0.07	0.08	0.09
0.3	1.8									
0.4	2.1									
0.5	2.5	2.55	2.60	2.65	2.7	2.75	2.79	2.83	2.87	2.91
0.6	2.95	3.0	3.05	3.1	3.15	3.2	3.25	3.3	3.35	3.4
0.7	3.45	3.51	3.57	3.63	3.69	3.75	3.81	3.87	3.93	3.99
0.8	4.05	4.12	4.19	4.26	4.33	4.4	4.48	4.56	4.64	4.72
0.9	4.8	4.9	4.95	5.05	5.1	5.2	5.3	5.4	5.5	5.6
1.0	5.7	5.82	5.95	6.07	6.15	6.3	6.42	6.55	6.65	6.8
1.1	6.9	7.03	7.2	7.31	7.48	7.6	7.75	7.9	8.08	8.25
1.2	8.45	8.6	8.8	9.0	9.2	9.4	9.6	9.92	10.15	10.45
1.3	10.8	11.12	11.45	11.75	12.2	12.6	13.0	13.5	13.93	14.5
1.4	14.9	15.3	15.95	16.45	17.0	17.5	18.35	19.2	20.1	21.1
1.5	22.7	24.5	25.6	27.1	28.8	30.5	32.0	34.0	36.5	37.5
1.6	40.0	42.5	45.0	47.5	50.0	52.5	55.8	59.5	62.3	66.0
1.7	70.5	75.3	79.5	84.0	88.5	93.2	98.0	103	108	114
1.8	119	124	130	135	141	148	156	162	170	178
1.9	188	197	207	215	226	235	245	256	265	275
2.0	290	302	315	328	342	361	380			

附表 B-3　铸钢或厚钢板磁化曲线　　　　附表 B-3

H/(A/cm) \ B/T	0	0.01	0.02	0.03	0.04	0.05	0.06	0.07	0.08	0.09
0	0	0.08	0.16	0.24	0.32	0.4	0.48	0.56	0.64	0.72
0.1	0.8	0.88	0.96	1.04	1.12	1.2	1.28	1.36	1.44	1.52
0.2	1.6	1.68	1.76	1.84	1.92	2.00	2.08	2.16	2.24	2.32

（续）

H/(A/cm) B/T B/T	0	0.01	0.02	0.03	0.04	0.05	0.06	0.07	0.08	0.09
0.3	2.4	2.48	2.5	2.64	2.72	2.8	2.88	2.96	3.04	3.12
0.4	3.2	3.28	3.36	3.44	3.52	3.6	3.68	3.76	3.84	3.92
0.5	4.0	4.04	4.17	4.26	4.34	4.43	4.52	4.61	4.7	4.79
0.6	4.88	4.97	5.06	5.16	5.25	5.35	5.44	5.54	5.64	5.74
0.7	5.84	5.93	6.03	6.13	6.23	6.32	6.42	6.52	6.62	6.72
0.8	6.82	6.93	7.03	7.24	7.34	7.45	7.55	7.66	7.76	7.87
0.9	7.98	8.10	8.23	8.35	8.48	8.5	8.73	8.85	8.98	9.11
1.0	9.24	9.38	9.53	9.69	9.86	10.04	10.22	10.39	10.56	10.73
1.1	10.9	11.08	11.27	11.47	11.67	11.87	12.07	12.27	12.48	12.69
1.2	12.9	13.15	13.4	13.7	14.0	14.3	14.6	14.9	15.2	15.55
1.3	15.9	16.3	16.7	17.2	17.6	18.1	18.6	19.2	19.7	20.3
1.4	20.9	21.6	22.3	23.0	23.6	24.4	25.3	26.2	27.1	28.0
1.5	28.9	29.9	31.0	32.1	33.2	34.3	35.6	37.0	38.3	39.6
1.6	41.0	42.5	44.0	45.5	47.0	48.7	50.0	51.5	53.0	55.0

附表 B-4

附表 B-4　10 号钢磁化曲线

H/(A/cm) B/T B/T	0	0.01	0.02	0.03	0.04	0.05	0.06	0.07	0.08	0.09
0	0	0.3	0.5	0.7	0.85	1.0	1.05	1.15	1.2	1.25
0.1	1.3	1.35	1.4	1.45	1.5	1.55	1.6	1.62	1.65	1.68
0.2	1.7	1.75	1.77	1.8	1.82	1.85	1.88	1.9	1.92	1.95
0.3	1.97	1.99	2.0	2.02	2.04	2.06	2.08	2.1	2.13	2.15
0.4	2.18	2.2	2.22	2.28	2.3	2.35	2.37	2.4	2.45	2.48
0.5	2.5	2.55	2.58	2.6	2.65	2.7	2.74	2.77	2.82	2.85
0.6	2.9	2.95	3.0	3.05	3.08	3.12	3.18	3.22	3.25	3.35
0.7	3.38	3.45	3.48	3.55	3.6	3.65	3.73	3.8	3.85	3.9
0.8	4.0	4.05	4.13	4.2	4.27	4.35	4.42	4.5	4.58	4.65
0.9	4.72	4.8	4.9	5.0	5.1	5.2	5.3	5.4	5.5	5.6
1.0	5.7	5.8	5.9	6.0	6.1	6.2	6.3	6.45	6.6	6.7
1.1	6.82	6.95	7.05	7.2	7.35	7.5	7.65	7.75	7.85	8.0
1.2	8.1	8.25	8.42	8.55	8.7	8.85	9.0	9.2	9.35	9.55
1.3	9.75	9.9	10.0	10.8	11.4	12.0	12.7	13.6	14.4	15.2
1.4	16.0	16.6	17.6	18.4	19.2	20	21.2	22	23.2	24.2
1.5	25.2	26.2	27.4	28.4	29.2	30.2	31.0	32.7	33.2	34.0
1.6	35.2	36.0	37.2	38.4	39.4	40.4	41.4	42.8	44.2	46
1.7	47.6	58	60	62	64	66	69	72	76	80
1.8	83	85	90	93	97	100	103	108	110	114
1.9	120	124	130	133	137	140	145	152	158	165
2.0	170	177	183	188	194	200	205	212	220	225
2.1	230	240	250	257	264	273	282	290	300	308
2.2	320	328	338	350	362	370	382	392	405	415
2.3	425	435	445	458	470	482	500	522	548	578

附录 C　硅钢片磁化性能曲线和铁损耗曲线

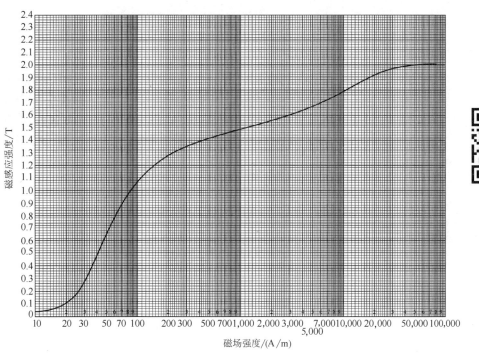

附图 C-1　35WW250 直流磁化曲线

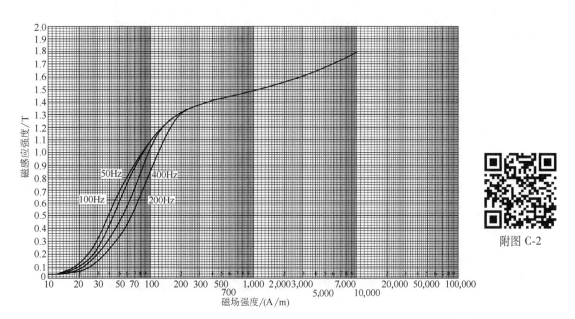

附图 C-2　35WW250 交流磁化曲线

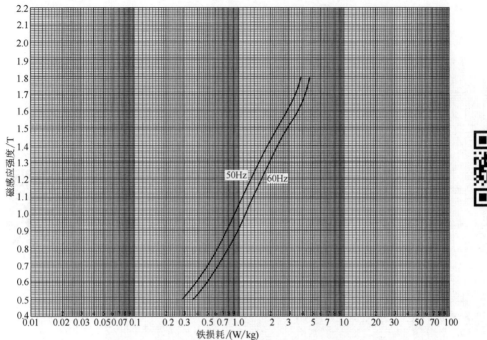

附图 C-3　35WW250 铁损耗曲线

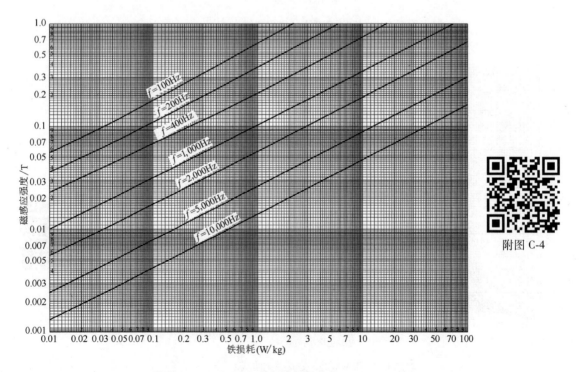

附图 C-4　35WW250 高频铁损耗曲线

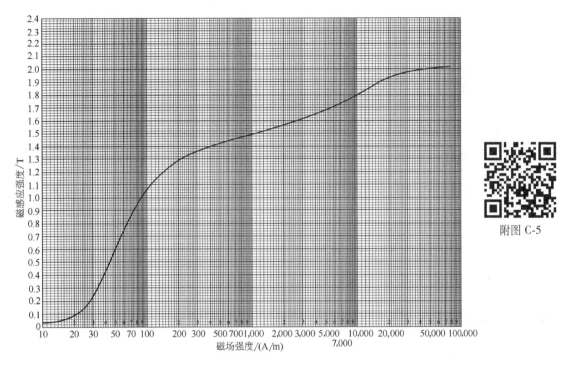

附图 C-5

附图 C-5　35WW270 直流磁化曲线

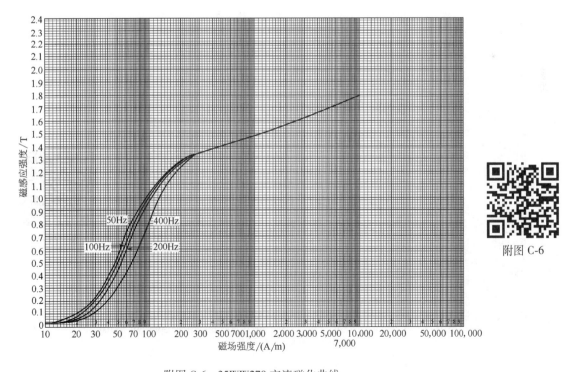

附图 C-6

附图 C-6　35WW270 交流磁化曲线

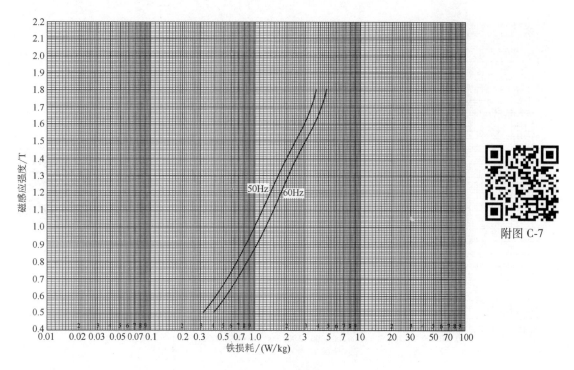

附图 C-7

附图 C-7　35WW270 铁损耗曲线

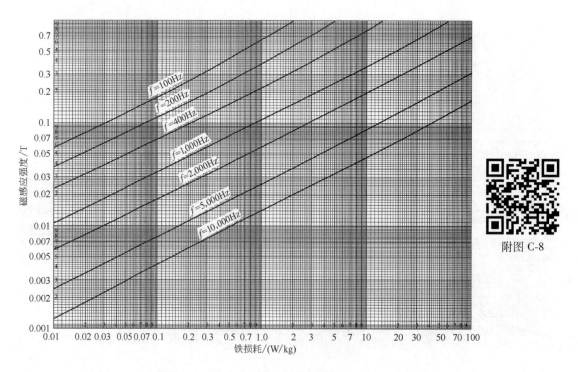

附图 C-8

附图 C-8　35WW270 高频铁损耗曲线

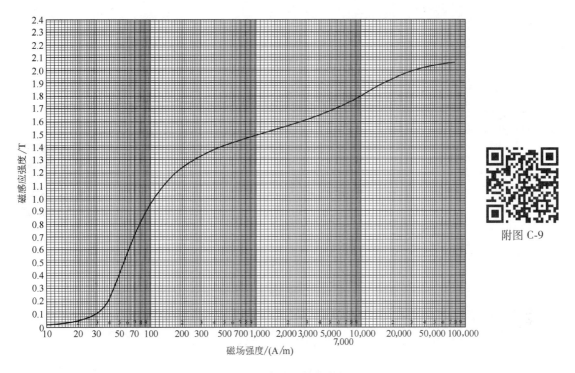

附图 C-9

附图 C-9　35WW300 直流磁化曲线

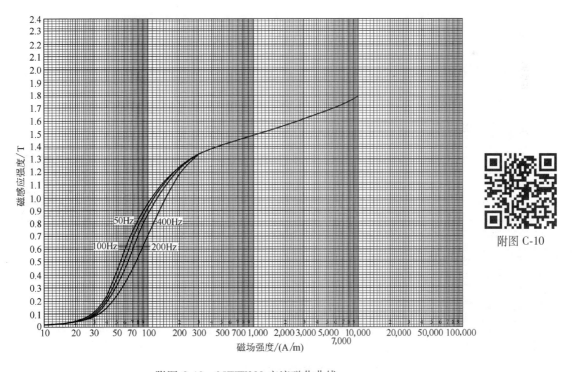

附图 C-10

附图 C-10　35WW300 交流磁化曲线

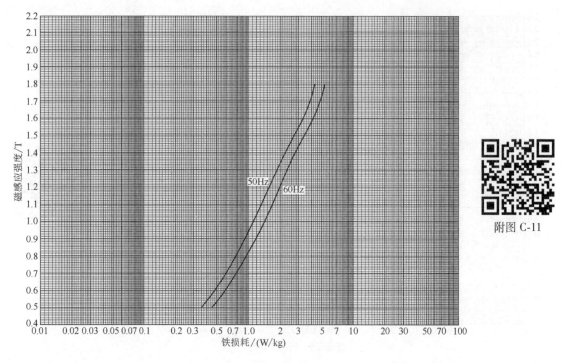

附图 C-11

附图 C-11　35WW300 铁损耗曲线

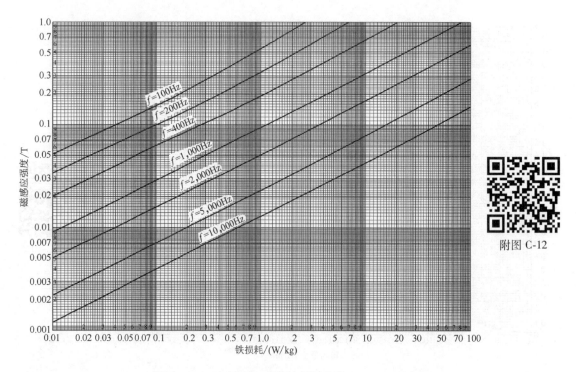

附图 C-12

附图 C-12　35WW300 高频铁损耗曲线

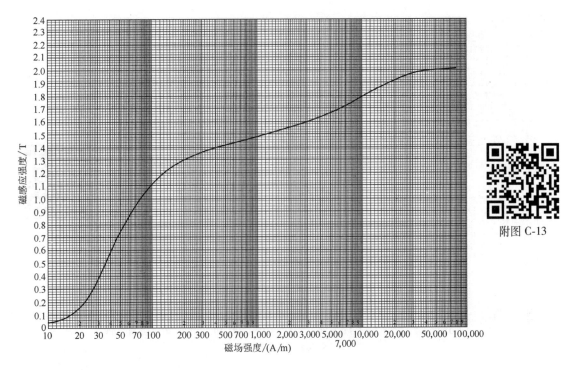

附图 C-13 附图 C-13　50WW270 直流磁化曲线

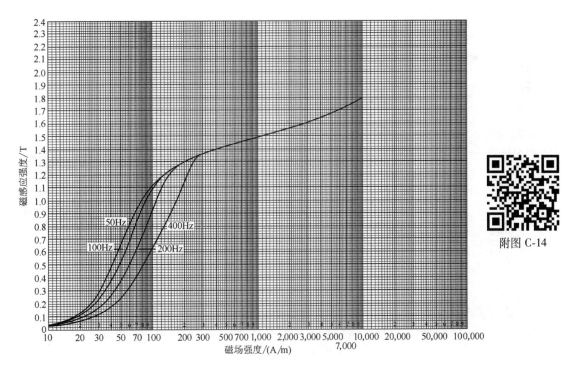

附图 C-14 附图 C-14　50WW270 交流磁化曲线

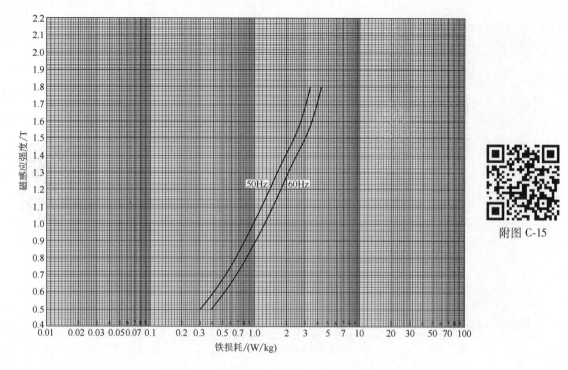

附图 C-15　50WW270 铁损耗曲线

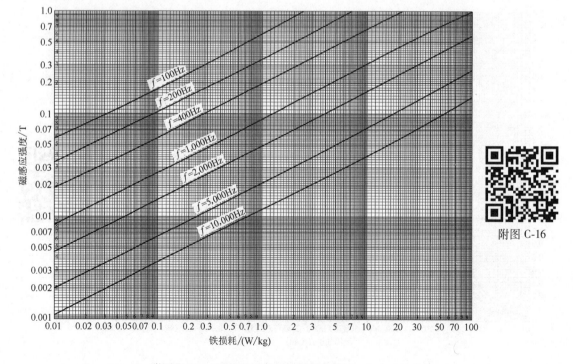

附图 C-16　50WW270 高频铁损耗曲线

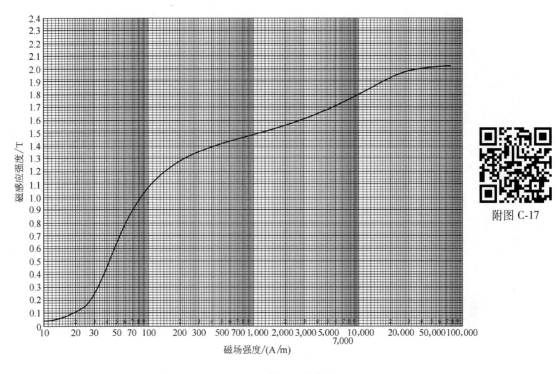

附图 C-17

附图 C-17　50WW290 直流磁化曲线

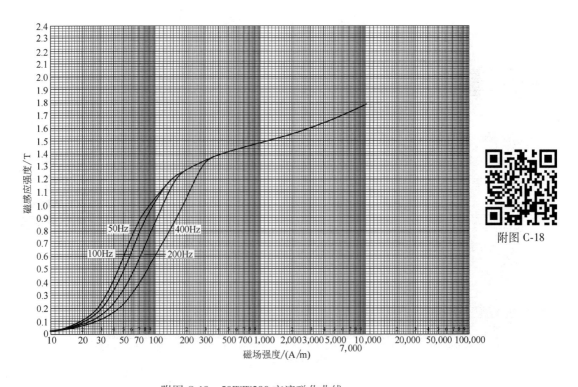

附图 C-18

附图 C-18　50WW290 交流磁化曲线

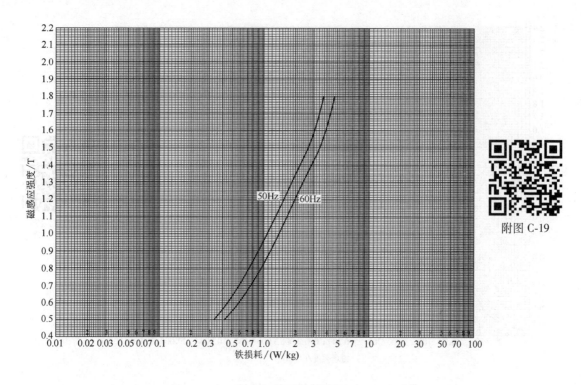

附图 C-19　50WW290 铁损耗曲线

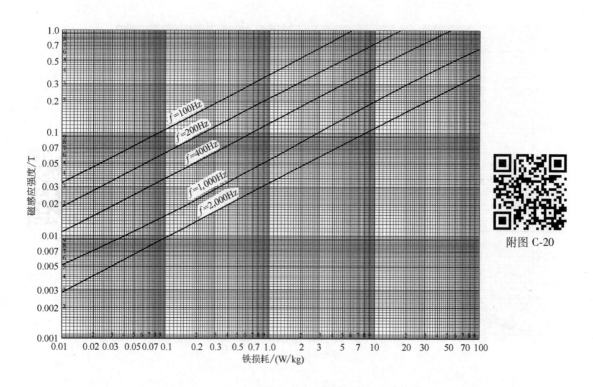

附图 C-20　50WW290 高频铁损耗曲线

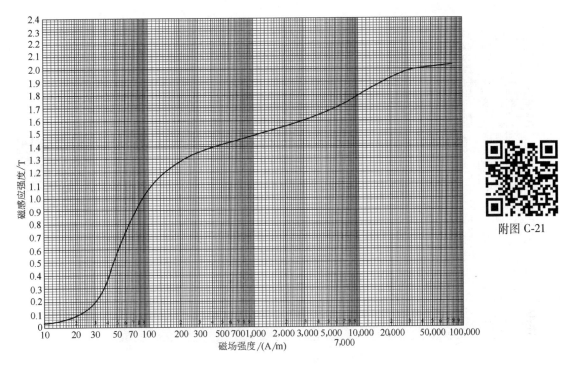

附图 C-21

附图 C-21　50WW310 直流磁化曲线

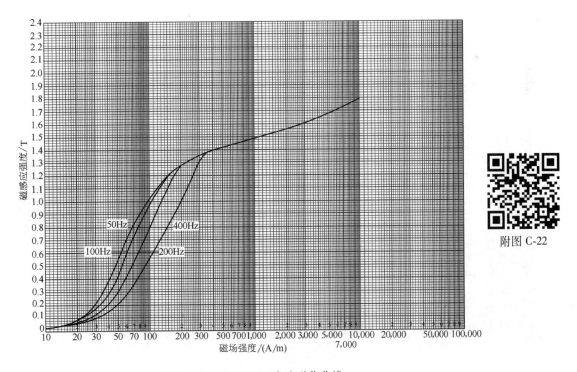

附图 C-22

附图 C-22　50WW310 交流磁化曲线

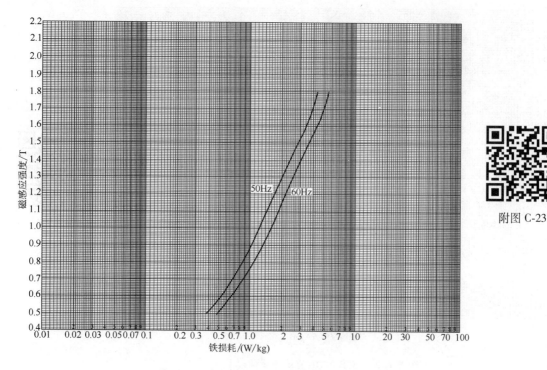

附图 C-23　50WW310 铁损耗曲线

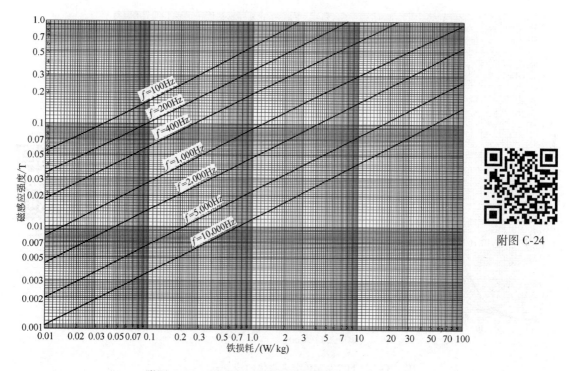

附图 C-24　50WW310 高频铁损耗曲线

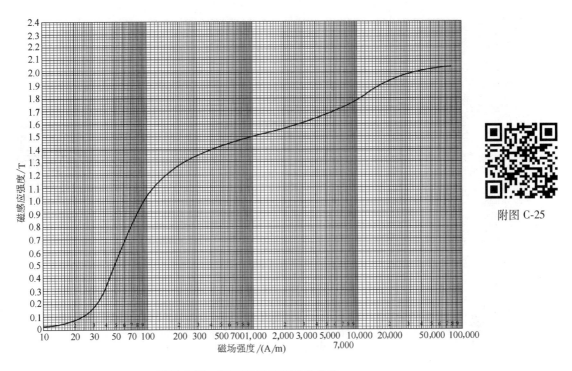

附图 C-25　50WW350 直流磁化曲线

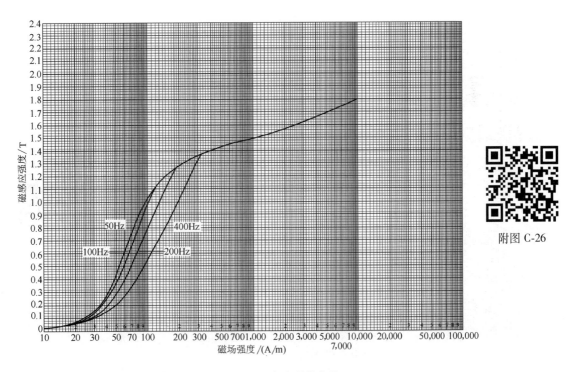

附图 C-26　50WW350 交流磁化曲线

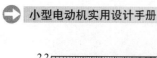
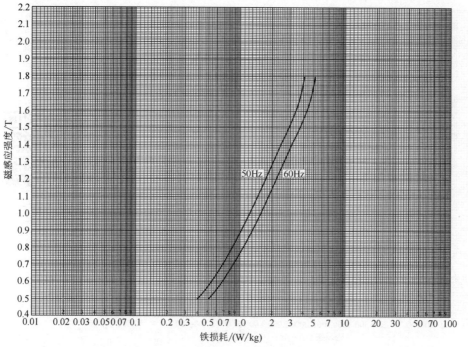

附图 C-27

附图 C-27　50WW350 铁损耗曲线

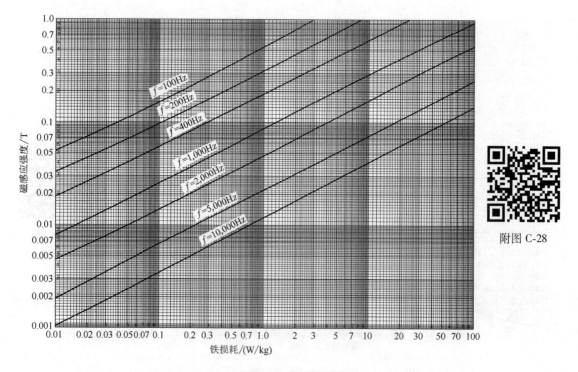

附图 C-28

附图 C-28　50WW350 高频铁损耗曲线

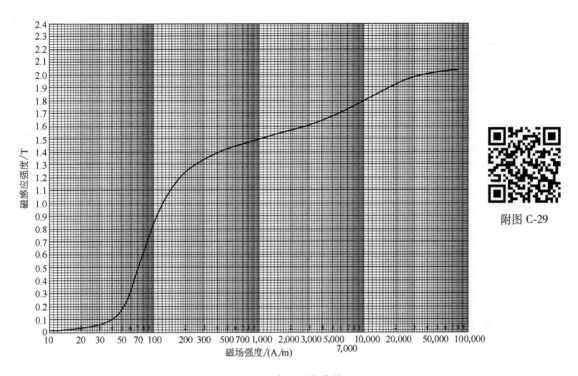

附图 C-29

附图 C-29　50WW400 直流磁化曲线

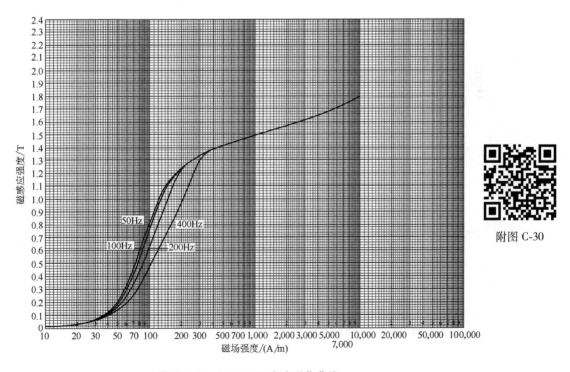

附图 C-30

附图 C-30　50WW400 交流磁化曲线

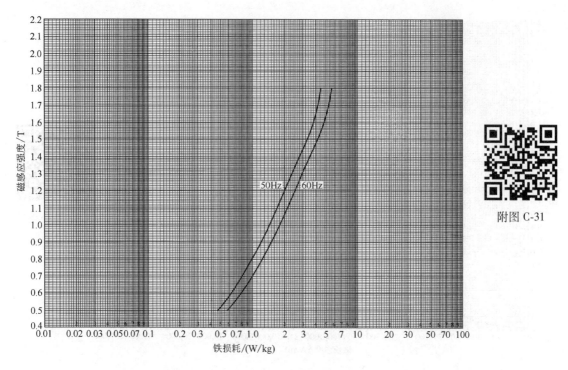

附图 C-31

附图 C-31　50WW400 铁损耗曲线

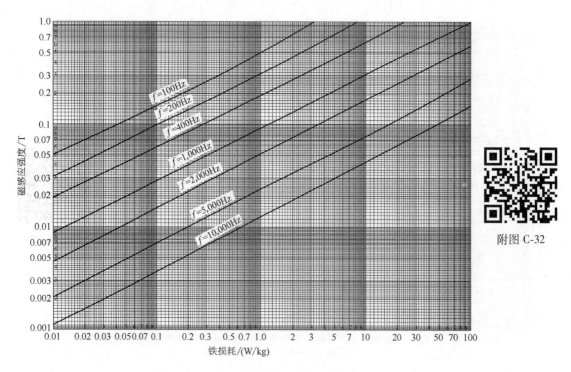

附图 C-32

附图 C-32　50WW400 高频铁损耗曲线

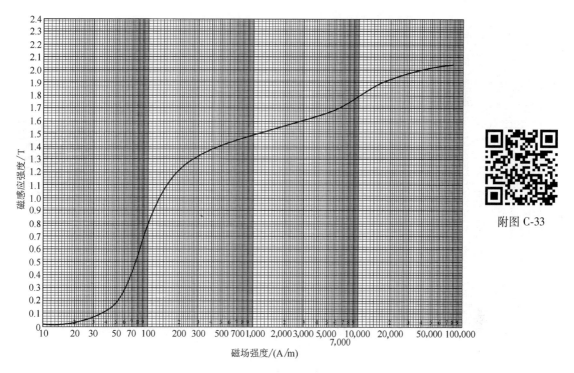

附图 C-33

附图 C-33　50WW470 直流磁化曲线

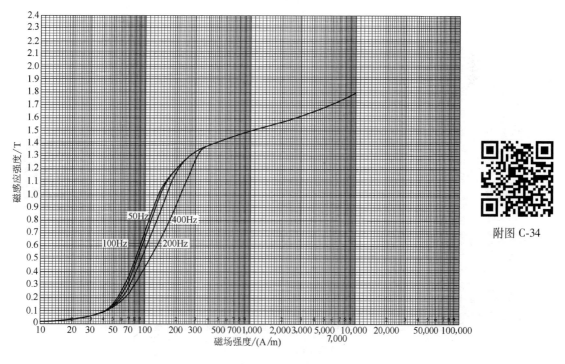

附图 C-34

附图 C-34　50WW470 交流磁化曲线

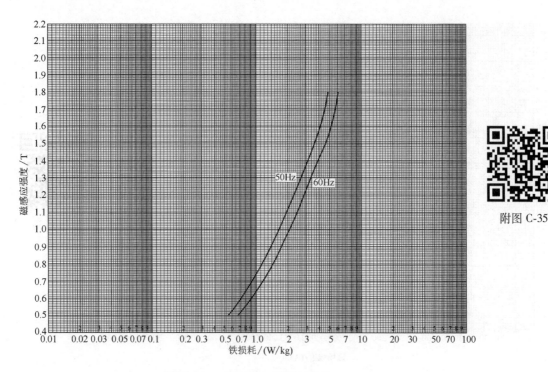

附图 C-35

附图 C-35　50WW470 铁损耗曲线

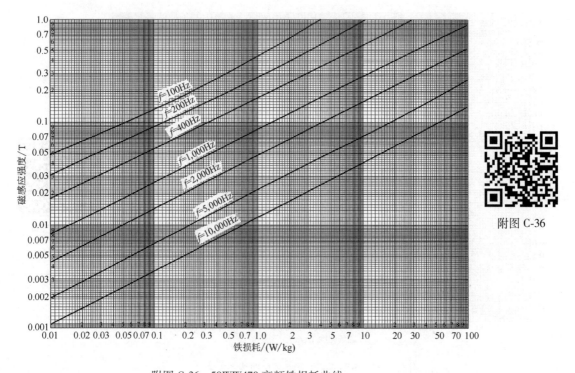

附图 C-36

附图 C-36　50WW470 高频铁损耗曲线

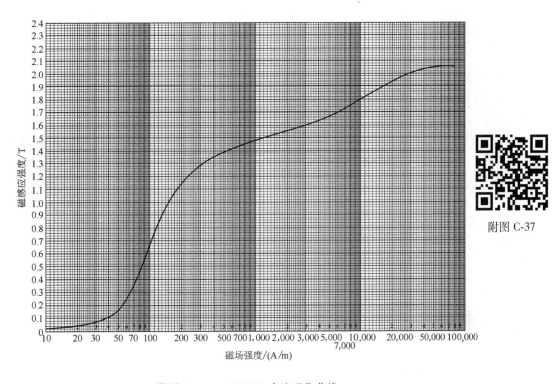

附图 C-37

附图 C-37　50WW600 直流磁化曲线

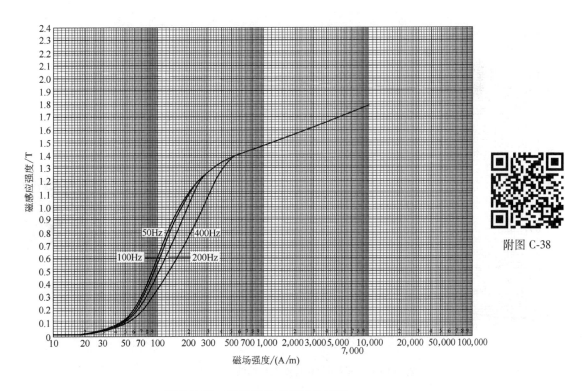

附图 C-38

附图 C-38　50WW600 交流磁化曲线

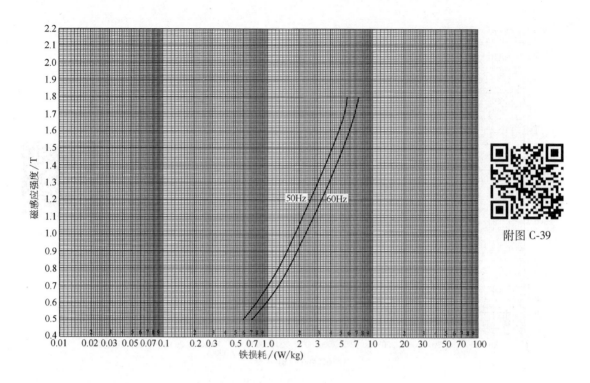

附图 C-39　50WW600 铁损耗曲线

附图 C-39

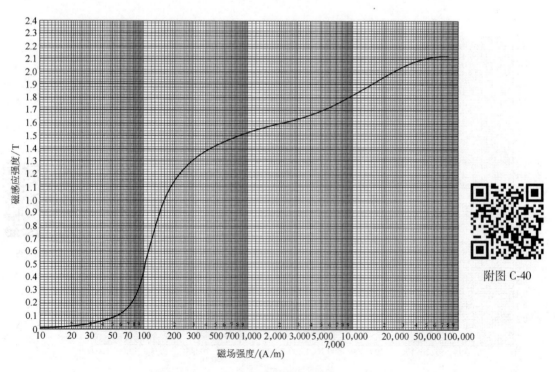

附图 C-40　50WW800 直流磁化曲线

附图 C-40

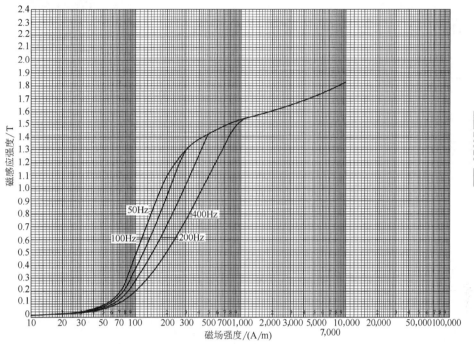

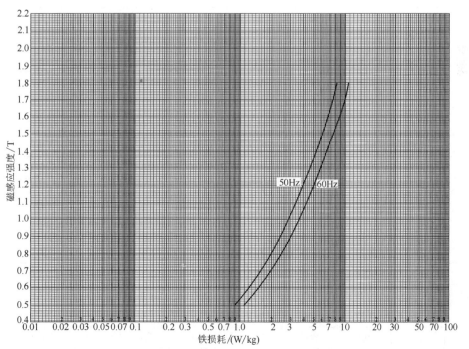

附图 C-41

附图 C-41　50WW800 交流磁化曲线

附图 C-42

附图 C-42　50WW800 铁损耗曲线

附录 D　三相异步电动机技术数据

附表 D-1　YE5 系列三相异步电动机性能数据　　　　　　　　　　附表 D-1

型　　号	额定功率 /kW	电流 /A	转速 /(r/min)	效率 (%)	功率因数	最大转矩 (倍)	堵转转矩 (倍)	堵转电流 (倍)
YE5-80M1-2	0.75	1.59	2840	86.3	0.83	2.3	2.2	8.5
YE5-80M2-2	1.1	2.29	2840	87.8	0.83	2.3	2.2	8.5
YE5-80M1-4	0.55	1.29	1390	86.7	0.75	2.3	2.3	8.5
YE5-80M2-4	0.75	1.75	1390	88.2	0.74	2.3	2.3	8.5
YE5-90S-2	1.5	3.02	2840	88.9	0.85	2.3	2.2	9.0
YE5-90L-2	2.2	4.31	2840	90.2	0.86	2.3	2.2	9.0
YE5-90S-4	1.1	2.49	1390	89.5	0.75	2.3	2.3	8.5
YE5-90L-4	1.5	3.32	1390	90.4	0.76	2.3	2.3	9.0
YE5-90S-6	0.75	1.90	910	85.7	0.7	2.1	2.1	7.5
YE5-90L-6	1.1	2.74	910	87.2	0.7	2.1	2.1	7.5
YE5-100L-2	3	5.75	2860	91.1	0.87	2.3	2.2	9.5
YE5-100L1-4	2.2	4.63	1410	91.4	0.79	2.3	2.3	9.0
YE5-100L2-4	3	6.19	1410	92.1	0.8	2.3	2.3	9.5
YE5-100L-6	1.5	3.63	920	88.4	0.71	2.1	2.1	7.5
YE5-100L1-8	0.75	2.11	680	82	0.66	2.0	1.8	7.0
YE5-100L2-8	1.1	2.97	680	84	0.67	2.0	1.8	7.0
YE5-112M-2	4	7.52	2880	91.8	0.88	2.3	2.2	9.5
YE5-112M-4	4	8.19	1435	92.8	0.8	2.3	2.3	9.5
YE5-112M-6	2.2	5.25	935	89.7	0.71	2.1	2.1	7.5
YE5-112M-8	1.5	3.86	690	85.5	0.69	2.0	1.8	7.0
YE5-132S1-2	5.5	10.3	2900	92.6	0.88	2.3	2.0	9.5
YE5-132S2-2	7.5	13.7	2900	93.3	0.89	2.3	2.0	9.5
YE5-132S-4	5.5	11.2	1440	93.4	0.8	2.3	2.0	9.5
YE5-132M-4	7.5	15.0	1440	94.0	0.81	2.3	2.0	9.5
YE5-132S-6	3	7.09	960	90.6	0.71	2.1	2.0	7.5
YE5-132M1-6	4	9.24	960	91.4	0.72	2.1	2.0	8.0
YE5-132M2-6	5.5	12.6	960	92.2	0.72	2.1	2.0	8.0
YE5-132S-8	2.2	5.48	705	87.2	0.7	2.0	1.8	7.5
YE5-132M-8	3	7.37	705	88.4	0.7	2.0	1.8	7.8
YE5-160M1-2	11	20.0	2930	94.0	0.89	2.3	2.0	9.5
YE5-160M2-2	15	27.1	2930	94.5	0.89	2.3	2.0	9.5

（续）

型　号	额定功率 /kW	电流 /A	转速 /(r/min)	效率 (%)	功率因数	最大转矩 （倍）	堵转转矩 （倍）	堵转电流 （倍）
YE5-160L-2	18.5	33.3	2930	94.9	0.89	2.3	2.0	9.5
YE5-180M-2	22	39.5	2940	95.1	0.89	2.3	2.0	9.5
YE5-200L1-2	30	53.6	2950	95.5	0.89	2.3	2.0	9.0
YE5-200L2-2	37	65.9	2950	95.8	0.89	2.3	2.0	9.0
YE5-225M-2	45	80.0	2960	96.0	0.89	2.3	2.0	9.0
YE5-250M-2	55	97.6	2965	96.2	0.89	2.3	2.0	9.0
YE5-280S-2	75	133	2970	96.5	0.89	2.3	1.8	8.5
YE5-280M-2	90	159	2970	96.6	0.89	2.3	1.8	8.5
YE5-315S-2	110	194	2975	96.8	0.89	2.3	1.8	8.5
YE5-315M-2	132	233	2975	96.9	0.89	2.3	1.8	8.5
YE5-315L1-2	160	282	2975	97.0	0.89	2.2	1.8	8.5
YE5-315L2-2	200	351	2975	97.2	0.89	2.2	1.8	8.5
YE5-355M-2	250	429	2980	97.2	0.91	2.2	1.6	8.5
YE5-355L-2	315	541	2980	97.2	0.91	2.2	1.6	8.5
YE5-160M-4	11	21.3	1460	94.6	0.83	2.3	2.0	9.5
YE5-160L-4	15	28.5	1460	95.1	0.84	2.3	2.0	9.5
YE5-160M-6	7.5	16.1	970	92.9	0.76	2.1	2.0	8.0
YE5-160L-6	11	23.2	970	93.7	0.77	2.1	2.0	8.5
YE5-160M1-8	4	9.57	720	89.4	0.71	2.0	1.8	7.9
YE5-160M2-8	5.5	12.8	720	90.4	0.72	2.0	1.8	8.1
YE5-160L-8	7.5	16.9	720	91.3	0.74	2.0	1.8	7.8
YE5-180M-4	18.5	34.7	1470	95.3	0.85	2.3	2.0	9.5
YE5-180L-4	22	41.2	1470	95.5	0.85	2.3	2.0	9.5
YE5-180L-6	15	30.2	970	94.3	0.8	2.1	2.0	8.5
YE5-180L-8	11	24.5	730	92.2	0.74	2.0	1.8	7.9
YE5-200L-4	30	55.9	1470	95.9	0.85	2.3	2.0	9.0
YE5-200L1-6	18.5	37.1	980	94.6	0.8	2.1	2.0	8.5
YE5-200L2-6	22	43.5	980	94.9	0.81	2.1	2.0	8.5
YE5-200L-8	15	32.7	730	92.9	0.75	2.0	1.8	8.0
YE5-225S-4	37	68.8	1475	96.1	0.85	2.3	2.0	9.0

（续）

型　号	额定功率 /kW	电流 /A	转速 /(r/min)	效率 (%)	功率因数	最大转矩 （倍）	堵转转矩 （倍）	堵转电流 （倍）
YE5-225M-4	45	83.5	1475	96.3	0.85	2.3	2.0	9.0
YE5-225M-6	30	58.3	980	95.3	0.82	2.1	2.0	8.3
YE5-225S-8	18.5	40.2	730	93.3	0.75	2.0	1.8	8.1
YE5-225M-8	22	47.0	730	93.6	0.76	2.0	1.8	8.3
YE5-250M-4	55	101	1480	96.5	0.86	2.3	2.0	9.0
YE5-250M-6	37	70.8	980	95.6	0.83	2.1	2.0	8.3
YE5-250M-8	30	62.9	735	94.1	0.77	2.0	1.8	7.9
YE5-280S-4	75	135	1480	96.7	0.87	2.3	2.0	8.5
YE5-280M-4	90	160	1480	96.9	0.88	2.3	2.0	8.5
YE5-280S-6	45	85.0	980	95.8	0.84	2.0	2.0	8.5
YE5-280M-6	55	104	980	96	0.84	2.0	2.0	8.5
YE5-280S-8	37	76.3	735	94.4	0.78	2.0	1.8	7.9
YE5-280M-8	45	92.6	735	94.7	0.78	2.0	1.8	7.9
YE5-315S-4	110	194	1480	97.0	0.89	2.2	1.8	8.5
YE5-315M-4	132	232	1480	97.1	0.89	2.2	1.8	8.5
YE5-315L1-4	160	278	1480	97.2	0.9	2.2	1.8	8.5
YE5-315L2-4	200	347	1480	97.4	0.9	2.2	1.8	8.5
YE5-315S-6	75	139	985	96.3	0.85	2.0	1.6	8.0
YE5-315M-6	90	167	985	96.5	0.85	2.0	1.6	8.0
YE5-315L1-6	110	201	985	96.6	0.86	2.0	1.6	8.0
YE5-315L2-6	132	241	985	96.8	0.86	2.0	1.6	8.0
YE5-315S-8	55	110	735	94.9	0.8	2.0	1.6	8.2
YE5-315M-8	75	149	735	95.3	0.8	2.0	1.6	7.6
YE5-315L1-8	90	177	735	95.5	0.81	2.0	1.6	7.7
YE5-315L2-8	110	216	735	95.7	0.81	2.0	1.6	7.7
YE5-355M-4	250	433	1490	97.4	0.9	2.2	1.8	8.5
YE5-355L-4	315	546	1490	97.4	0.9	2.2	1.8	8.5
YE5-355M1-6	160	292	990	96.9	0.86	2.0	1.6	8.0
YE5-355M2-6	200	364	990	97	0.86	2.0	1.6	8.0
YE5-355L-6	250	455	990	97	0.86	2.0	1.6	8.0
YE5-355M1-8	132	258	740	95.9	0.81	2.0	1.6	7.7
YE5-355M2-8	160	308	740	96.1	0.82	2.0	1.6	7.7
YE5-355L-8	200	385	740	96.3	0.82	2.0	1.6	7.8

附表 D-2

附表 D-2　YE4 系列三相异步电动机性能数据

型　　号	额定功率 /kW	电流 /A	转速 /(r/min)	效率 (%)	功率因数	最大转矩 （倍）	堵转转矩 （倍）	堵转电流 （倍）
YE4-80M1-2	0.75	1.64	2840	83.5	0.83	2.3	2.2	8.5
YE4-80M2-2	1.1	2.36	2840	85.2	0.83	2.3	2.2	8.5
YE4-80M1-4	0.55	1.34	1390	84.0	0.74	2.3	2.3	8.5
YE4-80M2-4	0.75	1.80	1390	85.7	0.74	2.3	2.3	8.5
YE4-90S-2	1.5	3.10	2840	86.5	0.85	2.3	2.2	9.0
YE4-90L-2	2.2	4.42	2840	88.0	0.86	2.3	2.2	9.0
YE4-90S-4	1.1	2.56	1390	87.2	0.75	2.3	2.3	8.5
YE4-90L-4	1.5	3.40	1390	88.2	0.76	2.3	2.3	9.0
YE4-90S-6	0.75	1.97	910	82.7	0.70	2.1	2.1	7.5
YE4-90L-6	1.1	2.83	910	84.5	0.70	2.1	2.1	7.5
YE4-100L-2	3	5.88	2860	89.1	0.87	2.3	2.2	9.5
YE4-100L1-4	2.2	4.73	1410	89.5	0.79	2.3	2.3	9.0
YE4-100L2-4	3	6.30	1410	90.4	0.80	2.3	2.3	9.5
YE4-100L-6	1.5	3.74	920	85.9	0.71	2.1	2.1	7.5
YE4-100L1-8	0.75	2.20	680	78.4	0.66	2.0	2.0	7.0
YE4-100L2-8	1.1	3.09	680	80.8	0.67	2.0	2.0	7.0
YE4-112M-2	4	7.67	2880	90.0	0.88	2.3	2.2	9.5
YE4-112M-4	4	8.34	1435	91.1	0.80	2.3	2.3	9.5
YE4-112M-6	2.2	5.39	935	87.4	0.71	2.1	2.1	7.5
YE4-112M-8	1.5	4.00	690	82.6	0.69	2.0	2.0	7.0
YE4-132S1-2	5.5	10.4	2900	90.9	0.88	2.3	2.0	9.5
YE4-132S2-2	7.5	14.0	2900	91.7	0.89	2.3	2.0	9.5
YE4-132S-4	5.5	11.4	1440	91.9	0.80	2.3	2.0	9.5
YE4-132M-4	7.5	15.2	1440	92.6	0.81	2.3	2.0	9.5
YE4-132S-6	3	7.25	960	88.6	0.71	2.1	2.0	7.5
YE4-132M1-6	4	9.43	960	89.5	0.72	2.1	2.0	8.0
YE4-132M2-6	5.5	12.8	960	90.5	0.72	2.1	2.0	8.0
YE4-132S-8	2.2	5.65	705	84.5	0.70	2.0	1.8	7.5
YE4-132M-8	3	7.58	705	85.9	0.70	2.0	1.8	7.8
YE4-160M1-2	11	20.3	2930	92.6	0.89	2.3	2.0	9.5
YE4-160M2-2	15	27.4	2930	93.3	0.89	2.3	2.0	9.5

（续）

型　号	额定功率 /kW	电流 /A	转速 /(r/min)	效率 (%)	功率因数	最大转矩 （倍）	堵转转矩 （倍）	堵转电流 （倍）
YE4-160L-2	18.5	33.7	2930	93.7	0.89	2.3	2.0	9.5
YE4-160M-4	11	21.6	1460	93.3	0.83	2.3	2.0	9.5
YE4-160L-4	15	28.9	1460	93.9	0.84	2.3	2.0	9.5
YE4-160M-6	7.5	16.4	970	91.3	0.76	2.1	2.0	8.0
YE4-160L-6	11	23.5	970	92.3	0.77	2.1	2.0	8.5
YE4-160M1-8	4	9.83	720	87.1	0.71	2.0	1.8	7.9
YE4-160M2-8	5.5	13.1	720	88.3	0.72	2.0	1.8	8.1
YE4-160L-8	7.5	17.2	720	89.3	0.74	2.0	1.8	7.8
YE4-180M-2	22	40.0	2940	94.0	0.89	2.3	2.0	9.5
YE4-180M-4	18.5	35.1	1470	94.2	0.85	2.3	2.0	9.5
YE4-180L-4	22	41.6	1470	94.5	0.85	2.3	2.0	9.5
YE4-180L-6	15	30.7	970	92.9	0.80	2.1	2.0	8.5
YE4-180L-8	11	25.0	730	90.4	0.74	2.0	1.8	7.9
YE4-200L1-2	30	54.2	2950	94.5	0.89	2.3	2.0	9.0
YE4-200L2-2	37	66.6	2950	94.8	0.89	2.3	2.0	9.0
YE4-200L-4	30	56.5	1470	94.9	0.85	2.3	2.0	9.0
YE4-200L1-6	18.5	37.6	980	93.4	0.80	2.1	2.0	8.5
YE4-200L2-6	22	44.0	980	93.7	0.81	2.1	2.0	8.5
YE4-200L-8	15	33.3	730	91.2	0.75	2.0	1.8	8.0
YE4-225M-2	45	80.9	2960	95.0	0.89	2.3	2.0	9.0
YE4-225S-4	37	69.5	1475	95.2	0.85	2.3	2.0	9.0
YE4-225M-4	45	84.3	1475	95.4	0.85	2.3	2.0	9.0
YE4-225M-6	30	59.0	980	94.2	0.82	2.1	2.0	8.3
YE4-225S-8	18.5	40.9	730	91.7	0.75	2.0	1.8	8.1
YE4-225M-8	22	47.8	730	92.1	0.76	2.0	1.8	8.3
YE4-250M-2	55	98.5	2965	95.3	0.89	2.3	2.0	9.0
YE4-250M-4	55	102	1480	95.7	0.86	2.3	2.0	9.0
YE4-250M-6	37	71.7	980	94.5	0.83	2.1	2.0	8.3
YE4-250M-8	30	63.9	735	92.7	0.77	2.0	1.8	7.9
YE4-280S-2	75	134	2970	95.6	0.89	2.3	1.8	8.5
YE4-280M-2	90	160	2970	95.8	0.89	2.3	1.8	8.5
YE4-280S-4	75	136	1480	96.0	0.87	2.3	2.0	8.5
YE4-280M-4	90	162	1480	96.1	0.88	2.3	2.0	8.5
YE4-280S-6	45	86.9	980	94.8	0.83	2.0	2.0	8.5
YE4-280M-6	55	105	980	95.1	0.84	2.0	2.0	8.5

（续）

型　号	额定功率 /kW	电流 /A	转速 /(r/min)	效率 (%)	功率因数	最大转矩 (倍)	堵转转矩 (倍)	堵转电流 (倍)
YE4-280S-8	37	77.4	735	93.1	0.78	2.0	1.8	7.9
YE4-280M-8	45	93.9	735	93.4	0.78	2.0	1.8	7.9
YE4-315S-2	110	196	2975	96.0	0.89	2.3	1.8	8.5
YE4-315M-2	132	234	2975	96.2	0.89	2.3	1.8	8.5
YE4-315L1-2	160	284	2975	96.3	0.89	2.2	1.8	8.5
YE4-315L2-2	200	354	2975	96.5	0.89	2.2	1.8	8.5
YE4-315S-4	110	195	1480	96.3	0.89	2.2	1.8	8.5
YE4-315M-4	132	234	1480	96.4	0.89	2.2	1.8	8.5
YE4-315L1-4	160	280	1480	96.6	0.90	2.2	1.8	8.5
YE4-315L2-4	200	349	1480	96.7	0.90	2.2	1.8	8.5
YE4-315S-6	75	142	985	95.4	0.84	2.0	1.6	8.0
YE4-315M-6	90	168	985	95.6	0.85	2.0	1.6	8.0
YE4-315L1-6	110	205	985	95.8	0.85	2.0	1.6	8.0
YE4-315L2-6	132	243	985	96.0	0.86	2.0	1.6	8.0
YE4-315S-8	55	111	735	93.7	0.80	2.0	1.6	8.2
YE4-315M-8	75	151	735	94.2	0.80	2.0	1.6	7.6
YE4-315L1-8	90	179	735	94.4	0.81	2.0	1.6	7.7
YE4-315L2-8	110	218	735	94.7	0.81	2.0	1.6	7.7
YE4-355M-2	250	433	2980	96.5	0.91	2.2	1.6	8.5
YE4-355L-2	315	545	2980	96.5	0.91	2.2	1.6	8.5
YE4-355M-4	250	436	1490	96.7	0.90	2.2	1.8	8.5
YE4-355L-4	315	550	1490	96.7	0.90	2.2	1.8	8.5
YE4-355M1-6	160	294	990	96.2	0.86	2.0	1.6	8.0
YE4-355M2-6	200	367	990	96.3	0.86	2.0	1.6	8.0
YE4-355L-6	250	458	990	96.5	0.86	2.0	1.6	8.0
YE4-355M1-8	132	261	740	94.9	0.81	2.0	1.6	7.7
YE4-355M2-8	160	312	740	95.1	0.82	2.0	1.6	7.7
YE4-355L-8	200	388	740	95.4	0.82	2.0	1.6	7.8

附表 D-3　YE3 系列三相异步电动机性能数据　　附表 D-3

型　号	额定功率 /kW	电流 /A	转速 /(r/min)	效率 (%)	功率因数	最大 转矩(倍)	堵转 转矩(倍)	堵转 电流(倍)
YE3-80M1-2	0.75	1.72	2840	80.7	0.82	2.3	2.3	7.0
YE3-80M2-2	1.1	2.43	2840	82.7	0.83	2.3	2.2	7.6
YE3-80M1-4	0.55	1.38	1390	81.0	0.75	2.3	2.4	6.6
YE3-80M2-4	0.75	1.84	1390	82.5	0.75	2.3	2.3	6.6
YE3-90S-2	1.5	3.22	2840	84.2	0.84	2.3	2.2	7.9
YE3-90L-2	2.2	4.58	2840	85.9	0.85	2.3	2.2	7.9
YE3-90S-4	1.1	2.61	1390	84.1	0.76	2.3	2.3	6.8
YE3-90L-4	1.5	3.47	1390	85.3	0.77	2.3	2.3	7.0
YE3-90S-6	0.75	2.03	910	78.9	0.71	2.1	2.0	6.0
YE3-90L-6	1.1	2.83	910	81.0	0.73	2.1	2.0	6.0
YE3-90S-8	0.37	1.33	670	69.3	0.61	1.9	1.8	6.2
YE3-90L-8	0.55	1.88	670	73.0	0.61	2.0	1.8	5.9
YE3-100L-2	3	6.02	2860	87.1	0.87	2.3	2.2	8.5
YE3-100L1-4	2.2	4.76	1410	86.7	0.81	2.3	2.3	7.6
YE3-100L2-4	3	6.34	1410	87.7	0.82	2.3	2.3	7.6
YE3-100L-6	1.5	3.78	920	82.5	0.73	2.1	2.0	6.5
YE3-100L1-8	0.75	2.27	680	75.0	0.67	2.0	1.8	6.2
YE3-100L2-8	1.1	3.12	680	77.7	0.69	2.0	1.8	6.2
YE3-112M-2	4	7.84	2880	88.1	0.88	2.3	2.2	8.5
YE3-112M-4	4	8.37	1435	88.6	0.82	2.3	2.2	7.8
YE3-112M-6	2.2	5.36	935	84.3	0.74	2.1	2.0	6.6
YE3-112M-8	1.5	4.09	690	79.7	0.70	2.0	1.8	6.7
YE3-132S1-2	5.5	10.6	2900	89.2	0.88	2.3	2.0	8.5
YE3-132S2-2	7.5	14.4	2900	90.1	0.88	2.3	2.0	8.5
YE3-132S-4	5.5	11.2	1440	89.6	0.83	2.3	2.0	7.9
YE3-132M-4	7.5	15	1440	90.4	0.84	2.3	2.0	7.5
YE3-132S-8	2.2	5.75	705	81.9	0.71	2.0	1.8	6.7
YE3-132M-8	3	7.48	705	83.5	0.73	2.0	1.8	6.9
YE3-132S-6	3	7.2	960	85.6	0.74	2.1	2.0	6.8
YE3-132M1-6	4	9.46	960	86.8	0.74	2.1	2.0	6.8
YE3-132M2-6	5.5	12.7	960	88.0	0.75	2.1	2.0	7.0

（续）

型　　号	额定功率/kW	电流/A	转速/(r/min)	效率(%)	功率因数	最大转矩(倍)	堵转转矩(倍)	堵转电流(倍)
YE3-160M1-2	11	20.6	2930	91.2	0.89	2.3	2.0	8.5
YE3-160M2-2	15	27.9	2930	91.9	0.89	2.3	2.0	8.5
YE3-160L-2	18.5	34.2	2930	92.4	0.89	2.3	2.0	8.5
YE3-160M-4	11	21.5	1460	91.4	0.85	2.3	2.2	7.7
YE3-160L-4	15	28.8	1460	92.1	0.86	2.3	2.2	7.8
YE3-160M-6	7.5	16.2	970	89.1	0.79	2.1	2.0	7.0
YE3-160L-6	11	23.1	970	90.3	0.80	2.1	2.0	7.2
YE3-160M1-8	4	9.82	720	84.8	0.73	2.0	1.9	6.9
YE3-160M2-8	5.5	13.1	720	86.2	0.74	2.0	1.9	6.9
YE3-160L-8	7.5	17.4	720	87.3	0.75	2.0	1.9	6.6
YE3-180M-2	22	40.5	2940	92.7	0.89	2.3	2.0	8.5
YE3-180M-4	18.5	35.3	1470	92.6	0.86	2.3	2.0	7.8
YE3-180L-4	22	41.8	1470	93.0	0.86	2.3	2.0	7.8
YE3-180L-6	15	30.9	970	91.2	0.81	2.1	2.0	7.3
YE3-180L-8	11	25.2	730	88.6	0.75	2.0	2.0	6.6
YE3-200L1-2	30	54.9	2950	93.3	0.89	2.3	2.0	8.5
YE3-200L2-2	37	67.4	2950	93.7	0.89	2.3	2.0	8.5
YE3-200L-4	30	56.6	1470	93.6	0.86	2.3	2.0	7.3
YE3-200L1-6	18.5	37.8	980	91.7	0.81	2.1	2.0	7.3
YE3-200L2-6	22	44.8	980	92.2	0.81	2.1	2.0	7.4
YE3-200L-8	15	33.5	730	89.6	0.76	2.0	2.0	6.8
YE3-225M-2	45	80.8	2960	94.0	0.90	2.3	2.0	8.0
YE3-225S-4	37	69.6	1475	93.9	0.86	2.3	2.0	7.4
YE3-225M-4	45	84.4	1475	94.2	0.86	2.3	2.0	7.4
YE3-225M-6	30	59.1	980	92.9	0.83	2.1	2.0	6.9
YE3-225S-8	18.5	41.0	730	90.1	0.76	2.0	1.9	6.8
YE3-225M-8	22	47.3	730	90.6	0.78	2.0	1.9	7.0
YE3-250M-2	55	98.5	2965	94.3	0.90	2.3	2.0	8.0
YE3-250M-4	55	103	1480	94.6	0.86	2.3	2.2	7.4
YE3-250M-6	37	71.7	980	93.3	0.84	2.1	2.0	7.1
YE3-250M-8	30	63.2	735	91.3	0.79	2.0	1.9	6.7
YE3-280S-2	75	134	2970	94.7	0.90	2.3	1.8	7.5
YE3-280M-2	90	160	2970	95.0	0.90	2.3	1.8	7.5
YE3-280S-4	75	136	1480	95.0	0.88	2.3	2.0	6.9
YE3-280M-4	90	163	1480	95.2	0.88	2.3	2.0	6.9

（续）

型　　号	额定功率 /kW	电流 /A	转速 /(r/min)	效率 （%）	功率因数	最大 转矩（倍）	堵转 转矩（倍）	堵转 电流（倍）
YE3-280S-6	45	85.8	980	93.7	0.85	2.0	2.0	7.3
YE3-280M-6	55	103	980	94.1	0.86	2.0	2.0	7.3
YE3-280S-8	37	77.5	735	91.8	0.79	2.0	1.9	6.7
YE3-280M-8	45	93.9	735	92.2	0.79	2.0	1.9	6.7
YE3-315S-2	110	195	2975	95.2	0.90	2.3	1.8	7.5
YE3-315M-2	132	234	2975	95.4	0.90	2.3	1.8	7.5
YE3-315L1-2	160	279	2975	95.6	0.91	2.3	1.8	7.5
YE3-315L-2	185	323	2975	95.6	0.91	2.3	1.8	7.5
YE3-315L2-2	200	349	2975	95.8	0.91	2.2	1.8	7.5
YE3-315S-4	110	197	1480	95.4	0.89	2.2	2.0	7.0
YE3-315M-4	132	236	1480	95.6	0.89	2.2	2.0	7.0
YE3-315L1-4	160	285	1480	95.8	0.89	2.2	2.0	7.1
YE3-315L-4	185	330	1480	95.8	0.89	2.2	2.0	7.1
YE3-315L2-4	200	352	1480	96.0	0.90	2.2	2.0	7.1
YE3-315S-6	75	143	985	94.6	0.84	2.0	2.0	6.6
YE3-315M-6	90	170	985	94.9	0.85	2.0	2.0	6.7
YE3-315L1-6	110	207	985	95.1	0.85	2.0	2.0	6.7
YE3-315L2-6	132	244	985	95.4	0.86	2.0	2.0	6.8
YE3-315S-8	55	112	735	92.5	0.81	2.0	1.8	6.8
YE3-315M-8	75	151	735	93.1	0.81	2.0	1.8	6.3
YE3-315L1-8	90	179	735	93.4	0.82	2.0	1.8	6.4
YE3-315L2-8	110	218	735	93.7	0.82	2.0	1.8	6.4
YE3-355M1-2	220	383	2980	95.8	0.91	2.2	1.6	7.5
YE3-355M-2	250	436	2980	95.8	0.91	2.2	1.6	7.5
YE3-355L1-2	280	488	2980	95.8	0.91	2.2	1.6	7.5
YE3-355L-2	315	549	2980	95.8	0.91	2.2	1.6	7.5
YE3-355M1-4	220	387	1490	96.0	0.90	2.2	2.0	7.1
YE3-355M-4	250	440	1490	96.0	0.90	2.2	2.0	7.1
YE3-355L1-4	280	492	1490	96.0	0.90	2.2	2.0	7.1
YE3-355L-4	315	554	1490	96.0	0.90	2.2	2.0	7.1
YE3-355M-6	185	342	990	95.6	0.86	2.0	1.8	6.8
YE3-355M1-6	160	296	990	95.6	0.86	2.0	1.8	6.8
YE3-355M2-6	200	365	990	95.8	0.87	2.0	1.8	6.8
YE3-355L-6	250	456	990	95.8	0.87	2.0	1.8	6.8
YE3-355L1-6	220	401	990	95.8	0.87	2.0	1.8	6.8
YE3-355M1-8	132	260	740	94.0	0.82	2.0	1.8	6.4
YE3-355M2-8	160	314	740	94.3	0.82	2.0	1.8	6.4
YE3-355L1-8	185	364	740	94.3	0.82	2.0	1.8	6.4
YE3-355L-8	200	387	740	94.6	0.83	2.0	1.8	6.4
YE3-355L3-8	220	426	740	94.6	0.83	2.0	1.8	6.4
YE3-355L4-8	250	484	740	94.6	0.83	2.0	1.8	6.4

附表 D-4　YX3 系列（IP55）异步电动机技术数据（见书末插页）

附表 D-5　Y 系列三相异步电动机性能数据（见书末插页）

附表 D-6　Y2 系列三相异步电动机性能数据　　　附表 D-6

机座号	功率/kW	电压/V	额定电流/A	额定转速/(r/min)	功率因数cosφ	效率(%)	定子/转子槽数	气隙长度/mm	绕组型式	并联支路数	每槽线数	线规(F级) 根数-直径/mm	节距y	空载电流/A
							2 极							
Y2-801-2	0.75	380Y	1.8	2825	0.835	76.59	18/16	0.30	单层交叉式	1	109	1-0.60	2(1—9) 1(1—8)	0.75
Y2-802-2	1.10		2.6	2825	0.853	78.52	18/16	0.30	单层交叉式	1	87	1-0.67	2(1—9) 1(1—8)	0.96
Y2-90S-2	1.50		3.4	2840	0.858	79.31	18/16	0.35	单层交叉式	1	77	1-0.80	2(1—9) 1(1—8)	1.22
Y2-90L-2	2.20		4.9	2840	0.868	81.94	18/16	0.35	单层交叉式	1	59	1-0.95	2(1—9) 1(1—8)	1.61
Y2-100L-2	3.0		6.3	2880	0.886	83.54	24/20	0.40	单层同心式	1	43	2-0.80	1—12 2—11	2.06
Y2-112M-2	4.0		8.1	2890	0.908	85.56	30/26	0.45	单层同心式	1	54	1-0.95	1—16 2—15 3—14	1.36
Y2-132S1-2	5.5	380△	11.0	2900	0.891	87.60	30/26	0.55	单层同心式	1	44	2-0.90	1—16 2—15 3—14	2.06
Y2-132S2-2	7.5		14.9	2900	0.907	88.25	30/26	0.55	单层同心式	1	38	1-0.95 / 1-1.00	1—16 2—15 3—14	2.34
Y2-160M1-2	11.0		21.3	2930	0.897	88.99	30/26	0.65	单层同心式	1	28	3-1.06	1—14 2—13	3.59
Y2-160M2-2	15.0		28.8	2930	0.905	90.10	30/26	0.65	单层同心式	1	23	3-1.18	1—14 2—13	4.41
Y2-160L-2	18.5		34.7	2930	0.912	91.03	30/26	0.65	单层同心式	1	19	3-1.32	1—14 2—13	5.05
Y2-180M-2	22		41	2940	0.911	90.56	36/28	0.80	双层叠绕	2	34	2-1.25	1—14	6.42
Y2-200L1-2	30		55.5	2950	0.909	91.50	36/28	1.00	双层叠绕	2	31	1-1.18 / 2-1.25	1—14	8.32
Y2-200L2-2	37	380△	67.9	2950	0.916	92.22	36/28	1.00	双层叠绕	2	26	2-1.12 / 2-1.18	1—14	9.54
Y2-225M-2	45		82.3	2970	0.910	92.79	36/28	1.10	双层叠绕	2	24	3-1.50	1—14	12.33
Y2-250M-2	55		100.4	2970	0.899	93.28	36/28	1.20	双层叠绕	2	20	1-1.30 / 4-1.40	1—14	16.29
Y2-280S-2	75		134.4	2970	0.915	93.45	42/34	1.30	双层叠绕	2	16	6-1.30 / 1-1.40	1—16	19.08
Y2-280M-2	90	380△	160.2	2970	0.920	93.97	42/34	1.30	双层叠绕	2	14	6-1.30 / 2-1.40	1—16	21.19
Y2-315S-2	110		195.4	2980	0.911	94.08	48/40	1.50	双层叠绕	2	10	11-1.40 / 4-1.50	1—18	28.09
Y2-315M-2	132		233.2	2980	0.916	94.55	48/40	1.50	双层叠绕	2	9	7-1.40 / 9-1.50	1—18	30.66
Y2-315L1-2	160	380△	279.3	2980	0.919	94.63	48/40	1.50	双层叠绕	2	8	7-1.40 / 11-1.50	1—18	34.53
Y2-315L2-2	200		348.4	2980	0.921	94.84	48/40	1.50	双层叠绕	2	7	13-1.40 / 8-1.50	1—18	39.37
Y2-355M-2	250		433.2	2985	0.927	95.43	48/40	1.60	双层叠绕	2	6	14-1.40 / 19-1.50	1—18	42.55
Y2-355L-2	315	380△	544.2	2985	0.928	95.70	48/40	1.60	双层叠绕	2	5	20-1.40 / 20-1.50	1—18	50.68

(续)

机座号	功率/kW	电压/V	额定电流/A	额定转速/(r/min)	功率因数 cosφ	效率(%)	定子/转子槽数	气隙长度/mm	绕组型式	并联支路数	每槽线数	线规(F级) 根数-直径/mm	节距 y	空载电流/A
									定子绕组					
4 极														
Y2-801-4	0.55	380 Y	1.6	1390	0.752	71.86	24/22	0.25	单层链式	1	129	1-0.53	1—6	0.82
Y2-802-4	0.75		2.0		0.772	73.86					110	1-0.60		0.99
Y2-90S-4	1.10		2.9	1400	0.794	75.05					90	1-0.67		1.27
Y2-90L-4	1.50		3.7		0.797	78.25					67	1-0.80		1.63
Y2-100L1-4	2.2		5.2	1420	0.818	80.78	36/28	0.30	单层交叉式		44	1-0.67 / 1-0.71	2(1—9) 1(1—8)	2.21
Y2-100L2-4	3.0		6.8		0.831	82.30					34	1-1.12		2.76
Y2-112M-4	4.0	380 △	8.8		0.828	85.17		0.35			52	1-1.10		2.07
Y2-132S-4	5.5		11.8	1440	0.840	86.62		0.40	单层交叉式	1	47	1-1.18	2(1—9) 1(1—8)	2.55
Y2-132M-4	7.5		15.6		0.848	87.81	36/28				35	2-0.95		3.32
Y2-160M-4	11		22.3	1460	0.841	89.35		0.50			29	1-1.18 / 1-1.25		4.82
Y2-160L-4	15		30.1		0.846	90.32					22	1-1.12 / 2-1.18		6.31
Y2-180M-4	18.5	380 △	36.5	1470	0.857	90.98		0.60		2	34	1-1.06 / 1-1.12	1—11	7.87
Y2-180L-4	22		43.2		0.858	91.35	48/38		双层叠绕		30	2-1.18		9.23
Y2-200L-4	30		57.6	1480	0.865	92.18		0.70			26	3-1.18		11.75
Y2-225S-4	37		69.9		0.872	92.63		0.80			50	3-0.95	1—12	12.56
Y2-225M-4	45		84.7		0.873	93.23					41	2-1.30		15.42
Y2-250M-4	55	380 △	103.3	1480	0.870	93.30	48/38	0.90	双层叠绕	2	20	1-1.40 / 3-1.50	1—11	18.76
Y2-280S-4	75		139.6		0.881	93.73		1.00		4	26	3-1.40	1—14	23.11
Y2-280M-4	90		166.9	1485	0.875	94.32	60/50				22	1-1.30 / 3-1.40		31.00
Y2-315S-4	110		201		0.882	94.69		1.10	双层叠绕	4	17	2-1.40 / 4-1.50	1—16	33.32
Y2-315M-4	132	380 △	240.4	1485	0.883	94.95	72/64				15	3-1.40 / 4-1.50		38.53
Y2-315L1-4	160		287.8		0.889	94.94					13	3-1.40 / 5-1.50		42.68
Y2-315L2-4	200		359.4		0.892	94.93					11	8-1.40 / 2-1.50		51.00
Y2-355M-4	250	380 △	442.9	1490	0.909	95.47	72/64	1.20	双层叠绕	4	11	7-1.40 / 8-1.50	1—16	53.43
Y2-355L-4	315		556.2		0.913	95.78					9	6-1.40 / 12-1.50		63.47

（续）

机座号	功率/kW	电压/V	额定电流/A	额定转速/(r/min)	功率因数 cosφ	效率(%)	定子/转子槽数	气隙长度/mm	定子绕组 绕组型式	并联支路数	每槽线数	线规(F级) 根数-直径/mm	节距 y	空载电流/A
6 极														
Y2-801-6	0.37	380Y	1.3	900	0.707	62.61	36/28	0.25	单层链式	1	127	1-0.45	1—6	0.74
Y2-802-6	0.55		1.8	900	0.724	66.02					98	1-0.53		0.96
Y2-90S-6	0.75		2.3	910	0.725	70.29					84	1-0.63		1.24
Y2-90L-6	1.10		3.2	910	0.737	73.02					63	1-0.75		1.64
Y2-100L-6	1.50		3.9	940	0.761	76.29					61	1-0.85		1.88
Y2-112M-6	2.2		5.6	940	0.765	79.73		0.30			50	1-1.10		2.63
Y2-132S-6	3.0	380Y	7.4	960	0.770	83.43	36/42	0.35	单层链式	1	43	1-1.18	1—6	3.67
Y2-132M1-6	4.0	380△	9.9	960	0.773	84.74		0.35			56	2-0.71		2.76
Y2-132M2-6	5.5		12.9	960	0.790	86.29					43	1-1.18		3.43
Y2-160M-6	7.5		16.9	970	0.781	87.51		0.40			40	1-1.00 / 1-1.06		4.67
Y2-160L-6	11		24.2	970	0.796	88.81					29	2-1.25		6.20
Y2-180L-6	15	380△	31.6	970	0.827	89.75	54/44	0.45	双层叠绕	2	38	1-0.95 / 1-1.10	1—9	7.39
Y2-200L1-6	18.5		38.6	970	0.824	90.32		0.50			34	2-1.06		9.20
Y2-200L2-6	22		44.7	970	0.835	90.74					30	1-1.12 / 1-1.18		10.09
Y2-225M-6	30		59.3	980	0.843	92.56		0.55		4	44	2-1.30		11.57
Y2-250M-6	37	380△	71.1	980	0.866	92.25	72/58	0.60	双层叠绕	2	28	1-1.30 / 1-1.40	1—12	14.34
Y2-280S-6	45		85.9	980	0.863	92.71		0.70		3	26	3-1.18		17.29
Y2-280M-6	55		104.7	980	0.868	93.16					22	3-1.30		20.13
Y2-315S-6	75	380△	141.7	980	0.863	94.14	72/58	0.9	双层叠绕	6	40	1-1.18 / 3-1.25	1—11	25.48
Y2-315M-6	90		169.5	980	0.867	94.47					34	2-1.30 / 2-1.40		29.75
Y2-315L1-6	110		206.7	985	0.872	94.78					28	4-1.50		34.72
Y2-315L2-6	132		244.7	985	0.872	94.96					24	3-1.40 / 2-1.50		41.67
Y2-355M1-6	160	380△	292.3	990	0.891	94.76	72/84	1.00	双层叠绕	6	24	6-1.50	1—11	44.93
Y2-355M2-6	200		364.6	990	0.892	95.04					20	6-1.40 / 2-1.50		55.25
Y2-355L-6	250		454.8	990	0.896	95.31					16	9-1.50		66.68

（续）

机座号	功率/kW	电压/V	额定电流/A	额定转速/(r/min)	功率因数 cosφ	效率(%)	定子/转子槽数	气隙长度/mm	绕组型式	并联支路数	每槽线数	线规(F级)根数-直径/mm	节距 y	空载电流/A
							8 极							
Y2-801-8	0.18		0.9		0.609	52.04		0.25	单层链式	1	172	1-0.40	1—5	0.57
Y2-802-8	0.25	380丫	1.2	690		54.61	36/28				138	1-0.45		0.75
Y2-90S-8	0.37		1.5		0.606	63.05					110	1-0.56		0.98
Y2-90L-8	0.55		2.2		0.618	64.15					84	1-0.63		1.37
Y2-100L1-8	0.75		2.4		0.684	70.88		0.25	单层链式	1	79	1-0.71	1—6	1.44
Y2-100L2-8	1.10	380丫	3.3	700	0.717	72.31	48/44				62	1-0.80		1.81
Y2-112M-8	1.50		4.4		0.684	75.32		0.30			51	1-0.95		2.70
Y2-132S-8	2.2		6.0	710	0.716	78.00		0.35			42	1-1.00		3.47
Y2-132M-8	3.0		7.9		0.748	79.70					33	2-0.80		4.02
Y2-160M1-8	4.0		10.3		0.735	82.80			单层链式	1	56	1-1.06	1—6	3.13
Y2-160M2-8	5.5	380△	13.6	720	0.741	84.66	48/44	0.40			41	1-0.85 1-0.90		4.13
Y2-160L-8	7.5		17.8		0.748	85.69					30	2-1.00		5.39
Y2-180L-8	11		25.1	720	0.763	87.82		0.45	双层叠绕	2	56	1-1.30	1—6	7.11
Y2-200L-8	15	380△	34.1	730	0.760	89.87	48/44	0.50			46	1-1.06 1-1.12		9.54
Y2-225S-8	18.5		41.1		0.771	90.85		0.55			44	2-1.25		11.13
Y2-225M-8	22		47.5		0.783	91.16					38	4-0.95		12.32
Y2-250M-8	30		63.4		0.791	91.50		0.60		2	22	3-1.25		16.86
Y2-280S-8	37	380△	77.8	730	0.801	92.13	72/58	0.70	双层叠绕	4	42	1-1.12 1-1.18	1—9	18.81
Y2-280M-8	45		94.1	740	0.799	92.49					34	2-1.25		23.39
Y2-315S-8	55		111.2		0.812	93.25					64	2-1.25		25.12
Y2-315M-8	75	380△	151.3	740	0.821	93.76	72/58	0.80	双层叠绕	8	48	1-1.40 1-1.50	1—9	31.99
Y2-315L1-8	90		177.8		0.819	94.00					40	3-1.30		39.27
Y2-315L2-8	110		216.8		0.822	94.17					34	2-1.18 2-1.25		46.47
Y2-355M1-8	132		261		0.828	94.31					36	3-1.30 2-1.40		52.79
Y2-355M2-8	160	380△	314.7	745	0.836	94.52	72/86	1.00	双层叠绕	8	32	3-1.40 2-1.50	1—9	57.67
Y2-355L-8	200		387.4		0.837	94.78					26	2-1.40 4-1.50		71.27
							10 极							
Y2-315S-10	45		99.6		0.772	92.99					42	3-1.25		23.31
Y2-315M-10	55		121.1		0.768	93.29					34	5-1.06		29.75
Y2-315L1-10	75	380△	162.1	590	0.778	93.70	90/72	0.80	双层叠绕	5	26	1-1.30 3-1.40	1—9	37.53
Y2-315L2-10	90		191		0.778	93.89					22	4-1.50		45.04
Y2-355M1-10	110		229.9		0.795	93.54					46	2-1.18 2-1.25		50.51
Y2-355M2-10	132	380△	275	595	0.791	93.86	90/72	1.00	双层叠绕	10	38	2-1.30 2-1.40	1—9	63.01
Y2-355L-10	160		333.3		0.801	94.06					32	1-1.40 3-1.50		69.98

注：在满足产品性能指标的前提下，制造厂有可能根据自己的条件，对某些技术数据做了调整。

参 考 文 献

［1］ 季杏法. 小型三相异步电动机技术手册（Y 系列及其派生系列）［M］. 北京：机械工业出版社，1987.

［2］ 黄国沿，等. Y2 系列三相异步电动机技术手册［M］. 北京：机械工业出版社，2004.

［3］ 上海电器科学研究所. 中小型电机设计手册［M］. 北京：机械工业出版社，1994.

［4］ 傅丰礼，等. 异步电动机设计手册［M］. 北京：机械工业出版社，2002.

［5］ 湘潭电机厂. 交流电机设计手册［M］. 长沙：湖南人民出版社，1977.

［6］ 手册编辑委员会. 电机工程手册：电机卷［M］. 北京：机械工业出版社，1996.

［7］ 唐任远，等. 现代永磁电机理论与设计［M］. 北京：机械工业出版社，1997.

［8］ 李钟明，等. 稀土永磁电机［M］. 北京：国防工业出版社，1999.

［9］ 庞启淮. 小功率电动机应用技术手册［M］. 北京：机械工业出版社，1990.

［10］ 汪国梁. 电机学［M］. 北京：机械工业出版社，1987.

［11］ 沈阳机电学院电机系. 三相异步电动机原理、设计与试验［M］. 北京：科学出版社，1977.

［12］ 陈世坤. 电机设计［M］. 北京：机械工业出版社，1982.

［13］ 李隆年，等. 电机设计［M］. 北京：清华大学出版社，1992.

［14］ 哈尔滨电机制造学校. 电机设计［M］. 北京：机械工业出版社，1979.

［15］ 程福秀，林金铭. 现代电机设计［M］. 北京：机械工业出版社，1993.

［16］ 杨万青，等. 实用异步电动机设计、安装与维修［M］. 北京：机械工业出版社，1996.

［17］ 手册编辑委员会. 实用电工电子技术手册［M］. 北京：机械工业出版社，2003.

［18］ 陈碧秀，等. 实用中小电机手册［M］. 沈阳：辽宁科学技术出版社，1987.

［19］ 刘一平，等. 中小微型电机绕组布线和接线彩色图册［M］. 上海：上海科学技术出版社，2004.

［20］ 李德成，等. 单相异步电动机原理、设计与试验［M］. 北京：科学出版社，1993.

［21］ 何秀伟，等. 三相与单相异步电动机［M］. 西安：陕西科学技术出版社，1981.

［22］ 汪国梁. 单相串激电动机［M］. 西安：陕西科学技术出版社，1980.

［23］ 中国电子科技集团第二十一研究所. 微特电机设计手册［M］. 上海：上海科学技术出版社，1998.

［24］ 西安微电机研究所. 实用微电机手册［M］. 沈阳：辽宁科学技术出版社，2000.

［25］ 西南交通大学电机系. 牵引电机［M］. 北京：中国铁道出版社，1981.

［26］ 上海工业大学，上海直流电机厂. 直流电机设计［M］. 北京：机械工业出版社，1983.

［27］ 王宗培. 永磁直流微电机［M］. 南京：东南大学出版社，1992.

［28］ 陈俊峰. 永磁电机［M］. 北京：机械工业出版社，1983.

［29］ 张琛. 直流无刷电动机原理及应用［M］. 北京：机械工业出版社，1996.

［30］ 许大中. 晶闸管无换向器电机［M］. 北京：科学出版社，1984.

［31］ 王季秩，等. 执行电动机［M］. 北京：机械工业出版社，1997.

［32］ 李志民，等. 同步电动机调速系统［M］. 北京：机械工业出版社，1998.

［33］ 戴文进，等. 特种交流电机及其计算机控制与仿真［M］. 北京：机械工业出版社，2002.

［34］ 叶金虎，等. 无刷直流电动机［M］. 北京：科学出版社，1982.

［35］ 王兆安，等. 电力电子技术［M］. 5 版. 北京：机械工业出版社，2009.

［36］ 孙建忠，等. 特种电机及其控制［M］. 2 版. 北京：中国水利水电出版社，2013.

［37］ 手册编委会. 电工材料应用手册［M］. 北京：机械工业出版社，1999.

［38］ 吴恒巅. 电机常用材料手册［M］. 西安：陕西科学技术出版社，2001.

[39] 丁道宏. 电力电子技术 [M]. 北京：航空工业出版社，1999.

[40] 沈安俊. 自动控制与调节原理 [M]. 北京：机械工业出版社，1980.

[41] 李忠文，等. 实用电机控制电路 [M]. 北京：化学工业出版社，2003.

[42] 武建文，李德成，等. 电机现代测试技术 [M]. 2 版. 北京：机械工业出版社，2015.

[43] 钱平. 交直流调速控制系统 [M]. 2 版. 北京：高等教育出版社，2005.

[44] 谭建成. 新编电机控制专用集成电路与应用 [M]. 北京：机械工业出版社，2005.

[45] 谭建成. 电机控制专用集成电路 [M]. 北京：机械工业出版社，2005.

[46] 满永奎，韩安荣. 通用变频器及其应用 [M]. 3 版. 北京：机械工业出版社，2012.

[47] 王成元，等. 矢量控制交流伺服驱动电动机 [M]. 北京：机械工业出版社，1995.

[48] 谢宝昌，等. 电机的 DSP 控制技术及其应用 [M]. 北京：北京航空航天大学出版社，2005.

[49] 叶金虎. 现代无刷直流永磁电动机 [M]. 北京：科学出版社，2007.

[50] 王振永，等. 罩极电机电磁计算程序 [J]. 中小型电机，1987（4）：8-13，1987（5）：10-13.

[51] 游寿康，等. 一般用途小型直流电机电磁计算程序 [J]. 中小型电机，1981（1）：1-14.

[52] 叶剑秋. 变频调速感应电动机转子槽形优化设计 [J]. 微特电机，1999（3）：30-32.

[53] 王步来. 高效节能永磁同步电机的设计研究 [J]. 电机技术，2006（2）：3-6.

[54] 黄允凯. 高速永磁电动机设计的关键问题 [J]. 微电机，2006（8）：6-9.

[55] 相柯峰. 浅谈变频电机设计时需要考虑的一些问题 [J]. 电机与控制技术，2006（3）：12-16.

[56] 徐定仁. 变频调速异步电动机的设计 [J]. 中小型电机，1988（4）：18-20.

[57] 岑兆奇. 变频调速三相异步电动机的设计问题 [J]. 电机技术，1996（2）：22-24.

[58] 康平. 浅谈用于 SPWM 交流变频器的异步电动机设计问题 [J]. 中小型电机，1999（2）：4-9.

[59] 施凉奎. 变频调速电动机的参数变化和设计 [J]. 电机技术，1999（3）：3-9，（4）：3-5.

[60] 李忠杰，等. 无刷直流电动机相数、槽数及绕组联结方式的选择 [J]. 微特电机，1999（5）：11-13.

[61] 叶金虎. 无刷直流电动机的分数槽电枢绕组和霍尔元件的空间位置 [J]. 微特电机，2001（4）：8-11.

[62] 张慧. 考虑电感影响对永磁无刷直流电机的设计 [J]. 中小型电机，2001（3）：30-33.

[63] 武建文，等. 海洋水下机器人电动机分析 [J]. 微特电机，2004（4）：16-18.

[64] 武建文，等. 海洋机器人用钕铁硼永磁直流伺服电动机 [J]. 微特电机，2005（7）：13-14.

[65] 武建文，等. 抗强海流海洋水下机器人电动机 [J]. 微特电机，2005（8）：13-14.

[66] 田卫华，等. Windows95 环境下三相异步电动机 CAD 系统 [J]. 沈阳工业大学学报，1998（2）：19-23.

[67] 吕中枢，等. 海洋机器人机械手驱动电机的研制 [J]. 沈阳工业大学学报，1996（3）：42-46.

[68] 毕大强，等. 双层转子感应电动机直接场路耦合数值模拟法 [J]. 沈阳工业大学学报，1999（2）：139-142.

[69] 李革，等. 屏蔽式感应电动机的设计特点 [J]. 沈阳工业大学学报，2001（4）：295-297.

[70] 袁宏，等. 海洋水下机器人系缆绞车驱动电动机的研制 [J]. 沈阳工业大学学报，2001（4）：298-300.

[71] 袁宏，等. 海洋救助机器人用钕铁硼直流电动机设计 [J]. 沈阳工业大学学报，2002（4）：293-295.

[72] 陈世坤. 电机设计 [M]. 北京：机械工业出版社，2000.

[73] 赵博，张洪亮，等. Ansoft 12 在工程电磁场中的应用 [M]. 北京：中国水利水电出版社，2010.

[74] 刘慧娟，上官明珠，张颖超，等. Ansoft Maxwell 13 电机电磁场实例分析 [M]. 北京：国防工业出版社，2014.

[75] 唐任远，等. 现代永磁电机理论与设计（平装本）[M]. 北京：机械工业出版社，2015.

［76］　辜承林，陈乔夫，熊永前. 电机学［M］. 武汉：华中科技大学出版社，2010.

［77］　潘品英. 新编电动机绕组布线接线彩色图集［M］. 北京：机械工业出版社，1994.

［78］　邱国平，丁旭红. 永磁直流无刷电机实用设计及应用技术［M］. 上海：上海科学技术出版社，2015.

［79］　黄坚，郭中醒. 实用电机设计计算手册［M］. 上海：上海科学技术出版社，2010.

［80］　赵朝会，秦海鸿，宁银行. 电机设计实例［M］. 北京：机械工业出版社，2021.